Scientific Protocols for
Fire Investigation

火灾调查科学规程

[美] 约翰·J.伦蒂尼（John J.Lentini） 著
金静 刘玲 等译

（原著第3版）
Third Edition

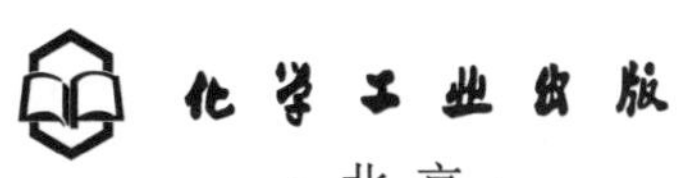

·北京·

内容简介

《火灾调查科学规程》(原著第三版)是开展火灾调查培训权威的专家著作之一。全书分为10章，内容包括：火灾科学、燃烧中的物理和化学、火灾动力学与火灾痕迹、火灾调查程序、易燃液体残留物分析、引火源分析、典型案例剖析、放火火灾调查方法、火灾调查中的常见误区、火灾调查专业实践。尤其对放火案件侦查技术和方法进行了系统阐述，内容编排合理，注重理论联系实际。

本书适合从事火灾调查、涉火案件侦查等工作的人员学习和参考。

Scientific Protocols for Fire Investigation 3rd Edition / by John J.Lentini / ISBN: 978-1-138-03702-1

北京市版权局著作权合同登记号：01-2024-4796

图书在版编目（CIP）数据

火灾调查科学规程 /（美）约翰·J. 伦蒂尼（John J. Lentini）著；金静等译. — 北京：化学工业出版社，2023.10

书名原文：Scientific Protocols for Fire Investigation

ISBN 978-7-122-43634-4

Ⅰ. ①火… Ⅱ. ①约… ②金… Ⅲ. ①火灾－调查 Ⅳ. ①TU998.12

中国国家版本馆CIP数据核字（2023）第104751号

责任编辑：提　岩　张双进　　　文字编辑：姚子丽　师明远
责任校对：李雨函　　　装帧设计：王晓宇

出版发行：化学工业出版社（北京市东城区青年湖南街13号　邮政编码100011）
印　　装：北京盛通印刷股份有限公司
787mm×1092mm　1/16　印张$28^3/_4$　字数653千字　　2024年5月北京第1版第1次印刷

购书咨询：010-64518888　　　售后服务：010-64518899
网　　址：http://www.cip.com.cn
凡购买本书，如有缺损质量问题，本社销售中心负责调换。

定　　价：168.00元　

本书译者

主　译　金　静　刘　玲

翻　译　刘义祥　李秀娟　岳海玲　邓　亮　刘　玲　李　阳　高　阳

宋越军　孙潇潇　金　静　赵艳红　张金专

译者的话

《火灾调查科学规程》（原著第三版）是世界火灾调查领域权威的培训教材。该书由国际放火调查员协会（IAAI）法医科学委员会的联合主席John J. Lentini编写，在《火灾调查科学规程》（原著第二版）的基础上进行完善，内容全面、紧贴实战、聚焦前沿。

火灾严重危害人们的生命和财产安全，只有及时准确地查明火灾事故原因并在此基础上总结经验教训，才能从根本上提升防控火灾的能力，而放火作为八大暴力犯罪之一，不仅严重威胁安全生产，也给人们的生命和财产安全带来极大危害。及时准确地认定火灾性质、确定火灾原因，对公安机关打击和惩治违法犯罪有着非常重要的意义。火灾调查、放火案件侦查作为消防和刑侦工作的重要业务内容，同时涉及物理、化学、火灾科学、法庭科学等多个学科，具有技术含量高、专业性强、交叉性突出的特点。为了学习和借鉴国外经验，我们组织人员对《火灾调查科学规程》（原著第三版）进行了翻译。本书可作为高等学校消防专业的教学参考书，也可作为火灾调查、放火案件侦查工作者的工作指导书。

本书由金静副教授和刘玲教授担任主译。全书包括10章，其中第1章由刘义祥教授翻译，第2章由李秀娟讲师翻译，第3章由李秀娟讲师（3.1 ～ 3.7）和岳海玲副教授（3.8 ～ 3.17）翻译，第4章由邓亮教授翻译，第5章由刘玲教授翻译，第6章由李阳副教授（6.1 ～ 6.3.12）、高阳讲师（6.3.13 ～ 6.6）翻译，第7章由高阳讲师（7.1 ～ 7.3.3）、宋越军讲师（7.3.4 ～ 7.6）和孙潇潇讲师（7.7 ～ 7.11）翻译，第8章由金静副教授翻译，第9章由金静副教授（9.1 ～ 9.10.1）和赵艳红副教授（9.10.2 ～ 9.11）翻译，第10章由张金专教授翻译。本书文前内容由金静副教授翻译，全书由金静副教授和刘玲教授统稿。

本书的翻译出版，得到了中国人民警察大学重点专项课题（ZDZX 202003）和公安技术研究计划项目（2020JSYJC24）的资助。翻译过程中，得到了有关业务部门专家学者的支持和指导，谨在此表达谢意。

由于译者水平所限，不足之处在所难免，恳请广大读者批评指正。

金静

2023年5月

第三版前言

火灾调查是一门自成一体的法庭科学，它本身就是一个领域。火灾调查员不仅面临着暴露在特定且可能具有危险性环境中的风险，还面临着其他法庭科学领域所不会遇到的来自科学的、专业的和个人方面挑战的风险。来自传统法庭科学法医学实验室的科学家可能会对分析火灾调查复杂问题的挑战感到不知所措和毫无准备，而且这些挑战难度很大，使得熟练分析火场情况看起来不太可能。第一眼看上去，我们在化学或物理研究中所学的似乎都无法解释每一次火灾后所呈现的混乱状况，但只要有耐心、有实践，再加上细致科学的方法，通常都能从灰烬中找到真相。

与凶杀案、抢劫案和其他需要调查的现场不同，火灾的独特之处在于它的第一项任务通常也是最艰巨的任务，即确定是否发生了犯罪。很少有其他的调查领域存在这种情况。虽然有些死亡原因看起来无法解释，但在这种情况下，一套明确的规程，即法医尸检，通常能有效地解决这个问题。也就是说，用法医学来类比火灾调查是有效的，因为火灾调查员被要求对建筑物或车辆进行“尸检”，以确定火灾原因。然而，与法医学类比的差异才是它有趣的地方。

尸检法医一般拥有本科学历，通常是自然科学专业，加上四年的医学教育，还有几年的病理学或法医学实习经历。而火灾调查员的学历可能还不到高中。他接受的培训通常只包括40小时的“普通放火”调查/侦查课程，然后是80小时的“特殊放火”调查/侦查课程，有些还会接受经验丰富人员开展的继续教育。当然，许多火灾调查人员即使没有参加过正规的科学培训也能够进行细致科学的调查。但不幸的是，情况并不总是这样。这不是说必须要规定火灾调查员受过一定的教育，但虽然没有标准化的犯罪学教育课程，我们仍期望火灾调查员至少有理工科本科学历。

缺乏一定的火灾调查系统教育是有问题的。火灾调查员可能拥有高超的批判性思维和解决问题的能力，但如果缺乏化学和物理的基本知识，这些技能就可能毫无用处。在实践中，这种知识的缺乏还可能会被利用，甚至被用来指责火灾调查员的工作是不必要的。NFPA 1033中明确要求取消缺乏科学知识火灾调查员的调查资格。

由于社会要求火灾调查员同时拥有科学知识和执法能力，火灾调查员的工作范围往往比法医或其他法庭科学家的工作范围要广得多。虽然确定火灾的起因是调查员的主要任务，但他[1]经常被责成“把所有任务都放在一起去做”。在担任首席调查员职位时，火灾调查员负责确保所有数据在假设火灾场景中都有来源意义。医学检查人员和许多其他法医科学家只需适当关注小问题，但在火灾调查中，小问题可能会导致重要数据被忽视。而且，重要的是，火灾调查员要按照正确的顺序“把它们放在一起”。基于与火灾行为无关的“调查性”结果做出的预判和经验判断不得影响调查人员的科学工作。

方法论是另一个火灾调查员与法医的类比有明显区别的领域。法医的方法很可能是可预测的，因为他或她将遵循书面的、同行审查的规程。而火灾调查员的方法几乎完全取决于调查员个人及其雇主。直到2000年，人们对于火灾调查员应遵守哪些标准（如果有的话）进行了持续的、有时甚至是激烈的辩论。火灾调查究竟是一门艺术、一门科学，还是两者的结合？完成这项艰巨的工作需要哪些培训和认证？最高法院对Kumho的判决，以及国际放火调查员协会（IAAI）和美国司法部（DOJ）对NFPA 921的认可，基本上解决了有关标准的争论，法院也随之采取了行动。

法医执业的职业环境倾向于合议。医生对其他医生都很尊重。如果对死因有不同意见，他们会努力解决这个问题。医疗协会和医疗委员会负责颁布标准和规范，这些组织通常受到高度重视。然而，如果两名火灾调查员对火灾原因意见不一，那么这个问题通常由法院来解决（好像法官和陪审团比调查员更善于运用科学）。如果认识不到个人观点和专业观点之间的差异，两个调查人员可能会持有不同意见，并且“每个人都有权发表自己的意见”，即使其中一个是错误的，也是可以接受的（在大多数情况下，至少有一个是错的）。人们常说的一句话是，“我必须说出我所看到的事实。”

火灾调查员可能（也可能不是）属于一个或多个专业组织，这些组织可能历来都不愿承认存在任何标准。1997年，这些组织中最大的IAAI在“Michigan Millers v. Benfield案”（后来在“Kumho v. Carmichael案”）中提交了一份诉讼状，认为火灾调查不应被视为符合Daubert（道伯特）标准，因为火灾调查是一个“不太科学”的学科。当然，最高法院一致裁定反对这一错误主张，并将国际审计学会的论点反过来，进一步指出，这个“不太科学”的学科在道伯特标准的领导下需要经受更严格的审查。但幸运的是，最近IAAI的领导人已经接受了火灾调查的科学方法，并且该组织现在处于加快该行业发展的最前沿。火灾调查专业应继续推进科学方法，尽管仍有人持反对意见。正如伟大的科学家马克斯•普朗克（Max Planck）打趣道：“科学一次推进一个葬礼”。一个没有受过正规科学训练、没有认证的人，对他自称有专长的现象充满误解，怎么可能在一个陪审团面前就生与死的问题发表意见？更重要的是，我们能做些什么？

很简单，总得有人来做这项工作。由于种种原因[2]，两名法庭法医学家，除了少数例外，把火灾现场调查的领域留给了非科学家。他们满足于参与确定火场燃烧残留物中是否含有易燃液体残留物这一不起眼的任务。虽然可靠的化学分析很重要，但大部分假设的提出和检验（当研究者选择遵循科学方法时）发生在野外，在黑暗、肮脏、臭气熏天、烧毁的旧居、办公室和工厂里。这部专著的主要目的是鼓励感兴趣的科学家和工程师克服他们对无序杂乱现场的自然厌恶，并将他们的专业才能和科学知识带到急需这些资源的领域。同样重要的是，这本书鼓励火灾调查人员认识到他们将作为法庭法医科学家参与到我们的司法系统。

这部专著像所有好的科学书籍一样，从学科回顾开始。它证明了科学史和火灾调查的历史是密不可分的，自从人们发现四种元素——土、空气、火和水以来，这两者就已经密不可分了。现代化学、物理和流体力学的发展与对火灾现象的认识密切相关。此外，还讨论了火灾调查防护标准的演变以及培训基础设施改革的必要性。

第2章论述了燃烧的化学和物理基础。一些基本概念，如功、能量、功率、通量和温度的相关表述都是以即使没有接受过太多科学训练（或对其训练有记忆）的人也能理解的方式呈现。这一章基本上是高中化学和物理的“复习课”。自2009年以来，《火灾调查员职业资格标准》（NFPA 1033）的最低要求发生了变化，结束了火灾调查员可以声称不需要这些基本知识的时代。

第3章简要介绍了火灾动力学科学，并探讨了物体如何燃烧以及它们在燃烧过程中如何与周围环境相互作用。介绍了可燃性和火灾模式发展的概念以及火灾模型作为火灾调查工具的发展。在许多陪审团提出的过于简单化的“热流热量上升”概念的基础上，补充说明了热量遇到障碍物（例如天花板）时会发生什么，以及这可能如何影响火灾后留下的残留物；同时涵盖了关于对火灾动力学的常见误解，以及计算机建模在理解火灾行为方面的应用和误用。这种有价值的工程工具的开发和改进使消防工程师对火灾调查和重建产生了兴趣。不幸的是，与任何工具一样，建模也容易被误用和滥用，因此需要注意。

第4章提出了火灾现场勘验的实用程序。从了解调查的目的开始，到理解正确认定需要最佳心态。此外，讨论了证据记录和收集、损害评估、假设形成和检验以及报告和记录保存的方法。最近的工作强调了在认定起火点时的高频误区，也是本章探讨的内容。

第5章讨论了火场残留物的实验室检验鉴定，目的是检验是否存在易燃液体残留物。这一章是为火场残留物实验室分析员写的，除了引言之外的其他部分可能较难理解，因此非化学背景的调查员们可以跳过该章的部分内容。

第6章详细描述了常见火源的实验室检验和引燃条件测试。提供了在消防实验室鉴定的常见系统和设备的示例。讨论了每个设备和系统的常见故障模式，以便能够提出和检验关于该证据的假设。这一章提供了很多插图，特别是一些现场照片。提供了常见电气故障场景的具体指标，并有一个新的部分提供了Richard Vicars对印刷电路板火灾和低压引火源的描述和探讨。本版也首次对火灾涉及锂离子电池和金属氧化物变阻器的情况进行了讨论。

第7章对30起典型火灾的调查情况进行了剖析，前几章所述原则都适用于实际案例。这些都是作者调查或审查过的案例。这些案件中的大多数都提供了如何（或如何不）进行调查的经验。

第8章追溯了放火调查领域一些错误经验的产生和发展过程，最近许多有责任心的调查人员逐渐认识到他们所学、所教和所证明的可能都是完全错误的。作者希望读者们能够理解这些错误经验是如何产生的，以及为什么它们一直存在。还举例说明了这些错误经验对真实案例的影响。

第9章介绍了火灾调查中七种常见误区及其产生原因，以及避免这些错误的措施，为火灾调查员的工作成果评价提供了一种方法。最后，介绍了一些关于调查出现严重错误的案例，描述了那些错误的调查如何影响了人们的现实生活，并分析了导致错误的原因。

最后一章对火灾调查专业实践进行了探讨。这章包括质量控制方案的说明、商业实践和作为专家证人的基本知识。本章还包括如何取证和在审判中作证的一些实用建议。

作者尽可能尝试用涉及真实事件和真实人物的真实案例来说明观点。这本书不仅仅是关于抓捕放火犯的，而且是关于寻找答案的。最有趣的火灾，通常也是最具挑战性的火灾，往往不是放火火灾，而是意外火灾。意外火灾比放火火灾更容易引起诉讼。这不仅是因为涉及的财产金融风险往往比放火案高得多，还因为通常可以提供较多资金用于雇用私人机构的调查人员。保险业的趋势是保险公司试图从第三方制造商或服务提供商那里收回保险损失。虽然许多民事审判仅仅是放火审判，举证责任要求较低，但围绕火灾的民事案件往往比刑事案件更为复杂。

本书的重点是尽可能地将科学原理用于火灾调查实务，因此有一定的理论阐述是必要的，但如果读者想深入了解引火源引燃、火灾蔓延或建模的理论知识，还可以查阅更多的参考文献进行了解。本书旨在让读者了解中心概念存在的意义，这些概念有助于准确认定火灾的起因，或者批判性地审查调查员的工作。作者关注的是如何接近火灾现场，确定火灾原因的步骤以及如何以一种对客户有价值的方式呈现出这种结果。

这里谈谈火灾调查员的心态是合适的。许多火灾调查员都有消防背景。观察真实火灾的经验确实很有价值，但消防训练所需要的技能和心态与火灾调查所需要的有着很大的不同。灭火时，往往没有多少时间进行批判性思考。消防训练的关键通常是成功扑灭火灾。

消防员几乎一直都是成功的。当消防员离开现场时，火势已被扑灭。但当火灾调查员离开现场时，很有可能无法确定火灾原因。调查员必须学会接受这种可能性。有时，“不能认定火灾原因”也可以是唯一的答案，这种情况也是被允许的。这种未能完成指定任务的情况是消防员所不习惯的，但如果他们要转型成为合格的火灾调查员，他们的目标应该从“总是成功”调整为“通常成功”。

某些类型的火灾未在本书中描述，因为它们超出了作者的专业知识范围。车辆失火调查部分由一位值得信赖的同事负责。野外火灾调查也只是作者工作的一小部分。本书的重点是住宅、商业和工业建筑的火灾。

本书在很大程度上参考的是作者认为代表火灾调查标准的文件，所提出的观点也是通过参与这些文件的编写以及通过第一手观察调查结果而获得的，这些调查结果也有可能忽视了它们所遵从的某些原则。火灾调查实践，以及指导实践的标准，自本书第一版以来已经有了很大的发展。在整个20世纪90年代，人们一直致力于说服调查人员火灾并不总是向上和向外燃烧。最近，重点转移到理解通风对火灾行为和火灾痕迹的影响。有时候，我们对火的了解越多，我们知道的就越少。

火灾调查有许多可能的结果，一个常见的结果是提起民事或刑事诉讼。因此，所有的火灾调查都应该根据最好的科学方法进行。良好的科学性必然意味着调查具有“诉讼价值”。无论调查结果是导致保险索赔，还是导致民事或刑事审判，调查结果的风险都很高。如果法院要避免令人不安的大量误判，首先就要准确认定火灾原因。任何重大火灾损失都将危及生命、自由以及造成严重的金钱损失。因此本书的目的是促进更多地使用科学方法来确定火灾原因，并让更多的法医科学家和工程师进入这一领域，以便为法院等提供更准确的结果。让我们共同期待这一工作的日臻完善。

John J. Lentini, CFI, D-ABC

佛罗里达州，伊斯拉莫拉达

1本前言中的男性同样适用于女性（虽然事实上消防调查行业绝大多数是男性）。

2阻碍受过良好教育的科学家和工程师从事火灾调查工作的主要因素之一是工资太低。财政拮据的州和地方政府宁愿提拔一名消防员或警察去调查火灾，也不愿给一个有科学学位的大学毕业生合理的薪水。

作者简介

在过去的35年里，John J.Lentini一直是火灾调查的专家。1974年，他在佐治亚调查局犯罪侦查实验室开始了他的职业生涯。在那里，他学习了一般的犯罪学，特别是火场燃烧残留物分析，并开始了火灾现场调查。1977年，他进入私人执业公司，在接下来的10年里参与了100～150场火灾的调查工作，主要是为那些对被保险人火灾损失的合法性存疑的保险公司提供技术服务。同时，他管理着一个全国范围内客户的火场燃烧残留物分析实验室。

他在火灾物证鉴定实验室和现场调查标准化工作中发挥了重要作用。作为国际放火调查员协会（IAAI）法医科学委员会的联合主席，他是1988年IAAI发布的第一份实验室标准的主要起草者。他担任了两届犯罪学小组委员会主席和三届主要委员会主席，见证了ASTM法庭科学E30委员会接受这些标准的过程。

1993年，当美国犯罪学委员会（ABC）成立时，他是第一位当选为ABC董事会成员的非政府工作人员，并连续任职两届，是ABC运营手册的主要组织者，还担任了ABC时事通讯 *Certification News* 的首任编辑。他也是火场燃烧残留物分析人员认证考试的出题人之一。

Lentini是开始火灾调查员资格认证以来首批得到资格认证的火灾调查员之一，是ABC认证的首批火场燃烧残留物分析研究员之一。他是世界上少数同时持有实验室和现场工作资质证书的人之一。

他为美国国家消防协会（NFPA）《火灾和爆炸调查指南》（NFPA 921）的制定做出了贡献，自1996年以来，他一直是NFPA火灾调查技术委员会的成员。在该委员会中，他在助燃剂检测犬、“负面事实”概念和接受科学方法立场的发展中发挥了重要作用。

2013年，美国国家标准与技术研究所（NIST）和美国国家司法研究所（NIJ）成立了科学领域委员会组织（OSAC），他是首批受邀任职的火灾调查人员之一。2016年，他加入了得克萨斯州消防首席官科学咨询工作组，这是第一个进行案例审查的机构，这一做法得到了IAAI的认可，但迄今为止，仅在得克萨斯州采用。2015年，他被选为消防工程师协会年度人物，因为他推动了火灾调查专业的发展并有效防止或者纠正了许多错误定性放火方面的工作。

Lentini在同行评议的与火灾调查、保险业和法律专业的行业相关期刊上发表了30多篇论文。他在1991年对奥克兰山火灾的研究引发了对火灾调查中许多传统理念的重新思考，他的实验室工作研究论文是该领域的标准。他亲自进行了2000多次火灾现场检查，并在200多次火灾调查中作为专家证人。他经常应邀就火灾调查中的标准、火场燃烧残留物的实验室分析以及法庭科学标准化进展等主题发表演讲。

在佐治亚州马里埃塔应用技术服务公司管理火灾调查部门28年后，他于2006年搬到佛罗里达群岛，现在提供培训和火灾调查咨询，从事科学分析火灾工作。他就这本书的内容开发了一个为期三天的培训课程。

可以通过电子邮件联系Lentini先生：scientific.fire@yahoo.com。

致谢

这本书是我45年在法庭科学和火灾调查领域经验的总结。在那段时间里，我有幸与同事、客户一起工作，他们塑造了我的思维，引导我的职业生涯朝着有趣的方向发展，使我能够在谋生的同时终身学习。在此对这些给予我智慧、指导和时间的人表示感谢！

我最初的法医学导师Larry Howard、Byron Dawson、Roger Parian和Kelly Fite让我深刻认识到做好工作的重要性和犯错误的严重后果。我的同事来自各个标准化机构，例如国际放火调查员协会（IAAI）、美国犯罪学委员会（ABC）、ASTM E30法庭科学委员会、美国国家消防协会（NFPA）火灾调查技术委员会、科学领域委员会组织（OSAC）火灾和爆炸调查小组委员会以及得克萨斯州消防局的科学咨询工作组，他们都帮助过我改进我的工作，更广泛地说，是我们的专业。与法庭科学和火灾调查领域的专家们一起参加这些专业部门组织的会议让我受益匪浅；而他们中的很多人也一直在启发和激励着我，包括Andy Armstrong、Susan Ballou、Peter Barnett、Craig Beyler、Doug Carpenter、Dan Churchward、John Comery、Chris Connealy、Dick Custer、Peter De Forest、Julia Dolan、Jim Doyle、Itiel Dror、Mary Lou Fultz、Kathy Higgins、Max Houck、Ron Kelly、Thom Kubic、Dale Mann、Reta Newman、Bud Nelson、Larry Presley、Tony Putorti、Carlos Rabren、Rick Roby、Marie Samples、Carl Selavka、Ron Singer、Denny Smith、Rick Strobel、Rick Tontarski、Kary Tontarski、Peter Tytell、Chris Wood和David Smith，能够认识他们是我莫大的荣幸。

多年来，我非常感谢与我共同开展各种研究和培训的合作者：Andy Armstrong向我介绍了乙醚作为溶剂的好处；Richard Henderson和我一起参加了在奥克兰的研究；David Smith也来到了奥克兰，并协调完成了本书第3章所述的图森移动家庭实验。

Laurel Mason、Mary Lou Fultz、Julia Dolan、Eric Stauffer和Cheryl Cherry 都参与了对火场残留物进行深入分析的项目。

我还要感谢与我分享了经验和见解的火灾调查员和工程师们，他们的工作让我钦佩，包括Steve Avato、George Barnes、Vyto Babrauskas、Steve Carman、Andrew Cox、Mick Gardiner、Mark Goodson、Dan Gottuk、Dan Hebert、Dan Heenan、Ron Hopkins、Gerald Hurst、David Icove、Rick Jones、Pat Kennedy、Daniel Madrzykowski、Jack Malooley、Michael Marquardt、Jamie Novak、Robert Schaal、Richard Vicars、Lee West以及NFPA火灾调查技术委员会的成员。

如果没有客户的支持，我永远无法与这些受人尊敬的同事合作，他们雇用了我，把我介绍给了他们的朋友，并向我提供了建设性的批评意见，如果一个人想在火灾调查这个行业取得成功，客户是非常重要的。这些人包括Linda Ambrose、Charlie Arnold、Dave Bessho、Larry Bowman、Ken Burian、Archie Carpenter、Al Dugan、Mike Dutko、David Eliassen、Buck Fannin、Bob Gallantucci、Peter Goldberger、Doug Grose、Clark Hamilton、Peter Hart、Grant Law、Bob Lemons、Arnie Levinson、Jeff McConnaughey、Suzanne Michael、Dan Mullin、Al Nalibotsky、Lloyd Parker、Ed Pihl、Stuart Sklar、Kevin Smith、Kevin Sweeney、Wayne Taylor、Ty Tyler、Karl Vanzo、Peter Vogt、Don Waltz、Joe Wheeler、Ken White、Pamela Wilk，还有Mike McKenzie，他是一位知名的火灾诉讼律师，他是我的客户，后来也成为了我的好朋友。

我的作品引起了几位杰出的记者和制片人的注意，他们帮助公众关注火灾调查，并使我有机会向更广大的观众介绍火灾调查。这些人包括Joe Bailey、Radley Balko、Tom Berman、Jessie Deeter、David Grann、Wendy Halloran、Randi Kaye、Dave Mann、Steve Mills、Steve Mims、Maurice Possley、Liliana Segura和Scott Simon。

我还要向我的同事和应用技术服务公司（ATS）的员工们表达我的感激之情，我在那里实习了28年才“退休”到我的个人咨询公司。已故的James F. Hills发现了我的一些潜力，给了我一份工作。他支持我的专业发展以及我火灾调查实践的发展，后来他的儿子Jim J. Hills也同样支持我。我拥有与专业化学家和冶金学家（如Phil Rogers、Semih Genculu、James Lane和Bob Wiebe）在同一屋檐下工作的巨大优势，他们帮助我扩展了我解决问题的能力范围。Jeff Morrill从1990年起就是我的朋友和同事，我感谢他让我不再必须调查车辆火灾。Dick Underwood是我在ATS工作的整个阶段的电气工程顾问，今天仍在继续提供指导。我从他那里学了电气学，而他从我这里也学习了火灾学。他欣然同意对本书第6章进行了校核。Leslie Macumber和Daniel Schuh在为本书美工方面提供了重要帮助。

我还要感谢Doug Carpenter对第2章和第3章提供了修改建议并进行了校核，感谢Steve Carman对第3章的校核，感谢Julia Dolan对第5章的细致校核。这种校核非常耗时，特别是对于那些时间很宝贵的人而言。这些校核工作对本书能否涵盖这些高度技术性的主题至关重要。Mark Goodson和Rich Vicars为第6章作出了重大贡献。我也要感谢我的编辑Norah Rudin和Keith Inman的不断鼓励，感谢他们在这篇专著的编写过程中花费的大量时间，并帮助我完成了我想写的书。我要特别感谢我在泰勒和弗朗西斯集团的第一任编辑Becky McEldowney，他大胆地允许文本彩色印刷，使之成为火灾调查领域里的第一部全彩文本，以彩印本出版这部专著为其他火灾专著提供了很好的参考。

献给

本书还献给以下人员及单位，他们涉及的火灾如果再重新调查一次，可能会有不同的结果（带*的表示撤销定罪）。

Bruce Aslanian

Zeiden Salem Ammar

Joseph Awe*

Michele Owen Black

Nelson Brown

Kristine Bunch*

Lawrence Butcher

Barbara Bylenga

Sonia Cacy*

Paul Camiolo

Weldon Wayne Carr*

Rachel Casey

Donte Casson

Irma Castro

Maynard Clark

Melissa Clark

Andrew Currie

Kenneth and Ricky Daniels

Valerie and Scott Dahlman

Louis DiNicola*

Michael Dutko

William Fortner

Harold Fowler

James Frascatore

A.Stanley Freeman

David Lee Gavitt*

Ray Girdler*

Robert Gibson

Adam Gray*

Judith Slappey Gray

Robert Hancock

Jean and Stephen Hanley

Rebecca and Stephen Haun

James Hebshie*

Cecelia Hernandez

David and Linda Herndon

Robert Howell

James Hugney*

Terry Jackson

Danny and Christine Jewell

Eve and Manson Johnson

Thomas Lance

Han Tak Lee*

Gerald Lewis

Beverly Jean Long

Tonya Lucas*

Charles Martin

Amanda Maynard

Arturo Mesta

John Metcalf

Nafiz Muzleh Joan Nellenbach

Pedro Oliva

Shawn Porter

Kimberly Post

Kazem Pourghafari

Ray Price

Bryan Purdie

Davey James Reedy*

Sasheena Reynolds

Daryl Rice

Karina and Juan Rojo

Victor Rosario*

Bruce Rothschild

Barbara Scott

Charles Schuttloffell

Lauren Shaw

Larry Sipes

Jermaine Smith

Terry Lynn Souders

George Souliotes*

Paul and Karen Stanley

Terri Strickland

Kevin Sunde

Louis Taylor

Kum Sun Tucker

Amaury Villalobos*

Jerome and Karen Vinciarelli

Michael Weber

Ernest Ray Willis*

缩略语

美国科学促进会（AAAS）：《科学》杂志的出版商。

美国法医科学院（AAFS）：一个由6600多名成员组成的专业组织，是法庭科学认证机构的后盾，也是《法庭科学杂志》的出版商。

美国律师协会（ABA）。

美国犯罪学委员会（ABC）：FSAB认可的认证机构，提供各种法医学学科的认证，包括火场残留物分析。

ANSI-ASQ国家认证委员会（ANAB）：向法医学组织提供ISO 17020和ISO 17025第三方认证的组织。2016年与ASCLD-LAB合并。

美国国家标准协会（ANSI）：一个标准开发和认证的组织，美国ISO的代表。

学院标准委员会（ASB）：标准开发组织，是AAFS的一部分。ASB在其他标准开发组织（SDO）未涵盖的法医学法庭科学领域制定标准。

美国犯罪实验室主任协会（ASCLD）。

美国犯罪实验室主任协会实验室认证委员会（ASCLD-LAB）。

美国质量协会（ASQ）：为质量团体提供培训和专业认证。

美国材料与试验协会（ASTM）：美国材料与实验协会，拥有三万多名成员，制定了一万两千多项自愿共识标准，包括法庭科学标准，现在简称为ASTM国际。美国国家标准学会（ANSI）认可的SDO，拥有超过30000个成员，制定了12000多个自愿共识标准，包括法医学标准。

应用技术服务公司（ATS）：一家多学科测试和咨询公司，作者于1978年至2006年受雇于该公司。

美国烟酒枪炮及爆炸物管理局（ATF）：美国司法部的一个机构。

国际建筑官员与规范管理人员协会（BOCA）：负责制定和执行建筑守则的专业人士协会。国际建筑规范出版商。

英国热量单位（Btu）：使1磅水在最大密度下升高1华氏度所需的热量，相当于1055焦耳。

综合火灾和烟雾传输（CFAST）：NIST提供的分区模型。

注册火灾和爆炸调查员（CFEI）：NAFI提供的主要认证。

注册消防调查员（CFI）：IAAI提供的主要认证。

消费品安全委员会（CPSC）：一个独立的联邦（美国）监管机构。

法医专业认证委员会（FSAB）：由AAFS开发的一家公司，对法庭法医科学的认证机构进行认证，包括IAAI认证计划和ABC。

火灾动力学模拟器（FDS）：NIST提供的现场模型。

GS-MID：气相色谱-火焰离子化检测器。

GC-MS：气相色谱-质谱检测器。

暖通空调（HVAC）。

重质石油馏分（HPD）。

国际放火调查员协会（IAAI）：一个由9000多人组成的专业组织。IAAI为火灾调查人员提供培训认证。

国际电工委员会（IEC）：出版电气、电子及相关技术国际标准的SDO。

国际标准化组织（ISO）：一个国际标准发展组织。

易燃性液体残留物（ILR）。

爆炸下限（LEL）。

可燃下限（LFL）（与LEL相同）。

轻质石油馏分（LPD）。

中等石油馏分（MPD）。

材料安全数据表（MSDS）：OSHA在2012年将术语改为SDS（安全数据表）。安全数据表有更具体的内容和格式要求。

全国火灾调查人员协会（NAFI）：为火灾调查人员提供培训和认证的专业组织。

国家火灾事故报告系统（NFIRS）：由美国消防局监督的标准报告系统。

美国国家消防协会（NFPA）：一个ANSI认证的SDO，为消防服务制定标准、推荐做法、规范和指南。NFPA 921《火灾和爆炸调查指南》和NFPA 1033《火灾调查员职业资格标准》的出版商。

美国国家司法研究所（NIJ）：美国司法部（DOJ）国家标准与技术研究所（NIST）的研究机构，前身为国家标准局。美国商务部的一个机构，也是OSAC的总部。

溢流保护装置（OPD）。

科学领域委员会组织（OSAC）：由NIJ和NIST赞助的一个组织，致力于鉴定和发布法庭科学的自愿共识标准，包括火场残留物分析和火灾和爆炸现场调查。

职业安全与健康管理局（OSHA）：美国劳工部的机构。

丙烷教育和研究委员会（PERC）。

聚氯乙烯（PVC）：一种热塑性塑料，用于管道和电气绝缘。

科学领域委员会（SAC）：OSAC有五个这样的委员会。每个委员会有4至7个小组委员会，每个法庭科学学科一个小组委员会。

科学咨询工作组（SAW）。

标准制定组织（SDO）。

科学火灾分析有限责任公司（SFA）：作者的咨询公司。

消防工程师协会（SFPE）：SFPE手册的出版商，同时与NFPA一起出版了*Fire Technology*。

热熔断器（TCO）。

爆炸上限（UEL）。

可燃上限（UFL）（与UEL相同）。

美国保险商实验室（UL）：一个私人的SDO，它“列出”符合其标准要求的产品。UL还进行火灾研究。

交流电压（VAC）。

直流电压（VDC）。

目录

CONTENTS

第 1 章

火灾科学

没有哪种方法，比思考蜡烛燃烧的各种物理现象更能打开自然科学的大门。在这些现象中，没有一条规律是不起作用的，也没有一条规律是不被涉及的，在这种规律下，宇宙的任何部分都是受其支配的。

——迈克尔 · 法拉第

《一支蜡烛的化学史》，1848和1860年

学习目标

阅读本章后，读者应能够：

- 领会火灾研究和科学的关系；
- 掌握解释火灾的不同假说的历史；
- 了解推动火灾科学研究的主要科学家；
- 明白NFPA 921《火灾和爆炸调查指南》和NFPA 1033《火灾调查员职业资格标准》的发展和重要性；
- 掌握参与火灾调查的个人和机构的作用。

1.1 引言

法庭科学家试图确定火灾调查是否与他（或她）所受的科学训练相兼容，或者作为火灾调查员试图确定科学是否在火灾现场调查中有适当地位，迈克尔·法拉第（Michael Faraday）在伦敦的皇家机构所做的圣诞演讲中给出了答案。火灾，第一印象是混乱和不可复制的，可以通过细致观察（图1.1）和运用基本科学定律解释。火灾调查，遵循采用科学方法建立的规则，能够得到不仅在逻辑上合理，而且至少在一定程度上正确的结论。在明确科学能够解释火灾的同时，法拉第的观察也表明火灾是一种特别复杂的现象，很难理解和解释。

1.2 论证与实验

在人类文明的最初几千年里，可能已经有科学过程发生，但是寻找真理的方法并没有被清楚地表达出来。亚里士多德的论证方法，是当时寻找真理的主要方法。古希腊人的方法论在论证时主张严谨的逻辑，但遗憾的是，亚里士多德很少使用实验方法。他是“ipse dixyt[1]”学派的最初支持者，直到最近，这类学派不仅在火灾调查，而且在其他法庭科学领域都占主导地位。

直到文艺复兴时期，科学方法论和实验的实用性才得到广泛认可。Albertus Magnus，一名13世纪多米尼加修士，是文艺复兴时期最早的科学家之一，认为研究自然的第一步是观察、描述和分类。受阿拉伯哲学家重新研究古典希腊知识的影响，他游遍欧洲，与渔民、猎人、养蜂人、捕鸟者以及工匠交流。他写了两本书，一本是关于动物学的，一本是关于植物学的。

罗杰·培根（Roger Bacon）在他的*Opus Maius*一书中，认识到科学方法的普遍性，书中描述了马拉法院著名磁学工作者皮特（Peter）的活动。

在他看来，别人看起来如黄昏中蝙蝠所追寻的模糊的目标，就如同暴露在强光之下——因为他是实验专家。在实验中，他获得了自然医学、化学的知识，并确认这是天堂或地球中的一切[1]。

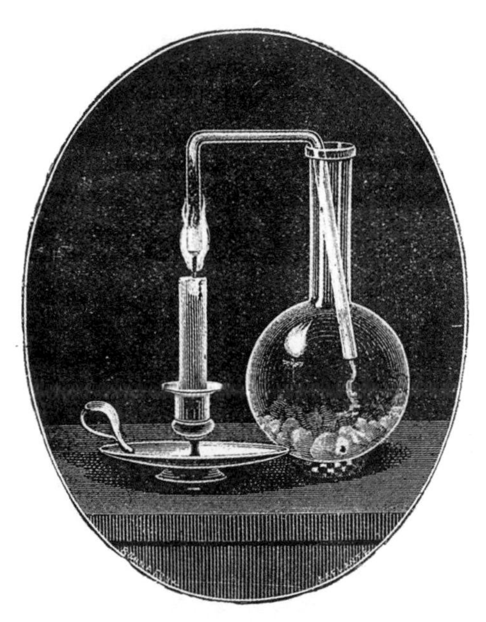

图 1.1　法拉第研究蜡烛火焰的装置。一支点燃的蜡烛放在长颈瓶旁边，蜡烛火焰处有一根玻璃管连入长颈瓶内。[摘自美国马里兰州贝塞斯达国家医学图书馆提供的《门捷列夫的化学史》（*Mendeleev's History of Chemistry*, 1897）]

到16世纪末，在哥白尼（Copernicus）、伽利略（Galileo）和开普勒（Kepler）的努力下，科学方法得到更多认可。在面对新的科学数据时，古老的通过论证讨论理论的学术方法惨败。1620年，佛朗西斯·培根（Francis Bacon）在一本名为*The New System*［因为要替代亚里士多德（Aristotle）的老系统］的著作中指出：

辩论法不足以支持创新工作，因为自然界的微妙远超出所辩论的问题[2]。

佛朗西斯·培根提出了一个包括四个基本组成部分的数据管理过程：发现、判断、记录和讨论，这成为了我们现代科学观的一部分。培根的新系统提出后不久，Rene Descartes制定了《方法论》的具体规则。其中的秘诀被他叫做"有根据的怀疑"，通过这种怀疑，除了"已被证实的真理"之外的一切事物都应被质疑，直到它们被证明是真实的。培根的经验主义和笛卡尔的怀疑方法论共同促进了一个新的调查技术的新学派的产生。首先便是1657年在罗马成立的西芒托学院（Accademia del Cimento），他们的座右铭是"一试再试"。类似的组织在欧洲迅速兴起。在1660年11月28日，包括克里斯托弗·文（Christopher Wren）、罗伯特·博伊尔（Robert Boyle）和罗伯特·胡克（Robert Hooke）在内的12人在伦敦的格雷沙姆学院（Gresham College）成立了一个促进物理-数学实验学习的学会。这个学会成了伦敦皇家自然知识促进学会的前身。伦敦皇家学会致力于通过"多重见证"，即在一些学会成员面前重复一个实验来帮助他们了解自然科学。这个学会的座右铭是"别把任何的话照单全收，自己去思考真理（Nullius in verba）"，简言之就是不要相信任何人的话——这与"他自己做过"的主旨完全相反。1667年，托马斯·斯普拉特（Thomas Spratt）在《英国皇家学会史》（*History of the Royal Society*）中解释了新实验的价值：

对无视法律行径的崇拜[2]*：人们谴责当权者的原因是对自身智慧的盲目认知。他们认为自己无所不能，认为自己是正确的，他们建立了自己的观点并推崇它们。但是，这种徒劳的崇拜在*

实验知识面前是一触即溃的，因为实验知识是所有虚假论调特别是自我崇拜和幻想的敌人[3]。

1.3 火与启迪

火是最早被提出并且至少部分通过实验方法被理解的现象之一。直到18世纪，火被认为是一种自成一体的物质，也就是古希腊人所描述的四种“元素”之一。古希腊哲学家认为存在土、空气、水、火四种元素。亚里士多德提出，元素还具备着以下两种属性：冷或热，干或湿。例如，火是又热又干的，水是又冷又湿的，空气是又热又湿的，土是又冷又干的。亚里士多德因此成为了炼金术的导师。经由炼金师们，他的思想影响了化学近2000年。

之后对火的解释为“燃素说”，出自两个德国的大学教授Johann Becher和Georg Stahl。燃素说解释了空气起初是如何支持燃烧，并且之后是如何停下的。它还指出了亚里士多德学说的一些缺点，尤其是对于一些模糊的化学变化概念。Becher提出所有的可燃物中都有一种物质（后被Stahl命名为燃素），这种物质在燃烧中得到释放，并且是产生灰烬的真正原因。Stahl提出术语“燃素”是源自希腊单词phlogistos（燃烧）。Stahl认为活物在组成中蕴含着一个不同于死物的灵魂（19世纪中叶主流的生命论）。1708年Stahl在他的著作*The True Theory of Medicine*中概述了他的医学理念，这本书轰动了当时的欧洲。他们两人的理论通过以下方式解释了燃烧、氧化、煅烧（燃烧后的金属残渣）和呼吸：

- 火会熄灭是因为空气中的燃素趋于饱和。
- 木炭燃烧后留下的残渣很少，是因为它几乎是纯燃素构成的。
- 老鼠会死在密闭的空间，是因为空气中充满了燃素。
- 当金属灰（金属氧化物）与木炭一起被加热，金属灰被还原为金属，是因为燃素由木炭转移到了金属灰内。

Becher和Stahl在实验室外得到了这些结论，但是实验室内的其他科学家发现，一些金属，例如镁，在燃烧时重量会增加。如果金属加热生成氧化物的时候会释放燃素，为什么氧化物的重量会比金属大呢？ Stahl将这些增加的重量归因于进入的空气，这些空气填补了燃素释放后所留下的真空。

Joseph Priestley（约瑟夫·普里斯特利），这个相信着燃素说（见附加说明1.1）的人，在1774年[3]发现了氧气，并将其命名为“脱氧空气”。他关于“不同种类的空气”论文的封面如图1.2所示。他将氧化汞置于封闭的容器中接受阳光照射，得到的“空气”比普通空气好五六倍。将其置于密闭空间，可使蜡烛燃烧更长时间，或是使老鼠呼吸得更久。

附加说明1.1 燃素说

燃素被描述为一种没有重量或几乎没有重量的弹性（可压缩）物质，在燃烧时释放到空气中。燃素被认为是优质燃料的主要成分。因此，蜡烛和煤被认为是几乎纯燃素。沙子和石头根本不含燃素，因此无法燃烧。水能灭火，因为其含有负的燃素。

可以利用燃素含量来描述物质。金属被认为富含燃素。泥土则被认为缺乏燃素，因为基本不能燃烧。气体被依照它们的燃素含量或是燃烧特性来描述。下列这些现象是支持燃素说的证据：

◆可燃物燃烧时会因为损失燃素而重量减轻。

◆在密闭空间，火会熄灭是因为燃素趋于饱和。

◆金属氧化物（被称为金属灰）在与燃烧的木炭接触时被还原成天然金属，因为木炭将其燃素赋予了金属。

◆木炭燃烧时留下的残渣很少，因为它几乎完全是由燃素构成的。

但是，这个理论仍有一个问题，有些金属燃烧时重量会增加，所以如果说它们将燃素释放到了空气中，这些燃素必须是“负素”。同样，氧化汞会在简单的加热下变成汞，甚至没有木炭的参与。

因为毕生都在为燃素说辩护，Joseph Priestley并不被科学界认可[4]。他1775年的论文描述了氧气的发现，题为“Experiments and Observations on Different Kinds of Air”。文本封面如图1.2所示。那时，所有的气体都被称为“空气”。氧气被称为脱氧空气（dephlogistocated），氮气被称为去燃素的空气、有毒空气或是氮化物，二氧化碳被称为固化空气，氢被称为易燃空气。

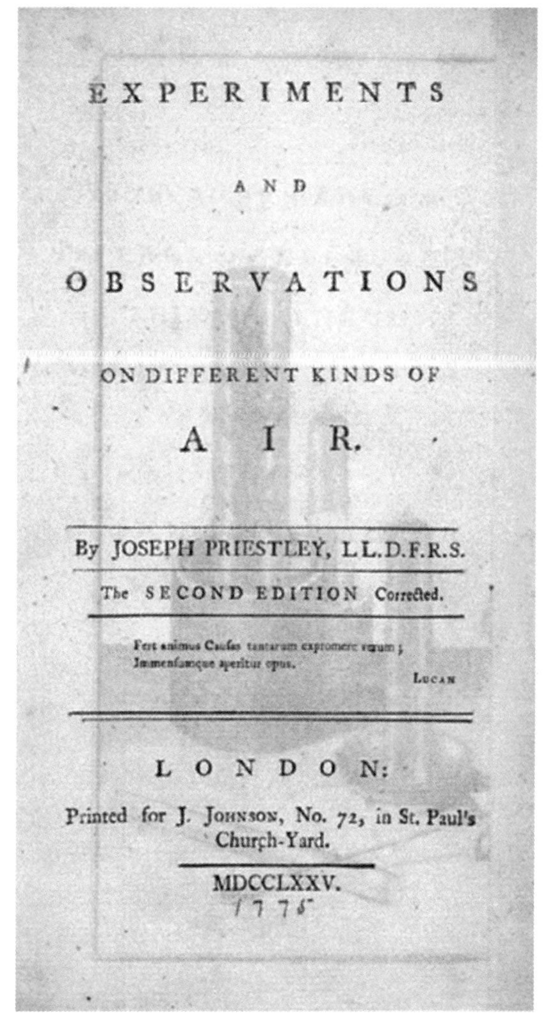

图1.2 Joseph Priestley1775年发表关于“不同种类的空气”论文的封面。（由马里兰州贝塞斯达国家医学图书馆提供）

Priestley在上述论文发表20年后，又在1796年发表了一篇名为“Considerations on the Doctrine of Phlogiston, and the Decomposition of Water”的论文来为燃素理论辩护。这篇论文中，他指出了Lavoisier实验中的一些问题，比如他不能解释两种颜色的氧化铁，他质疑了实验中用于测量氢、氧和水的比例的准确性，该实验表明水是“易燃空气和燃气”的结合。他说：“但在我看来，所使用的仪器并不像结论所要求的那么准确；在推导结果时，有太多的校正、余量和计算。”

Priestley的一些为旧学说辩护的观点似乎在如今的火灾调查界得到了呼应，就像一些受过“老消防员的故事”培训的调查人员，他们捍卫这些故事的有效性，并攻击新的知识。

Antoine Lavoisier（图1.3），一位法国的“自然哲学家”，和Priestley通讯员，于1772年应用科学的方法开始了对燃烧的研究。Lavoisier（拉瓦锡）对燃烧的兴趣是由他天生的好奇心推动的，当然也与工作相关。他提出了一种改善巴黎街道照明的方法，并被任命为国家火药委员会成员。正是因为这一任命使他得以在巴黎兵工厂的最先进的实验室里进行研究。Lavoisier实验室中最令人印象深刻的设备之一是他发明的天平，这种天平能够测量小到半毫克的变化。这种精度允许使用者测量小体积气体的重量的变化。

图1.3 Lavoisier在他的实验室里。（由马里兰州贝塞斯达国家医学图书馆提供）

当观察到一些物质，特别是金属，被燃烧时重量增加，Lavoisier将某些燃素定义为“燃烧时质量发生损失的燃素（**负素**）”，将其他燃素定义为“燃烧时质量增加的燃素（**正素**）”。尽管在他的脑海中可以完美存在两种对立的观点，但这是他无法证明的一种平衡。最终他不得不放弃燃素说，接着他发现了（或者说至少非常接近地去理解）燃烧的本质和氧气在支持火和生命中的作用（图1.4）。通过实验，他还发现了质量守恒定律，这是现代化学的基本原理之一，即反应产物的质量之和等于反应物的质量之和。“平衡”化学方程式的概念诞生了。1789年，Lavoisier发表了第一部现代化学著作《元素化学论》（*Traité Élémentaire de Chimie.*）[5]。在这本书中，Lavoisier阐述了一种新的至今仍在使用的化学命名系统。这个系统是基于元素的名称，使用组成化合物的元素来给化合物命名，取代了炼金术士或燃素学派使用的奇特名称。食盐是钠和氯的化合物，叫做氯化钠。氢气和硫黄形成的气体是硫化氢。除了新的命名方法，这本书还结合Lavoisier的新燃烧理论讨论了化学。

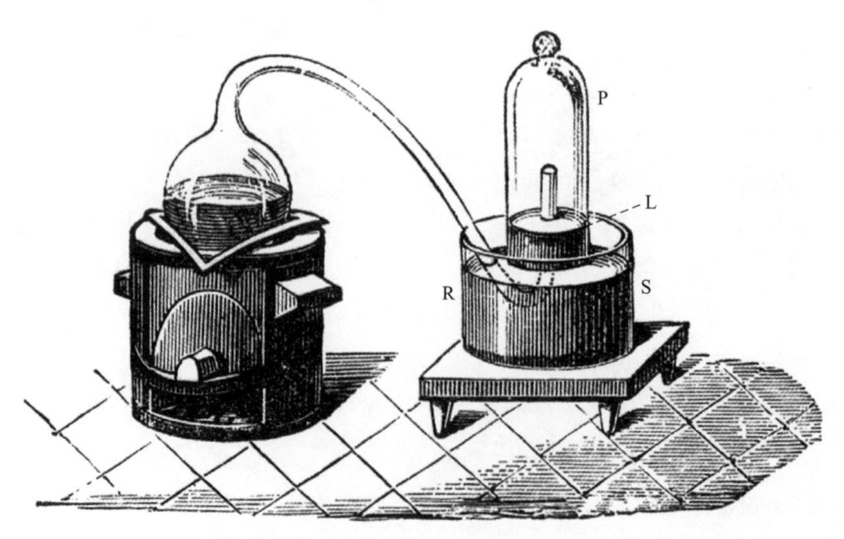

图1.4 Lavoisier用于测定空气的组成和金属煅烧（氧化）后重量增加的仪器。［摘自美国马里兰州贝塞斯达国家医学图书馆提供的《门捷列夫的化学史》（1897）］

Lavoisier否定了一种物质不可能存在的同时，假设了另一种物质的存在。“热量”被认为是一种无重量的弹性流体，可以从一方传递到另一方，而不能被创造或破坏。本杰明·汤普森［世称朗福德（Rumford）伯爵］（Benjamin Thompson）反驳了这一理论，他们在一台加农炮钻孔机上的实验证明，热是能量的一种形式而不是物质的一种形式[6]。朗福德伯爵的工作构成了热力学的基础[7]。

在Lavoisier工作的基础上，Joseph Louis Gay-Lussac于1802年发现了体积合并定律，也称为恒定比例定律。该定律表明：在气体之间的反应中，气体的体积总是以简单的比例结合。例如2L氢气与1L氧气反应产生2L水蒸气。任何过量的气体都不会参与反应。

1811年，阿莫迪欧·阿伏伽德罗（Amedeo Avogadro）在*Journal de Physique*上发表了一篇文章，清楚地区分了分子和原子。他指出道尔顿混淆了原子和分子的概念。事实上，每个水分子中包含氢和氧两种“原子”。因此，两个氢分子可以与一个氧分子结合产生两个水分子。Avogadro（阿伏伽德罗）的假设——等量体积的气体含有相同数量的分子，直到他死后才被广泛接受。为了纪念他，将1mol物质中的分子数称为阿伏伽德罗常数，即化合物的质量等于该化合物中所有原子质量之和。这个数字基本是无限的——6.022×10^{23}。

到1860年法拉第第二次圣诞节演讲时，燃烧的大部分基本原理已经被记录下来。阿道夫·菲克（Adolf Fick）推导出了扩散定律。约瑟夫·傅里叶（Joseph Fourier）发现了热传导定律。1866年，路德维希·玻尔兹曼（Ludwig Boltzmann）和詹姆斯·麦克斯韦尔（James Maxwell）用统计力学来描述原子和分子的微观行为，并将宏观现象与热和压力联系起来。对火的共同认识使工业革命得以向前迈进，因为人们找到了利用化石燃料中所含能量的新的更好的方法。在19世纪末20世纪初，麦克斯·普朗克（Max Planck）和阿尔伯特·爱因斯坦（Albert Einstein）填补了我们对光、热和辐射的理解中剩下的大部分空白。

1.4 火灾调查的科学方法

启蒙运动的“自然哲学家”和跟随他们的科学家不仅描述了世界，而且制定了一套了解世界的体系。科学方法是一种思维方式，它提供了一套技术来测试几乎无限范围的人类思想的有效性。它使得我们能够区分有效信息和那些仅仅合理的信息。几乎所有经验主义的认知都可以如此测试。事实上，科学方法的发展史表明，关于火的研究不仅在科学发展中起到了重要作用，有关火的性质和产生原因的观点也是经得住科学检验的。这代表着科学不单单是在实验室中被实践，也可以在实际领域被应用。科学观点是基于定义问题、数据收集和分析、形成假设、假设检验的特定过程，其中最重要的是假设检验。无论是在哪里或是由谁来进行这个过程，都是如此。

一些非科学家似乎认为，如果不使用分析机器，数据收集步骤就不复存在。事实上，数据可以从对现实世界的观察来收集，从以前的经验中收集，或者正如最常见的那样，通过简单地以逻辑的、可重复的方式思考一个问题中收集。科学方法的效用及其对几乎所有人类经验的适用性，已经被2万多个独立的科学和技术学科所证明。瑞秋·卡森（Rachel Carson）说得好：“科学是生活现实的一部分，它是我们经历的一切事物的内容、方式和原因[4]。”大多数法庭科学家，特别是火灾调查人员，通常与一般公众对科学构成的看法不一致。科学经常被认为是穿着白色实验服的人在实验室里做实验，或者通过复制标准化事件来预测未来事件。这两种事件都可以被认知为科学，但法庭科学家和火灾调查人员都无法复制凶杀案、入室盗窃案、飞机失事案或火灾——至少不能定期复制。我们无法再现历史事件不是因为我们不想，而是由于时间的不对称性，时间只朝一个方向移动。我们不可能重建或者推翻过去[8]。事实上，有许多科学分支无法再现过去的事件或准确预测未来的事件。这类科学包括地质学、天文学、考古学、古生物学，在许多情况下还包括法庭科学和火灾调查。例如，在地质学中，大陆漂移理论被广泛接受，但没有人能再现大陆的运动。天文学虽然可以非常准确地预测天体的位置，但没有人能找到一种方法来再现恒星的诞生。对于这些学科的探索，目标是了解特定事件的原因，而不是预测未来的事件。这种类型的科学，其目的是理解因果关系，属于历史科学。

历史科学实践中的一个困难是，存在的信息多于推断出事件原因所需信息。例如，在狭义上，火灾需要燃料、点火源和氧化剂的组合，但在调查过程中发现了许多可能导致特定火灾的因素。使用科学的方法，研究者识别和分离这些因素中的每一个，提出假设，并进行测试（或依赖先前的对照实验），这些测试要么反驳该假设，要么支持假设成立。因此，历史科学将过去的信息与经验测试（来自验证研究或特定情况的测试）结合起来，以推断出事件最有可能的原因。

1.5 现代火灾分析

火灾动力学的定量研究始于第二次世界大战期间，当时杰弗里·泰勒爵士（Geoffrey Taylor）描述了在充满燃烧着的汽油的沟渠上方的羽状空气夹带——他曾经用这些汽油来清除跑道上的雾。20世纪50年代，火灾定量描述的进一步发展是由美国民防办公室资助的，此时美国国家科学基金会火灾研究委员会负责进行和收集相关研究，该基金会由麻省理工学院的霍伊特·霍特尔（Hoyt Hottel）和哈佛大学的霍华德·埃蒙斯（Howard Emmons）先后担任主席，接下来的20年里，火灾调查成了火灾防范工程研究的范畴。在20世纪70年代中期，詹姆斯·昆特尔（James Quintiere）建立了一个简单的火灾行为数学模型，他的研究方法影响了该领域其他研究人员的思路。然而，直到有足够的计算能力同时求解流体动力学、传热、辐射和化学反应所涉及的变量，实用的火灾数学模型才成为可能。美国国家标准局［现在是美国国家标准和技术研究院（NIST)］和其他地方的工程师迅速成立并合并了火灾建模项目。这是在哈罗德·纳尔逊（Harold Nelson）等人的领导下完成的，他们不仅能周密计算，而且还能向天赋较低的人解释。第一本严格意义上的火灾动力学主题的教科书直到1985年才出版，当时威利出版了道格·多斯代尔（Dougal Drysdale）的《火灾动力学导论》。Quintiere在1997年出版了一本更易懂的《火灾行为原则》。遗憾的是，直到20世纪80年代中期，很少有关于火灾行为新发现的知识传递给火灾调查人员。

火灾调查是在平行轨道上发展的。火灾调查科学源于需要知道是什么引起了火灾，以及如何预防火灾。这些调查主要是交给警察和消防部门。保罗·柯克（Paul L. Kirk）在1969年写了第一篇关于火灾调查的科学论文。Paul L. Kirk，20世纪最伟大的法庭科学家之一，写了一本书，名为《火灾调查》（相当简单）。虽然Paul L. Kirk当时就认识到了很多火灾调查人员对火灾物证作出了不适当的推断，他相信“正常”火灾行为的概念，并没有解决室内火灾和轰燃的问题（在本书第3章中涵盖）。Paul L. Kirk意识到，火灾调查的主要从业人员无法看到关于火灾行为的相关文献，所以他的著作是同时为科学家和非科学工作者两者定制的，来帮助他们理解火灾行为的基本原则。

约翰·德哈恩（John DeHaan）在1983年撰写第二版时解决了柯克原著中的许多不足之处，并在以后的每一版中不断改进这本书（第八版，现在由Icove和Haines撰写，于2018年出版）。20世纪最后三十年出版的其他关于火灾调查的文章，除了少部分个例，都是由好心但并对专业不那么了解的人撰写的，这也造成了很多对火灾原因的误判。这些文章和误解在第8章中作了详细描述。

20世纪80年代初，是火灾调查经历决定性变革的几年。计算机第一次能够同时处理流体动力学、传热、质量损失和化学的复杂性。这种计算能力只存在于少数大型机构中，最有名的是NIST。随着更便宜、更快的计算机的普及，更多的人有能力学习如何模拟火灾。

除了计算方面的进步，在实际火灾的研究和测量方面也取得了技术进步。在1982年，在美国国家标准局工作的维廷·巴布拉斯卡斯（VytenisBabrauskas）发明了锥形量热计，这使得人们能够全面了解实际燃烧材料中的引燃条件、燃烧速率、热释放速率和烟雾产生。家具量热仪、房间量热仪以及更大的台式锥形量热仪的出现，使得我们能够对计算机模拟与实际火灾进行比较和校准。

在1984年，NFPA（美国国家消防协会）发布了“灾难倒计时”——一段16min的视频，模拟了包括一张普通的软垫椅子在内的普通住宅的火灾行为。其中发生的壮观轰燃仍然被用来说明室内火灾的行为方式完全超出了任何没有目睹过这种现象的人的理解。该视频摧毁了一个简单的、许多火灾调查人员用来确定火灾的起因的“热量上升”（很不幸有些人仍在使用）概念。

在20世纪80年代末，关于轰燃可以解释以前被叫做“可疑”的火灾案例和“异常迅速”的火灾蔓延的认知，使得一些广为宣传的放火定罪被逆转。亚利桑那州的两起刑事案件，“State v. Knapp案”[5]和“State v. Girdler案”[6]，甚至在今天仍引起较大反响。被告在这些案件中提出的论点被大多数火灾调查员嘲笑为“轰燃辩护”。随着时间的推移，发展至超越轰燃的火灾效果也被广泛认知。作为室内火灾的一个合理解释，轰燃变得更为广泛接受，并且大多数火灾调查人员都意识到了对发展至全室燃烧的火灾的调查所能产生的重要影响。然而，由于许多火灾调查人员是由那些经验丰富的导师培养的，30或40年前的老经验仍在影响着很多从业人员。

这些不正确的观念是通过周末或为期一周的“研讨会”传递的，在研讨会上，新来的人被教导“认识放火”。火灾用易燃液体点燃，然后在房内演变为轰燃前被熄灭，这种易识别的痕迹被作为现场寻找的例子。通常，科学家或消防工程师在设计这些“燃烧练习”中几乎没有参与过。科学界与火灾调查界几乎是完全相互独立的，这种割裂对双方讲都是不利的。也因此导致误解被广泛传播。为了解决这个问题，这个案例被无数的火灾调查教科书所收录来为他们增加权威性。很明显，训练基础设施急需被修复。

2005年，一群来自美国烟酒枪炮及爆炸物管理局（ATF）的持证消防调查人员在拉斯维加斯进行实验时，基础设施需要修复的严重程度变得显而易见。他们建造了两个测试室，点燃了它们，并允许它们在轰燃之后燃烧几分钟。然后，他们要求53名火灾调查员穿过房间并判断起火区域。第一个实验室有三名调查人员正确判别了起火区域，第二个实验室有另外三名调查人员正确判断出了起火部位，其他调查员被通风控制燃烧或轰燃所产生的火灾痕迹所误导[7]。

当这个实验的消息出来后，受到了火灾调查界的普遍关注，尽管这个结果并不让人感到惊讶。多年来，位于佐治亚州格林科的美国联邦执法培训中心在一所高级火灾调查学校开学典礼时进行了一次非正式的拉斯维加斯实验。虽然并没有记录结果，但这次非正式实验的参与者报告说，成功率在8% ～ 10%。拉斯维加斯实验于2007年在俄克拉荷马城再次进行，这次设置了三个房间。一号房间被允许在轰燃后燃烧30s，二号房间70s，三号房间3min。结果证实了拉斯维加斯的调查人员在实验中的错误率。

在70名参与者中，84%的人正确地识别了30s火灾的起火部位。当到了70s火灾的时候，这个数字降到了69%，而对于3min火灾则为25%。因此，对于轰燃后燃烧持续3min的火灾，训练有素的火灾调查人员在选择起火部位方面并不比任何未经训练的、随机选择人群更好。

在2005年拉斯维加斯实验的ATF演示幻灯片的最后一页上这么写着："依靠'燃烧最低点和炭化最重点'来定位轰燃火灾的起始点的'旧时代'已经过去了！"这确实是事实，但来得有点太迟了。

早在1997年，一份基于10次实验室测试火灾和获取的10次结构测试火灾的报告指出：

> 当在一个房间中产生了轰燃条件时，在与起火点无关的区域可能会产生位于墙壁较低处（低到地板）的痕迹。这些痕迹可能是由家具物品的燃烧或通风效果造成的。在轰燃条件存在的时候，不能仅仅通过低位燃烧痕迹来确定起火点[8]。

显然，火灾调查界无法接受该报告的内容，尽管它是由美国消防局资助的。但这种否认越来越罕见。

虽然ATF实验设计并不能控制所涉及的所有变量，但比随机概率还低的低成功率，使人怀疑调查人员通过"读取"火灾痕迹查明密闭环境下火灾起源是否有效。当然，火灾调查人员仍然可以正确解释火灾痕迹，但有必要将通风作为解读全面燃烧（通风控制）火灾的痕迹时的第一要素之一。在这种火灾中，控制燃烧发展的主要因素是氧气的可用性。在轰燃之后产生的火灾痕迹几乎不能为调查员提供寻找火灾起因的线索。相关的细节将在第3章中进行讨论。

1.6 NFPA 921

由于很多人对于专业知识的误解，NFPA标准委员会于1985年成立了一个火灾调查技术委员会，从法律人员、工程师、保险界相对平均地招募了30名成员。技术委员会是火灾调查员和消防工程师首次在同一项目上合作的组织之一。7年后，第一版NFPA 921《火灾和爆炸调查指南》问世。该书的目的是（至今仍是）"协助改进火灾调查过程和提高火灾调查过程所产生的火灾信息的质量[9]"。该书目前每3年或4年更新一次，第九版已在2017年完成，文本长度是1992年版本的两倍以上。NFPA 921是在火灾调查领域发表的最重要的文献。任何人想成为该领域的专家都必须通过该书的测试，美国司法部（DOJ）更是将其称为"基准[10]"。每一个新的版本，NFPA 921都包含了研究火灾行为的新成果，并引入火灾调查、法律、保险、工程和科学等方面的新资料。

NFPA 921最突出的建树是在关于基本方法的一章，推荐了物理科学中使用的科学方法：系统研究法。美国消防协会提倡制定科学的法规和标准，敦促火灾调查人员使用该方法帮助人们不仅了解火灾，而且了解火灾中的化学和物理知识，这并非巧合。NFPA 1033要求：“火灾调查员应在整个调查过程中使用科学方法的所有要素作为操作分析过程，并得出结论。”

如果说NFPA 921的早期版本没有被火灾调查界普遍接受，是严重低估。与任何新的标准一样，NFPA 921引起了那些习惯于按照自己的主观标准工作的人的愤怒。1999年，这些人组织了一次有记录的运动，敦促NFPA删除文件中所有科学相关的部分。这场运动背后的部分推动力是第11巡回法院对“Michigan Millers Mutual v. Benfield案”的判决。该案中，上诉法院主张排除调查人员的证词，因为这名火灾调查人员说自己对火灾科学十分了解，他的证词的可采信性遭受了Daubert标准的质疑[11]。这一裁决震惊了整个火灾调查界。火灾调查界的一些领军人物开始敦促火灾调查人员避免提到“科学”这个词，从而避免它可能带来的Daubert标准的挑战。一份国际放火调查员协会（IAAI）的简报上如此说道，“火灾起因的调查，就其本质而言，与Daubert标准猜想比是‘不太科学’的[12]”，本质上讲是说法院的“祖父”般“传统”的方式代表着愚昧。最高法院在“Kumho Tire v. Carmichael案”中，在对Daubert标准和第702条规则的再一次补充说明中推翻了该简报上的论点。最高法院认为Daubert标准适用于所有专家证词，并指出第702条规则对“科学知识”“技术”和“其他专业”知识没有进行区分。在Daubert标准中，法院规定，建立证据可靠性的是知识这个名词而不是科学的或者技术上的这种形容词[13]。在某种程度上，如果当事方要推崇一种“不那么科学”的方法，根据法院在Kumbo案中的裁定，这种方法就需要更多的彻底审查。

尽管最高法院已经对所有调查员的证词进行了可靠性调查，但仍有超过100条评论被提交给2001版的NFPA 921，抗议技术委员会决定继续使用科学方法。许多论点支持“系统方法”而不是科学的方法。这些论点表明，许多提议者对科学调查的方法有误解。这些论点包括但不限于：

- 科学研究很重要，然而火灾调查不是一门精确的科学。
- 火灾现场不同于实验室。科学方法是在进行“科学实验”时使用的。
- 火灾调查人员如果确实在进行高质量的火灾调查，并对火灾的起火点和原因有适当的结论，就不应受到关于科学方法的外来问题的干扰。
- “系统性”是对我们所做工作的更明确的定义。“科学”意味着一门精确的科学，在火灾调查中是不可能的。
- 使用“科学方法”的措辞往往令人困惑。
- 科学方法意味着只有科学家才有资格调查火灾，并就火灾的起火点和原因提出意见。

也许最有说服力的论点是，“这一建议是一种令人困惑的尝试，旨在缓解火灾调查与科学世界之间在争夺权威上的分歧[14]。”

技术委员会和NFPA没有看到这样的竞争，也没有承认有两个不同的“世界”，但这一论点鲜明地说明了当今火灾调查的一个主要问题。

委员会为了消除“科学地检验一个假设，需要重建这座建筑，然后再把它烧毁”的论点，对于科学方法的描述进行了稍许改动。在关于假设检验的段落中，添加了以下句子：“对假设的这种检验可以是认知的，也可以是实验的。”这解释了一个命题，即只要用演绎推理来检验假设，实际的实验就不是必要的。一些火灾调查人员把这看作一种许可，可以像过去一样只考虑火灾现场，并依赖他们的经验，但随后2004年的版本提供了更多关于使用归纳和演绎推理的细节。

与以前的版本相比，对美国2008版的NFPA 921和以后的版本的积怨要少得多。火灾调查员和他们的客户对这份文件越来越习以为常，反对这份文件的人渐渐退休了。随着法院越来越熟悉NFPA 921，一套法律体系渐渐成熟，尽管NFPA称它为“指南”而不是“标准”，但该文件为法院提供了关于火灾调查中应注意的标准的指导。在Kumho Tire案件裁决后，美国司法部接受了NFPA 921，IAAI停止了抵制，切实地接受了这份文件。然而，在2011年的更改中出现了新的阻力，该文件被贬低为被称为“负面语料库”的方法。由于这些评论意见，委员会对2014年版作了一些修改，但迄今为止，对负面语料库方法的贬低仍存在于文件中。

可以说，2000年NFPA 921被火灾调查团体“普遍接受”。这一年，IAAI和美国司法部（DOJ）都批准了该文件。在那之后，大多数法庭裁决都将NFPA 921认作标准。

1.7 NFPA 1033

另一份文件的演变证明了NFPA 921对火灾调查界的重要性。NFPA 1033《火灾调查员职业资格标准》，作为NFPA 1031《消防检查员、火灾调查员和防火培训员专业资格》的一个子单元，于1977年被NFPA采用。NFPA 1033的第一版作为火灾调查员专业资格的独立标准于1987年被NFPA通过。2003版对文件进行了更新，虽然它提到了NFPA 921（一次，在附录中）[9]，大部分的改变是为了使它与新手册的风格相一致。

2009年版的NFPA 1033进行了重大变革，最重要的是增加了1.3.8段中的内容，其中列出了火灾调查人员应该掌握的13个科目。新增部分如下：

1.3.8* 调查人员应至少在高中以上教育阶段拥有并保持对下列专题的最新基本知识：

1. 火灾科学
2. 火灾化学
3. 热力学
4. 测温学
5. 火灾动力学
6. 爆炸动力学
7. 火灾计算机建模
8. 火灾调查
9. 火灾分析
10. 火灾调查方法
11. 火灾调查技术
12. 危险材料

13. 失效分析及分析工具

在2014年，NFPA1033被更新，在该清单增加了三个主题，如1.3.7所示：

14. 消防系统
15. 证据记录、收集、保存
16. 电力和电气系统[15]

NFPA在2009年和2014年的这些改变使它成为了火灾调查人员更有用的工具。这是一份有强制性要求的简短文件，2009版增加了一份要求火灾调查员应具备的高中以上水平的知识清单，这使得考察火灾调查员成为一项直截了当的工作，诸如提出以下问题："能源的基本单位是什么？""能量的基本单位是什么？""能源和能量有什么区别？"

根据NFPA 1033的规定，无法回答这些问题的调查人员可能很难让法院信服他们是合格的，但如果正确回答这些问题，往往会缩短这一过程。任务变成了去说服担保律师，调查员是合格的，而不是试图说服法官，尽管缺乏强制性的知识但该调查员是合格的。一旦调查人员的问题被揭露，律师可以决定他或她是否不再支持这个"专家"的意见证词。第2、3和4章中对这类问题的处理将为火灾调查人员提供满足最低标准所需的知识库。

1.8 CFITrainer.net

随着CFITrainer.net的引入，2005年火灾调查员培训基础设施的一个重大改进首次亮相。这个基于网络的工具由IAAI赞助，它为任何需要的人带来了最新的知识，而且它的用户不需要承担任何费用。CFITrainer.net结合了拉斯维加斯和俄克拉荷马城实验以及其他实验的经验教训，这是调查人员无法从其他地方获得培训的宝贵工具。这对于寻求认证或重新认证的火灾调查员讲是可以接受的。

在CFITrainer.net上，有几十个培训模块需要一到四个小时才能完成。现有课程的部分清单如下：

- 火灾调查员的认可、认证和证书
- 罗德岛夜总会大火的分析
- 电弧映射基础
- 基础电学
- 批判性思维破案
- 证词：格式、内容和准备
- 出庭：质疑策略和有效应对
- 数字摄影和火灾调查员
- 现场记录
- DNA
- 有效的调查和证词

- 电气安全
- 火灾现场之外的道德责任
- 伦理与社交媒体
- 伦理和火灾调查员
- 证据检查：实验室里发生了什么?
- 爆炸动力学
- 火灾和爆炸调查：利用NFPA 1033和NFPA 921
- 火灾动力学计算
- 火灾调查员现场安全
- 消防系统
- 询问的基本原理
- 住宅建筑建设的基础
- HAZWOPER标准
- 第一反应出动人员如何影响火灾调查
- 保险和火灾调查
- 证据介绍
- 火灾动力学和建模导论
- 灾难性火灾调查
- 机动车火灾调查
- 天然气系统调查
- 因公殉职的火灾和爆炸调查
- 青少年放火火灾调查的法律问题
- MagneTek：Daubert挑战中的案例研究
- 管理复杂火灾现场调查
- 动机、手段和机会：在放火案中确定责任
- NFPA 1033和你的职业
- 火灾现场的物证
- 轰燃后燃烧
- 电子证据在火灾调查中的潜在价值
- 海上火灾现场的准备
- 排除法
- 住宅电气系统
- 住宅天然气系统
- 火灾爆炸调查的科学方法
- 搜查和逮捕
- 通过蜡烛实验了解火
- 空置和废弃建筑物：危险和解决方案
- 通过研究通风对火灾发展的影响，分析建筑结构和系统对火灾的影响

• 野外火灾调查

就像NFPA 1033的“16个项目”一样，不同的课程模块系列说明了火灾调查的多学科性质。

CFITrainer.net课程中的所有模块在提供之前都经过了彻底的审查，并且符合NFPA 921和NFPA 1033所支持的原则和做法。随着这本书的出版，IAAI正在试验现场实践课程，这些旨在向火灾调查人员展示他们通过学习CFITrainer.net学到的技能。

1.9 科学、法律和执法：克服潜在的偏见

科学寻求真理的力量在于它的独立性。当一位专家向陪审团对火灾后果进行解释时，陪审团应该相信，解释是只基于科学允许的，而不是基于调查中其他可能出现的无关信息。

例如，考虑到被告被指控放火的依据是她曾请了几个人放火，但没有找到自愿的共犯，她说她会自己在某天实施放火。火灾发生后，她向一位朋友承认她确实放火了。然而，火灾的破坏过大，以至于当对现场进行检查时，调查人员得出既不能确定火灾的起火点，也不能确定火灾原因的结论。这并不妨碍该妇女被定罪，因为案件中的其他证据使所有人都清楚地看到她有罪。陪审团不需要也不会让专家基于证人证言得出放火的结论。这是检察官的职责。

法庭科学家（所有火灾调查人员都是法庭科学家）与执法官员或律师的职责不同，但相辅相成。不同的责任履行不同的道德义务。如果火灾调查人员希望自己有能力告诉法庭他的结论是基于科学的，那么调查人员的结论必须完全基于可证明的科学证据，而不是调查中其他地方出现的附带信息。

NFPA 921在讨论预期偏差和背景偏差时认识到引入与科学无关信息的可能性。一直观察家具位置或是火焰燃烧的证人证词和盯着火灾行为或是特征的证人证词是有差别的。第一种证人陈述可以帮助确定起火点的位置或理解火灾痕迹，而第二种证人陈述则在调查中引入了不必要的偏见。

火灾调查在法庭科学中并不是独一无二的，因为它容易受到环境偏差的影响。指纹分析会因被告知嫌犯的DNA与犯罪现场吻合而受到错误的影响。在一起国际恐怖主义事件调查中，一名联邦调查局分析员“确定”了某一特定类型的爆炸物，即季戊四醇四硝酸酯（PETN，在导火索中发现的），但他没有足够的化学分析数据来证实他的分析。他向法院承认，他的部分“确认”来自一名现场代理人，他在被告的垃圾中发现了导火索。化学家对其进行了一次严厉的盘问，最终被告被宣告无罪。后来的一项调查得出结论，化学家的方法反映了“对法庭科学家作用的根本误解”，他“应该知道他需要根据现有分析结论支持的程度来论述科学的结论”（有什么证据说什么话），“他的表现是完全不充分的，非专业的[16]”。

火灾调查人员应尽量避免了解到动机、手段和机会，直到火灾现场勘验完成。这种证据检查方法被称为顺序揭露。调查人员首先需要了解火灾现场的物证意味着什么，而不受其他调查资料的影响。这并不是说调查可以在没有任何背景的情况下进行，而是在可能的情况下，应根据经验证据确定火灾的起点和原因。

理想情况下，确定火灾的起点和原因将独立于责任调查。不幸的是，这种方法的资源往往是难以获得的，让火灾调查人员屏蔽掉与火灾行为无关的、可能受到干扰的信息去确定起火点和起火原因是一项不值得羡慕的任务。正如将在第9章中讨论的那样，正是前后信息印证造成的影响导致了许多有严重缺陷的火灾原因认定。

肯塔基州2016年的一项法院判决阐明了由“科学家”兼任“侦探”的火灾调查员所造成的一些问题。法院命令撤销了2006年的放火判决。法院这样写道：

可能由于一些关于火灾科学的现状和火灾调查的性质导致允许犯错的倾向。将调查和起诉的责任赋予需要进行客观科学分析的同一人身上可能在放火案件中是很常见的做法，但这可能是问题的一部分。刑事案件中较可靠的专家证词一般是由不直接参与案件调查和起诉的人提供的。

为了伸张正义，联邦被要求派遣以前没有参与过该案但训练有素的火灾调查员重新审查这一案件。科学证据应与本案其他证据分开评估。这可能有助于避免“确定偏见”的影响，以及避免与火相关的民俗、个人意见和其他非科学因素的无意混合[17]。

这位作者以前曾建议过，在火灾案件办理中，现场职责和审判问题应分开处理以减小预期偏差[18]。一种类似的方法，称为线性顺序揭露已经应用于其他法庭科学[19]。然而，在这成为常规之前，火灾调查人员需要制定策略来减轻偏差的影响。

为了防止语境偏差的一种方法，也是一种科学手段的记录用法，是同时记录观测和数据。（当你了解一个事实时，事实本身也同样重要。）然后，写下你能够做出的所有相左的假设。在每个假设下，记录支持该假设的数据和反驳该假设的数据。反驳数据数量最低的假设是接近事实的假设。这种科学推理方法对于在数据不完整、模棱两可或相互冲突的情况下检验假设是很有效的。情报分析人员的任务是使用可能不完整、模棱两可或相互冲突的数据来预测未来的事件。美国中央情报局在一本名为《情报分析心理学》的书中汇编了一系列克服偏差的策略[20]。

1.10　结语

科学史和火灾研究密不可分。科学方法特别适用于检验关于火灾起点和原因的假设。

在过去的40年里，我们在火灾行为的理解、数学描述火灾现象的能力以及解决火灾调查问题的方法等领域都取得了重大进展。这些进展中最重要的是普遍认可了（即便有时是不情愿的）寻求一种基于科学的共识方法来理解火灾原因。

问题回顾

1. 为什么火灾调查人员应该遵循NFPA 921提供的指导？

a. 因为许多法院已经承认NFPA 921是火灾调查的标准

b. 因为美国司法部建议NFPA 921用于调查大型火灾和放火火灾

c. 因为NFPA 921被IAAI、NAFI和许多保险公司公认为权威指南

d. 因为不遵循NFPA 921可能导致你的证词无效

e. 以上全部

2. 在NFPA标准开发系统是以什么为指导?

a. 具有咨询性或信息性但不适合通过成为法律的文件

b. 涵盖范围很广的规定汇编类标准适合通过成为法律

c. 一种有组织的或既定的程序，用于形成一个系统，去实现特定的目标

d. 一种已建立或规定的，便于遵循的，特定的业务或行政方法操作或管理方法的书面组织指令，且根据执行指定的业务或行动的业务需要可进行更改

e. 指南和推荐做法是一样的

3. 下列哪一种关于NFPA 1033的说法是正确的?

a. 如果在我的管辖范围内法律没有进行约束，遵循NFPA 1033是可行的

b. 这是适用于公共部门调查人员的标准

c. 这是适用于私营部门调查人员的标准

d. 要求所有的火灾调查员都要经过认证

Ⅰ. a和c

Ⅱ. a和b

Ⅲ. b和c

Ⅳ. a、b和c

Ⅴ. b、c和d

4. "知道在哪里查找"是必备的知识，足以满足维持"16个项目"所列专题的"最新基本知识"的要求。

a. 正确　　　　　　　　　　b. 错误

5. ipse dixit是拉丁语。意思是"他自己说的"，这种证词被哪个最高法院的裁决贬低了?

a. "Daubert v. Merrill Dow Pharmaceuticals案"

b. "General Electric v. Joiner案"

c. "Kumho Tire v. Patrick Carmichael案"

d. "Frye v. United States案"

e. "Weisgram v. Marley案"

问题讨论

1. 研究燃烧的哲学理论，描述其被证明为错误的原因。

2. 讨论一个或多个火灾调查员调查一起火灾的优点和缺点。

3. 为什么区分事实证据和言词证据十分重要?

4. 火灾研究和化学研究如何相互影响?

5.NFPA 921和NFPA 1033是如何影响火灾调查的？

参考文献

[1] Burke, J. L., and Ornstein, R. (1995) *The Axemaker's Gift*, Tarcher Putnam, New York, p. 117.

[2] Sagan, C. (1995) *The Demon-Haunted World*, Random House, New York, p. 211.

[3] Burke, J. L., and Ornstein, R. (1995) *The Axemaker's Gift*, Tarcher Putnam, New York, p. 159.

[4] Carson, R. (1952) *Acceptance speech of the National Book Award for Nonfiction for The Sea Around Us. National Book Foundation.* Available at http://www.nationalbook.org/nbaacceptspeech_rcarson.html#.WlUr3ZM-egR (last visited on January 9, 2018).

[5] *State of Arizona, Appellee, v. John Henry Knapp, Appellant*, No. 3106, Supreme Court of Arizona, 127 Ariz. 65; 618 P.2d 235; 1980 Ariz. LEXIS 273, 1980.

[6] *State of Arizona, Plaintiff, v. Ray Girdler, Jr., Defendant, in the Superior Court of the State of Arizona* in and for the County of Yavapai, No. 9809.

[7] Carman, S. (2008) Improving the understanding of post-flashover fire behavior, in *Proceedings of the 3rd International Symposium on Fire Investigations Science and Technology (ISFI)*. Available at http://www.carmanfireinvestigations.com (last visited on January 9, 2018).

[8] Shanley, J. H., Jr., and Kennedy, P. M. (1996) Program for the study of fire patterns, in *National Institute of Standards and Technology Annual Conference on Fire Research: Book of Abstracts 149*, 150. Available at http://fire.nist.gov/bfrlpubs/fire96/PDF/f96156.pdf (last visited on January 9, 2018).

[9] NFPA 921 (1992-2017) *Guide for Fire and Explosion Investigation*, NFPA, Quincy, MA, p. 1.

[10] Technical Working Group on Fire and Arson Scene Investigation (2000) *Fire and Arson Scene Evidence: A Guide for Public Safety Personnel*, NJC181584, USDOJ, OJP, NIJ, p. 5. Available at https://www.ncjrs.gov/pdffiles1/nij/181584.pdf (last visited on January 9, 2018).

[11] *Michigan Millers Mutual Insurance Company v. Janelle R. Benfield*, 140 F.3d 915 (11th Cir. 1998).

[12] Burke, P. W. (1997) Amicus curiae brief filed on behalf of the International Association of Arson Investigators, in *Michigan Millers Mutual Insurance Company v. Janelle R. Benfield.*

[13] *Kumho Tire Co. v. Carmichael*, (97-1709) 526 U.S. 137 (1999) 131 F. 3d 1433.

[14] NFPA (2000) Report on Comments, NFPA 921, Fall 2000 Meeting, NFPA, Quincy, MA, p. 437.

[15] NFPA (2009, 2014) NFPA 1033, *Standard for Professional Qualifications for Fire Investigator*, NFPA, Quincy, MA, p. 6.

[16] USDOJ/OIG (1997) Special Report, The FBI Laboratory: An investigation into laboratory practices and alleged misconduct in explosives-related and other cases. Available at http://www.justice.gov/oig/special/9704a/ (last visited on January 9, 2018).

[17] Gill, T. L. (2016) Circuit Court Judge, *Commonwealth v. Robert Yell*, Logan Circuit Court, Case No. 04-CR-00232, December 28.

[18] Lentini, J. J. (2008) Toward a more scientific determination: Minimizing expectation bias in fire investigations, *Proceedings of the 3rd International Symposium on Fire Investigations Science and Technology (ISFI)*, NAFI, Sarasota, FL.

[19] Dror, I. E. (2013) Practical solutions to cognitive and human factor challenges in forensic science, *Forensic Science Policy & Management*, 4(3-4):1-9.

[20] Heuer, R. J. (1999) *The Psychology of Intelligence Analysis*, Center for the Study of Intelligence, U.S. Central Intelligence Agency. Available at https://www.cia.gov/library/center-for-the-study-of-intelligence/csi-publications/books-and-monographs/psychology-of-intelligence-analysis/ PsychofIntelNew.pdf.

1 ipse dixit是拉丁语，意思是“他自己说的”。在法律界，它被用来指那些被断言但未经证实的东西。它大概的意思是“是这样的，因为我说是这样的”。Joiner（1997）贬低了这种逻辑的使用。法院表示，“无论是Daubert规则还是联邦证据规则，都没有要求地方法院接受与现有数据相关的意见证据，只需专家自行决定。法院可能会得出结论，数据与所提供的意见之间的分析差距太大。”

2 是错误的信念，今天被称为“认知偏见”。

3 事实上，瑞典人卡尔·舍勒（Carl Scheele）比普里斯特利早2年发现了氧气，但普里斯特利获得了荣誉，因为他首先发表了文章。

4 普里斯特利在许多团体中都不受欢迎，包括1791年烧毁他的房子和教堂的暴徒，因为他们不关心他的宗教信仰——他是加尔文主义的反对者，也不关心他对法国大革命的支持。在被迫从皇家学会辞职并被焚烧雕像后，他逃到宾夕法尼亚州，在那里他创建了美国第一个统一教。他的教区居民包括Thomas Jefferson和Benjamin Franklin。

5 Lavoisier被称为现代化学之父。这个称号有时授予约翰·道尔顿（John Dalton），他提出每种元素的原子都有一个特征原子量，原子是化学反应中的结合单位。

6 朗福德伯爵不仅驳斥了Lavoisier的卡路里理论，而且在这位伟大的科学家在法国恐怖统治中被斩首后，他还娶了其遗孀。

7 Rumford伯爵还发明了小苏打、保暖内衣、滴漏咖啡机和更高效的壁炉的配方。这些产品至今仍在销售，并被吹捧为节能和安全的典范。Rumford壁炉又高又浅，可以反射更多的热量，具有流线型喉部，以消除湍流并带走烟雾，同时几乎不损失室内热空气。

8 如果我们做了，我们也会留下做过的证据。

9 以下是NFPA 921在2003年版中的全部参考：A.1.3.7火灾调查技术和实践正在迅速发生变化。调查员的工作和知识要与时俱进，这一点至关重要。建议调查人员熟悉NFPA 921和《消防手册》等材料中提供的技术信息和程序指南。NFPA 921的三个附加参考出现在2009年版的附录中。在2014年版中，NFPA 921作为消防调查人员所需的知识库的来源，扮演了一个更为重要的角色。

第2章

燃烧中的物理和化学

很抱歉，如果你不知道H_2O，你就不用在法庭上发表意见证言了。

——Hon. J. Michael Ryan

华盛顿法院，华盛顿

学习目标

阅读本章后，读者应能够掌握NFPA 1033中要求的高中水平以上的火灾化学和物理的知识，包括：

- 了解原子、分子、元素、化合物和混合物的定义。
- 了解如何建立、配平一个简单的燃烧方程。
- 了解物质的状态，以及固体、液体和气体发生火灾时的行为变化。
- 理解燃烧与能量的关系。
- 了解能量、功率和通量的概念，并了解其计量单位。

2.1 化学原理

燃烧的定义为伴随有不同强度的光和热的快速氧化过程。为了理解燃烧的定义，首先需要了解燃料的性质和燃料发生燃烧的过程。如果没有基本的化学原理知识，火灾调查员将无法理解现场留下的物证。

所有物质都是由原子组成的。除了稀有气体，其他物质都是由两个或两个以上原子结合在一起形成的。由相同原子组成的物质称为单质，由不同种原子组成的物质称为化合物。纯净的单质或者化合物相对来说比较少，只有在实验室中才会经常见到。大多数情况下是单质和化合物在一起形成的混合物。混合物不止包含一种物质，而且混合物的成分之间并不是化学结合的。例如，空气就是多种气体的混合物。

关于单质，火灾调查员知道的最多的可能就是铜，铜主要用于制造电导体以及运输水或煤气的管道。这种形式的铜通常纯度超过99%。相对而言，纯净的化合物更容易获得。水、盐、糖、小苏打和干冰都是纯净的化合物。溶液是一种或多种物质溶解在另一种物质中形成的，这是一种特殊的混合物。大多数易燃液体都是含有许多互溶物质的溶液。

碳基分子之所以被称为有机化合物，是因为它们的最终来源是生物。石油中发现的大多数化合物的来源都可以追溯到植物或动物。例如，煤油中发现的长链碳氢化合物最初是长链脂肪酸[1]。

虽然原子和分子实际上存在于三维空间中，但为了简单起见，将它们以直线或小棒上连接小球的形式在二维空间中呈现。而原子和分子实际上是三维的。原子核中带正电质子的体积大约是“环绕”在原子核外的带负电电子体积的2000倍，而原子内部几乎完全由空白空间组成。围绕原子核嗡嗡作响的电子就像大教堂里的苍蝇。因此，虽然草图和模型可以帮助我们理解分子中原子的相对方向，但它们实际上和图纸完全不一样。事实上，虽然没有人见过我们感兴趣的大多数分子，但是能从分子相互作用的方式推断出它们的结构。分子间通常以电磁辐射（如红外线、紫外线或X射线）的形式相互作用。

原子量取决于原子核中质子和中子的数量。氢的原子核中只有一个质子，没有中子，所以原子量为1。碳的原子核中有6个质子和6个中子，所以原子量为12。碳原子是测定所有其他原子原子量的标准。1mol碳的质量是12克（g）。1mol物质包含了大量的分子，约为

6.022×10^{23}个（阿伏伽德罗常数）。一个化合物的分子量与1mol该物质的质量（克）数值上相等。简单地说，分子量就是分子中所有原子的原子量之和。1mol氢气（H_2）重2g，1mol甲烷气体（CH_4）重16g。1mol甲苯（C_7H_8）重92g。二氧化碳（CO_2）和丙烷（C_3H_8）的分子量相同，都是44。

2.2 燃烧和能量

能量：体现物质完成工作的能力的一种性质，可以通过克服力的作用移动一个物体，也可以表现为热量的传递，单位为焦耳（J）。

能量是体现物质完成工作的能力的一种性质，可以通过克服力的作用移动一个物体，也可以表现为热量的传递。一个化学过程会吸收或释放能量。吸收能量的反应或相变称为吸热反应。释放能量的反应或相变称为放热反应。反应速率随着温度的升高而增加，因此反应中释放的能量可以加快反应速率，从而释放出更多的能量[a]。这个过程会导致热失控的现象。燃烧是一种放热的化学反应，它以光和热的形式释放能量。这种能量可以使燃烧有用，也可以使燃烧具有破坏性。要理解燃烧就需要牢牢掌握能量的基本概念。

当我们更仔细地研究这个概念时，问题变得似乎更加难以捉摸。第一个必须解决的问题是能量和温度的区别。当物质吸收能量时，它的温度就会升高。构成物质的分子是不断运动的。温度升高使分子运动或分子振动更加剧烈。如果汽车轮胎内的空气温度较高，氧气和氮气分子的移动速度会加快，与轮胎壁的碰撞会更加频繁，从而对轮胎产生的压力增大。[氧气分子在室温下的平均流速约为480m/s（米/秒）或1080mile/h（英里/小时）（1mile=1.609km）。] 麦克斯韦（Maxwell）和玻尔兹曼（Boltzmann）提出的气体动力学理论指出，气体分子的平均流速与热力学温度的平方根成正比。温度升高也会导致固体熔化、液体蒸发和分子键振动增加。如果能量足够，这些键就会断裂，从而形成新的更小的分子。

温度：物质吸收能量的量化结果。单位是开尔文（K）、摄氏度（℃）或华氏度（℉）。

大多数关于能量的知识都涉及到能量从一种形式到另一种形式的转化。例如，汽油含有能量，当放在汽车里时，它可以在发动机中燃烧并用来移动车辆。这个过程将化学能转化为热能，热能转化为机械能。电力公司燃烧燃料烧开水，水带动涡轮使线圈内的磁铁转动，从而产生电能。

电能通过灯丝发光变成光能，或者通过电阻元件加热水或空气变成热能。当供给电动机时，电能转化为机械能。把能量看作是做功的能力是有用的。朗福德（Rumford）伯爵从他的摩擦实验中得知，在炮筒上钻孔会产生热能，他用这部分热能来烧水（图2.1）。他发现热实际上是一种工作形式，这个观点有助于对能量转化概念的理解。

如果在房间里放一杯冰水，热量会从房间流入玻璃，直到冰融化。最终，水的温度将和房间的温度相同，热传递也将停止。这种完全依靠温差进行的能量传递称为热流。热流的概

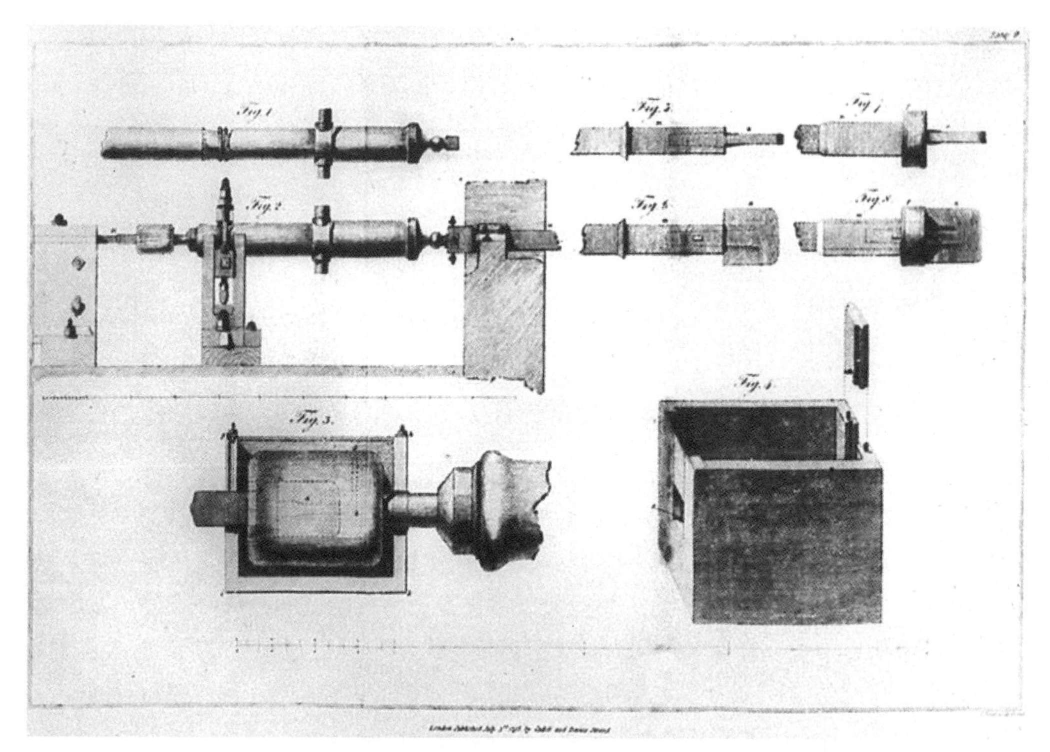

图 2.1 朗福德伯爵的火炮钻孔试验，其中所产生的摩擦力足以使水沸腾。
（由马里兰州贝塞斯达国家医学图书馆提供）

念使早期的化学家提出了热质论，即某物在流动。当拉沃伊瑟（Lavoisier）和其他人认为流动的是一种物质时，朗福德和焦耳（Joule）证明了流动的是能量。

热流或热传递是由温差引起的，热能从一个点传递到另一个点。当调查人员试图确定火灾的起火点和原因时，他们所使用的痕迹物证（燃烧痕迹）都是由热传递造成的。

为了理解燃烧，有必要了解衡量燃烧性质的单位。在任何测量系统中，功的单位是力的单位乘以距离的单位。在公制中，力的单位是N（牛顿），距离的单位是m（米）。1N的力可以使1kg的物体以$1m/s^2$的加速度运动。1N・m等于1J，这是能量的基本单位。N・m对应的英制单位是ft-lb（英尺-磅）（如果称之为“lb-ft”，它与N・m的等效性会更明显，1ft=0.305m,1lb=0.454kg）。虽然磅在日常生活中被用作物质数量的单位，但确切地说，它是一个力或重量单位。因此，一磅黄油就是重量为一磅的黄油。ft-lb是一个功的单位，等于将1lb（0.454kg）重的物体克服重力（$9.8m/s^2$）在垂直方向提升1ft（0.305m）的距离所做的功。只要做一点数学计算或查阅任何一个比较好的转换程序，就会发现1ft-lb=1.356J（0.454×9.8×0.305）。

但是一个重物运动了一段距离和热传递有什么关系？将一个标准砝码克服标准力每移动一段标准距离所需的功，都会将水体的温度提高固定的数值。“卡路里”最初的定义是将1g水的温度提高1℃所需的能量。随着传热的定量测量变得更加精确，人们发现，将1g水的温度从90℃提高到91℃所需的能量比将其从30℃升高到31℃所需的能量更多。这就要求对定义进行细化。热量现在被称为“15°卡（cal）”，即将1g水的温度从14.5℃提升到15.5℃所需的热量。在英国是以华氏度和水磅来定义热量单位，即Btu[b]（1 Btu=1055.06J）。1Btu是将1lb

水的温度从63°F提高到64°F（从17.222℃到17.777℃）所需的热量。因为水的质量（454g）更大，相应的温度上升（0.555℃）较少，因此1 Btu=252cal（454×0.555=252,1cal=4.1868J）。

我们已经讨论了功和热的等价性，但是要将这个概念与日常经验联系起来就需要考虑一个迄今为止被忽略的重要维度：时间。把一个给定重量的物体提升到一定高度，这时不管是用了1s、1min还是1h，所需的工作量都是相同的。同样，无论需要多长时间（假设一个完全绝缘的系统），只要是将1g水的温度从14.5℃提高到15.5℃，那么所需的热量都是相同的。单位时间内所做的功就是有效功。这个比值就称为功率。功率被定义为一个过程（例如燃烧）的属性，它描述单位时间内发射、传输或接收的能量，单位是J/s（焦耳每秒）或W（瓦特）。电气设备的等级是由功率决定的，以Btu/h或W为单位。W（瓦特）是J/s（焦耳/秒），里面包括了时间因素。当能量消耗或能量输出以Btu为单位报告时，必须添加时间因素。火（或点火源）的大小可以用W或更常见的kW（千瓦）或MW（兆瓦）来描述。火灾调查员如果能将燃烧过程的能量输出与日常的取暖和烹饪器具联系起来，那么他就能更好地理解和解释火灾现象。

功率：一个过程（例如燃烧）的特性，它描述单位时间内发射、传输或接收的能量，单位是J/s（焦耳每秒）或W（瓦特）。

火灾调查员需要了解并能够描述火源和火灾的大小（瓦特）。例如，功率为40000Btu/h的天然气热水器着火就可以认为是一场可以控制的火灾。大多数人都对火焰的大小有一个粗略的概念。它的输出功率是多少瓦？瓦特作为功率单位，已经包含了一个时间因素，因为1W等于1J/s。燃气用具的能量输出用“Btu/h”表示，通常简写为“Btus”。

$$1\text{Btu}=1054.8\text{J}$$

$$1\text{W}=1\text{J/s}$$

例1：一个40000Btu/h的燃气热水器输出功率约为11.72kW

$$40000\text{Btu/h}=11.11\text{Btu/s}$$

$$11.11\text{Btu/s}\times1054.8\text{J/Btu}=11720\ \text{J/s}，11720\text{W}或11.72\text{kW}$$

例2：一个12000Btu的炉顶燃烧器可提供约3500W的功率

$$12000\text{Btu/h}=3.33\text{Btu/s}$$

$$3.33\text{Btu/s}\times1054.8\text{J/Btu}=3516\text{W}$$

例3：一个125000Btu的煤气炉可提供36625W的功率

电力公司销售的实际上不是电力（W），而是能源（J）。电表以千瓦时（kW·h）计量能源消耗。1kW是1000J/s。1kW·h等于1000J/s乘以3600s/h，或3.6×10^7J，或3413Btu。表2.1提供了一些有用的能量和功率转换系数。

以千瓦为单位的火灾输出功率称为热释放速率（HRR）。HRR是火灾的唯一最重要的属性，因为它可以帮助预测火灾的行为，并将火灾与我们的日常经验联系起来。热释放速率影响火灾的温度、其吸入空气的能力（将新鲜空气吸入火焰羽流），以及火灾中产生的化学物质的特性。

表2.1 能量转换系数

项目		转换系数
能量、功或热量	1焦耳（J）	1N·m
		0.7376ft-lb
		9.48×10^{-4}Btu
		2.778×10^{-4}W·h
		10^{7}erg（尔格）
	1千焦（kJ）	1000N·m
		737.6ft-lb
		0.948Btu
		0.2778W·h
		10^{10}erg
	1千瓦·时（kW·h）	3.6×10^{6}J
		3600kJ
		3413Btu
		2.655×10^{6}ft-lb
	1英热单位（Btu）	1054.8J
		2.928×10^{-4}kW·h
		252cal
功率或热释放速率	1瓦特（W）	1J/s
		10^{7}erg/s
		3.4129Btu/h
		0.05692Btu/min
		1.341×10^{-3}hp（马力）
	1千瓦（kW）	1kJ/s
		10^{10}erg/s
		3413Btu/h
		56.92Btu/min
		0.9523Btu/s
		1341hp
	1Btu/h	0.2931W
		0.2162ft-lb/s
	1000Btu/h	2931W
		2.931kW
	1000Btu/s	1050kW

续表

项目		转换系数
功率或热释放速率	1hp	745.7W
		0.7457kW
		42.44Btu/min
		2546.4Btu/h

注：将一个系统的值转换为另一个系统可能会引入额外的有效数字和错误的精度。请参阅第3章，讨论如何恰当地使用和报告数值。

知道火灾的输出功率以及任何形式的能量的多少是很重要的，但同样重要的是要知道这些能量是如何分配的。36kW的电能通过炉子的循环风机均匀地分布在整个房间，会使人在寒冷的冬日里感觉舒适。限制或集中能量会导致截然不同的结果。因此，热通量是一个重要的考虑因素。热通量是物体单位面积上传递的热量。火的辐射热通量是衡量火灾热释放速率的量度，其算法为用火灾释放的热量（以kW为单位）乘以辐射分数（作为辐射传递的能量部分，与对流相反），除以能量传播的面积（m^2）。热通量以单位面积的功率为单位，为kW/m^2（千瓦每平方米）。（有些书籍中使用了CGS系统[c]，并报告了以W/cm^2（瓦特每平方厘米）为单位的辐射热通量。每平方米有$10000cm^2$（平方厘米）（100×100），1kW是1000W，所以$20kW/m^2=2W/cm^2$。）考虑到点火源的能力，使用较小的单位是一个不错的选择。

> 通量：是物体单位面积上传递的热量，单位为kW/m^2或W/cm^2。

最后一个参数是总能量，火灾调查员应该熟悉。热通量乘以曝光时间（s）就等于总能量。以$100kW/m^2$的热通量对一个表面持续供热2min，这个表面就接收到了$12MJ/m^2$的热量。总的能量决定了火灾可能造成的损坏或伤害的程度。当你的手通过一根蜡烛的火焰时，如果你的手没有停留就不会受到伤害。与此类似，如果木材只是短暂地暴露在火中也就不太可能有太大损坏。

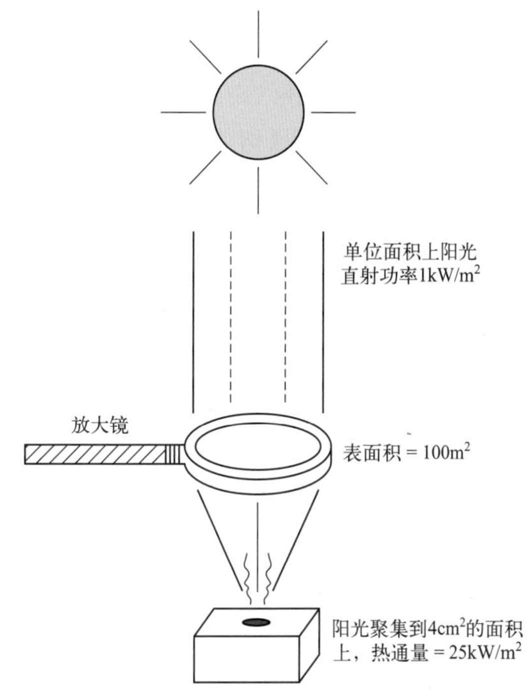

图2.2　使用放大镜增加太阳辐射热通量。

正午太阳以约$1.4kW/m^2$的辐射热照射地球，有0.7 ～ $1kW/m^2$的辐射热到达地球表面，具体取决于季节、白天的时长和所处的位置。这些能量足以在30min内造成晒伤。我们不能增加太阳的热释放速率，但是可以通过把落在大面积上的能量集中到较小的区域来增加辐射热通量。如图2.2所示，如果使用放大镜或凹面镜来减少96%的面积，辐射热通量就能高达25kW/m^2，这些热量足以点燃大多数可燃物。图2.3（a）显示了由凹面化妆镜聚焦的阳光如何每天将镜子所在的窗户外的底面烧出一条条条纹。图2.3（b）显示了类似的火灾，这是由于阳光通过“气泡窗”（这是英国一种流行的建筑特征）聚焦而引起的。

图2.3 （a）因化妆镜聚焦引起的屋檐下侧的烧痕（由亚利桑那州比斯比的联合消防顾问 David M.Smith 提供）。（b）窗帘起火的原因：阳光透过这个“气泡窗”的圆形透镜聚焦（由英国剑桥加德纳培训与研究协会的 Mick Gardiner 提供）。

暴露在4.5kW/m^{2}辐射热源下30s可引起二度烧伤。一般认为，20kW/m^{2}是使普通住宅隔间发生轰燃所需的辐射热通量（轰燃将在第3章中详细讨论）。因此，如果在一个建筑内发生了轰燃，可以通过将面积（m^2）乘以20kW来计算该建筑内火灾的最小热释放速率。如果里面的火释放267kW（144ft^2=13.37m^2×20kW/m^2=267kW）辐射热通量，一侧12ft的方形房间将发生轰燃。但是，请记住火灾通常以传导、对流和辐射的形式释放能量。辐射可能只占能量的20%～60%，而到达地面的能量还不到一半。此外，能量会损失到墙壁和天花板上，在密闭空间的任何开口处都将以对流方式损失热量。因此，要想在地板上获得267kW辐射热通量，火必须大约为800kW或更大。同样，如果已知房间内燃料的热释放速率，则可以预测特定可燃物燃烧是否足以使房间发生轰燃，否则，会点燃第二个可燃物提供足够的额外热量来实现轰燃。表2.2描述了一些典型辐射热通量的评论或观察到的效果。

人类会产生热量

一个人如果不做任何费力的事情，只是正常的消耗燃料（食物），吸入氧气（空气），那么会释放二氧化碳和大约100W的热量。连续24h释放100W的热量就相当于2400W·h或2.4kW·h的净能量释放，略高于2000kcal（千卡）。千卡也称为卡路里（用C表示）。这就是为什么2000C的饮食被认为是平均值。

表2.2 典型辐射热通量的评论或观察到的效果

典型辐射热通量/（kW/m²）	评论或观察到的效果
170	目前在闪燃后防火室测量的最大热通量
80	用于防护服热防护性能（TPP）测试的热通量[a]
52	纤维板在5s后被点燃[b]
29	木头长时间接触后会被点燃[b]
20	家庭住宅地板轰燃开始时的热通量[c]
20	人的皮肤在暴露2s时会感到疼痛，4s出现水泡并伴有二度烧伤[d]
15	人的皮肤在暴露3s时会感到疼痛，6s出现水泡并伴有二度烧伤[d]
12.5	木材挥发物长时间暴露会被点燃[e]
10	人的皮肤在暴露5s时会感到疼痛，10s出现水泡并伴有二度烧伤[d]
5	人的皮肤在暴露13s时会感到疼痛，29s会起水泡并伴有二度烧伤[d]
2.5	人的皮肤在暴露33s后会感到疼痛，79s会起水泡并伴有二度烧伤[d]
2.5	灭火时常见的热辐射暴露[f]。长时间暴露在这种能量水平可能导致烧伤
1.0	晴天状态下太阳辐射的热通量常数[g]

资料来源：NFPA 921。已授权。

注：到达某已知物体表面的热能或热流量的单位为kW/m^2。单位kW代表1000W的能量，单位m^2代表一个长1m宽1m的正方形的表面积。例如，$1.4kW/m^2$代表1.4乘以1000，等于1400W的能量。这个表面积可以是人类皮肤或任何其他材料的表面积。

a NFPA 1971。

b 劳森的《火与原子弹》。

c 芳和布里斯的《住宅地下室的火灾发展》。

d 消防工程学会指南："预测由热辐射引起的一度和二度皮肤烧伤。"2000年3月。

e 劳森和西姆斯的《辐射点燃木材》288 ～ 292页。

f 来自美国消防管理局的"建筑防火防护服和设备的最低标准"，1997。

g《防火工程手册》第2版。

2.3 物质的状态

普通物质，无论可燃与否，都有以下三种状态或相：固体、液体或气体。图2.4是物质的三种状态及其伴随状态变化而变化的示意图。熔化和蒸发都是吸热的变化。凝固和冷凝都

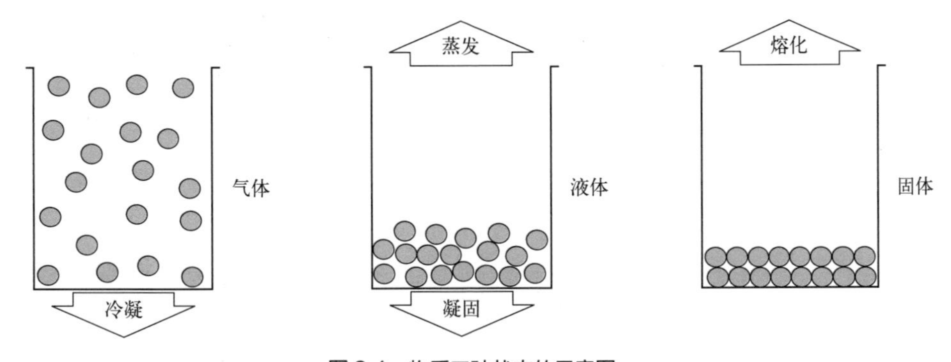

图2.4 物质三种状态的示意图。

是放热的。液体和固体被称为凝聚相，因为它们所占的空间比气体小得多。近似地说，相同材料的液体比固体多占10%的空间。液体的气体（或蒸气）所占的空间是液体的100～1200倍，这取决于其分子质量和分子间的相对吸引力。由于等体积的气体含有等数量的分子，因此，如果已知液体的分子量和密度，就可以估计出一定体积的液体所产生的蒸气的体积。状态的变化不涉及化学成分的变化。

因为火是一种气体现象，我们从气体开始讨论，一直到液体，然后是固体。

2.4 气体的行为

气体是物质最简单的形式，更常见的是由分子组成，彼此之间没有紧密的联系。气体可以是单质，也可以是化合物。除惰性气体（如氦、氖、氩、氪、氙和氡）外，气体通常是双原子气体，也就是说，同一元素的两个原子相互束缚。因此，氢、氧和氮分别以H_2、O_2和N_2的形式出现。根据定义，化合物的气体至少有两个不同的原子结合在一起。一氧化碳表示为CO，甲烷表示为CH_4（见附加说明2.1）。

附加说明2.1 化学命名法

学习任何学科，无论是科学学科还是其它学科，首先需要掌握该学科的命名法或术语，化学也不例外。世界上有超过200万种有机化合物，所以一定有办法让它们的名字保持正确。化合物的命名是国际纯粹与应用化学联合会（IUPAC）的职权范围。在IUPAC之前，化合物是由发现者命名的，或者有古阿拉伯语、希腊语或拉丁语的名字。这些名称被称为“琐碎”的名称，但不管琐碎与否，许多物质的这些名称比IUPAC的官方名称更广为人知。特别是石化工业使用许多非IUPAC名称来称呼常见化合物。

许多化合物都有一个希腊语前缀，表示分子中含有的碳原子的数量，还有一个后缀，表示存在的官能团的类型。最简单的分子系列叫做烷烃。烷烃也被称为石蜡（一个过时的术语）和饱和碳氢化合物，因为它们只包含碳和氢，而且只包含单键（它们充满了氢）。烷烃的分子式都是C_nH_{2n+2}，其中n是整数。最简单的烷烃是甲烷（CH_4）。甲烷是天然气的主要成分。它的形状像一个四面体，中间有一个碳原子，每个角上都有氢原子。为简单起见，本文的大部分将使用二维结构表示。甲烷是这样的：

$$\begin{array}{ccccc} & & H & & \\ & & | & & \\ H & — & C & — & H \\ & & | & & \\ & & H & & \end{array}$$

甲烷

两个碳的烷烃叫做乙烷（C_2H_6），看起来像这样：

$$\begin{array}{ccccccc} & & H & & H & & \\ & & | & & | & & \\ H & — & C & — & C & — & H \\ & & | & & | & & \\ & & H & & H & & \end{array}$$

乙烷

在两个碳之间插入一个（—CH_2—）基团为丙烷（C_3H_8）：

```
   H  H  H
   |  |  |
H—C—C—C—H
   |  |  |
   H  H  H
```

丙烷

丁烷（C_4H_{10}）、戊烷（C_5H_{12}）和己烷（C_6H_{14}）如下所示：

```
      H  H
      |  |
CH3—C—C—CH3
      |  |
      H  H
```

丁烷

```
   H  H  H  H  H
   |  |  |  |  |
H—C—C—C—C—C—H
   |  |  |  |  |
   H  H  H  H  H
```

戊烷

```
   H  H  H  H  H  H
   |  |  |  |  |  |
H—C—C—C—C—C—C—H
   |  |  |  |  |  |
   H  H  H  H  H  H
```

己烷

分子式相同但原子排列不同的分子叫做异构体。大家可以看到有两种方式来排列4个碳原子和10个氢原子。所有碳原子可以在一条直线上，如前面所示，也可以是一个“分支”结构，例如：

```
      H
      |
   H—C—H
   H  |  H
   |  |  |
H—C—C—C—H
   |  |  |
   H  H  H
```

异丁烷

这个分子叫做异丁烷，或者用IUPAC的名字，2-甲基丙烷，这是由一个丙烷骨架和连在中间2号碳上的甲基（—CH_3）基团构成。对于戊烷，也可以进行类似的重排，生成2-甲基丁烷（或异戊烷）：

```
      H
      |
   H—C—H
   H  |  H
   |  |  |
H—C—C—C—H
   |  |  |
   |  H  H
H—C—H
   |
   H
```

异戊烷

但是还有另外一种方法来排列5个碳原子和12个氢原子。两个甲基可以与丙烷主链相连，形成2,2-二甲基丙烷，也就是新戊烷。

```
      H
      |
   H—C—H
   H  |  H
   |  |  |
H—C—C—C—H
   |  |  |
   H  |  H
   H—C—H
      |
      H
```

新戊烷

随着碳原子数量的增加，可能的异构体数量也会增加。丁烷有两种异构体，戊烷有三种异构体，己烷有5种异构体，庚烷有9种异构体，辛烷有15种异构体。

如果烷烃中的一个键变成双键，它就变成了烯烃。它会少两个氢原子，化学式是C_nH_{2n}。烯烃的命名与烷烃相似，但后缀是ene而不是ane。它们的名称是乙烯、丙烯、丁烯、戊烯等。单烯烃也叫链烯。它们是用来形成聚烯烃塑料（聚乙烯、聚丙烯和聚丁烯）的单体。

火灾调查人员应该熟悉的另一类主要有机化合物是芳香族化合物。它们包含一个六元苯环。汽油中大部分化合物是芳香烃。苯是最简单的芳香族化合物。它看起来像一个六边形。环六个角中的一个或多个原子可以被“取代”。加一个甲基就可以得到甲基苯（或甲苯）。苯和甲苯如下所示。

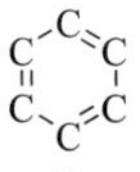

苯 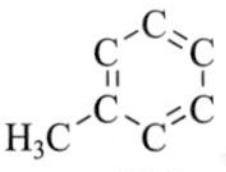　　甲苯

加两个甲基得到二甲苯。二甲苯有三种不同的异构体，被称为邻二甲苯、间二甲苯和对二甲苯。二甲苯的三种异构体如下所示。

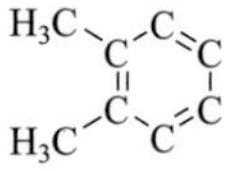

邻二甲苯 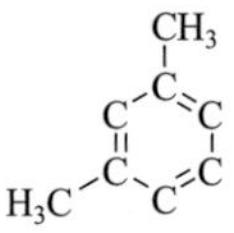　　间二甲苯 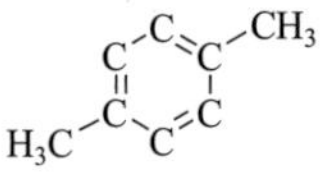　　对二甲苯

有机化合物也可以形成饱和的环。最常见的就是环己烷。和苯一样，环己烷也可以被取代。环己烷、甲基环己烷、丁基环己烷如下所示：

环己烷 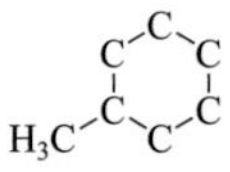　　甲基环己烷 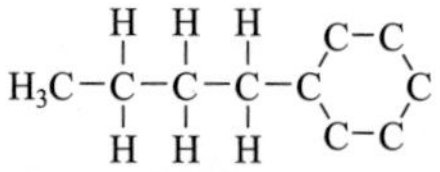　　丁基环己烷

有些有机化合物含有多个融合在一起的苯环。这些被称为多环芳香烃（PNAs）或多环碳氢化合物（PAHs）。萘是最简单的一种。萘可以被取代。萘、1-甲基萘和2-甲基萘如下所示：

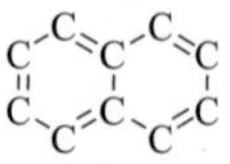

萘 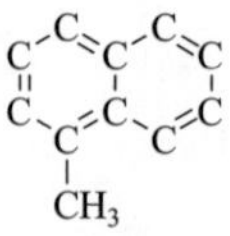　　1-甲基萘 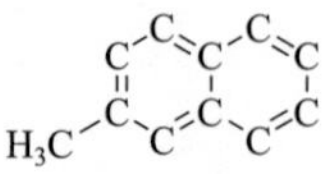　　2-甲基萘

火灾调查人员可能感兴趣的其他化合物是醇，它的羟基（—OH）氢可以被取代。甲醇、乙醇和异丙醇存在于消费品中，这三个是轻醇：

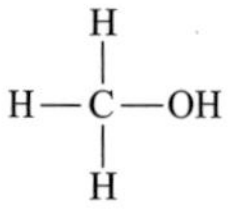

甲醇 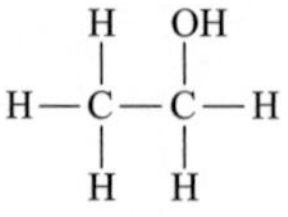　　乙醇 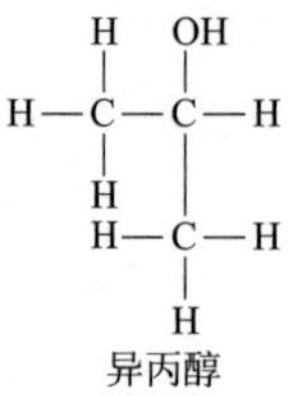　　异丙醇

酮含有一个羧基（C=O），常见的酮包括丙酮（二甲基酮）和甲基乙基酮（MEK）：

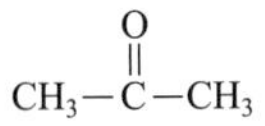

```
      O                    H   H   O   H
      ‖                    |   |   ‖   |
CH3—C—CH3              H—C—C—C—C—H
                           |   |       |
                           H   H       H
    丙酮                    甲基乙基酮
```

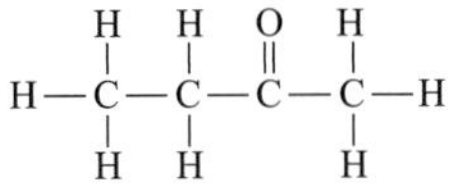

还有一些其他种类的化合物是石油产品本身包含的，或者是在火灾中产生的，也或者是在我们日常环境中就能发现的。关于科学界已知的任何一种化合物的信息都可以在IUPAC网站上找到。

相对于液体和固体，气体以一种密度和黏度都很低的状态存在。气体随压力和温度的变化而膨胀和收缩，并且均匀地分布在容器内部。

在大多数情况下，可以假定气体服从理想气体状态方程：

$$pV=nRT$$

式中，p是压强；V是体积；n是物质的量；R是通用气体常数；T是热力学温度。

· 把密闭的气体容器缩小一半，气体就会被压缩，压力就会增加一倍（例如活塞或自行车打气筒）。

· 通过增加更多的气体分子使气体分子数加倍，就得使容器的体积扩大一倍（例如一个橡皮气球）。

· 分子数量增加一倍且保持体积不变，压力就增加一倍（例如汽车轮胎）。

· 将温度从298K（25℃，77℉）提高到596K（324℃，613℉），如果压力保持恒定（例如密闭容器火灾），则体积加倍（例如丙烷钢瓶或火灾中任何封闭容器）。只有在使用热力学温度的情况下，这个数学公式才成立——200℃并不是100℃“热的两倍”。有关温标的讨论，请参见附加说明2.2。

真正的气体不同于蒸气。气体在标准温度和压力［STP（标况）；1 atm（760torr，1atm=101325Pa），0℃（或273K，或32℉）下以气态形式存在，而蒸气是液体或固体物质在标准温度和压力下的气相。

附加说明2.2　温标

目前常用的温标有四种。其中的两种——华氏温标[d]和摄氏温标[e]是以水的特性为基础的，被称为经验温标。水在32℉或0℃时结冰。水在212℉或100℃时沸腾。因此，180（212−32）℉等于100℃。要把华氏温度换算成摄氏温度，首先减去32，然后乘以5/9。把摄氏温度换算成华氏温度，乘以9/5，然后加32。（华氏温标和摄氏温标在−40℃或−40℉时等同）

另外两种只基于一个点，即绝对零度，在这个点上，所有的分子运动都停止了。Rankine[f]温标从绝对零度开始测量，用的度量单位相当于华氏度。绝对零度是−459℉。Rankine温标水在491℉结冰，在671℉沸腾。开氏[g]温标从绝对零度开始计算，单位是摄氏度，但这里不使用“摄氏度”这个术语。水在273.15K时结冰，在373.15K时沸腾。

在考虑温度差异时，开氏温标的差异与摄氏温标的差异是一样的。Rankine温标的差异与华氏温标的差异一样。然而，当进行涉及热力学或火动力学的计算时，温度通常是热力学温度。讨论“两倍热”的问题需要使用热力学温标。

如果只考虑温度引起气体膨胀的问题，先从室温（298K）下1L的体积开始，温度升高到596K时，气体的体积将增加一倍，温度升高到894K时，体积将增加两倍。因为大多数人不习惯用开氏温度，可以转换成华氏温度或摄氏温度（例如，298K=25℃=77℉；596K=323℃=613℉；894K=621℃=1150℉）。

本书用华氏温标和摄氏温标来描述温度，但热力学温度仅用开氏温标表示。

最常见的气体是空气——一种含氮78%的混合物：20.95%的氧气，0.93%的氩气，0.04%的二氧化碳（并在不断上升），以及微量的氖、氦、甲烷、氪、一氧化二氮、氢、氙和臭氧[2]。为简便起见，下文认为空气是一种含约80%氮和约20%氧的气态物质。已知N_2的分子量（28），O_2的分子量（32），以及两者的相对比例，就可以计算空气的平均分子量。这就得到了以下方程式：

$$0.8(28)+0.2(32)\approx 29$$

任何1mol理想气体（阿伏伽德罗常数为6.022×10^{23}）在STP下的体积为22.4L（室温下约为24L）。用1mol空气的质量除以其体积，得到的密度约为1.3g/L。

知道气体的密度，尤其是燃料气体的密度，对于判断气体的性质是很重要的。但是气体的密度通常不是用单位体积的质量来表示的，而是用气体密度与空气密度的比值来表示的。这个比值与气体的分子量除以空气的分子量的比值完全相同（早前计算为29g/mol）。摩尔质量大于29g/mol的气体或蒸气“比空气重”，而摩尔质量小于29g/mol的气体或蒸气“比空气轻”。为了使密度计算更简单，空气被赋值为1，气体或蒸气密度被描述为相对密度（其相对于空气的密度）而不是绝对密度。

13种气体比空气轻：氢、氦、氰化氢、氟化氢、甲烷、乙烯、二硼烷、可燃气体、一氧化碳、乙炔、氖、氮和氨。可燃气体原来是指由煤制成的天然气。在与空气相同的温度下，所有其他气体或蒸气（水蒸气除外）都比空气重。室温下比空气重的气体受热时可能比空气轻。

氢与氧燃烧生成水是最简单的燃烧反应，也是最先被研究的气体反应之一。两体积的氢与一体积的氧反应会产生两体积的水蒸气。化学方程式（配平参见附加说明2.3）是这样的：

$$2H_2+O_2 \longrightarrow 2H_2O$$

附加说明2.3 配平化学方程式：快速复习

NFPA 1033要求一个火灾调查员须拥有高中以上的火灾化学知识。

如果不具备专业资格，很难说服对手不必知道燃料与氧气的结合有多简单。以下是高中化学知识。

物质守恒定律指出物质既不能被创造也不能被毁灭，它只能在形式上改变。因此，在描述化学过程时，原料（反应物）中原子的数目和种类必须与产物中原子的数目和种类一致。恒定比例定律（也称为倍比定律）使得配平方程式的过程并不比一年级数学复杂。总会有一个方程式，其中每个反应物的量可以用整数表示。

考虑氢气在空气中燃烧生成水。氢和氧是双原子气体。H_2和O_2结合生成H_2O。用这种方式表示，可以看出水分子中有两个氢原子，但只有一个氧原子。因为每一个氧原子结合了两个氢原子，所以有一个配平方程的原因是氢原子的数量加倍。正确的表达是：

$$2H_2+O_2 \longrightarrow 2H_2O$$

碳基燃料燃烧时，完全燃烧的产物是二氧化碳（CO_2）和水。配平碳氢化合物燃烧方程的秘诀是首先配平碳。对于甲烷（天然气的主要成分）的燃烧来说，这很简单，因为方程式的两边各有一个碳原子。然而，$CH_4+O_2 \longrightarrow CO_2+H_2O$中氢原子（反应物中有四个氢原子而生成物中只有两个氢原子）是不平衡的，氧原子（反应物中有两个氧原子而生成物中有三个氧原子）也是不平衡的。氢原子可以通过在水分子前面加2来平衡，就像在$CH_4+O_2 \longrightarrow CO_2+2H_2O$中一样，但这样的话氧原子仍然不平衡（反应物中是两个氧原子而生成物中是四个氧原子）。将反应物中的氧气前面加2，平衡方程式为：

$$CH_4+2O_2 \longrightarrow CO_2+2H_2O$$

由于空气的含氧量只有五分之一（其实是20.95%，但对我们来说，20%已足够接近，亦较易使用），可见每燃烧一份甲烷便需要10份空气。现在，考虑燃烧一个更大的分子，有10个碳原子，即癸烷（$C_{10}H_{22}$）。产品仍然是二氧化碳和水。从平衡碳开始：$C_{10}H_{22}+O_2 \longrightarrow 10CO_2+H_2O$。很明显，将会有不止一个水分子。事实上，有11个水分子：

$$C_{10}H_{22}+O_2 \longrightarrow 10CO_2+11H_2O$$

现在，产物中有31个氧原子，所以反应物中一定有15.5个氧分子：

$$C_{10}H_{22}+15.5O_2 \longrightarrow 10CO_2+11H_2O$$

要使用整数，如下所示：

$$2C_{10}H_{22}+31O_2 \longrightarrow 20CO_2+22H_2O$$

人们可以看到，燃烧1体积的癸烷蒸气需要77.5体积的空气（15.5×5）。如果空气不足，比方说，65体积而不是77.5体积，反应将产生一氧化碳（CO）：

$$2C_{10}H_{22}+26O_2 \longrightarrow 10CO_2+22H_2O+10CO$$

因为这些都是偶数，所以方程式可以简化为

$$C_{10}H_{22}+13O_2 \longrightarrow 5CO_2+11H_2O+5CO$$

简单的数学！

描述最简单的有机燃料甲烷燃烧的化学方程式稍微复杂一点。在这种情况下，一体积的甲烷与两体积的氧气结合，产生两体积的水蒸气和一体积的二氧化碳：

$$CH_4+2O_2 \longrightarrow 2H_2O+CO_2$$

尽管这个反应看起来很简单，但人们已经对它进行了一些详细的研究，以了解所有可以而且通常会发生的中间步骤。例如，如果氧气不足，燃烧甲烷（通常是燃烧天然气）会产生一氧化碳：

$$CH_4+1.5O_2 \longrightarrow 2H_2O+CO \quad 或 \quad 2CH_4+3O_2 \longrightarrow 4H_2O+2CO$$

以前的化学计量方程只列出了起始原料和最终产品。反应物和产物之间有许多步骤，包括原子和自由基的短暂存在和反应。事实上，众所周知，甲烷的燃烧是所有化石燃料中最简单的，它涉及不少于40个反应和48个不同的物种（分子、原子或自由基），在燃烧过程中的某个时刻可以检测到这些反应。

表2.3列出了其中一些反应。这些过程的更详细的细节超出了本书的范围。

表2.3 甲烷燃烧过程中发生的中间反应

	CH_4	+	M	═	·CH_3	+	H·	M	a
	CH_4	+	·OH	═	·CH_3	+	H_2O		b
	CH_4	+	H·	═	·CH_3	+	H_2		c
	CH_4	+	·O·	═	·CH_3	+	·OH		d
	O_2	+	H·	═	·O·	+	·OH		e
	CH_3	+	O_2	═	CH_2O	+	·OH		f
	CH_2O	+	·O·	═	·CHO	+	·OH		g
	CH_2O	+	·OH	═	·CHO	+	H_2O		h
	CH_2O	+	H·	═	·CHO	+	H_2		i
	H_2	+	·O·	═	H·	+	·OH		j
	H_2	+	·OH	═	H·	+	H_2O		k
	CHO	+	O·	═	CO	+	·OH		l
	CHO	+	·OH	═	CO	+	H_2O		m
	CHO	+	H·	═	CO	+	H_2		n
	CO	+	·OH	═	CO_2	+	H·		o
H·	+	·OH	═	M	═	H_2O	+	M	p
H·	+	H·	═	M	═	H_2	+	M	q
H·	+	O2	═	M	═	HO_2·	+	M	r

资料来源：Drysdale，D.，*An Introduction to Fire Dynamics*，Wiley-Interscience，New York，1985。已获允许。

注：本反应方案并不完全。许多自由基反应，包括$HO_2^{\cdot}$自由基的反应，都被省略了。

M是任何参与自由基重组反应（p～r）和解离反应（如a）的"第三体"。

值得注意的是，大多数燃烧发生在空气中，而不是在纯氧中，要有所需的2体积氧气，实际上需要有近10体积的空气，因为每体积的氧气都伴随着4体积的氮气。

同样值得注意的是，这些甲烷燃烧方程在产生热量的问题上没有提及，但很明显，反应产物的温度比起始物质高得多。因此，尽管三体积的反应物（一体积的CH_4和两体积的O_2）会产生三体积的产物（两体积的水蒸气和一体积的二氧化碳），但仅仅因为产物较热，它们就会占据比反应物更大的体积。

当一定量的物质完全燃烧时释放出的热量就是它的燃烧热。燃烧热是用单位质量的能量来衡量的。单位为kJ/kg（千焦/千克），但也可以为Btu/lb或cal/g，或者，如果质量换算为体积，则为kJ/m^3或Btu/ft。热释放速率等于燃烧热乘以质量损失速率（燃料消耗速率，以g/s为单位）。

1ft^3的天然气（从天然气公司的管道中出来的那种）的能量约为1000Btu或超过10×10^5J。如果所有这些能量在一秒内释放，爆炸的热释放速率将为1MW。如果燃烧超过1h，就像试验灯中的典型情况一样，热释放速率不到300W。两种情况下的能量是相同的，不同之处在于能量释放的速度。当人们考虑如果40000Btu/h的燃烧器在没有指示灯的情况下开1h所能提供的能量，人们就开始理解在燃气用具上安装安全设备的必要性。

甲烷是火灾调查人员可能遇到的最常见的燃料气体。甲烷是从气井中回收的一种化石燃料，是所有化石燃料中最清洁的燃料。虽然确切的百分比因地理区域不同而不同，而且没有具体说明其组成的标准，但天然气主要是甲烷，含有少量的氮、乙烷、丙烷，并含有微量的丁烷、戊烷、己烷、二氧化碳和氧气[4]（译者注：外文原稿中多处文献序号不连续）。作为化石燃料回收的甲烷被称为热成因气。

甲烷也是由有机物在缺氧环境中分解而产生的。这种气体被称为垃圾填埋气、沼泽气或下水道气。

最近有机物质分解产生的气体被称为生物气，其特征是不存在较高分子量的成分（乙烷、丙烷等）。识别“泄漏”甲烷的来源（对天然气公用事业公司来说有时是一个关键问题）是通过气相色谱来完成的。热成因气和生物气的对比如图2.5所示。请注意，由于较大分子的经济价值较高，天然气炼油商已经找到了从商业天然气中去除它们的更好方法，因此现在有可能找到几乎不含较大烷烃气体的天然气。

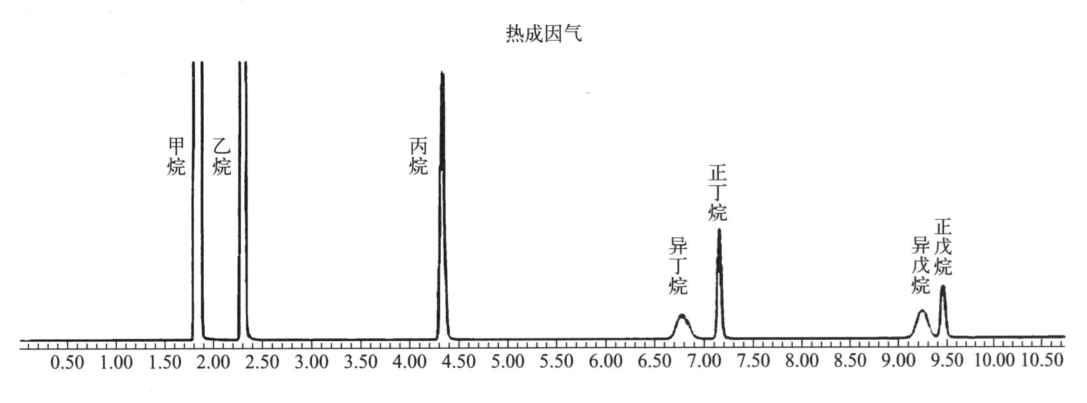

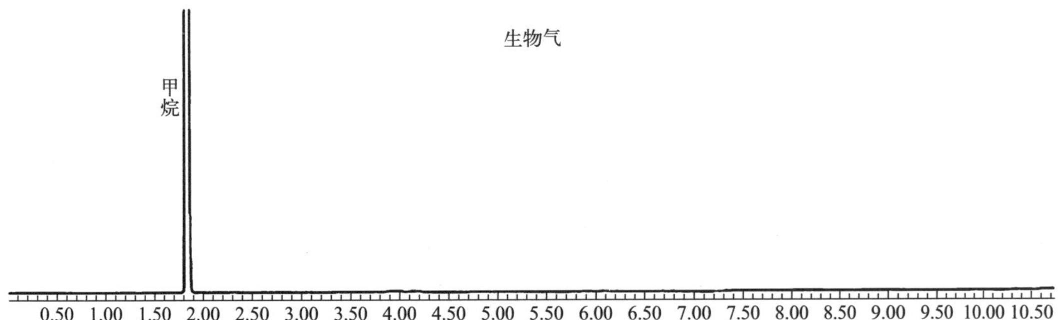

图2.5 热成因气（上）与生物气（下）的比较。色谱图已经标准化，使天然气中的丙烷峰达到了100%的标度。为了可以看到C_4和C_5烷烃，甲烷和乙烷的峰没有完全按照比例画出。

丙烷是调查人员可能遇到的下一个最常见的燃料气。与甲烷不同的是，甲烷比空气轻（其分子量为16，因此其相对密度为0.55[16÷29=0.55]），而丙烷的分子量为44，相对密度为44÷29=1.51。丙烷从敞开的气体管道或器具泄漏出来，往往会积聚在释放丙烷的隔间的地板上。在丙烷泄漏事故中幸存下来的人描述当时的感受——就好像站在火海中那么恐惧。用一杯水和一块干冰就可以对丙烷的密度及其传播特性进行有趣的演示（干冰是固体二氧化碳，相对密度与丙烷相同）。当干冰落入水中时，气态的二氧化碳蒸气会冒出，沿着杯子向下流动，并扩散到杯子下面的任何表面上。这种行为与丙烷的行为完全相同，但演示是安全的，因为二氧化碳不会被点燃。

丙烷的分子式为C_3H_8。丙烷完全燃烧的方程式为：

$$C_3H_8+5O_2=\!=\!=3CO_2+4H_2O$$

在这种情况下，有6体积的反应物和7体积的产物，但是温度升高才是产物体积增加的主要原因，而不是分子数量的增加。请注意，1体积的甲烷需要10体积的空气才能完全燃烧，而1体积的丙烷需要25体积的空气。燃烧ft^3丙烷产生大约2500Btu热量。

这表明，按体积计算，丙烷比天然气含有更多的能量。它还表明了反应中消耗的氧气量和产生的能量之间的关系。这种关系是氧耗量热法中使用的能量测量的基础。在火灾研究中广泛使用氧耗量热计测量燃烧过程中的耗氧。小型量热计可以测量一块泡沫的热释放速率，而大型家具量热计可以测量燃烧的椅子或沙发的热释放速率。这些结果是通过测量氧气消耗量得出的，碳氢化合物燃料非常一致。在±5%的范围内，完全燃烧的碳氢燃料释放13.1kJ/g的热量（消耗1g氧气）。

调查人员可能遇到的其他燃料气体是丁烷和乙炔。丁烷是分子量最大的气体有机燃料，因为比丁烷大的分子在室温下是液体。即便如此，热成因气（天然气）中确实含有少量但可检测到的异戊烷和戊烷。

乙炔是一种高能分子，含有的两个碳原子和两个氢原子呈直线排列。碳原子有四个键可用，但在乙炔分子中，其中三个键用于将两个碳结合在一起。这种三重键在断裂时释放的能量比单一键多得多。乙炔对冲击和热也高度敏感，不能在高于15psig［或大约两倍大气压，1大气压（1atm=101325Pa）=14.7psi］的压力下安全储存。压力可以用绝对值（psi）或与大气压力（psig或表压力）的关系来表示。商用乙炔储存于储罐中出售，储罐中既有多孔的岩状物质，也有液态丙酮。乙炔溶解在丙酮中，就像二氧化碳溶解在苏打水中一样。当乙炔罐上的阀门打开时，乙炔会因压力降低而冒出气泡（打开一瓶苏打水、啤酒或香槟时也会发生同样的事情）。

2.5 化学计量比和燃烧极限

化学计量学研究化学反应中物质（反应物和产物）的相对比例。在前面对甲烷与氧气反应的描述中，我们指的是甲烷的体积和氧气或空气的体积。因为这些物质的分子量是已知的，我们还可以说，1摩尔（16g）的甲烷需要2摩尔（64g）的氧气，并产生2摩尔（36g）的水蒸气和1摩尔（44g）的二氧化碳。1ft^3的甲烷在冷却时可能会收缩，加热时可能会膨胀，但无论体积大小，一克总是一克。每个化学反应都有特定的比例，在标准温度下的气相中，使用体积是合适的，但请记住，实际上是物质的质量在起作用。

当与燃料完全反应所需的空气量恰好为最小量时，就存在化学计量混合物。在这些比例下，反应将是最有效的，由此产生的火焰温度将是最高的。在化学计量比下，点燃混合物所需的能量也将最低。这种点火能量是以毫焦耳为单位测量的。在化学计量浓度下，最低着火温度也是最低的。对于空气中的甲烷，巴普拉斯卡斯报告说，自燃点（AIT）为640℃，最低点火能量为0.3MJ[5]。

可燃气体混合物是火焰可以通过其传播的气体混合物。火焰是通过外部来源在混合物中点燃的，可燃性的极限可以定义为可燃气体和空气混合物组成比例的临界值，超过这个临界值，混合物将不会着火并继续燃烧：如果燃料不足，就说混合物浓度太低；如果没有足够的空气，就说混合物太浓。从描述一氧化碳产生的方程式中可以看出（见附加说明2.3），在一定浓度范围内发生燃烧是可能的。这个范围被称为燃烧极限范围。

图2.6是燃烧极限概念的图解。

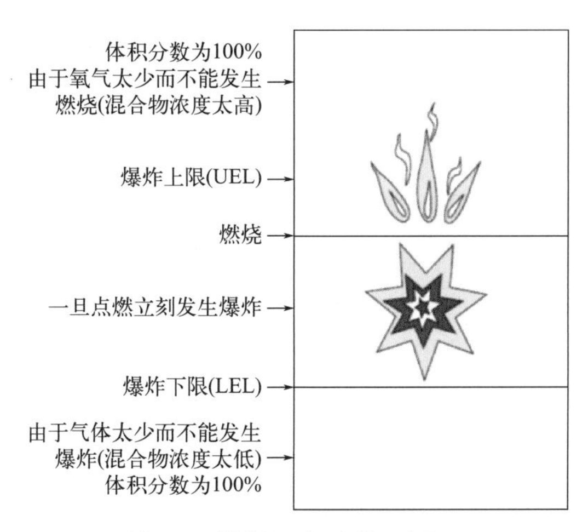

图2.6　燃烧极限概念的示意图。

燃烧极限（该术语可与爆炸极限互换）定义燃料/空气混合物的浓度，低于燃烧下限、爆炸下限（LEL）浓度时燃料/空气混合物过于稀薄，高于燃烧上限、爆炸上限（UEL）浓度时燃料/空气混合物浓度过高而不能燃烧、爆炸。

燃烧极限是由实验室分析确定的，各种环境因素，如温度和压力、封闭容器的几何形状和大小可能会对这些测量的结果产生影响。温度越高，可燃范围越广；也就是说，下限减小，上限增大。在较高压力下，下限几乎保持不变，但上限增大。在狭窄的容器中，壁面有大量的热损失，可燃范围被缩小[6]。

根据化学计量学知道燃烧所需的空气量，就应该能够预测燃烧范围的中间值是多少。显而易见，对于甲烷来说是10%（请注意，1体积的甲烷需要10体积的空气才能燃烧），空气中甲烷的燃烧极限范围是5%～15%。这些关于气体燃烧极限的确定方法也适用于可燃蒸气或可燃液体。

2.6　液体的行为

任何液体，无论是否易燃，当放在封闭的容器中时，都会蒸发。如果温度保持不变，液体最终似乎停止蒸发，但表象可能具有欺骗性，事实上液体继续蒸发，但当液体和其上方的蒸气处于平衡状态时，蒸发速率等于冷凝速率。相对湿度是指空气中的水的相对含量。在任何给定的温度下，封闭容器中静水池上方的水蒸气浓度达到恒定，空气被称为已饱和。这样的空气相对湿度为100%。空气中水分的百分含量与空气饱和时可能容纳的水量之比称为相对湿度。

对于水以外的液体的蒸气，气相中的液体量可以用其浓度（空气中体积分数）来描述，但蒸气量通常是通过测量其压力来确定的。液体上方的蒸气产生的压强称为蒸气压或分压。

蒸气压通常以mmHg（1mmHg=133.322Pa）或Torr（1Torr=133.322Pa）为单位表示。这种测量方法描述了真空管（气压计）中可由周围压力支撑的水银柱的高度。我们周围的空气施加的压力约为760mmHg，或29.92in（1in=0.0254m）汞柱。这是大气中所有氧气、氮气和其他气体的总压。在大多数情况下，空气中1%的物质的蒸气压为7.6mmHg。如果蒸气压为76mmHg，则该物质的含量为10%。如果蒸气压是760mmHg，那么蒸气含量是100%。只有当产生蒸气的液体处于沸点时，才会发生这种情况。

只要存在平衡，物质在高于其液体的气相中的蒸气压或浓度在给定的温度下是恒定的或固定的。这是任何液体的一个重要性质，已经对数千种液体进行了测量和报告。需要注意的是，平衡只能在封闭的容器中实现，如图2.7所示。

蒸气压高的液体有相对较高的蒸发倾向，被称为挥发性液体。挥发性液体的例子包括乙醚、丙酮、汽油和水。术语“挥发性”同样适用于易燃和不可燃液体。不挥发的液体，如重油和蜡，蒸气压很低，如果能找到蒸发足够数量的分子的方法，就可以让它们燃烧。一般来说，液体（或挥发性固体）的蒸气压与其分子量成反比。小分子具有较高的蒸气压，而大分子具有较低的蒸气压。

易燃液体只在气相中燃烧。当封闭在指定设备中的静止池中液体上方的蒸气达到一定浓度时遇到明火会将池内液体点燃，此时液体的温度称为闪点。闪点与着火点不同，着火点描述的是点火源的温度，而不是液体的温度。

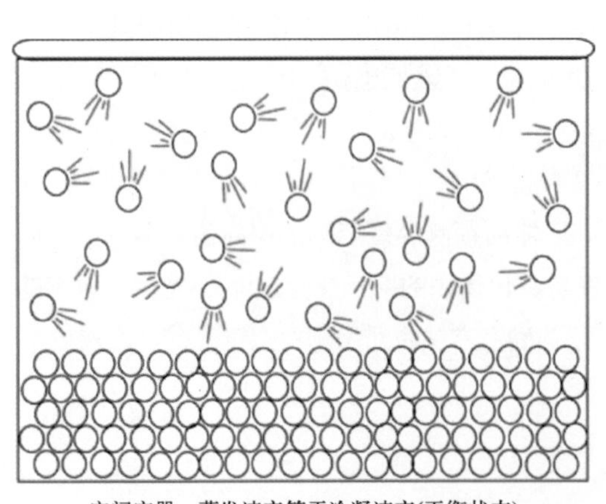

密闭容器：蒸发速率等于冷凝速率(平衡状态)

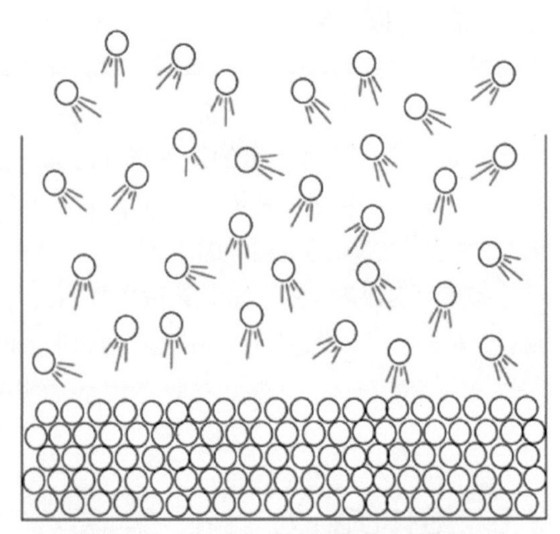

敞开容器：蒸发速率大于冷凝速率(非平衡状态)

图2.7　气相平衡概念示意图。

当液体温度低于其闪点时，完全有可能产生足够的液体蒸气发生燃烧。闪点描述的是一个非常特殊的情况，其实验室测定装置如图2.8所示，火焰离液体表面非常近，液体被逐渐升温。在这种特殊装置中，当达到一定温度，火焰作用于蒸气相时，可以看到液体发生闪燃。

加热可燃液体并不是获得可燃蒸气浓度范围的唯一方法。以煤油灯为例，煤油的燃点在1000°F以上，但是在远低于该温度时很容易点燃煤油灯。其原因是，在紧邻灯芯的地方，煤油蒸气浓度超过了其燃烧下限。灯芯的作用是增加表面积，这种情况下即使是非常低的蒸发率也会在空气中产生足够多的煤油分子以支持燃烧。能够证明低于闪点时仍可燃烧的例子是蜡烛。

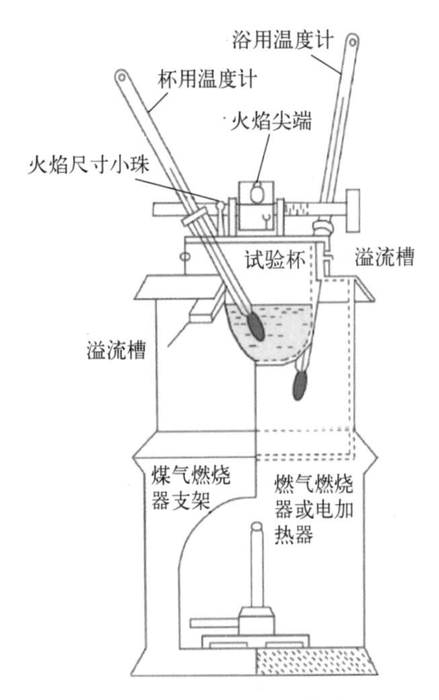

图2.8 标签闭杯闪点测定仪。

在考虑增加表面积的方法时需要谨慎。如果只是需要增加总面积就可以的话，那么一个装满柴油的游泳池就应该有可能会着火，因为游泳池的表面积很大。应该考虑的是，表面积增加是指与一平坦的液体池相比表面积的增加量。点燃一个装满柴油的游泳池并不比点燃一个小杯子容易，但如果插入灯芯，两者都可以成功点燃。

为了说明这一点，假设在一个液体池上面有一个空气圆柱体。向池中添加一个灯芯可以增加圆柱体空气中可燃气体的浓度，这一点很容易理解，因为它是通过增加表面积增加了蒸发。用游泳池进行类比只是增加了圆柱体的直径。

另一种不加热液体而增加空气中蒸气浓度的方法是通过机械作用使其雾化。如果能使液滴足够小，温度相对较低的液体（即低于闪点的液体）也能充分汽化以供燃烧。这类雾化发生在第一次启动柴油发动机以及某些类型的杂草燃烧器和火焰喷射器时。图2.9中给出了达到爆炸下限的各种方法。

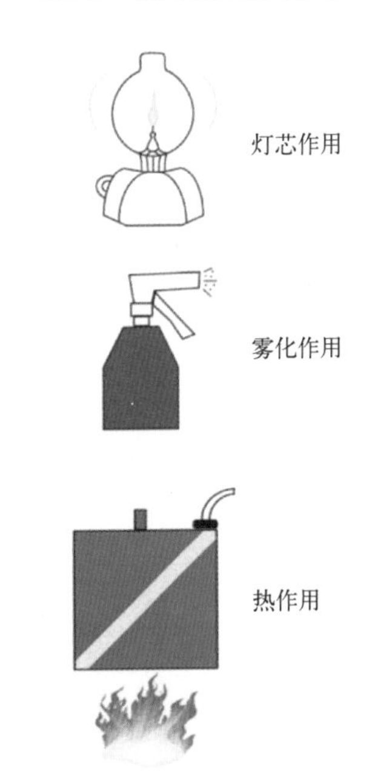

图2.9 达到可燃液体LEL的不同方法。

虽然液体可以在低于闪点的情况下形成可燃蒸气/空气混合物，但这并不是说闪点不重要。闪点决定了点燃装在容器、水坑或水池中液体所需要的温度。在对比一种液体相对于另一种液体的可燃性时，闪点就变得非常有用。

闪点可以用几种不同的方法来测量。虽然图2.8所示的标签闭杯闪点测定仪是最广泛使用的闪点测试装置，但是其他标准方法可能更适合于某些特定的样品。该测定仪适用于大多数易燃液体，前提是它们不具有黏性且不包含蒸气压高于易燃化合物的不易燃化合物。对于黏性液体或闪点超过93℃（200 ℉）的液体，采用彭斯基-马滕斯（Penky-Martens）法比标签测定仪更加合适，这种方法需对样品进行搅拌。大多数闪点测定仪要求样品体积为50mL。如果所提供的液体量有限，选用Setaflash测定仪更为合适，该方法仅需2mL液体。如果所述液体含有挥发性不可燃化合物，如二氯甲烷，测定结果可能是错误的，闪点可能会比较高。对于这些液体来说应该在蒸发的不同阶段进行测试，以正确地评估其可燃性。作者测试了二氯甲烷与碳氢化合物溶剂的混合物，该混合物从容器中直接倒出时闪点略高于100℉的，但在蒸发几分钟后，由于二氯甲烷的损失导致该混合物闪点降至100 ℉以下。因此，在预期使用条件下，被正确标记为（根据NFPA 30）[7]“可燃”的混合物很快成为“易燃”的液体。许多油漆剥离液和浆料中含有二氯甲烷，导致在评估其潜在危害时存在困难。ASTM[h] E502是ASTM标准选择和使用的标准试验方法，用于密闭杯法测定化学物质的闪点，它对闪点测定具有指导意义[8]。

对于研究者来说，遇到“纯”可燃液体是不寻常的。几乎所有的可燃液体实际上都是许多不同化合物的混合物。从石油中提取的任何一种普通燃料都可能含有50 ～ 500种不同比例的化合物。混合物的有趣之处在于，低分子量的化合物在气相中占主导地位。相反地，在暴露于火灾后，较轻的成分以非常低的浓度存在，而较重成分的相对浓度较大。

众所周知，即使在大量煤油中加入少量汽油，也会使混合物的燃点急剧降低。图2.10显示了在煤油中加入越来越多的汽油的实验结果，煤油的初始闪点为120 ℉。闪点迅速下降，在5%时降至远低于室温，在20%时降至0 ℉。表2.4中显示了汽油和煤油中发现的代表性化合物的蒸气压，并解释了汽油挥发性如此强的原因。

表2.4　汽油和煤油组分沸点和蒸气压的比较表

化合物	分子式	沸点		蒸气压/mmHg				
		℃	℉	0℃（32℉）	20℃（68℉）	40℃（104℉）		60℃（140℉）
汽油组分								
异戊烷[a]	C_5H_{12}	27.8	82	297	598	>760	>760	b.p.27.8℃
正戊烷	C_5H_{12}	36.1	97	222	430	>760	>760	b.p.36.1℃
异己烷[b]	C_6H_{14}	60.3	140	72.7	207	385	754	
正己烷	C_6H_{14}	68.7	155	47.6	137	315	596	
正庚烷	C_7H_{16}	98.4	209	12.6	37.2	94.5	251	
甲苯	C_7H_8	110.6	231	8.3	21.5	64.5	165	
二甲苯[c]	C_8H_{10}	144.0	292	2.6	7.7	21.9	50	
煤油组分								
正十一烷	$C_{11}H_{24}$	195.8	385	<1	<1	2.6	7.0	
正十二烷	$C_{12}H_{26}$	216.2	421	<1	<1	<1	2.6	
正十三烷	$C_{13}H_{28}$	234.0	453	<1	<1	<1	1.0	
正十四烷	$C_{14}H_{30}$	252.5	487	<1	<1	<1	<1	1mm 76.4℃

续表

化合物	分子式	沸点		蒸气压/mmHg				
		℃	℉	0℃（32℉）	20℃（68℉）	40℃（104℉）		60℃（140℉）
正十五烷	$C_{15}H_{32}$	270.5	519	<1	<1	<1	<1	1mm91.6℃
正十六烷	$C_{16}H_{34}$	287.5	550	<1	<1	<1	<1	1mm105.3℃
正十七烷	$C_{17}H_{36}$	303.0	577	<1	<1	<1	<1	1mm 115℃

来源：*Handbook of Chemistry and Physics*, 98th Edition, CRC Press, Boca Raton, FL, 2017-2018。
a. 2-甲基丁烷。
b. 2-甲基戊烷。
c. 三种异构体的混合物。

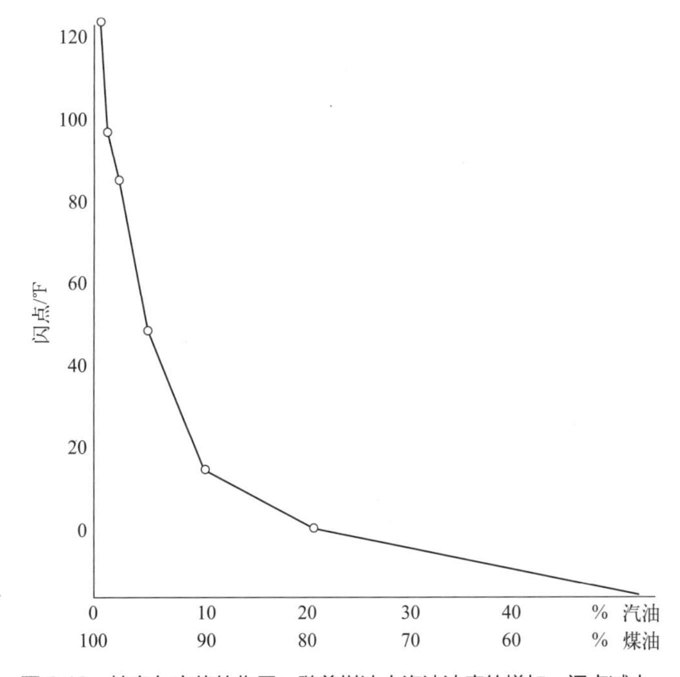

图 2.10 拉乌尔定律的作用：随着煤油中汽油浓度的增加，闪点减小。

液体溶液的行为是由拉乌尔定律决定的，该定律指出，在液体混合物之上的化合物的蒸气压等于纯化合物的蒸气压乘以该化合物在液体中的摩尔分数。通过检验两种纯化合物的混合物而不是汽油和煤油的混合物的行为可以更容易地说明这一现象。例如，10%戊烷（一种极易燃的打火机液体成分，其蒸气压为430mmHg）和90%甲苯（一种易燃的芳香溶剂，其蒸气压为21.7mmHg）的混合物产生67%戊烷和33%甲苯的混合物蒸气。如图2.11所示，仅添加10%挥发性较强的戊烷，就会使蒸气压增加三倍，从而使液体上方的可燃分子浓度增加三倍。由于其高蒸气压，戊烷的闪点比甲苯低得多［甲苯的闪点为40 ℉（4℃），戊烷的闪点为−40 ℉或C[1]］。

❶ 原文有误，此处应为℃（摄氏度）。

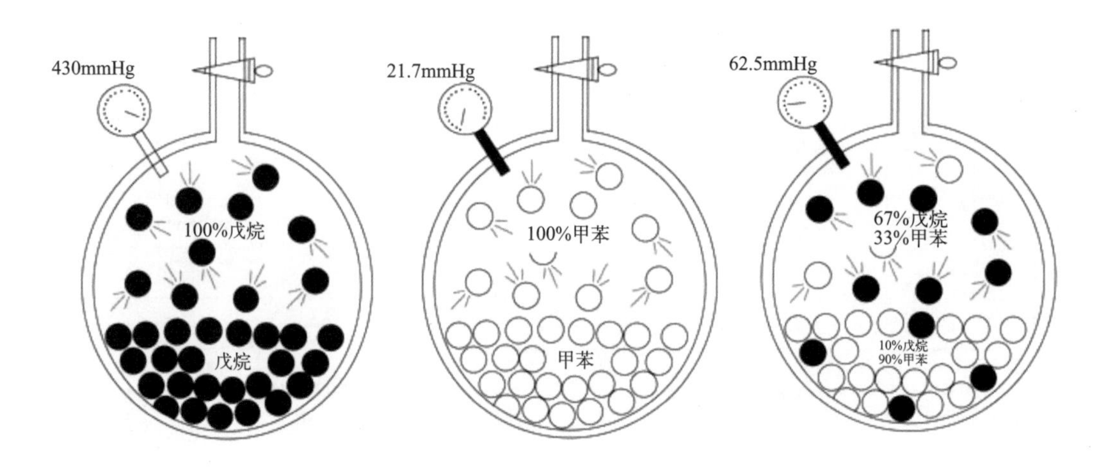

图 2.11　拉乌尔定律的作用。顶部容器含有 100% 戊烷，蒸气压为 430mmHg。中间容器中含有 100% 甲苯，蒸气压为 21.7mmHg。底部容器含有 10% 戊烷和 90% 甲苯。10% 戊烷的加入使蒸气压增加了三倍，达到 62.5mmHg。蒸气空间中三分之二的分子是戊烷，但液相中只有 10% 的分子是戊烷。

如果甲苯和戊烷的混合物暴露在火中，残留物可能几乎全部是甲苯。对于更复杂的混合物，如汽油，暴露于火后的残留物将与“新鲜”未蒸发的汽油有本质上的不同。图2.12显示了汽油在不同蒸发阶段的一系列气相色谱图（气相色谱法在第5章有详细的叙述）。色谱图左边的峰代表较轻的组分，右边的峰代表较重的组分。

注意顶峰的高度是如何随着蒸发而变化的。如果让1夸脱（1夸脱＝1.136L）的水蒸发到只剩下1品脱（1品脱＝0.568L），“蒸发”的水的化学成分将会和未蒸发的水完全一样。所有纯化合物都是如此，但混合物和溶液则不然。如果对汽油进行同样的试验，蒸发后汽油的化学成分与未蒸发的汽油有很大的不同，因为汽油是由不同化合物组成的混合物，其分子质量和蒸气压差异很大。简单地说，暴露在高温下，纯液体的成分不会改变，混合液体的成分会改变。

闪点有时会与燃点混淆。液体的燃点是当暴露于一个有能量的火源时，在一个静止的液体池之上的蒸气能被点燃的温度。该点火源的温度总是明显高于闪点。例如，汽油的闪点是−40 ℉，但它的燃点在550 ～ 850 ℉之间，这取决于它的辛烷值。液体加热到超过燃点时，其上的蒸气可以燃烧，但只有在热源温度高于燃点时，这些蒸气才会燃烧。注意，闪点是指大量液体表面蒸气与火焰接触发生瞬间闪火时的最低温度，而着火点是指火源所在位置蒸气燃烧时的最低温度。所以一个微小的火花在一个极小的空间内只要温度高于蒸气的着火点，都可以点燃大量蒸气，即使该温度远远低于燃点。

2.7　固体的行为

与固体相比，描述气体和液体的行为相对容易。如果固体只是在低于其凝固点（也称为熔点）的温度下液化，描述液体的行为也会相对容易一些。蜡烛就是这种简单固体的一个例子。火焰的热量使固体蜡熔化，产生液体蜡，然后液体蒸发，它可以与空气中的氧气结合。

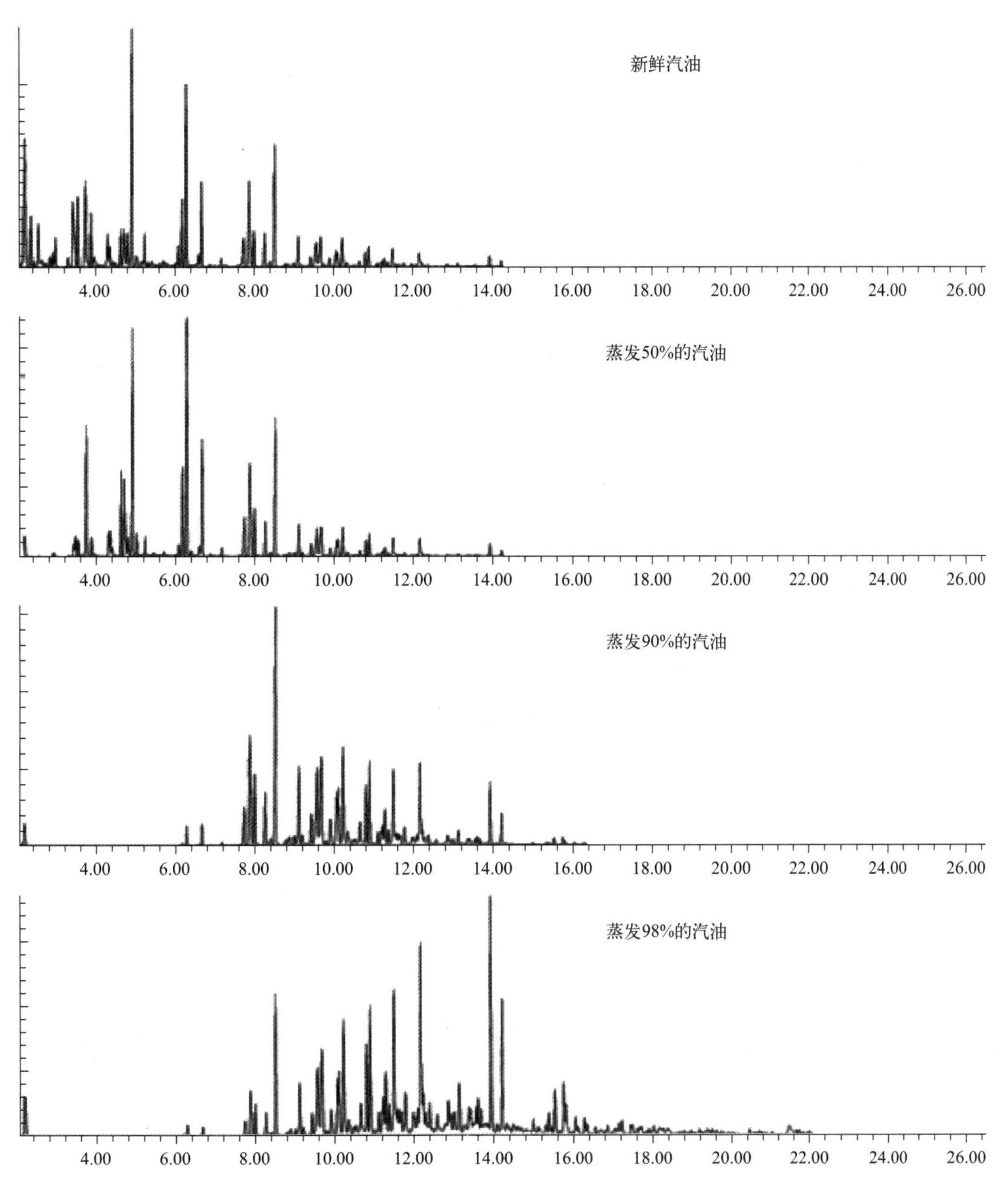

图 2.12　汽油在不同蒸发阶段的四张色谱图。随着蒸发过程的进行，图表左边代表的较轻化合物的峰消失了，使得图表右边较重化合物的峰更明显。

然而，大多数固体（几乎所有可燃固体）都不以液体或气体的形式存在，只有把大分子分解成新的和更小的分子才能变成液体或气体。

燃烧极限规则在早期被认为在形式上同样适用于固体燃烧产生的挥发组分，挥发组分是指固体分解产生的，而不是汽化产生。着火源是否能够点燃特定的目标材料，取决于它是否能产生足够的蒸气来燃烧。燃料是否能继续燃烧取决于产生的火焰是否能将足够的能量转移到固体表面，从而继续产生高于燃烧下限的蒸气。固体燃料燃烧的概念如图2.13所示。

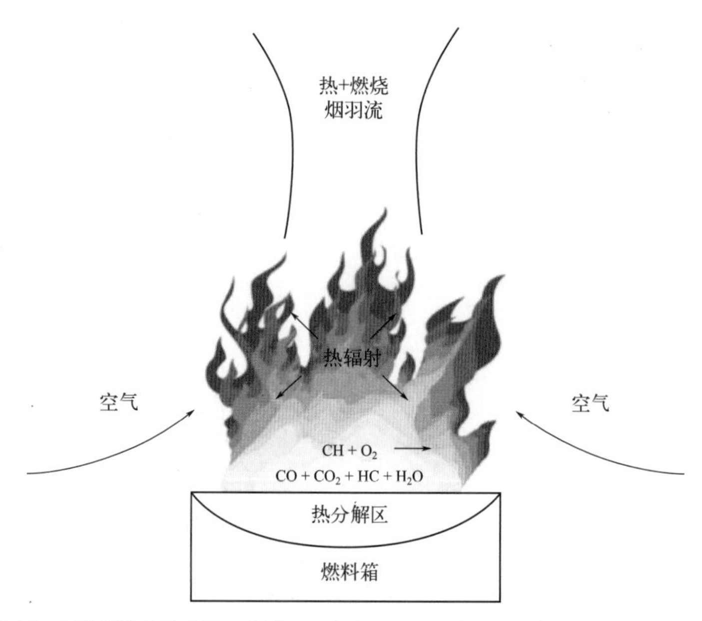

图 2.13 固体燃烧中发生的一些过程示意图，只要火焰向固体表面辐射足够的热量，产生足够数量的可燃蒸气和气体，燃烧就能够进行。

固体一般可分为三类：金属和金属化合物，耐火材料（如混凝土、玻璃和陶瓷），聚合物。除了极少数例外，火灾调查中遇到的所有可燃固体都属于第三类。聚合物是分子量可达数千甚至数百万的大分子。聚合物的基本单位叫做单体。简单分子以直线、片状或三维矩阵形式结合在一起就构成了聚合物。

聚合物可以是天然的，也可以是合成的。固体、泡沫、纤维或薄膜“纯”聚合物非常少。大多数被称为聚合物的物质都含有相当一部分其他成分，如填充剂或增塑剂，添加到聚合物中以使其具有理想的性能。有些聚合物可含有高达50%的增塑剂。纯聚合物通常既硬又脆，增塑剂使聚合物柔软易弯曲。

木材是三种天然聚合物的混合物，其中最广为人知的是纤维素。纤维素是地球上最丰富的有机分子，是一种多糖，意思是“很多糖”。它是葡萄糖分子的一种聚合物，其化学结构片段如图2.14所示。半纤维素是指比糖复杂但没纤维素复杂的多糖。半纤维素主要存在于植物细胞壁中。木质素是最丰富的天然芳香烃（含苯环）聚合物，存在于所有维管植物中。木质素与纤维素、半纤维素是木材和草类植物[2]细胞壁的主要成分。蛋白质是另一种天然聚合物，包括丝织品和羊毛。

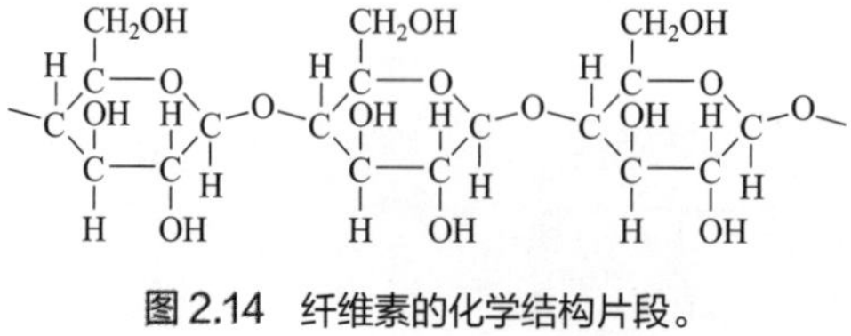

图 2.14 纤维素的化学结构片段。

六种最常见的合成聚合物是聚乙烯、聚丙烯、聚氯乙烯、聚苯乙烯、聚酯和聚氨酯。一些常见聚合物的化学结构如图2.15所示。

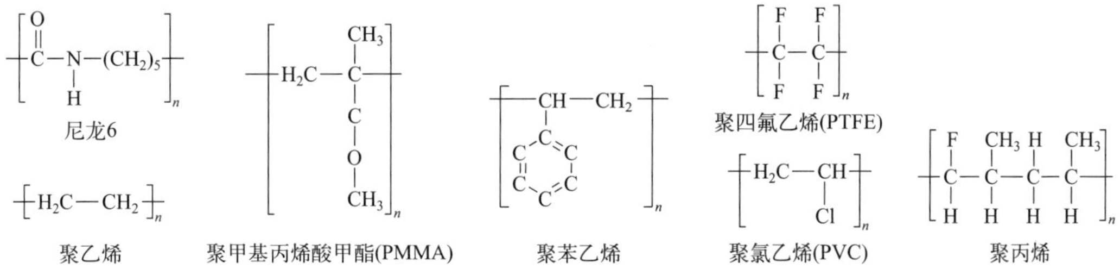

尼龙6　聚乙烯　聚甲基丙烯酸甲酯(PMMA)　聚苯乙烯　聚四氟乙烯(PTFE)　聚氯乙烯(PVC)　聚丙烯

图 2.15　几种常见聚合物的化学结构。

聚合物遇热会分解，这是一种化学键断裂引起的不可逆分解。注意，热解是吸热反应，也就是说，它需要能量。这些能量使固体中的原子振动得越来越快，直到原子间的化学键断裂。热解有几种不同的方式，其中最简单的方式称为单体还原，大分子简单地分解成它们的组成单体，聚苯乙烯、聚四氟乙烯（PTFE，也称为特氟隆）和聚甲基丙烯酸甲酯（PMMA）是为数不多的三种受热发生完全“解聚”的聚合物。它们的行为与蜡烛中蜡的行为没有太大区别。一旦聚合物熔化，这些单体就可以汽化并在气相中燃烧。其他聚合物，特别是聚烯烃（聚乙烯、聚丙烯）经过一个称为随机分离的过程，产生的有机分子比初始单体大，但小到足以汽化，其行为类似于可燃液体。一种常见的热解方式是裂解聚合物链上的侧基，这就是所谓的侧基断裂。以侧基断裂为主要热解途径的聚合物有聚氯乙烯和聚醋酸乙烯酯。当一种聚合物的侧基被剥离后可能会发生更复杂的反应。大多数聚合物在受热时，会同时进行这三种类型的热解。一般来说，热解导致聚合物的炭化或熔化。非聚合物的固体会有不同的表现。

固体暴露在高温下可能会发生以下三种情况：熔化，脱水或炭化。

炭化物包括木材和许多热固性塑料。热固性塑料是一种聚合物，它在加热时不会熔化或软化，并能（或多或少）保持其原来的形状。

在高温下软化和变形的聚合物称为热塑性聚合物。因为只有结晶固体才有明显的熔点，而且大多数聚合物是结晶固体，且是无定形的分子排列（缺乏明确的形式），所以熔融的聚合物通常具有所谓的“玻璃化转变温度”（玻璃也有玻璃化转变温度，而没有熔点）。纯金属和大多数由晶体结合在一起的物质一样，有一个非常明显的熔点。

在脱水过程中，与固体基质中大分子化学结合的水分子通过打破弱的化学键而被释放出来。这一过程包括吸收能量，从而提供了物质如石膏墙板和混凝土的耐久性。当水被释放出时，石膏墙板就会发生煅烧。在火灾条件下，释放出来的水会蒸发，由此产生的蒸气被认为是导致混凝土碎裂的原因之一[j]。

炭化过程是火灾调查人员最感兴趣的。对于大多数固体，当挥发物（小分子）产生，然后被外部热源驱赶出去，这些挥发物在空气中被点燃或燃烧时，就会着火。这种在固体表面以上的燃烧为进一步的热解和气体挥发提供了更多的热量。炭的绝缘性导致焦化速率的测定变得困难，因为这个速率会随时间而变化。在校准过的能量源（如马弗炉）下受热物质的平均燃烧速率可以确定，但真实的燃烧无法校准。在 ASTM E119[9] 中描述的耐火炉中，发现大多数普通木材的炭化速率在0.5 ～ 0.8mm/min[10]。

固体材料对引燃的敏感性取决于许多因素，除了讨论潜在的点火源之外，点火这一主题范围太大，不能在本文中涵盖。Vytenis Babrauskas的《引燃手册》提供了影响点火的所有因素的详细检查，强烈推荐给希望更深入地研究这一主题的读者。在本文中，重点是与可燃性、火焰蔓延速率、燃烧速率和热释放速率有关的可测量固体性质的测定。

关于固体要记住的重要一点是为了燃烧，它们必须挥发。图2.16显示了碳基固体燃料燃烧过程中分子行为的示意图。燃料分子（红色）被汽化，并与O_2分子（蓝色）反应生成CO_2（灰色圈）和CO（黑色圈）。在下一章中会说明，气相中都是燃烧产物，氧气会被耗尽。固体在火灾中的行为很大程度上取决于它们的形态、分布和环境，在第3章中有介绍。

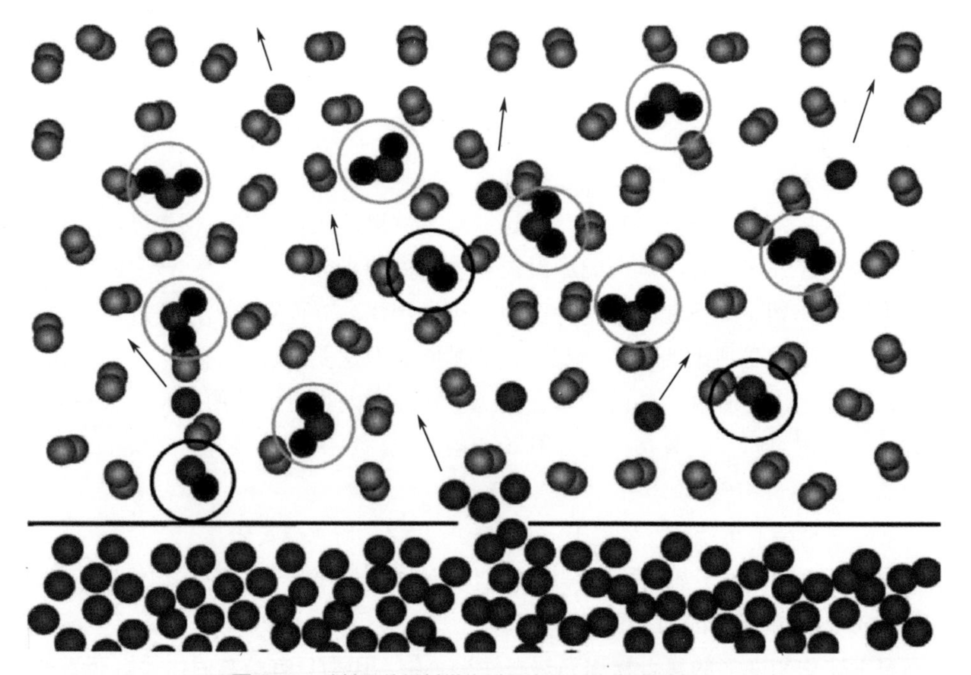

图2.16 碳基固体燃料燃烧过程中分子行为的示意图。

2.8 结语

燃烧是放热的化学反应，是放出能量的反应。能量以J为单位。能量释放的速率称为功率，单位是J/s或W。传递到给定区域的功率量称为热通量，以kW/m^2或W/cm^2计量。

一切物质都是由原子构成的。化合物是由分子构成的，两个或更多的原子通过化学键结合在一起。大多数物质是化合物的混合物。混合物的成分遇热会发生变化。大多数可燃固体是聚合物，即一种由单体单元重复形成的长链大分子。

气体浓度在燃烧极限内，并暴露于能量足够的点火源才能燃烧。液体和固体必须通过汽化或分解转化为气体才能燃烧。只要火焰散发的热量足以产生蒸气或气体，燃烧就会继续。

问题回顾

1. 下列哪些反应是放热的?

a. 冰的融化　　b. 水的沸腾　　c. 混凝土的凝结　　d. 甲烷的燃烧

2. 燃烧一体积天然气（甲烷）需要多少体积空气?

a. 25　　b. 10　　c. 5　　d. 2

3. $1ft^3$丙烷气体的大致能量是多少?

a. 2500Btu　　b. 1000Btu　　c. 5000Btu　　d. 25000Btu

4. 在公制中，计量能量的基本单位是什么?

a. 瓦特（W）　　b. 英制热量单位（Btu）

c. 卡（cal）　　d. 焦耳（J）

5. 下列哪种易燃液体的蒸气比空气轻?

a. 汽油　　b. 二乙醚　　c. 香烟打火机油　　d. 以上都不是

问题讨论

1. 描述原子和分子之间的区别。
2. 怎么定义能量、功率和通量，能量和功率之间的区别是什么?
3. 描述爆炸极限与配平化学方程式之间的关系。
4. 为什么火灾调查员了解化学反应很重要?
5. 热量和温度的区别是什么?

参考文献

[1] Stout, S., Uhler, A., McCarthy, K., and Emsbo-Mattingly, S. (2002) Chemical fingerprinting of hydrocarbons, in Murphy, B. and Morrison, R. (Eds.), *Introduction to Environmental Forensics*, Academic Press, Burlington, MA, p. 168.

[2] *Merck Index* (2001) 13th ed., Merck Publishing, Rahway, NJ, p. 983.

[3] Drysdale, D. (1985) *An Introduction to Fire Dynamics*, Wiley-Interscience, New York.

[4] NFPA 921 (2017) *Guide for Fire and Explosion Investigations*, NFPA, Quincy, MA.

[5] Babrauskas, V. (2003) *Ignition Handbook*, Fire Science Publishers, Issaquah, WA, p. 1043.

[6] Segeler, C. (1965) *Gas Engineers Handbook*, 1st ed., Industrial Press, New York, 2/73.

[7] NFPA 30 (2018) *Flammable and Combustible Liquids Code*, National Fire Protection Association, Quincy, MA.

[8] ASTM E502 (2013) *Standard Test Method for Selection and Use of ASTM Standards for the Determination of Flash Point of Chemicals by Closed Cup Methods*, Annual Book of Standards, Volume 14.05, ASTM International, West Conshohocken, PA.

[9] ASTM E119 (2016) *Standard Test Methods for Fire Tests of Building Construction and Materials*, Annual Book of Standards, Volume 4.07,ASTM International, West Conshohocken, PA.

[10] Babrauskas, V. (2004) *Wood char depth: Interpretation in fire investigations, in Proceedings of the 10th International Fire Science and Engineering (Interflam) Conference*, Interscience Communications, London, UK.

a 一个近似的经验法则是，每增加10℃反应速率就翻一番。这就是众所周知的阿伦尼乌斯方程。

b 为了表彰伟大的科学家，我们以他们的名字命名计量单位，但单位的名称不大写，例如，瓦特，以詹姆斯·瓦特的名字命名。以人命名的单位的缩写是大写的，在英制热量单位中，B代表“英国”。温度标度总是大写的，除了开尔文。

c CGS系统单位是“cm/（g·s）”，而MKS系统单位是m/（kg·s）。

d 以丹尼尔·华伦海特（1686～1736）的名字命名，他是一位德国物理学家和仪器发明者，于1709年发明了酒精温度计。

e 以瑞典天文学家安德斯·摄氏（1701～1744）的名字命名。他规定在100℃的温度下冻结，在0℃的温度下沸腾。在他死后这一要求被撤销。摄氏的研究证明冻结温度与大气压无关，而沸点温度则与大气压有关。摄氏温度标准（Celsius scale）也被叫做摄氏温标（centigrade scale），但是摄氏度是最常用的叫法。

f 以威廉·兰金（1820～1872）的名字命名，他是一位苏格兰土木工程师，研究蒸汽机，对热力学作出了贡献。

g 以威廉·汤普森（开尔文勋爵）（1824～1907年）的名字命名，他是另一位与兰金一起研究热力学问题的苏格兰人，探索了不可逆过程的概念。

h ASTM是美国材料与试验协会（American Society for Testing and Material）的缩写，是一个自愿制定标准的组织。ASTM为包括法医学在内的所有类型的商品和服务颁布了超过12000项标准（测试方法、实践、指南和规范）。

i −40℃=−40 ℉

j 蒸气压超过了混凝土的抗拉强度，引起水泥和集料发生不同程度的膨胀造成剥落，剥落还有可能是由于对混凝土的快速加热引起的。有关剥落原因的详细讨论，请参阅第8章。

第3章

火灾动力学与火灾痕迹

可以把火作为仅次于生命过程的最复杂的现象来理解。

——霍伊特·霍特尔（Hoyt Hottel）

学习目标

阅读本章后，读者应能够：

- 列出不同的点火类型。
- 描述各种火焰，理解易燃性的概念，并描述易燃性的不同方面是如何测量的。
- 讨论生成火灾痕迹模型的方法。并且知道哪些痕迹在来源确定中是重要的。
- 了解氧气在室内火灾中的关键作用。
- 描述三种不同的火灾痕迹及其在火灾调查中的用途。

3.1 引言

这一章的目的是介绍火灾动力学的概念，但仅用一章不能对这个非常大的主题进行全面的讲述。直到1985年，杜格尔·德赖斯代尔（Dougal Drysdale）才将火灾动力学的基本概念编入他的名为《火灾动力学导论》的教科书中，火灾动力学的基本概念才在这本书中得到阐释。这是一本很好的书，但它的设计目的只是为了让消防工程师阅读和理解。

在1998年James Quintiere的《火灾行为原则》之前，"完整的火灾动力学"（剔除了大部分微分方程）对于一般的消防从业者或消防员、法官和调查人员来说都是无法理解的。唯一接近白话文的资料是在NFPA 921的"基础火灾科学"一章中找到的。以下是一些简单的火灾动力学方程的示例，如附加说明3.1所示。

第2章介绍了燃烧的一些基本化学和物理知识。本章讨论火焰、传热、点火和火焰传播的概念；火灾与环境的相互作用；以及计算机模型的使用（或误用）。

3.2 点火

要发生着火，首先考虑的是物质必须能够传播并持续燃烧，或者，对于爆炸性材料，必须能够传播热分解波。点火就是这种传播过程的开始。

表3.1 选定材料的热性能[a]

材料	热导率（k）/[W/(m·K)]	密度（ρ）/(kg/m^3)	比热容（c）/[(J/(kg·K)]	热惯性（$k\rho c$）/[W^2·s/(K^2·m^4)]
铜	387	8940	380	1301×10^6
混凝土	0.8～1.4	1900～2300	880	1.34×10^6～2.83×10^6
石膏灰泥	0.48	1440	840	0.581×10^6
橡木	0.17	800	2380	0.324×10^6
松木（黄色）	0.14	640	2850	0.255×10^6
聚乙烯	0.35	940	1900	0.625×10^6

续表

材料	热导率（k）/[W/(m·K)]	密度（ρ）/(kg/m³)	比热容（c）/[(J/(kg·K)]	热惯性（$k\rho c$）/[W²·s/(K²·m⁴)]
聚苯乙烯（硬质）	0.11	1100	1200	0.145×10^6
聚氯乙烯	0.16	1400	1050	0.235×10^6
聚氨酯	0.034	20	1400	0.000952×10^6

资料来源：Drysdale，D.（1999）An Introduction to Fire Dynamics, 2nd Edition, John Wiley & Sons。
a 典型值。特性随温度而变化。

当给定体积的材料中的产热率超过散热率时，固体就会着火，而且随着温度的进一步升高，这个过程会继续进行（反应的速度会加快）。热导致化学键断裂，物质分解成挥发性物质。这些挥发物要么被点燃，要么自燃。固体的引燃温度一般在250～450℃，而自燃温度通常在500℃以上。

引燃物（预先存在的火焰）或高温环境为加热产生的气体和蒸气提供了能量。在某种程度上，热产生的速度由挥发物的产生速度控制，并产生或多或少稳定的火焰。对于热薄型材料（厚度小于大约2mm的纸张或织物），目标燃料是否着火或何时着火取决于它的热惯性，它是材料厚度、密度和比热容乘积的平方根，比热容是将1g物质的温度改变1K所需的焦耳热量，用J（kg·K）表示。对于厚材料，除了密度（ρ）和比热容（c）之外，燃料的热导率（k），即将热量从表面传导出去的能力变得重要。热导率单位是W/（m·K），密度单位是kg/m³。热惯性单位表示为J/（m²·K·s$^{1/2}$）。提出了热惯性单元“TIU”的概念。表3.1显示了前面讨论的所有热属性的典型值。

当考虑热惯性及其对点火温度或点火时间的影响时，最好分别考虑电导率、密度和热容这三个因素。非导体、低密度固体和低热容固体的点火温度较低。因此，聚氨酯泡沫比聚乙烯垃圾桶更快着火，而聚乙烯垃圾桶比刨花板桌子更快着火。燃料何时点燃或是否点燃也在很大程度上取决于入射到其表面的热通量。临界热流密度以kW/m²为单位表示，是一个阈值，低于该阈值不会发生燃烧。

空气中的蒸气或粉尘的混合物比固体更容易着火，也就是说，增加的能量较少。略高于化学计量比的燃料/空气混合物最容易点燃，碳氢化合物的最低点火能量（MIE）约为0.2mJ（毫焦），氢气的最低点火能量约为0.01mJ[1]。根据颗粒大小分布的不同，尘埃云的最低点火能量大约在几十到几百毫焦[2]。

3.3 自热与自燃

NFPA 921将自热定义为在特定条件下在某些材料中自发发生放热反应的结果，即以足以提高材料温度的速率释放热量。自燃被定义为由自热引起的燃烧。

自燃遵循与引燃点火或辐射热点火相同的规则。然而，热源不是在燃料外部，而是燃料堆内。当产热速率超过散热速率时，温度就会升高，如果温度增加到燃料的着火点，就会发生火灾。满足这些条件需要微妙的平衡。首先，材料必须在环境温度下容易氧化。随着环境温度的升高，符合这一标准的物质越来越多。在某种程度上，真正的着火是自发的还是从热环境中吸收能量的结果就成了学术问题。这场讨论围绕低于200 ℉的环境温度展开。在此温度下，最常遇到的自热材料是不饱和的动物油或植物油，或大多数植物中的萜烯。某些含有干性油或未反应聚合物的细碎粉尘也会自热。汽车喷漆就是这种燃料的一个例子。这些物质中的双键被氧化，导致放热。如果反应物堆足够大，它所导致的阻隔会将热量封锁在燃料堆内，并增加反应速率。充分的隔热和充分暴露在氧气中是平衡的。如果两者都没有，进程将停止。干草堆是自热的一个特例。这涉及到一个分两步进行的过程。首先，烟囱中的生物活性增加了环境温度，即使有机体死亡，也有足够的能量来增加植物材料中油脂的氧化速度。

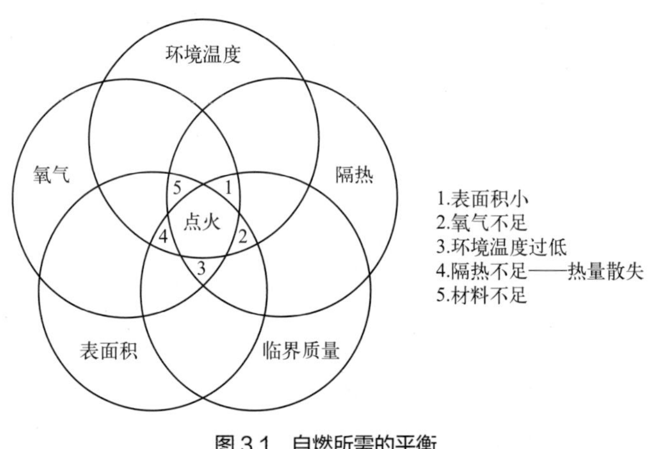

图 3.1 自燃所需的平衡

虽然自热是自发的，但自热通常是一个非常缓慢的过程，最终可能会导致阴燃。这是因为热量是在燃料的中心产生的，但在燃料表面变得足够热之前，通常没有足够的氧气供燃烧。然而，自发加热的时间并不总是可以预测的。虽然这通常需要几个小时，但记录到的时间有15min以下的[3]，也有超过3天的[4]。图3.1显示了自燃所需的平衡。最常见的情况是，一个或多个要求的条件不满足，当发生氧化甚至加热时，不会产生点火结果。Babrauskas对自热提供了严格的处理[5]，文献中也有很多讨论和说明，特别是关于固体燃料的低温点火[6]。(固体燃料的低温点火没有获得足够的证据来支持[7]。关于检验自燃假设的方法可以在第6章中找到说明。

3.4 化学品起火

某些物质一暴露在空气或湿气中就立即燃起火焰。这些物质大部分是自燃金属和有机过氧化物。锂、钠和钾等碱金属必须储存在煤油或矿物油等有机液体中才能隔绝氧气。其他金属在粉末状时会自燃。NFPA 400《危险品规范》将“自燃材料”定义为自燃温度低于130 ℉(54.4℃)的化学品[8]。火灾调查人员有可能遇到用作游泳池消毒剂的氧化剂污染导致的化学燃烧。其中包括次氯酸钙和“稳定的”氯化合物，如二氯异氰尿酸钠。当被可氧化物质污染时，这些氧化剂会产生强烈的火焰和剧毒的烟雾，并可能发生几乎不可能停止的分解反应，直到化学品供应耗尽。泳池消毒剂的化学反应速率和强度远远大于普通燃料的燃烧。图3.2显示了其中一个反应。

图3.2 10mL 防晒油与泳池消毒剂（50g68% 次氯酸钙）的反应。涂抹防晒油 40s 后，立即发生强烈的反应。

氧化剂的标签、储存和搬运应遵循NFPA 400，即《危险品规范》。氧化剂以前受到NFPA 430的监管，但在2010年，NFPA 430、NFPA 432、NFPA 434和NFPA 490作为单独的文件被撤回，并将其整体包括在NFP A400中。这些规范涵盖了建筑和消防规范中的危险材料类别，如腐蚀剂、易燃固体、自燃性物质、有毒和剧毒材料、不稳定材料和水反应材料，以及压缩气体和低温液体。

3.5 阴燃点火

阴燃是一种缓慢的燃烧过程，发生在空气中的氧气和燃料表面的固体燃料之间。阴燃包括热解，但由于通风有限，产生的燃料蒸气不足以产生或维持火焰。有限的通风也使氧气浓度保持在化学平衡计量以下，因此阴燃燃烧产生的一氧化碳往往比二氧化碳多得多。虽然单位质量燃料阴燃燃烧的CO生成率高于火焰燃烧，但单位时间内CO的燃烧速率可能远低于火焰燃烧速率，这取决于阴燃反应的速度。

阴燃速率在很大程度上取决于通风，通常范围为1 ～ 5mm/min[9]。通常是通风的改变导致阴燃燃烧转变为有焰燃烧。

由于涉及的变量很多，无法预测一种特定的燃料在转变为火焰燃烧之前会阴燃多久，甚至无法预测这种转变是否会发生。

阴燃既可以发生在燃烧之前，也可以发生在燃烧之后。阴燃点火源，如香烟，可以在纤维素材料和聚氨酯泡沫上引发阴燃。有可能成为阴燃的燃料必须具有形成多孔焦炭的能力，且不会发生过度熔化造成燃料阻塞毛孔。

大多数材料不会阴燃。如果条件有利，可能会阴燃的常见材料包括：

- 锯末和其他细碎的纤维素材料

- 纸
- 皮革
- 乳胶泡沫
- 聚氨酯泡沫塑料
- 木炭
- 香烟
- 粉尘
- 森林垃圾

当燃烧消耗了室内的大量氧气时，可能会发生阴燃。关于有焰燃烧和阴燃燃烧之间的区别存在一些分歧。Babrauskas指出，阴燃燃烧表现出可见的辉光，可以被称为灼热燃烧，灼热燃烧也可能是在热解产物被迅速驱赶走并且向燃料施加外部热通量而产生的，只不过可燃物表层仍有层微弱的光。

燃烧前燃料的热解和汽化有时被错误地称为阴燃。热解和蒸发是吸热反应，阴燃是放热氧化反应。如果燃料在热源作用下只产生蒸气但不氧化，那就不是阴燃。

3.6 火焰

火焰是燃烧气体或蒸气以及发生燃烧的细小悬浮物的发光区域。我们通常感兴趣的那种火焰叫做扩散燃烧。在扩散燃烧中，由于浓度的不同，燃料气体或蒸气和氧在反应区结合。物质从浓度较高的区域移动或扩散到浓度较低的区域。因此，蜡烛中的蜡蒸气离开了灯芯，在那里它们最集中，含量太高，不能燃烧，进入反应区，在那里蜡蒸气被分解成更小的分子，与流向火焰的空气中的氧气结合。氧气向火焰移动是因为局部对流在反应区附近产生了部分真空。图3.3显示了横截面上的蜡烛火焰。所有扩散火焰，包括大的湍流火焰，都有相似的行为方式，但蜡烛火焰更容易研究和说明（图3.4）。

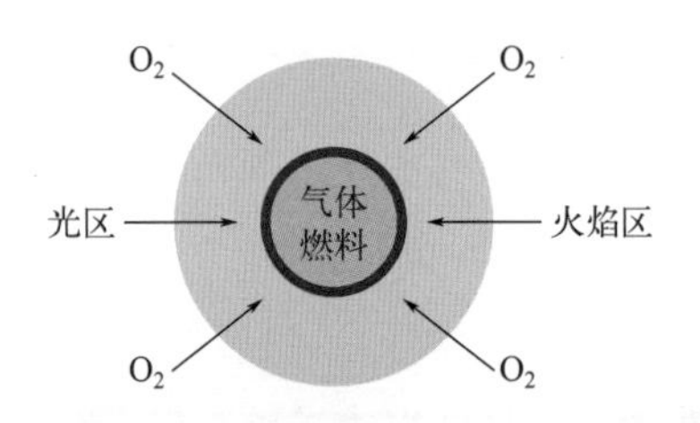

图3.3　显示氧气与石蜡蒸发产生的燃料气的反应图。

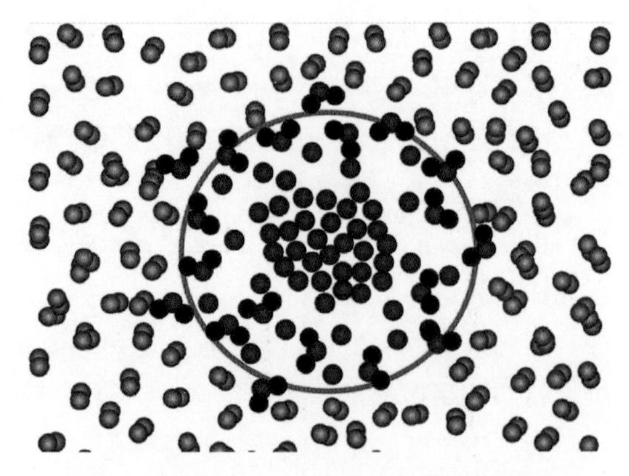

图3.4　燃料分子（红色）与氧气分子（蓝色）反应生成二氧化碳的燃烧示意图。[由史蒂夫·卡曼（Steve Carman）提供]

扩散火焰可以是层流的（有序的），也可以是湍流的。任何比1ft高的火焰都可能含有足够的紊乱，被认为是湍流[10,11]。蜡烛火焰是层流扩散火焰的经典例子。由于层流火焰的有序性质，人们对其进行了广泛的研究，以帮助理解在更复杂的火焰中发生的事情。

事实上，对简单系统的研究构成了关于火的许多已知知识的基础。消防工程师有时会因为依赖受控和可重复的实验室实验而受到影响，但这些实验可以让我们了解基本原理，并得出关于实验室外发生的火灾的结论。为此，消防工程师花了大量时间研究圆形或方形易燃液体池火的行为，或纯聚甲基丙烯酸甲酯（PMMA）（也称为丙烯酸，即有机玻璃）的行为。

这些科学家不仅了解现场和实验室之间的区别，而且还知道燃烧可能会发生在任何地方。人们已经对火焰进行了广泛的研究，使用热电偶等微型测温设备来测量火焰不同部分的温度变化，并使用分光光度计等光学设备来测量火焰中分子物种的浓度。1861年，迈克尔·法拉第（Michael Faraday）在他关于蜡烛化学史的讲座中指出，能够从火焰的不同部分采集气体样品，并通过观察它们来展示这些气体的组成。1985年，史密斯（Smyth）等人[12]制作了一系列引人入胜的图表，显示了层流天然气火焰中温度、流体速度和化学物种（水、氢、CO、CO_2以及各种碳氢化合物）的对称变化。有关史密斯工作的更全面讨论，请参阅昆蒂埃（Quintiere）的《火灾行为原理》。

虽然层流火焰可以让我们对所有火焰中发生的反应做出推断，但大多数时候，火灾调查人员都会研究湍流扩散火焰的后果。由于燃烧产物的巨大浮力、火焰的大小和可燃物堆的不规则形状，层流火焰失去了有序性。湍流扩散火焰中的反应区比层流火焰中的反应区具有更大的表面积，因此湍流火焰往往有更高的放热率，但发生的过程是相同的。

扩散火焰本身是燃料和氧气汇聚在一起的状态，与扩散火焰不同，预混火焰是在引入点火源之前燃料和氧气混合的火焰。大多数燃气器具使用预混合火焰，由于燃料和氧气接近化学计量比混合物，这种火焰往往在更高的温度下燃烧。除了燃气器具故障的情况外，火灾调查人员可能会将预混火焰视为点火源，而不是燃料。这里应该注意的是，尽管预混天然气或丙烷气体火焰燃烧时呈蓝色，但在火灾中看到蓝色火焰并不一定意味着天然气正在燃烧。事实上，如果天然气不是预混的，天然气和液化石油气都会燃烧成黄色火焰。

火焰温度变化很大，取决于火焰是预混火焰还是扩散火焰，是层流火焰还是湍流火焰，涉及到燃料量及其净能量释放（即热释放速率和热损失速率之间的差异）。关于火焰，我们确实知道的一件事是，它们永远不会达到文献中所说的"绝热火焰温度"。绝热是一个形容词，用来描述一个没有热量损失的系统。这是一个理论上的最高温度，只有当物质在一个完全隔热的空间中燃烧时，氧气足够多，多到使燃料得以完全燃烧，才能达到这个最高温度。这种情况在现实世界中是不可能实现的。

在日常建筑火灾中，温度范围为1000～2200 ℉（600～1200℃）。轰燃开始（过渡事件）通常定义为上层温度为500～600℃。

轰燃后，温度在1300℃的并不少见，因为此时空间可能会充满火焰，而不是高温烟气。曾经有报道称高温是由于使用助燃剂造成的，但现在人们知道（自1992年以来，NFPA 921的每一版都说明了这一点），通风良好的木柴燃烧火焰的温度与通风良好的汽油燃烧火焰的温度没有什么不同。控制温度的是通风，而不是燃料的性质。（为什么火灾调查人员会相信加速燃烧的火焰会更热，这是一个谜。千百年来人们就知道，要使火更热，他们只需要增加气流。）

3.7 易燃性

“易燃性”一词涵盖了一种材料的许多不同性质，许多测试都是为了测量这些性质而设计的。火灾调查员可能感兴趣的燃料特性包括：

- 点火所需能量，以mJ为单位
- 闪点，以（温度的）度为单位
- 燃烧率或质量损失速率，以g/s为单位
- 能量含量，以J/g（kW·h/g或Btu/lb）为单位
- 热释放速率，单位为kW或MW（热释放速率与能量释放速率相同）
- 火焰传播速率，以任意单位与红橡木上的火焰传播速率进行比较（火焰传播也可以表示为火焰在单位时间传播的距离（cm/s)]
- 热性能：密度、电导率、热容、热惯性

火灾调查员可能会对这些可燃性测量中的一个或全部感兴趣，这取决于特定案件中涉及的问题。

对于气体、蒸气和粉尘，有两个相关属性是燃烧浓度极限和最小点火能量。这两种特性都很难测量，并且需要专门而昂贵的仪器。幸运的是，大多数常见燃料的特性参数可以在文献中找到。

液体的闪点：在规定的实验条件下，所测得的能够维持可燃液体表面发生一闪即灭现象的最低温度。

对于易燃液体，最重要的性质是闪点，即静止的液体池产生等于可燃下限的蒸气/空气混合物的温度。燃点，即维持闪光的温度，通常比闪点高几摄氏度，但是低级醇不是这样[13]。闪点的测定虽然烦琐，但相对容易，而且对于大多数常见的液体燃料来说，闪点是众所周知的。其他液体可燃性试验，不太可能具有可搜索的文献价值，包括ASTM D3065（《气溶胶产品易燃性的标准试验方法》）中描述的火焰投射测试和封闭鼓测试。易燃性是NFPA 704要求列入的四种危险之一，其他危险是“健康危害性”“反应性”和“其他”，分别用不同颜色的“警示菱形”表示。对于易燃液体，警示菱形顶部的红色方块列出了五种危险程度：

0——在典型火灾条件下不会燃烧的材料，包括本质上不可燃的材料，如混凝土、石材和沙子。

1——在点火之前必须预热的材料。

2——必须适度加热或暴露在相对较高的环境温度下才可能会发生燃烧的材料。

3——几乎在所有环境温度条件下都能点燃的液体和固体（包括细碎的悬浮固体）。

4——在大气压和正常环境温度下迅速或完全蒸发的材料，或容易分散在空气中并容易燃烧的材料。

另外，职业安全与健康管理局（OSHA）在其危险通信系统中的排名几乎完全相反。OSHA采用了全球统一标准（GHS），其中1为最高危害，4为最低危害。NFPA和OSHA都已意识到等级标准的不统一可能会引起使用时的混淆，这一主题在NFPA 704[14]的附件中进行了讨论。

自燃点：可燃物没有火花或火焰的作用下，在空气中能够起火燃烧的最低温度。

自燃温度对于燃料所有阶段都很重要，虽然在大多数实际情况下很难准确确定；但同样，文献中对许多燃料都有普遍接受的值。

火焰蔓延：火焰前沿在燃烧（或暴露在点火火焰中）的材料表面上的移动，其中暴露的表面尚未被完全覆盖。

《烟气控制系统标准》（NFPA 92）将火焰蔓延定义为火焰前沿在燃烧（或暴露在点火火焰中）的材料表面上的移动，其中暴露的表面尚未被完全覆盖。在物理上，火焰传播可以被视为由材料的燃烧部分产生的热能、其火焰以及施加在未燃烧表面上的任何其他入射热能所产生的一系列点火[15]。火焰蔓延是将火焰前沿前方的材料加热到其着火点的结果。加热源可以是火焰和/或外部热源（例如隔间中的热上层）。固体中的火焰通常以两种方式之一传播：在燃烧材料的表面上或通过辐射。表面火焰的传播取决于现有火焰引起热解的能力，以及产生足够的蒸气来维持燃烧的能力。通过辐射蔓延的火焰要求现有火焰产生足够的辐射热流来点燃目标燃料。在给定的情况下，“足够”的辐射量的相关因素：

- 火焰与目标之间的距离
- 入射角（目标对火焰的“视角”）
- 是否存在“引火物”（即热解目标燃料附近的现有火焰）
- 是否有其他燃烧的可燃物堆或热气层
- 目标燃料的固有性质
- 燃料的方向（水平或垂直-这可能会产生巨大的差异）
- 可燃物与火焰的相对位置（顶部或底部）

所有这些因素都会影响到燃料表面的传热速度，这最终决定了火焰在表面蔓延的速度。明火引燃时所需的临界热辐射通量要低于辐射引燃。对于大多数材料，明火引燃的临界热辐射通量在10～15kW/m^2范围内，有些材料表现出较高的数值，这与阴燃点火的最小热通量7～8kW/m^2形成对比[16]。

内部饰面要求满足一定的火焰传播或临界热通量限制。使用不当的材料造成了许多严重的火灾损失，可能会引起火灾调查员的兴趣。例如，2003年2月的车站夜总会火灾，在那次火灾中，非法用作室内装饰的聚氨酯泡沫导致了火灾的快速蔓延[17]。火焰蔓延速率使用施泰纳隧道试验来确定，测试方法在《建筑材料表面燃烧特性的标准试验方法》[ASTM E84（也称为NFPA 255)]中进行了描述。在这个测试中，被测试的材料被悬挂在一条长25ft、宽18ft的隧道天花板上。设计一个小流量试验（3.8mm水柱）。将每分钟提供5000Btu（5.3MJ）（88kW）的天然气火焰施加到距离末端1ft的地方，并记录温度、烟雾密度和火焰锋面的移动。不燃水泥板用于定义零点，精选等级红橡木地板用于定义火焰蔓延速率为100的值。通常情况下，火焰在橡树表面上传播25ft需要6min。材料的火焰可以比橡木传播得更高或更低。隧道试验装置如图3.5所示。

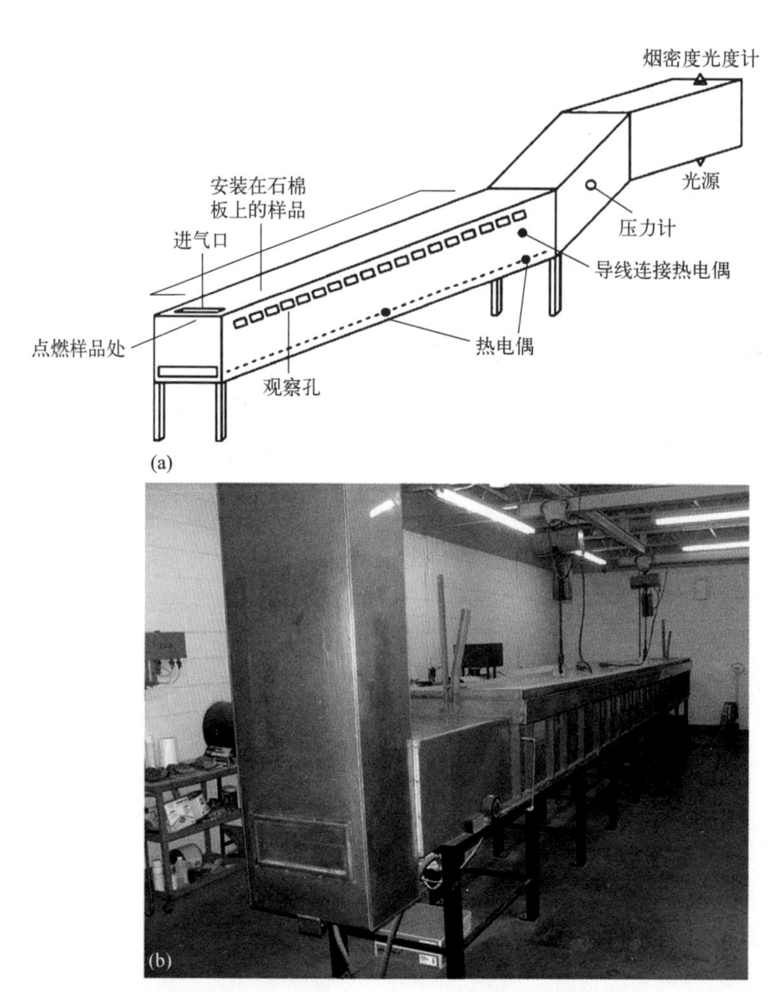

图 3.5　（a）施泰纳隧道试验装置示意图。（b）施泰纳隧道测试器具。升降机用于打开箱顶，以便装载安装在水泥板上的 25ft 长、2ft 宽的试件。为便于观察火焰前沿的进展情况，在测试的时候需要将室内光线调暗。（由佐治亚州多尔顿市商业测试公司提供）

《生命安全规范》（NFPA 101），根据火焰蔓延速率，将用于墙面或天花板饰面的材料分成了三个等级。A级为≤25，也就是说，火焰传播速度为在红橡木上传播速度的25%，所以如果火焰能到达隧道的尽头，需要的时间为20 ～ 25min。B级材料为26 ～ 75。C级材料为76 ～ 200。国际建筑官员与规范管理人员协会（BOCA）的《国家建筑规范》和《统一建筑法规》中，将其分为Ⅰ、Ⅱ和Ⅲ级，分别等同于A、B和C级。

在读取罗马数字评级时可能会出现一些混淆，因为NFPA对地板覆盖物使用了第二种分类，这取决于在地板样品上传播火焰所需的临界辐射通量。第一类地板饰面要求临界辐射热通量为45kW/m^2，第二类地板要求临界辐射热通量为22kW/m^2。在ASTM E648（也称为NFPA 253）中使用辐射热源的地板覆盖系统临界热辐射通量的标准实验方法。在这项测试中，一个8in×40in的样品。地板的一部分与实际安装的一样水平安装在试验室的底部，面朝上（与隧道试验不同，它安装在试验仪器的“天花板”上），并暴露在一个30°角的辐射燃气面板中，在样品上方14cm处。只要样品在受热10min后停止燃烧，试验就会一直进行。然后测量地板材料燃烧的距离。辐射热源装置如图3.6所示。

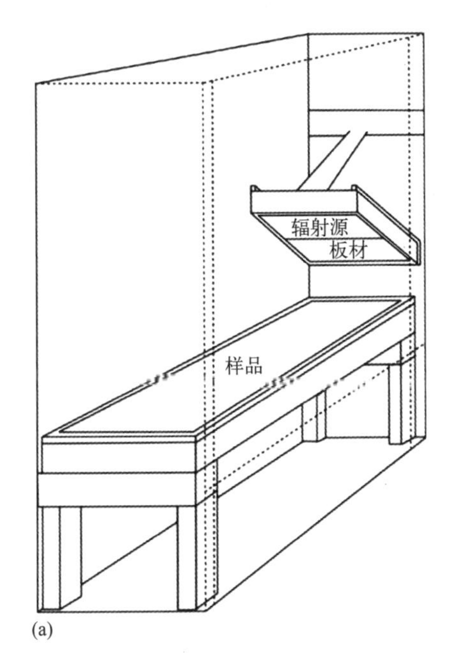

图 3.6 （a）辐射板试验装置的示意图。

图 3.6 （b）辐射板试验装置。测试时，先用热水辐射板加热样品 5 分钟。然后，在保挂辐射板加热样品的同时，用 T 形点火器在样品靠近热辐射板的一端点火 5 分钟。当样品停止燃烧时，测试结束。（由佐治亚州多尔顿市商业测试公司提供）

当然，有些材料比Ⅱ级铺地材料更容易着火，或者其火焰蔓延速率比C级墙面或天花板饰面更快。然而，这种材料不允许在出口或某些类型的住宅中使用。建筑中的许多家具和其他燃料包装可能不符合室内饰面的易燃性要求。

直到最近，家具还被要求耐香烟点燃，并在使用NFPA 260《软垫家具组件耐香烟点燃性的标准试验方法和分类系统》进行测试时，根据其耐点燃能力进行分类（使用罗马数字）。Ⅰ级材料的焦长小于45mm（1.75in），Ⅱ级材料的焦长为45mm或更长。

家具的香烟耐燃性测试正迅速成为过去式。现代家具法规要求家具按照加州制定的更严格的测试方法进行测试。（许多家具制造商将加州的测试方法视为事实上的国家标准。）2013年修订的技术公告117除了香烟点火测试外，还要求进行一系列火焰点火测试。在技术公告603中规定了对床垫进行更全面的测试，该技术公告要求使用室内量热计来进行测试。与建筑中的特定家具相关的各种燃烧性能测试太多了，这里不能详细讨论，但这些信息可以在加州电子和家电维修、家居和保温材料局网站（http://www.bearhfti.ca.gov）中获得。

应当注意，容易被引燃是易燃性的一个特征，特别是当研究人员提议将特定的可燃物作为第一种燃料点燃时。例如，认为一块木材直接就能被点燃的想法几乎总是错误的。一块烘干云杉的火焰蔓延速率可能是红橡木的两倍，但如果没有大火，就很难点燃2ft×4ft的木材。试着用喷灯点燃一块木头，火焰熄灭后就熄灭了。在任何有铜管道的房子里，都会有许多地方的木质结构被水管工的电焊烧焦，但除非电焊点燃了绝缘板或其他一些容易着火的可燃物，否则是局部变黑，而不是引起火灾。

影响材料火焰蔓延速率的最重要参数是它的热释放速率（HRR）。在过去，燃料是根据它们的总能量含量（燃料质量与燃烧热的乘积）进行分类的，但总燃料负荷与火灾在轰燃前阶段的增长没有任何关系[18]。虽然知道燃料负荷有时对确定给定可燃物最终发生火灾的能量很有用，但决定火灾过程的是能量释放的速度。最常见的例子是一磅锯末和一磅木材。两者的能量总量相同，约为8000Btu（8.4MJ），但锯末的能量可以在短得多的时间内释放（而且更容易点燃）。因此，具有相同燃烧热量的两种材料的能量释放速率可能截然不同。

可燃物的热值，以每单位质量所含的能量（J/g、kJ/kg或Btu/lb）表示，用氧弹热量计测定。在图3.7所示的装置中，将少量的可燃物放置于水浴密闭容器中，向密闭容器中充入纯氧并点火。可燃物在密闭容器中燃烧时，所释放的热量会将容器周围水温升高，这个热量以J、Btu或cal为单位表示。这个值是总的热释放量，不能说明放热速率。

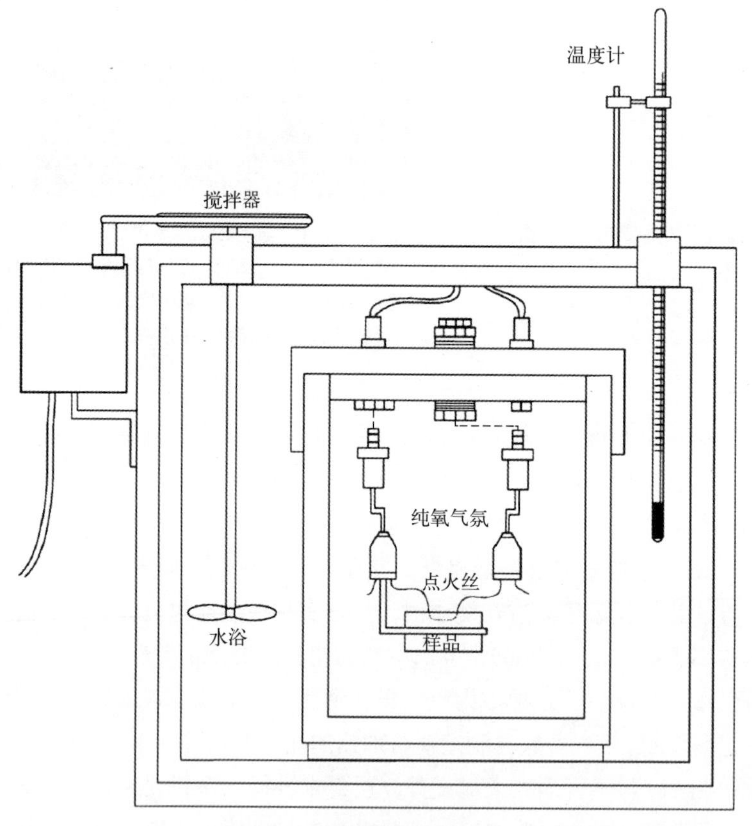

图3.7　氧弹量热计示意图。

HRR是以g/s为单位测量的燃烧速率，而燃烧热是以J/g为单位测量的值[1]。对于热释放速率稳定的物质，比如圆形油池中的可燃液体，可通过计算得到其热释放速率值，通过观察油盘火已经清楚了很多火行为知识。然而，对于大多数固体可燃物来说，HRR值会随着燃烧的过程发生变化。HRR值随时间变化形成的曲线图，会用一些特征值表示，包括增长速率、衰减速率、峰值和曲线下的总面积（HRR曲线图是热释放速率随时间变化的曲线图）。迄今为止，燃料的HRR值无法根据第一定律或材料的基本属性进行计算，只能通过实验得到。所以，我们应对未测量可燃物的HRR估计值持怀疑态度，甚至对未在受限空间内测量到的值也应持保留态度。

可燃物的HRR值可以用氧耗量热计来测量，它可以测量可燃物的最小点火能、质量损失速率和燃烧过程中的耗氧速率。这些丰富的测量参数，是管理机构要求用氧耗量热计来代替香烟引燃等单因素简单测量实验的原因之一。氧耗量热计有小中大型，分别为锥形量热仪、家具量热仪和房间量热仪。氧耗量热计示意图如图3.8所示。

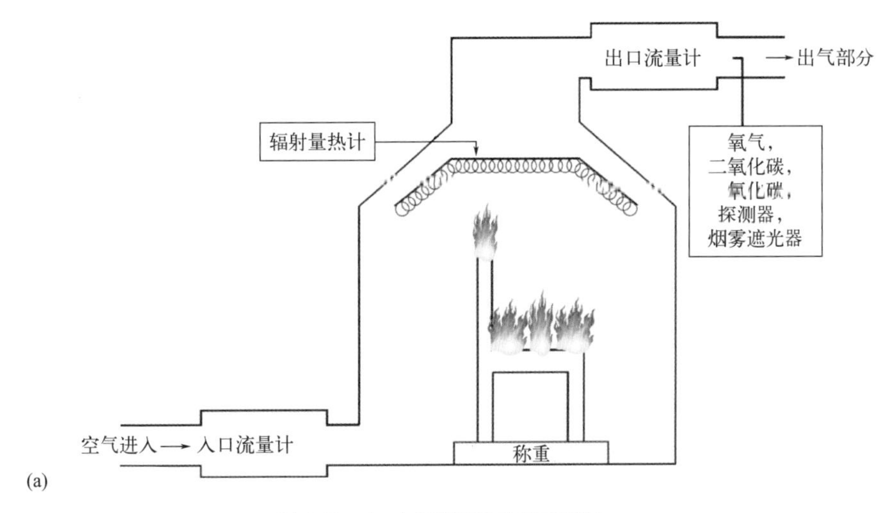

图3.8 （a）氧耗量热计的示意图。

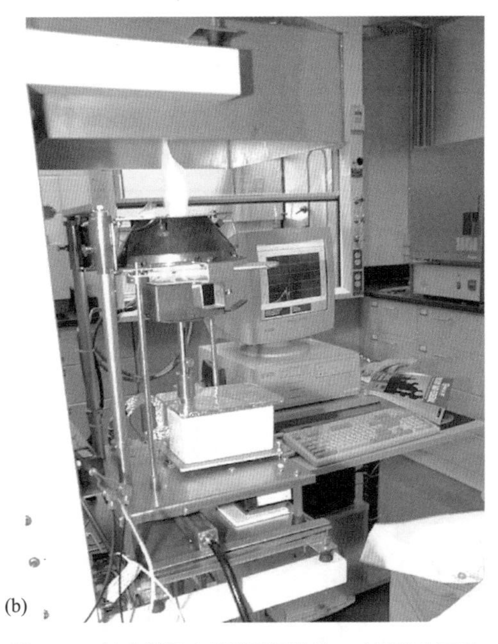

图3.8 （b）测量中的锥形量热仪。（图片由马里兰州贝茨维尔的美国烟酒枪炮及爆炸物管理局火灾研究实验室提供）

图3.8 （c）测量中的家具量热计。请注意，这里的家具是在“敞开空间”燃烧，这与在房间内燃烧的测量值差别会比较大。因为在房间内燃烧时，受热反馈作用和氧浓度变化的影响较大。（图片由马里兰州贝茨维尔的美国烟酒枪炮及爆炸物管理局火灾研究实验室提供）

表3.2给出了常见可燃物一些典型状态时的HRR峰值。需注意的是，可燃物的状态和点火位置对HRR的值影响较大。比如，报纸在折叠状态时的HRR值就比揉皱时要低很多。如

果将一张揉皱报纸的顶部点燃，火焰会缓慢地向下蔓延；但如果将其从底部点燃，火焰则会快速地向上蔓延。这两种点火位置对HRR值的影响相差达到10kW。Mitler和Tu的研究发现，当可燃物量较大时（如椅子），会延迟HRR峰值出现的时间，但对HRR曲线的整体趋势或HRR峰值基本没有影响[19]。Stroup等人发现，当把一把椅子从敞开空间放到房间里时，会影响HRR峰值对应的时间和曲线的整体趋势，但不会影响HRR峰值大小[20]，封闭空间的影响结果见图3.9。Kranzy和Babrauskas发现，在HRR低于600kW时，着火空间是否封闭对HRR值的影响很小。在1200kW的测试中，这个值远超过了大部分完整的隔间，封闭空间的测量值提高了50%[21]。

表3-2 常见可燃物一些典型状态时的HRR峰值

可燃物	HRR峰值
香烟，不抽	5W
火柴，木制	80W
2张报纸，折叠，22g（下点火）	4kW
2张报纸，揉皱，22g（上点火）	7kW
2张报纸，揉皱，22g（底部点火）	17kW
装满12个牛奶盒（390g）的聚乙烯垃圾篓（285g）	50kW
装满废纸的塑料垃圾袋	120～350kW
1ft^{2}汽油或煤油盘	300kW
有棉花软垫的椅子	300～400kW
聚氨酯软垫椅子	1350～2000kW
聚氨酯床垫	800～2600kW
聚氨酯软垫沙发	3000kW
客厅家具	4000～8000kW

数据来源：NFPA921的表5.4.2.1。已获许可。

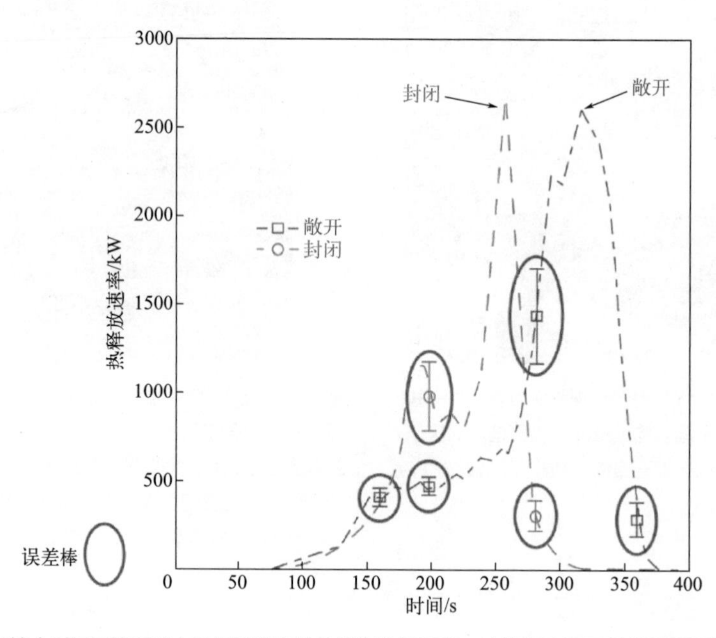

图3.9 在不同环境中对相同扶手椅上进行引燃实验的热释放速率值。（数据由马里兰州盖瑟斯堡的NIST提供）

3.8 室内火灾

对于火灾调查员来说，了解可燃物的燃烧特性很重要，但由于可燃物的燃烧空间不同（受限与敞开空间），所以更需要了解火灾时可燃物与环境间的关系。

因为接触过篝火、灌木丛火和垃圾堆火，大多数人都对火灾行为有一些了解，都知道着火时温度会升高。这对于室外火灾来说都是正确的，但这只能说明最简单的火灾情况。如果火灾调查员没有意识到不受限（自由燃烧）火灾和受限（室内）火灾之间的明显差异，他们对火灾现场的解释会出现严重错误。

> 顶棚射流：在火羽流高温燃烧产物的推动下，沿着顶棚下表面流动的一层较薄的气体。

举一个可燃物燃烧过程受环境影响的最简单例子：一起热释放速率为150kW的典型纸篓火。同室外一样，在燃烧的可燃物上方会形成火羽流。当火羽流到达天花板，热烟气向水平流动时，形成顶棚射流。图3.10（a）显示了火羽流的结构。周围被卷入的新鲜空气会稀释和冷却正在上升的热烟气，典型火羽流的温度分布如图3.10（b）所示。

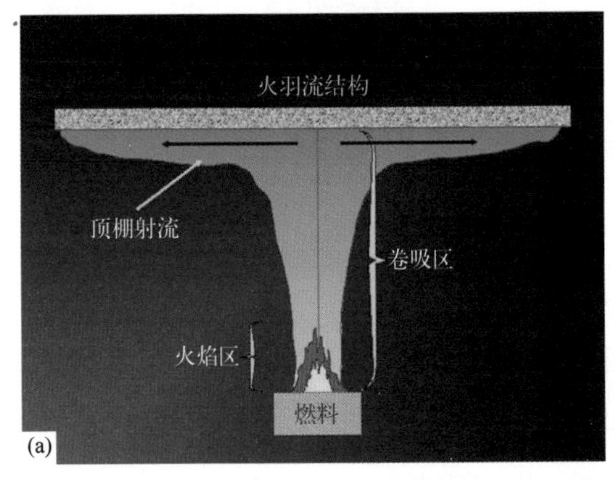

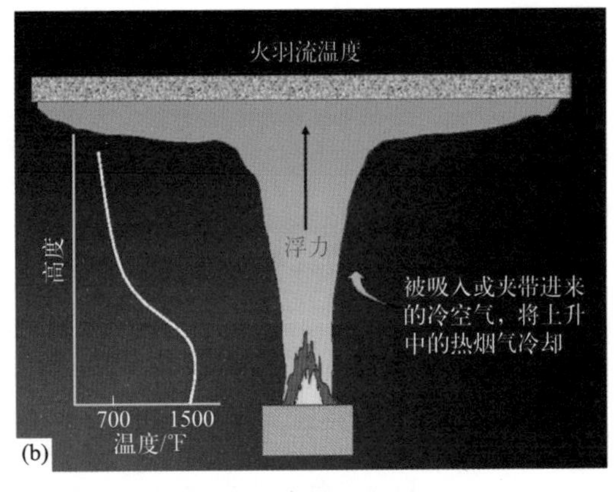

图3.10 （a）受天花板限制的火羽流结构。（b）发展中的火灾典型火羽流的温度分布。（图片由史蒂夫·卡门提供）

如果着火的纸篓位于一个足够大房间的中间部位，将不会受到墙壁的影响，其火焰的高度可达到1.3m左右。如果将纸篓移到墙边，冷空气就不会再被从墙的方向带入烟柱中。火焰混合区域的长度延长，火焰会更高，但低于两倍。如果我们把纸篓移到墙角，火焰会更高，因为火焰的周围只有25%是敞开的。因此，在房间角落里的可燃物可能比人们预期的损坏得更严重。这就是所谓的“墙角效应”，它会导致对起火原因的错误判断。图3.11体现了这种影响。图3.11（a）显示的是位于房间中央的床垫着火后的状态。图3.11（b）为床垫靠墙着火后的现象。由于起火点位于床垫上未靠墙的一侧，所以在着火初期阶段的空气卷吸现象不明显，火焰较小。图3.11（c）为床垫靠墙角时的现象，此时的火焰高度急剧增加。由于天花板对燃烧产物流动的限制，使得燃烧现象更加复杂。虽然可燃物在房间内所处的位置对燃烧现象影响很大，但房间天花板对火羽流的影响，很多人并不清楚。

图3.11中在不同位置燃烧的床垫，展示的是可燃物在*X-Y*平面的地板上位置变化的影响。但也需要考虑可燃物堆在*Z*方向变化的情况。火焰的增高，会使上方热烟气层进一步下降，这将导致下层火源处氧气缺少甚至熄灭。这会形成一种不断变化的火焰形态。位置较高的火焰可能会在缺氧或通风不足的形态和有足够氧并形成烟羽流之间转换。当热烟气层下降并消耗氧气时，火焰缩小，卷吸的空气减少。这时，热烟气层升温速度减缓，热烟气层位置上升使空气再次能够触及火焰，此时热气层的温度升高，循环得以进行。很明显，当人们认为烹饪是导致火灾的主要原因之一时，这些火灾的点火源可能是来自上方[22]。

图3.11　可燃物所处房间内位置对其火焰高度的影响，图片为着火（17±1）s时现象。（a）床垫位于房间中央；（b）床垫一侧靠墙；（c）床垫位于墙角。（由明尼苏达州林德斯特伦诺瓦克调查公司的杰米·诺瓦克提供）

> 轰燃：受限空间内火灾发展过程中的一个过渡阶段，此时由于可燃物表面受到的热辐射与着火温度相近而起火，并迅速蔓延至整个房间，或者整个空间内的所有房间。

图3.12所示的为典型受限空间火灾的发展情况。当顶棚射流到达壁面时，就开始产生热烟气层。热烟气层中的粒子、气溶胶和烟气在吸收可燃物堆燃烧所释放能量的同时，会将吸收能量的一部分释放出来。随着可燃物堆的燃烧，会产生更多的烟气和释放更多的能量，烟气层就会变得越来越厚，越来越热。热烟气层会成为一个热源，以热辐射的形式向各个方向释放能量（“辐射”这个词和“半径”的词根相同，意思是像在球体中），包括向下的方向。

因此，即使没有任何“帮助”，热烟气层也可以引燃其下方可燃物。这种辐射引燃，即所谓的轰燃，通常在烟气层温度达到500～600℃时发生，地面的热辐射通量约为20kW/m^2（或2W/cm^2）。从轰燃前到轰燃后火灾的转变，可描述为从“房间里有火”到“房间着火”。在轰燃发生后，房间内将继续燃烧很长一段时间，但火灾的基本性质已发生了变化。

在自由燃烧阶段，当新的可燃物被引燃后，火就会扩大，这属于“燃料控制型火灾”。当氧气充足时，火灾规模的大小与可燃物的表面有关。以瓦特和面积（kW/m^2）为单位的火灾规模大致是时间平方的函数[23]。如果火在发生全面燃烧之前已熄灭，将会比较容易确定起火点。

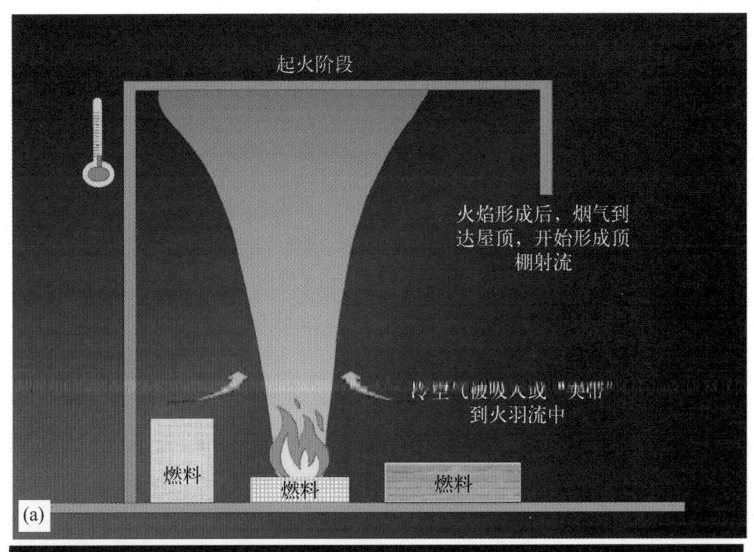
起火阶段
火焰形成后，烟气到
达屋顶，开始形成顶
棚射流
冷空气被吸入或"夹带"
到火羽流中
燃料
燃料
燃料
(a)

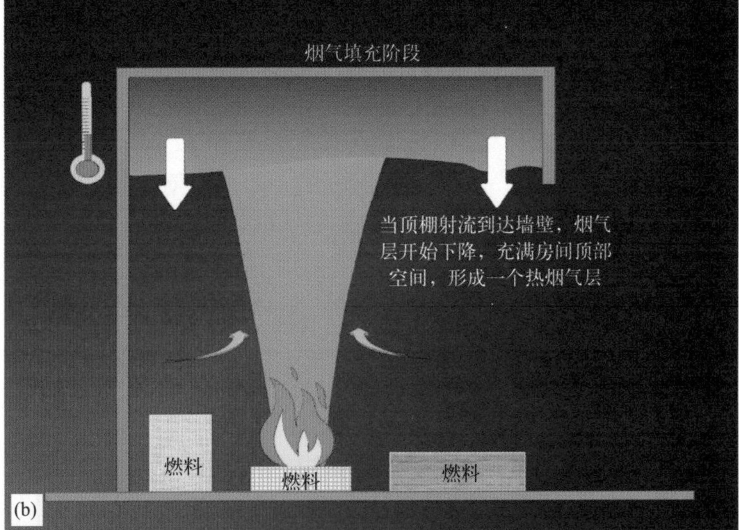
烟气填充阶段
当顶棚射流到达墙壁，烟气
层开始下降，充满房间顶部
空间，形成一个热烟气层
燃料
燃料
燃料
(b)

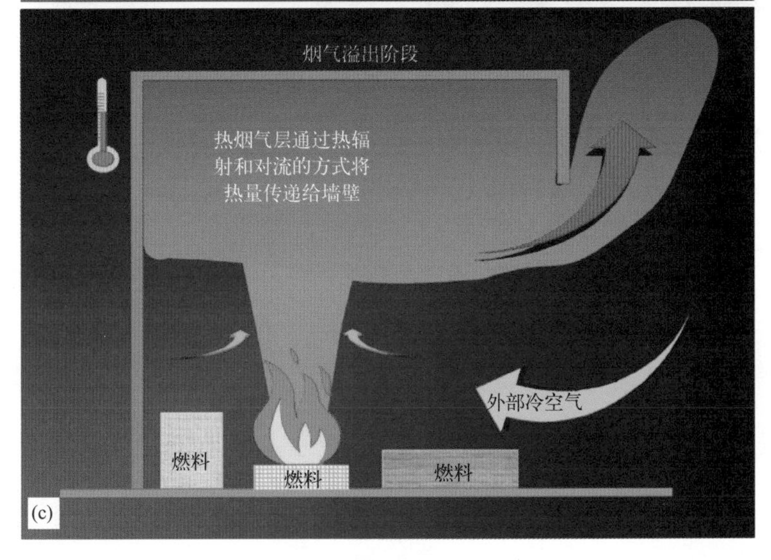
烟气溢出阶段
热烟气层通过热辐
射和对流的方式将
热量传递给墙壁
外部冷空气
燃料
燃料
燃料
(c)

图 3.12

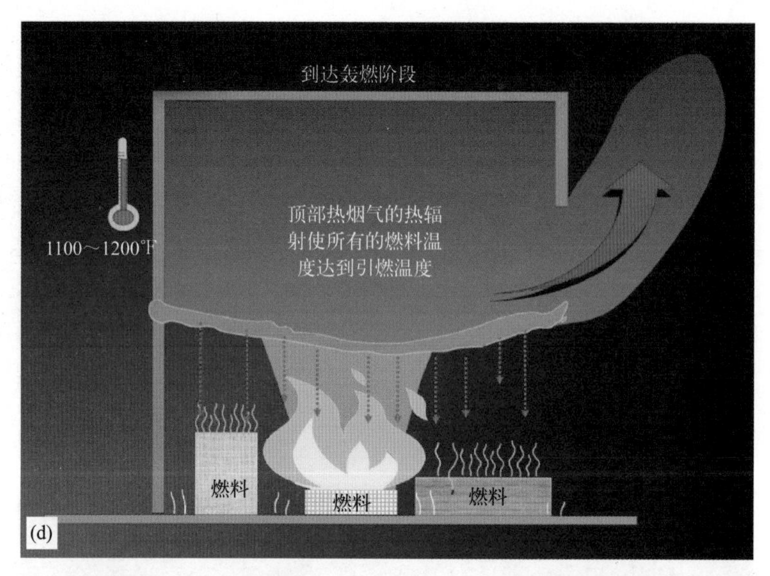

图3.12 典型受限空间火灾的发展过程［从（a）至（d）］。（图片由史蒂夫·卡门提供）

在轰燃后，空间内所有暴露的可燃物都已被引燃，由于轰燃消耗了大部分的氧气，火势的增长受可供燃烧氧气量的控制，这属于“通风控制火灾”。图3.13（a）从分子角度说明了这种变化。当可燃蒸气和燃烧产物量远超过氧分子时，起火部位会停止有焰燃烧。有焰燃烧只会发生在阴影区域周围。图3.13（b）显示了温度（或HRR）与氧浓度的关系。在美国保险商实验室（UL）进行的一系列实验中，在轰燃瞬间，房间内的氧气耗尽，导致了温度的瞬间下降。多次的全尺寸重复实验，都显示了类似的结果。

这一研究结果在NFPA 921 2017年版中进行了修订。图3.14是2014年版和2017年版NFPA 921中的室内全面燃烧图对比。

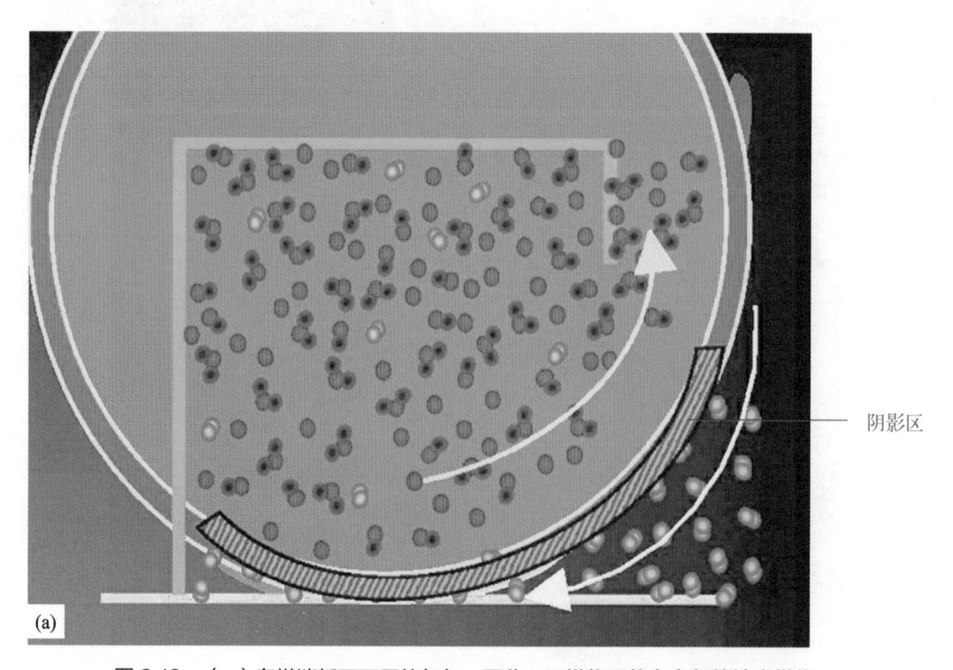

图3.13 （a）轰燃消耗了可用的氧气。因此，可燃物只能在有氧的地方燃烧。

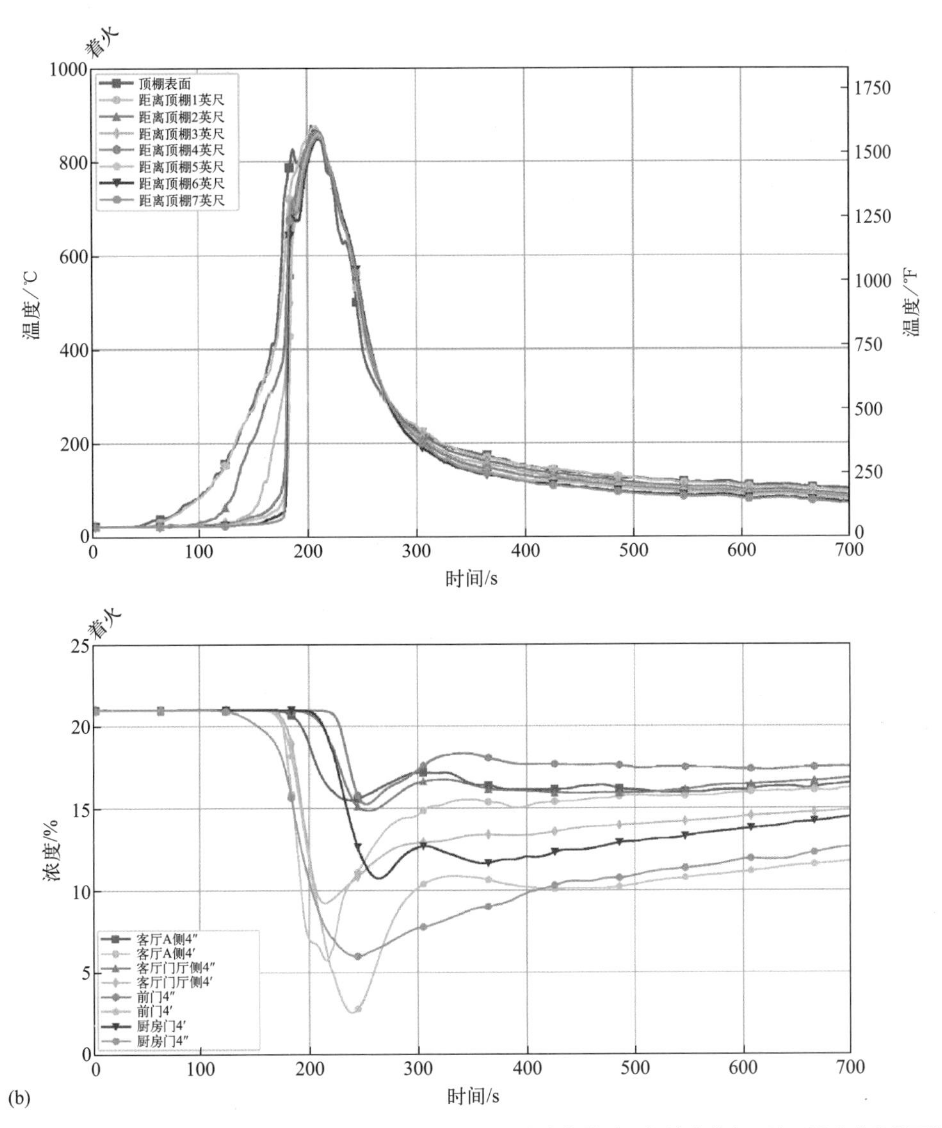

图 3.13 （b）实验中火焰温度与氧浓度关系图。当 200s 后发生轰燃时，氧浓度随之下降，温度也急剧下降。

火并不“寻找”氧气——它只是不能在没有氧气的地方燃烧。在房间全面燃烧中，燃烧最猛烈的部位必须是通风良好的地方，如在窗户和门的周围；或者是坍塌的墙壁、地板或天花板；或者在火灾中被烧穿的外墙或破裂的窗户形成的通风口。在这种情况下，确定起火物就要困难很多。在全面燃烧火灾中，由于通风控制模式影响，根据燃烧最轻或者炭化最深的区域来进行调查时，容易出现错误。

通风控制型火灾经常在门周围产生V形图案（痕迹）。多年来，这种图案被错误地认为是“助燃剂”倒进门口的证据。毕竟，当一个纵火犯在建筑物中泼洒液体助燃剂时，他必须在进入大门后才能把火从一个房间引到另一个房间。在客厅门口发现的V形图案，是导致调查人员错误地认为莱姆街的火灾是由汽油引起[24]的原因之一。门外走廊地板上的过火痕迹特征，也被错误地认为是汽油燃烧形成的。但这也不能全归责于调查员，因为实验室分析人员也错误地在地板上识别出了汽油。

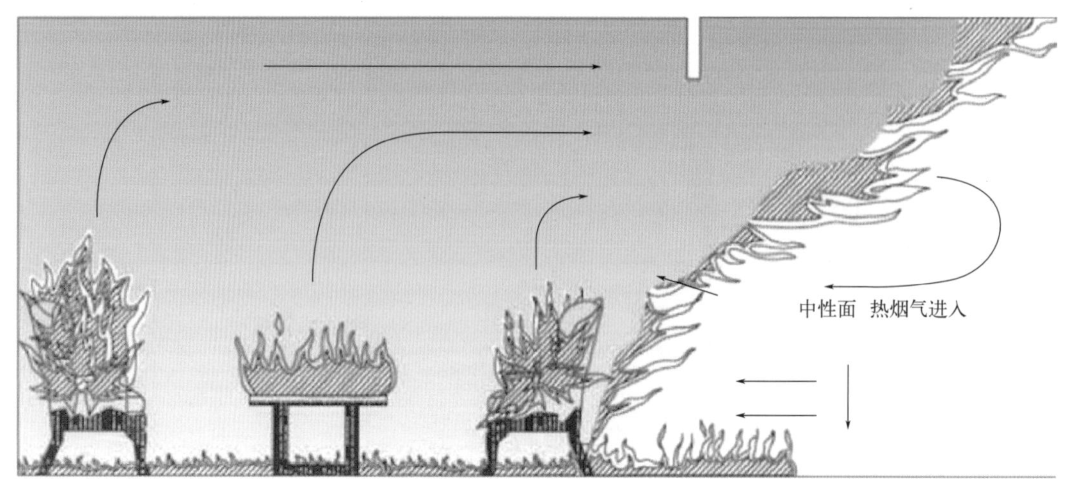

受限空间轰燃后全面燃烧现象

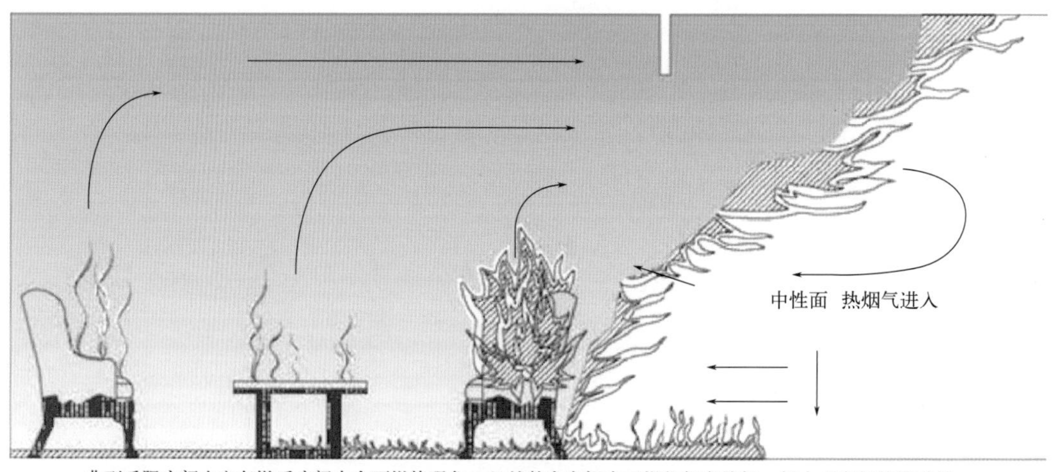

典型受限空间火灾轰燃后房间内全面燃烧现象。虽然整个空间内可燃物都在热解，但由于空气的流动性，可能会在空间任意位置有新鲜空气流入的地方出现有焰燃烧。

图 3.14　2014 年版（上）和 2017 年版（下）的 NFPA 921 中房间全面燃烧示意图。
[转载自 2014 年版和 2017 年版的 NFPA 921《火灾和爆炸调查指南》（简称《指南》），版权所有归美国马萨诸塞州昆西市国家消防协会，已获许可。转载部分不代表 NFPA 对这个问题的官方完整论述，详情见《指南》]。

通风控制型火灾的另一个特点是会产生V形图案，这可能会被误认为是由可燃物燃烧时的火羽流形成的。如果在V形图案的底部没有发现可燃物或者引火源，一些调查人员不是去寻找其他起火部位，而是假定这个部位火灾时被泼洒了易燃液体，火源是在点火后就撤走的明火。因此，NFPA 921提出，如果在假定的起火点没有找到有效的初始可燃物，那么这个成因假设需要用“增加审查环节[25]”。

供氧量的重要性怎么强调都不过分，因为没有氧气就没有火焰。Uskitul等人利用小尺寸火实验充分证明了这一点。该实验的视频可以通过https://www.App.box.com/s/jw4l3ovzs653qvcvr3nwf2bear9ayam8下载。图3.15显示的是一个在小尺度封闭空间内燃烧的庚烷池，这个封闭空间的右下方有一个通风口。在燃烧2min后，空间内充满了庚烷蒸气和燃烧产物，火焰向排气口方向移动[26]。在图3.15右侧的图中，池中的庚烷仍在沸腾，但上方火焰已经移到了排气口。这样的情况会在实际室内火灾中大规模地出现。

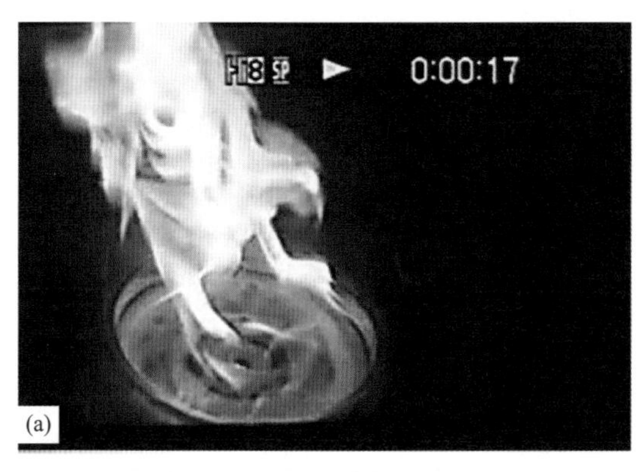

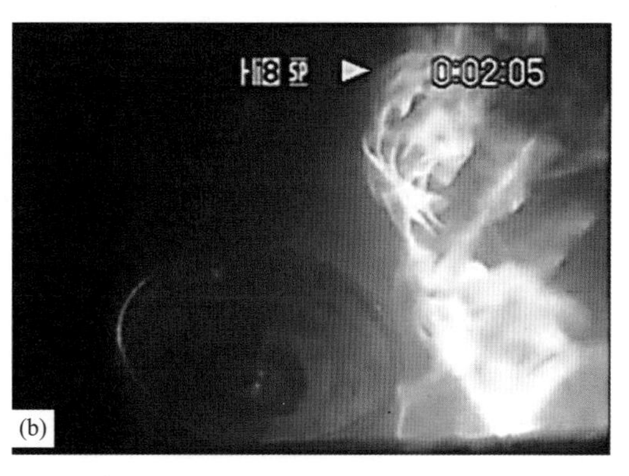

图 3.15　在 Uskitul 等人的实验中，火焰从庚烷池（a）的表面迁移到供气位置（b）。

在轰燃之前，由于辐射是最主要的传热方式，当可燃物表面被热辐射加热或点燃时，就会形成痕迹。这些痕迹的边缘通常与物体投影的边缘重合，或者直接在物体表面形成。热辐射方式类似于光的直射，不会拐弯。这会产生和视线遮挡类似的痕迹，这样的痕迹被称为“保护”痕迹。当阻挡辐射的是形状规则物体时，所形成的痕迹也会是规则的。当物体形状不规则时，如一块掉落的石膏板，或一件床上用品和衣服，图案就会呈现出不规则的形状。如果物体放置于被“保护”物体的上表面，所形成的“保护”痕迹会非常清晰。“保护”痕迹及其可能引起的混淆将在第8章“分界线”中详细描述。还有一种“保护”痕迹是中间物体阻挡了烟雾的沉降。与热辐射所形成的“保护”痕迹相比，这种痕迹往往会在强度较小的火灾中出现。

由于受限空间火灾与敞开空间火灾在痕迹上有很大差异，火灾调查员的首要任务之一是判断着火房间是否已发生全面燃烧。当房间全面燃烧的痕迹在20世纪80年代末90年代初首次公布时，许多传统的火灾调查员认为这不过是辩护律师和专家为推翻纵火案件调查员所依据的利用液体助燃剂进行纵火证据的说辞，称之为“轰燃辩护”。经过在时事通讯和研讨会进行的激烈争辩，尤其是在得到了NFPA 921全面认可后，房间内轰燃后全面燃烧的现象及其对燃烧痕迹的影响最终被社会广泛接受[27]。

然而直至今天，由于轰燃后全面燃烧所形成火灾痕迹的复杂性，火灾调查员仍希望回避这些问题，而只是简单地（而且常常是错误的）宣布未发生轰燃。虽然目前判断一个房间是否发生轰燃并不困难，但有些出版物中对其所出现痕迹的描述仍存在错误。美国陆军野战手册《执法调查》指出，“判断轰燃发生的最典型证据是房间内可燃物是否只有上表面发生了燃烧[28]。”卡罗尔（Carroll）1979年出版的书《火灾和纵火案调查的现象和技术》中有一张“发生了轰燃现象的房间[29]”的图（图3.11），但该房间肯定没有发生轰燃。尽管存在这些错误信息，但目击者和室内外火灾损失都可以证明是否发生了轰燃。

当轰燃在一个房间里发生时，通常会出现窗户破裂的现象。事实上，窗户破裂通常也被认为是可以确定轰燃发生时间的现象。玻璃的破裂不是由于受到了大的冲击力，而是由于窗框边缘暴露和未暴露的玻璃之间巨大温差所引起的热应力而导致。如果消防员报告说有火从窗户喷出，那么很可能那个房间里已经发生了轰燃。如果像图3.16所示的房间窗户上方有大面积燃烧痕迹，则很可能是已经发生了轰燃。

如果房间里出现了由地板到天花板的炭化痕迹，我们就可以确定这里发生了轰燃。特别是要注意踢脚线的状况。另外，如果房间四周墙壁存在接近均匀的烧焦痕迹，门口和窗户周围饰面上有均匀烧焦痕迹，或者地板上存在整体烧焦现象，这都是热辐射的结果。

桌子腿上的炭化痕迹曾被认为是地板上泼洒助燃剂的标志，但这是房间轰燃后的常见现象。轰燃后房间内发生全面燃烧，所有可燃物暴露的表面都发生有焰燃烧，其中包括桌子和架子的底部。

轰燃最初引起的燃烧程度基本是均匀的，如果火灾在轰燃后不久被扑灭，则可燃物的炭化痕迹可能仍然是均匀的。但是，由于通风的影响，燃烧程度很快会发生变化，这会影响到痕迹的变化。同时，火场基本都会存在一些被“保护”的区域，由于中间物体的阻碍会导致燃烧痕迹的不均匀。不过，小部分的轻微变化不会影响轰燃后房间内的整体痕迹。

图 3.16　窗户上方的燃烧痕迹。通过这样的痕迹就基本可以确定房间在轰燃后发生了全面燃烧。［由英国剑桥加德纳培训与研究协会（GATR）的 Mick Gardine 提供］

在火灾调查时，我们真正要弄清楚的问题是房间是否发生了全面燃烧。轰燃后房间内肯定会发生全面燃烧，但全面燃烧并不代表肯定发生了轰燃。这种情况往往会在仓库类比较大的房间发生火灾时出现。全面燃烧后的痕迹和典型轰燃后的痕迹没有什么不同。除特殊情况干扰外，通常室内火灾在轰燃后都发生全面燃烧，火灾调查人员必须准备好解释这种情况下所形成的所有火灾痕迹。

虽然轰燃后全面燃烧所形成的痕迹会对轰燃前火灾痕迹造成破坏，但并不会破坏所有的痕迹。轰燃前的痕迹肯定会发生变化，甚至会被覆盖，但是已有痕迹的轮廓，包括可燃液体燃烧后的痕迹，在轰燃后仍然能找到[30]。但如何分辨这些痕迹是火灾调查员所面临的难题。当房间长时间燃烧后，分辨痕迹就会很困难；当石膏墙板或其他内装修材料从墙壁和天花板上脱落后，分辨难度更大。

3.9　火羽流所形成痕迹的发展模式

火灾痕迹是指火灾后所形成的可观测的变化[31]。大多数痕迹都呈现在物体与三维火焰相交的二维表面上。痕迹的形成原因可能是热辐射、与热烟气层接触、与热炭接触，或者是与火羽流接触（直接接触）。或者在轰燃后，周围空气向未燃可燃蒸气提供氧也会形成火灾痕迹。火灾调查员的任务是找到火灾时最初出现火羽流所形成的痕迹，这个痕迹位于或接近于起火点。

在房间内发生全面燃烧之前火羽流所形成的痕迹形状包括三角形、柱状和锥形。NFPA 921将这些痕迹称为“截锥痕迹”。如果考虑的是火灾初始阶段的明火火焰，你可以将火焰想象成为一个倒立的锥体[2]。如果这个锥体被一堵墙截断，火焰就会在墙上形成一个三角形的痕迹，如图3.17所示。三角形痕迹，有时被称为倒锥痕迹，是在火灾初期形成的，但其所处的位置并不一定是唯一的起火点。它们有可能是由在火发展过程中被引燃但很快完全烧毁的可燃物“掉落蔓延”所形成的，比如窗帘。

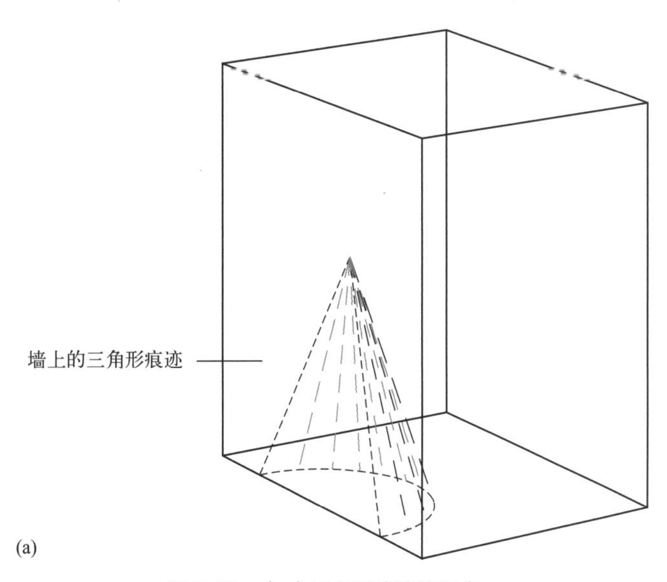

图3.17 （a）三角形痕迹的形成。

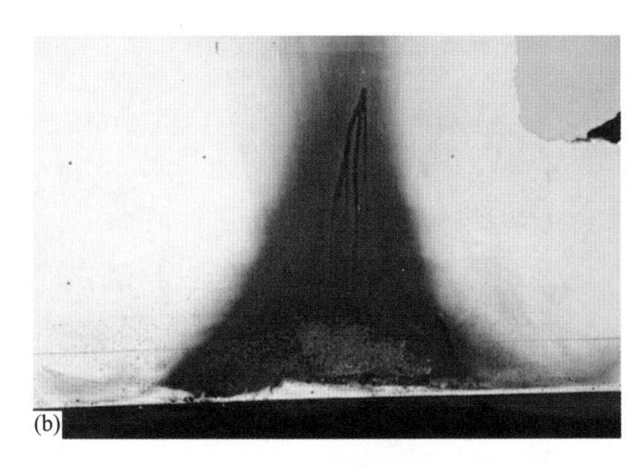

图3.17 （b）三角形图案的例子。这种现象通常是由易燃液体在地板上燃烧引起的。当火势没有进一步发展时，通常会看到这些图案。这个图案是由一小堆燃烧的报纸在一场火灾实验中形成的。（c）火灾现场较常见的三角形痕迹。这是一起用煤油点火的纵火案。

随着火势的发展，燃烧产物在浮力作用下形成柱状火羽流向上流动。墙与圆柱体相交，形成一个两边几乎平行的痕迹，如图3.18所示。当火势发展时，所形成的痕迹由三角形变为柱状。如果火会进一步扩大，所形成的痕迹会再次发生变化。图3.18（b）所示的是沙发在着火几分钟后就被用橡胶软管扑灭了。如果火继续发展，痕迹会从柱状变成锥形。

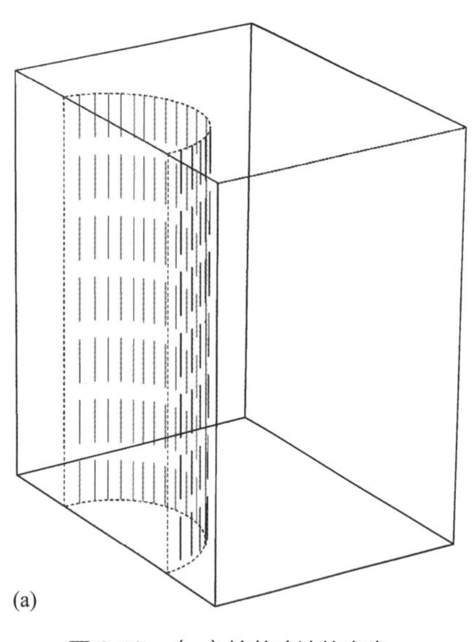

图 3.18 （a）柱状痕迹的产生。

图 3.18 （b）柱状痕迹。在火羽流到达天花板前被扑灭时会形成这种痕迹。由于在火羽流到达天花板后痕迹形状会发生变化，所以在室内火灾中，柱状痕迹存在的时间很短并且很少会出现。

当火势继续发展到火羽流被天花板挡住时，就会形成一个圆锥形的痕迹。如图3.19所示，当火羽流底部靠近壁面时，这个锥形痕迹会呈现为V形。从简单的几何结构可以看出，

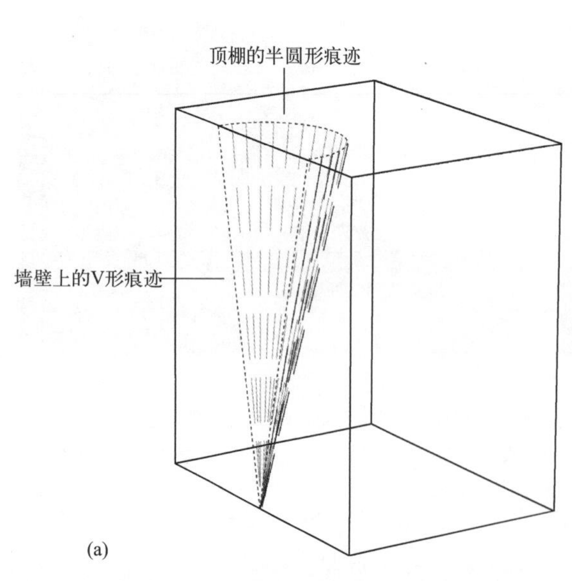

图 3.19 （a）在锥形火羽流与墙壁相交处和天花板上，分别形成了 V 形和半圆形燃烧痕迹。

图 3.19 （b）在起火点处所形成的典型 V 形痕迹。在其底部有一个垃圾桶，请注意由于这个聚乙烯垃圾桶熔融而在地面上形成了一个小面积遮盖痕迹。

随着火羽流的底部与墙壁距离的增大，圆锥形的火羽流与壁面的相交点升高，在墙面上所形成的锥形痕迹底部会变圆，最终会成为图3.20所示的U形。在圆锥与天花板相交的地方，会产生放射状的燃烧痕迹。这个痕迹可能是图3.21所示的不完整圆形，也可能是在火羽流与侧墙没有相交点时的完整圆形。

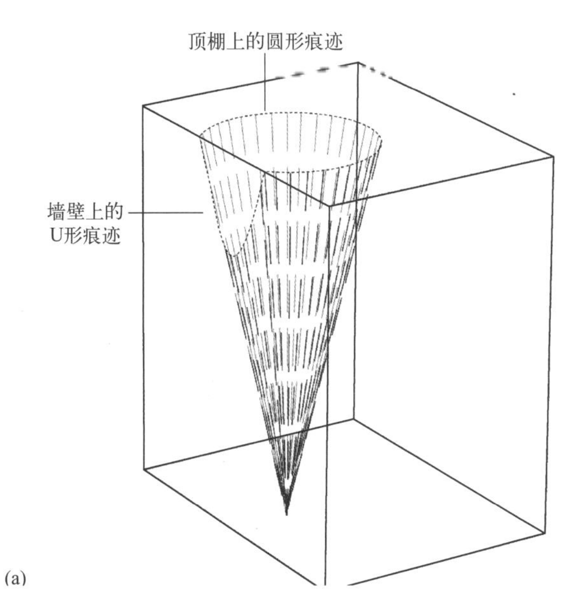

图 3.20　（a）在锥形火羽流与墙壁相交处和天花板上，分别形成了 U 形和圆形燃烧痕迹。

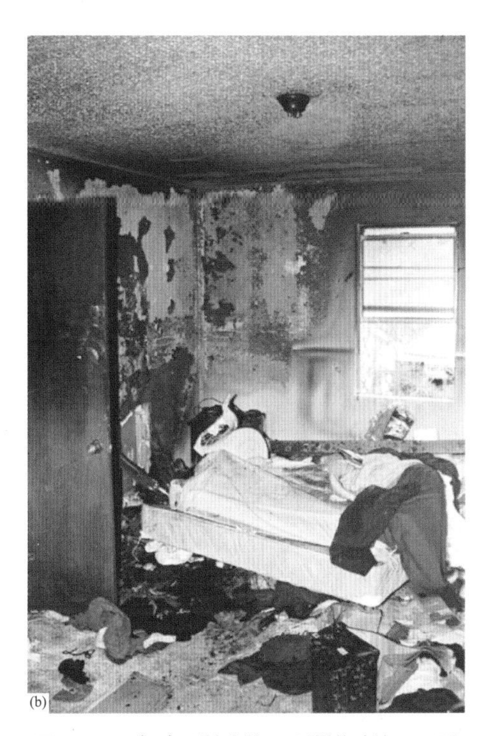

图 3.20　（b）后墙上的 U 形燃烧痕迹。U 形痕迹是在起火点离墙更远处形成的。在门后面有一个 V 形燃烧痕迹。

图 3.21　火羽流在天花板上形成的半圆形痕迹。是由于火羽流在上升至天花板之前受限于两柱之间。开关盒和电线应该作为一部分考虑到火场重建中。

由于倒锥形、圆柱和锥形痕迹的形成遵循一个顺序，通常随着火灾的发展，这些痕迹会出现叠加现象，导致最初形成的锥形痕迹被覆盖。

敏锐的读者应该已经注意到，到目前为止所讨论的所有火羽流痕迹都出现在未发生全面燃烧的室内火灾。这样的痕迹很容易辨认，并且有助于说明火羽流形成痕迹的过程，但在火灾调查中遇到的痕迹大多要复杂得多。火灾调查员所面临的更困难的任务之一，是辨认室内全面起火后形成的痕迹。下一节将讨论使火灾调查工作变得更为复杂的痕迹——在火灾变成通风控制后所形成的痕迹。

3.10 通风所形成的火灾痕迹

在通风控制火灾中，痕迹通常出现在火灾前就漏风的门窗周围，或火灾中（由于烧穿塌陷等）所形成的通风口周围。当轰燃发生时，所有暴露的可燃物表面几乎同时着火，火焰会消耗掉房间内几乎所有的氧气。然后当氧气耗尽时，火势会减弱。这时火源处的可燃物不一定会继续燃烧，并且可能生成和火源无关的更大痕迹。这些新痕迹可能会掩盖起火时火羽流形成的痕迹，或者即使不掩盖，也会使之难以辨认。

图3.22为2005年烟酒枪炮及爆炸物管理局（ATF）在拉斯维加斯实验中出现的火羽流原始痕迹，卡门（Carman）在2008年对其进行了分析。图3.23为在敞开的门口对面墙上，由于通风所形成的痕迹。这个痕迹使许多火灾调查人员错误地将房间的这个部位认定为了起火部位。为了解释这个现象产生的原因，卡门（Carman）利用火灾动力学模拟软件（FDS）进行了模拟。图3.24是利用Smokeview输出的床边点火60s后的热流密度图[1]。氧气浓度的变化也很重要。图3.25显示的是一个门洞中心氧浓度的“剖面图切片”。从图上可以很明显地

图3.22　床旁的墙上大致呈V形的痕迹部位为实验中的起火部位。

❶ 原文图3.24～图3.27不清楚。

看出，顶部的氧气已经消耗殆尽，但是底部的氧气依然很充足，为21%。图3.26（a）所示的是290s时（轰燃后），房间里大部分氧气已经耗尽（图中蓝色所代表的值是接近于零），只剩下紧靠门口的部位氧气浓度还很高。图3.26（b）为290s时楼板上方8in（1in=0.0254m）的位置处氧浓度分布图。这种氧浓度分布图表明存在有“地板射流”。当从通风口进入的氧在遇到门口对面的墙壁后会向上移动，然后与可燃蒸气发生反应，产生的热通量大于150kW/m^2，这个可以从图3.27中看出。显然，这个部位所受到的热通量（热流和暴露时间的乘积，kJ/m^2）远远超过了起火点附近墙面。

图3.23　在2005年的拉斯维加斯实验中，许多调查人员错误地将门对面墙上大面积的典型通风形成痕迹认定为起火部位。在痕迹底部没有合适的点火源或燃料源。这种痕迹的宽底部可能让一些调查人员认为是燃烧的液体沿着墙壁流淌所导致。

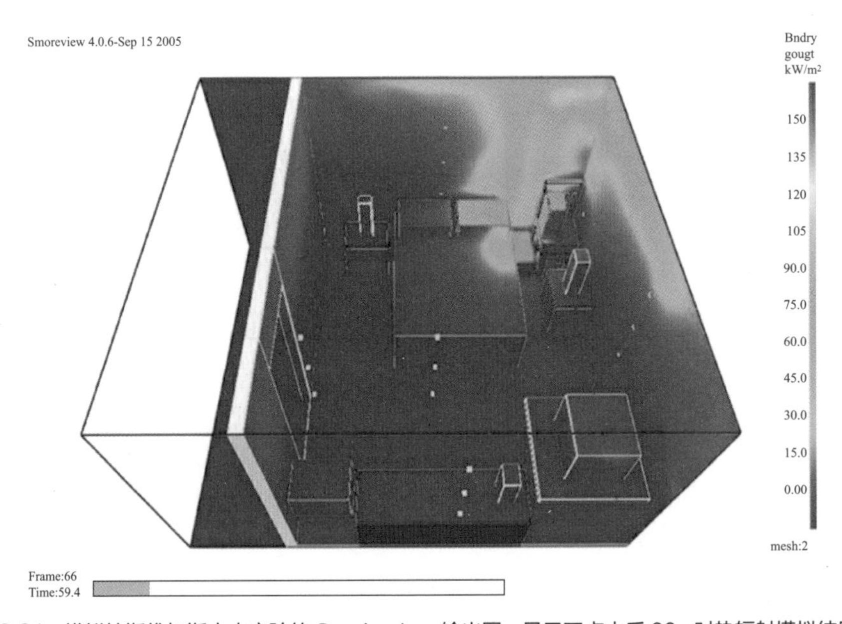

图3.24　模拟拉斯维加斯大火实验的Smokeview输出图，显示了点火后60s时热辐射模拟结果。

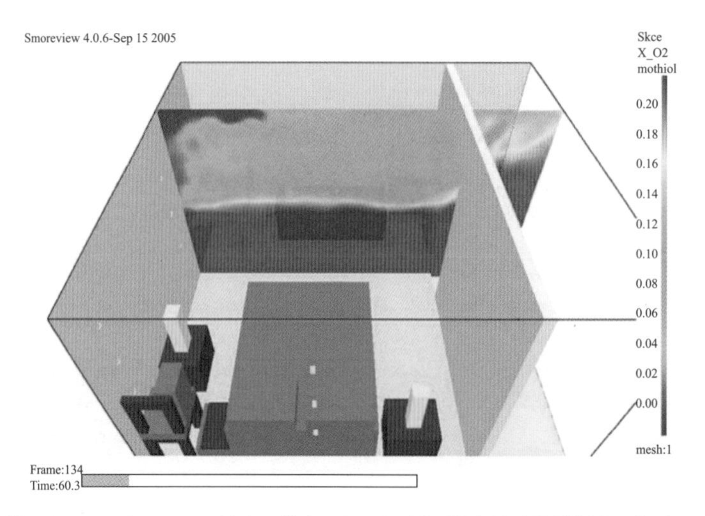

图 3.25　Smokeview 输出，着火 60s 后，门口处氧浓度的模拟结果切片。

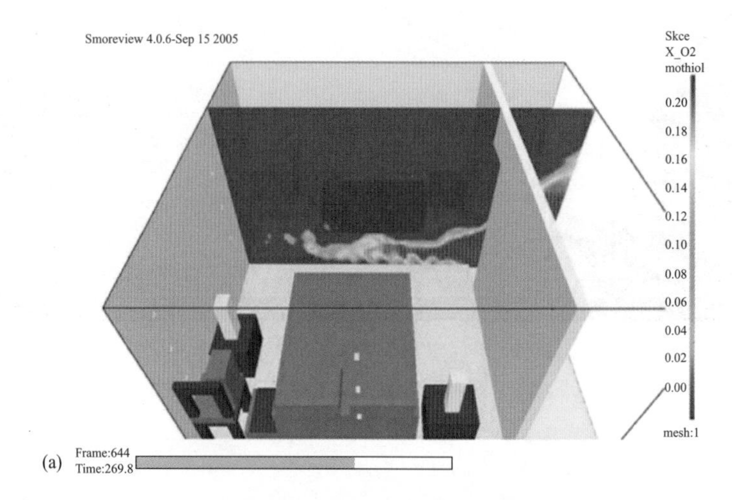

图 3.26　（a）Smokeview 输出，在点火后 290s（模型计算上层达到 600℃后 12s）时，门口处切片。

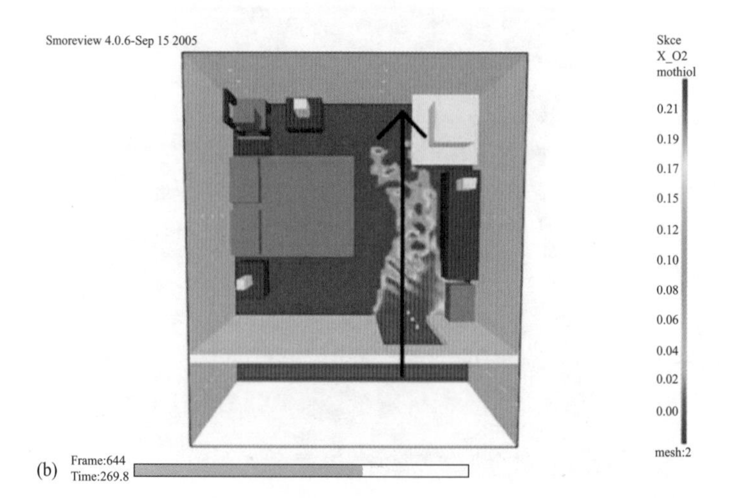

图 3-26　（b）Smokeview 输出，显示点火后 290s 地面上方 8in 氧气浓度的平面图。箭头指示了“地面喷射”的路径。

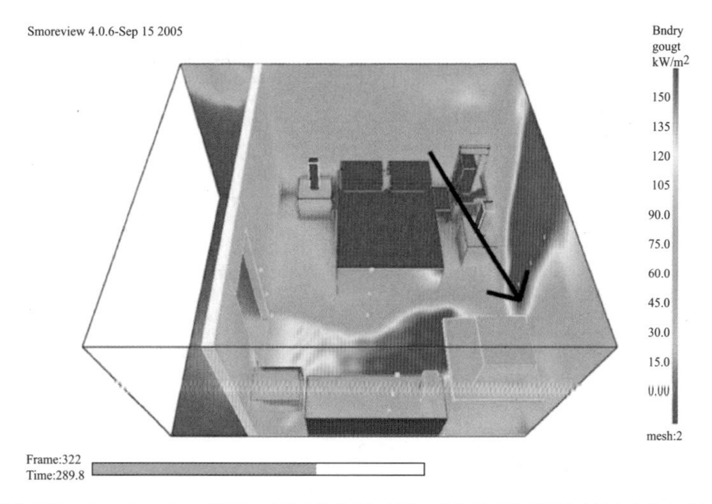

图 3.27　Smokeview 输出，显示点火后 290s 在门口对面墙上的热流分布图。

虽然通风所形成的火灾痕迹有时也无法预测，但最常见的是V形痕迹。图3.28显示了在实验中完全由于通风而形成的明显V形痕迹。尽管它呈V形，看起来和火羽流痕迹很像，但视频显示了它从上到下的形成过程。这些痕迹甚至会出现在可燃物上方，产生更大的混淆。图3.29（a）显示的是实际火灾中的V形痕迹。图3.29（b）中，由于在V形痕迹底部未发现可燃物和引火源，却出现了由于地板射流所形成的损坏痕迹，使得一名火灾调查人员错误地认为这是纵火火灾的起火点。很明显，他认为可燃液体火灾持续较长的时间足以完全烧穿石膏板并且导致隔壁房间的石膏板背面发生煅烧[3]。但即使只需要5min就可以完全烧掉第一层石膏板，这时的可燃液体也早已毫无残留了（不足以支撑后续的煅烧）。

图3.30所示的火灾痕迹出现在未着火的床头柜正上方，而不是位于敞开部位附近或对面。只是由于大量的可燃蒸气在这里遇到了充足的氧气，开始燃烧，在床头柜着火之前就形成了这样的痕迹。

图 3.28　火灾实验中轰燃后通风引起的 V 形痕迹，这可能会与火羽流痕迹相混淆。

图 3.29　（a）实际火灾中轰燃后，由于对面外墙被烧穿而在内墙上产生的通风所形成的 V 形痕迹。

图 3.29　（b）地板被造成图 3.29（a）中 V 形痕迹的同一地板射流损坏痕迹。
地面的燃烧痕迹被错误地认为是助燃剂燃烧的结果。

图 3.30　床头柜着火前在墙上和床头柜上方形成的特殊火灾痕迹。

在轰燃之前，可燃物上方的火羽流位置往往比较稳定。然而，随着火势的发展室内供氧条件发生变化，通风部位往往会移动和变化。可燃物热解所产生可燃蒸气在与氧气混合并燃烧之前，会流动到远离可燃物的地方。由于可燃蒸气的流动难以预测，火灾调查员可能会遇到一些他很难解释的火灾痕迹。

3.11 穿楼层现象

烧穿的地板上形成的烧坑是“低位燃烧”的结果。关于判定一个洞是从上面或下面开始燃烧而形成的方法已经很多，但在大多数情况下，燃烧发展的方向很容易辨别。通常，开始燃烧的一段烧损比较严重。图3.31为通过检查斜边方向，来确定燃烧发展方向的经典方法示意图。虽然这样的检查很有用，但火灾调查员需要注意，烧坑的边缘形状只反映了火焰最后通过坑洞的方向。火焰可能是先向下燃烧，在烧透地板并引燃下方的可燃材料后，再向上燃烧。

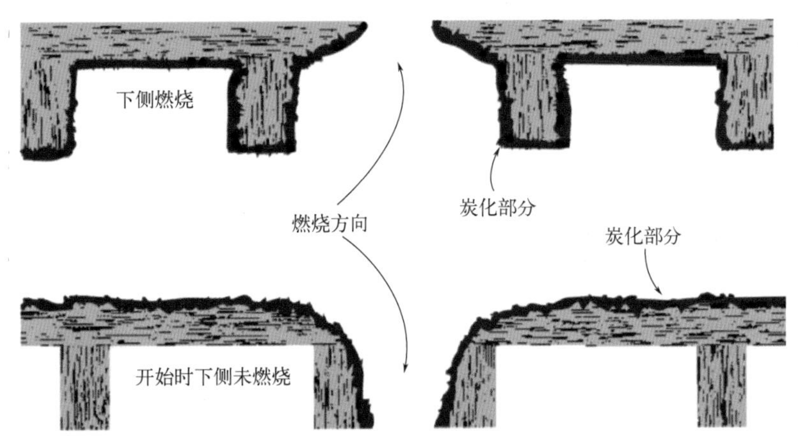

图3.31 由上方或下方开始燃烧所形成的痕迹示意图。

易燃液体如果存在，那么在燃烧时就很难将下方的地板烧透。当地板上的地毯燃烧时，由于化纤地毯受热后发生熔融，使其燃烧相对缓慢，可能会形成向下燃烧的现象。但由于大部分易燃液体燃烧速度快、挥发性强，没有时间烧穿地板，在光滑的地板上燃烧时甚至可能不会留下烧焦痕迹。Mealy等人最近的研究表明，汽油泼洒在光滑的地面上时，一般在60s内会烧完；而泼洒铺有地毯的地面时，燃烧时间会达到8min（图3.32）[32]。燃烧所形成的熔化聚合物和碎片，使得燃烧时间延长，更容易造成烧穿现象。Mealy的研究结果与Sanderson在2001年得到的结果一致，当他使用助燃剂点火的时候，不能烧穿地板，也不会使铝融化[33]。早在1969年，柯克就提出，火灾调查员认为“地板上的烧坑是易燃液体燃烧所形成”的说法可能是错误的[34]。

当热炭上有新鲜空气流过时，HRR会增加并导致地板被烧穿。当地板被烧穿后，流入的空气增加，（热炭的温度）会进一步升高。通风也可以解释由于表面燃烧或者热气流经过表面而导致的门底部损坏。

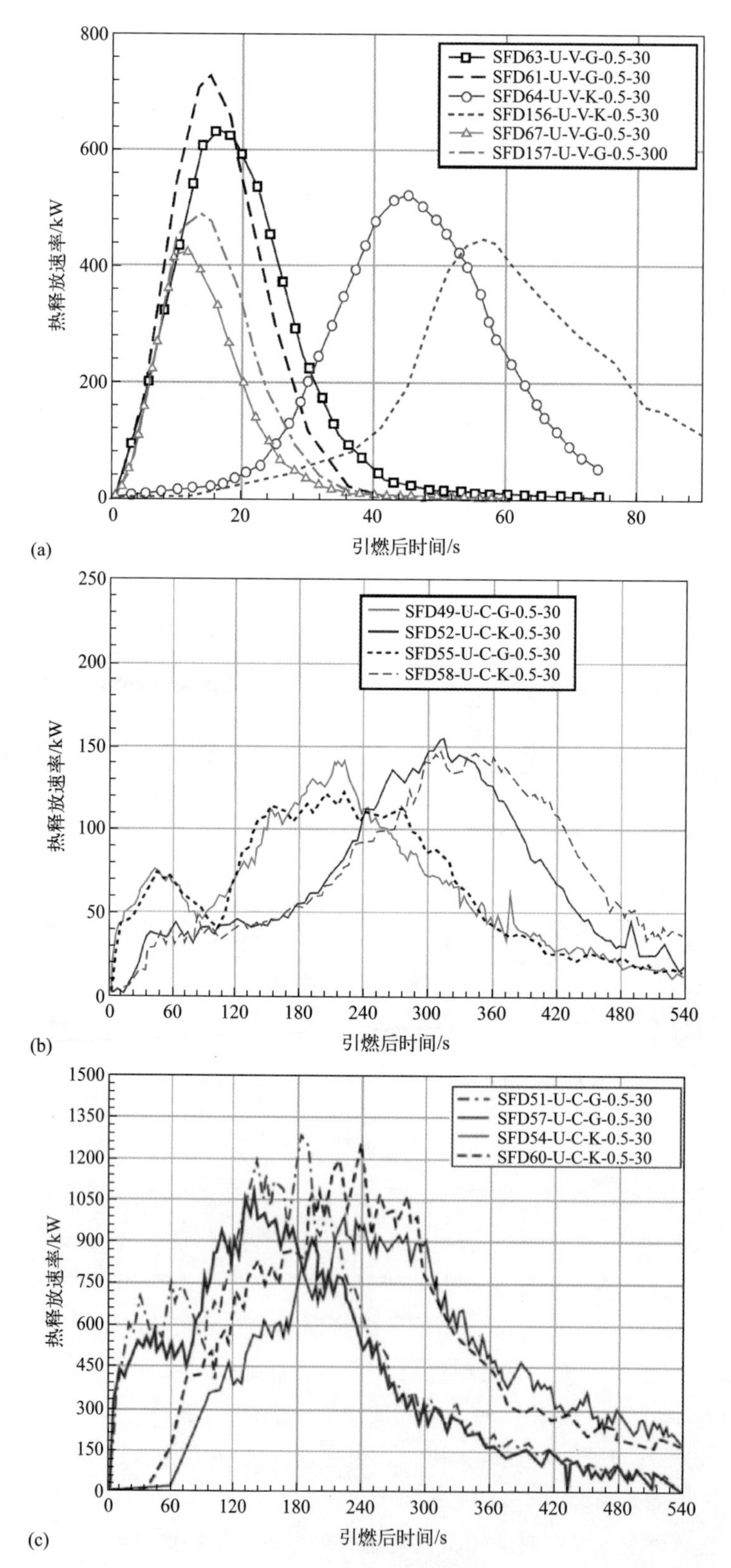

图 3.32　（a）0.5L 汽油和煤油洒在乙烯基地板上着火后的热释放速率。（b）将液体倒在地毯表面会导致 HRR 在较长时间后降低。（c）增加燃料量会导致 HRR 升高，但燃烧时间没有明显增加。

地板系统的结构可以明显地影响所形成的火灾痕迹。（自下而上）穿过楼板的火焰有可能会受到地板托梁的影响，而在地板上形成一个和其布置方式相同的矩形烧洞。另外，除了位于托梁正上方的地板火灾时会由于托举而没有跌落，一般来说，从上往下燃烧的火不太可能受到底层楼板托梁的影响。

附加说明3.1

— 热释放速率和平均火焰高度（在50%时间内火焰顶部出现的位置）的关系式：—

$$HRR=\frac{79.18H_f^{5/2}}{k}$$

式中，HRR为热释放速率（W）。H_f为火焰高度（m）。k为壁面影响因子；可燃物附近没有墙壁时，k=1；可燃物靠墙一侧时，k=2；可燃物位于墙角时，k=4。

反过来，也可以根据热释放速率Q来计算火焰高度值。关系式是$H_f=0.174\ (kQ)^{0.4}$（可以使用计算器上y^x键来进行计算。）。

对于100kW的小型垃圾堆火：

在房间中央：　$H_f=0.174(1\times100)^{0.4}=1.1(m)$

靠墙时：　$H_f=0.174(2\times100)^{0.4}=1.45(m)$

位于墙角时：　$H_f=0.174(4\times100)^{0.4}=1.9(m)$

对于一个700kW软包大椅子着火时：

靠墙时：　$H_f=0.174(2\times700)^{0.4}=3.15(m)$

位于墙角时：　$H_f=0.174(4\times700)^{0.4}=4.16(m)$

很明显，火焰高度和热释放速率之间应该存在关系，但为什么是这一组特定的数字？

在消防工程文献中经常会出现这样的方程式。这些方程式很大程度上是基于对火焰测量值和观察结果的最佳拟合。测得的数据值被线性、对数或半对数拟合，并选择最佳拟合的方程式。

这种公式的另一个例子是分析轰燃所需的能量与受限空间通风部位开口大小的关系。实验确定发生轰燃最小规模是一个受开口处通风量（空气流入和烟雾流出）和损失到受限空间表面热量的函数。通风系数是开口面积（A_0）与开口高度（h_0）平方根的积。到边界表面（天花板、墙壁、地板）的传热冷却会增加所需的能量，可在第二项关于面积的参数A_w进行解释。

轰燃所需的最小热释放速率（单位为kW）方程为：

$$HRR=(378A_0)(h_0)^{0.5}+7.8A_W$$

在多个开口时，需要将它们按照每个单独开口的情况（$A_{01}, h_{01}, A_{02}, h_{02}$）进行考虑，并在计算中相加（假设每个开口的顶部都是相同的高度——如果一个开口比较高，那这个方程的准确度就降低了）。

例：一个10ft×13ft（3m×4m）的房间，天花板8ft（2.44m），有一个距地板3ft高，尺寸为4ft×6ft的窗户，和两扇3ft×7ft的门。

门1:	$A_{01}=1.95\text{m}^2$	$h_{01}=2.13\text{m}$
门2:	$A_{02}=1.95\text{m}^2$	$h_{02}=2.13\text{m}$
窗户:	$A_{03}=2.23\text{m}^2$	$h_{03}=2.13\text{m}$
	总计：6.13m²	

当窗户被关闭时，A_0从6.13m²减少到3.9m²，而A_W随着窗户（现在被视为墙壁）的面积增加，轰燃能量需求降低。方程变为：

$$\text{HRR}=(378\times3.9)\times(2.13)^{0.5}+(378\times2.23)^{0.5}+7.8\times44.78=2500(\text{kW})[2.5(\text{MW})]$$

关闭窗口大大降低了轰燃所需的HRR。从图3.33可以看出，随着通风量的增加，所需的热量也增加。增加房间的尺寸也会增加功率需求量。相反，未开窗的小房间达到轰燃则需要更小的功率，但仍存在一个最小值，因为也需要一些通风来维持燃烧。这些方程是火灾建模时比较简单的两个例子。我们可以利用这些方程来了解某些参数对火势增长的影响，例如可燃物堆的位置或通风量。这些方程中的因数值为3～4个有效数字。但请注意，在火灾测试中很难保持这样的精度，因为30%的可变性是常见的。

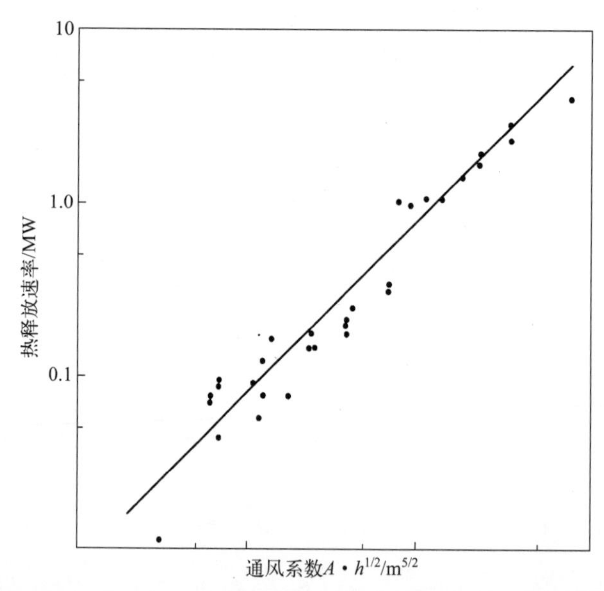

图3.33　轰燃所需的热释放速率与通风系数的函数关系。请注意，即使用双对数函数曲线进行拟合，也很难包含所有的数据。（本图转载自NFPA 921—2004《火灾和爆炸调查指南》，版权归2017年的美国马萨诸塞州昆西市国家消防协会所有，已获许可。转载部分不代表NFPA对这个问题的官方完整论述，详情见《指南》）

3.12　水平线痕迹、移动痕迹和燃烧强度

还有另一种痕迹是由热气层与墙壁的相互作用而形成的。这些痕迹以“热水平线”或“烟水平线”的形式出现在墙上。这些痕迹通常是与地板和水平天花板平行的直线（如果天花板没有倾斜），如图3.34和图3.35所示。这些痕迹通常不会出现在轰燃后，因为热烟气层

图 3.34 热烟气层形成的烟水平线痕迹。

已下降到地面水平。出现完整的烟或热水平线痕迹的房间通常可认为没有发生轰燃。（即使起火部位升高，这里也仍可以认为是起火房间）

火从一个房间移动到另一个时会在墙壁和天花板上，或者是门口形成如图3.36那样的痕迹。这种痕迹通常从门洞顶部开始形成，如果火势继续扩大，就会逐渐向下移动。这种痕迹实际上可能记录了火羽流的顶部位置。

图 3.35 热烟气层形成的热水平线痕迹。墙壁上的痕迹显示了热烟气层被限制的证据，所以人们可以得出结论，它是在屋顶烧毁之前被“记录”在墙壁上的。

图 3.36 向门口移动痕迹。［由英国剑桥加德纳培训与研究协会（GATR）的 Mick Gardiner 提供］

火灾痕迹记录火灾过程中发生的事情，但通常不提供痕迹形成顺序的信息。我们在火灾后看到的是所发生事情的全部记录，而不一定能够看到每个痕迹形成的顺序。例如，图3.37（a）显示了在一场实验火灾中被烧毁临时房屋的外观痕迹。大V形痕迹表明，最低、最猛烈的火灾发生在客厅。进一步检查发现客厅沙发前面的地板上有一个洞。任何在没有目击证人的情况下进入现场的火灾调查员肯定会根据这些痕迹推断出火灾是从客厅那里开始的结论。火灾实际上是从厨台上开始的；在燃烧的28min里，火从厨房蔓延到客厅，那里有更多的燃料和（最终）更好的通风。正在进行的火灾如图3.37（b）所示。在不考虑证人陈述的情况下“查看”火灾痕迹会导致将火势强度与燃烧持续时间证据混淆的常见错误。

图 3.37 （a）点火 28min 之后形成的 V 形痕迹。火从照片左侧的厨房开始，但在客厅部位燃烧最猛烈。（b）形成（a）中痕迹的火灾实验。实验中出现了两次轰燃现象：一次是在左侧的厨房，另一次是发生在右侧的客厅。客厅的火灾荷载要大很多，空气供应量也一直充足。

3.13 清洁燃烧痕迹

清洁燃烧历来被描述为“不燃物体表面上的烟气沉积物被进一步燃烧干净的现象”。这种现象被认为是由于火焰接触或受到强烈的热辐射，被燃烧产物熏黑的地方出现一个清洁区域[35]。

ATF火灾研究实验室在2008年进行的研究表明，还有其他方法可以产生清洁燃烧，事实上，实验表明是受另一种机制的影响。三个相同的小房间被点燃，第一个小房间（实验1）的燃烧时间维持到轰燃后10s，第二个（实验2）和第三个（实验3）小房间的燃烧时间维持到轰燃后2min。像2005年拉斯维加斯实验中一样，实验1的起火点处出现了一处清洁燃烧痕迹。实验2和实验3的起火点处没有明显的清洁燃烧痕迹，但煅烧深度与实验1却基本相同。引人注目的是，在实验2和实验3中敞开房门对面的墙上出现了如图3.28那样的V形清洁燃烧痕迹，但实验视频中却发现在这个痕迹出现之前，没有出现烟怠在墙上附着然后被烧尽的过程。

图 3.38 （a）这次实验是在右侧的沙发开始燃烧的，但损坏较重和天花板上清洁燃烧的部位都在左侧。天花板上Romex 电缆网显示真正的起火点是产生电弧的地方。（由宾夕法尼亚州佩恩山奥尔森工程公司的 Jack Olsen 提供）

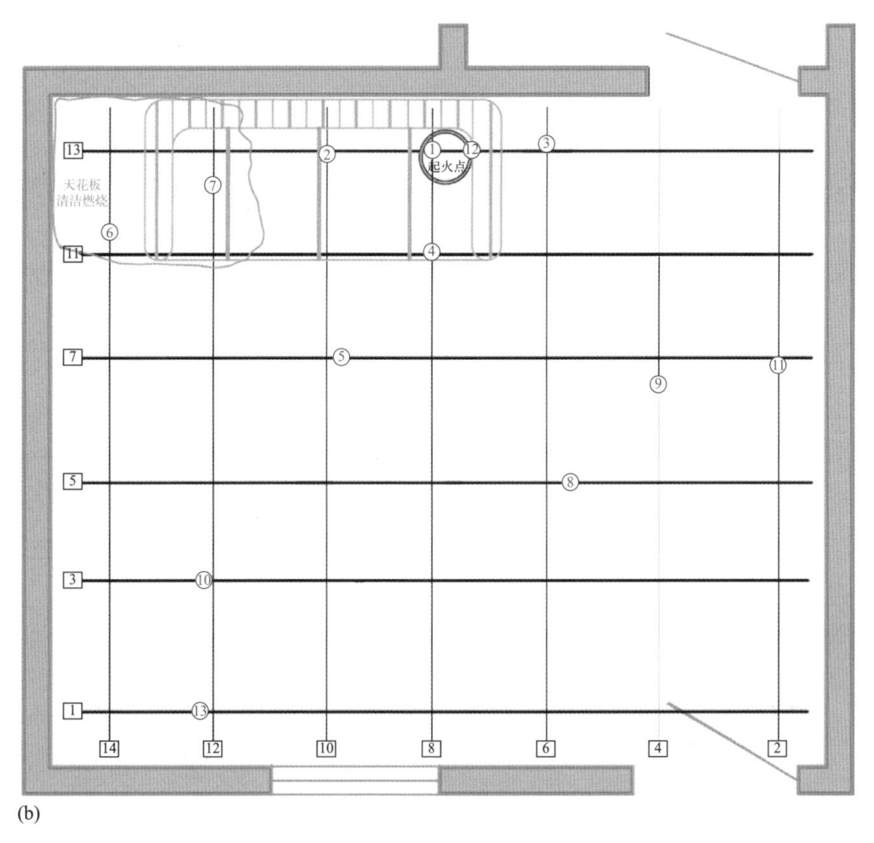

图 3.38 （b）图（a）中房间的实验火和天花板上 Romex 电缆网示意图。电缆网格上的数字表示电弧破坏痕迹产生的位置和顺序。这个实验表明电弧发展在帮助确定火源方面的有效性，但这种技术的局限性也必须考虑到。

可能的情况是在后面两次持续到轰燃后2min的实验中，起火点最初形成的痕迹被“重新熏黑”。研究人员推测，这是由于火场温度梯度“扁平化”，以及起火点附近的软垫椅燃烧生成了大量的黑烟。至于很大的V形痕迹，它不是火羽流形成的，而是由于富含可燃蒸气的热气层遇到了供氧源（通风口）的结果。由于墙壁受火部位的温度太高，而导致后产生的烟怠没有在此处沉积[36]。

调查人员根据对清洁燃烧的历史定义，即烟怠沉积和被烧除的顺序来解释痕迹的形成，可以利用清洁燃烧痕迹来推断火灾蔓延的方向、受火时间，以及可燃物的可能位置。有些人可能会认为烧损较严重的部位就是燃烧时间较长的起火点。这样的解释可能是不正确的。虽然对清洁燃烧的动力学过程还需要进行进一步研究，但调查人员应意识到，历史方法可能会使一些火灾调查知识的概念错误。

3.14 电气熔痕

电弧损伤是一种经常提供顺序信息的痕迹。通过“电弧映射”（也称为电弧追踪或电弧测量）的过程，研究者可以确定当系统仍处于通电状态时，电气系统的哪些部分受到了火灾的影响，有时可以推断出事件的顺序。

在给定的电路上，电弧点下游会断电；因此，如果在一个电路上出现多个电弧切断点，我们可以认为，供电线路下游的电弧首先出现。在“黑洞”的情况下，电线系统的变化可能是火灾蔓延的唯一证据。图3.38实验中燃烧后的沙发残骸，说明了电弧的引燃能力。沙发被右侧靠垫上的一个浸过汽油的棉球引燃，但损坏的情况却让许多调查人员认为火是从沙发左侧开始的。在角落里发现的点火源（如卤素灯），甚至可能会使火因认定错误。然而，在这个火灾实验中，沙发上方天花板上有一个非金属护套电缆（Romex）线电路网。在电线网中出现电弧的顺序准确地说明了起火点在右侧。

尽管电弧引燃性能的实验验证和理论推理比较简单，但电弧引燃情况却存在严重的局限性。研究表明，在典型的非金属护套电缆中，当热通量超过24kW/m^{2}时，才可能使绝缘层炭化而产生电弧。这种级别的热通量不太可能发生在墙壁或者天花板后面的分支电路电缆中，除非保护膜被破坏，基本上所有分支线路布线都被墙壁覆盖物或者天花板覆盖物保护着，所以不一定会在火灾初期暴露出来，事实上，火灾导致的早期电弧大多数发生在裸露的电器电源线上，而不是分支电路上。

电弧路径图的识别也受调查者对寻找电弧点的准确性影响。因为随着线路分支而电线直径减小，判断熔痕是由于电弧还是火烧造成的难度增大，尤其是对于大多数设备的多芯绞合电源线。相对于火烧熔痕，电弧熔融痕迹的明显特点如下:

- 损坏区和未损坏区之间有明显的分界线
- 残留物圆滑
- 局部接触点
- 相邻导体上明显的相对应损伤区
- 再凝固波纹
- 铜线在损坏区域外可见
- 局部的圆形凹坑

• 在一定区域内形成熔珠和凹陷

在大多数情况下，在相邻导体之间发生质量转移，质量从地线或接地导体转移到非接地（发热的）导体。这种质量转移可用于识别发热导体。图3.39显示了这种质量转移。

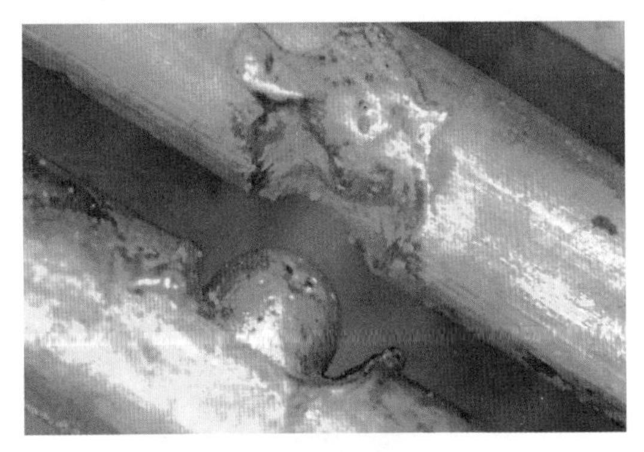

图3.39 接地导体（顶部）到不接地发热导体的质量转移。这张照片显示的是一个典型的电弧熔珠。熔化区的导体有很高的孔隙率，未熔化区有形成熔珠时产生的条痕。（由马里兰州贝尔茨维尔ATF消防研究实验室提供）

冶金学特性也可以帮助区分电弧和火场熔痕，但火灾调查员不太可能有机会在火灾现场检查这些特性。相对于电弧熔痕，火场熔痕的明显特征有：

• 在呈痕体上有明显的重力作用效果
• 与未损坏部分没有明显的界线
• 导线逐渐缩颈（假设非机械拉伸）
• 表面有波纹（假设非严重过负荷）

图3.40所示的是这两种熔痕的例子。

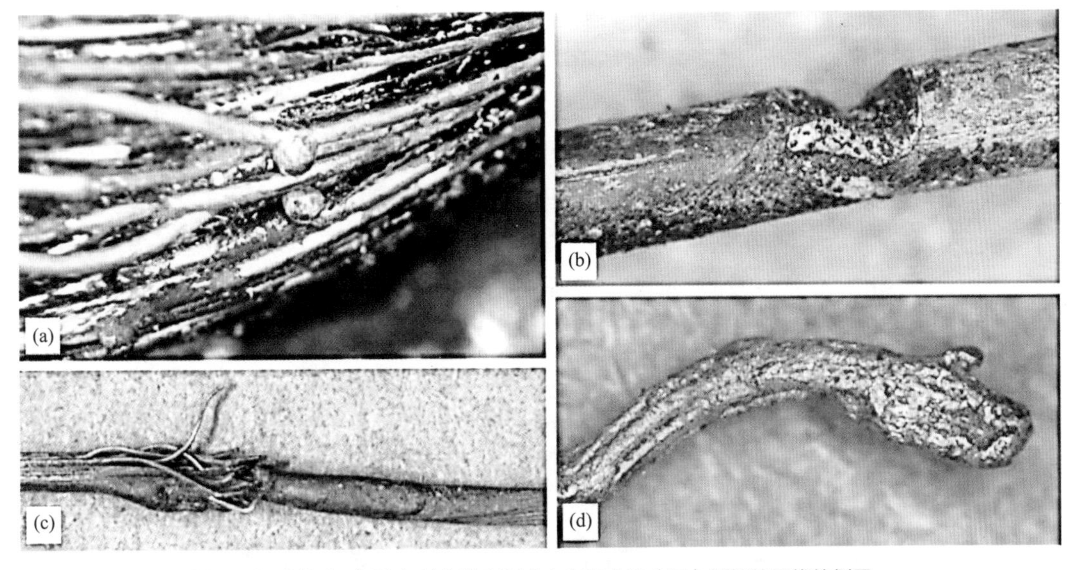

图3.40 ［从（a）到（d）］被电弧（上）和火烧（下）损坏的导线的例子。
［由得克萨斯州丹顿市古德森工程公司的马克·古德森（Mark Goodson）提供］

电弧并不只是从电线导体之间产生。在导体与接地体表面之间存在电位差时也会产生电弧。结构中常见的接地体表面电弧发生的电线采用的是刚性金属套管，而不是非金属护套。带电导体与其套管之间发生电弧时会形成“穿孔”，火灾调查时如果能发现一个气孔，那就几乎肯定找到了一个电弧点。然而，仅仅在建筑中寻找金属套管上的穿孔是不够的，因为有时候电弧可能不会形成穿孔，如图3.41所示的那样。这就有必要将电线从套管中取出（这是一个困难和耗时的过程），以确保内部没有电弧发生。

电弧路径作为一种确定起火点的工具仍存有争议。由于电气系统中的大多数导体在火灾发生初期都没有受损，因此一位作者认为这种方法没用。他说：“必须清楚所采用假设的实际情况，以及结论是如何从假设得出的[37]”。这一说法引起了ATF火灾研究实验室研究人员的回应，他们反对将这一有用的工具从调查人员的工具箱中移除[38]。这个研究人员发现，电弧路径图在很多情况下都是一种有用的技术，并建议始终考虑使用它来发展和验证假设，就像使用任何其他痕迹一样。

图3.41　这根导线在导管内壁产生电弧，但没有产生穿孔。（由马里兰州贝茨维尔ATF火灾研究实验室提供）

如图3.42（a）所示的房间，火灾前，房主在壁炉旁边巧妙地设了一个（但不安全的）热交换器来补充供暖，壁炉后的大火对整个房间造成了严重的破坏，并烧毁了上层房间的地板。除了在石头正立面后面的区域外，房间里其他地方的电线没有显示出电弧痕迹。如果火源位于石头正立面后面的区域，由于人无法进入，那么图3.42（b）所示的电弧损伤只能是由于换热器的风扇用电所导致的。因此，电弧路径可以将“未确定但可疑”的火灾正确判定为意外火灾。

图3.42　（a）户主在围绕这个壁炉的石头正立面后面安装了一个换热器。火灾发生时，换热器正在使用。（b）这条被电弧击穿的线路位于石头正立面后面的位置，可以确定火灾是从隐蔽的地方开始的。

3.15 虚拟火灾痕迹

当建筑中安装了火警、喷淋和巡检等火灾响应系统并连接有数据记录设备时，火灾发展期间发生的事件也可以提供一种痕迹。烟雾报警器和巡检系统连接到一个远离火灾的控制中心，可以在刚发生火灾时在建筑物的特定部位发出信号。

随着互联网连接设备在我们的家庭和办公室的运用，现在应考虑在火灾调查中原因确定阶段采用新的分析方法。这种分析方法将被称为信息技术（IT）路径。

在办公室中，独立的计算机或终端通过网线或WiFi连接到网络，网络服务器或云服务器会定期轮询这些终端以评估其状态。这些终端设备中的任何一个，在火灾中都可能会受到高温烘烤或火烧，它们自然会掉线并不再与网络有联系。这些在设备掉线时的离散数据点，是有关设备遇到火灾时的时间信息，说明了火蔓延的方向。网络按站点记录的这种掉线数据，为调查人员提供了有关火灾发展情况的数据点矩阵。

平均每个家庭有7个连接互联网的设备，最复杂的会同时有15个设备接入网络[39]。这些设备不仅包括我们的计算机和打印机，还包括智能手机、平板电脑、电视机、流媒体电视、摄像机、联网设备以及类似Amazon Echo、Google Home的设备。其他设备可以包括安全系统、恒温器，甚至是车库开门器等。总之，可以通过网络或云通信的设备类型非常多。

其中，许多设备会定期向网络报告其状态，有一些还会与云服务器进行通信。因此，这些物联网（IOT）设备无意间成为了火灾发展蔓延的监控器。当有7～15个同时接入互联网设备的建筑发生火灾时，随着火势的发展，这些设备都发生故障或物理破坏，进而停止向网络报告。可以通过分析和查询报告日志形成3D模型，模型的可视化时间轴可以显示设备首次受火的时间以及火势如何发展。火灾调查人员至少应知道，在建筑物内任何包含此类装置的火灾现场都可能存在这些信息。IT路径可能成为调查人员确定起火点的另一个强大工具。

3.16 火灾建模

在室内火灾中，多个过程同时发生。可燃物燃烧释放出能量，并转移到周围环境中的液体和固体中。房间里的温度升高。火羽流将燃烧产物向上输送，形成一个热烟气层，然后变得更厚更热。热烟气层将能量辐射到房间内的其他可燃物上，并将能量传导到边界表面。化学键被破坏然后形成新的键。随着氧气的消耗，二氧化碳、一氧化碳、水和其他燃烧产物不断生成，房间内各种气体的浓度发生变化。图3.43显示了其中一些过程发展的示意图，图3.44以一种理想化的无量纲图，显示了室内火灾中所发生的这些过程的一般趋势[40]。大多数这些现象都是可以（通过实验方法）测量的，但目前还无法解决这些测量值的可重复性问题。

模型是一种试图用定量信息，以数学方式描述部分或所有这些过程在特定条件下随时间变化情况的方法。在可以对火灾进行数值分析的基础上，用代数方程计算火焰高度和通风系数，就是火灾模拟的简单例子。代数模型被称为手动计算或相关性模型。比较复杂的模型会使用多重微分方程（微积分），这些方程必须用数值方法同时求解。在大多数模型中，是将

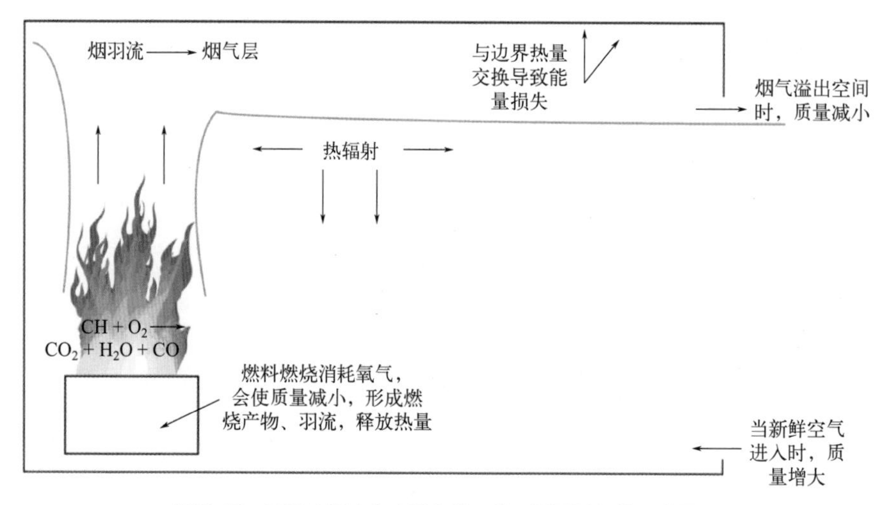

图 3.43　受限空间火灾中发生的一些可测量过程的示意图。

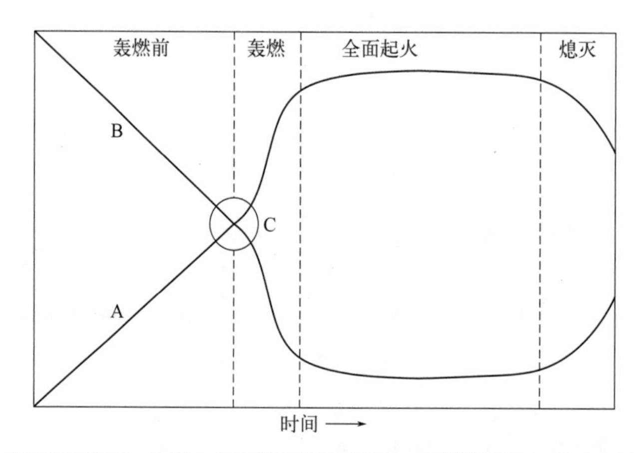

图 3.44　受限空间火灾过程示意图。曲线 A 代表以下性质：温度、辐射热通量、CO 和 CO_2 浓度、上层烟气层厚度。曲线 B 代表以下性质：对流换热与辐射换热的比值、氧浓度、下层烟气高度、生存可能性。（摘自 2004 年 7 月 5 ~ 7 日在伦敦举行的第十届国际火灾科学与工程会议的论文集第 1101 页，Kennedy-P 和 Kennedy-K 的《轰燃与火灾分析：关于轰燃分析在火灾调查中应用的讨论》。已获得许可）

房间作为三维矩阵并划分为多个网格，通过计算每个网格的中心点，来模拟分析变化情况。在计算这些网格中心点的离散值时，采用的是代数方法，而不是微积分。这需要计算机（的计算）能力，以及（模型设计人员）利用三维矩阵网格来描述建筑及其内部情况的能力。

火灾模型的设计最初并不是用来进行火灾调查的。它们是由消防工程师开发的，主要是为了避免实体实验或利用在火灾实验中收集的数据来避免额外的实验。一些消防工程师会声明（不完全是开玩笑），在21世纪，他们存在的全部理由就是消除防火实验。火灾模型是实现这一目标的手段。当然，为了验证任何火灾模型，实体实验是必要的。

描述传热、流体动力学和燃烧的基本方程已经为人所知了一个多世纪，但同时求解所有重要变量所涉及的复杂性，尤其是在一场不受控制的火灾中，即使是最精通数学的工程师也会望而生畏。当时有太多的事情同时发生。方程的数量之所以庞大，不仅是因为多个现象同时发生，还因为相关变量是高度耦合的。一个参数的变化，如 CO_2 浓度，会引起其他几个参数的变化。数学建模的其他障碍包括：火灾场景几乎可以无限变化，实验中的燃料不仅仅是燃料。它们被设计成椅子、床和建筑材料。直到信息时代开始，才有了足够的计算能力来开发适用于火灾的模型，但只能处理简单的模型，即将一个区域分成两层的区域模型。然而，这是一个开始。研究人员知道，要想对火灾有最好的了解，就必须把受限空间分成越来越小的网格，从1立方英尺到1立方英寸。这些模型被称为域模型，可以给出更多的模拟结果，但需要更多的输入，并需要更强的计算能力来运行。即使是在最近的20世纪80年代末，所需的计算能力也超出了所有人的能力范围，只有少数研究人员有幸拥有非常快的计算机和非常大的内存。在20世纪90年代中期，使用计算流体动力学（CFD）的单一场景来模拟往往需要两个月的运算时间。实际上，这样的长时间运算在今天是很常见的，因为更大、更快的计算机被用来做更多的计算。

第一次对火羽流的定量分析是在第二次世界大战期间进行的，当时人们用在沟渠里燃烧汽油的方式来清除飞机跑道上的雾。Geoffrey Taylor为美国政府准备了一份题为“热气流在空气中上升的动力学”的报告。泰勒的工作描述了热驱动羽流的特性，形成了区域模拟（zone modeling）的基础。在20世纪40年代和50年代，美国、英国和日本设立了政府办公室来定量研究火灾。1959年11月，由美国国家科学院主办的第1届国际火灾研究研讨会在华盛顿特区举行。最初，人们只对简单的油池火进行了研究；但到了20世纪60年代中期，科学界达成了一项共识，认为有可能对更复杂的火灾现象进行建模。1976年，James Quintiere在ASTM的一次研讨会上发表了一篇题为“建筑室内火灾的蔓延”的论文。20世纪70年代中期，受到Quintiere方法的影响，伊利诺斯技术研究所首次发布了火灾模型，并证明了这种工具在消防工程设计中使用的潜力。其他模型也很快跟进，随着每一个模型的发布，下一代模型融合了以前模型的方程和算法，这样就可以考虑越来越多的火灾发展方面。1986年，美国国家标准局（国家统计局），也就是现在国家标准与技术研究所（NIST）的Harold “Bud” Nelson，将几个边界方程与疏散时间模型、洒水喷头响应模型融合到一起形成了FIREFORM，后来发展成为1990年公布的FIRE SIMULATOR和FPETOOL。英国和澳大利亚的团队制作了类似的消防工程计算程序套件。多房间模型最早出现在20世纪80年代初。1985年，美国国家统计局消防研究中心发布了一个名为“火灾和烟气运动”（FAST）的模型。它与一个更快的数值问题求解器合并，成为“综合火灾与烟雾传输”（CFAST）模型，该模型至今仍在使用[41]。CFAST是一种“区域模型”，它将每个房间分为由火羽流连接的上下两个区域。

由美国和其他国家一起开发的“域模型”，是利用CFD对多个独立网格单元的火灾行为进行建模。这些模型求解多重联立微分方程，以平衡这数千或数百万个网格单元的质量、能量和动量。NIST目前的模型是火灾动力学模拟（FDS）。也许NIST在建模领域中最有用的一个成就就是开发了Smokeview，这个程序可以将FDS模拟输出结果转换成火灾三维可视化模式，可以通过调整来查看烟气运动、烟气浓度、烟气温度、边界层温度和烟气成分[42]。在NIST网站www.fire.nist.gov上可以查看Smokeview程序输出的许多示例。

尽管FDS等CFD模型对火灾的检测比区域模型细致得多，但也需要权衡。当输入同样的房间或建筑的数据时，区域模型可以在几分钟内计算完，CFD模型则可能需要几天、几周或几个月的时间。这两种模型各有所长。可以使用区域模型计算多个场景，用CFD模型计算其中的一到两个场景。

因为NIST的模型主要是用纳税人的钱开发的，NIST网站允许任何人免费下载他们的模型和用户手册。由于在使用商业模型的时候可能要花费数千或数万美元，所以NIST模型的应用可能最为广泛。CFAST的当前版本是一个包括一个图形用户界面（GUI）的区域模型。火灾动力学模拟（FDS）的“域模型”还未包含GUI输入，所以在建立建筑模型时比较麻烦。ATF火灾研究实验室的David Sheppard开发了一个程序，可以将计算机辅助绘图（CAD）程序输出的结果，转换为模型支持的代码。许多商业用“场模型”都包含GUI。

NIST的数学家和消防工程师已经使用他们的模型来协助火灾调查人员研究过去几年发生的大多数重大火灾事故，包括车站夜总会火灾、库克县行政大楼火灾和世贸中心袭击事件（同时也发生了火灾）。模型在推导或验证假设时是有用的，但在用它对事故现场进行解释时必须谨慎。与其他计算机模拟一样，火灾模型也遵守“垃圾输入和垃圾输出”（GIGO）规则。模型模拟的时候需要进行假设和简化。复杂的模型简化比较少，但需要输入更多的数据。在输入的过程中，如果假设或参数出错，那模拟结果就很有可能错误。

一个模型并不是利用火灾残留物来反向运行程序，以寻找起源。正确使用模型是提出引燃场景，然后运行模型，看模拟结果是否与现场相吻合。火灾模型的最佳用途之一是通过提出“如果……会怎样”的问题来模拟改变某个重要参数后的情况。如果火灾时有喷水系统作用、楼梯间的门能够关闭、感烟火灾探测器有电、内装修材料是A级而不是D级，结果会怎样呢？

消防工程师认为“相对一致”结果在法庭调查时，可能会由于不够准确而不能解决某些问题。例如，对感烟火灾探测器响应时间的研究表明，三种不同的模型给出了三种不同的响应时间，和变化区间为2.7～8.2min的三个最长逃生时间（关于火灾实验和建模精度的讨论，参见附加说明3.2）。在一种给定的场景下，CFAST模型预测的烟雾探测器激活的时间比FDS模型更久，但是在另一种情形下，结论却完全相反。这些响应时间的模拟是基于不同的火灾模型和假设（区域模型与CFD）以及不同的响应标准（温度上升速率与烟浓度）进行的。由于区域模型的假设是在计算开始时整个天花板的烟气层是均匀的，所以它不能很好地模拟火灾初期阶段的烟气运动，它对探测器响应的温升判据不考虑温升速度和探测器内部烟雾浓度增加导致的滞后时间。

附加说明3.2　这些数字意味着什么？

消防工程师在使用方程和模型预测火行为时，给出的结果具有令人难以置信的高表观精确度。遗憾的是，这种精确度无法通过数据来得到证明。消防工程师知道，尽管这些模型模拟结果表面上看起来很精确，但也仅是估算值，而且还是大致估算值。但这对火灾调查人员也有一定帮助。当计算出轰燃所需的最小HRR为498.75MW时，这个数字并不是准确值，而是意味着这个值在400～600kW之间，或在该范围附近。

考虑附加说明3.1中的HRR与通风系数关系图。请注意，坐标轴为双对数坐标轴，是以非线性方式标记数值，旨在提供数据的“数量级”视图。尽管对数据点拟合可以得到一条最佳拟合线，并且可以将该线的斜率取（小数点后）4位有效数字，但应注意实际上只有少数数据点在线上。

一些火灾调查人员错误地使用模型“估算”可燃物（椅子或沙发之类）的HRR，然后又用模型“估算”房间轰燃所需的最小能量，并将这两者进行比较。如果房间内可燃物的HRR估算值低，一些火灾调查人员认为这可以准确说明可燃物本身无法导致轰燃，另一些调查人员甚至认为肯定有第二个可燃物堆，因为只有这样才能达到轰燃所需的最小HRR。这种想法表明人们对模型的价值缺乏正确认识。

美国国家标准局的丹尼尔·麦德科夫斯基（Daniel Madrzykowski）试图通过研究来量化方程式和模型所固有的一些不确定性[52]。他考虑的第一个因素是模型中用于测量HRR和火灾的其他重要特征值的耗氧量热计，发现其不确定度为±11%。校准图见图3.45。

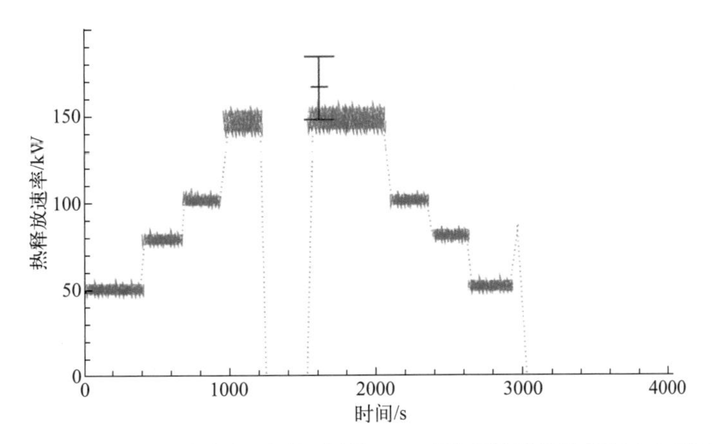

图3.45 用于Madrzykowski火灾痕迹重复性测试的NIST耗氧量热计的校准数据。不确定度为±11%。

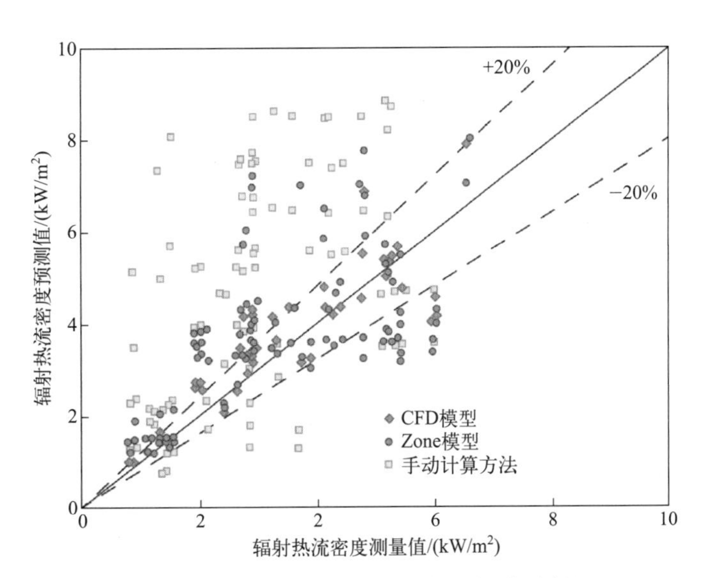

图3.46 辐射热流密度的模型预测值与测量值对比图。

Madrzykowski燃烧了三种已知可燃物——天然气、汽油和聚氨酯泡沫，并测量了其火焰高度、宽度以及所形成痕迹的区域。即使使用最简单的天然气燃料，火焰宽度的不确定度也为25%，火灾痕迹区域的不确定度为33%。对于聚氨酯泡沫，火焰高度不确定度为50%，火灾痕迹区域不确定度为57%。

从这些实验中得出的主要启示是，在试图将方程和模型应用于火灾调查时，应适当考虑使用方程和模型的不确定性。Madrzykowski的工作支持Salley等人在2007年至2010年在核监管委员会（NRC）所做的工作[53]，该工作将来自测试火灾的测量结果与不同模型提供的预测进行了比较。NRC的研究人员发现，预测结果与测量结果之间的偏差高达60％。其数据如图3.47所示。

模型的输出结果可用于帮助人们理解建筑物与火灾之间存在的关系，并且在设计喷水灭火系统和确定安全出口位置时很有用。为此，完全可以接受30％或更高的错误率。但在确定起火原因时，是不允许有这么高的不确定性的。

2014年，NFPA 921认识到火灾调查中存在精度不高的问题。该文件的表1.4中增加了一个注释，其中显示了计量单位。该注释指出，从一种计量系统转换为另一种计量系统通常会给值带来额外的有效数字问题。转换后的值应四舍五入，以使它们所包含的有效数字不超过原始测量或报告的值。

更重要的是，增加了关于测量不确定度的第1.5段。它指出，

> 本指南中报告的测量的再现性可能非常高，如纯物质的密度，或其他更多的变量，如气体温度、热释放速率或火灾实验中的事件时间点。因此，应评估所有报告的测量值或方程中的参数，来评估其所表示的精度是否合理或普遍适用。

数字可能很强大，但火灾调查人员应该明白它们的含义。

早期的火灾模型通常要求用户按照慢速、中等、快速或超快这四种火势增长速率中的一种设置。这就是所谓的“t^2”火：假设火势的增长与时间的平方成比例关系的一种理论模式，这是一种很接近实际情况的假设，但并不适用于火灾发展的“潜伏期”。图3.47（a）显示了这四种理想火灾的时间与HRR的关系，以及一些可能产生这些类型火灾的代表性可燃物堆。图3.47（b）显示了这四条曲线与真实火灾数据对比的情况。慢速火、中速火、快速火和超快速火的热释放速率达到1000Btu/s（1055kW）的时间分别为600s、300s、150s和75s。不同的火势增长速度类型对应不同的模拟结果。NFPA 72《美国国家火灾报警规范》附录“自动火灾探测器布置间距的工程指南”中，给出了家具量热计测试的数十个数据。这些数据表明，当典型的家具被点燃时，慢速火、中速火和快速火都可能出现。超快速火通常只适用于燃烧速度最快的“正常燃料”包，和涉及易燃液体的火灾。虽然现在的新模型几乎可以无限制地自定义火势增长曲线，但仍有一些火蔓延情况难以模拟。另外，随着火势增长输入值灵活性的提高，也有必要用实际数据来验证这些输入值的合理性。

模型模拟的主要缺点是其预测能力的不确定性。虽然在实际火灾测试中所采取测量方法的不确定性高达30%，但在一些情况下，火灾实验的实际测试结果仍比计算机模拟可信[44]。对于一个预测建筑构件耐火时间为2h的计算机模型，消防官员可能要求提供模型有效性的证据。对于火灾是以一种基于模型特定方式的开始或蔓延的假设，火灾诉讼的当事人可能会要求提供类似的证据。

如果一名研究者进行五个相同的火灾实验，某个特定（空间和时间上）点处任意参数值（温度、CO浓度、烟密度等）在所有实验中都会不同；如果可以进行足够多的实验（非常昂贵），而且测量准确，就可以确定每个值的“误差”。然而，如果研究者把同样的数据输入计算机模型，输出结果都相同。CFAST和FDS在他们的用户手册中都带有以下免责声明：

软件包是一种计算机模型，当把它应用到一组特定的实际情况中时，不能确保其预测功能，这就有可能会导致给出的消防安全结论错误。用户应该对所有的模拟结果进行评估[45,46]。

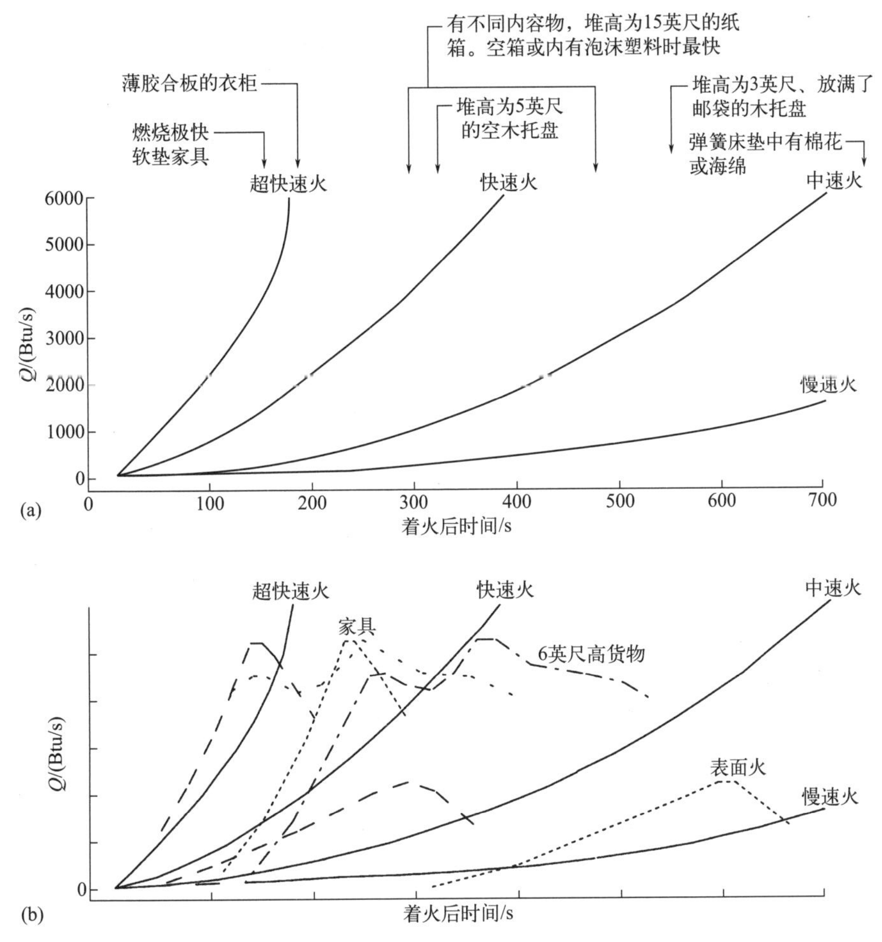

图 3.47 （a）四种 t^2 火的 HRR 随时间变化的模拟结果图。（b）四种 t^2 火的 HRR 随时间变化的模拟结果与实验结果对比图。［摘自美国商务部 1987 年发布的 NBS IR 87-3560 号文件，由哈罗德 · 纳尔逊（Nelson H E）撰写的《火灾初期阶段的工程分析——1986 年 12 月 31 日的杜邦广场酒店和赌场火灾》。已获许可 [55]（译者注：原文参考文献序号不连续）］。

ASTM E05 防火标准委员会颁布了两个[4]与火灾模拟评估相关的标准：ASTM E1355《确定性火灾模型预测能力评估标准指南》[47]和ASTM E1591《确定性火灾模型数据获取标准指南》[48]。虽然指南中的许多条款适用于其他类型的火灾模型，但重点是区域模型。

有关选择和使用模型来回答火灾有关问题的权威指南，可以在消防工程师协会（SFPE）的《工程指南》中找到，此指南为对给定场景火灾进行模型验证的指南[49]。

对火灾调查员来说，模型的可用性意味着什么？这完全取决于火灾调查员所提出问题的性质。模型无法定位火源，也无法确定起因。火灾调查人员以不适当的方式使用手动模型[5]或者电子表格计算器（如CFI），这是一种令人不安的趋势。模型根本无法解决火灾调查人员关心的很多问题。

当消防工程师在设计自动喷水灭火系统时，他们可以选择使用一个模型来帮助他们，但他们不能仅仅根据模型的输出来做出消防安全工程决策。适当地对系统进行冗余设计是一种相对比较简单的解决方法，例如，即使模型预测10个喷头就可以完成工作，但在最终设计中也要使用15个。

一些火灾调查人员估算了使房间发生轰燃或使火灾在两个燃料包之间蔓延所需的HRR（见附加说明3.3），然后他们估算了单个燃料包的可能HRR，如果实际上燃料包的HRR值低，这些调查人员就宣布一定有两个或更多的起火点。如果火灾现场的物证不足，无法独立于模型查明起火原因，那么依靠模型来查找火灾原因是无效的，也是不负责任的。模型根本不是这么使用的。“成功”建模的例子通常是将模型输出结果与实际火灾录像进行比较。车站夜总会的例子就是这样一个成功的例子。模型能够如此成功地和录像带一致的唯一原因是录像带的存在。模型第一次运算时，它预测了不到6s的轰燃。为了使模拟结果与录像一致，需要反复输入大量的数据。正如Salley等人所证明的，模型（即使是最复杂的模型）是必须非常小心地用来测试假设的工具（见附加说明3.2）。如果火灾现场的证据不足以形成一个可检验的假设，那么模型的输出只不过是计算机化的推测。人们对数字印象深刻，但仅仅有虽然可以量化但也可修改的数据并不能起到有效的结果。

考虑到该警告，以及所有建模工具附带的免责声明，模型可以解决的问题是有争议的。例如，用一个Smokeview视频来说明调查人员的观点可能是有用的。热通量分析有时可以帮助理解火灾痕迹的形成。如果要使用模型来达到这些目的，就必须从火灾现场收集更多的数据。建立模型的第一步是对相关房间的准确描述，包括所有主要燃料包的成分和位置，内部装修情况，以及所有通风口的大小和位置。对场景的描述越准确，模型模拟结果就越有可能对特点场景进行预测。

当然，在没有所有必要数据的情况下运行模型是可能的，但就像所有计算一样，输出的质量不可能比输入的质量好。例如，可以运行多个场景来确定墙面的一系列可能效果，但对于在场景中获得准确的数据，就不需要再对备用场景或者“括号”场景进行建模。即使对结构有了完美的描述，模型也可能不能准确地再现火灾，因为对火灾的描述本身是由用户输入的。用户告诉程序初始HRR并指定火灾的增长速度。正如NIST“软椅”实验所表明的那样，即使进行多次实验，也很难估计特定燃料包的HRR值。

尽管存在不确定性，建模作为一种验证假设的工具在火灾调查中越来越普遍。Carvel火灾调查中，就使用一个名为JASMINE（BRE/FRS项目）的CFD模型，对一栋由于烧损严重而无法确定起火房间的建筑，按照五种不同起火部位分别设置场景并进行了模拟。运用这个模型是为了分析哪个场景的模拟结果与目击者的观察最相符。对于需要分析的五种不同场景，采用模型模拟肯定是最合理的。这样的“调查”代表了一种有趣的趋势，但需要时刻保持警惕。在Carvel火灾调查中，模型和目击者是他唯一的参考[50]。

在2006年，Rein等人进行了一项关于模型预测结果与实际火灾行为比较的有趣活动。这个在苏格兰格拉斯哥的达尔马诺克区进行的活动中，一共有10个建模团队，其中8个使用FDS4，另外2个使用2000版CFAST，他们将通过模拟来预测高层建筑中典型公寓的火行为。与调查真实世界（非实验性火灾）的建模人员可以获得的信息相比，建模团队获得的信息通常比较多。和其他许多（火灾调查时的）通过模型来“预测”实际火灾结果的团队不同的是，这次的建模团队没有太多的实验数据[6]。他们被要求预测轰燃时间、上层烟气层温度以及其他参数。团队之间预测的结果差异很大，这其中部分原因是许多燃料的热性能与文献值相差很大，而且这些模拟结果与实验相差也很大。该研究报告的作者说：“模型对火灾发展（即热释放速率的变化）预测的准确性通常很差[51]。”他们也进一步报道了其他研究人员的类似结果。

虽然建模是一个有趣的工具，但在笔者看来，将它应用到火灾调查中的“条件还不成熟”。人们可以使用模型来做出保守的工程决策，但用它们来“预测”特定火灾的行为可能会导致错误结论。除非建模者不需要火灾发展过程的完整录像带，就能准确地描述将要发生的事情，否则我们应该对所有的模拟结果持严重怀疑态度。如果火灾的分类是基于模型使用而进行的，那么这种分类也应该保持不确定状态。

附加说明3.3　下一个物品会点燃吗?

如果火灾调查人员能够判定起火点是在某特定的家具上，就会产生一个问题，即是否有可能预测从该家具开始的火灾是否会蔓延到相邻的家具或其他可燃物。显然，燃烧的可燃物和目标可燃物之间的差别非常关键。

很难对火灾蔓延进行定量分析，公式的实际应用也会很困难。但仅为了看某特定火灾蔓延场景的合理性而进行模拟，可能还是有用的。

火很可能通过热辐射从可燃物之间进行蔓延。因此，有一个重要的问题是，燃烧所释放的总能量中有多少是辐射热而不是对流热。可燃物所表现的辐射换热性取决于其火焰的总黑度。火焰黑度较大的材料的辐射换热量比清洁燃烧的可燃物要多。天然气和甲醇的辐射换热比例为15%～20%，而汽油和聚氨酯则为40%～60%。简单地改变辐射换热比例的估计值就可以对热通量的计算值产生很大影响。

可燃物的形状也会影响其热辐射的大小和方向。但在估算的时候，最简单的方法是把燃烧的可燃物看作一个点热源（近似值），同时假设热辐射在任意距离内均匀分布在球体表面（另一个近似值）。球面的表面积根据$4\pi r^2$计算，即半径为1m球的表面积是12.5m^2，半径为1.5m球的表面积为28.3m^2。热辐射强度与通常距离的平方成反比关系。由于非点源的热通量不会随着距离的增加而迅速下降，因此表3.3给出的（计算）值偏低。这张表给出了在1m、1.5m和2m时，和辐射率为0.5和0.4时不同HRR燃料包（如椅子）的热流密度近似值。

表3.3　不同HRR椅子的热流密度

辐射率＝0.5时 椅子的热释放速率/kW	1m处热流密度/（kW/m^2）	1.5m处热流密度/（kW/m^2）	2m处热流密度/（kW/m^2）
800	32	14	8
1000	40	18	10
1500	60	27	15
2000	80	35	20
2500	100	44	25
辐射率＝0.4时 椅子的热释放速率/kW			
800	26	11	6
1000	32	14	8
1500	48	21	12
2000	64	28	16
2500	80	35	20

注：铺灰处表示可能在1min内着火。

这张表显示了燃烧的椅子在其周围一定距离处所产生的热辐射通量近似值。一个可燃物是否被燃烧的椅子引燃，取决于它与这个椅子的距离、“视角”、椅子辐射换热比例和HRR。

如果椅子所释放的热量一定（另一种近似），并只在一侧点燃，那就可以认为此时被引燃物的受热面从球体转变为了半球体，单位热辐射通量随之增加。如果被引燃物相对于热源存在一个角度，由于角度的变化，使得其被引燃所需的辐射热量增加。

实验表明，在轰燃之前，可燃物间能发生辐射引燃的最大距离是1.5m[54]。（当然，一旦轰燃发生，房间里所有的可燃物都会被点燃。）鉴于HRR和辐射换热比例都无法确定，那么谨慎的方法是认为2m内的可燃物都有可能会被辐射引燃。

3.17 结语

点火是可燃物开始自持燃烧的过程。蒸气或尘雾比固体更容易引燃。火焰是燃烧的发光体。火焰可以是预混的，也可以是扩散的、层流的，或湍流的。

可燃性可以描述点火难易程度、火蔓延速率、热释放速率（HRR）、质量损失速率或其他与燃烧行为有关的特性。

燃料燃烧释放的能量取决于化学成分、形状、受火方向和受限空间内的位置。

室内火行为与人们所熟悉的自由燃烧的火灾不同。虽然火灾调查人员对轰燃后燃烧的了解越来越多，但很明显，对轰燃后痕迹形成机理的理解仍处于起步阶段。

方程和模型可以有助于人们对建筑物火灾的理解，但将这些为工程消防设计而开发的工具运用到火因和起火点调查中的可靠度还不够。

问题回顾

1. 下列哪个是自持燃烧开始阶段的名称?

a. 热解　　b. 分解　　c. 热逃逸　　d. 引燃

2. 下列哪个是蜡烛上最常见的火焰?

a. 预混层流火焰　　b. 湍流扩散火焰　　c. 层流扩散火焰　　d. 湍流明亮火焰

3. 下列哪个是用来描述火灾的热释放速率的单位？

a. J或kJ　　b. kW/m^2　　c. kcal　　d. W或kW

4. 下列哪个是用来描述热辐射通量的单位？

a. J或kJ　　b. kW/m^2　　c. kcal　　d. W或kW

5. 使用Heskastad方程，假设有一个6英尺高、HRR为536.75kW的火焰。考虑到这个计算的不确定度为±30%，那么下列哪个描述火焰的HRR最准确?

a. 536.75kW　　b. 530 ～ 540kW之间

c. 500 ～ 550kW之间　　d. 400 ～ 650kW之间

问题讨论

1. 热解和阴燃之间的差异是什么?

2. 为什么可燃液体不可能是硬木地板上烧出洞的原因?

3. 为什么通风影响形成的痕迹对起火原因的分析没有羽流产生痕迹那么清楚?

4. 如果一个隔间在轰燃后 5 分钟内发生全面火灾，应该用什么方法评估该隔间的点火源？为什么?

5. 讨论计算机火灾模型在火灾调查中的合理应用。

参考文献

[1] Drysdale, D. (1985) *An Introduction to Fire Dynamics*, Wiley-Interscience, NY, p. 80.

[2] Eckhoff, R. K. (1991) *Dust Explosions in the Process Industries*, Butterworth-Heinemann, Oxford, UK, p. 562.

[3] Minick, C. (2005) Pros and cons of oil finishes, *Fine Woodworking*, 177, May/June.

[4] Lentini, J. (2009) Watching paint dry: Testing spontaneous ignition hypotheses, *Presentation to the AAFS Criminalistics Section*, Denver, CO, 40. Available at https://app.box.com/s/4owqh32oxt1fjjl5r3zu9pgv34osvtqd (last visited on January 14, 2018）.

[5] Babrauskas, V. (2003) *Ignition Handbook*, Fire Science Publishers, Issaquah, WA, pp. 1043-1044.

[6] Cuzzillo, B. (1997) Pyrophoria, Doctoral dissertation, University of California at Berkeley, CA.

[7] 10th Circuit Court of Appeals (2004) *Truck Insurance Exchange v. Magnetek* 360 F. 3d 1206.

[8] NFPA 400 (2016) *Hazardous Materials Code*, National Fire Protection Association, Quincy, MA, 3.3.60.8.

[9] Quintiere, J. (1998) *Principles of Fire Behavior*, Delmar Publishers, Albany, NY, p. 38.

[10] Babrauskas, V. (2003) *Ignition Handbook*, Fire Science Publishers, Issaquah, WA, p. 315.

[11] Quintiere, J. (1998) *Principles of Fire Behavior*, Delmar Publishers, Albany, NY, p. 26.

[12] Smyth, K. et al. (1985) Soot inception in a methane/air diffusion flame as characterized by detailed species profiles, *Combustion and Flame*, 62:157.

[13] Drysdale, D. (1985) *An Introduction to Fire Dynamics*, Wiley-Interscience, New York, p. 197.

[14] NFPA 704 (2017) *Standard System for the Identification of the Hazards of Materials for Emergency Response*, National Fire Protection Association, Quincy, MA, Annex G.

[15] NFPA 92 (2015) *Standard for Smoke Control Systems*, National Fire Protection Association, Quincy, MA, p. 52.

[16] NFPA 921 (2017) *Guide for Fire and Explosion Investigations*, National Fire Protection Association, Quincy, MA, p. 41.

[17] NIST (2005) *Key Findings and Recommendations for Improvement: NIST Investigation of the Station Nightclub Fire*, Available at NIST. gov.

[18] NFPA 921 (2017) *Guide for Fire and Explosion Investigations*, National Fire Protection Association, Quincy, MA, p. 31.

[19] Mitler, H. E., and Tu, K. M. (1994) Effect of ignition location on heat release rate of burning upholstered furniture, in *Proceedings of the Annual Conference on Fire Research*, NIST, Gaithersburg, MD.

[20] Stroup, D. W., et al. (2001) Upholstered chair fire tests using a California technical bulletin 133 burner ignition source, Report of Test FR 4012. Available at fire.nist.gov.

[21] Krasny, J., et al. (2001) *Fire Behavior of Upholstered Furniture and Mattresses*, Andrew Publishing, Norwich, NY, p. 62. Available at fire.nist.gov/bfrlpubs/fire85/PDF/f85003.pdf.

[22] Carman, S, (2011) Investigation of an elevated fire-Perspectives on the "Z-Factor," *Proceedings of Fire and Materials*, San Francisco, CA, CA, January 2011, Interscience Communications, London, UK.

[23] Hurley, M., and Bukowski, R. (2008) *Fire Protection Handbook*, 20th ed., NFPA Quincy, MA, pp. 3-127.

[24] Powell, R., DeHaan, J., and Lentini, J., (1992) The Lime Street Fire, three perspectives, *The Fire and Arson Investigator*, 43(1), pp. 41-59.

[25] NFPA 921 (2017) *Guide for Fire and Explosion Investigations*, National Fire Protection Association, Quincy, MA, p. 215.

[26] Utiskul, Y., Quintiere, J. G., Rangwala, A. S., Ringwelski, B. A., Wakatsuki, K., Naruse, T. (2005) Compartment fire phenomena under limited ventilation. *Fire Safety Journal*, 40(4):367-390.

[27] Lentini, J. J. (2012), The evolution of fire investigation and its impact on Arson Cases, *Criminal Justice*, 12(1), pp. 12-17.

[28] U.S. Army (1985) *Law Enforcement Investigations*, Field Manual 19-20, p. 219.

[29] Carroll, J. (1979) *Physical and Technical Aspects of Fire and Arson Investigation*, Charles C Thomas, Springfield, IL, p.73.

[30] Shanley, J. (1997) *USFA Fire Burn Pattern Tests*, United States Fire Administration, Emmitsburg, MD, FA 178.

[31] NFPA 921 (2017) *Guide for Fire and Explosion Investigations*, National Fire Protection Association, Quincy, MA, p. 15.

[32] Mealy, C., Benfer, E., and Gottuk D. (2011) Fire dynamics and forensic analysis of liquid fuel fires, NCJRS, Final Report, Grant No.

2008-DN-BX-K168, Available at: https://www.ncjrs.gov/pdffiles1/nij/grants/238704.pdf (last visited on January 14, 2018).
[33] Sanderson, J. (2001) Floor-level burning: What kinds of damage do burning accelerants cause? *Fire Findings*, 9(1): 1.
[34] Kirk, P. (1969) *Fire Investigation*, John Wiley & Sons, New York, p. 74.
[35] NFPA 921 (2017) *Guide for Fire and Explosion Investigations*, National Fire Protection Association, Quincy, MA, p. 14.
[36] Carman, S. (2010) "Clean burn" fire patterns-A new perspective for interpretation, in *4th International Symposium on Fire Investigations Science and Technology* (*ISFI*), Available at http://www.carmanfire.com.
[37] Babrauskas, V. (2017) Arc mapping: New science or new myth? *Presentation to the 2017 Fire and Materials Conference*, Available at https://www.doctorfire.com/ArcMappingFM.pdf (last visited on January 14, 2018).
[38] ATF Fire Research Laboratory (2017) *Technical Bulletin 002*, Available at https://www.atf.gov/file/114497/download (last visited on January 14, 2018).
[39] Maclean, J. (2016). Households use an average of seven connected devices every day. *cantech letter*. https://www.cantechletter.com/2016/08/households-now-use-average-seven-connected-devices-very-day-report/ (last visited on January 13, 2018).
[40] Kennedy, P., and Kennedy, K. (2004) Flashover and fire analysis: A discussion of the practical use of flashover analysis in fire investigations, in *Proceedings of the 10th International Fire Science and Engineering* (*Interflam*) *Conference*, Interscience Communications, London, UK, July 5-7, 2004, 1101.
[41] Nelson, H. E. (2002) From phlogiston to computational fluid dynamics, *Fire Protection Engineering*, 13: 9-17.
[42] Forney, G. (2013) *User's Guide for Smokeview (Version 6)-A Tool for Visualizing Fire Dynamics Simulation Data*, NIST Special Publication 1017-1, National Institute of Standards and Technology, Gaithersburg, MD, Available at http://fire.nist.gov/bfrlpubs/fire07/PDF/f07050.pdf (last visited on January 14, 2018).
[43] Rein, G., Bar-Ilkan, A., Alvares, N., and Fernandez-Pello, A., (2004) Estimating the performance of enclosure fire models by correlating forensic evidence of accidental fires, in *Proceedings of the 10th International Fire Science and Engineering (Interflam) Conference*, Interscience Communications, London, UK, July 5-7, 2004, 1183.
[44] Janssens, M. L., (2002) Evaluating computer fire models, *Fire Protection Engineering*, 13: 19.
[45] McGrattan, K., et al., (2010) *Fire Dynamics Simulator (Version 5) User's Guide*, NIST Special Publication 1019-5, National Institute of Standards and Technology, Gaithersburg, MD.
[46] Peacock, R. D., et al., (2000) *A User's Guide for FAST: Engineering Tools for Estimating Fire Growth and Smoke Transport*, NIST Special Publication 921, National Institute of Standards and Technology, Gaithersburg, MD, iv.
[47] ASTM E1355-12, *Standard Guide for Evaluating the Predictive Capability of Deterministic Fire Models*, ASTM International, West Conshohocken, PA.
[48] E1591-13, *Standard Guide for Obtaining Data for Deterministic Fire Models*, ASTM International, West Conshohocken, PA.
[49] SFPE (2011) Engineering Guide, *Guidelines for Substantiating a Fire Model for a Given Application*, SFPE G.06 2011, SFPE Bethesda, MD, 2011.
[50] Carvel, R.O. (2004) Fire investigation using CFD simulations of a fire in a discotheque, in *Proceedings of the 10th International Fire Science and Engineering (Interflam) Conference*, Interscience Communications, London, UK, July 5-7, 2004, 1207.
[51] Rein, G., et al. (2009) Round-robin study of a priori modelling predictions of the Dalmarnock Fire Test One, *Fire Safety Journal* 44(4):590-602.
[52] Madrzykowski, D. (2010) Fire pattern repeatability: A laboratory study on gypsum wallboard, in *Proceedings of the 4th International Symposium on Fire Investigation Science and Technology*, Columbia, MD, September 27-29.
[53] Salley, M., et al. (2010) *Verifying and Validating Current Fire Models for Use in Nuclear Power Plant Applications*, NUREG-1824, U.S. Nuclear Regulatory Commission, Rockville, MD.
[54] Krasny, J., et al. (1985) Fire behavior of upholstered furniture, Available at https://www.nist.gov/publications/fire-behaviorupholstered-furniture-nbs-monograph-173, 52 (Last visited on January 14, 2018).
[55] Nelson, H. E. (1987). An engineering analysis of the early stages of fire development-The fire at the Dupont Plaza Hotel and Casino, December 31, 1986 U.S. Dept of Commerce, NBSIR 87-3560.

1 在表达式J/g×g/s中，克（g）被消去，留下J/s（或W）。
2 严格地说，一个几何锥的底部是宽的，那么它的顶部就肯定是一个点。火灾调查人员采用的是反向推论。
3 石膏墙板被煅烧后，会失去石膏中的游离和化合水（$CaSO_4 \cdot 2H_2O$），变为另一种物质——硬石膏（$CaSO_4$）。在更高的总热暴露（以kJ/m^2为单位）下，会造成进一步的煅烧。
4 曾经有四个标准，但ASTM技术委员会E05决定听从SFPE的专业意见，废止了E1472和E1895，这两个标准现在是“历史”标准。
5 手动模型是不需要使用计算机，使用计算器就可以求解的方程。在确定轰燃时HRR所要用到的Babrauskas和Thomas方程，就是手动模型。
6 温斯顿•丘吉尔爵士（Sir Winston Churchill）曾经说过：“我总是避免事先预言，因为在事件发生后预言要好得多。”

第4章

火灾调查程序

直接做好一份工作比花时间解释你为什么没有做好要简单得多。

——马丁·范·布伦（Martin Van Buren）

学习目标

阅读本章后，读者应能够：

- 列出火灾的科学调查步骤；
- 组织并实施调查；
- 讨论起火原因认定负面事实法的概念；
- 避免证据损毁或破坏；
- 撰写满足法庭要求的调查报告。

4.1 引言

本章提出了开展系统火灾调查应遵循的基本步骤。正如任何指南都会指出的，如果仅考虑火灾发生的地点和时间，每一次火灾调查都是不同的。然而，火灾之间仍有足够的相似性，因此有必要制定一种标准的处理方法。本文介绍的调查步骤在实际调查过程中并非都要用到，在一些火灾调查中，同时还需要调查人员的主动性和创造性。许多常规步骤只有在调查员是“第一响应者”或其在发生重大变化之前就在现场时才可能实现，不少调查工作甚至是在其他调查人员得出结论6个月甚至12个月之后才开始的。例如，某一特定产品故障导致的火灾中，由产品制造商聘请的调查人员只能依赖早前调查响应者提供的文件才能开展调查工作。

调查程序也因所处理的问题而有所不同。许多情况下，虽然起火原因显而易见，但调查人员的任务可能是处理有关特定系统的特定问题。无论火灾调查人员被叫来的原因是什么，或者是什么时候被叫来的，重要的是要有书面程序。书面规程的目的是在较长时间内确保调查结果的可重复性和调查质量的一致性，缺乏书面规程可能导致重复性和质量达不到要求。以下是如何进行火灾调查的详细说明，本章末尾的附加说明4.1中还提供了一个火灾调查一般程序的示例。

附加说明4.1

以下是火灾调查的一般程序。如果某机构计划进行认证（见第10章），可以通过使用书面程序确保工作的一致性。

1　范围

本程序包括确定建筑火灾的起火点和起火原因。

2　参考文件（所参考标准的当前版本）

ASTM E620《报告科学或技术专家意见的标准实施规程》

ASTM E678《科学或技术数据评估的标准实施规程》

ASTM E860《已涉及或可能涉及刑事或民事诉讼项目的检查和准备标准实施规程》

ASTM E1188《技术调查员收集和保存信息和证据的标准操作规程》

ASTM E1459《物证标记和相关文件的标准指南》

ASTM E1492《法庭科学实验室接收、记录、存储和检索证据的标准实施规程》

NFPA 921《火灾和爆炸调查指南》

3 目的

本程序的目的是为建筑火灾的调查提供一种标准方法，以确定火灾的起火点、原因、蔓延过程和责任。

4 程序

4.1 接收任务。

4.1.1 当派遣的调查人员首次到达时，记录以下信息：

——派遣日期

——客户的姓名、地址、电话号码、电子邮箱

——客户文件标识符

——建筑物所有者和使用者的身份

——建筑物位置

——火灾日期和时间

——消防部门名称

——调查火灾的公共机构和个人的身份

——火灾受害者和目击者的身份（如有）

——与火灾调查起火点和起火原因确定任务相关的杂项信息

4.1.1.1 如果前面列出的任何信息不可用，则可以从其他适当来源获取信息，只是要做好标记。

4.2 规划调查。尝试从客户、消防官员、被保险人或其他人处确定建筑损坏的程度、结构的尺寸，以及清除残骸和调查火灾所需的人员和设备。

4.2.1 在可能的情况下，与消防人员联系，并尝试在到达火灾现场之前获得消防部门或其他公共机构出具的任何运行报告或调查报告的副本。

4.2.1.1 通知公职人员何时进行火灾现场检查，并在适当时请求他们分享信息。

4.2.2 尝试了解火灾现场是否有任何群众目击者，并尝试与他们会面或通过电话采访他们。

4.2.3 尝试了解是否有目击者对火灾进行了拍照或录像。

4.3 现场文件。

4.3.1 确定现场能否进行安全勘查。

4.3.1.1 记录可能存在的任何安全危害，并制定减轻这些危害的计划。

4.3.2 在变动任何物证之前，用照片和录像带记录现场。

4.3.2.1 确认摄像机上的日期和时间准确无误。

4.3.2.2 记录场地条件以及现场任何附属建筑物的条件和内容。

4.3.3 观察附近的情况，并尝试评估可能存在的任何消防障碍。

4.3.4 观察供应房屋的公用设施，包括煤气、电和水等。

4.3.5 尽可能从各个方向拍摄建筑的外部照片。

4.3.5.1 对于住宅结构，通常需要至少四张照片。

4.3.5.2 拍摄足够的照片，以覆盖结构的整个外部。

4.3.5.3 对于大型结构，尝试获取俯视图。

4.3.5.4 如果可用，使用Google Earth或类似服务下载有预处理条件的图像。

4.3.5.5 对于每个通风开口，尝试确定其是否作为入口、排气口或两者兼有。

4.3.6 在建筑内部，为每个房间拍照。

4.3.6.1 从受损程度最小的房间开始，向受损程度最大的房间推进。

4.3.6.1.1 每个房间应从一个角度记录，最好有两个角度：一个从门口，一个从内部看向门口。

4.3.6.1.2 使用标牌或其他标签标识正在拍摄的房间。

4.3.6.2 在被认为是起火点的房间内，需要记录每面墙的情况。地板和天花板的记录也是必需的。

4.3.6.3 在烧毁仅限于建筑物一小部分的较大建筑中，只需对建筑物的受损部分进行拍照。

4.3.7 记录电气设备配电盘、炉子、热水器、主要厨房设备和任何其他产热设备。记录阀门和开关的位置，注意开关的向下位置并不总是代表是关闭的。

4.3.7.1 在详细记录设备之前，可能需要清除残骸。记录此过程。

4.3.7.2 如果先前对现场进行过调查，则记录此类调查活动的证据（例如，表明材料已移动的残骸堆、显示物体先前位置的烟尘和未烧痕迹等）。

4.3.8 记录任何火灾警报、烟雾探测器、安全警报或摄像头以及灭火系统的存在和状况。

4.3.8.1 尝试从任何系统中获取先前的记录。这通常需要建筑业主的合作。

4.4 残骸清除。在大多数情况下，有必要清除大量的残骸，以查看家具和其他物品的位置，并观察地板的状况。

4.4.1 通常使用平头铲能比使用机械设备更好地清除残骸。

4.4.2 可能有必要寻求知识渊博的人员（最好是下班的消防员）的帮助，以清除残骸。

4.4.3 清除残骸后，记录所有清除的表面。

4.4.4 尝试将家具或其燃烧残留物放回其原始位置，并记录重建场景的具体情况。

4.5 描绘场景。绘制结构的粗略比例图，包括所有外墙，至少包括火灾受损区域周围的内墙。

4.5.1 完整平面布置图优于局部平面布置图。

4.5.2 可能需要绘制一幅完整的结构平面图，然后绘制一个或多个起火点所在房间的更详细的平面图，具体说明家具的位置、火灾痕迹或收集的证据。

4.5.3 用方格纸绘制草图（最好是用10×10的方格纸）。也可以使用平板电脑来完成。

4.5.4 使用指南针或手机应用程序确定方位，并在草图上标明。

4.5.5 在现场图上设置一个近似比例尺，签名并注明日期。

4.6 避免冲突。

4.6.1 如果在检查过程中的任何时候发现潜在故障产品或不当操作导致了火灾，应停止所有可能变动现场的活动。

4.6.2 采取措施确保潜在责任方被告知其潜在责任，并安排时间与这些责任方的代表一同返回现场。

4.6.3 有关避免损害和通知相关方的指南，请参阅NFPA 921现行版本的“法律注意事项”一章。另见ASTM E860。

4.7 证据收集。

4.7.1 在收集任何证据之前，仔细规划要收集的物品，并在草图上标明其位置。

4.7.2 如果要将用于易燃液体残留物分析的样品收集到容器中，则应将贴有适当标签的容器放置在适当位置并拍照。

4.7.2.1 如有可能，收集空白样品，以便在必要时评估环境对样品残留的影响。

4.7.3 其他需要收集的证据应当在收集前拍照。

4.7.3.1 应当理解，其中一些物品将在清除残骸的过程中被移动过了。

4.7.4 参考ASTM E1188、E1459和E1492，了解有关火灾现场物证收集的更详细说明。

4.7.4.1 可能需要收集已排除与起火原因相关的物品。

4.8 离开现场前，填写如图4.2所示的火灾现场记录表。

5 假设构建

5.1 根据在火灾现场观察到的情况以及收集的任何相关背景信息，就火灾的起火点和起火原因提出假设。

5.1.1 仅考虑与确定起火点和起火原因相关的数据。在调查这一阶段，动机或时机因素不应成为假设构想的一部分。

5.1.2 参考ASTM E678，获取提出和记录假设的指南。本标准要求调查人员“准备并留存分析和推断过程中有逻辑的和可追溯的记录”。

5.1.2.1 使用Bilancia点火矩阵是记录所建立假设一种比较方便可靠的方法。

6 假设检验

6.1 比较所有已知数据，包括燃烧残留物样品的分析、其他人员对物证的检查情况、火灾现场观察的信息和证人陈述与假设。

6.2 确定数据是否支持假设。

6.3 如果有与假设相矛盾的数据，检查数据的可信度。

6.3.1 如果与假设相矛盾的数据看起来可信，则提出新的假设并重新开始检验过程。

6.4 如果所有已知可信数据都支持该假设，则考虑这些数据是否也支持其他假设。

6.4.1 如果数据支持多个假设，则有必要列举出所有可信的假设。

6.5 一旦所有合理的假设都已被提出和检验，准备一份调查报告。

7 报告

7.1 根据申请人要求，报告可采用多种形式，一份报告可以有多种形式，具体取决于客户要求、被公布假设的性质，以及呈放的平台。

7.1.1 所有报告应符合ASTM E620《报告科学或技术专家意见的标准实施规程》。

7.1.2 联邦民事诉讼中使用的报告必须符合第26条规则的要求。

7.2 如果客户不要求提供报告，但有可能提起诉讼，应准备一份“文件备忘录”、背景概述，以及准备日后报告所需的所有相关信息，包括必要照片的证明。

7.3 如果客户因没有后续调查或诉讼而要求提供书面报告，则应准备一份书面报告，简要说明对起火点、起火原因和责任的看法，并说明为达成该意见而采取的步骤。

7.3.1 一般情况下，应在信件报告中附带现场照片。

7.4 大多数调查要求按照特定格式撰写试验报告。

7.4.1 报告的主题应包括足够的信息，以便读者识别报告涉及的火灾。通常，这包括财产所有人的姓名、索赔或保单号码、发生火灾的地点和日期。

7.4.2 报告的背景部分应描述其他人向您提供的信息，包括客户、消防部门、业主或承租人以及火灾目击者。其他适合列入背景部分的信息包括报告撰写人姓名、出报告的时间、做出答复的消防部门的名称、调查的日期以及在调查期间在场的所有人的身份信息。

7.4.3 摘要结论部分简要说明报告人对火灾起火点和起火原因的看法，还可能包括火灾责任的相关信息。

7.4.4 在报告的现场勘验部分，描述调查期间从外向内，从烧毁程度最小到起火点的勘验结果。

7.4.4.1 一旦在报告中确定了火源，应描述潜在的火源、潜在的起火物以及调查人员对起火原因的分析。

7.4.5 在“现场勘验”部分之后，如有必要，加入题为“燃烧残留物的实验室分析”或“电气设备的实验室检验”等部分，并说明在实验室或其他地方进行的所有试验，特别是破坏性试验。并记录试验见证人的相关信息。

7.4.6 当有二手或第三手信息时，或者当有必要讨论一些有证据支撑的替代假设时，报告中可增加讨论部分。本部分仅在与现场勘验结果相关时才有必要。

7.4.7 结论部分应是对摘要结论的重申。

7.4.8 报告末尾应附有照片和现场示意图。

7.4.8.1 通常情况下，图表如图1所示，外部照片如图2至图6或图8或图10所示，具体取决于显示整个外部所需的外部照片数量。

7.4.9 当需要提供相关法规章节的副本、证人访谈记录或消防局报告时，可添加附录。

8 文档

每份完整的火灾调查文件应包含调查任务、火灾现场记录、证据移交或储存记录（如有）、实验室分析期间生成的所有数据的副本、现场绘制的原始现场图、数字图像，以及最终报告、信函报告或文件备忘录的副本。

4.2 认识需求

在讨论如何进行火灾调查之前，我们首先需要了解为什么要进行火灾调查。这是科学方法的第一步，在NFPA 921中被描述为“认识需求”。要求调查的实体需要什么？大多数火灾调查人员的主要任务是确定火灾是从哪里开始的，以及是如何开始的；然而，原因这个词往往有许多更深层次的含义，这取决于语境。除了起火的原因，人们可能还想了解火灾致人死亡的原因。一个人可能对起火原因有一个非常简单的判断，例如明显的烹饪用火引起的火灾，但接下来的问题变成了受害者未能逃脱的原因是什么？受害者是否丧失了行为能力？这栋楼有什么问题吗？出口被堵住了吗？烟雾报警器是否正常工作？如果不正常，为什么？火势蔓延得过快了吗？如果是，为什么？火灾调查人员同时需要确定火灾蔓延的原因。这可能与首先被点燃的物品性质、内部装饰、建筑通风系统的性能有关，或是由于消防系统发生故障，例如水喷淋喷头、排气阀或自动门关闭，或是人为阻挡了通往楼梯口的门所致。

在许多火灾中，因为有目击者，所以引起火灾的原因（将可燃物和火源结合在一起的情况）是众所周知的。例如，作者调查了许多发生在餐馆的火灾，这些案例中的厨师表示是深油炸锅过热引起的建筑物着火，对现场的检查也能很好地证实这一点。但人们会想知道是什么导致了深油炸锅的故障，深油炸锅的设计或制造是否存在缺陷，或者恒温器或安全装置是否损坏。然而，即使在知道起火原因之后，人们仍会想了解是什么原因导致灭火系统未能灭火。

即使不提起刑事诉讼，把燃料和火源放在一起并造成损失的人（极有可能是其租户）可能要对建筑物的所有者负民事责任。如果餐馆老板未维护灭火系统，则可能要对隔壁的住户负民事责任。所有各方都可以有自己的火灾调查员，他们将被要求共同努力，以使正义之轮向前推进。[1]

对公权部门而言，首要目标通常是确定火灾是事故还是放火所致。有时，这也是由保险公司派出的首批调查人员的任务，但通常情况下，保险公司寻找的是可能对火灾负有责任的人，而不是指定的被保险人。

4.3 零假设：意外原因

火灾调查员能带到现场最重要的工具是开放的思维。尽管火灾很常见[2]，但调查起来却非常困难，多年来曝光的大量不正确的放火裁定就是明证。如第3章所述，鉴于火灾部位和原因认定的不确定性，有必要制定一些最低限度的规定，以防止出现严重错误。防止误判为放火的一种方法是先假定火灾是意外的，直到有证据证明并非如此。在18个州[3]，法律规定除非另有证据，否则所有火灾都被推定为意外或天意。但是NFPA 921建议火灾调查人员在不假设火灾性质的前提下开始调查[1]。

在理想状况下，从没有任何假设开始调查可能是可以接受的，但是火灾调查的记录并不能证明这样的立场是正确的。有太多的意外火灾被错误地认定为放火。在作者看来，在火灾调查中，以非意外原因为前提进行火灾调查，既是科学错误，也是伦理错误。它违背了许多州的法律精神，违反了潜在嫌疑人无罪推定的原则。在许多情况下，如果火灾是放火引起的，那么只有一个合乎逻辑的嫌疑人。如果由于调查人员没有保持开放的思维或未能以意外原因推定作为出发点，而将火灾错误地判定为人为的，那么不知情的幸存者将被剥夺其无罪推定的权利。即使被诬告的公民后来被证明无罪，他或她也会受到严重的精神创伤，个人和其家庭将在经济上遭受损失。通常应以意外原因推定作为出发点进行火灾调查，再通过火灾本身寻找将其定性为放火的证据。根据NFPA 921，意外火灾是指已证实的原因不涉及人为故意点燃、将火蔓延到某个区域或在不应发生火灾的情况下发生的火灾[2]。在处理火场之前，可以认为存在确切的火源与确切的可燃物，起火顺序也无异议。除非调查人员发现有人为参与的证据，否则这些数据和证据都支持对起火原因进行初步分类为意外的假设。

假设检验这一概念是界定经典科学的关键。简单来说，就是科学家提出一个假设，进行实验或观察检验该假设，并得到该假设可能被证实或被推翻的结果[3]。假设是在有限证据的基础上做出的假设或提出的解释，作为进一步调查的起点[4]。一个有效的假设可能被证据推翻。在火灾调查中假设意外原因，这仅仅意味着提出和检验的第一个假设应该是“这场火灾是一场意外事故”，这种假设被称为零假设。在被证实之前，它一直是正确的，并且与任何假设一样，研究者应尽力证明这一点。

如果调查员勤勉尽责，这种做法不会使有罪方逃脱侦查，而且几乎能确保无辜公民不会被诬告放火或谋杀。使用这种方法进行的火灾分类更可靠。

应该以无罪推定来开展火灾调查，也就是说，现场不应该被视为犯罪现场。只要火灾存在被认定为人为的可能性，就应该采取现场保护措施以及制定保护任何刑事起诉完整性和强制性的程序。

火灾调查员现场进入权的主要法律依据是最高法院在密歇根州两起案件（“Michigan v. Tyler案”和“Michigan v. Clifford案”）中对《第四修正案》的解释[5,6]。在“Michigan v. Tyler案”中，法院裁定，即使在建筑物烧毁后，也存在“对隐私的保护”。因此，除非有“紧急情况”，否则需要搜查令。这意味着，消防人员有权采取强行、未经通知、未经同意、未经授权的方式灭火，确保火不会再燃，并确定起火原因。然而，一旦他们离开大楼，《第四修正案》就生效了。在“Michigan v. Clifford案”中，法院认为，即使是在“行政”搜查的情况下，即最初出于其他目的而不是在刑事调查中收集证据的目的进行搜查，也仍然需要搜查令。然而，大多数搜查是在紧急情况下或在业主同意的情况下进行的。一旦紧急情况不复存在，如果业主不允许进入，申请获得搜查令就比后来解释为什么没有使用搜查令容易得多。法律已经明确规定了火灾调查员的进入权。Mann（1984年）详细分析了搜查令在火灾调查[7]中的作用。在民事调查中，如果投保人拒绝调查人员进入和进行调查，就有可能使保险合同无效，但调查人员仍然需要获得进入许可，如果未经许可进入，就有可能被指控非法侵入。

《第四修正案》规定：

公民的人身、住宅、文件和财产拥有不受无理搜查和扣押的权利，不得侵犯。除依照合理根据，以宣誓或誓词保证，并具体说明搜查地点和扣押的人或物，否则不得发出搜查和扣押状。

4.4 负面事实法

与零假设不同，一些调查人员一开始就假定火灾是人为引起。这些调查人员否认他们进行了这样的假设，但他们使用的负面事实法表明，他们确实在每个火灾现场进行了这样的假设。“负面事实”是“负面犯罪事实”——没有犯罪事实的简称。这些火灾调查人员认为，他们能意识到并发现所有可能的意外火源，并且能找到支持此类火灾原因的证据。因此，在没有发现意外原因证据的情况下，即使完全没有证据支持人为放火，也可以得出结论：“已排除所有意外原因，火灾是人为故意造成。”

此类结论成立的情况极少。例如，卧室壁橱内发生小火灾，壁橱内无灯、电线或其他电热源装置，即使未发现火柴或打火机等火源，也可以推定火源为明火。在2011年版本之前，NFPA 921允许在“完全确定起火区域，检查并有效排除起火点所有其他潜在热源”的情况下可进行此类推定[8]，但“完全确定”这一词并未准确定义[4]。由于这种模糊性表述，调查人员为了在没有找到火源的情况下做出合理推断，可能会错误使用该词。这段话的目的是在没有火源的情况下做出合理的推断，而不是仅仅因为找不到意外起火的证据而将火灾认定为有人为的因素[5]。火灾调查技术委员会对此问题的讨论始于20世纪90年代中期，在1998年版本中首次对“排除法”一词的正确使用进行了描述，并在随后的三个版本中加强了语言使用的准确性，到2011年，为了避免此方法滥用，直接删除了负面事实的概念。

在调查人员看来，“完全确定”，即使是完全没有接受过火场调查培训的人，都可以看得到烧损痕迹，并毫不犹豫地指出烧损位置和状态。“那是火最先开始着的地方”。图4.1显示了作者不再使用“完全确定”表述时的想法[6]。

图4.1 “完全确定”的起火点。角落壁橱里起火。壁橱中无灯或其他潜在的火源，因此可以确定火源为明火。这张照片还显示了热烟气的发展蔓延情况，以及由火羽作用于衣柜门而形成的良好的V形图案。[由英国剑桥加德纳培训与研究协会（GATR）的Mick Gardiner提供]

因此，NFPA 921的“原因”章节不再包含关于“完全确定”起源的表述。取而代之的是，技术委员会插入了关于不当使用排除过程的语言，指出负面事实法的不合理性。以下是2011年版的表述：

18.6.5不当使用排除过程 通过排除在起火点发现、已知或认为存在的所有火源来确定火源，并指出该方法能证明无证据表明的火源存在的过程。一些调查人员将没有证据表明存在的火源称为“负面事实”。这一过程与科学方法不一致，是不恰当、不应使用的，因为它提出无法检验的假设，且可能火源和起火物推断错误。针对因果因素（如起火物、火源和起火顺序）提出的任何假设都必须基于事实。这些事实来源于证据、观察、计算、实验和科学定律。分析中不能包含推测性的信息。

18.6.5.1原因不明 在所有假设的火灾原因都已排除，调查人员又无法从调查事实中得到证据的情况下，唯一的结论是火灾原因或具体的因果因素仍不确定。把假设建立在没有任何支持性证据的基础上是不恰当的。也就是说，即使排除了所有其他假设的火源，分析没有证据支持的特定火源也是不合理的[9]。

在发布2011年版NFPA 921之后，负面事实法受到极大的关注，并且有一些提案可以追溯到2008年。2014年版NFPA 921在表述方面进行了稍许修改，2017年版再次进行了修改。2017年版NFPA 921中写道:

19.6.5*合理使用 排除过程是科学方法的组成部分。应查明存在或认为存在于起火点的所有潜在火源，并应考虑替代假设，对事实提出质疑。通过可靠的证据推翻假设，从而排除可检验的假设，是科学方法的一个基本组成。然而，排除的过程可能会出现使用不当的情况。一些调查人员称通过已经排除了在起火点发现、已知或怀疑存在的所有火源，确定没有任何证据证明的火源是负面事实。火源的确定必须基于数据或从中提取的逻辑推论。负面事实通常用于将火灾归类为放火火灾，有时也被用于将火灾归类为意外火灾。使用这种方法的过程与科学方法不一致，是不恰当、不应使用的，因为它会产生无法检验的假设，并可能导致火源和起火物推断错误。关于因果因素（例如起火物、火源和起火顺序）的任何假设都必须基于事实分析和从这些事实中得出的逻辑推论。这些事实和逻辑推论来自证据、观察、计算、实验和科学定律。分析中不能包含推测性信息[10]。

对负面事实法的使用规定从2011年版到2017年版没有变化。现在普遍认为负面事实法不能作为判断火灾是否人为造成的基础。根据NFPA 921中关于负面事实[11]的表述变化，至少有一例放火定罪被推翻。本案例详见第9章。

> NFPA 921-17 AT 19.6.5
>
> 负面事实法与科学方法不一致，是不恰当、不宜使用的，因为它会提出无法检验的假设，并可能导致火源和起火物推断错误。

若不能推翻零假设，可以表述为:“未发现任何故意放火的证据，因此，该事故为意外火灾。”如果没有证据证明有人为参与，此说法具有一定科学性。

4.5 规划调查

调查之前，调查人员可以通过相关信息制定合理的计划。调查人员应了解火灾发生时间，消防部门的反应，建筑物的拥有人和租赁人，建筑物的占用或使用情况以及其他可能受到火灾影响的各个部门，了解灭火和破拆对现场的改变情况。私营部门调查人员可能需要与公共部门调查人员和为其他当事方工作的私营火灾调查人员配合工作。在此阶段，调查人员可以决定是否有必要聘请专业技术人员或获取重型设备来协助调查。例如有确信的电气故障证据，可以请法庭电气工程师到现场，如果约50000平方英尺面积的零售店钢桁架屋顶倒塌，可能需要租用起重机并雇佣切割和焊接承包商。

尽早寻找火灾目击者[7]可以省去大量的工作。目击者可能拍下或录下了火灾的过程。如果建筑物有安全系统，可能会有警报启动记录，也可能有监控摄像头数据，尽管摄像头可能并不对准起火部位。一般来说，报警监控公司只对来自其直接客户的询问做出反应，即使如此，许多公司还是感到紧张，因为他们知道如果自己的系统未能对火灾做出反应，他们可能会被追究责任。

大多数居住者对建筑的使用情况较为熟悉，居住者的活动或现场存在的燃料种类对火灾蔓延的影响很容易确定。对于工业用途的厂房，通常需要调查员通过咨询工厂经理或熟悉系统设备的人员来了解所发生过程的特殊性，同时还应确定设施以前曾经起火的情况。

在调查现场之前，必须确保调查者具有进入现场调查的权利。对于公权部门的调查人员来说，通常是在紧急情况下或在业主许可的情况下具备进入和调查的权力，但也可以采取使用搜查令或法院命令的形式。私营部门的调查人员通常需要业主的许可。在完成准备工作后，下一步就是实地考察。

4.6 初步调查：安全第一

若有其他人员在场，调查人员应在进行调查之前告知其身份。到达现场后，调查人员应充分考虑现场情况再进行调查。首先，火灾现场是危险场所，一般至少两名调查人员参与调查，防止调查人员受伤或被困。如果需要调查人员单独进入现场，需配备通信设备，其他人员应了解其所处位置以及走出现场的时间。其次，在进入现场前，应检查现场的外部是否存在安全隐患。包括明显的隐患，如缺乏能见度、结构不稳定、存在通电电路和泄漏的燃料气体，除此之外，调查人员还应考虑潜在的危险，如有毒气体（CO和HCN）、石棉和危险生物等。为更好了解火灾现场安全问题，调查人员可登录CFIT rainer. net，完成“火灾现场安全”模块[12]。任何进入火场的人都必须阅读NFPA 921中的安全性章节（2017年版的第13章）。

如果存在安全隐患，则须采取措施减少隐患，然后才能进行调查。夜间的火灾最好等到白天进行调查，不仅更能保障调查人员的安全，而且调查员在自然光条件下比在人工光源下看到的更多。灭火及救援行动结束后，即使确保安全的条件下火灾调查人员也可能会受伤，火灾调查人员无理由承担危及自己或同事安全的风险。与其他危险的活动一样，在调查过程中火灾现场情况可能会发生变化，因此调查人员应该不断地重新进行安全评估。例如，将残骸从一个地方移动到另一个地方会影响建筑结构的荷载，不断变化的天气条件也会导致先前稳定的建筑构件倒塌。

调查人员的身体情况也可能会发生变化，他们可能会出现过热、疲劳或脱水的情况，从而无法完成清理残骸和现场重建的艰巨工作。这些情况与建筑物相关的物理危害一样危险。调查人员应有计划地休息并保持补充水分。

应严格执行安全保障措施。不使用个人防护设备（PPE）可能不会立即造成严重后果，因此一些调查人员往往忽略个人防护。长此以往，可能导致由于长期接触有害物质所致的严重人身伤害或疾病。

一些调查人员认为“简要巡视”在某些现场调查中必不可少。对于单一住所，最好的方法是从外向内，从烧损最小的区域向烧损最大的区域进行勘验，但任何能对所有房间进行全面检查的方法都可以使用。除最明显的情况外，最好不要使用“简要巡视”的方法来提出假设，因为损坏最大的区域不一定为起火部位。调查人员应保持开放性思维，循序渐进。尽管调查人员需要在此时进行观察，但应避免从这些观察中得出推论。然而，在“简要巡视”的过程中应推断出是否所有空间都已过火。如果这些空间的火灾成为了通风控制型，那么解释这些空间火灾破坏的原理就发生了变化。

理想情况下，“简要巡视”只能帮助调查人员制定现场勘验的总体计划。在调查过程中，应遵循的规则是：睁开眼，闭上嘴，收起手。

4.7 记录

无论何时到达现场，都应在调查人员进行任何现场变动或进一步变动之前进行现场记录。记录可以采用多种形式，最好的形式是现场照相。如果有所发现，则应记录在案。随着数码摄影的发展，每件相关的物证都需要拍照留档[8]。在调查后两年，重要的照片将不再是已拍摄的，而是未拍摄的。

无论是RAW还是FINE JPG格式，应以相机上可用的最高分辨率拍摄图像。RAW文件更通用，但比较大，不利于存储。在大多数情况下，JPEG文件能够满足分辨率要求。现在大多数摄影模式都可以记录拍摄照片的顺序，如果相机的时钟设置正确，则能记录图像采集的时间（相机的日期和时间应该每天进行确认）。

图像的顺序能够反映出调查的逻辑。数码相机还可以记录在一个场景中花费的时间，或者至少是第一张和最后一张照片之间的时间。这些信息可以用来评估火灾调查人员对现场的处理方法。同样也可用来反驳关于调查匆忙或不系统地进行调查的说法。

其他形式的记录也是必不可少的。书面记录用于记录不太适合摄影的勘验结果，而视频记录则经常用于确定照片拍摄的方向。

除了勘验记录之外，另一个重要记录是现场图。对于大多数建筑，最基本的现场图是平面图。有时，特别是商业或工业建筑火灾，可以从建筑物所有者或者经营者那里获得建筑物的“建筑”图纸。另外，许多商业用房的墙上都有消防逃生平面图，可以作为制作现场图的参考。现场平面图的必要性表现在：①阅读调查报告或听取报告的人往往不熟悉现场；②平面图可以使其他人了解现场照片所显示的内容和可能的含义；③楼层平面图对于记录建筑通风口是必不可少的，对于已充分参与燃烧的每一个房间，平面图中应标明进气口或排气口。进气口很可能产生由通风控制燃烧产生的痕迹，这些痕迹对起火原因的判断作用不大，因为这种痕迹是在整个房间都参与燃烧之后产生的，除非起火点位于通风口附近。

现场变动前的记录需要时间，在此期间，调查人员可以进行必要的勘验以决定如何重建火灾现场，同时熟悉建筑物，记录公共设施用品，例如电和煤气的通断状态，是在火灾之前还是火灾期间被切断的，室内外装饰是什么。记录这些细节有时是非常重要的，特别是在调查人员任务繁重时，例如在处理了另外50个火灾现场后，调查人员不太可能记得最开始调查的现场中炉子是用煤气还是用电，除非在初步调查期间有记录。火灾现场数据复杂，很难记住所有需要记录的东西，可预先准备好用于记录常见建筑特性的表格（如图4.2所示），帮助调查员避免遗漏重要细节。

火灾现场记录

编号#______保险或索赔#______________________

受损日期______________时间________

调查受理__________________________

受保人：__________________________

调查日期__________________________

地址：____________________________

建筑最后居住人____________________

____

建筑数据参考值 尺寸规格______________平方英尺__________#楼层_____#卧室_____#浴室_____

方位 前门朝向 []北 []东 []南 []西

外部装修	内部装修 地板	底层地板	天花板	墙体
[ ]框架				
[ ]金属/塑料壁板	[ ]地毯	[ ]胶合板	[ ]石膏夹芯板	[ ]石膏夹芯板
[ ]砖砌镶面层条	[ ]瓷砖/油毯	[ ]厚木板	[ ]石膏/灰板条	[ ]石膏/灰板
[ ]石层板	[ ]硬木	[ ]碎料板	[ ]建筑板材	[ ]建筑板材
[ ]砖	[ ]胶合板	[ ]地砖	[ ]瓦片	[ ]镶板胶合板
[ ]活动房屋	[ ]刨花板	[ ]石板	[ ]________	[ ]________
[ ]其他________	[ ]________	[ ]________		

其他结构参数____

供热通风空气调节系统： 加热器制造商：______________________

[ ]中央控制器	[ ]天然气	[ ]液化石油气	[ ]其他
[ ]电路	[ ]加压气流	[ ]加压气流	#部件
[ ]加压气流	[ ]地板炉	[ ]地板炉	[ ]燃木炉
[ ]基线版	[ ]局部供热装置	[ ]局部供热装置	[ ]壁炉
[ ]顶棚	[ ]通风孔	[ ]地上储罐	[ ]煤炭
[ ]壁装式	[ ]无排气管	[ ]地下储罐	[ ]煤油
[ ]局部供热装置	[ ]敞喷管线_____	%总量____磅/平方英寸	[ ]________
[ ]热泵		[ ]敞喷管线____	

其它供热系统数据：____

空调： [ ]中央式 [ ]房屋分布式 制造商：______________________

探测/扑灭装置 烟雾探测器：____________ 灭火器：______________ 洒水器：______________

安全	**家用电器(类型、牌子)**	**家具数**
过火天数__________	冰箱__________	_____床
#门开启数__________	炉灶__________	_____梳妆台
#窗开启数__________	烤炉__________	_____长沙发
投保家庭__________	洗碗机__________	_____椅子
#居住人数__________	微波炉__________	_____餐桌
是否有吸烟者________	冷冻箱__________	______________
熔融金属 [ ]铁 [ ]铜 [ ]铝	洗衣机__________	______________
______________	烘干机__________	服装：
______________	热水器__________	[ ]衣架
______________	垃圾捣碎机________	[ ]织物

库存清单

[ ]盆和锅	[ ]食物	[ ]电视机__________	其他电子设备______________
[ ]盘子	[ ]枪支	[ ]计算机	______________
[ ]银质餐具	[ ]照片	[ ]宠物	______________

爆炸： [ ]无证据
[ ]火灾前
[ ]火灾中
[ ]上报 [ ]之前 [ ]持续中

天气状况：______________________
光线______________________
风向______________________

灭火情况： [ ]有效 [ ]无效 [ ]未尝试 反应时间______________控制时间______________

部门______________________ 联系部门：______________________

图 4.2

编号 # ____________

调查员 ____________

日期 ____________

专家组鉴定

布线材料：

[ ]铜

[ ]铝

主断流器位置和额定电流

[ ]断路器或[ ]保险丝

支路断路器状态和额定电流

电路位置(如果已知)					电路位置(如果已知)
	1			2	
	3			4	
	5			6	
	7			8	
	9			10	
	11			12	
	13			14	
	15			16	
	17			18	
	19			20	
	21			22	
	13			24	
	25			26	
	27			28	
	29			30	
	31			32	
	33			34	
	35			36	
	37			38	
	39			40	
	41			42	

图 4.2　记录建筑物情况的表

可以使用10in×10in、8½in×11in纸，以1in正方形的粗线和1/10in正方形的细线标出的方格纸绘制现场平面图，此种图纸易于减小绘制过程中的误差。对于大多数中产阶级住宅平面图，可粗略采用1in：10ft的比例进行绘制，使建筑放在一张纸上，同时记录足够的细节。如果需要更高的精度，可采用1in：5ft的比例，使大多数房间放在一张纸上。如果使用得当，可直接在方格纸上绘制平面图，而不必实际记录每个测量值（因为这些线是按比例绘制的）。

草图的详细程度由调查人员和调查的需要决定。通常情况下，显示房间和门口的简单平面图就足够了，因为通风对火灾发展影响较大，所以平面图中还应该包括窗户的位置。如果考虑火灾建模，那么不仅需要绘制门窗，还需要绘制每个开口的高度、天花板高度、每个起火物的位置以及所有内部饰面的组成和厚度，一般在绘制建筑草图时收集这些信息，在这之后可能无法获取此信息。

现场平面图是标注和记录建筑方位的最好形式。指南针价格低廉，每个调查人员的相机包中都应配备一个，也可采用手机小程序定位。当调查报告中出现建筑物的左侧或右侧的表述时，表明调查人员很可能忘记了确定方位。左侧和右侧的描述方法可能非常混乱，因为必须说出一个人站立的位置以及一个人面对的方向。而指南针方向一致，且更容易理解，另外北方和南方对于外行人来说也比“A面”或“C面”的表述更容易理解。

无论调查人员是否进行了准确测量，在许多现场平面图上还是常常会出现“不按比例绘制”的字样。平面图上的近似比例（如“| ～ 10ft|”）使读者能够理解这不是一个比例图，调查人员的目的不是表现墙壁是14英尺还是14英尺3英寸长，而是让读者知道这看起来像是什么样的建筑物。仅当平面图未放大或缩小时，“1英寸：10英尺”的比例才有用。

4.8 重建

火灾现场重建的目的是在尽可能贴近实际的前提下确定火灾前现场内容物和结构部件的位置[13]。在绘图、记录和熟悉火灾现场的过程中，调查人员可以对现场进行观察并制定重建计划。重建工作首先需要清除燃烧残留物，可能需要几小时或几天的艰苦体力劳动才能完成清除工作，进而确定起火部位和起火原因。虽然清除工作可借助重型设备完成，但一开始就使用重型设备可能会破坏更多的证据。很多现场都会被动物或调查人员用来寻找“倾倒”痕迹或剥落痕迹的反向铲所破坏。重型设备虽然效率很高，但其主要功能是拆除而不是清理。经过重型设备清除后的引火源经常埋在停车场的一堆残骸中，无法再确定其原来位置。

寻找起火原因的最好工具通常是平头铲，清除工作枯燥而耗时，可能需要10把这样的铲子、几辆手推车和10名歇班的消防员来操作，但这是找到火灾原因的有效方法。将被烧毁的屋顶残骸运到外面之后，有价值的物品才开始出现。清理工作需定期停止并记录发现的潜在证据。通常是将物体移到一边，以便继续清理残骸，然后将这些物体再移回原来的位置，以了解它们在火灾过程中的作用。

应尽量提前确定残骸清除计划。尽可能避免刚刚从走廊移到卧室的残骸需要再次搬走这样的事情发生。良好的残骸清除操作中，残骸一般只移动一次。

清除杂物后，应尽可能将物品放回原来的位置。桌子和椅子经常会在地板上留下“印记”，可以按照“印记”位置精确地重新放置家具。但是，对于独立的物品（例如桌子）要格外小心，避免放反。

一旦重建工作完成，现场所有部分都应重新拍摄记录，特别注意标明火势发展蔓延或强度的变化、起火物和火源的位置。

现场记录中的一个常见错误是未能对要拍摄特写镜头的区域进行整体拍摄。如果没有特写镜头的背景照片，那么火灾痕迹或可能是火源的小物体照片，意义就不大了。关于火灾现场记录，甚至整个调查过程，应从一般到具体，并突出相关证据和起火原因。有了合适的设备，照片可以用相机的电子设备放大。图4.3（a）为秘密制冰毒实验室中位于一锅发热溶剂上方的厨房排风扇电源线。数码相机可以作为现场放大镜，如图4.3（b）所示，在小于25倍放大倍率时，取景器上的图像分辨率不会降低。采用蓝色的布作背景可减少眩光，并可对比分析细节尺寸大小，若无蓝色布料，可以使用浅蓝色或灰色文件夹代替。

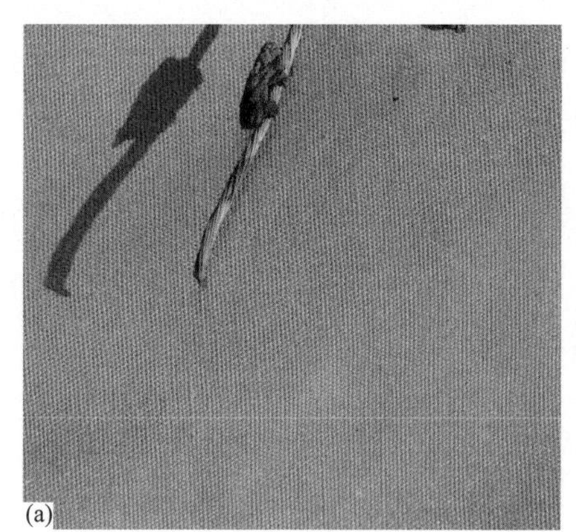

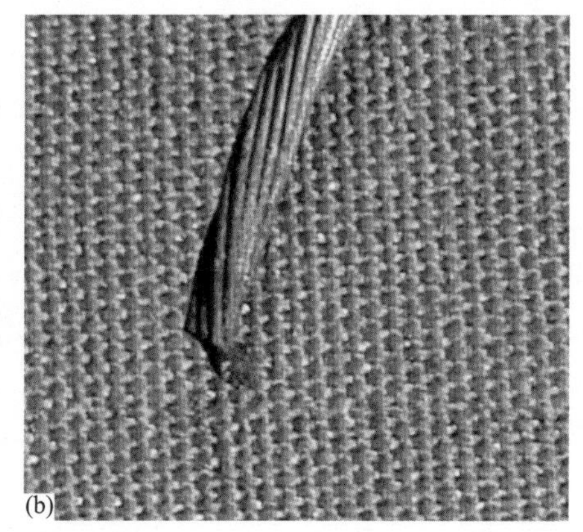

图4.3 使用相机电子设备放大的现场数码照片[（a）和（b）]

一些痕迹[9]物证可以记录重要的“顺序数据”。火灾现场“记录”了火势从一个地方蔓延到另一个地方的每一次变化，但是这些痕迹常常无法帮助我们了解特定事件的发生时间，或者多个事件的发生顺序。提供顺序数据的痕迹是最有指导意义的。有时，一个物体上的燃烧痕迹表明的蔓延方向可以使调查人员推断物体的位置。坠落的物体，如天花板，可能会在其顶部或底部表面表现出烟尘沉积或热损坏。移除这些“残骸”时，应对其进行检查。一些物体表面会出现灭火水或冷凝水向下流动造成的条纹状痕迹，这样的痕迹可以用来定位原来表面垂直的物体。清除过程中常常忽略这些细节。

清除工作完成后，火灾调查人员对所有物证信息进行收集和记录，并根据相关数据信息进行分析，对起火点和起火原因提出可信的假设。

4.9 财产清单

财产清单作为实物证据应进行记录。调查人员至少应确定财产清单与所报告的实际情况相符。例如床、床单、盥洗用品和食物的数量是否满足居住在该建筑中人员的需求[10]。私人火灾调查人员的报告中常常包含一份财产清单，用以核实保险索赔的准确性。如果一些物品不太可能在火灾中被损毁，那么现场缺失可能涉嫌欺诈性索赔。这表明房主可能知道即将发生的火灾，在大火发生前将物品进行了转移。事先转移或替换内容物可以用作其事先知晓的证据，并且可以反驳火灾是意外的假设。根据定义，事故即意料之外的事。

作者调查过许多起火灾，这些案例中房主作为放火者因舍不得其心爱的枪或电视，所以在放火之前把这些物品移走了。然后，为了进一步佐证自己的受损情况（又称二次探底），房主在索赔清单中罗列了丢失的物品，甚至记录了火灾前被移除物品的购买情况。具有精神寄托的或不可替代的物品，如家庭《圣经》[11]，是另一类在故意放火之前经常被转移的物品。因为这些物品几乎没有经济价值，一些窃贼偷了这些物品，然后放火烧了房子的说法并不完全可信。

替代财产清单可以更好地表明发生了什么以及由谁负责。在作者调查过的一场大火中，房主首先将他的贵重物品转移保存，然后从城镇垃圾场找来他认为的足够的破旧家具和电器来确保他能通过放火达到索偿目的。然而，房主使用汽油量过多，大火因空气不足而熄灭。破碎的显像管玻璃散落在从车道到客厅的路上，客厅有一台装有破碎显像管的电视机，上面并无烧焦的痕迹。

另一火灾案例中，房主成功将其房屋烧毁，可疑的是现场发现了六台电视机残骸。仔细检查后发现，电视机均使用了真空管电子设备，但房主可以提供其购买六台新电视的收据，并希望保险公司更换。从这一证据中得出唯一合乎逻辑的推论是，火灾发生前，新电视机已被旧电视机所取代。虽然没有足够的证据来确定火灾是如何发生的，但可以确定，有人知道火灾将要发生，并制定了放火计划。

在作者的第一次欺诈性索赔案件调查中，房子烧毁前房主将其硬币转移藏在汽车后备箱中，后来被一名警觉的保险精算师发现了。有价值的财产有时存储在分离的建筑结构中，如果房屋有附属建筑，则调查人员应记录其内容物，以确保房主索偿未受损的财产。

仅找到显然不属于财产清单的物品不足以证明户主事先知晓。例如，有时可以合理解释在鸡舍中发现的照片和其他纪念品。在这种情况下，房主肯定会否认曾在大火之前移除过东西。

在确定财产清单上物品曾被转移或甚至不存在时需谨慎处理。一家保险公司曾被认为是在恶意交易，据其调查员报告，烧毁的房子里未发现衣服和其他易燃物品。法院指出，“接受……未能找回和识别住所内的每件物品就意味着一切的立场……令本法院感到震惊。这种立场将使阿拉巴马州的每个房主都拒绝购买保险[14]。”

4.10 避免证据损毁

本小结讨论经常中断火灾调查流程的一些问题。证据损毁（spoliation[12]）的定义是“法定程序中有责任进行保存的证据或潜在证据对象或记录发生丢失、破坏或重大更改”。通常，调查人员经过调查发现火灾由某个特定设备故障引起，该设备可能是电灯开关或吊扇、烹饪或取暖设备、计算机等等，例如，故障可能是由于火灾发生前不久承包商装修地板或翻新商业建筑物过程中工人粗心大意而造成。发生这种情况时，火灾调查员应立即停止工作，因为继续进行的调查工作可能损害即将成为诉讼当事人的实体权利，调查可以稍后恢复进行。如果财产有保险的话，保险公司将会寻找火灾事故责任人进行赔偿。反过来，当事人可能会坚持要求查看现有证据。如果未能为潜在的被告提供便利，可能会导致对原告的制裁和赔偿，甚至包括驳回诉讼。在刑事案件中，公权部门的调查人员不应忽视证据损毁的问题，证据损毁不常出现，但也无法避免。在明尼苏达州的“托勒夫森（Tollefson）案”中，法院驳回了放火指控，因为在被告被起诉前不久，火场被拆除。明尼苏达州最高法院在未公开的意见书中裁定：“在被告被起诉之前，房屋已经被损坏，被告无法聘请专业调查员来协助其辩护。将对被告的指控推迟到房屋被毁之后是不合理的，这与基本公平的概念背道而驰[15]。”在宾夕法尼亚州的一个案例中，由于没有留存位于起火点的电源插座，初审法官明确告诉陪审员，“如果您选择这样做，这将是不利于联邦政府的证据[16]。”据作者所知，对公权部门的政治制裁仅限于司法补救措施，而非金钱制裁。为避免遭到诽谤，必须“通知”潜在的被告，告知其进行调查的时间，并允许其派遣代表参加调查。调查人员应就初步裁定结果与客户进行沟通，然后客户（通常是保险公司或代表保险公司的律师）或调查人员联系制造商、承包商或其他潜在的被告，告诉他们裁定结果。典型的通知信如图4.4所示。

<数据>

<　　　　　>公司
法律部门
街道地址
城市，州　00000
传真　555-555-55555

尊敬的<________>公司：

<______________> 被保留用于调查可能由 <________> 公司制造的 <型号><设备类型>引起的火灾，该部件小于<年龄>的使用年限。

火灾在<受损日期>发生于<地点>。<_______>消防部门扑灭了大火并进行了调查。

结构损坏估价为$< ________>。我们的委托机构< ________>保险公司承担了保险。

设备仍然在合适的位置。我们很快就会调查火灾现场并收集证据。

请让您的法律部门在< ________>联系我，以便于安排一个相互方便的时间来使您指定的代理在任何破坏性检测前查看证据。

真诚的
　代理人：
　调查员：

图4.4　一封典型的通知信，信件内容应包含足够可以使收件人决定如何进行调查的信息。通知信应该对事件进行详细描述，以便可以获取现有的公共记录。信中的标价可帮助读者决定聘请一名独立调查员还是一名律师。

潜在责任方聘请并安排自己的调查员到现场需要时间，因此有时需要暂停调查，改天再继续进行。由于引入第三方可能会给这些主体带来一笔不小的费用支出，因此一旦调查人员确定需要对现场进行联合调查，就应仔细考虑寻找所有可能负责的责任方。如果调查后一方能够证明，例如，不是由他们的咖啡机而是由于旁边的微波炉起火，则有必要通知微波炉的厂商，若有必要需再次进行联合调查，这种复杂情况可能导致火灾现场调查时间延长。有时，通知可能有责任的任何一方并让他们决定是否参与调查是很有意义的。一些制造商有价格标准，如果低于其标准，他们将不会派遣调查员。另一些制造商回应通知的方式可能是要求将所有内容记录在案，并保存其产品证据用以实验室鉴定。如果通知了可能负责的当事方，但其选择不参加调查，则该当事方以后将无法再提出任何控告请求。

对于许多调查人员来说，证据损毁是一个相对较新的概念。以前调查人员会去现场调查起火原因，如果起火原因是设备故障，则会将证据收集起来交给电气工程师做下一步评估。如果电气工程师找到证据表明该设备是因故障而起火，保险公司将向其制造商提出索赔，案件处理流程将继续进行。但是，在21世纪，火灾调查员造成证据损毁的行为妨碍了调查员的客户从有产品缺陷的制造商处获得赔偿，而且即便调查人员已经正确认定起火原因且设备确实存在故障，也有可能被起诉。

证据损毁已成为产品责任诉讼的第二道防线[13]。这可能是由于法律界意识到起火部位和起火原因认定的错误率较高（请参阅第9章），被告不再简单地接受初裁也受到法院支持。不仅有必要让制造商看到其产品有缺陷，而且通常有必要让他们了解火灾事实：让他们的调查员确认该产品确实位于起火点处，并允许调查人员自主排除其他潜在的火源。例如烘干机没有保存起来供制造商选择的调查人员调查，那么制造商为自己产品的辩护很可能取得成功。又如，在物证产品送到垃圾场之前，调查人员未被允许对其进行检测，即使有明显的证据表明产品出现过元件过热的情况，制造商也可以申请证据损毁。

证据损毁的主张存在不符合事实的情况，因此NFPA火灾调查技术委员会承诺不仅就构成证据损毁的情形提供指导，而且还就不应被视为证据损毁的情形提供指导。通常，有必要在发现起火原因之前进行大量的杂物清除工作，而清除起火点的杂物不应被认为是损毁[14]。如果出于保护设备或识别其制造商的需要而将其从现场移走，则不应认为是证据损毁行为。此外，可以通过简单的非破坏性现场检查避免损毁。需要注意的是任何曾经被怀疑但后来被排除的物品都必须保存起来，以便其他可能负有责任的当事方进行检查。例如，销毁或未保存好与起火原因无关的咖啡机会导致对在灶台上留了一锅食物的租户的索赔失败。

诸如此类的情况也会影响刑事案件。公权部门调查人员不允许“排除”潜在火源后将其销毁，否则被告可能因此声称自己已经因可能证明无罪的证据被销毁而受到了不公对待。如果火灾被判定为放火的唯一“证据”是调查人员无法在确定的起火点处找到引火源，那么这种主张将非常有效。

要求私营部门调查人员因失去证据而赔偿财产损失的索赔很常见，而要求公共机构赔偿因证据损毁造成损失的案件并不常见，但是公权部门的调查人员在调查过程中应时刻有保存证据的意识，如果在火灾现场肆意使用挖掘机之类的工具，特别是清除工作之后并没有发现证据，那么之后几乎不可能再找到真正的起火原因。

4.11 起火点的确定

“提出关于起火点的假设”说起来容易，实际上做起来很难。确定起火点对于消防员来说是最重要、最困难的任务。如果找不到正确的起火点，那么找到正确的起火原因更加不可能[15]；相反，如果能够正确地确定起火点，则通常不难找到起火原因。在寻找起火点时，可根据NFPA 921中提供的各种影响因素进行分析。但已有指导并不完整，例如在加入通风的影响因素后该如何分析。其他文献提供了有关火灾痕迹解释的建议，例如，可以通过检查烧孔烧洞的倾斜边缘确定火焰是如何通过墙壁或地板的。这些草图显示的是大火最后一次穿透地板或墙壁时的蔓延方向，这有时是判定起火点的关键。

调查人员需要特别注意充分参与燃烧的房间。这些房间的火灾痕迹更可能是由于通风造成的，而不是燃料和火羽流边界的相互作用引起的。起火点可能位于第一个轰燃的房间，因此，见证火灾发展过程的证人陈述非常重要。确定房间发生过轰燃（或完全发生燃烧）后，调查员需要确定由于通风造成的火灾痕迹。只有那些不是由通风造成的火灾痕迹才可能对起火点认定有帮助（图4.5）。通风引起的火灾痕迹有时具有随机性，有些通风引起的火灾痕迹也可能在最初的燃烧痕迹之上，因此识别由通风造成的火灾痕迹可能并不简单。

因此，在没有确切证据的情况下，调查人员不应将完全发生燃烧房间的起火范围缩小到小于整个房间的区域。卡曼（Carman）及其同事进行的实验表明，依靠"炭化程度最深或最严重"来确定起火点会导致起火点认定错误，不能因其在起火点区域之外，而排除发生轰燃房间内其他潜在火源。

特别是电源线上起火点处会有电弧损伤。因此，判断假设的起火点确实是由于通风造成的依据是，暴露在外的带电电线上没有电弧痕迹。在上一章（图3.29）所示的通风造成的V形痕迹正下方的分支电路接线就没有电损伤痕迹。

2013年，安德鲁·考克斯（Andrew Cox）提出了一种研究火灾痕迹的方法，旨在解释火灾后期产生的痕迹。这项技术称为"原点矩阵

图4.5 （a）掉落火焰蔓延造成的墙底部的矩形燃烧痕迹。

图4.5 （b）横梁阻止炽热煤块继续燃烧的痕迹。

分析”，该方法将发生过完全燃烧的室内分成多个部分，同时考虑室内通风口位置和通风量。靠近开口或直接穿过地板的开口处的痕迹可能是空气供应加强的结果。该痕迹可能是房间中炭化程度最深最严重的痕迹，但可能与起火点无关。图4.6以图形方式阐述了该概念。无论火灾从何处开始，如果燃烧超过轰燃温度以上数分钟，则形成的火灾痕迹将相同。如果墙面倒塌，有意义的火灾痕迹很可能会消失。

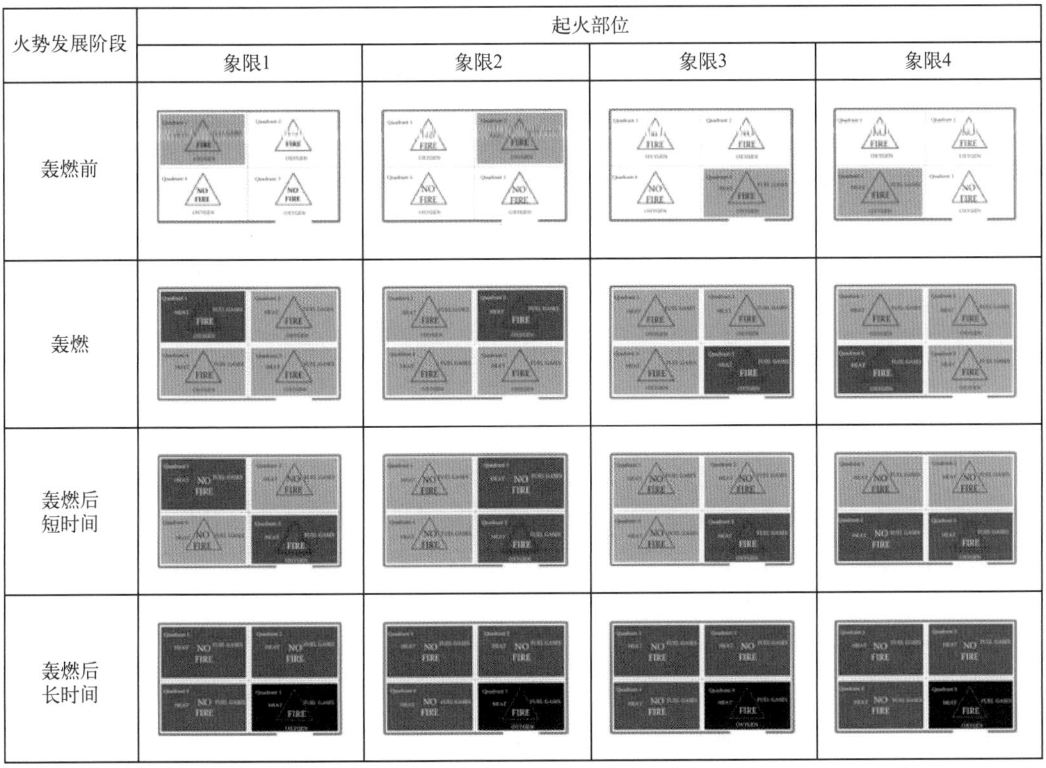

火势发展阶段	起火部位			
	象限1	象限2	象限3	象限4
轰燃前				
轰燃				
轰燃后短时间				
轰燃后长时间				

图4.6　显示了四种不同火灾中的预期火灾模式，其起火点位于四个象限中的各个象限。对于轰燃后长时间燃烧的火灾（完全燃烧超过3分钟），预期的火灾痕迹是相同的。

因此，在长期、完全燃烧的情况下，将无法划定更小的起火区域。为避免得出起火原因不确定的结论，调查人员应分析和记录每一个潜在的火源和起火物。Bilancia提出了一种记录寻找火源和最初起火物过程的方法，即Bilancia Ignition Matrix™：将潜在火源作为列标题，并在每列对应的行中列出潜在的起火物。可以使用MSWord“表格”功能列出矩阵。这将产生详尽的成对比较，旨在系统地评估众多火源，并记录每个火源如何能或不能够引燃特定的起火物。

在每个单元格中，调查人员记录：

① 该火源是否能引燃这种燃料；

② 该火源是否在点燃这种可燃物的距离范围内；

③ 是否有引燃的证据；

④ 这种可燃物着火后是否可以引燃烧毁最严重的物品。

若四个问题中任何一个问题的答案是否，则其他问题就没有意义。多数成对假设因火源和起火物之间的距离过远而排除。矩阵表的示例如图4.7所示。

项目	点火源#1	点火源#1	点火源#1	点火源#1
起火物#1	1.有效性？ 2.距离？ 3.点火？ 4.传播？	1.有效性？ 2.距离？ 3.点火？ 4.传播？	1.有效性？ 2.距离？ 3.点火？ 4.传播？	1.有效性？ 2.距离？ 3.点火？ 4.传播？
起火物#2	1.有效性？ 2.距离？ 3.点火？ 4.传播？	1.有效性？ 2.距离？ 3.点火？ 4.传播？	1.有效性？ 2.距离？ 3.点火？ 4.传播？	1.有效性？ 2.距离？ 3.点火？ 4.传播？
起火物#3	1.有效性？ 2.距离？ 3.点火？ 4.传播？	1.有效性？ 2.距离？ 3.点火？ 4.传播？	1.有效性？ 2.距离？ 3.点火？ 4.传播？	1.有效性？ 2.距离？ 3.点火？ 4.传播？
起火物#4	1.有效性？ 2.距离？ 3.点火？ 4.传播？	1.有效性？ 2.距离？ 3.点火？ 4.传播？	1.有效性？ 2.距离？ 3.点火？ 4.传播？	1.有效性？ 2.距离？ 3.点火？ 4.传播？

图4.7　用于成对记录点火源和起火物的表格。

这种方法可以使调查人员全面分析各种可能的假设，并根据以下因素对假设进行评估：热释放速率、热通量、间隔距离、热惯性和火势蔓延路线。完整的矩阵表能够反映调查的彻底性，并符合《科学或技术数据评估的标准实施规程》（ASTM E678）的要求。

寻找起火点时要考虑一些其他因素，比如热气层限制所产生的痕迹。墙壁上的烟气层或高温层痕迹往往出现在该房间的天花板损坏之前。可以通过有无热气层限制痕迹判断起火点高度。在阁楼上发生的火灾通常会在天花板被烧尽之前烧穿屋顶，因此通风控制条件下不受热气层限制。如第7章中所述，雷击火经常引燃屋顶和阁楼，造成特征性损坏。

结构性框架还会使火以可预测的方式烧穿墙壁和地板，并且穿透结构表面的痕迹可以帮助调查人员识别火灾首先波及哪一侧。如果大火从上方向地板蔓延，则火势不会受到地板下托梁的影响。如果它从下方向地板蔓延，由于托梁对热气流的引导，地板上往往形成矩形烧洞。需要注意的是，上方未燃烧的可燃物会通过孔洞掉落，然后继续从地板下方向上蔓延。墙钉也可以引导或控制火势，若石膏墙上直上直下的洞或燃烧痕迹边缘与墙钉重合，则表明火势是从另一侧蔓延过来的。图4.5显示了这种痕迹。这样的判断通常很容易做出，但是也很容易被其他因素所误导，例如当需要考虑通风影响时，对烧毁程度最轻和最重处痕迹的解释。

有些情况下，烟气层和高温层痕迹可能是唯一证据。在地下室结构倒塌和燃烧的情况下，除非地下室最先开始着火，否则在地基墙上很难形成烟尘或高温痕迹[16]。如果火灾始于楼上并蔓延到地下室，就会有一个向下烧穿的痕迹，从而使地下无法形成热气层。

若建筑中有人，特别是发现尸体的情况下，则必须考虑其活动情况。图4.8中的死者在厨房中引燃了衬衫，但并没有死在厨房，而是在走廊中烧毁程度最深、最重且没有任何意外起火隐患的区域死亡，这可能引发重大的刑事调查。但是一位调查人员在厨房中发现了一锅烧焦的食物。

对电气系统的破坏痕迹进行检查通常可用于确定起火点或检验有关起火点的假设。电路具有充当火灾探测器的能力。当电路的绝缘层被火破坏时，可能会发生多种情况。炭化的绝缘体能够导电，并且能产生电弧，可能会也可能不会切断电路。通常，电流会遇到较大电阻从而不会使断路器跳闸，而且位于配电盘上游或下游的另外一处电路也可能会遭到破坏。当电弧使导线短路时，下游电路断电，因此下游最远的电弧切断点应该先于该电路上的任何其它电弧之前被切断。通常，火灾期间某时间点消防部门或电力公司会断开建筑物的电源，任何电气活动都应在此之前发生。有时，火灾本身会切断电源，因为它会烧毁电源插座或导致电源入口电缆在配电板外壳上形成电弧。仅在建筑某区域出现电气故障痕迹的火灾现场中，起火点一般位于该区域。电弧痕迹有时是唯一留存于火灾中的痕迹。

图4.8 该建筑中唯一烧毁严重的区域位于尸体附近。小火炉点燃死者的衣服后自行熄灭。（由英国加德纳联合公司 Mick Gardiner 提供）

4.12 证据的收集与保存

火灾调查人员需收集各种类型的证据。最常见的是地板、家具和其他怀疑含有易燃液体残留物材料的样品。引火源为另一种类型的证据，用以确定其引起火灾的可能性。可燃包装或内部装饰物等证据用以测试其易燃性。消防系统的部件，如烟雾报警器和洒水喷头，可能需要进行实验室检验。同样，调查人员需有计划地进行证据收集。如现场有多名调查人员，应就取证方案达成一致。

收集易燃液体残留物样品时，应首先收集最不可能含有其他残留物的样品，这将降低交叉污染的风险。在收集证据样品之前应收集比较样品，比较样品应选择与怀疑含有易燃液体残留物的材料相同或几乎相同的材料。如果房间浸水，也应收集比较样品。最近的一项研究表明，灭火水能够使易燃液体扩散到整个房间，因此在可能的区域以及没有合理解释的区域中都有可能提取到易燃液体[17]。研究表明，在易燃液体燃烧图痕中取样分析时，痕迹的中心比边缘更有可能检测到易燃液体残留物，这是因为液体本身使痕迹中心区域保持较低温度，液体覆盖区域火灾损害程度往往由内向外加重[18]。

在证据容器上贴上包含以下信息的标签：

- 识别火灾现场的唯一案例编号或文件编号
- 样品的序列号

- 载体的描述
- 样品的位置
- 收集的日期
- 收集样品调查人员的姓名缩写

贴有标签的容器应放置在样品收集的位置，并在将样品放入容器之前对其进行拍照。拍摄第二张照片时，应紧邻之前的位置显示容器中样品的样子。样品的位置是样品最重要的属性，因此详细记录此信息非常重要。在收集用于易燃液体残留物分析的样品时，调查人员应戴一次性手套并在收集下一个样品之前更换手套。手套应留在样品位置处，不应放在样品容器中[17]。

金属容器和玻璃容器都可以用来收集易燃液体残留分析样品。玻璃具有透明性和耐腐蚀的优点，但是易破裂，金属容器不易破裂，但是在现场提取到进行实验室检验之间的这段时间，它们很可能会被腐蚀。使用聚酯油漆内衬容器可以避免或延缓腐蚀，该涂料是不透明的灰色或棕褐色的水性涂料，且不会对实验室分析产生干扰，但应该从购买的每批中保存一罐，以防有必要证明涂层不会影响实验室分析。

专用的聚酯或尼龙证据袋适于盛装燃烧残留物，优点是重量轻且体积小，调查人员携带方便。其主要缺点包括密封困难、对潮湿样品的密封性差以及容易被刺破或撕裂，大多数实验室在实践中发现有必要重新包装袋装证据。

除非某机构的政策规定使用防篡改证据带，否则不需要证据带。密封容器很重要，但是在火灾调查中如果有人想故意污染样品，防篡改胶带不会起到任何作用，因此没有必要使用防篡改胶带。另外当陪审团看到这些证据容器时，它们至少已经被打开了两次。

收集的一切样品的位置都应在现场图上注明。收集样品后应尽快填写证据移交表（图4.9）。样品在送交实验室之前的保存时间不得超过绝对必要的时间。虽然直接交付样品有助于维持保管链，但通过公共承运人（如UPS或FedEx）将样品运送到实验室也是完全可接受的。如果直接交付的方式可能会造成重大延误，则最好通过公共承运人运送。在44年的实践中，作者在通过公共承运人运送时从未出现保管链的相关问题。

在联合调查的情况下，所有当事方都应有权要求保留某些证据以供以后审查。负责收集潜在引火源或其他证据的人员，通常是财产所有者或其保险承运人聘用的调查员，应在适当位置拍摄每件物品，然后用先前列出的包含所有易燃液体残留物样品信息的一个或多个标签对物品进行标记。之后所有当事方将这些物品小心地运送到测试处，运送过程中可以用在拖车租赁处和其他地方低成本购买的塑料保鲜膜包裹物品，以防止电器零件散落和丢失。

4.13 致人死亡的火灾

除了受害者提供的信息以外，亡人火灾的起火点和起火原因确定应与未造成死亡火灾的起火点和起火原因确定流程完全相同。通常无法在现场对受害者进行检查，但均应对死者进行尸检和毒理学检查。毒理学检查至少应包括彻底的药物和酒精检测以及碳氧血红蛋白

应用技术服务公司

佐治亚州玛丽埃塔市亚特兰大工业大道 1190 号　30066　(770)423-1400　　传真(770)424-6415　　e-mail fire@atslab.com

证据传递

日期：＿＿＿＿＿＿＿＿＿＿　　口头报告：＿＿＿＿＿＿＿＿＿＿

电话号#

提交方：＿＿＿＿＿＿＿＿＿＿　　书面报告：＿＿＿＿＿＿＿＿＿＿

文件号#＿＿＿＿＿＿＿＿＿＿　　发票送达：＿＿＿＿＿＿＿＿＿＿

受保人：＿＿＿＿＿＿＿＿＿＿

索赔次数：＿＿＿＿＿＿＿＿＿＿

受损日期：＿＿＿＿＿＿＿＿＿＿

ATS参考#：＿＿＿＿＿＿＿＿＿＿

证据说明：容器尺寸，材料类型，
材料状况(已燃或未燃)　　　　收集地点

1. ＿＿＿＿＿＿＿＿＿＿
2. ＿＿＿＿＿＿＿＿＿＿
3. ＿＿＿＿＿＿＿＿＿＿
4. ＿＿＿＿＿＿＿＿＿＿
5. ＿＿＿＿＿＿＿＿＿＿
6. ＿＿＿＿＿＿＿＿＿＿

特殊说明：＿＿＿＿＿＿＿＿＿＿

证据链

(需要签名)

来源：＿＿＿＿＿＿　目标：＿＿＿＿＿＿　日期：＿＿＿＿　时间：＿＿＿＿

来源：＿＿＿＿＿＿　目标：＿＿＿＿＿＿　日期：＿＿＿＿　时间：＿＿＿＿

来源：＿＿＿＿＿＿　目标：＿＿＿＿＿＿　日期：＿＿＿＿　时间：＿＿＿＿

来源：＿＿＿＿＿＿　目标：＿＿＿＿＿＿　日期：＿＿＿＿　时间：＿＿＿＿

专业工程师

设计 · 咨询 · 测试和检验

AAFS、ACS、ASM、ASME、ASNT、ASQC、ASTM、AWS、FSCT、IAAI、NACE、NCSL、NEPA、SAFS机构成员

佐治亚州专业工程师协会，国家专业工程师协会

图 4.9　用于向私人实验室提交燃烧残留物样品的证据移交表。

（COHb）和氰化物的检测。

尸检可以证明火灾发生时受害者是否仍在呼吸。火灾中仍有呼吸的死者通常可以在气道和肺部深处发现烟尘颗粒。血液中一氧化碳含量高的受害者皮肤呈鲜亮的樱桃红色。通常，与起火点相距较远的受害者血液中一氧化碳的含量高，特别是在起火房屋受通风控制的情况下。由于大火使氧气匮乏，因此在轰燃后，大火的一氧化碳输出量急剧增加。在通风良好的火灾中，产生的二氧化碳水平可能低至万分之二（即0.02%）。但是在通风不足、发生阴燃或轰燃后的火灾现场中，CO浓度可达到1%至10%（10000 ～ 100000μL/L）。在灭火过程中，一氧化碳浓度也可能升高[19]。

分析血液中一氧化碳的含量，还需要了解受害者的生活方式和就医经历。大量吸烟者的COHb水平可能高达15%，而非吸烟者的水平通常为1%左右。由于其稳定性，一氧化碳在血液中的含量可以在死亡后数天或数周内进行检测。如果在死亡之前将受害者从火中救出，提供给他们的氧气可能会降低血液中的一氧化碳水平。

虽然远离起火点的受害者血液中COHb的浓度通常较高，但不代表着接近起火点受害者血液中的COHb含量会低。Hill最近针对85名受害者进行的一项研究表明，血液中COHb的含量并不是判断受害者位置的可靠依据[20]。图4.10是这些受害者位置与COHb浓度的关系。

若发现一名受害者在火灾发生时没有生命迹象，需重视其死亡原因和方式。毒理学检查结果应该进行双重审核，如果得出“意外”结果，应使用其他化学分析方法进行重新测试。低COHb含量是对火灾现场中受害者进行检查后得到的典型意外结果。喉痉挛是声带的反射性肌肉收缩，是导致血液中低COHb含量和尸体喉头下方烟尘呈阴性的可能原因之一，但诊断较为困难，因为喉痉挛还需要解释快速暴露于极端高温的原因。

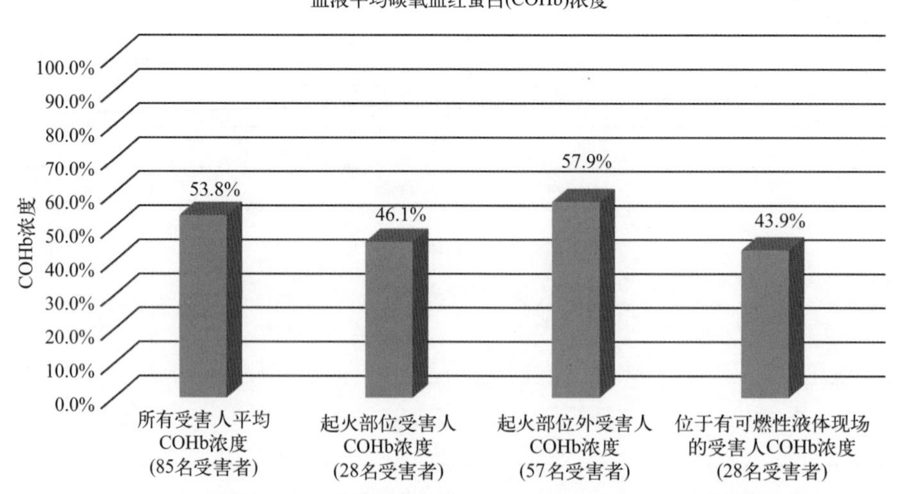

图4.10　85名火灾受害者血液中的COHb浓度与其在火场中位置的关系。

法医（ME）的作用是确定死因和死亡方式。法医利用其专业知识和训练以及经验来确定死亡原因，但他们常结合火灾调查员有关起火原因的结论确定受害者的死亡方式。如果死亡原因被确定为吸入烟气窒息，那么死亡方式可能是意外、自杀或他杀，这取决于火灾调查员对起火原因的判断。

4.14 提出和检验假设

提出和检验假设是调查的关键阶段。利用知识积累、培训和经验，以及所掌握的事实，调查人员可以重现火灾场景，说明现场的情况。因为这一步在很大程度上取决于个体的经验，所以这是一个主观的实践，而且因为它是主观的，所以需要进一步检验它是否可信。使用NFPA 921中科学方法的调查人员可能会反对这种描述，因为他们的假设“完全基于调查人员收集的经验数据”。但是，假设的提出仍是一种使用归纳推理的主观实践，即从特定的经历开始然后进行总结的过程。例如，一位调查人员的母亲喜欢淡味的切达干奶酪，因此该调查员可能从未接触过重味的切达干奶酪，甚至认为所有的切达干奶酪都是淡味的。归纳推理关联的是概率，而不是确定性。若调查人员从未遇到过由香烟引燃废纸篓导致火灾发生的案例，可能会认为这种情况下火灾不会发生，因此不太可能提出这样的假设，调查人员若只见过因火灾使配电盘面板产生孔洞则不太可能提出电弧是起火原因的假设[21] 18。

受经验影响的不仅仅是假设的形成。我们感知数据的能力受到自身经验和期望的限制。我们有一种去感知自我期望感知的东西的倾向。例如，当你看到图4.11时，你看到了什么?

然后参考文后注19来了解你实际看到了什么。正如我们倾向于看到我们期望看到的，我们也倾向于看不到我们不期望看到的。这一现象通过一项实验得到了证实，实验要求24名放射科医生研究5次肺结节的CT扫描图像。在其中一次扫描中，调查人员插入了一张大猩猩的图像，其大小是普通结节的48倍。因为他们寻找的是结节，而不是大猩猩，24名参与者中有20人没有注意到是大猩猩。这项研究表明，即使专家在他们的专业领域内操作，也容易“无意识忽略”一些信息[22]。

关于火灾原因的总体假设可能包括许多内在假设，其准确性可能会影响也可能不会影响整体情况。例如，“火灾期间某扇门是开着的”可能是调查人员假设的一部分，如果门是开着的，那么门框和铰链的外露表面应该有燃烧痕迹，如果门是关着的，那么在合页面上应该有墨汁状痕迹，如图4.12所示。

图 4.11　人们看到他们期望看到的东西。

正如我们倾向于看到期望看到的，也倾向于看不到我们不期望看到的。

请注意，前面描述的假设“检验”只涉及观察和逻辑推理，无需实验室测试。对于“燃烧痕迹是由液体助燃剂形成”的假设，需要进行实验室鉴定。除了最明显的情况外（除了轰燃房间发生的火灾外），除非得到遵循ASTM方法的实验室的认定，否则不可能完全说明该火灾痕迹是由助燃剂造成的。

假设检验比假设的提出更客观。假设的演绎检验应该允许调查者用“如果A是真的，那么B将是真的”的结构来表述。如果假设是真的，那么应该能调查到以下信息。如果车门关闭，则合页面上应有镜像图案。如果火灾是由液体助燃剂引起的，那么实验室应该能够检测到其残留物。除非假设检验可以被应用到这种表述结构中，否则就不是一个有效的假设检验。

图4.12　门合页面上的燃烧痕迹，证明火灾发生时车门已关闭。调查者最初的部分假设是，为了通风外门是故意开着。调查人员发现三个合页都处于闭合位置，且螺钉仍在原位。

另外，仅仅能够通过演绎推理对假设进行检验并不一定意味着假设是正确的。基于错误前提的假设会产生一个有效的结论，但并不正确。例如，若调查人员认为混凝土剥落是液体助燃剂存在的证据，则可以通过“如果这是一场助燃剂火灾，那么地板上应该有混凝土剥落痕迹”来验证这一假设。即使随后发现的剥落痕迹证明不了什么，但对该假设也进行了“科学”的检验。为了结论既有效又真实，最初的前提必须是真实的。

假设检验要求将假设与所有相关的可信数据以及已知的科学事实进行比较,并舍弃不成立的假设，或者质疑与证据数据基本不一致的假设。数据必须与假设一一对应。

认定引火源的过程是一个提出并检验假设的过程。在假设检验过程中应注意循环逻辑的陷阱。一旦调查人员确定了火源，该火源之外的所有潜在火源都会自动被“消除”，因为只有起火点处的火源才可能引发火灾。

在起火点不是很明确的案例中，在可能的起火点处没有任何潜在热源也是一种数据信息。没有任何热源与起火点的假设相矛盾，调查者应该仔细地重新检查假设的起火点,分析是否还有其他可能的起火点,另一方聘请的调查员是否认可起火点假设。而在发生轰燃的房间应对每个潜在热源进行检查。若房间某一侧烧毁最严重，那么几乎可以肯定是燃油或通风导致的结果，而不是由于燃烧时间最长。如果有不止一个房间发生轰燃，判断最开始燃烧的房间必须有可靠的数据。

数据可信度的概念值得探讨。按照科学的方法，若有可信的数据与假设相矛盾，应抛弃该假设，重新提出一个假设。在火灾现场，除了关联到一个给定假设的数据外，很多数据并不相关。无关数据不需要考虑，但相互矛盾的数据不能被简单地忽略掉。最关键的数据类型是目击者对火灾过程的叙述，如果被忽略掉，火灾调查人员将承担风险。不管调查人员在解读火灾痕迹方面的技能和经验如何，首次同时目击起火是在这个房间，而非调查人员认为的那个房间的10名目击者是不可能出错的。“我必须根据我看到的情况来判断”是火灾调查人员常见的表达方式，但也许他们需要稍微改变一下自己的观点，这样才能更清楚地看到事实。福尔摩斯在逻辑推理方面做出了重大飞跃，他在《博斯科姆谷之谜》中有一个观点是正确的，他说，“间接证据非常难以捉摸；它似乎非常直接地指向一件事，但如果你改变一下自己的观点，可能会发现它同样毫无疑问地指向完全不同的东西。”

图4.13为在车库上方的一扇窗户前拍摄的，显示了一些间接证据的重要性。这张照片中的证据可以让人得出许多推论，而且这样的判断至少和目击者的描述一样可靠。火灾调查员用来推断和提出假设的间接证据常常有不止一种解释，但很少有人能像“雪地里的脚印”那样清楚地向陪审员解释间接证据的概念。例如，在下雪之前，有一辆车停在车道上。两个人（从脚印判断可能是一男和一女）绕着车走了一圈，其中一人离开了，另一人绕着车辆转了一圈后回到车库。停在车道上的车辆移动后，第二辆车从车库里倒了出来，开走了。四只鸡在某个时候走上了车道，仔细检查轮胎痕迹也许能判断鸡走上车的时间。在第一辆车离开后的某个时候，三只鹿穿过了车道。如果火场留下如此容易判断的痕迹，任何人都可以做这项工作。

火灾调查人员得到的间接证据很少像雪中的脚印那样清晰。图4.14显示了另一种间接证据，该证据更容易导致错误的推论。图4.14（a）能够清楚地显示喷气轨迹，但图4.14（b）无法判断是喷气轨迹还是云。我们应该如何理解图4.15所示的火灾痕迹？燃烧区和未燃烧区之间那些尖锐、连续、不规则的分界线是否表明有液体燃料的燃烧？或者这些痕迹仅仅是地毯收缩覆盖某些地方而暴露其他地方所呈现的结果？

图4.13　雪地里的脚印。这一间接证据使我们能够就发生了什么以及发生的顺序做出许多推论。

与起火点或起火原因的假设相矛盾的证据数据应认真对待，不能仅仅因为其“不符合”就被丢弃。但所有的假设都需要符合相关的证据数据。

在这一点上，调查者应该问，“什么数据是相关的？”由于很多调查人员担负着执法和调查清楚火灾事实的科学职责，他们很可能接触到不相关的数据，或与确定起火点和起火原因无关的数据。这种与任务无关的数据（也称为与领域无关的数据）有可能使调查者结论中出现期望偏差。不仅仅是火灾调查，与任务无关的偏见是所有法庭学科的问题。通常不可能通过意志行为来克服任务无关数据带来的认知偏差。通常会通过配备两名调查人员（一名为案件负责人，另一名为现场证据和目击者陈述的严格记录人员）确保现场调查人员不受无关数据的影响，这样可能有助于克服偏见。这种方法在一些法庭学科中很有效。表4.1显示了相关和不相关数据的示例。与其他列表一样，并非所有列表都包含所有内容，也并非所有列表都是正确的。

一旦研究者提出了一个可检验的假设，然后就会通过与所有相关数据进行比较来检验，在此过程中常常会遇到这样的困难，即检验其他同样能很好解释数据的假设。在这一点上，调查人员很难保持开放的态度，但要确保其他人可以提出替代假设。萨根用替代假设简洁地描述了这个问题：

“不要因为一个假设是你提出的，就过分依赖它。它只是追求真理的一个中转站。问问自己为什么更倾向于相信这一假设，把它和其他假设公平地比较一下。看看能否找到否定它的理由。如果你不这样做，其他人会的。”[23]

图 4.14 顶部照片（a）包含间接证据。天空中的喷气轨迹可以推断最近有一架喷气式飞机经过。在（b）中，证据不太清楚。这可能是一条喷气轨迹，但是，也有可能只是卷云。（由加利福尼亚州山景城的 Norah Rudin 提供）

图 4.15　这些燃烧痕迹是由液体燃烧引起的，还是地毯交替暴露和保护地板导致的？

表4.1　相关与无关数据列表

相关数据	无关数据
消防员对火灾、现场安全和灭火活动的观察	财产记录
与火灾和建筑内容相关的目击者的观察	火灾历史
占地面积	犯罪记录
历史遗留下来的缺陷	记载处罚赔偿情况的文件
气象资料	婚姻纠纷
现场前期处置活动	社会媒体评论
易燃液体位置	风水
火灾现场的物理条件	动机问题
公用事业	财政纠纷
受害者伤亡情况	待售房地产活动
安全、检测和报警系统	受骗迹象或受害者的情绪状态
过载损害	个人记录

注：任务=确定起火点和起火原因；划分信息。

调查人员应该能够说明已考虑过的替代假设，并能够确切地阐明为什么这些替代假设被否定。在许多情况下，调查者的发现不可信并不是因为这些发现不正确，而是因为调查者无法可信地阐明为什么他或她的假设是正确的，而另一个假设不正确。在调查结束后两年里，很难排除可信的替代假设。通过在选择最终假设之前进行练习，可以使这项任务变得容易得多。对假设的考虑应同时记录在案。列一份假设清单，然后记录支持假设和与假设相矛盾的数据，这可以帮助调查者整理自己的想法，并决定哪种假设最贴合数据。在这个练习中，最有帮助的可能是矛盾的数据。

有时不止一个假设与数据相符合。在这种情况下，调查人员有义务报告所有可信的假设。如果不这样做就是自找麻烦。

4.15 报告出具程序

调查报告很可能是火灾调查过程中产生的最重要的文件。检察官、辩护律师、保险理算员和其他火灾调查员将通过这份文件了解火灾调查员的工作程序和意见。在一些地方，当调查员作证时，如果报告不涉及某一特定问题，该问题将成为越界问题。如果报告中有错误，它将成为质证的焦点。而如果报告中没有足够的细节，读者就不会理解调查人员是如何得出结论的。报告的质量经常决定案件的性质。

报告可以采用多种形式，可以是报告末尾的一些评论，也可以是长达一百页甚至更多的非常详细的描述。报告的格式通常取决于火灾调查员的客户要求，无论是保险公司、警察局、辩护律师还是检察官，某些报告格式是由法院规定的。

常规火灾调查报告应遵循科学报告的格式，包括背景部分、重要证人证言概要、调查人员对证据数据的描述以及说明这些证据数据的现场图、照片以及结论。

快速出报告的一种方法是对报告中使用的图像重命名，并把它们放置在一个单独的目录中，然后按照讨论的顺序对它们进行编号。将现场图整理好后结合排列好的图像，调查人员就可以准备出一份兼具逻辑和条理的报告文件。

现场平面图应为现场调查过程中绘制的现场图的简明版本。也可以在ipad等平板电脑上利用一些计算机辅助绘图程序制作现场图。有许多计算机辅助绘图程序（如CAD）可将草图导入报告或通过电子邮件发送给感兴趣的人，费用从20美元到2000美元不等。在一些高端程序中有些功能可以将草图直接导入到像FDS这样的计算机建模程序中，从而节省大量的时间和精力。如果CAD输出可以保存为包含3DFACE条目的.dxf文件，则可以使用从NIST.gov获得的免费转换程序将数据直接导入FDS。

ASTM E620《报告科学或技术专家意见的标准实施规程》，同样适用于火灾调查员。ASTM E620要求报告中包含与提出意见有关的所有事实，且这些事实必须基于调查者的观察而不是其他来源。它还要求报告包含调查人员得出每个意见和结论所依据的逻辑和推理。报告中可以加入“讨论”部分，特别是存在解释现场情况的其他替代假设时，可以通过讨论部分描述这些替代假设的优缺点。

《美国联邦民事诉讼规则》第26条规则规定了民事诉讼专家报告中一系列非常具体的项目。遵循第26条规则的报告应首先确定调查人员被要求做什么，在调查中开展了哪些活动，以及形成报告意见之前所有审查过的材料清单。然后报告中的下一部分内容应阐述调查人员的专家意见以及每一种意见的依据。在本节中，最好将意见分为可识别的类别，如起火点、原因、违反的法规、责任等。如果法院同意反对方的意见，即某些意见在审判时不适当或不可接受时，将意见细分将特别有用。遵循第26条规则的报告可以简单地引用先前准备的火灾调查报告作为某些意见的依据，但须由专家签字。

接下来，第26条规则要求调查人员提供一份最新的简历，一份他在过去4年中通过审判或交存作证的所有案件的清单，以及一份他在过去10年内撰写的所有出版物的清单。最后，第26条规则规定，调查人员应公开因从事调查而收到的赔偿数额。

刑事案件的报告要求相对较少。《美国联邦民事诉讼规则》第16条规则规定：

（G）专家证人。根据被告请求，政府应当向被告提供一份证词的书面摘要，根据《美国联邦证据规则》第702、703或705条的规定政府在主诉期间会使用该证词。在被告同意的条件下政府根据第（b）（1）（C）（ii）小节要求进行流程，根据被告要求，政府应向被告提供一份关于被告精神状况问题证据的书面摘要，政府会根据第702、703或第705条的规定使用该证据。本条规定下的摘要必须说明证人意见、提出这些意见的依据和理由以及证人的资质。

许多州都有类似于《联邦规则》的要求，即使在刑事案件中，无论是为国家还是为被告，成为证人的调查人员都可能需要准备某种公开声明。

有时调查者的委托人不需要调查报告。但两年后当客户回电说现在他想要一份报告时，调查者很难重现自己当时的思维过程，因此不准备报告并不正确。通常客户不要求写报告仅仅是因为调查得出的结论不产生诉讼，索赔顺利，事故中问题已经解决，无需调查报告。如果调查有可能演变成诉讼，调查人员最好以“文件备忘录”的形式记录其调查结果和分析过程，当需要提交报告时，可以不经过审查数据、重新提出和检验假设的整个过程而生成调查报告。文件备忘录的作用是：①与他人交流；②帮助记忆。因此即使客户不要求写调查报告，也应准备文件备忘录。

有时，在调查人员能够获取或查看所有相关数据之前，调查报告已到截止日期。这种情况，也常可以补充某些意见。在大多数情况下，即使调查人员认为所有数据均已审查，也可添加免责声明，因为如果有其他新发现的信息，调查人员有保留修改或补充报告的权利。

调查报告中不应出现拼写或语法错误。但如果语法不是你的强项，那么请让具有良好语法技能的人检查你的报告。报告中应使用简单的声明性语句，避免晦涩难懂的语句，准确地表达，然后由经验丰富的调查人员审阅报告。沟通是一种很难的艺术形式，而且往往不可能在一到两份草稿之后就对自己的作品做出批判性的评论。如果你知道要说的是什么，那就这样解释你所写的内容。同事在第一次阅读你的报告时可能会发现语法和排版错误，以及语句表述不清的问题。发送一份未经审查的报告是造成沟通误解的根本原因。

4.16 记录的保存

每个机构都应该有一个文件保管规定，该机构中的个人应该遵循该规定。并且该规定应该应用于整个文件，而不是文件中的几个部分。如果要保存一个特定火灾调查的文件，则应保存该文件中的所有数据。如果案件开庭审理，销毁笔记的火灾调查人员应该做好被质疑的准备。不能以“这是我们的政策”作为借口。接下来的问题是，“为什么要制定这样的管理规定？”在作者看来，销毁笔记或数据的唯一理由是拒绝向诉讼对手提供信息，但是该理由并不合理。如果文件被销毁，当事人特别是敌对各方，会推断这些文件中有一些东西是销毁文件的人不想透露的。可能这些文件占用了太多的空间，或者是“不干净”或者是“不清楚”的，但销毁的行为只会让人怀疑有人在隐瞒什么。（科学家不会因为笔记太大无法储存而销毁实验笔记。）如果它们被弄脏了，可以将其放入信封或纸质保护套中，或者用数码相机拍照，或者进行电子扫描。解释一个符号要比解释为什么在上面做符号的那张纸被毁简单得多。火灾调查人员必须在抗辩性司法体系中应对自如，销毁证据或笔记通常会使辩方对销毁的原因做出负面推断。最好的方法就是保留所有案件材料，直到所有诉讼完成最终裁决，所有上诉时间已过。

4.17 结语

为了进行可信的调查，每个机构都应该有一个参考NFPA 921和适当的ASTM标准而制定的书面调查程序。火灾调查员需要了解调查的目的，并且应该为每一个目的制定一个计划。在调查小组确保可以安全合法地进行调查之前，不应进行任何调查。

记录现场勘验结果是至关重要的，既可以帮助调查人员交流他们的发现，也可以帮助他们记忆。通常需要暂停调查以便相关方有机会在火灾现场受到严重变动之前看到火灾现场。一旦完成初步评估，就需要重建和补充文件，可能包括对历史存档的评估。假设的提出和检验是调查者最重要的任务。起火点的确定要求提出一个假设，并通过在起火点处找到起火原因加以验证。找不到原因往往会使起火点的假设无效，在这种情况下，调查人员需要重新评估起火点的确定。报告可以有多种形式，用于记录勘验过程和调查结果。通常为方便读者理解调查者的观察和推理，调查报告应遵循科学报告的基本大纲。应保持记录的一致性，避免销毁文件。

问题回顾

1. 假设火灾调查人员有权调查，到达现场后应该问的第一个问题是以下哪一个？

a. 有目击者吗？

b. 第一个消防员到达时看到了什么？

c. 有几个房间发生了轰燃？

d. 能安全地进行调查吗？

2. 下列哪项活动构成证据损毁?

i. 残骸清除

ii. 不必要的设备拆卸

iii. 未能保护潜在的替代引火源

iv. 拆卸证物以确定制造商

a. i、ii、iii、iv

b. 只有ii和iii

c. 只有ii

d. ii、iii和iv

3. 下列哪一个案例或法规保护公共机构免于因证据泄露而被起诉?

a. NFPA 921

b. "Michigan v. Clifford案"

c. 州消防局长授权法令

d. 不存在此类保护

4. 在收集易燃液体残留物检测的证据样品时，样品的哪个属性最重要?

a. 样品组成

b. 样品位置

c. 样品尺寸

d. 使用手套收集样品

5. 火灾现场调查记录要保存多久?

a. 直到报告写好

b. 直到报告通过

c. 直到案件开庭或被驳回

d. 直到所有诉讼结束

问题讨论

1. 为什么负面事实推理与科学方法不一致?
2. 描述火灾现场调查所需的文件类型。
3. 在准备起火点和起火原因报告时，与哪些事实相关，哪些不相关?
4. 证据损毁的主要特征是什么? 为什么法院要对损毁证据的行为进行制裁?
5. 为什么提出假设（相对于假设检验）是主观实践?

参考文献

[1] NFPA 921 (2017) *Guide for Fire and Explosion Investigations*, National Fire Protection Association, Quincy, MA, § 4.3.8, 20.

[2] NFPA 921 (2017) *Guide for Fire and Explosion Investigations*, National Fire Protection Association, Quincy, MA, § 24.1, 256.

[3] Inman, K., and Rudin, N. (2000) *Principles and Practice of Criminalistics: The Profession of Forensic Science*, CRC Press, Boca Raton, FL, p. 5.

[4] Stevenson, A., and Lindberg, C. A. Eds. (2010) *The New Oxford American Dictionary*, 3rd ed., Oxford University Press, New York.

[5] *Michigan v. Tyler*, 436 U.S. 499, 1978.

[6] *Michigan v. Clifford*, 464 U.S. 287, 1984.

[7] Samuel A. Mann (1984) Criminal Procedure—The Role of the Search Warrant in Fire Investigations—*Michigan v. Clifford, 7 Campbell Law Review*, 269. Available at https://scholarship.law.campbell.edu/cgi/viewcontent.cgi?referer=&httpsredir=1&article=1107&context=clr (last visited January 15, 2018).

[8] NFPA 921 (2008) *Guide for Fire and Explosion Investigations*, National Fire Protection Association, Quincy, MA, § 18.2, 156.

[9] NFPA 921 (2011) *Guide for Fire and Explosion Investigations*, National Fire Protection Association, Quincy, MA, 2011, § 18.6.5, 174.

[10] NFPA 921 (2017) *Guide for Fire and Explosion Investigations*, National Fire Protection Association, Quincy, MA, § 19.6.5, 220.

[11] See the court's ruling in *Wisconsin v. Joseph Awe*, in the Circuit Court in and for Marquette County, NO. 07-CF-54, March 21, 2013. Available at http://www.stephenmeyerlaw.com/img/StateofWisconsin_v_Joseph_Awe.pdf (last visited January 15, 2018).

[12] IAAI, (2018) CFITrainer.net, *Fire Investigator Scene Safety*.

[13] NFPA 921 (2017) *Guide for Fire and Explosion Investigations*, National Fire Protection Association, Quincy, MA, § 18.3.2, 204.

[14] *United Services Auto. Asso. v. Wade*, 544 So. 2d 906, 917, Ala., 1989. Available at https://www.courtlistener.com/opinion/1772158/unitedservices-auto-assn-v-wade (last visited January 15, 2018).

[15] Court of Appeals of Minnesota (1991) *State of Minnesota, Appellant, v. Gary Bruce Tollefson, Respondent*, No. C9-91-283, *Minn. App. LEXIS 737*, July 17, 1991.

[16] In the Court of Common Pleas in and for the County of Montgomery, Pennsylvania, Criminal Division, Commonwealth of Pennsylvania versus Michele Owen Black, (2014) *No. 925-13, Trial transcript* at Volume 2, page 193 (page 391 of 408).

[17] Black, J., Gelman, J., and Kuk, R. (2016) The possibility of ignitable liquid contamination in flooded compartments, *Fire and Arson Investigator*, 67(1):26-31.

[18] Putorti, A. (2000) Flammable and combustible liquid spillrn patterns, NIJ Report 604-00, U.S. Department of Justice, Office of Justice Programs, National Institute of Justice. Available at: http://fire.nist.gov/bfrlpubs/fire01/PDF/f01023.pdf (last visited January 15, 2018).

[19] NFPA 921 (2017) *Guide for Fire and Explosion Investigations*, National Fire Protection Association, Quincy, MA, § 25.2.1, 263.

[20] Hill, D. (2106) Fire victims and origin analysis, An ATF case study, *Fire and Arson Investigator*, 66(4):28-39.

[21] Sanderson, J. (Ed.) (1998) Cigarette fires in paper trash, *Fire Findings*, 6 (1):1.

[22] Drew, T., Vo, M., and Wolfe, M. (2013) The invisible gorilla strikes again: Sustained inattentional blindness in expert observers. *Psychological Science* 24(9):1848-1853.

[23] Sagan, C. (1995) *The Demon Haunted World*, Random House, New York, 210.Available at http://www.metaphysicspirit.com/books/The%20Demon-Haunted%20 World. pdf(last visited January 15, 2018).

1 正义之轮尽管前进得很慢，但无法阻挡。

2 根据美国消防协会的数据，2015年，美国共报告火灾1345500起。这些火灾造成3280人死亡，15700人受伤，143亿美元财产损失。

50.15万起建筑火灾，造成2685人死亡，1.3万人受伤，103亿美元财产损失。

车辆火灾20.45万起，造成500人死亡，1875人受伤，18亿美元财产损失。

63.95万起是室外和其他地方发生的火灾，造成95人死亡，825人受伤，2.52亿美元财产损失。每天平均有1000起房屋结构火灾。

3 阿肯色州、乔治亚州、夏威夷州、印第安纳州、马里兰州、密歇根州、密苏里州、蒙大拿州、内布拉斯加州、北卡罗来纳州、俄勒冈州、宾夕法尼亚州、田纳西州、得克萨斯州、佛蒙特州、弗吉尼亚州、华盛顿州和西弗吉尼亚州。

4 在NFPA文件中，如果未提供定义，建议读者查阅《韦氏大学词典》第11版，了解通常接受的含义。

5 声明：请注意，本文中对NFPA 921表述的任何“解释”都是作者作出的，而不是NFPA或火灾调查技术委员会的解释，尽管希望至少有一些委员会成员会支持这些观点。尽管作者参与了本文所引用的许多段落的起草和“措辞”，但这些解释并不构成对文件任何部分的“正式解释”。

6 在一些火灾调查人员中，有一种令人不安的倾向，即过度使用清楚和明显的词语。这种语言的滥用是一种辩论技巧，使读者或听众看不到“明显的倾倒痕迹”，或“清晰明显的燃烧痕迹”，或“明显的火源”，就会感到自卑。如果信息对未经训练的人来说不明显或不清楚，那么它确实既不明显也不清楚。这是“皇帝的新衣”的说法。这种论据使整个调查令人怀疑。

7 目击者并非总是可靠的，但他们所报告的观察情况，甚至是嫌疑人所报告的观察情况，都是必须加以评估的数据。特别是在发生了整个房间都完全发生燃烧的情况下，目击者的叙述可能比燃烧残留物告诉调查者更多信息。

8 从来没有一个好的理由能不拍足够的照片，一些机构提到预算限制。在作者看来，如果一个机构不能承担适当的工作，他们应该找其他人来做这项工作。

9 这个词有几个意思，当在本文中使用时，痕迹是指火的作用留下的结构或特征。

10 在你准备离开之前不要打开冰箱检查食物供应，尤其是在夏天。

11 照片不一定具有他们曾经的情感价值。因为数码照片可以存储在云库中，所以很容易更换。

12 这个词的发音经常出错。

13 排在“亲子鉴定”之后，即“这是别人的孩子”。

14 几乎不言而喻的是，残留物总是在起火点最深处。另外，如果调查当天下雨，起火点正上方的屋顶将几乎完全被摧毁。

15 除非起火点是理论上的。如果一个建筑被彻底地浇上汽油，通常没人会在意坏人丢火柴时站在哪里。在燃气爆炸的情况下，如果找到泄漏燃料的来源，就可以确定起火原因。火源可能不重要，当然肯定有一个，但无论是冰箱压缩机开关还是电灯开关通常都是理论上的。

16 一个人“期望”找到的起火点和起火原因是基于自己的经验提出的，也是基于某种科学和逻辑所希望的。正是对一个人的期望进行适当的“校准”，使他能够提出可信的假设。

17 曾有人建议调查人员将手套放在样品容器内，作为记录其使用的一种手段，但有些手套会释放干扰实验室分析的外来化合物。要记录手套的使用，请在样品旁边为每副手套拍照。

18《火灾发现》的编辑们进行了一项实验，以确定一支香烟被扔进装有纸张的垃圾桶是否会引发火灾，在第一次着火前进行了132次试验。如果他们在100次试验后停止，他们完全可以发表一份报告，说香烟不会点燃垃圾桶里的纸张。他们总共进行了300次测试，得到5次着火的结果。

19 因为我们对使用熟悉短语的感受影响了自己的认知，所以图中三个短语各用两遍的情况也被忽视了。

第5章

易燃液体残留物分析

从火灾现场样品中鉴别易燃液体残留物，可以帮助现场调查员对起火点、火灾荷载及火灾是否是放火等相关情况进行认定。

——ASTM E1618

学习目标

阅读本章后，读者应能够：

- 描述实验室分析火场残留物的步骤；
- 了解火场残留物分离及分析技术的发展；
- 认识气相色谱-质谱仪的输出模式；
- 理解在许多情况下比对样品的必要性；
- 了解石油产品在家居生活环境中应用的广泛性。

具有大学学历，了解有机化学知识的读者应该能够：

- 列举与火场残留物分析有关的ASTM方法和实践方法；
- 根据样品的形式选择适当的分离技术；
- 了解可选用的洗脱溶剂和内标物的优缺点；
- 采用气相色谱-质谱（GC-MS）法处理、分析、判断火场残留物样品中是否存在易燃液体残留物（ILR）；
- 了解分析技术的局限性，如果有必要的话知道如何提高灵敏度；
- 写一份标准报告，描述火场残留物的分析结果。

5.1 引言

火场残留物实验室分析是在调查中可以进行的最重要的假设性检验之一，特别是当调查员假设火灾是利用易燃液体放火的情况下。根据过去20年对火灾痕迹的了解，实验室分析是最终确定是否使用易燃液体放火的唯一有效的方法，至少对于室内完全过火的火灾是这样的。即使室内没有完全过火，有与图5.1类似的火灾痕迹，调查员仍然需要对易燃液体进行判断识别。

在过去，实验室分析被称为“蛋糕上的糖霜”，因为在提取样品时，火灾调查员就已经认定了起火原因，实验室分析的目的只是帮助识别判断用于放火的易燃或可燃液体。即使火灾调查员“知道”火灾就是利用易燃液体实施的放火，但是来自实验室的报告一般也都是未检出。

在以前（1990年以前），还没有“ignitable liquid”（易燃液体）一词。“flammable or combustile liquids”（易燃或可燃液体）通常被称为“助燃剂”，即使是实验室人员也不知道如何将这种液体用作助燃剂。事实上，之前的很多研究结果都是假阴性（false negatives），因为实验室方法灵敏度不够，不能检测到易燃液体残留物（ILR）。1974年开始对火场残留物进行蒸馏处理后，灵敏度有了显著提高，这样才能检测到检材中本就存在的油品。然而，基于早期实践经验，许多火灾调查员仍然不信任实验室的阴性结论。

假阴性结论不是火场残留物分析的唯一问题，假阳性的错误判别同样存在。分析鉴定人员要么是因为缺乏专业技能，要么是急于让他们的客户满意，所以对原本不存在易燃液体的样本给出了检测出易燃液体残留物的错误结论。本文所列的误判火灾报告清单中，至少有三分之一给出了检出易燃液体残留物的错误结果，或是对分析结果解释错误。直到现在，也有分析鉴定人员给出检出易燃液体残留物（一般是汽油）的报告，但实际上并不存在易燃液体。区分汽油残留物和聚合物热解产物需要相当好的技能和经验，特别是当浓度较低的情况下。

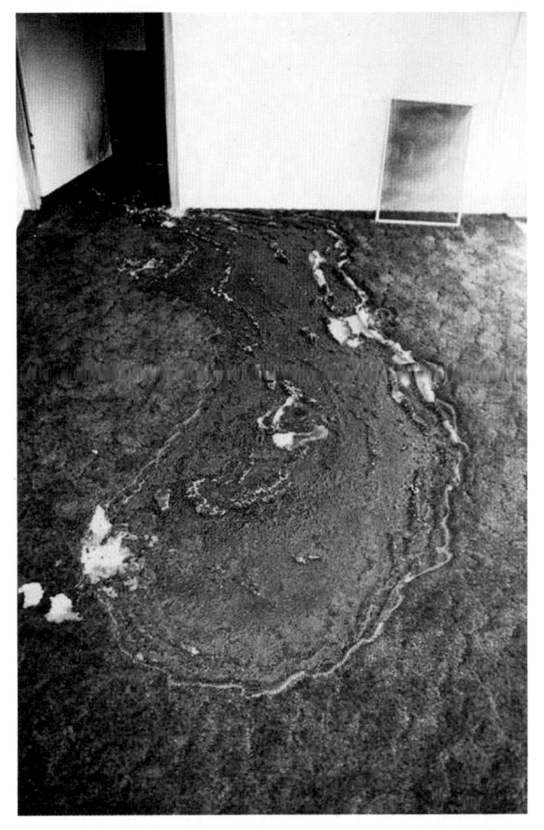

图5.1 “明显的液体泼洒痕迹”，在这个拖车房屋中唯一被烧毁的表面是地板。房子里没有家具。对地毯进行了检测，发现有溶剂油或烧烤炭专用点火液之类的中质馏分油。只根据现场观察就得出痕迹形成原因的认定，这是比较罕见的一种情况。

5.2 分离技术的发展进程

Paul Kirk在1969年的报告中指出，从火场残留物中分离液体助燃剂的常用方法是“将固体燃烧残留物中的液体进行蒸馏处理”。Kirk称，蒸馏过程会受到液体的分馏、闪点、折射率及密度等因素的影响，因此更好的方法是使用气液色谱仪。Kirk发现，“所有的实验室方法能够提供的最重要的一个信息是：火灾现场有易燃液体存在。在排除了易燃液体是偶然放置在此处的可能性之后，这本身就是放火的有力证据。[1]”

图5.2展示了蒸气蒸馏装置。在这种经典的分离技术中，火场残留物与水混合并煮沸，易燃液体蒸气和其他蒸气冷凝在捕集阱中，水被回收，并使得所有不相容的油性液体漂浮在顶部。实际上有一层肉眼可见的液体从样品中分离出来。通常情况下，这一层是由一两滴易燃液体组成的，或者仅仅是水柱顶部的一层彩虹光泽，接下来可以用溶剂进一步萃取和分析，但即使如此，水蒸气蒸馏也不是一种灵敏度很好的技术。如果样品不能明显闻到石油气味，水蒸气蒸馏法对所有易燃液体的分离几乎都是无效的。

1969年，Kirk建议，火场残留物可以在封闭容器中加热，利用气相色谱法对其内部的气相成分进行提取和分析，但他表示，他以前并不知道在常规分析中如何使用这种方法。到20世纪70年代中期，这种技术被称为加热顶空法，如图5.3所示，这种方法是一种常用方法，和水蒸气蒸馏法类似，也受到灵敏度限制，并且在分离常见重质易燃液体（如柴油）时是无效的。加热顶空法（Kirk称其为“捷径”）在如今的一些实验室中仍然被用作分离方法。

1979年*Arson Analysis Newsletter*中报道了灵敏度方面的第一次突破性进展，当时Joseph Chrostowski和Ronald Holmes报道了助燃剂蒸气的收集和鉴定方法[2]。这两位化学家来自美国烟酒枪炮及爆炸物管理局（ATF）费城实验室，他们使用干燥氮气吹扫系统和真空泵，将

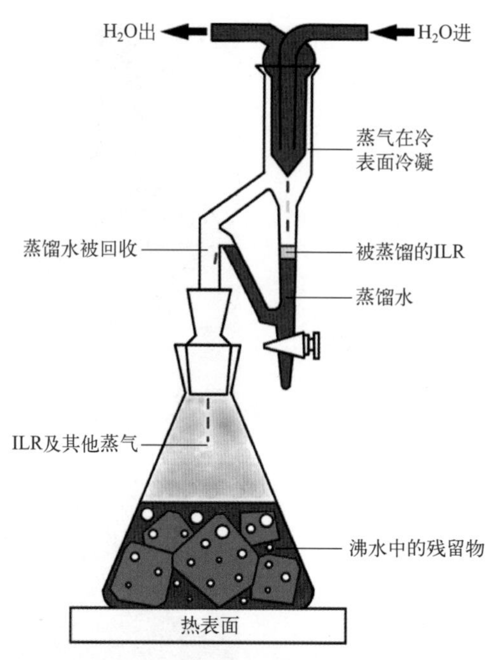

图 5.2 蒸气蒸馏装置。将样品煮沸，蒸气凝结在“冷指”上并落入捕集阱，使水得以循环，而不相容的油质层则堆积在水柱顶面上。

加热样品中的易燃液体蒸气通过一个装满椰壳活性炭的巴氏吸管。用二硫化碳将蒸气组分从活性炭中冲洗出来，并进行气相色谱分析。在接下来的十年间，这两位化学家利用这类仪器装置进行分析（即所谓的动态顶空法）并发表了大量论文，介绍了更新和更精彩的仪器方法。目前动态顶空法仍是一种公认的分析技术，但由于它既具有破坏性又复杂，因此很少有实验室使用它。

1982年，John Juhala将被动顶空法（PHC）应用于火场残留物检测中，这种方法是将一个吸附试剂包放置在样品容器中并进行加热[3]。John使用了木炭涂层铜线和有机玻璃珠。他报告称，与蒸馏和加热顶空分析相比，PHC的灵敏度提高了两个数量级，但当时许多实验室刚刚完成动态顶空系统的建立。因此，采用被动顶空技术需要一段时间，但其优势使其逐渐成为分离的主导方法。1991年❶, Dietz[4]报道了改进的吸附试剂包，并称之为C袋，但这些吸附剂很快就被活性炭条（ACSs）所取代，活性炭条需要的预处理工作要少得多。1993年❷, Waters和Palmer[5]发现了活性炭条（ACS）分析对检材无损的特性：他们使用活性炭对同一样本进行了多达五次的连续分析，分析结果几乎没有明显变化，最终对残留物的分类也没有变化。这种分离技术是当今大多数实验室的首选方法。图5.4是被动顶空法的示意图，图5.5是一种典型吸附装置的照片，该装置由一个10mm×10mm正方形的细分活性炭组成，与聚四氟乙烯（PTFE）条相连。这项技术实际上是从工业卫生行业借鉴过来的。由于活性炭能够吸附很多种有机化合物，员工佩戴炭盘标牌，可以确定其接触危险化学品的情况。

固相微萃取技术（SPME）是另一种被动顶空技术。与活性炭条相比，SPME纤维头对

❶ 原文此处有误，正确的应为1993年。

❷ 原文此处有误，正确的应为1991年。

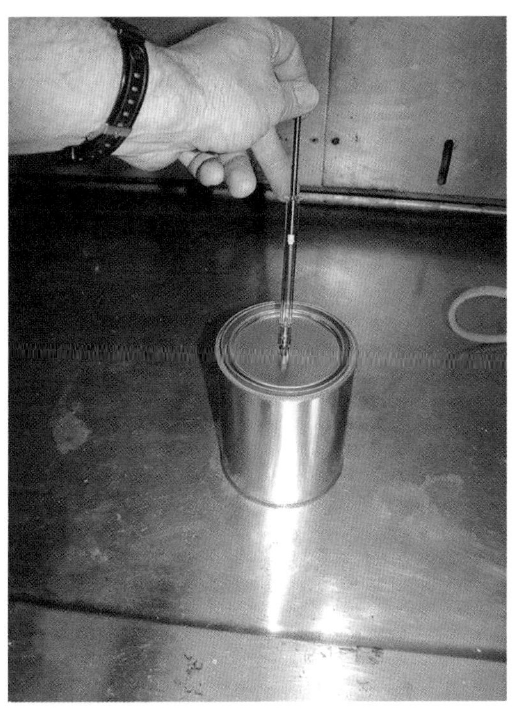

图 5.3　使用气密注射器从火场残留物样本中提取约 500μL 顶空样本，直接注入 GC-MS 进样口中。

图 5.4　使用活性炭条的被动顶空法示意图。通过将装有火场残留物的容器加热到 80℃，产生蒸气。用活性炭条吸附蒸气 16h，然后用加有 100μL/L 四氯乙烯的乙醚溶剂冲洗，用 GC-MS 分析得到的溶液。

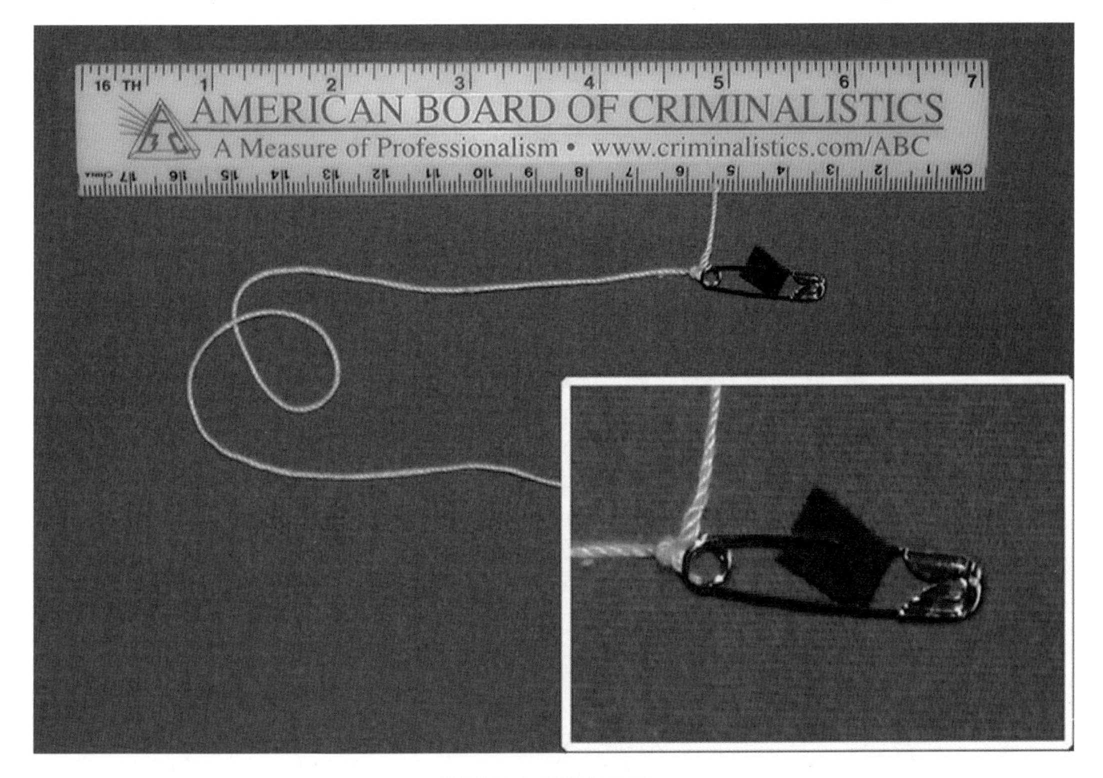

图 5.5　活性炭条特写。

大多数易燃液体残留物来说是一种活性更好的吸附器。在加热条件下将活性炭条暴露在样品顶空中16h，如果基材没有干扰的话，可以分离小于0.1μL的易燃液体残留物。SPME纤维头完成同样的工作只需要20min。本章后面将讨论各种分离技术的优缺点。

5.3 分析技术的发展进程

分析方法的发展与火场残留物分析标准的发展是同步的。第一个模糊的标准直到1982年才颁布[6]，这是个含糊不清的纲要性的标准，在此之前，分析鉴定人员会做出含有与已知汽油、煤油或柴油样本足够相似的“油性液体”的结论。

随着分离能力的逐步提高，越来越微量的易燃液体残留物可以分离出来，分析仪器的灵敏度也在逐渐提高。在20世纪50和60年代，开始利用红外（IR）或紫外（UV）光谱分析提取物[7]，但由于大多数提取物是混合物，这些技术灵敏度不高，检测的特效性也不好。汽油的红外光谱和煤油的红外光谱看起来很相似。从20世纪60年代末开始，使用模式识别技术的气相色谱法（GC）成为了首选的分析方法。气相色谱实际上是一种分离技术，而不是一种识别技术，但与从样品基质中分离易燃液体残留物不同，GC的工作方法是将萃取物中性质类似的化合物相互分离。

在20世纪70年代，作为GC核心组件的气相色谱柱一般是玻璃或金属管，直径为¼英寸，长度为6～10英尺。化学家通常会购买空白色谱柱，并亲自使用涂层粉状物质（固定相）进行填充。众所周知，直径$^{1}/_{8}$英寸的色谱柱比直径¼英寸的色谱柱分辨率更好，但必须是金属材质，已经填充好了的色谱柱。化学家购买的这种色谱柱无法看到其内部填充情况。随着色谱柱生产厂家将色谱柱直径生产得越来越小，他们又重新选择使用玻璃管，并在里面填充或涂覆油类固定相。早期毛细管柱存在一定的问题，其中最主要的是法庭科学界对技术变化的抵触。随着这些问题的逐步改善，毛细管柱成为标准选择，但一直到1990年，才被ASTME 1387（《基于气相色谱法的火场残留物样品中易燃或可然液体残留物的标准试验方法》）提及。1995年版的标准中“推荐”了毛细管柱，但并没有要求必须使用。2001年版的标准要求“[a]毛细管、键合相、甲基硅酮或苯甲基硅酮柱，或其他等效物。只要待测混合物的每个组分都能充分分离，则任何柱长或程序温度条件都可以使用[8]”。如今很少有实验室使用填充柱。

最初的GC检测器是用来测量色谱柱流出物热导率（TC）变化的。火焰离子化检测器（FID）的灵敏度比TC探测器提高了几个数量级。在火焰离子化检测器中，两块充电板之间有氢火焰燃烧。电导率能够表征两块板子间的电流流动情况，当烃类化合物通过氢火焰并燃烧时，电导率会发生变化。

从火焰离子化检测器的烟罩是可以往下观察的，实际上会看到不可见的氢火焰随着各个化合物从色谱柱上洗脱而变成黄色。这种可见的转变就是火焰光度检测的基础，这种装置可以测量火焰发出可见光强度的变化。

甚至早在1976年，一些实验室就在使用GC-MS[9]。当时，质谱仪价格昂贵，也不太可靠，需要借助计算机（这是PC时代之前，当时计算机主机会占据半个房间），而GC-MS例外。利用早期的仪器，仪器操作员观察图谱记录仪，并在峰值出现（表明化合物被分离）时按下按钮获取质谱。这是个劳动密集型的操作过程。有些人认为化学家应该使用现有的最佳技术，GC-MS相对于GC-FID更有优势，所以要用到MS。GC-MS的主要倡导者之一是Jack Nowicki，他认为GC-MS完全能够取代以前的助燃剂分离系统[10]。最终证明他是正确的。大多数实验室都坚持使用FID方法，因为使用GC-MS有一定难度，而且他们已经习惯于单独使用FID。到20世纪80年代初，质谱法检测仍然非常昂贵，但其在火场残留物分析中的应用变得更加广泛，特别是在资金充裕的实验室。公立实验室利用GC-MS仪器进行药物鉴定，这是它们可用于火场残留物分析的另一个原因。20世纪80年代分析仪器更加自动化，即使没有峰的情况下也会每秒采集几次质谱图。这使得分析过程更为有效，但数据文件量是巨大的。今天的GC-MS，以每十分之一秒的频次采集数据，利用复杂的分析软件可将文件大小保持在兆字节左右，一次运行可以收集18000张谱图，这是一个惊人的进步。

1982年，Martin Smith [11] 发表了一篇论文，介绍了一种他称之为质量色谱法的方法，这种方法利用计算机根据产生质谱信号化合物的官能团（如烷烃、烯烃、芳烃、环烷烃等）分离质谱信号。这种技术使得化学家能够查看许多张简单和易于识别的谱图，而不是查看一张大型复杂的谱图。现在，把这种强大的分析方法称为提取离子流分析或是提取离子色谱法，是大多数鉴定的基础。

计算机技术的发展使一般的实验室也能够控制质谱仪，仪器制造厂家生产了台式仪器，具有更高的灵敏度和非常好的稳健性。四极滤质器是目前最流行的质量选择性检测器的核心组件，它没有活动件，也不会失灵。

5.4 标准方法的发展进程

随着分离分析技术的进步，法庭科学界对火场残留物分析问题的处理方法也有所改进。*Arson Analysis Newsletter*（AAN）到1986年仍继续出版，分享了许多宝贵的信息。通过这份非正式的期刊，分析火场残留物的法庭科学家们有了相互交流的方法，这是许多其他学科科学家无法获得的。1982年，根据美国国家标准局消防研究中心（NBS）和烟酒枪炮及爆炸物管理局（ATF）国家实验室的工作，出版了*Accelerant Classification System*。不仅描写了五个类别，即“火场残留物鉴别中利用GC-FID可鉴别的常见谱图”，而且作者们（出版物中没有署名，但应该有Philip Wineman博士和Mary Lou Fultz博士）还给出了类别鉴定所需的最低限。第一次有人解释了“足够的相似”是什么意思，这是火场残留物分析历史上的分水岭。虽然最初的分类体系出版物中称尚未拿到最终报告，评价结果将在后面刊发的*Arson Analysis Newsletter*中刊出，但后续并没有进一步的文章。那之后的6年时间里，在非正式情况下这个分类体系一直在使用。

国际放火调查员协会（IAAI）几乎从设立之初，就成立了一个由法庭科学家和工程师组成的常设委员会，呼吁该委员会就实验室分析问题向火灾调查员提供咨询意见。1987年，IAAI主席John Primrose与法庭科学委员会接洽，要求其就实验室报告中应该出现的内容出具建议书。委员会成员很快发现，为了规定实验室报告的内容，首先必须确定可行的分析方法。其中，分离技术部分主要介绍了四种样品预处理技术（水蒸气蒸馏、顶空分析、溶剂洗脱、动态顶空净化及捕集），同时指出需要使用带有火焰离子化检测器、光离子化或者质谱检测器的气相色谱。尽管该书面意见被称为“指南”，但有如下表述：“只要不是用下文所述模式识别技术进行鉴定的石油馏出物，就不能称之为充分鉴定[12]。”指南中给出了NBS/ATF分类体系及鉴别表，并描述了有些材料不适用该指南。例如异烷烃是一种易燃液体，但是指南中并未提及。在那个时候，火场残留物分析化学家唯一能接触到异烷烃的地方就是Gulf Lite®牌木炭引燃液。随着IAAI指南的引入，火场残留物分析化学家开始习惯于遵循标准方法。在私立部门，实验室向其主要客户来源——IAAI的成员进行宣传，他们也遵守该指南。不遵守该指南的实验室就没有鉴定业务。

1990年，ASTM法庭科学委员会E30采纳了IAAI指南，并将其分割成六个不同的标准，用于火场残留物提取物的制备、清理和分析。1990年，最先发布了ASTM E1387《基于气相色谱法的火场残留物样品中易燃或可燃液体残留物的标准试验方法》。1995年，“flammable or combustible liquid”（易燃或可燃液体）这一累赘短语被改为“ignitable liquid”（易燃液体），由于该标准不再是最佳做法，所以虽然该标准经过了几次修订，但仍在2010年被废止。1993年，E30委员会在Martin Smith、Jack Nowicki和其他几位著名化学家的协助下，起草了E1618（*Guide for Fire Debris Analysis by Gas Chromatography-Mass Spectrometry*）。1997年，对该指南进行了修订，2001年“推广”为标准实验方法。最新版本（截至2018年1月）的E1618是2014版。目前，GC-MS是易燃液体残留物分析的最佳实践方法。

1982年的易燃液体分类表进行了更新，以尽量跟上石油化工产业的不断变化。指南中不断引入新产品，包括“环保友好”的溶剂替代品，如溶剂油和打火机油等燃料。当ASTM E1387首次发布时，在最初的分类表中添加了一个“0级”分类，以解释不适用五类最初分类的液体。然而，在0类中可以进一步分类，因此在ASTM E1387-95中出现了0.1 ～ 0.5类。到下一次修订时，创建了第0.6类，即脱芳烃化馏出物，但委员会意识到是时候做出改变了，因为杂项类别的数量已经超过了原来的分类。2000年，分类体系进行了彻底的修订，有九个不同命名但没有编号的分类，在这九类中的八类又细分为轻质（C_4 ～ C_9）、中质（C_8 ～ C_{13}）和重质（C_8 ～ C_{20}）[13]。

在过去的35年里，分离技术、分析技术和科学界对火场残留物分析的方法都有了显著改进。1999年，美国司法执法标准办公室编写了一份题为“法庭科学：现状和需求回顾”的报告，由40多名著名法庭科学家共同编写。在回顾研究历程的基础上，将火场残留物分析描述为微量物证分析的一个分支学科，因为有足够多已发表的相关材料和分析解释的论文，该学科信誉很好。用于检验和解释火场残留物中化学残留物的标准指南已经通过法庭科学ASTM委员会E30发布。在科技文献中这些标准化文件经常被引用，这有助于满足法律界的要求[14]。这篇综述中还讨论了大部分其他法庭科学方面的指南，这些指南还需要标准方法的标准化和（或）有效化。火场残留物分析鉴定人员可以证明该标准化的历史甚至在Daubert法则把它作为一种必要性之前就存在了。

ASTM E1618会进一步发展，但要建立在基础科学发展的基础上。火场残留物分析OSAC小组委员会（截至2018年）正在讨论对E1618的修改建议，考虑将其分为四个部分：仪器质量的保证、易燃液体残留物的分类、数据解释和报告编写[15]。ASTM委员会E30是否接受这些建议仍有待观察。2017年，美国科学促进会（AAAS，*Science*杂志的发行者）的一个工作组指出，“工作组认为ASTM关于提取、分离和分析易燃液体残留物的标准检测方法，已发展得较为完善成熟，没有理由让操作实验室不使用这些方法。所有法庭科学工作者都应该知道这些方法，应该能够接触到这些方法，要想让他们的分析结果被法院接受，就应该遵循这些方法进行分析[16]。”

5.5 残留物的分离

5.5.1 原始样品的评估

一旦收到的样品被记录在案，保管链保护妥当，进行火场残留物分析的第一个关键步骤就是分离技术的选择。选择的分离技术不恰当，可能会导致假阴性、误判或者证据被破坏。这个分离技术选择过程的第一步（也是所有化学分析的第一步）就是查看样品。查看样品的目的之一是确保其处在原始状态。样品特性决定易燃液体残留物最合适的分离方法。宏观观察完之后，下一步是“用鼻子评估”。职业安全专家无疑会对这一建议表示不满，但可以小心点来进行这一步。没有必要把鼻子凑在罐子里去闻味，尽管分析鉴定人员可以肯定火灾调查员在收集样品的时候已经这样做了。除了用作比对样品的液体样品，其他样品都可以移除盖子，在样品顶部轻轻挥手，来进行安全的评估，看样品是否有明显的气味。如果有气味存在，就可以取下一小部分样品，用溶剂提取，进行快速和准确的分析。 如果气味非常强烈，最好取下一小块样品放入单独的容器中进行分析。

5.5.2 易燃液体残留物分离方法的选择

根据ASTM E1386，冲洗空容器、提取高浓度易燃液体残留物的小份样品、从非常少的样品中分离残留物时，溶剂提取是一种很合适的分离方法。并不是每个来实验室送检的调查员都有足够的经验和知识知道如何找到最佳样品。一个没有经验的调查员只送检几克重的样品的现象也并不罕见。

绝大多数送检样品可能是过火后的建筑材料、地板覆盖物和家具一类的样品，并没有强烈的气味，根据ASTM E1412，最好用被动顶空法进行分析。这种方法本质上是无损的。如果分析鉴定人员决定以后使用其他方法，如检测植物油，那么被动顶空法不会造成干扰。在过去的35年里，人们对其他分离方法也进行了深入的研究，虽然它们各有所长，但没有一种方法比得上使用活性炭条-被动顶空法的优势。顶空取样，是对容器进行加热，直接对顶空蒸气进行取样，然后将样品注射到气相色谱仪中，这是一种很好的筛选分离技术，但是顶空法不能得到归档的提取物，也不适宜检测C_{15}以上的有机化合物。

根据ASTM E1413证明动态顶空法在易燃液体残留物分离中的吸附/洗脱作用是有效的，但它具有破坏性，在操作时需要比被动顶空法更为小心，而且动态顶空法仪器更为娇气和麻烦，并且动态顶空法的灵敏度并不比被动顶空法好，同时还容易对物证产生损坏（例如，管子的排液口最后会损失掉一部分待测组分）。动态顶空法的唯一优势就是速度快。固相微萃取法是另一种可选择的分离方法，但固相微萃取法需要的操作比较多，而且和顶空取样法一样，不能得到可长期保存的归档检材。使用被动顶空法，溶液可以多次注射到色谱柱，只要活性炭条留在溶液中，随着洗脱溶剂的蒸发，它就可以逐渐重新吸附易燃液体残留物。（1982年Juhala的报告中指出，从有机玻璃珠上脱落的活性炭能够重新吸附小部分易燃液体残留物。）如果需要对样品溶液进行二次检测，利用这种方法可以在几年后重新进行提取。由于许多火场残留物样品的保管容器无法保留很长时间，存档的活性炭条往往会成为几年后再次检验的最好证据。

许多欧洲实验室在使用被动顶空或动态顶空技术时，会使用一种名为Tenax的吸附剂，这是一种多孔聚合物。对样品进行加热，提取加热顶空处的试样（大约100mL），将其注入装有Tenax的试管中。然后对该试管快速加热，使得待测试样热脱附，并将其直接注射到GC进样口中。这种方法速度很快，不需要使用溶剂，但与SPME一样，提取物不能存档。

被动顶空法需要的设备只有对流加热炉、小试剂瓶、ACS（活性炭条）和自动溶剂取样器。对流加热炉的大小取决于实验室的鉴定业务量。在实验室，对流加热炉可容纳10个1加仑（gal，1gal=3.785dm^3）试样罐和20多个1夸脱试样罐。

每个实验室都应该优化其ACS（活性炭条）取样程序中的参数，以确保得到尽可能好的结果。ACS取样的“好”结果，是指标准品的浓缩顶空蒸气色谱图与该标准品在洗脱溶剂中的色谱图匹配。

建议活性炭条的最小尺寸是10mm×10mm。这种100mm^{2}的炭条可以轻易容纳一夸脱样品罐滤纸上的10μL易燃液体产生的所有顶空蒸气。但炭条有可能超载，使得重质烃比轻质烃优先吸附，芳烃比脂肪烃优先吸附，但这种影响一般不足以对鉴定造成影响。通常，能够使炭条超载的样品会散发出强烈的气味，分析鉴定人员可以取少量样品或减少分析时间。

对于含水量高的样品，样品储存容器中的蒸气压过大，有顶开盖子的危险。这有可能会污染样品加热炉。对于这类样品，可以制作一个简易的“减压装置”。在盖子上打一个小孔，再用玻璃纸胶带封住，如图5.6所示。

图5.6　带有“减压装置”的一夸脱样品罐，用一条短的玻璃纸胶带覆盖在盖子上的小孔上。

典型ACS的吸附时间为16h，建议鉴定人员对不同的吸附时间和温度进行实验，目的是在最大回收率和所需的最短时间之间找到平衡点。16h也是很方便的，因为可以在下午4点将样品放入加热炉，第二天早上8点取出即可。ACS的主要优点之一是鉴定人员无需过多关注。一旦将炭条放入样品罐，再将样品罐放入加热炉中，就不用再做其他工作，直到到时间后把炭条从罐中取出，将其放在小试剂瓶中，然后加入洗脱溶剂。分析时在这一点上，鉴定人员必须特别注意：由于炭条外观是相同的，所以一旦将炭条从样品容器中取出，再将炭条放入小瓶时，可能会发生一个不可逆的错误，也就是把炭条搞错了。这个时候鉴定人员不能接打电话分心，或是被实验室的其他人所干扰。这时候“专注”很关键。

许多实验室有预浓缩步骤，也就是在小瓶中的炭条上加入大约500μL溶剂，然后在炭条达到平衡后，将其取出，将溶剂挥发到100μL左右。这使得浓度增加为五倍，但其实这种浓度的增加通常也可以通过仪器测试中损失很少的信号或是增加噪声等方式实现。从鉴定人员的角度来看，初步分析并不需要进行预浓缩。如果有必要的话可以在后面完成，但如果预浓缩步骤操作不够仔细，就有可能干扰最后的鉴定结果。挥发溶剂唯一安全的方法是通入干燥氮气。加热溶剂是个坏主意，因为分子量较小的化合物很可能会随着溶剂挥发掉。

5.5.3 溶剂的选择

另一个关键选择是选择用于洗脱的溶剂，溶剂的选择不仅会影响鉴定结果的质量，而且还会影响鉴定人员的生命质量。最常用的洗脱溶剂是二硫化碳，这是一种剧毒、致癌、致畸、有臭味、有害的液体，接触到沸水即可被引燃。二硫化碳从活性炭条中分离芳烃和脂肪烃的效果很好，乙醚的效果也很好。研究表明，二硫化碳的洗脱效果优于乙醚、正戊烷，或是ASTM法庭科学委员会E30推荐的其他溶剂[17]，但如果使用乙醚制备标准样品，其色谱图的轻微变化不会对鉴定造成影响。Lentini和Armstrong[18]发现，对于采集10μL易燃液体残留物样品炭条，乙醚和二硫化碳的洗脱效果差异很小。考虑到健康风险，乙醚显然是分析的更好选择。

最初选择二硫化碳作为火场残留物洗脱溶剂，是因为其解吸效率较高，而且通过火焰离子化检测器时信号干扰相对较小。如果使用质谱检测器，二硫化碳信号低的优势就不存在了，因为在溶剂通过时检测器是关闭的。

有些研究发现乙醚能够形成爆炸性过氧化物，但如果乙醚保存在冰箱中并定期使用，这种情况就不会发生。乙醚罐发生爆炸，只有在这些罐子在没有冰箱的储藏室中闲置多年，无人使用的情况下才可能发生。二硫化碳、乙醚和正戊烷都是非常易燃的，但在消防安全方面，二硫化碳的火灾危险性最大，因为其点火温度最低，燃烧极限范围最宽[19]。表5.1中列出了ASTM E1412推荐的三种溶剂的性能对比。

5.5.4 内标物

在分析火场残留物时，有两种情况适合使用内标物。在样品当中加入内标物使得检测人员至少能对样品的“黏性”和分离程序的有效性产生定性感觉。在实验室添加的是0.5μL的3-甲基苯（实际上是在20μL的乙醚溶液中含有2.5%的3-甲基苯）。在洗脱溶剂中，使用的第二种内标物是100μL/L的四氯乙烯。如果色谱图中3-甲基苯不出峰，这就意味着样品黏着力非常强，黏着力强可能是造成色谱图不出峰的原因。如果四氯乙烯不出峰，则意味着进样时出了问题。

通过比较样品信号与四氯乙烯信号，可以对ILR含量进行半定量分析。根据ASTM

E1412分离的已知易燃液体的10μL标准谱图，两个内标物的峰值与样品峰是大致相同的数量级。空白样品是必不可少的，包括加了3-甲基苯的滤纸和用加标溶剂洗脱的空白炭条。一些鉴定人员可能会意识到他们面临着被指控“污染”样品的危险，但恰当地保留空白样品的话就可以很容易地避免这个问题。使用内标物的好处远远大于这一缺点。

表5.1 洗脱溶剂比较[a]

项目	二硫化碳	乙醚	正戊烷
闪点	-22 ℉（-30℃）	-49 ℉（-45℃）	-40 ℉（-40℃）
LEL（在空气中的体积分数/%）	1.0	1.9	1.5
UEL（在空气中的体积分数/%）	50.0	48.0	7.8
相对密度	1.3	0.7	0.9
沸点	115 ℉（40℃）	95 ℉（35℃）	97 ℉（36℃）
自燃点	194 ℉（90℃）	356 ℉（180℃）	500 ℉（260℃）
暴露极限（TWA[b]）/（μL/L）	4	400	600
暴露极限（STEL[c]）/（μL/L）	12	500	750
致癌	是	否	否
致畸	是	否	否
IDLH/（μL/L）	500	19000（LEL）	15000（LEL）
FID信号	低	高	很高
2017年每升的价格[d]	273.00	153.00	78.00

注：IDLH为立即危及生命和健康；LEL为爆炸下限。
a 要获得更完整的相关信息，请参阅你所在的实验室的风险文献或材料安全数据表（MSDS）。
b 8h暴露时间内的加权平均值。
c 短时间暴露极限值（最长15min）。
d 资料来源于VWR.com。

5.5.5 分离方法的优缺点

上文已提到过ACS法有两个缺点：①吸附需要一定的时间；②与SPME相比灵敏度不高。如果实验室习惯于当日出具鉴定意见，那么就应该选择吸附时间短的分离方法。但鉴定时限一般为2天至2个月，在这种情况下，分析所需时间是16h还是15min是没有影响的。在灵敏度方面，对于黏着力不强的易燃液体残留物，ACS方法能够满足0.1μL的常规检测，这个检出限已经足够低了。目标是帮助火灾调查员了解火灾现场是否有外来可燃液体。现在能够检测到涂装在硬木地板上5年甚至更长时间的聚氨酯成分。没有必要再进一步提升灵敏度。在15min内吸附大量易燃液体残留物的方法，比在稀释溶液中需要16h吸附的炭条法吸附过程中更容易受到污染。

火场残留物样品要使用的“筛选”技术是每个实验室都需要考虑的问题。ACS分离的灵敏度更高，所以通常没必要对样品进行筛选。通过快速顶空分析（根据ASTM E1388）检测为阴性（未检出）的样品不管怎样都需要进行进一步检测。如果要求寻找轻氧化物（乙醇、丙酮）或是对分析物浓度进行大致估计（而不是通过“鼻子评估”），进行顶空分析是很有用的。筛选方法能够快速得到结果（非最终分析结果）。对于常规分析来说，应按照ASTM E1412使用被动顶空法。ASTM E1386中介绍的溶剂提取法适用于在大量样品中等分取样，提取少量样品或是在空容器中取样。

在想得到火场残留物的纯液体提取物时，可以选择蒸气蒸馏法。这样的好处是可以将提取液带到法庭上，展示给陪审团，点燃棉签并展示。由于蒸气蒸馏法仅适用于高度浓缩的样品，因此最好要确认样品保存完好，在法庭上可以让陪审团成员直接闻样品本身的味道。在大多数情况下，水蒸气蒸馏法是一种过时的分离方法。应该注意的是，ASTM体系认为水蒸气蒸馏法是一种“历史”方法。

表5.2中比较了各种分离方法的优缺点。

表5.2 ILR分离方法的比较

方法	优点	缺点
E1385 水蒸气蒸馏法（历史标准，2010年废止）	能够得到看得见的提取液，解释起来很简单	操作复杂，有破坏性，灵敏度不高，需要昂贵的玻璃仪器
E1386 溶剂萃取法	适用于少量样品和空容器的提取，不会引起明显的分馏，能够区分不同的重质石油馏分（HPDs）	操作复杂，价格昂贵，会把非挥发性物质一起萃取出来，增加了火灾风险，溶剂暴露，有破坏性
E1388 顶空取样法	快速，对低碳醇灵敏度更高，无损	不能得到可存档样品，对重质化合物灵敏度不高，重现性差
E1412 被动顶空法	鉴定人员无需过多关注，灵敏度高，无损，产生可存档样品，价格不高	提取时间长
E1413 利用活性炭条的动态顶空法	快速，灵敏度高，能够得到可存档样品，价格不高	操作复杂，有待进一步发展，有破坏性
E1413 利用Tenax的动态顶空法	快速，灵敏度高	操作复杂，需要进行热脱附，不能得到可存档样品，有破坏性
E2154 SPME	快速，灵敏度很高，可以用于便携式GC-MS现场取样	操作复杂，价格昂贵，需要特殊的进样口，纤维头要重复使用，不能得到存档样品，更容易受到污染

5.6 对分离后的易燃液体残留物的分析

尽管分离和检测技术有所改进，但鉴定易燃液体残留物的总体方法与20世纪70年代初是相同的。通过对得到的样品色谱图与已知标准的色谱图相比，鉴定人员来确定是否有“足够的相似性”来进行识别。技术上的改变主要是使用毛细管柱提高了分辨率，能够以高达10次每秒的频率采集质谱图，以及对“充分”的含义达成共识，这些改变提高了可用信息量。虽然有更多的信息需要比较，但该技术仍然是一种“谱图识别和匹配”技术。

由此就有了一个矛盾，当一个人看质谱图时，他看的是结构细节，而不是简单的谱图匹配，但是谱图也是要进行匹配的。在使用傅里叶变换红外光谱（FT-IR）仪进行药物的结构测定时，也有同样的矛盾。虽然鉴定人员经常研究分子结构，但日常操作却是进行谱图匹配。

要对色谱图进行比对是需要有专业技能的。要想娴熟应用专业技能，就必须仔细学习，经常实践。谱图识别是一种一直存在问题的“科学”技能，虽然火场残留物鉴定人员使用的设备与药物鉴定人员是相同的，但药物鉴定人员通常只是寻找具有特定保留时间的单个谱峰。火场残留物鉴定人员必须将样品出峰的整个谱图与标准品出峰谱图进行比较。这包括对组间和组内峰高的比较，是相当复杂的。虽然许多药物鉴定人员确实也进行易燃液体残留物分析，但其所涉及的专业技能是不同的。

火场残留物分析所用到的专业技能，与环境科学家的专业技能也是不同的，环境科学家通常会试图对“Superfund Law”（译者注：“Superfund Law”是在美国已有环境法律无法有效解决历史遗留的环境污染问题的大背景下产生的，它以解决“脏中最脏”的污染场地为突破口，建立“国家优先（处理）名录”，“溯及既往”地系统追究环境责任，成为美国乃至全世界环境法中最具特色的一部法律。此处指环境污染场所）现场的漏油或污染物的成分进行量化分析。环境科学方法通常假设存在汽油或其他石油产品，然后寻找苯、甲苯、乙苯和二甲苯（BTEX）来量化其存在的数量。除非需要确定泄漏的来源，否则环境鉴定人员通常不会使用与火场残留物鉴定人员相同的技能。

如果考虑到石油产品的性质，以及将其从火场残留物样品中分离出来的过程，这就可以理解为什么色谱图看起来是这样的了。许多石油产品是直馏馏分，特别是中等石油馏分（MPD）和重质石油馏分（HPD）。这类谱图整体上呈由正构烷烃主导的高斯（钟形）峰分布。有人将煤油和柴油谱图比作为剑龙，这是因为色谱图与恐龙的背鳍有些相似。中等程度的石油馏分谱图看起来也是类似的，只不过谱峰缩小了并且结束的比较早而已。

当使用PHC（被动顶空法）从样品中分离出易燃液体残留物时，会发生类似于蒸馏的分馏过程。这是由于C_{18}以上的易燃液体残留物组分蒸气压很低，而且分子量较大的碳氢化合物在复杂基材上有选择性吸附。利用非排他性衬底（如滤纸）可以捕获柴油中高达C_{23}的碳氢化合物。然而，将同样的柴油放在炭化木材上，谱图中最多能显示C_{18}碳氢化合物。如果化合物不进入顶空空气中，它们也就不会被吸附在炭条上。所以必须考虑到样品的黏性，特别是在区分煤油和柴油的时候。

作者学习过老式的模式识别，即对许多试样进行试验，得到数百个标准谱图，来了解谱图是什么样子的。今天的鉴定人员是幸运的，ASTM给出了鉴定人员可能会见到的易燃液体残留物的大量标准谱图，此外还在标准文本中给出数以百计谱图的详细汇编[20]。ASTM标准和《易燃液体GC-MS指南》中都提供了足够的信息，使鉴定人员能够得到和标准谱图非常相似的谱图。虽然这些资料是非常重要的资源，但每个火场残留物分析实验室都必须有自己的易燃液体残留物图谱库。这样能够保证GC谱图具有完全相同的保留时间，质谱的碎片离子图也完全相同。实验室的内部谱图库也是一个质量保证，可以让鉴定人员知道仪器什么时候会出现偏差，什么时候建立新的标准谱图，什么时候安装新的色谱柱。无论采取何种方法，都需要花费时间来提高识别易燃液体残留物谱图的能力。

质谱仪可以对非常复杂和令人困惑的谱图进行简化。这是由于借助数据分析软件，质谱仪可以只分离出谱图中的特定离子峰。例如，如果想查看烷烃，就只需要得到m/z（质量与电荷的比值）为57（以下称为离子57）的提取离子流色谱图，其他大部分组分就不会再显示。这样就可以将总离子流色谱图（TIC）分解为不同组分。虽然还有更多要了解的谱图，但这种谱图是更简单的，也更容易记住。这种数据分析方法被称为质量色谱法（mass chromatography），是1982年Smith最先提出的[11]。质谱法有两种基本获取方法：①单离子法；②多离子法。Dolan[21]将单离子色谱图称为提取离子流色谱图（EIC），将多离子色谱图称为提取离子流分布图（EIP）。本书使用的是这一术语。

当使用软件将提取的离子流色谱图缩放到最高峰值，或者使用多个离子时，建议谨慎处理。第二、第三和第四种离子出现在谱图上会使谱图变得更加复杂，从而违背了最初提取离子的目的。在某种程度上，这些其他离子不会改变谱图，可能会使鉴定人员认为他们看到的比实际存在的更多。最后，如果这些其他离子的浓度非常低，那么单离子提取比多离子提取的观察效果也更好。图5.7是从煤油标准谱图单独提取离子57和同时提取离子57、71、85和99谱图的比较。多离子提取图更为复杂，因为对于色谱图中几乎所有组分来说，离子57是基峰[1]（base peak），所以多离子提取图中离子57峰是最高的。

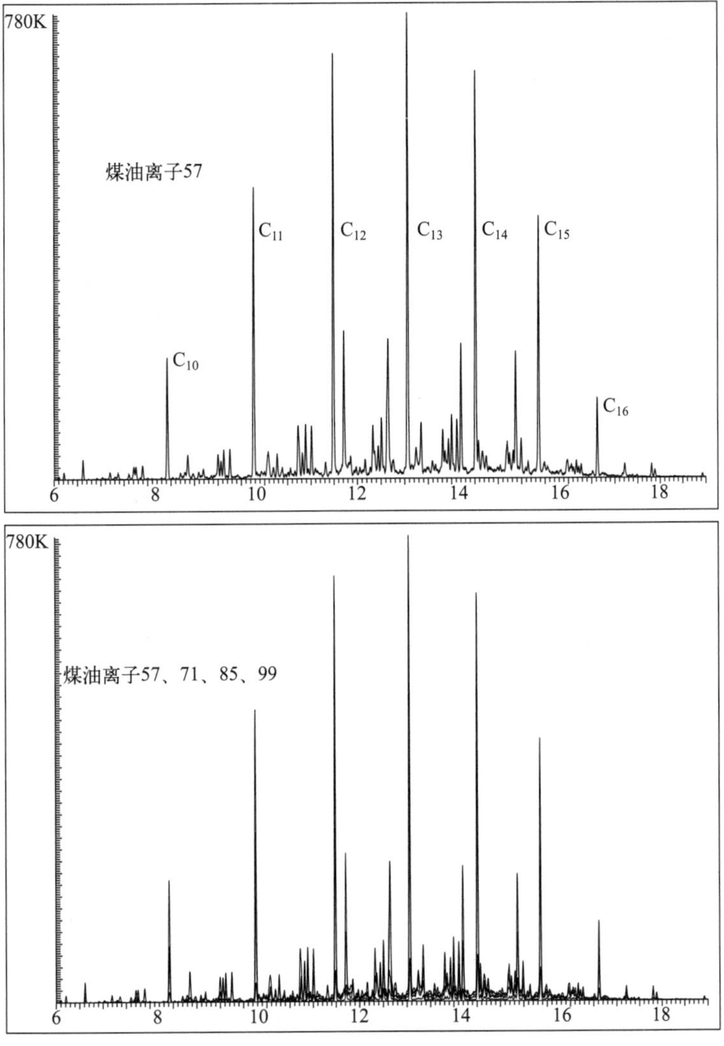

图5.7 提取离子流分布图与提取离子流色谱图：煤油标准谱图提取图，上方是离子57色谱图，下方是离子57、71、85和99分布图。四种离子在分布图中合并绘制。如果单独提取显示，这几种离子是非常相似的，离子57的峰最高。

图5.8给出了另一个例子，展示了从汽油样品中提取的萘系物，分别是离子128、142和156。在上方的图中，这几种离子被组合成一个分布图，虽然这可以让鉴定人员明确这三种离子的相对丰度，但对离子156所代表的二甲基萘的细节展示却很少。当提取离子单独呈现时，鉴定人员也可以通过读取y轴旁边的丰度值来获得定量数据，并且还可以看到谱图右侧各峰形状细节。表5.3列出了实验室中用来检测各种石油化合物的离子。

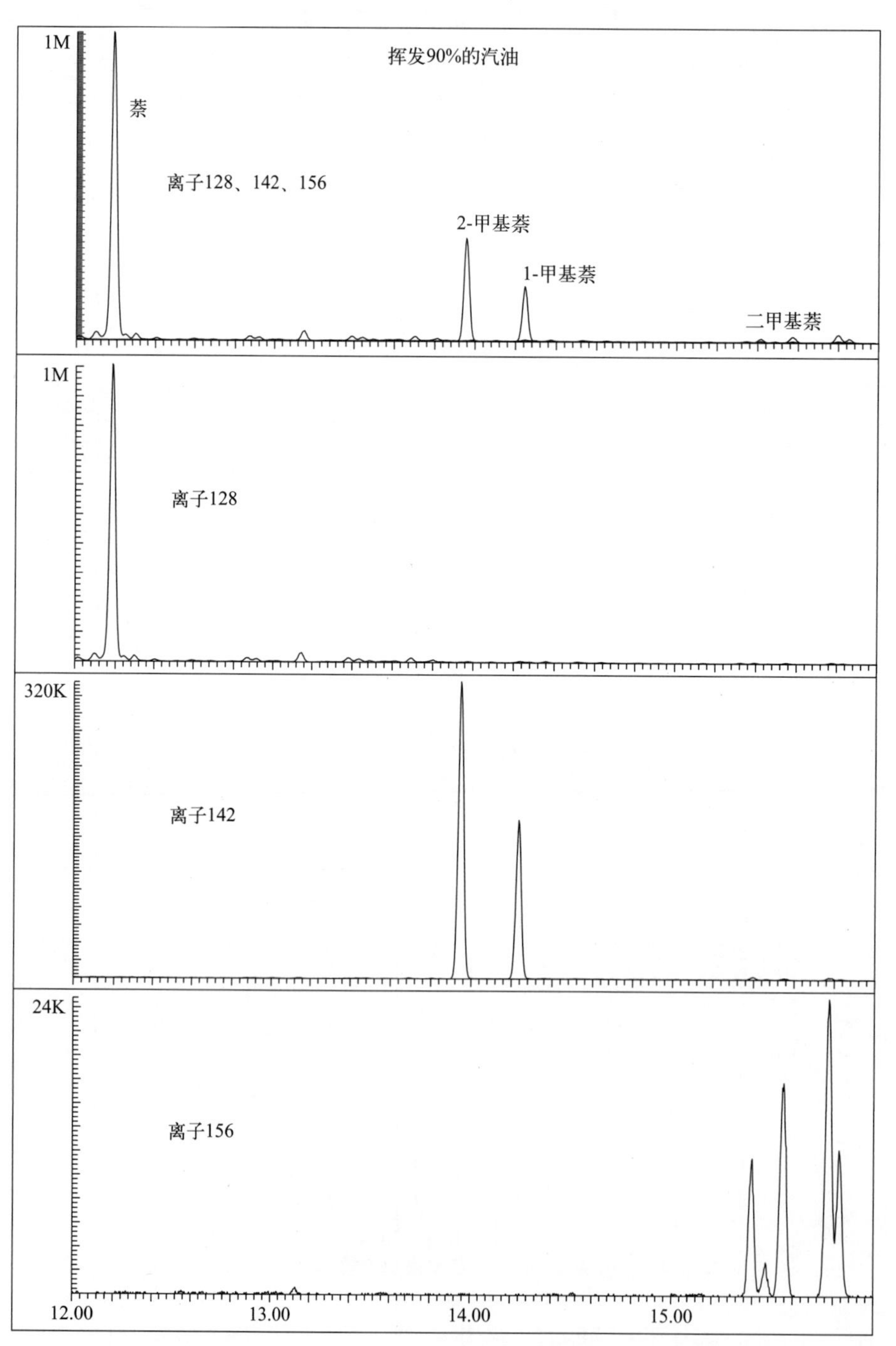

图5.8　提取离子分布图与提取离子色谱图：上方的图是汽油标准谱图中提取的萘系离子分布比较图。下面的图是将三种离子（离子128、142和156）分别提取得到的谱图，可以对细节进行比较。

表5.3　提取离子流色谱图的常用离子

离子	化合物
55	烯烃、环烷烃
57、71	烷烃
83	环烷烃
91	甲苯、二甲苯
93	萜烯类
105	C_3烷基苯
117	茚满、甲基茚满
119	C_4烷基苯
131	甲基茚、二甲基茚
142	甲基萘
156	二甲基萘

图5.9（a）中展示了一个类似的例子。图中显示了挥发75%的汽油标准谱图中的离子91、105和119。在挥发90%时，这种效应更加明显，如图5.9（b）所示，这时离子91峰较小。

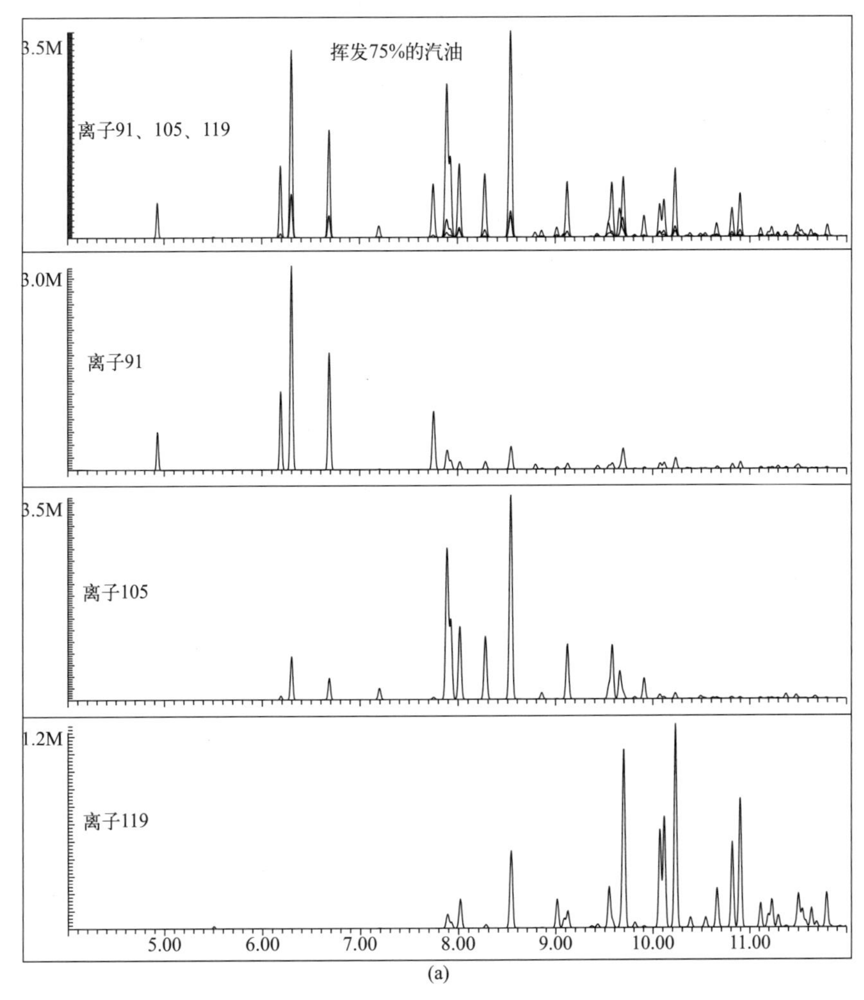

图5.9　（a）离子分布图与离子色谱图：挥发75%的汽油提取离子分布图比较。上面的图组合显示了离子91、105和119。下面的三个图则对每个离子进行了分别显示。

鉴定人员是否选择提取离子流色谱图或提取离子分布图，在很大程度上是个人偏好问题。作者更倾向于提取离子流色谱图，从而避免在分布图中观察较小的峰而带来的视觉疲劳。实验室用来记录汽油存在的六个典型离子色谱图如图5.10所示，用于馏分油的三个离子色谱图如图5.11所示。后面会对每个细节问题进行讨论。

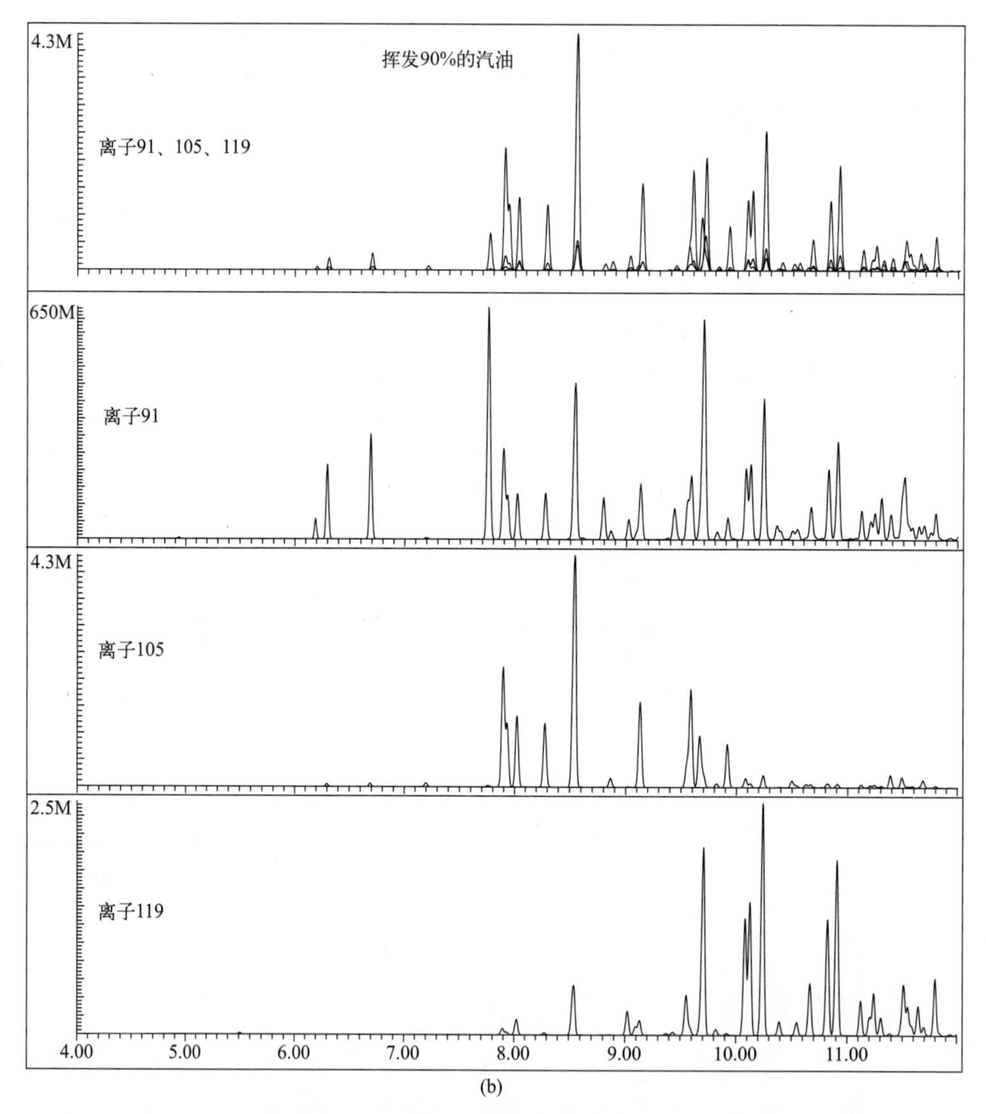

图5.9　（b）提取离子流分布图与提取离子流色谱图：挥发90%的汽油离子分布图比较。上面的图组合显示了离子91、105和119。下面的三个图则对每个离子进行了分别显示。

5.6.1　鉴定标准

分析员用于对易燃液体残留物作出阳性结论的大多数色谱图的TIC具有较好的匹配性（即显示出与标准谱图有“足够的相似性”）。即使样品的ILR浓度很低，或是背景干扰很大，或两者兼而有之，如果鉴定人员非常小心细致，有时也可以检出ILR。一般来说，如果样品

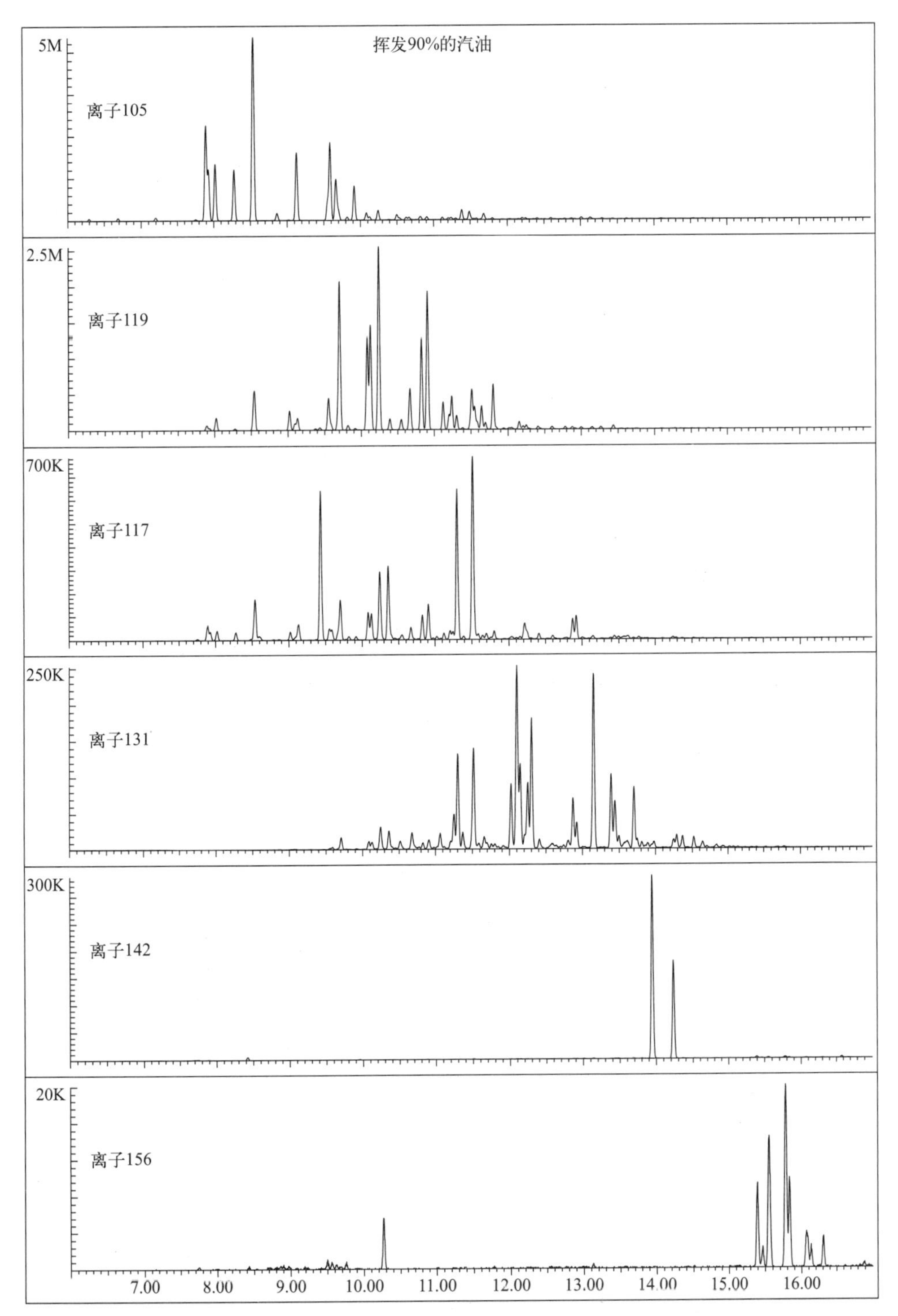

图 5.10　实验室用来记录汽油存在的六个离子色谱图。用离子 105 检测 C_3 烷基苯，用离子 119 检测 C_4 烷基苯，用离子 117 检测茚满和甲基茚满，用离子 131 检测二甲基茚满，用离子 142 检测甲基萘，用离子 156 检测二甲基萘。

的 TIC 与标准谱图 TIC 不匹配，则样品可能是阴性的（即确定不含有易燃液体残留物），但也并不总是这样。下面对常规情况下识别 ILR 的标准讨论中，就举例说明了这种特殊情况。

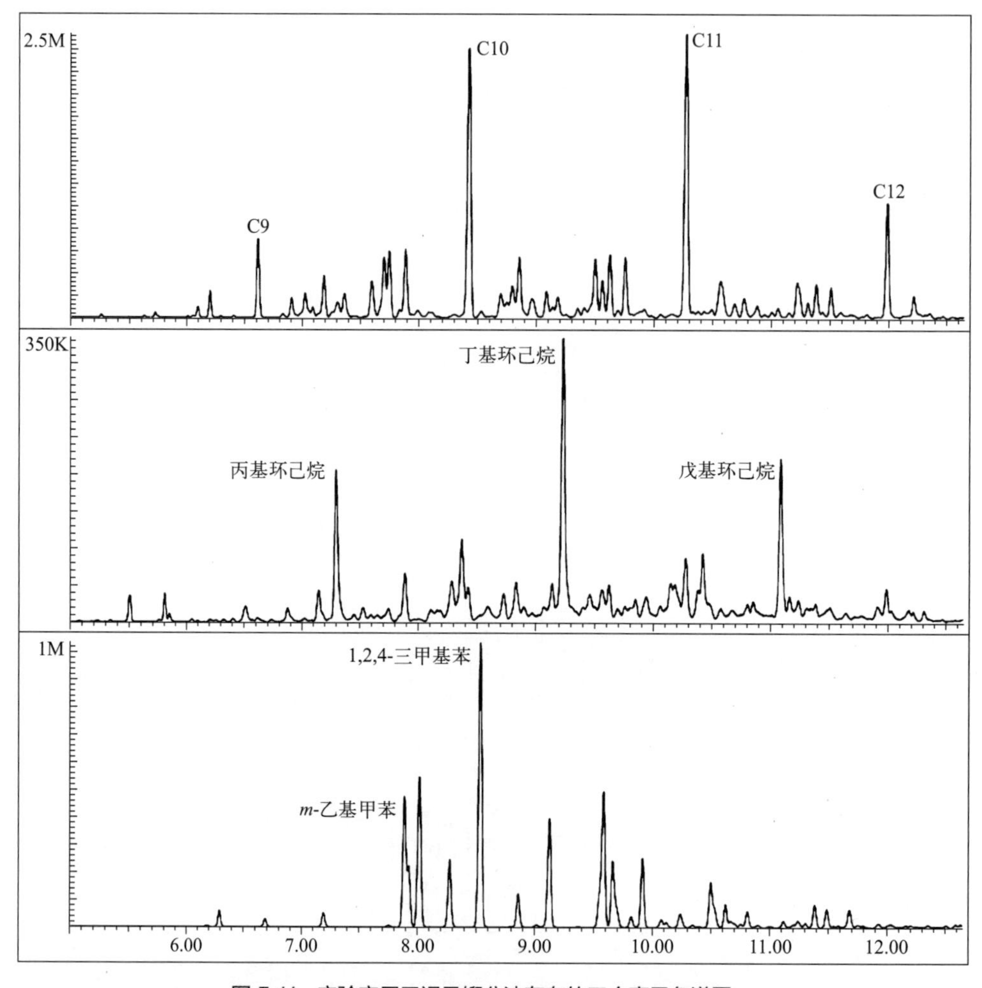

图 5.11　实验室用于记录馏分油存在的三个离子色谱图。

这是 Smokey Bear 打火机油的离子 57、83 和 105 的色谱图，该打火机油为 MPD（中质油）。

ASTM E1618-14介绍了利用GC-MS鉴别八类易燃液体：

- 汽油
- 石油馏分油，包括去芳烃馏分
- 异烷烃类物质
- 芳香烃类物质
- 环烷烃-石蜡类物质
- 正构烷烃类物质
- 含氧溶剂
- 其他

除汽油和含氧溶剂外，前面所提到的每一类都可以归在三个范围之一：轻质（C_4～C_9），中质（C_8～C_{13}），重质（C_8～C_{20+}）。本标准提供了这八类各种化合物（烷烃、环烷烃、芳烃和稠环芳烃）的检出依据。烷烃包括直链烷烃和支链烷烃，可以用离子57和71提取（有些烷烃的同分异构体在离子57中表现出较高的峰，有些在离子71中表现出较高的峰）。环烷烃主要是取代环己烷，可以通过提取离子83观察到。通过离子55也可以观察到环烷烃，随着取代烷烃链长度的增加，离子57开始成为质谱图中的主导。芳烃是指具有单环的烷基取代苯系物。可以用离子91、105和119提取。离子91是甲苯和二甲苯，离子105是二甲苯和C_3烷基苯，离子119是C_4烷基苯。在提取离子流色谱图中有一些是重叠的，如图5.9所示。稠环芳烃是指茚满和萘。茚满是苯环上连接一个五碳环烷烃结构。通常看到的萘就是萘本身、2-甲基萘和1-甲基萘（按这个顺序写，因为这是从非极性柱上洗脱的顺序），以及二甲基萘。当提取离子128时，萘呈现单峰；当提取离子142时，甲基萘有两个峰，当提取离子156时，二甲基萘在色谱图中有八个峰。通过提取离子117和134可以观察到茚满。

5.6.1.1 汽油的鉴定

在ASTM E1618中，汽油的化学组成没有明确的定义。有些按照“汽油”售卖的燃料，准确地说它们应该是异链烷烃。航空汽油就是这样的一种产品。火场残留物中发现的石油产品的成分受以下3个方面的影响：①原油的来源；②石油加工过程；③风化作用。而汽油成分的判定则很大程度上受上面提到的第二条，即加工过程的影响。虽说所有的原油都含有芳烃类物质，但是原油大部分还是由脂肪烃组成的。由于直链脂肪族化合物会引起汽油发动机的震动，所以可以通过裂解提高原油的价值，也就是将大分子分解为小分子物质，并通过脱氢作用对原油质量进行改良。这一过程中产生的最多的化合物是甲苯和二甲苯，对此类改良后被称为重整油产品的鉴别是大多数汽油鉴定的基础。

烷基化是指原油精炼过程，在这个过程中像丙烯、异丁烯之类的轻质不饱和烃连接到异丁烷上，使得油品主要由C_7～C_9支链烷烃组成，其主要成分是2,2,4-三甲基戊烷（异辛烷）。虽然存在纯烷基化汽油，例如航空汽油，但大部分汽油是重整汽油和烷基化合物的混合物。所以根据ASTM E1618，烷烃类物质的鉴别是汽油鉴定的依据之一，但是标准除了指出必须要有烷烃类物质外，几乎没有再提供其他指导。2017版ASTM E1618介绍可以利用烷烃类成分对火场残留物样品中的汽油进行分类[22]。这主要是针对主要成分是重整油的汽油。

第一次泵送汽油时，它确实含有许多轻质脂肪族成分（和丁烷一样轻的物质），但火灾发生后，大多数轻质脂肪族化合物（＜C_7）已经挥发了。因此，甲苯峰一般是汽油样品中最先出现的谱峰之一，一旦汽油挥发程度达到50%及以上，甲苯峰会比C_3烷基苯和二甲苯的峰低得多。汽油在挥发过程中会发生很大的变化，这使得它成为比较难鉴别的一类物质。挥发作用改变了正构烷烃的高斯色谱分布图时，色谱图峰仍是呈正构烷烃高斯分布，只是偏向重质方向。作者所遇到的大多数火场残留物中提取的汽油样品，其挥发程度都大于75%（后面会讨论如何对挥发程度进行估算）。

根据作者的经验，汽油是最常被错误鉴别的易燃液体残留物。这是因为汽油通过油泵运输，所以汽油中原本存在的那些来自于泵的化合物，和某些聚合物如聚氯乙烯（PVC，又称乙烯树脂）和聚苯乙烯，受热后热解产生的物质是一样的[23]。避免错误鉴别的关键是确保组间化合物和组内化合物的比例与标准品一致。20世纪90年代早期的研究表明，除非是将提取离子流分布图（EIP）和提取离子流色谱图（EIC）互相进行比较，否则利用质谱图很可能混淆不同种类的易燃液体残留物。此外，地毯热解产物作为火灾物证鉴定人员常常遇到的一种检材，就含有37种汽油目标化合物（常用汽油目标物总共有43种）[24]。

甲苯是一种很常见的热解产物。火场残留物样品中通常都会含有一定的甲苯。因为它是最先挥发的化合物之一，所以如果在汽油样品中没有高的二甲苯峰，就不会看到高的甲苯峰。图5.12显示了用活性炭条吸附，并用加入100μL/L四氯乙烯的乙醚洗脱后的10μL标准汽油色谱图。其中甲苯和二甲苯的峰几乎一样高。如果火灾残留物样品含有来自于汽油的甲苯，那么一般也会检出二甲苯，以及更高的汽油峰值组。只检出甲苯而没有其他物质时，一般不是汽油。

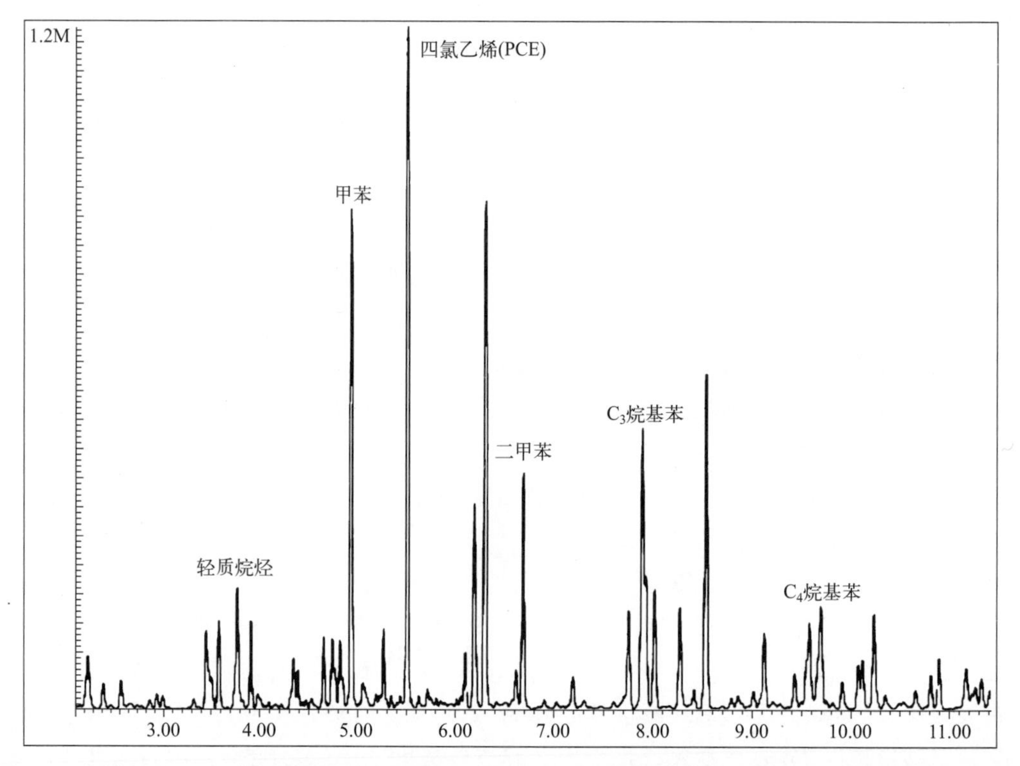

图5.12　新鲜汽油的TIC（总离子流图）。根据ASTM E1412，在滤纸上滴加10μL样品，进行顶空浓缩洗脱溶剂是乙醚中加入100μL/L的四氯乙烯，洗脱甲苯和二甲苯。

塑料分解也会产生二甲苯类，但它们可以通过检验正确的组间比例确定辨别第一组化合物。图5.13显示了来自汽油三个不同蒸发阶段、煤油和中质石油馏分油离子91（二甲苯的基峰离子碎片）的提取离子流色谱图。二甲苯三个峰的相对比率几乎无法区分。值得注意的是，50%挥发程度的汽油乙苯峰略低。这一趋势随着挥发程度的增加而增加。但研究发现，通常如果样品中的二甲苯来自于易燃液体，它们就会表现出这一特征比率。要注意二甲苯有三种同分异构体（邻位、间位和对位），但在色谱图上看到的三个峰实际上代表四种化合物（乙苯后面是这三个二甲苯的同分异构体），这是因为只有用最长的色谱柱才能对间二甲苯和对二甲苯进行分离。如果发现二甲苯的比例与图5.13所示的不同，特别是如果乙苯是组中最高的峰，那么就可以有把握地得出结论，即二甲苯不是单纯地来自汽油或任何其他石油产品。这里有一点是要注意的，如果鉴定人员假设残留物中含有汽油及其热解产物，有些证据（以实际数据的形式）是必要的。到目前为止，还没有发现已发表文献的汽油成分的组内和组间比例与已知标准不匹配。

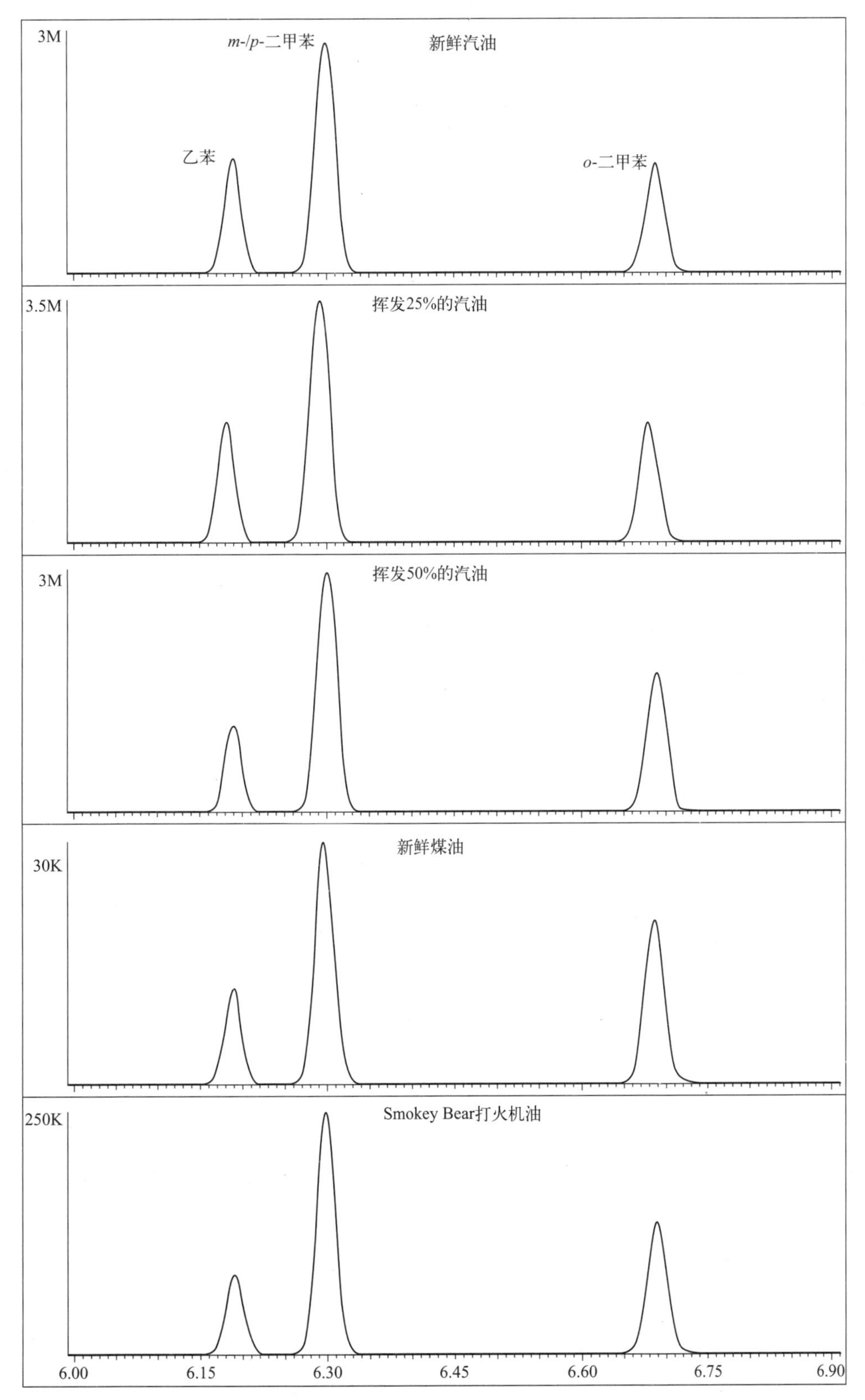

图 5.13　三个不同挥发阶段的汽油、煤油和中等石油馏的离子 91 的提取离子流色谱图。请注意，二甲苯组的三个峰的相对比率几乎是无法区分的。挥发作用使 50% 挥发程度汽油中的乙苯峰较小。

下一组要考虑的是C_3烷基苯。这是汽油样品中最重要的特征物质。和二甲苯一样，在所有未去芳烃的石油产品中也能找到它，除非挥发会降低轻质化合物的浓度，否则峰比总是相同的。在1982年的指南（以及此后的每一个标准）中，这一组的特征被描述为“间乙基甲苯/三甲基苯五峰组”。许多不含汽油的样品中也可以检出这类物质，但是不会出现相同的峰值比例，有时鉴定人员只把数据作为认定的唯一线索，就很容易被误导。要认定汽油，这组峰必须存在，但有时它也被过分强调，有时在它实际上不存在的地方也被“观察到”了。图5.14所示的就是一个这种错误认定汽油的例子。上方的图显示了可疑样品，以及C_3烷基苯的四个标准谱峰及其比例。和二甲苯一样，间乙基甲苯和对乙基甲苯无法分离，尽管这里分辨率比二甲苯稍好一些——能够看到一个肩峰。事实上，在几乎所有C_3烷基苯作为石油产品的组成部分出现的情况下，三甲基苯的峰是最高的。因为大多数检出汽油阳性的样本含有高度挥发的残留物，所以三甲基苯峰是图表上的最高峰——TIC和EIC都是如此。请注意，在图5.14（a）上方可疑的样品色谱图中，第二个峰是最高的，而不是三甲基苯峰。第一个峰与间乙基甲苯和对乙基甲苯的保留时间相同，但形状不同，质谱分析表明该峰对应物质实际上是苯甲醛。质谱分析可以确定可疑样品中的第二个峰为1,3,5-三甲苯峰，但第三个峰可能是邻乙基甲苯峰，也可能是含有的重要离子118的峰，表明存在α-甲基苯乙烯，这是一种常见的热解产物。当比例不正确时，只是简单地对组分进行匹配，可能会导致错误的鉴别结果。当存在三种背景成分（两种苯甲醛、甲基苯乙烯）时，如果浓度恰当，会造成这组C_3苯峰的峰型发生变化，这种情况是很常见的。来自同一火灾现场的其他三个样品也同样被错误地鉴别，其峰比和质谱特征也是相似的。对于几乎所有错误鉴别的情况，都是因为谱图与TIC匹配得不好。提取离子流色谱图或提取离子分布图是非常有用的，然而鉴定人员应记住，它既是光谱技术，也是色谱技术。应该对这种光谱法进行检验，特别是当峰值比不明的情况下。

质谱仪除了生成质谱图之外，还有其他的用途。大多数鉴定人员使用质量选择检测器或质谱仪作为生成提取离子流色谱图和提取离子分布图的工具。显然，如果观察的是非常简单的混合物或单一组分，质谱仪是进行鉴别的必要条件。质谱仪的一个有时被忽视的功能是对提取离子流色谱图和提取离子分布图进行评价。如图5.14（a）所示，提取离子流色谱图的组内比例只是略有偏差，就有可能对鉴别产生误导。图5.14（b）～图5.14（e）显示了这五个峰的质谱图，以及检索库中最佳匹配情况。第一个峰与间乙基甲苯重合，在m/z77处有一个较大的峰，但间乙基甲苯的光谱中没有这样的离子峰。这个峰下可能隐藏有间乙基甲苯峰，但肯定也有苯甲醛峰。

确定一个色谱峰对应的是纯物质还是混合物的一种方法是检查峰上不同点的质谱图。如果峰代表的是纯化合物，则质谱图变化很小。在图5.14（c）中，五峰组中的第二个峰与1,3,5-三甲苯峰几乎完全匹配，而1,3,5-三甲苯峰是鉴别汽油所需的五峰组中的第三个峰。第三个峰的质谱图如图5.14（d）所示，样品明显含有一种以上的物质，118处的强峰以及保留时间表明含有少量α-甲基苯乙烯。和第二个峰一样，第四个峰是一个纯化合物，几乎与三甲基苯完美匹配。因为峰比不一致，特别是因为离子105色谱图四个峰中有两个代表了汽油中没有发现的化合物，所以必须得出结论：第一次的鉴定是错误的。

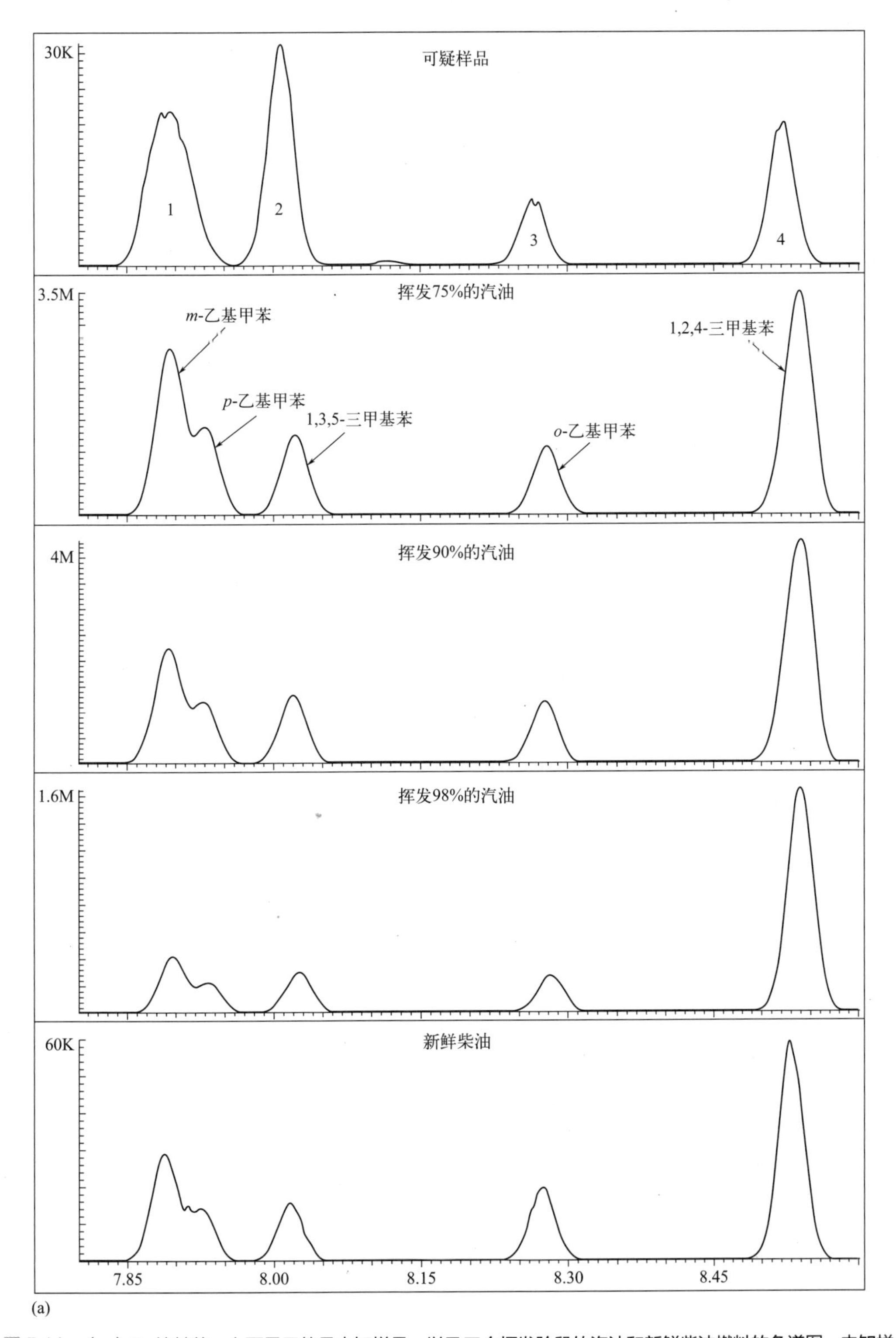

图 5.14 （a）C_3 烷基苯。上面显示的是未知样品，以及三个挥发阶段的汽油和新鲜柴油燃料的色谱图。未知样品的 TIC 看起来不像汽油，但根据 EIC 和其他一些提取离子流色谱图的比较，一位鉴定人员认为这个样品为汽油阳性。从（b）到（e）的质谱图显示，其中的峰 1 和峰 3 两个峰不是汽油组分峰。

大多数数据分析软件中，扣除背景是一种经常用来解决某些特定化合物是否存在问题的方法。应该定期仔细评估质谱图的光谱质量，是单离子提取还是多离子提取,这样是为了保证鉴定人员有更多的实践机会,但通常应该定期对所有样品进行检查，无论其峰值比例或保留时间是否“只差一点点”。

请注意在图5.14（a）中，当样品充分挥发时，谱图左侧的峰开始减小，这个结果是预料之中的。汽油鉴定最初的指南中指出，汽油挥发程度为90%时，间乙基甲苯/三甲基苯五峰组仍然是存在的。事实上，直到汽油挥发98%以上，这组特征物质才会消失。如果这组物质不能被明确检出，鉴定人员确定样品中是否含有汽油时需十分谨慎。在这种情况下，所有高峰值分组必须是峰对峰的匹配。

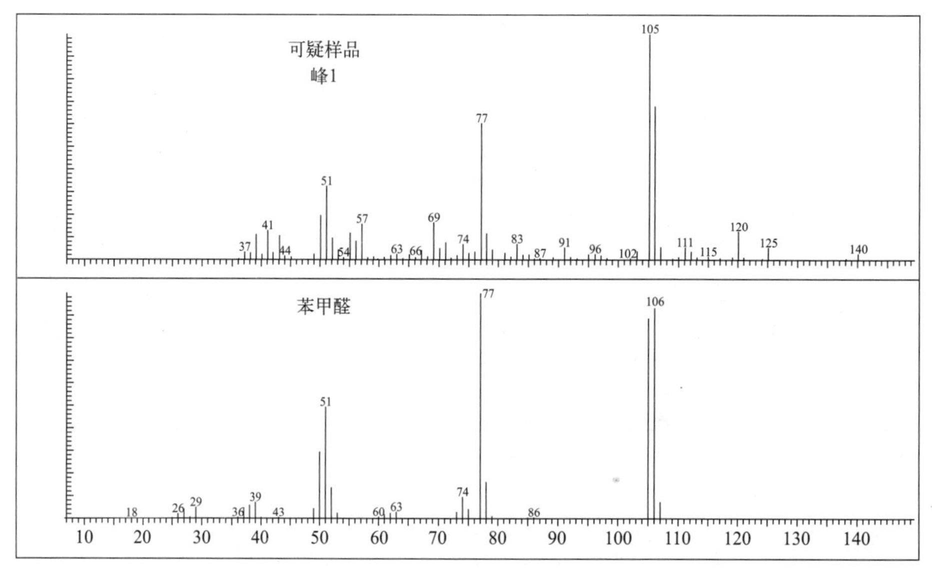

(b)

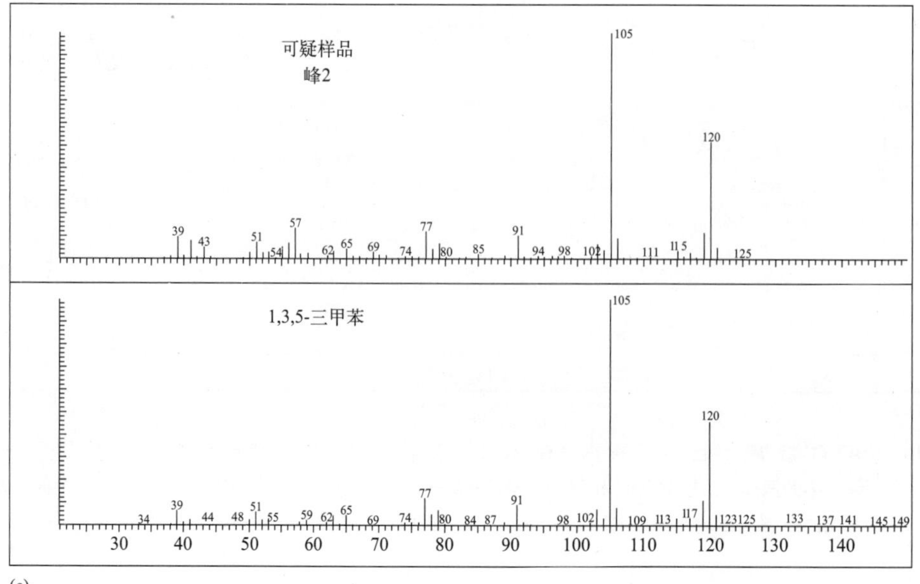

(c)

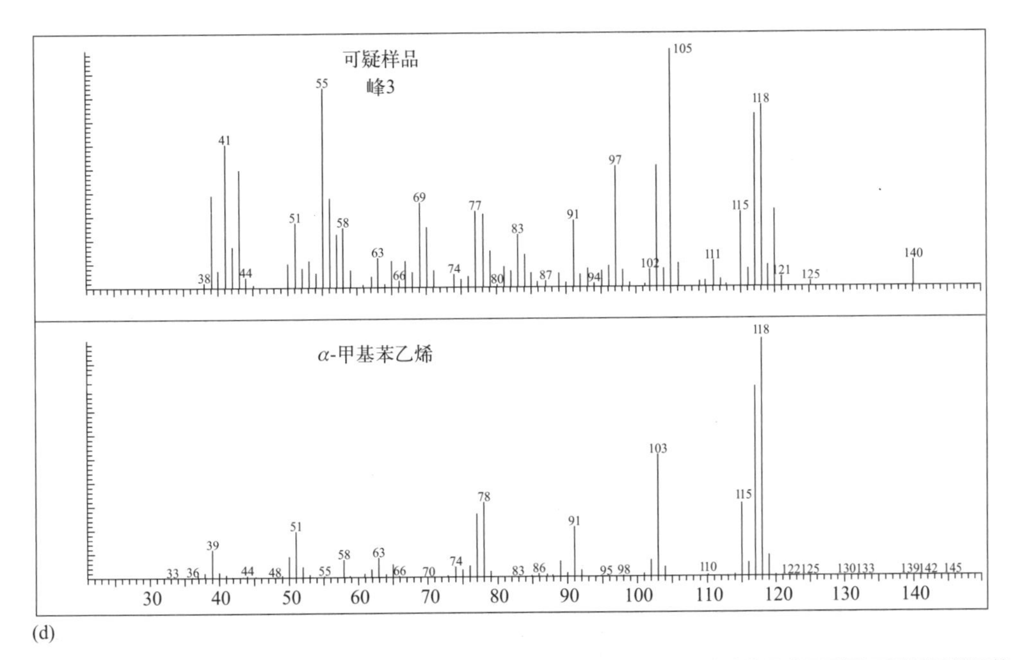

图 5.14 （b）（a）图中第一个峰的质谱图和谱图库匹配情况。这个峰实际上代表的是苯甲醛而不是间乙基甲苯。（c）（a）图中第二个能够完全分辨的峰的质谱图。和汽油一样，这个峰被识别为 1,3,5- 三甲苯。（d）（a）图中第三个主要峰的质谱图。该质谱峰间发生了变化，但明显含有 α－甲基苯乙烯。谱图中还能观察到 1- 癸烯峰，这也是--种常见的分解产物。谱图中可能还存在邻乙基甲苯峰，但是无法证明[1]。

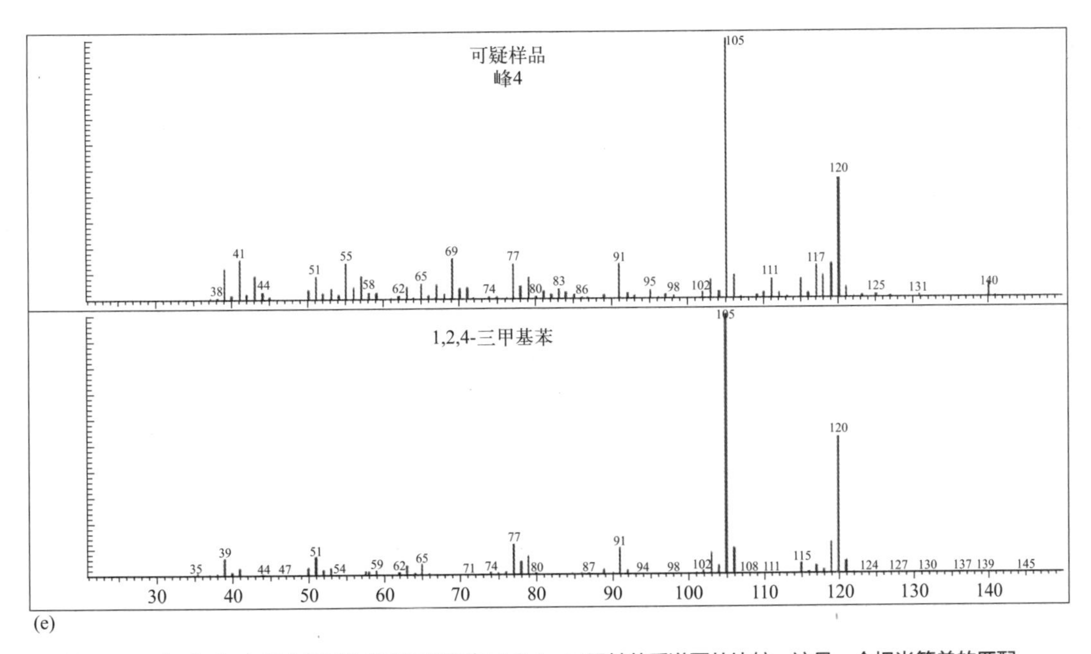

图 5.14 （e）（a）图中第四个峰的质谱图与 1,2,4- 三甲基苯质谱图的比较。这是一个相当简单的匹配。

[1] 原文图 5.14（b）～图 5.14（e）不清楚。

正如汽油的许多其他组分一样，这种五峰组物质存在于几乎所有未去除芳烃的石油产品中。图5.14（a）最底部谱图是未挥发的柴油样品。

对C_4烷基苯来说，提取离子119谱图的观察效果最好。因为C_4烷基苯的构成方式比C_3多，所以这是一个更复杂的谱图，但它存在于几乎所有的石油产品中。图5.15显示了高度挥发的汽油、煤油和柴油谱图中的C_4烷基苯。请注意，在煤油和柴油燃料中，这一物质的谱图比汽油的更为复杂。

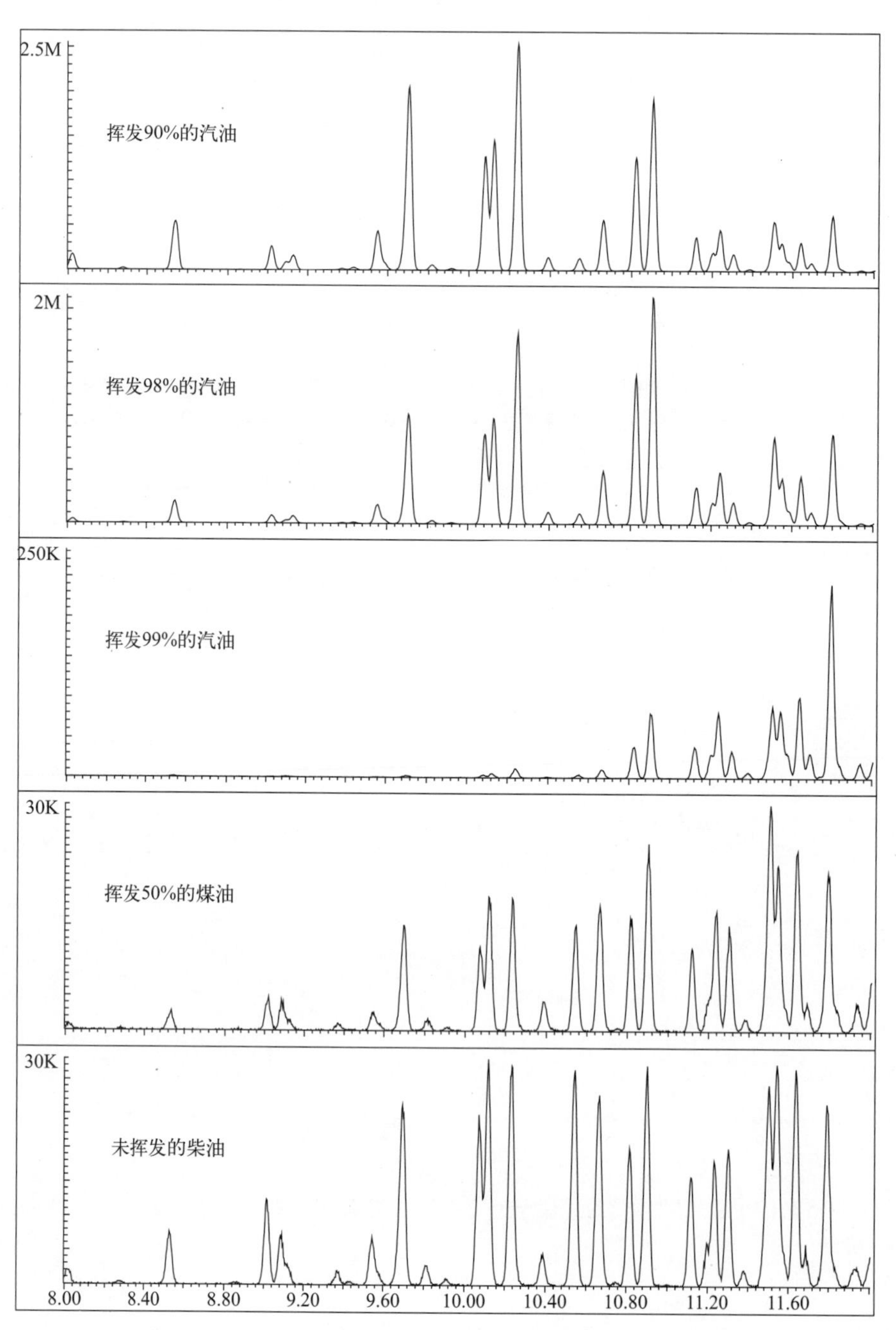

图5.15 汽油三个不同挥发阶段、挥发50%的煤油和未挥发的柴油燃料中以离子119提取的C_4烷基苯谱图。所有样品都是在滤纸上点样10μL，再用ACS吸附/洗脱法处理。

下一组用于汽油有效鉴别的必须存在的化合物是茚满。它们可以用离子117和离子131来提取。根据鉴定人员的经验，在离子117提取的谱图中，保留时间11.3min和11.5min的双峰一定存在。传统上，ASTM标准中并不要求一定有茚满，但是通常茚满是存在的。标准中规定："通常存在茚满（二氢茚）和甲基茚满峰。"117提取离子流图中第一个高的峰就是茚满峰，出现在9.4min处。图5.16显示了汽油中茚满、甲基茚满和二甲基茚满的峰群特征。与C_3烷基苯一样，在挥发98%的汽油中，茚满和烷基取代茚满的比例大致相同。其他石油产品，特别是馏分油，也含有茚满和甲基茚满，但它们的质谱图比汽油的更复杂。

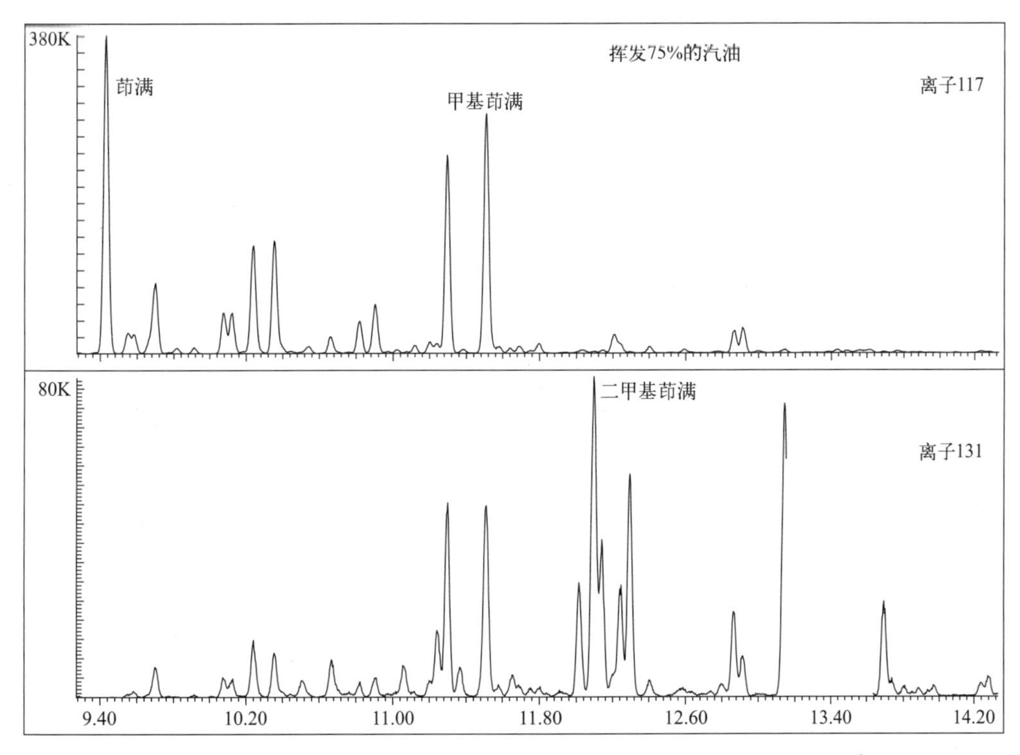

图5.16 挥发75%的汽油中的茚满、甲基茚满和二甲基茚满的提取离子流色谱图。

鉴定汽油时还应该存在的一类化合物是甲基萘和二甲基萘。萘也是存在的，但它太常见了，所以在样品中的存在几乎是毫无意义的。2-甲基萘在1-甲基萘之前洗脱，且几乎总是比1-甲基萘含量高。在任何情况下，如果这个比例颠倒过来，那么提取过程就是应该被质疑的。与二甲苯或C_3烷基苯不同，甲基萘的沸点足够高，其峰值比例不太可能受到挥发作用的影响。所有的石油产品都有可能同时含有萘和二甲基萘，两者的比例应该基本一致。

市场上有一些含芳香烃的产品几乎符合ASTM对汽油鉴别的所有标准要求。这些产品被用作污渍溶剂、杀虫剂以及工商业产品。区分这些芳香烃产品与汽油的方法是看是否有烷烃的存在。新鲜汽油中烷烃的含量很高，即使在高度挥发汽油中也含有一些支链烷烃，如可用于提高辛烷值的三甲基戊烷。即使存在直链烷烃，它的浓度也是非常低的。这是因为在汽油发动机中燃烧时它们是不良成分，会引起震动。三甲基戊烷可以通过离子57和71来提取。

5.6.1.2 馏分油的鉴定

人们在火场残留物中遇到的大多数馏分油都是从原油中直接馏出的。它们没有经过断裂或重整，因此没有汽油中所含的高芳烃类物质，但仍是存在芳烃的。馏分油的特征是含有大量的正构烷烃，以及支链烷烃和环烷烃。

馏分油通常很容易找到，但轻质石油馏分（LPD）除外，除非鉴定人员在给出ILR阴性结论之前，在每个样品中对其进行检查。由于它们的高挥发性，它们往往在火场残留物样品中浓度较低，通常位于谱图的左侧，可能被误认为是分解产物。尤其是当较高沸点的组分是分解产物时，就更容易被误判。LPD通常不像MPDs和HPDs那样呈现高斯分布。当检查保留时间小于8min的谱峰时，鉴定人员发现在C_7到C_9范围内有环烷烃、支链烷烃和一些正构烷烃的混合物，那么就应该怀疑是LPD。鉴定人员应该在谱库中加入尽可能多的LPDs标准谱图，因为不同于较重的馏分油，LPD的谱图往往各不相同。图5.17（a）显示了三种不同品牌的打火机油总离子流色谱图，每种谱峰形态都不相同。LPD推荐的提取离子为57、55、83和91，如图5.17（b）所示。这种特殊的LPD不寻常，因为它含有二甲苯，但不含甲苯。由于其高挥发性，LPD在环境中不能持久保存，通常不会成为背景材料。有一些清洁剂和汽车产品中含有LPD，但如果样品是从车库、车间或厨房水槽下以外的地方收集的，那么如果发现LPD的话通常就表明存在外来的易燃液体。

但对于中质或重质石油馏分油，情况就不同了，这类馏分油在日常环境中更为常见[25]。图5.18最上方展示的是一种典型的中质石油馏分油——木炭打火机油的总离子流色谱图。对中质石油馏分油进行良好的鉴别所需要的为离子57和83。鉴定人员还应该检查离子105或91，以确定芳烃并没有被去除，在这种情况下，应该将残留物分类为去芳烃馏分油。人们不会注意到TIC和离子57的EIC之间的差别，因为馏分油主要成分就是正构烷烃和支链烷烃。

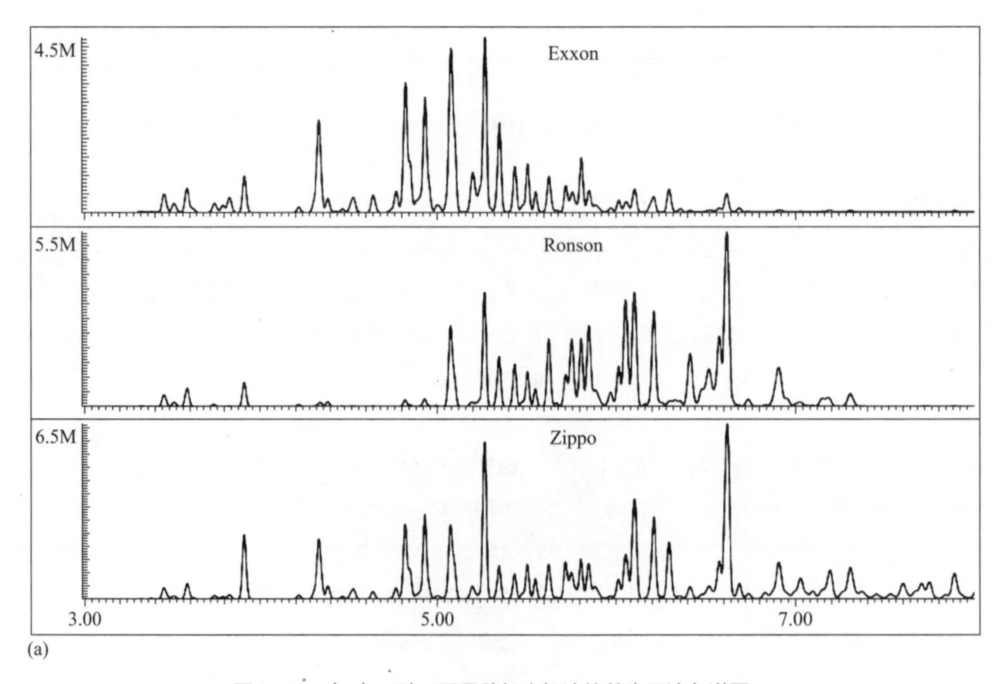

图 5.17 （a）三种不同品牌打火机油的总离子流色谱图。

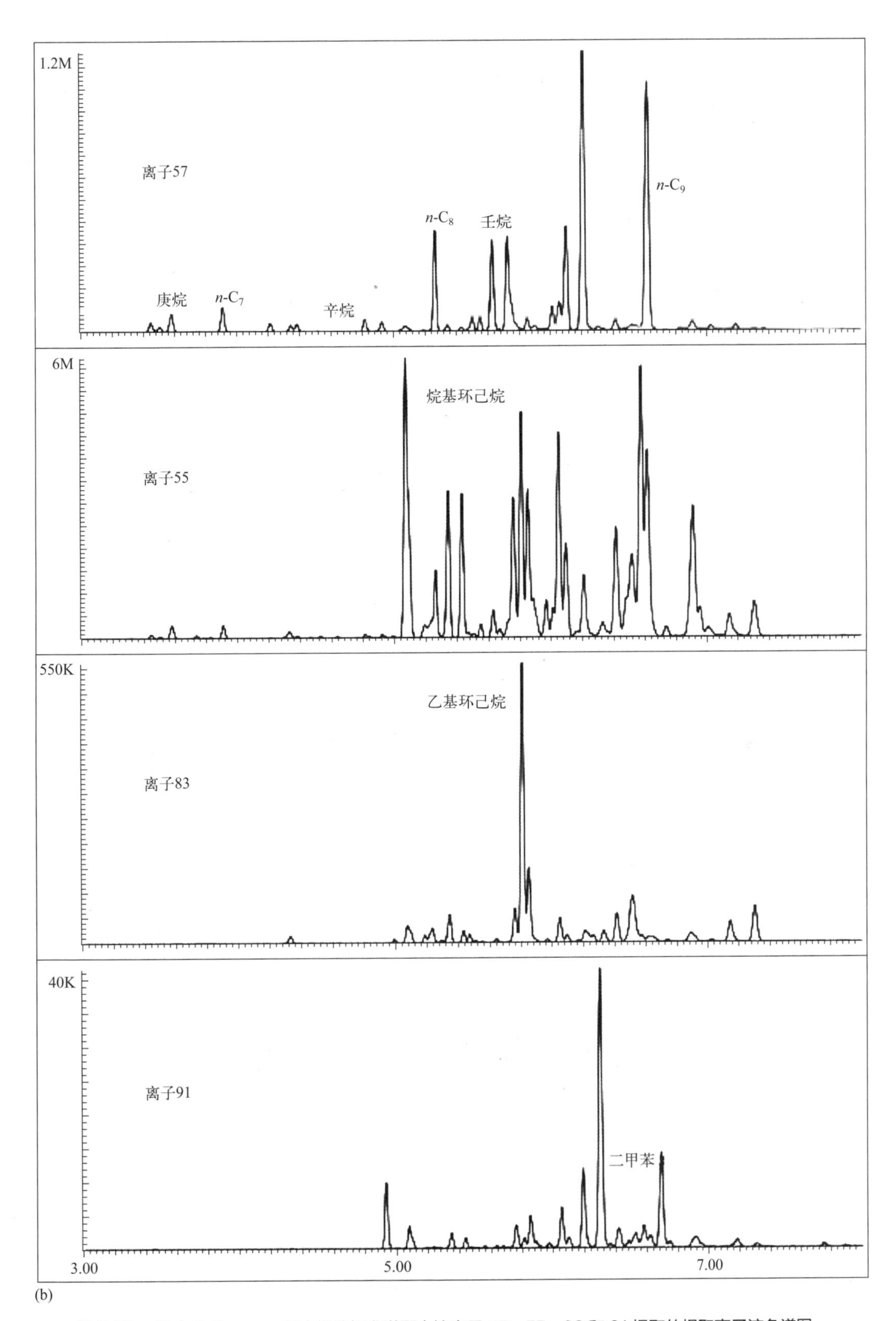

图 5.17 （b）从 Ronson 打火机油标准谱图中按离子 57、55、83 和 91 提取的提取离子流色谱图。

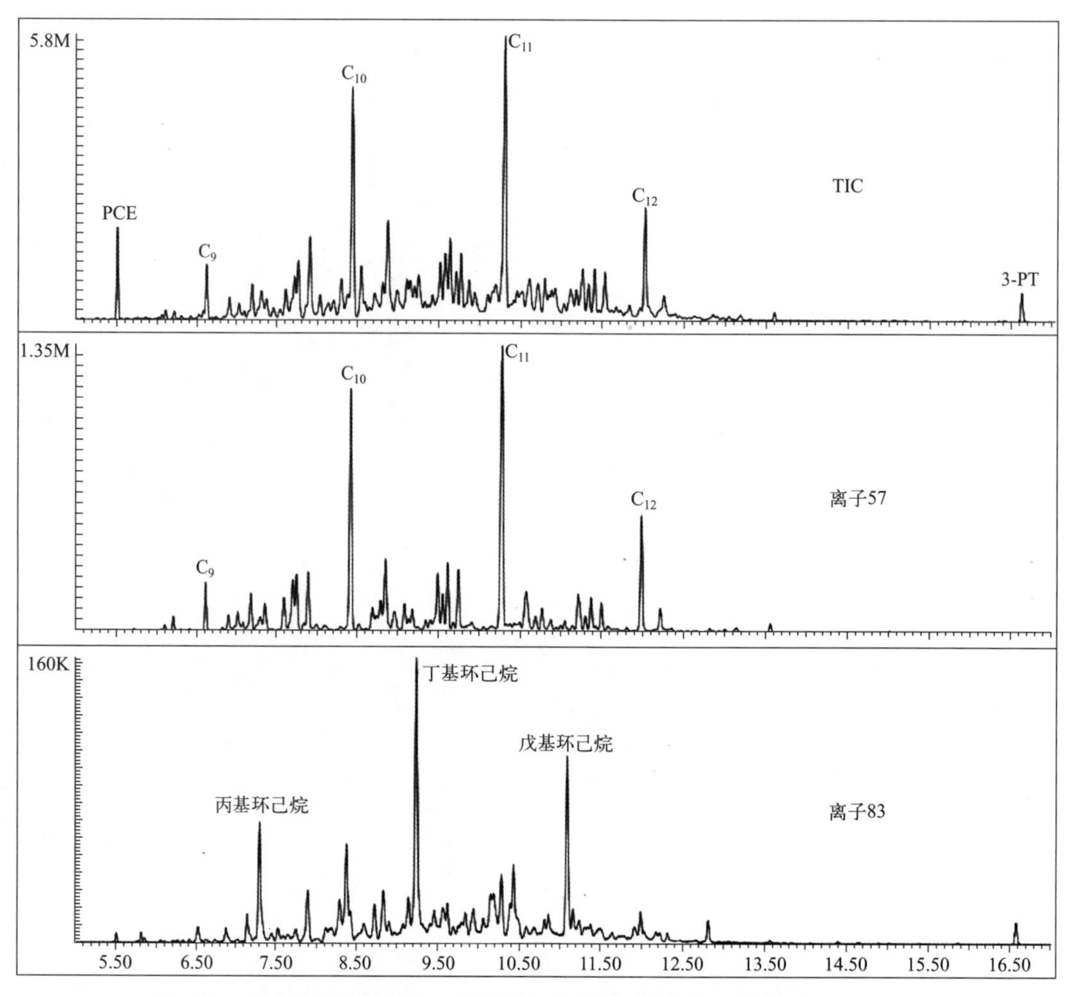

图 5.18 典型中质石油馏分油，木炭打火机油（上图）的总离子流色谱图（TIC），以及离子 57 和 83 的提取离子流分布图。

烷基环己烷大约在正构烷烃中间洗脱，总体上呈现出与烷烃色谱相似的外观。如果正构烷烃不存在，或者其浓度与支链烷烃的浓度大致相同，就应该怀疑该物质为异构烷烃类。如果环烷烃的浓度大于20%，则表示可能有环烷、链烷一类的物质。在大多数馏分油中，环烷烃的浓度约为正构烷烃的5% ～ 10%。

中质石油馏分油产品范围很广，可以用作燃料，如灯油或木炭引燃剂，也可以用作溶剂，如溶剂油或杀虫剂溶剂。这类产品及配方的广泛性要求有包括大量MPDs的参考资料谱图库。

HPDs包括煤油和柴油燃料。除为特殊用途（如航空煤油）配制的HPDs外，重质石油馏分油的碳数范围是可以变化的。因此，除非有未挥发液体的样品，否则很难确定从样品中分离出的火场残留物的挥发程度。在美国北部地区，冬季出售的柴油实际上可能是煤油。

图5.19给出了煤油和柴油的比较。这些馏分油带有内部碳数标记，以姥鲛烷和植烷的形式存在。姥鲛烷是2,6,10,14-四甲基十五烷（$C_{19}H_{40}$），它在正十七烷之后被立即洗脱。植烷是2,6,10,14-四甲基十六烷（$C_{20}H_{42}$），它在正十八烷之后被立即洗脱。因此，可以在钟形曲

线较高的一侧寻找两个双峰，并从那里计算碳的数量。在图5.19中，这些双峰出现在12min和12.5min处。可以看到，已知的已经挥发到原体积50%的标准煤油燃料，其范围为C_{11}至C_{19}，而柴油燃料范围为C_{12}至C_{21}。如果煤油进一步挥发，它看起来就和柴油燃料就更相似了。如果柴油挥发较少，那么它看起来也会更像煤油。

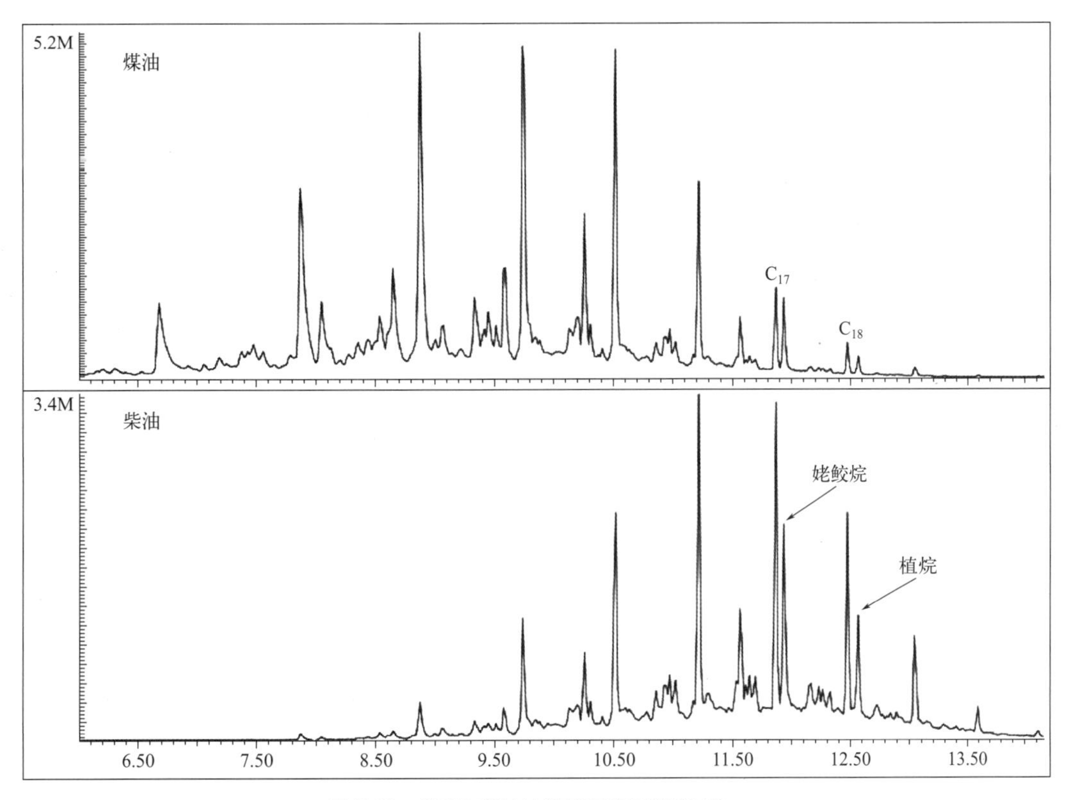

图5.19　煤油和柴油的总离子流色谱图对比。

与中质石油馏分油一样，对检出HPDs的解释应该谨慎对待。许多家用产品都含有HPDs，同时还包括许多与MPDs同类的产品。安全系数更高的木炭打火机油是由煤油构成的，而不是由溶剂油构成。HPD闪点更高，所以更安全。图5.20为用作家具抛光剂的柠檬油的总离子流色谱图。这种饰面油的碳数从C_{12}到C_{22}不等，其中图上C_{17}是最高峰。谱图左侧的柠檬烯峰可以很容易地判断出是来自于松木载体。蒎烯（译者注：萜中最重要的代表，分子式$C_{10}H_{16}$。有α-和β-蒎烯两种异构体，二者均存在于多种天然精油中。）和柠檬烯（译者注：柠檬烯别名苧烯，单萜类化合物，化学式$C_{10}H_{16}$，是一种天然的功能单萜。）在含木材构件（针叶木材）的样品中很常见。这种特殊的家具抛光剂，如果在火灾残留物样品中发现，很容易被鉴定为柴油燃料。

要鉴别馏分油，不一定要有液体存在。图5.21（a）为在顶空浓缩处理前10个月用薄荷蜡进行染色处理的松木的总离子流色谱图。图中的主峰是天然萜类化合物α-、β-蒎烯和d-柠檬烯的峰，但也能清晰地观察到溶剂油成分。对离子57和83进行提取后，萜类化合物消失，如图5.21（b）所示。

这些结果表明，要求提供比对样品是非常必要的，特别是对地板类样品进行分析时。

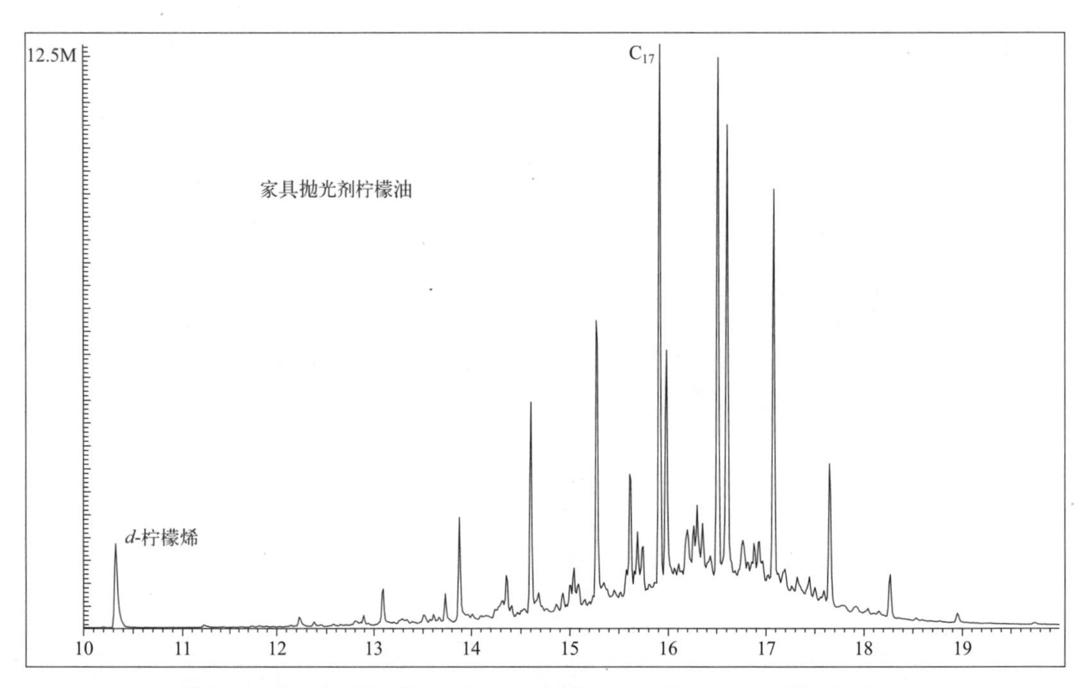

图 5.20　家具抛光剂柠檬油的总离子流色谱图。这种样品很容易被鉴别为柴油。

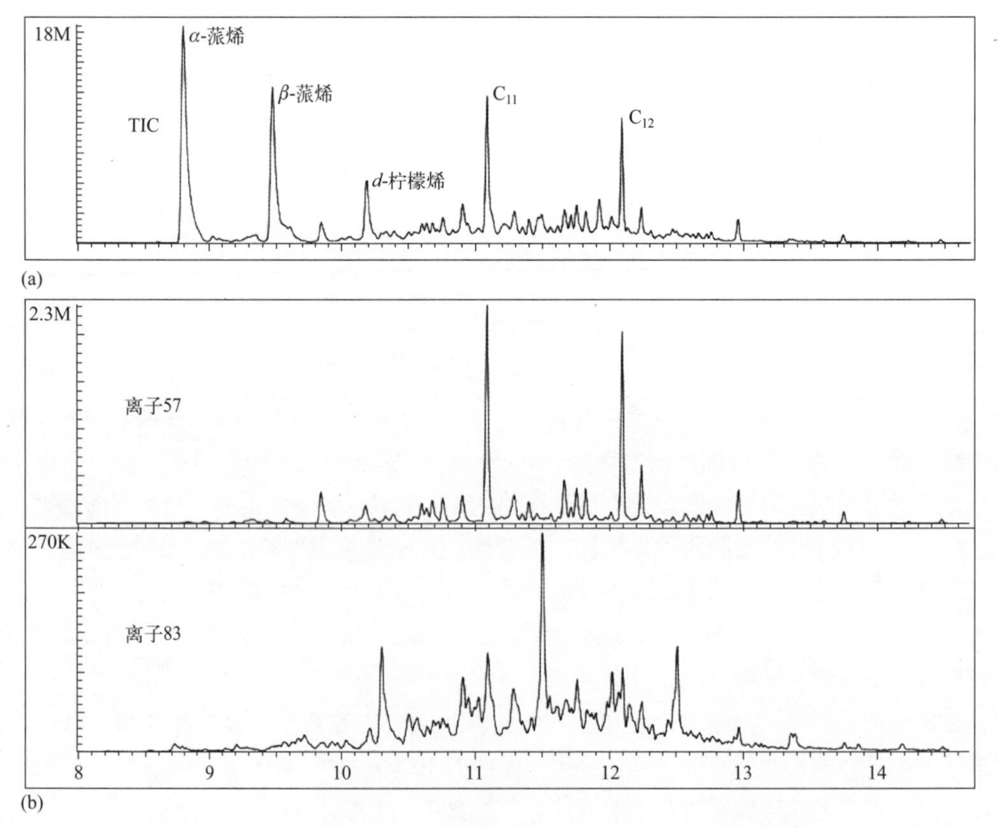

图 5.21　（a）用 Minwax 涂漆（是在分析前 10 个月涂饰的）装饰的松木的总离子流色谱图。（b）离子 57 和 83 的提取离子离子流分布图。

要鉴别地板涂层的石油馏分物质，并不要求地板是最近涂饰的。作者报告了在使用24个月的地板涂层中发现了馏出物[26]，并在10年以下的成品地板和家具样品中也能检测到馏出物。所以这些溶剂被封闭在木材或聚合物涂层中时可以无限期地存在。

除了真正的馏分油外，还有一些其他产品分解后会产生类似馏分油的残留物。所有挥发物从原油中蒸馏出来后，蒸馏罐底部剩下的东西就是沥青。它含有C_{30}～C_{60}不等的碳氢化合物。当这些长链烃热解时，其热解方式与聚乙烯中的长链烃非常相似（即随机裂解），会生成C_9～C_{18}的正构烷烃[27]。当这些热解产物存在于火灾残留物中并进行顶空浓缩后，它们产生的色谱图可能会被误认为是重质石油馏分油的色谱图，而且以前确实有被误判的实例。图5.22（a）就是这种（容易被误认的）色谱图。1982年，有报道称屋面板瓦可以产生类似于助燃剂的残留物，当时还没有可靠的方法来区分HPDs和沥青瓦残留物[28]。毛细管柱的大量使用使得能够更好地观察到双峰煤油，有时也被称为“伪煤油”，但即使使用毛细管柱，沥青残留物也经常被误认为液体石油馏分。1995年，作者在一起保险索赔案中学会了如何区分沥青残留物和液体石油馏分，在那起案件中因为误检出了原本不存在的HPD，导致保险索赔被拒绝（这个案例——“Clark v. Auto Owners案”，在第9章中详细讨论）。图5.22（b）显示了是如何进行区分的。对离子57和离子55进行了比较。如果正构烷烃峰前面出现了第二个峰，或者一个小峰变大了，就可以认定（特别是在收集质谱之后）第二个峰是1-烯烃峰。像这样的样品必须归类为沥青烟尘或沥青分解残留物。在存在这类沥青残留物的情况下，应谨慎解释样品中是否存在汽油。如果起火建筑物屋顶覆盖有沥青，就应该考虑屋顶上使用“轻制沥青”的可能性（译者注：轻制沥青，也称稀释沥青，是用汽油、煤油、柴油等溶剂将石油沥青稀释而成的沥青产品。）。轻制沥青是用挥发性溶剂（如汽油）稀释的沥青。这种“快速固化”沥青可含有高达45%的溶剂[29]。

烯烃峰值“增长”的量因样品而异。当观察煤油和柴油燃料时，离子55的EIC（提取离子流色谱图）和离子57的EIC在外观上的唯一区别是，离子55的EIC丰度较低。至于各峰间的相对丰度则没有变化。

另一种区分沥青分解产物和HPDs的方法是寻找环烷烃。环烷烃是不存在的。当提取离子83时，可观察到高斯分布谱图，但这完全是由于烯烃的存在。离子55和离子83 EIC显示的峰是相同的。沥青烟尘中也含有少量姥鲛烷和植烷（如果有的话）。

聚乙烯是另一种与馏分油谱图类似的物质，但只要借助于毛细管柱的分辨率，就可以很明显地观察到是聚乙烯残留物，而不是馏分油。图5.23最上面为聚乙烯烟尘的总离子流色谱图。由于混合物中有1,(*n*-1)-二烯，所以谱图中所有的峰都是双峰，大多数实际上是三峰。当对离子57和离子55的EIC进行比较时，烯烃峰的增长比烷烃峰明显得多。二烯峰也会增长，因为二烯中离子55比离子57多。润滑油的分解过程与沥青和聚乙烯相同，润滑油烟尘的情况也类似。

仔细检查色谱和质谱数据，可以防止鉴定人员将分解产物误认为馏分油，可以使用谱图自动识别功能，但如果处理不当会有误判的危险。就像所有电脑“回答”一样，人们一定要进行“真实性核查”。相同的谱图识别软件可以将未知化合物的质谱图与可以进行色谱分析的250000多种化合物[2]的质谱图进行匹配。使用Microsoft Excel可将色谱图转换成与质谱图外观相同的条形图。可以把这张图与已知的易燃液体谱图库进行比对，这些易燃液体谱图

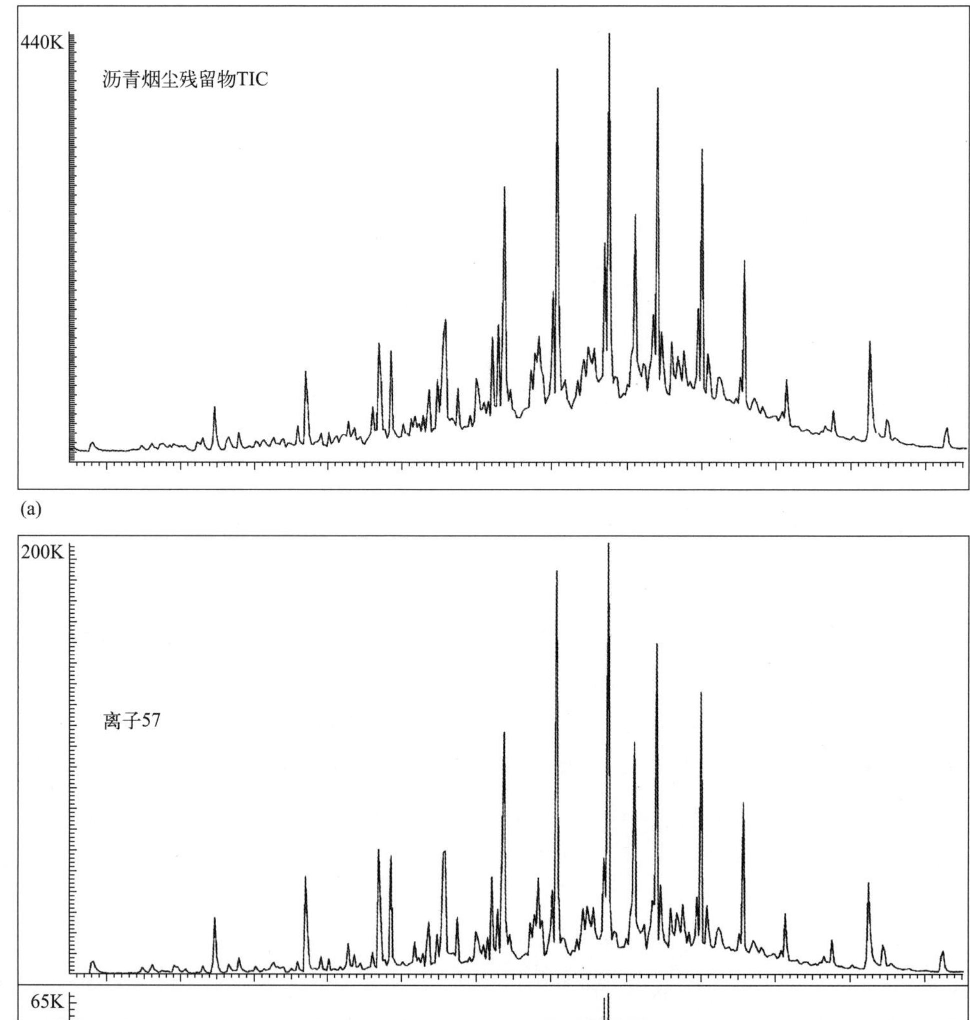

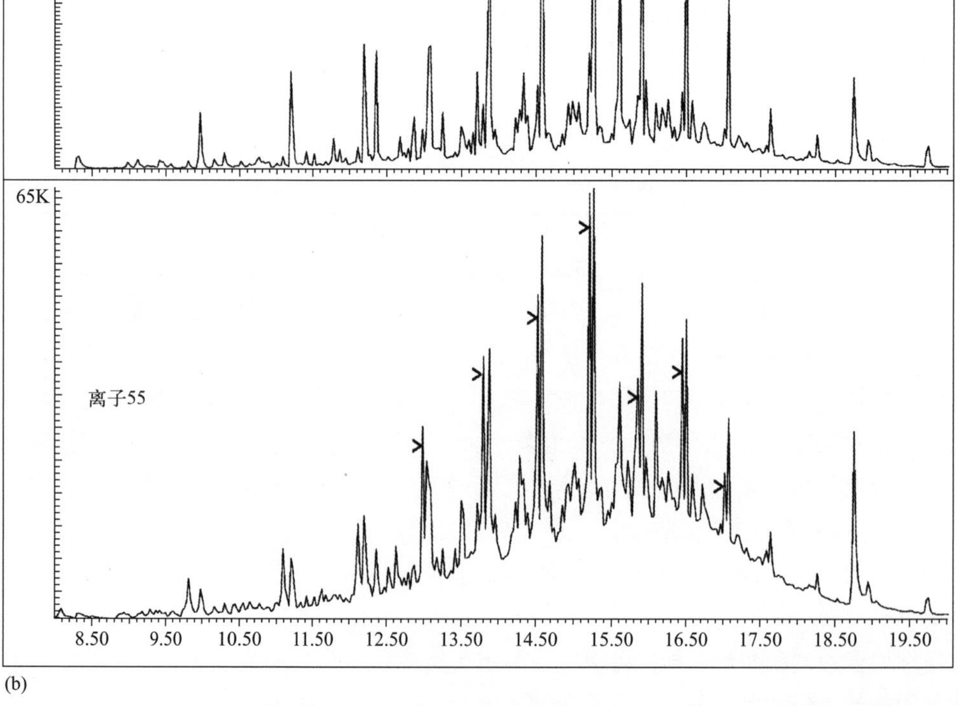

图 5.22 （a）沥青烟尘的总离子流色谱图（TIC），可能会被误认为是石油馏分油。（b）提取离子 57 和 55 的 EIP。对比 55 和 57，在正构烷烃前面的峰的“增长”表明烯烃的存在，这种情况下一般将残留物鉴定为分解产物，而不是外来石油馏分油。

也经过了上述类似转化。和质谱谱图库一样，“额外的”峰并不一定会妨碍谱库的识别“匹配”。聚乙烯烟尘的TIC（总离子流图）如图5.23所示，与仅包含易燃液体的谱图库进行匹配，和柴油燃料的匹配度很高。这就是为什么必须要把已知的背景色谱图填充到用于易燃液体检测的谱图库中。该图可以更好地匹配聚乙烯烟尘，但前提是它要在谱图库中。

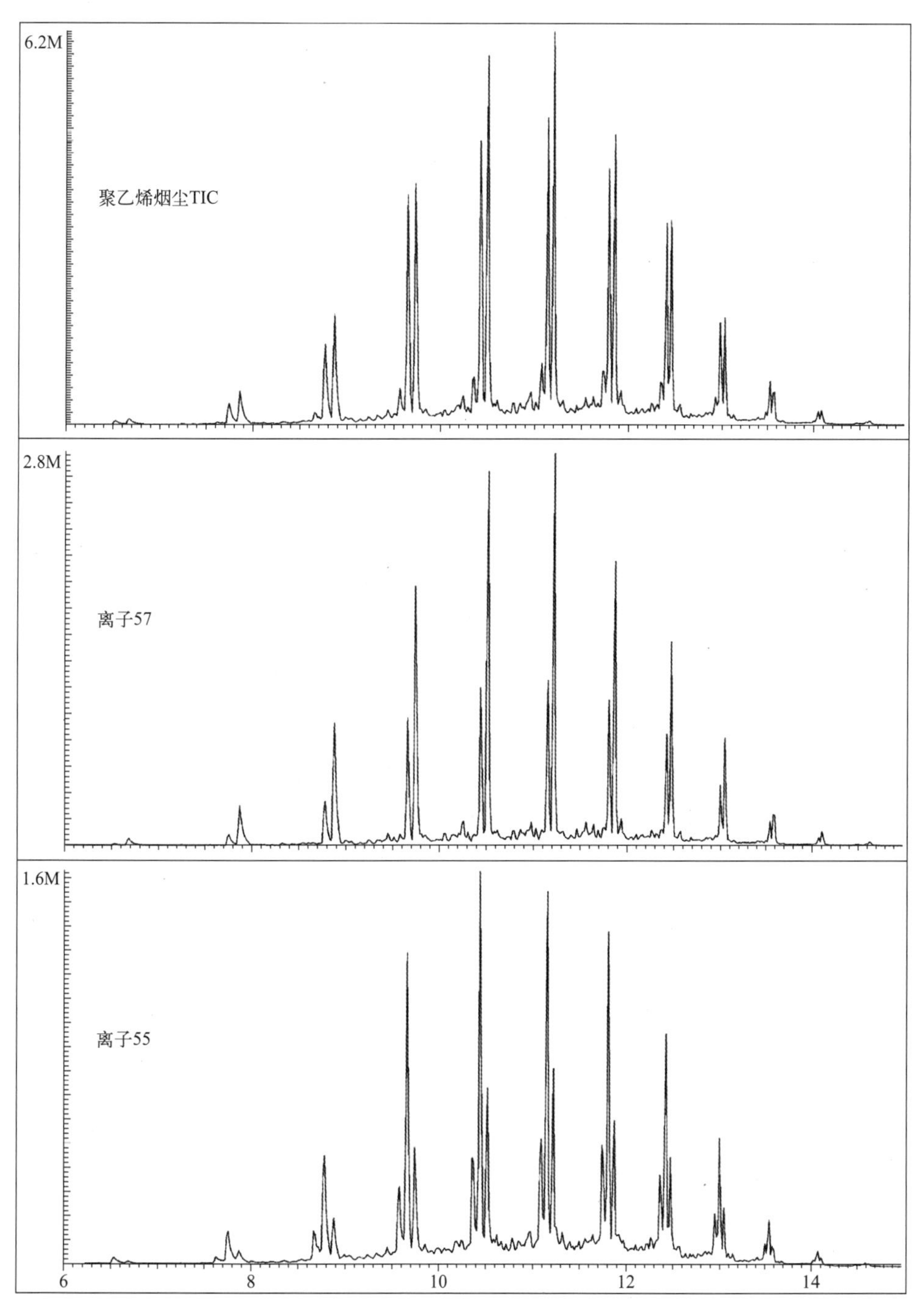

图5.23　聚乙烯烟尘的总离子流色谱图（上面的图）。每个双峰中的第一个峰是烯烃峰，第二个峰是烷烃峰。姥鲛烷、植烷、环烷烃和芳香烃都不存在。中间的图是离子57的EIC，下面的图是离子55的EIC。在离子55的EIC中，出现的第三个峰是*n*,（*n*−1）-二烯峰。

5.6.1.3 其他类物质的鉴别

其余类别的易燃液体残留物通常可以通过存在和不存在的特征物质来鉴别。例如，脱芳烃馏分油中芳烃类物质的信号不到脂肪族物质信号的1%；否则烷烃和环烷烃的信号看起来都是一样的。由于环境法规规定了馏分油中的芳香烃含量，所以自1973年以来，ASTM就有了这个检测标准。ASTM D3257-06（2012）被命名为“基于气相色谱法的溶剂油中芳香烃的标准试验方法”[30]，使用指定的混合标准品进行校准。如果把芳香烃含量的计算作为一个问题，法庭科学家可以通过使用这个已经建立的方法来避免Daubert法则的挑战，而不是设计一个新的方法。

正构烷烃的产物是很容易识别的，只要确定观察到的是正构烷烃的同系物，而不是醛（通常在汗液中发现）的同系物，或者不是其他一些热解或分解产物的同系物。这些化合物看起来和正构烷烃及其同系物几乎一样，它们之间的区别仅仅在于它们有一个额外的CH_2基团，这是需要注意甄别的。图5.24显示了Exxon（埃克森）公司销售的正构烷烃及其同系物产品，以及Lamplight Farms超纯灯油样品（灯油中也含有正构烷烃）。正构烷烃的一个常见来源是无碳纸（NCR纸），图5.24底部显示了一个2in×2in的无碳纸顶空蒸气浓缩物的色谱图。这类材料中含有填充了正构烷烃溶剂的微球，当其被打破时，会在墨水中产生颜色。虽然每平方米只含有几微升溶剂，但这种浓度还是很容易检测到的。图5.25是扫描电子显微图，显示了无碳材料的底面。应该注意到，无碳材料中发现的烷烃通常伴有一对取代联苯。一些品牌的乙烯基地板中也含有正构烷烃物质。只要样品是从结构中可能含有乙烯基的地板（如厨房、浴室或洗衣房）提取的，那么发现正构烷烃也很有可能是没有意义的。一些乙烯基地板也可能含有HPD。在这种情况下，必须提取比较样品。

异构烷烃是用分子筛除去正构烷烃而得到的。随着石化制造商转向更环保、无异味的直馏馏分油（如溶剂油）替代品，异构烷烃变得越来越普遍。与异构烷烃类似的是环烷烃产物，其特征是含大量的环烷烃。虽然人们可能期望异构烷烃中的环烷烃含量少于5%，但在环烷-脂肪烃产品中环烷烃含量可能高达30%。这种区别需要查看环烷烃和烷烃的离子分布图，以及谱图左侧的丰度值。图5.26显示了Isopar H离子57和离子83的色谱图。将其与图5.27比较，图5.27中比较了环烷-脂肪烃溶剂Vista LPA 170中相同离子的色谱图。在环烷-脂肪烃溶剂中，离子83色谱峰的高度不再是离子57色谱峰高度的2%，离子83色谱峰的高度是离子57色谱峰高度的30%以上。还要注意的是，环烷烃-链烷烃产品离子57色谱图中高峰不是正构烷烃，而是支链烷烃。

区分异构烷烃和环烷烃产物的另一种方法是取平均质谱。具有代表性的异构烷烃总离子流色谱图如图5.28所示。这些物质的质谱看起来和单一烷烃的质谱很像。离子57是基峰，其他碎片峰呈高斯分布，间距为14个质量单位。图5.29所示为典型的Isopar L异构烷烃平均质谱，即在色谱图中取超过3min的部分。

对环烷-脂肪烃产品也可作同样的处理分析，其中几个如图5.30所示。典型的环烷-脂肪烃产品的平均质谱图（如图5.31所示）与异链烷烃的平均质谱图有很大的不同。虽然环烷-脂肪烃仍然显示离子57的基峰，但离子55、69和83的丰度高于异链烷烃产品。

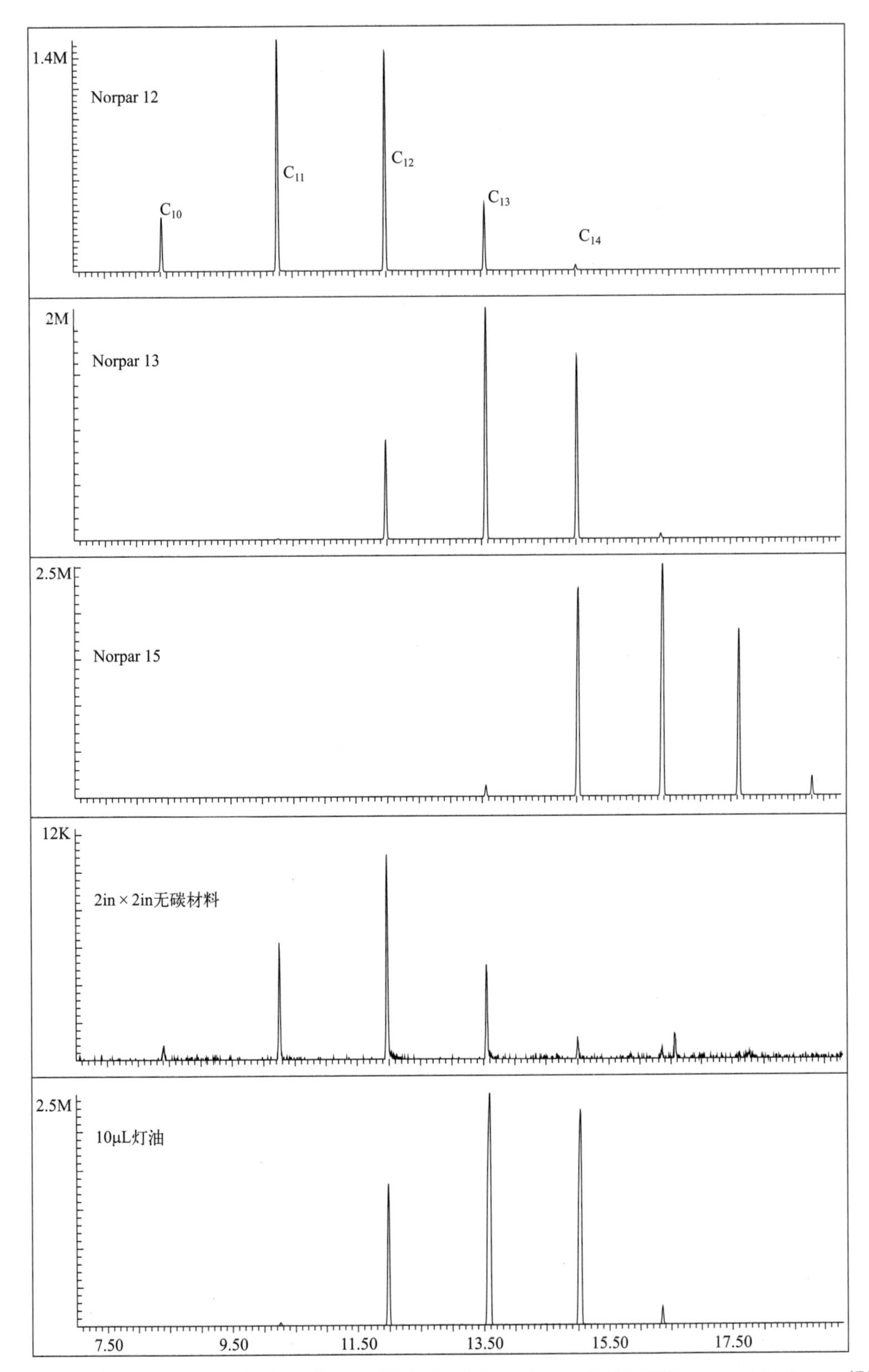

图 5.24 3 种 Exxon Isopar 产品的离子 57 色谱图，无碳材料的 ACS 提取物色谱图，Lamplight Farms 超纯灯油和烛台油 10μL 样品的 ACS 提取物色谱图，三者可进行比较。

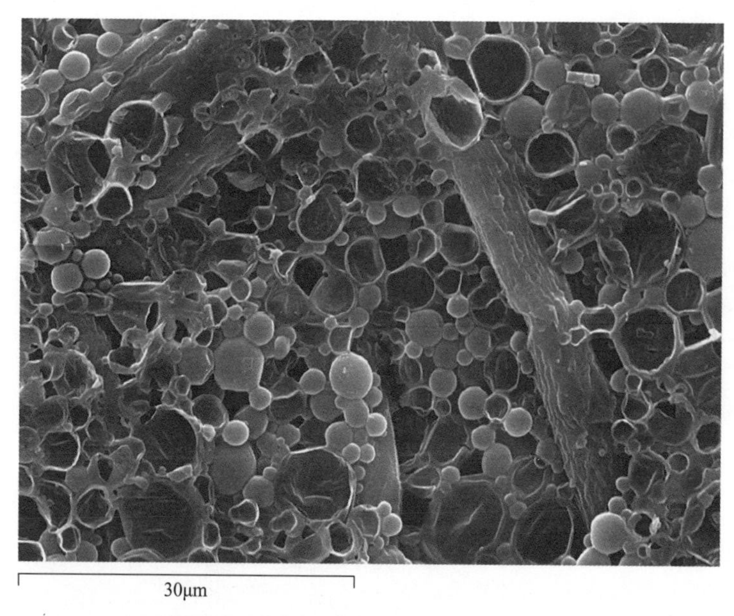

图 5.25 无碳材料底面扫描电子显微图。微球的大小为 2 ~ 10μm，其中充满了正构烷烃。

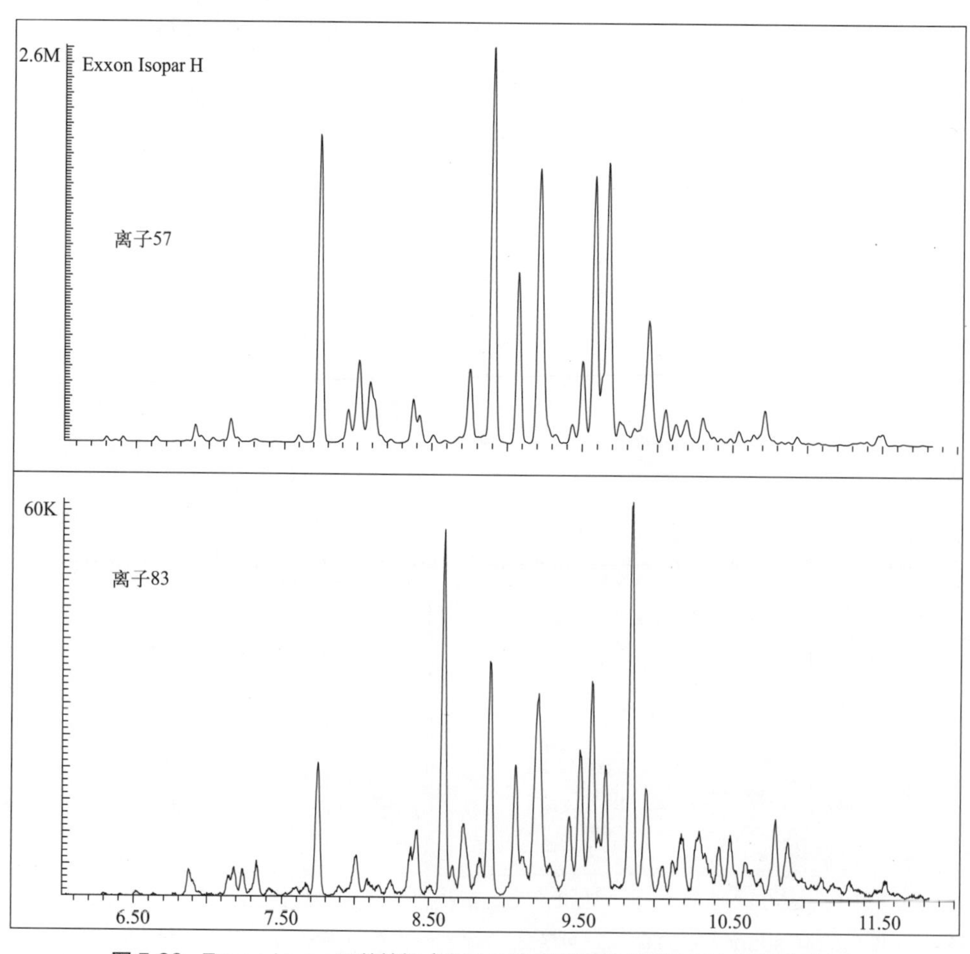

图 5.26 Exxon IsoparH 的烷烃（离子 57）和环烷烃（离子 83）色谱图对比。环烷烃峰高仅为支链烷烃峰高的 2% 左右。

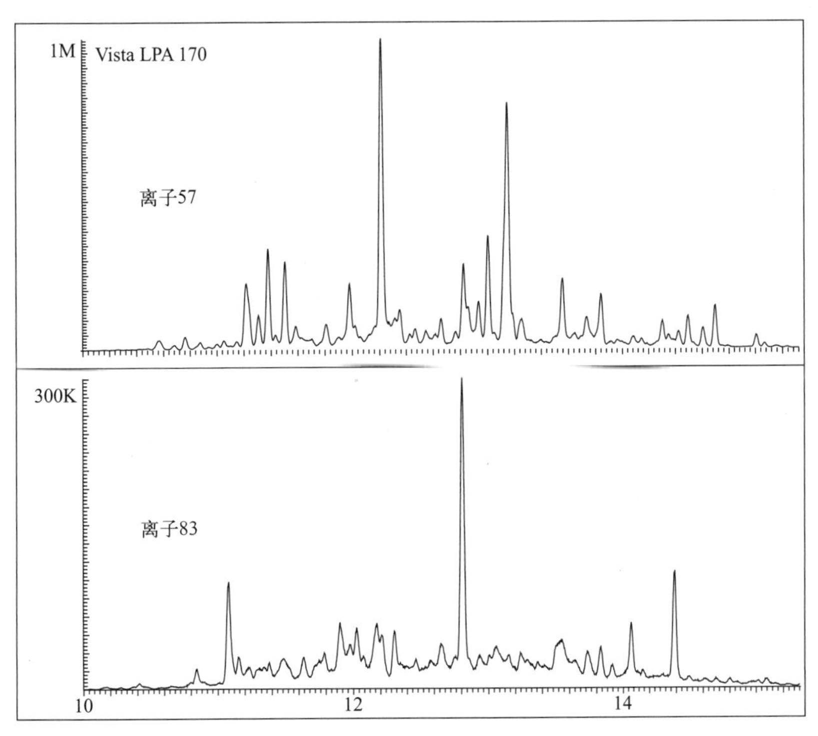

图 5.27　Vista LPA 170 环烷 - 烷烃产品的烷烃（离子 57）和环烷烃（离子 83）色谱图的比较。环烷烃峰高约为支链烷烃峰高的 30%。

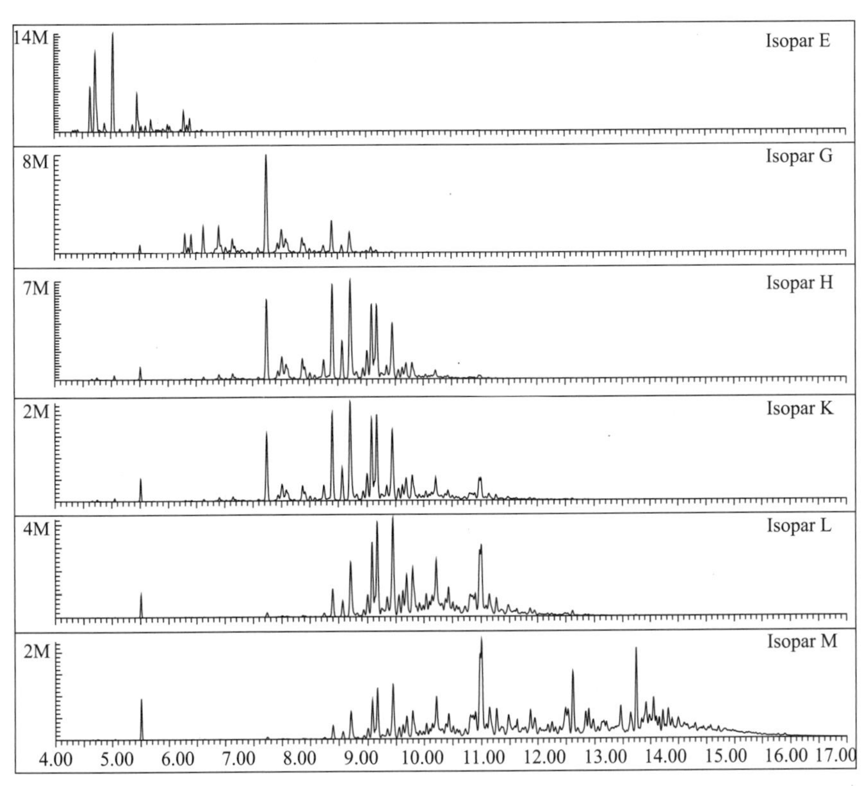

图 5.28　六种异链烷烃碳氢化合物产品［Exxon 石油产品（Exxon Isopars）E、G、H、K、L、M］的总离子流色谱图。

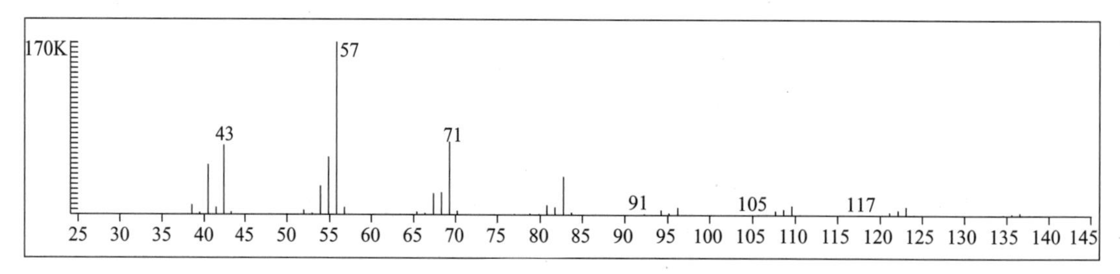

图 5.29 Isopar L 9 ~ 12min 范围内的平均质谱。这个谱图与支链烷烃的谱图非常相似。

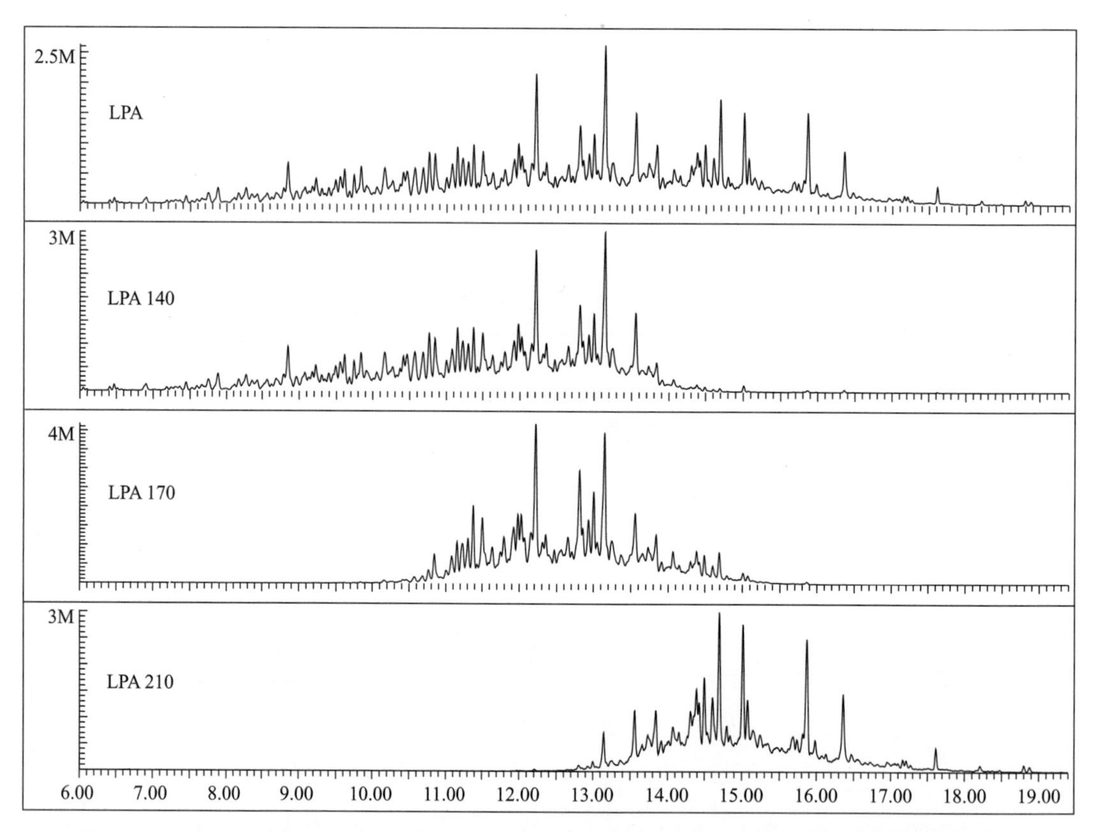

图 5.30 四种环烷烃产品 Vista LPA、LPA 140、LPA 170 和 LPA 210 的总离子流色谱图。产品名称中的数字大致对应于其闪点。

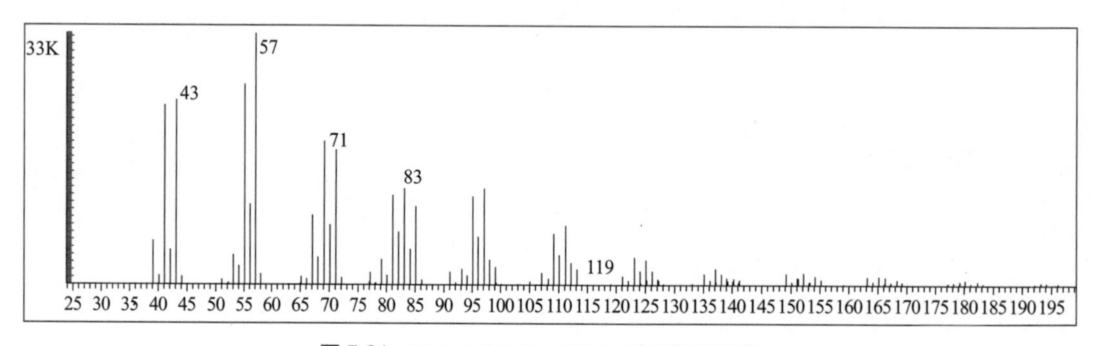

图 5.31 Vista LPA 8 ~ 17min 的平均质谱图。

其他易燃液体残留物的鉴别需要对色谱图中的峰进行逐个检查。几乎在所有样品中都能找到其中任何单一化合物。发现酒精、松节油、芳香烃溶剂和其他“可燃”液体时应该要非常谨慎。ASTM E1618不建议对这些单个的化合物进行鉴别，除非其浓度信号比背景高至少两个数量级。几乎所有火灾残留物样品中都含有甲醇和甲苯。除非这些物质的浓度足够高，鉴定人员才可以放心地说它们不是背景固有的，否则报告中都无需对其进行说明。

5.6.2 灵敏度的提高

用于分离和分析易燃液体残留物的常规技术灵敏度很高。在非黏着性基材样品中，在公斤或更多的残留物中只含有十分之一微升的易燃液体残留物（例如汽油）都可以检测到。当火灾残留物中有活性表面材料（例如木炭）时，鉴定会变得有点困难，但是如果是活性炭条，比可能遇到的大多数残留物的黏着力更强而更难以被分离出来。

在试图提高检测方法的灵敏度之前，有必要弄清楚现有的灵敏度情况。虽然通常认为火灾残留物分析是一种“定性”工作，但它实际上是半定量的，与其说是与样品中ILR的含量有关，不如说是与单个成分的相对浓度有关。实验室验证文件应记录所有液体的检出限。获取检出限的最好方法是通过用内标物制备一系列易燃液体稀释液，将其提取物的信号与已知的经过实验室吸附/洗脱的易燃液体进行比较。在作者的实验室里，一般使用10μL标准。和所有残留物样品处理方法一样，将液体涂在1夸脱容器罐中的滤纸上，滤纸经过ACS顶空浓缩。对于10μL挥发75%的汽油，使用10mm×10mm的碳条，用加有约100μL/L四氯乙烯的500μL乙醚洗脱，其浓度约为1000μL/L。这是很容易检测到的；1μL样品在洗脱液中浓度约为100μL/L，这同样也是非常容易检测到的。在0.1μL（洗出液中浓度为10μL/L）时，信号有噪声，除了显示C_3烷基苯的离子105之外，很难提取到其他离子的色谱图。为了获得更好的离子流色谱图，可以使用许多不同方法。

检测下限的正式定义是分析物浓度比背景信号高出两倍；对于鉴定人员来说，检出限是分析物浓度足够大，可以轻松做出鉴别，也可以通过增加信号或降低背景噪声来降低检出限。增加信号可以通过多种方式实现。一个显而易见的方法是增加分析物的浓度。在火灾残留物从炭条上洗脱时，可以通过溶剂挥发来增加浓度。这一方法并非是没有代价的。挥发溶剂会耗费时间，同时必须非常小心以避免分析物随溶剂一起流失。这个过程中不能加热。有时，溶液体积变得太小，无法由自动进样器进样，还需要手动进样。虽然可以做到，但其实存在更简单的方法来增强信号。另一个显而易见的方法很简单，就是加大进样量。正常情况下进样1μL，当观察低浓度样品时，可以进样2μL。

显著增强信号的一种方法是以不分流模式运行气相色谱仪（不分流也是SPME技术灵敏度很高的一个原因）。大多数实验室使用（20：1）～（50：1）的分流比。样品的稀释提高了分辨率，不分流会增加检测器中分析物的总量，信号可增加至10倍。唯一的代价可能是分辨率的小幅下降。

为了得到更好的离子流色谱图，增强目标离子信号的另一种方法是增加停留时间（即检测器观察特定离子的时间）。这是通过四极杆仪器的选择性离子监测（SIM）模式实现的。在全扫描模式下，通常观察原子量33～300的物质，每个离子停留时间小于1毫秒。如果要求仪器只监测目标离子，就可以显著地增加停留时间。检测器响应随停留时间的平方根成比例增加；也就是说，如果将停留时间增加4倍，信号强度就会增加2倍。仪器在全扫描模式下每秒执行5.24次扫描，因此停留时间为0.7毫秒。在SIM模式下，每秒大约只有一次扫描，这使得色谱峰较为粗糙，但停留时间为50毫秒（增加约70倍），信号增加约8倍。然而SIM模式最吸引人的特征并不是能够增强信号，而是能够减少噪声。每次扫描“换频”267次（每秒1400次）会在仪器中产生大量噪声。如果只观察表5.4中列出的23个离子，可以将噪声降低为1/60或更小。图5.32显示了全扫描模式下产生的噪声与选定离子监测模式下产生的噪声的比较。可以很容易看出，即使信号小得多，感兴趣的峰也清晰可见。

这种方法增加灵敏度的代价是降低了特异性（天下没有免费的午餐）。在SIM模式下产生的质谱图包含的离子不足以进行谱库匹配。然而，鉴定人员可以确定选定的离子是特定化合物的基峰，并确保存在“定性离子”。SIM峰的缩略谱图可以与已知化合物的SIM谱图进行比对，但仅此而已。出于这个原因，如果要确定一个SIM谱图与标准谱图是否表现出“足够的相似性”，鉴定人员应该使用更严格的标准。

表5.4　SIM中使用的离子

离子	化合物
31	甲醇
43	链烷烃
45	乙醇
55	烯烃、环烷烃
57	链烷烃
69	烯烃
71	链烷烃
83	环烷烃、烯烃
85	链烷烃
91	C_2烷基苯、C_1烷基苯
104	苯乙烯
105	C_3烷基苯
117	茚满、甲基茚满
118	甲基苯乙烯
119	C_4烷基苯
120	C_3烷基苯
128	萘
131	甲基、二甲基茚满
133	C_5烷基苯
134	C_4烷基苯
142	甲基萘
156	二甲基萘
168	3-甲基联苯

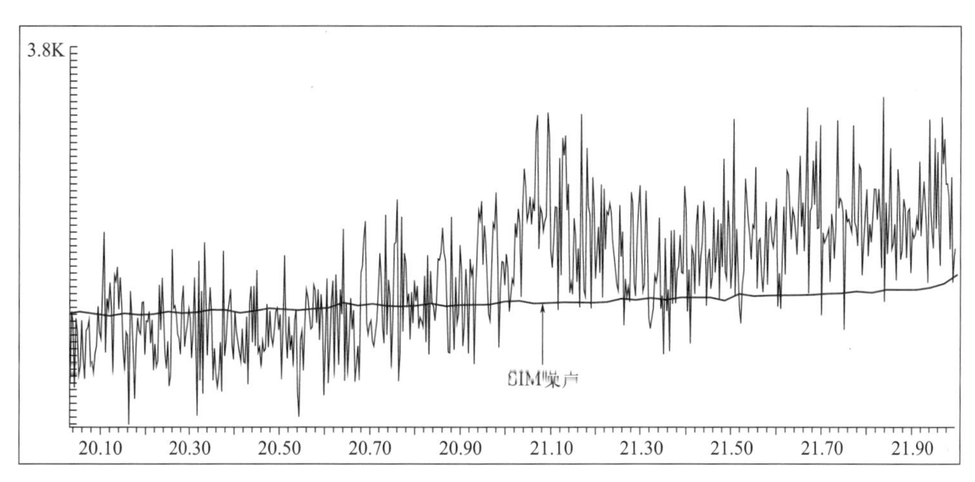

图 5.32 全扫描产生的基线噪声与选择离子监测（SIM）模式下产生的基线噪声的比较。

图5.33显示了在全扫描模式、全扫描无分流模式和SIM模式下10μL/L挥发75%的汽油标准样品的比较谱图。仅从总离子流色谱图来看，可能会得出结论：与不分流模式相比，SIM模式没什么优势，但是如果对汽油的六个提取离子分布图分析，SIM色谱图明显优于在全扫描模式下生成的色谱图，即使是不分流的全扫描色谱图，如图5.34所示。

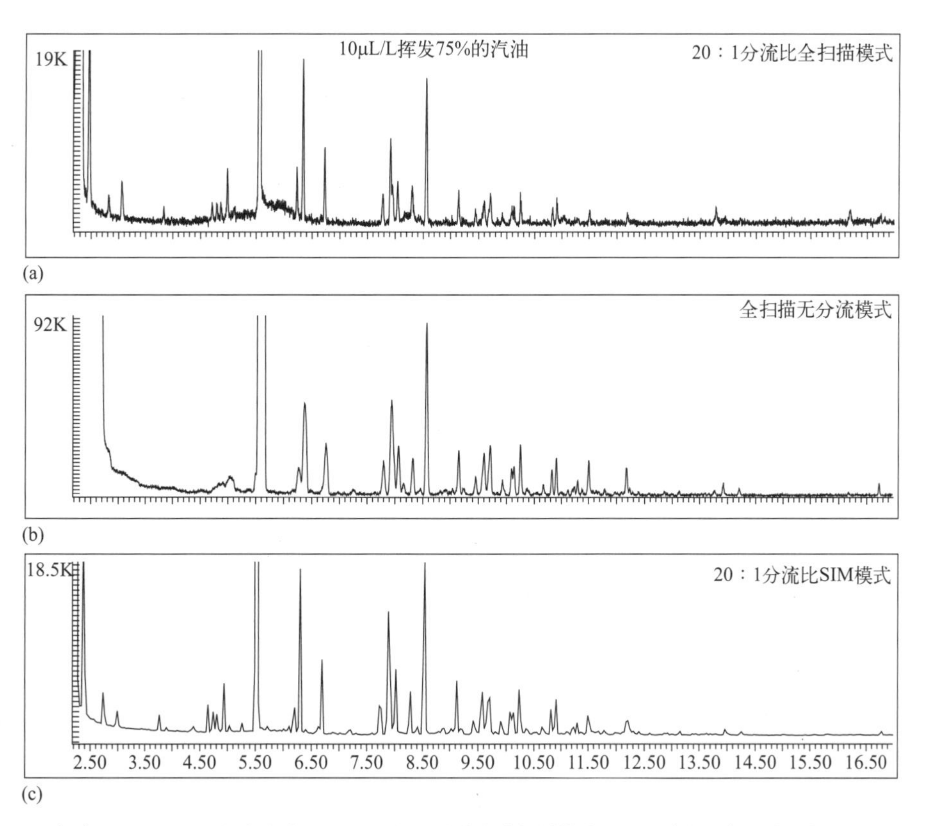

图 5.33 （a）10μL/L75% 挥发汽油，以 20:1 的分流比在全扫描模式下运行（上图）。这三个图 5.5min 处的标度峰是四氯乙烯内标物的峰。（b）10μL/L 挥发 75% 的汽油，以全扫描模式运行，不分流（中间的图）。与分流进样相比，丰度增加了约 5 倍。（c）10μL/L75% 挥发汽油，以 SIM 模式运行，分流比为 20:1。与全扫描模式相比，丰度没有增加，但噪声显著降低。

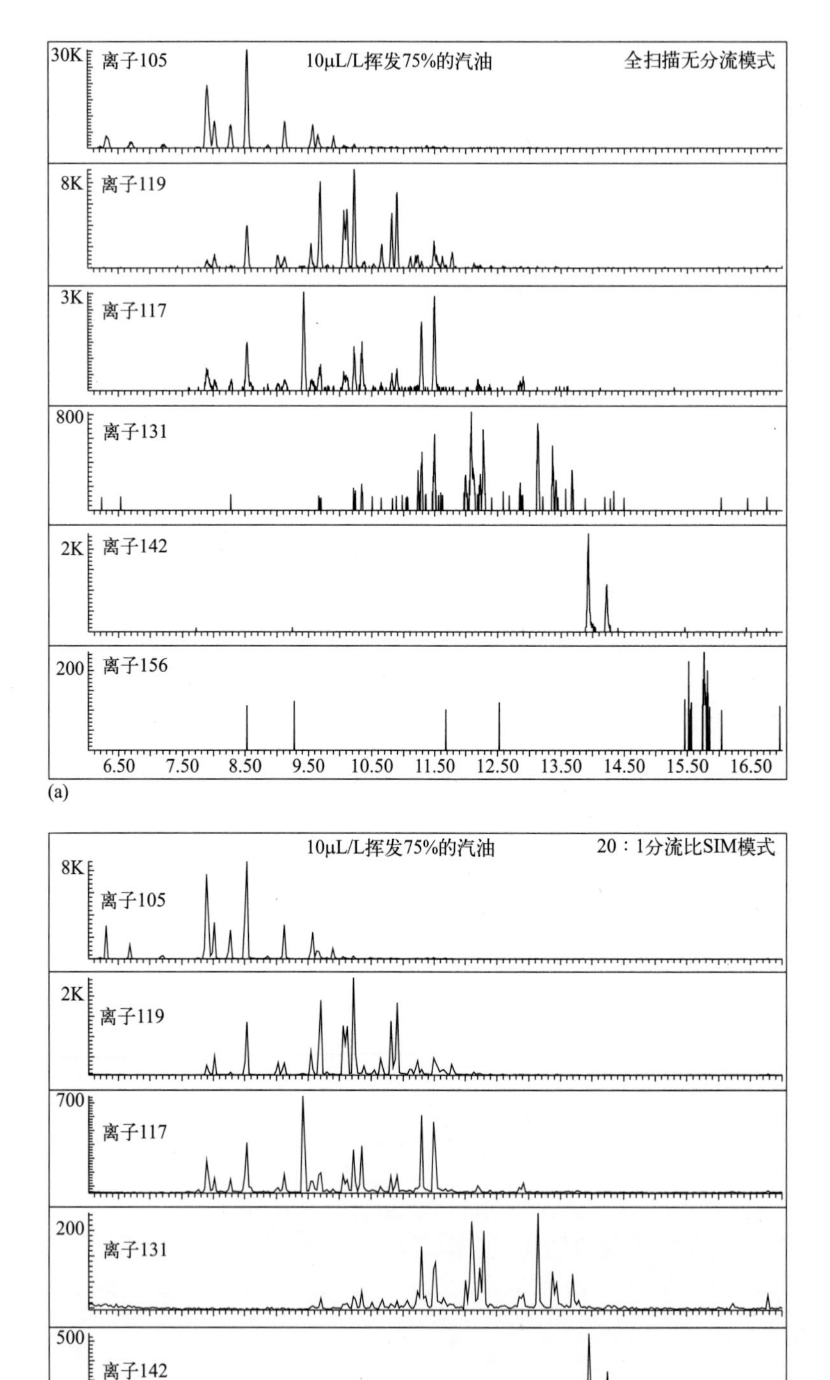

图 5.34　（a）10μL/L 挥发 75% 汽油的六个离子流色谱图，全扫描模式，不分流进样。（b）10μL/L 挥发 75% 汽油的六个离子流色谱图，SIM 模式，分流比为 20 ：1。

通过不分流进样和选择性离子监测模式，可以更进一步提高灵敏度，尽管这样，在目前的研究领域中，由于样品量一般比较充足，所以过于强调微量可能是没有意义的。图5.35显示了0.1μL/L挥发75%汽油标准溶液的六个离子流色谱图。这大致相当于样品中含有0.001μL或1nL汽油。即使洗脱液中的浓度为0.01μL/L，在不分流SIM模式下基线也不会完全平坦。

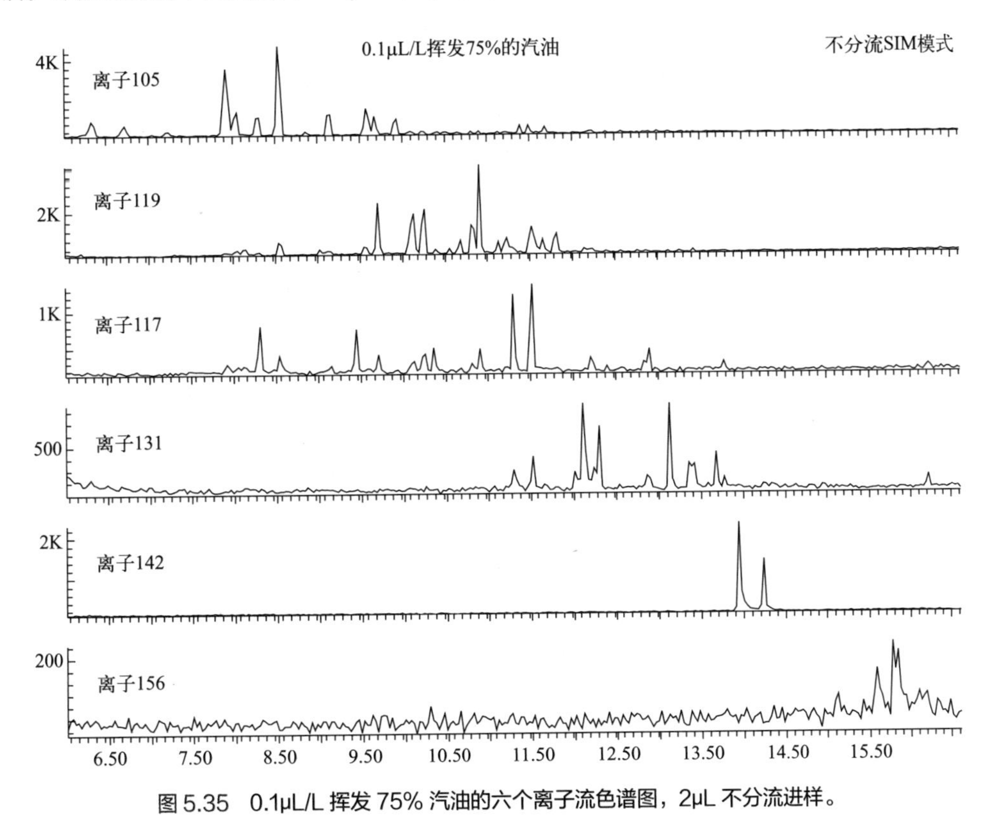

图5.35　0.1μL/L 挥发 75% 汽油的六个离子流色谱图，2μL 不分流进样。

利用简单现成的工具，发现分析的灵敏度可以提高四个数量级。在鉴定人员看来，进一步降低检出限是不值得的。表5.5显示了使用前面介绍的技术的检出限的粗略数量级计算。

表5.5　四种仪器设置下的检出限

方法	LLD（溶液）[a]/（μL/L）	LLD（样品）[b]/μL
全扫描，分流比20：1，进样量为1μL	100	1.0
全扫描，不分流，进样量为1μL	10	0.1
SIM，分流比20：1，进样量为2μL	1	0.01
SIM，不分流，进样量为2μL	0.1	0.001

注：LLD=检出下限。
a 鉴定人员能够轻松认定样品呈阳性的浓度。
b 假设样品中的干扰很少或没有，回收率为5%。

5.6.3　挥发程度的估算

鉴定人员偶尔会被要求估算挥发程度。通常情况下，挥发不是问题，即使把它作为一个问题，要估算样品原始体积到底挥发了多少也是很困难的。Birks等人2017年的研究表明：表面挥发的程度会随着挥发时的环境温度发生变化。例如，在500℃风化的90%挥发汽油（剩余原始体积的10%）可能与在室温下风化的70%挥发汽油无法区分[31]。

除非已知易燃液体是从什么时候开始挥发的，否则几乎不可能确定它挥发了多少。对于馏分油来说尤其如此，一个批次馏分油碳数范围可以是$C_7 \sim C_{12}$，下一个批次馏分油的范围可能就是$C_9 \sim C_{13}$。同样，煤油和柴油的成分会随着纬度和季节的变化而变化。因此，除非能够发现残留物原本盛装在容器内，否则是不可能准确确定挥发程度的（有可能汽油除外）。

从油泵中出来的新鲜汽油以及传统的重整汽油，看起来非常相似，尤其是主要成分方面，由于暴露在火灾中，汽油成分则会以合理可预测的方式发生变化。如果要确定样品中的汽油是在火灾之前就存在的，还是在火灾中或火灾后引入的，经常就要考虑到挥发的问题。有时由于消防员将汽油动力设备带到火灾现场中可能就会出现这种情况，有时在残留物样品中发现易燃液体有必要排除是否是这类设备的影响。许多不同方法可以解决这个问题。最简单的估算方法是比较总离子流色谱图。在新鲜汽油中，甲苯峰是最高的峰，在甲苯峰的左侧有许多轻质烷烃峰（$C_5 \sim C_8$）。当汽油挥发25%时，许多轻质烷烃峰已经消失。此外，在挥发25%的汽油样品中，最高的峰是间二甲苯和对二甲苯峰。

鉴定人员汽油谱库中应该包括许多不同挥发阶段的汽油，以及新鲜汽油的图谱。在笔者所在的实验室中，存档了挥发0%、25%、50%、75%、90%、98%和99%的汽油标准谱图。每次鉴定汽油时都会对其挥发程度进行粗略估计，这仅仅是因为有必要存档一份标准副本[32]，通过对挥发程度的估算，并且希望样品色谱图与供参考的色谱图尽可能匹配。当汽油挥发50%时，甲苯峰明显比间二甲苯和对二甲苯峰低，实际上比乙苯峰也要低。与此同时，三甲基苯峰几乎与间二甲苯峰和对二甲苯峰一样高。在挥发75%时，三甲基苯峰是图中最高的峰，甲苯峰几乎消失。挥发90%时，甲苯峰消失，二甲苯峰比C_3烷基苯峰低得多。与此同时，C_4烷基苯峰已经和大多数C_3烷基苯峰一样高了，但是三甲基苯峰仍是图中最高的峰。当样品挥发98%时，C_4烷基苯峰比C_3烷基苯峰高。

估算挥发程度的更定量化的方法是使用质谱仪。收集$C_6 \sim C_{13}$的平均质谱（在笔者所在的实验室中大约需要3～13min），得到一个平均值，利用该平均值的变化可预测不同挥发阶段。在新鲜汽油中，离子91和105的峰最高，其次是离子119、43、57和71。离子43的峰是由甲苯左边的轻质支链烷烃产生。挥发25%时，离子91和105的峰仍然在质谱中占据主导地位，但离子57的峰比离子43的峰高。在挥发50%时，离子91与离子105的峰不再一样高，离子119和120的峰超过离子57的峰。

挥发90%时，离子119峰高几乎与离子105峰高一样，离子134的峰高开始赶上离子91。挥发98%时，离子119的峰最高，其次是离子105、134和91。图5.36显示了这六个离子的平均质谱。要特别注意的是火场残留物中基质材料会影响谱图，这使得某些情况下应用质谱定量化方法会更加困难。

所有挥发程度的估算都可以通过“同类比较”来完成。虽然人们希望鉴定人员已经优化了分离过程，使得ACS法洗脱溶液看起来和没有经过ACS洗脱的样品一样，但是还是要对标准品进行洗脱，而不是简单地通过稀释溶液来制备试样。此外，样品和标准品的浓度应大致相同。由于取代作用的影响，浓度越大的样品挥发得越多[33]。

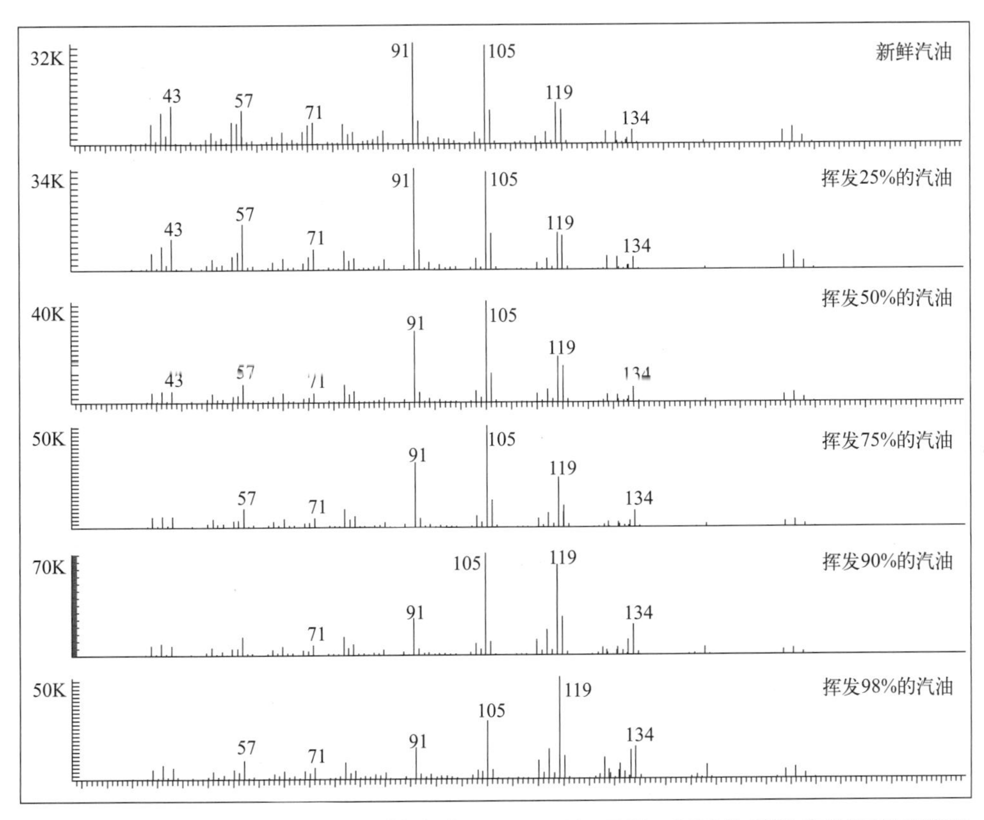

图 5.36　新鲜汽油 3 ~ 13min 的平均质谱与挥发 25%、50%、75%、90% 和 98% 汽油的平均质谱图。

一些基质本身就含有某些化合物，所以在作出样品具有值得怀疑的蒸发程度之前必须考虑基质的影响。具体而言，例如，由于残留物倾向于保留较轻的碳氢化合物，这使得残留物的实际蒸发程度往往低于火灾现场情况所表明的程度。

5.6.4　来源鉴别

直到最近，火灾残留物鉴定人员才能够将风化的易燃液体残留物与未燃烧的易燃液体来源进行匹配。环境取证领域已经开发了一些工具来鉴别泄漏石油的来源，其优势是有大量的材料可用于分析。石油碳氢化合物含有微量的生物标志物（biomarkers），这些物质自首次在生物体中合成以来几乎没有变化。这些生物指标的相对数量通常可以用于识别重大泄漏的来源。在“指纹”碳氢化合物中多环脂肪族和芳香族碳氢化合物也是很有用的。对诸如增氧剂，或是陈旧汽油中的烷基铅化合物等添加剂进行的检查，也可以为泄漏源的鉴别提供线索。

对石油成分的控制有三个层次。主要控制因素是石油的起源（即其“遗传”特征），包括其地理位置、燃料的原始来源（陆地或海洋），以及储存了数百万年石油的岩石条件。

影响碳氢化合物指纹的第二级控制是炼油厂对碳氢化合物处理的过程。蒸馏、碳氢化合物裂解、异构化、烷基化和混合等活动会改变燃料的组成。

第三级控制发生在石油产品离开炼油厂之后。火灾残留物鉴定人员感兴趣的第三级控制中最重要的是风化或挥发作用。加油站储罐中的混合也很关键。因为油罐很少是空的，所以加入新的油品时，加油站的油罐就会有一个新的临时的特征。关于环境取证领域中化学指纹更广泛的讨论，可参考*Introduction to Environmental Forensics*一书[34]。

Dale Mann在1987年进行了全面的工作，以确定火灾残留物中易燃液体的来源[35, 36]。Mann利用一根60m长的色谱柱，通过检查从正戊烷到正辛烷的轻质烷烃的相对比例，可以对新鲜汽油样品进行比较，并准确鉴别其来源。不幸的是，在汽油挥发25%之前，这些碳氢化合物就会消失。Mann的第二篇论文介绍了易燃液体残留物和新鲜样品之间进行比对有一定的局限性，这是由于残留物会被热解产物污染、分离方法会带来成分的变化，以及风化作用导致挥发性物质的损失。因此，在Mann进行大量工作之后，残留物与新鲜油品来源的比对方面的研究并不常见。然而，后来Dolan和Ritacco在报告中指出，他们设计了一种方法测量汽油中20对峰的相对丰度，能够鉴别挥发程度25%和50%的30个样品的来源。这个方法利用了支链烷烃的相对丰度，支链烷烃峰通常出现在汽油色谱图的中心。因为峰是连续的，洗脱时间仅相隔几秒钟，所以相对比率不会明显受到挥发的影响。检测的峰都不是主要成分。汽油的主要成分彼此非常相似，因此它们在区分来源时是没有用的[37]。

在这项工作之后，Wintz和Rankin应用主成分分析法，研究结果只是发现，在未挥发和挥发50%的汽油之间色谱峰组中比例几乎没有变化，在区分一种汽油和另一种汽油来源时实际上只是其中几组峰是有用的，其中一些组分出现在轻质石油馏出物范围内，因此不可能在挥发程度50%以上的汽油中发现[38]。

Barnes和Dolan的进一步研究确定了50%挥发程度汽油中依次洗脱的次要组分的六个比率，以及75%挥发程度汽油中的四个比率。利用这些比率，他们能够成功区分挥发50%的16个汽油样品，以及挥发75%的10个汽油样品。他们使用盲法（译者注：盲法是指为避免设计、资料收集或分析阶段容易出现信息偏倚在设计时可采用的方法，使研究者或研究对象不明确干预措施的分配，研究结果更加真实、可靠。）来证实这个方法正确鉴别三种汽油来源的能力，并与含有十种候选来源的谱图库进行匹配。在这个方法中使用60m长的色谱柱，并通过目标化合物程序自动化鉴别。该程序从每种目标化合物的质谱图中获取基峰丰度，并用后期洗脱化合物的丰度除以较早洗脱化合物的丰度。尽管这种方法看起来是有效的，但作者指出，这对于排除某个来源是最有用的，并提醒鉴定人员结论显示是共同来源，但也并不100%准确[39]。尽管要注意这些问题，但是Barnes和Dolan还是解决了Mann 20年前开始研究的问题。

Sandercock和Du Pasquier在2003年和2004年分三部分发表了其研究成果，介绍了一种更简单的方法，即使用萘、甲基萘和二甲基萘进行分析。所用的色谱柱是日常用于常规火灾残留物分析的30m HP-5型色谱柱。为了使所有的峰能够以相同的近似精度积分，实验使用了SIM法，监测离子127和129而不是萘的离子128，这样萘和甲基萘的信号可以选择性地减少。利用离子156的基峰来检测二甲基萘。Sandercock和Du Pasquier的研究使用氧化铝色谱柱对汽油进行预处理，这样可以分离汽油中的多环芳烃和极性烷基酚，但他们发现烷基酚对于区分不同样品并没有太大帮助。通过炼油厂工作实践经验可知，多环芳烃（PAH）的比例在挥发时没有显著变化[40]。

比较平均分子量可以将所有类型的ILR与可疑来源进行比较，或查看同一类别中的两个ILR是否来自同一来源。当暴露在火灾中时，易燃液体挥发，其平均分子量必然增加。从没有相关的研究表明暴露于火场中的液体的平均分子量会降低。如果所怀疑的易燃液体从未暴露于火场中，但其平均分子量却比从现场样品中提取的残留物的平均分子量高，则可以最终排除这个怀疑。

在对汽油或任何易燃液体进行比较时，最好的方法是采用建议的来源液体，先进行部分挥发，使其碳数范围与残留物相匹配，然后使用与可疑样品相同的分离方法进行分离。完成分离以后，就可以对色谱图中的细节进行详细检查。

色谱图之间真正好的匹配不仅是峰的匹配，波谷同样也要匹配。在进行比较时，一个必要的步骤是定性定量地检查多个提取离子流色谱图。这个方法已记入了ASTM D5739-06[41]中煤油以上重质馏分油分析部分。该方法比较了多环芳烃和一些生物标记物的24个提取离子流色谱图。虽然这种方法不适用于煤油和汽油等轻质混合物，但一般情况下是可行的。鉴于目前的技术水平，不要求经常进行比对可能是件好事。

5.7 报告出具程序

鉴定人员提供的报告可能是火灾调查期间最重要的文件之一。因此，一定要仔细制作报告，以免误导读者。对火灾残留物进行分析的目的是确定样品中是否存在外来易燃液体残留物。

法庭科学实验室的报告应该是科学报告。因此，有必要的话，报告中应该包括引言、详细说明检测方法和结果的部分，以及讨论和结论部分。实验室报告还应注明对物证做了什么。有些机构有个不好的倾向，就是只提供检查单，写上“检出汽油”或“未检出助燃剂”，而不是准备一份真正的实验室报告。在阅读这样的报告时，审查者无法判断鉴定人员使用的是气相色谱-质谱法还是随意编造的。

考虑到现在可以储存包含所有可能结果的现成模板，把制作详实的报告“太耗时”作为借口就不能接受了。虽然实验室报告的目的是帮助调查员，但也要能够让审查人员了解整个工作过程。报告中至少应包括以下内容:

- 对可疑火灾的鉴定。
- 描述样品是如何、何时以及由何人送到实验室的。
- 对样品的描述，包括容器尺寸、基材材料、样品提取位置。
- 从样品基材中分离ILR的分离方法的说明（ASTM分离方法）。
- 样品提取分析技术的说明（ASTM E1618）。
- 数据分析的结果。
- 对结果的讨论，是否有误解或误用的可能。在讨论部分，鉴定人员可以提供已经确定的易燃液体残留物来源的实例。这部分还可以加入免责声明，说明ILR可能与背景物有关，不是外来的，或者说明未检出助燃剂也不能排除火灾现场存在易燃液体的可能性。
- 即使是律师也能理解的结论，这很有帮助。
- 一句话说明样品处理情况（返回给送检者或存放起来）。

如果发现背景中自然或偶然地存在某种物质，鉴定人员有责任告知。ASTM E1618规定在检出和未检出报告中均可包含免责声明。对于未检出的报告，建议使用免责声明，大意是未检出也不能排除火灾现场存在易燃液体的可能性，以帮助读者避免误解报告。同样，对于检出的报告，ASTM E1618规定，“加入免责声明可能是合适的，大意是火灾现场鉴定出有易燃液体残留物不一定就能说明是放火火灾。进一步的调查可能会揭示易燃液体残留物存在的合理原因。”当然，在客厅发现汽油是值得注意的，而在地下室机械锯附近发现汽油就没那么值得注意了。

有时，火灾残留物鉴定人员太急于“帮助”进行放火火灾调查。当鉴定人员发现检材中只有背景化合物时，将样品报告为“阳性”（检出）既没有帮助，也站不住脚。俄亥俄州阿克伦的Karen和 Paul Stanley被错误地指控放火烧死了他们年幼的儿子。将火灾残留物样品送检到一个实验室，该实验室报告称在一个炭化黄松样品中发现了松节油。该实验室的鉴定人员绝对没有资格对松节油进行鉴定，至少鉴定人员在检出松节油的报告中应明确地附上免责声明，说明松节油与针叶林中天然存在的松节油是无法区分的。检察官在理解了鉴定人员报告的意义（或毫无意义）后，该案件被驳回[42]。

佐治亚州有一起类似的凶杀案，也是鉴定人员过于“乐于助人”，该实验室鉴定人员的报告称在嫌疑人的“衣服”上发现了“甲苯，一种易燃液体”。实际上，“衣服”包括一双网球鞋，对鞋店的新的网球鞋进行检查，发现存在着高浓度的甲苯。对第一次分析进一步检查发现，除了甲苯之外，在嫌疑人的鞋子和比对样品鞋子中还存在二甘醇和丁基化羟基甲苯（BHT），其相对比例相同。不到一年前，在美国法医学科学院（AAFS）的一次研讨会上，有一个关于放火火灾嫌疑人鞋子研究的报告[43]。如果鉴定人员参加了那个研讨会（或阅读了会议论文集），可能就能正确地将甲苯鉴定为样品背景原生物质，或者更恰当的是，根本就不应该在报告中提及。

当鞋子被送检进行分析时，重要的是要记住其制造过程中使用了高浓度碳氢化合物。鞋子都应该单独进行分析，这样一只鞋子可以作为另一只鞋子的比对样品。如果一个鞋子上的ILR是由于纵火犯将易燃液体洒在了自己身上，那么每只鞋子洒上的量不可能完全相同，除非两只鞋都有汽油味，否则只有当一只鞋的ILR浓度高一个数量级时，结果才被认为是有意义的。

实验室典型的阳性（检出）报告和阴性（未检出）报告如图5.37所示。

5.8 记录的保存

每个易燃液体残留物鉴定阳性的案卷不仅应包含样品图谱，还应包含可与样品进行比较的标准品。这意味着样品和标准品都应该以相同的刻度制图，这样就可以轻松地复查数据。即使没有刑事起诉，鉴定人员也要意识到很多火灾案件都涉及民事诉讼，所以案卷要保留一段时间。

电子数据案卷也应保护和存储。广泛使用的气相色谱-质谱软件只有几个版本，因此一个鉴定人员可以查看另一个鉴定人员的原始数据。通过妥善保存数据可以促进这种审查工作。仪器数据，如调谐报告或光谱扫描等，也应该保留，这样可以记录仪器的性能。当

SCIENTIFIC FIRE ANALYSIS, LLC

88005 Overseas Highway, #10-134 Islamorada, FL 33036
770-815-6392
e-mail: scientific.fire@yahoo.com, website: www.firescientist.com

化学分析报告		
文件编号 实验室文件#	日期：2018.1.18	页码 1/1

火灾调查员单位
地址
城市、州邮编

主题

事件# (#78910)
您的文件 #23456
受害者(被保险人)姓名
损失发生日期：2018年1月8日
火灾证据分析

背景

2018年1月15日，委托人通过UPS向科学火灾分析实验室(SFA)的John Lentini送检，包含以下几项：

样品1：一个容量1夸脱的罐子，里面装有烧过的地毯和垫子，是从南边卧室北墙处提取的。

要求SFA对样品进行易燃液体残留物分析。

检测方法和结果

根据ASTME1412-16对样品进行分离，并根据ASTME1618-14进行分析。

通过气相色谱/质谱联用(GC/MS)对样品1的顶空浓缩气进行分析，发现样品组分的保留时间和质谱图特征与已知风化汽油组分一致。

结论

样品中检出汽油。

样品处理

通过UPS将样品退回给委托人。

鉴定人：

审查人：

图 5.37 （a）实验室典型的阳性报告。

然，如果案卷有匹配的标准和样品，就没有必要查看那一周的调谐报告。无论发生什么，仪器调谐参数都不会造成假阳性。另外，应该储存空白文件，特别是针对那些程序检出限降低的情况。

SCIENTIFIC FIRE ANALYSIS, LLC

88005 Overseas Highway, #10-134 Islamorada, FL 33036
770-815-6392
e-mail: scientific.fire@yahoo.com, website: www.firescientist.com

化学分析报告		
文件编号 实验室文件#	日期：2018.1.18	页码 1/1

火灾调查员单位
地址
城市、州邮编

主题

事件# (#78910)
您的文件 #23456
受害者(被保险人)姓名
损失发生日期：2018年1月8日
火灾证据分析

背景

2018年1月15日，委托人通过UPS向科学火灾分析实验室(SFA)的John Lentini送检，包含以下几项：
样品1：一个容量1夸脱的罐子，里面装有烧过的地毯和垫子，是从南边卧室北墙处提取的。
样品2：一个容量1夸脱的罐子，里面是火场残留物，是从客厅中心处提取的。
要求SFA对样品进行易燃液体残留物分析。

检测方法和结果

根据ASTME1412-16、ASTME1386-15对样品进行分离，并根据ASTM E1618-14进行分析。
通过气相色谱/质谱联用(GC/MS)对样品1和样品2的顶空浓缩气进行分析，未发现易燃液体残留物。
该结果不能排除火灾现场中存在易燃液体的可能性。

样品处理

通过UPS将样品退回给委托人。

鉴定人：
审查人：

图 5.37 （b）实验室典型的阴性报告。

5.9 质量的保证

影响实验室工作整体质量的因素很多。出于这个原因，已经建立了认证程序，以便外部机构验证实验室是否正常运行。每个实验室都应该有一个火灾残留物检测的详细书面程序文件，这个程序文件要符合公认标准。笔者所在实验室使用的程序文件见本章结尾的附加说明5.1。作为质量保证程序的一部分，火灾残留物分析员每年至少应参加一次能力测试。测试可以是内部的，也可以是外部的，但无疑外部能力测试可信度更高。许多商业供应方都提供能力测试，但实际上没有必要去购买能力测试，可以由鉴定人员进行循环能力测试。鉴定人员可以组成循环小组，轮流为对方准备样品。因为没有必要证明一个人有能力将炭条放入罐中，因此可以将10个炭条暴露于同一样品中来制备样品，然后只要邮寄这些炭条就可以了。通过定期进行能力测试或循环测试，鉴定人员可以审视自己的表现，实验室主管则可以确认其鉴定人员表现良好。

个人专业发展和继续教育是所有质量保证程序的重要组成部分。鉴定人员应该花时间查阅文献，并尽可能多地参加专业会议。虽然火灾残留物分析科学发展已经较为完善，但这是一个有趣的领域，有大量的专业人员在不断地进行研究和发表论文，跟进研究进展是职业责任。

鉴定人员能跟上行业发展步伐的最终标志是获得认证。美国犯罪学委员会提供火灾残留物分析认证。只能通过继续教育和每年参加外部能力测试来保持认证。获得认证是鉴定人员证明其关心职业发展的一种方式。支持个人认证也是实验室主管向其员工证明实验室机构也关心员工职业发展的一种方式。

附加说明5.1　火灾残留物样本的分析程序

程序：801

版本：1

日期：4/14/17

页码：

批准：

1.范围

该程序包括通过气相色谱-质谱分析火灾残留物样品。

2.引用的文件

科学火灾分析（SFA）程序文件800《火灾相关证据的处理》

ASTM E1388-17《火灾残留物样品顶空蒸气取样标准实施规程》

ASTM E1412-15《用活性炭被动顶空浓缩取样从火灾残留物样品中分离易燃液体残留物的标准实施规程》

ASTM E1618-14《用气相色谱/质谱法检测火灾残留物样品提取物中易燃液体残留物的标准试验方法》

ASTM E1386-15《用溶剂萃取法从火灾残留物中分离易燃液体残留物的标准实施规程》

ASTM E1459-13《物证标记和相关文件的标准指南》

ASTM E1492-11（2017）《法庭科学实验室接收、记录、存储和检索证据的标准实施规程》

ASTM E2451-13《火灾残留物样品中易燃液体和易燃液体残留物提取物保存的标准实施规程》

3.目的

本程序的目的是确定样品中是否含有可检测的易燃液体残留物，并对其进行鉴别。

4.过程（这些步骤和美国食品药品监督管理局程序800一起参照执行）

4.1分离

4.1.1被动顶空浓缩。

4.1.1.1本程序适用于给美国食品药品监督管理局实验室送检进行易燃液体残留物分析的大多数样品。

4.1.1.2观察样品，确保容器按照ASTM E1459的规定正确贴有标签，证据传递表（如果样品是由美国食品药品监督管理局的工作人员提取的，就是工作单）准确描述了容器的内容物。

4.1.1.2.1 在发布报告之前，与送检者沟通保证无异议。

4.1.1.3 通过气味检测确定样品是否含有大量碳氢化合物。

4.1.1.3.1 如果样品散发出强烈的气味，将其移至通风橱中，进行溶剂萃取，如4.1.2所述。

4.1.1.4 确定样品是否含有大量的水。

4.1.1.4.1 如果样品非常潮湿，在样品罐盖上钻一个小孔，并用透明胶带密封。

4.1.1.5 向样品容器中加入20μL内标物。

4.1.1.5.1 内标物是2.5% 3-苯基甲苯乙醚溶液。

4.1.1.5.2 向8mL乙醚中加入200μL工业级3-苯基甲苯制备内标溶液。将内标溶液保存在冰箱中。

4.1.1.6 将"炭条"吸附包放入样品容器中，并密闭容器。

4.1.1.7 将容器放入对流烘箱中。

4.1.1.8 在空罐底部放置一张滤纸并添加20μL内标溶液来制备系统空白样。其分析方式与样品相同。

4.1.1.8.1 每天运行样品时运行空白系统样。

4.1.1.9 确保温度设置为80℃，计时器设置为16h。

4.1.1.10 经16h吸附结束后，从烘箱中取出样品，并将炭条放入正确标记的2mL隔膜密封小瓶中。

4.1.1.10.1 在样品瓶标签上写明以下信息：美国食品药品管理局工作编号、样品序列号、日期和首字母。

4.1.1.11 向隔膜密封瓶中加入0.5mL洗脱溶剂。

4.1.1.11.1 洗脱溶剂由添加了100μL/L四氯乙烯的乙醚组成。

4.1.1.12 密封小瓶，并将其放入气相色谱-质谱自动进样器托盘中。

4.1.2 溶剂萃取。

4.1.2.1 本分离程序通常用于液体样品、小部分高度浓缩的样品、非常小的样品或空容器。

4.1.2.1.1 对于有机液体样品，向1mL乙醚洗脱液中加入10μL液体，标记小瓶，密封，并置于气相色谱-质谱自动进样器托盘中。

4.1.2.1.2 如果送检的是水溶液，使用最少量的乙醚洗脱液进行液/液萃取。将1mL洗脱液置于隔膜密封小瓶中，密封，贴上标签，并置于气相色谱-质谱自动进样器托盘中。

4.1.2.1.3 就固体样品而言，通常来自含有高浓度易燃液体的样品。选择一个要提取的小样品，放入小烧杯中。用乙醚洗脱溶液淹没样品，溶解5min。不需要进行挥发。

4.1.2.1.4 对于空容器或非常小的样品，使用最小量的乙醚淹没样品或冲洗容器内部，通常约为10mL。

4.1.2.1.4.1 不用加热，缓慢挥发溶液至体积约为1mL。

4.1.2.2 在某些情况下，有必要过滤提取物以去除大颗粒。

4.1.2.3 分析前将20mL溶剂挥发至1mL，为溶剂提取准备空白样。

4.2 分析

4.2.1 每周一早上使用"自动调谐"对质谱仪进行调谐。

4.2.1.1 将调谐报告加入仪器日志中。

4.2.1.2 除周一外，每天运行一次光谱扫描。打印扫描报告并将其加入仪器日志中。

4.2.2 加载标题为“默认”的序列，然后选择菜单项“编辑样品日志表”。

4.2.3 在序列日志表中输入适当的信息。

4.2.3.1 必要信息包括样品瓶位置；数据文件位置，它应该与序列号后面的作业号相同；样品信息，包括作业号、样品序列号、分离方法和溶剂；以及样品描述和位置的其他信息。

4.2.4 输入适当的分析方法。

4.2.4.1 提取物的第一次分析使用全扫描方法（FCLR）。

4.2.4.2 如果在运行结束时仍有峰从色谱柱中流出，请延长运行时间。可能需要使用FCLRLONG方法重新运行样品。

4.2.4.3 如果提取物中残留物浓度较低，则再次以不分流模式运行。

4.2.4.4 如果还需要更高的灵敏度，请使用SIM方法。

4.2.4.4.1 使用SIM法不能收集到完整的质谱图。

4.2.4.5 为当天的分析创建目录并运行序列。

4.2.4.6 样品运行完成后，加载样品的数据文件并检查总离子流色谱图。

4.2.5 获取石油烃中常见有机化合物类别的提取离子流色谱图。

4.2.5.1 对于所有样品，提取离子57、71、83和105的色谱图。

4.2.5.2 对于所有样品，提取离子105、119、117、131、142和156的色谱图。

4.2.6 将样品谱图与已知易燃液体谱图进行比较。打印所有匹配的谱图。

4.2.6.1 根据ASTM E1618进行比较。

4.2.6.2 如果谱图与标准谱图有足够的相似性，将易燃液体残留物分类到适当的类别。

5. 轻质分析物的替代程序

5.1 溶剂峰可能会掩盖一些小分子量分析物。在这种情况下，有必要使用不同的溶剂或在气相中取样。

5.2 使用四氯乙烯作为替代溶剂，选择PCE洗脱时关闭检测器的分析方法。这种方法在方法名中用字母PCE标识。按照第4节所述进行分析。

5.2.1 如果预计需要替代溶剂，在吸附步骤中，在样品罐中放置两条ACS试纸。

5.3 由于样品对ACS试纸的亲和力低，有时需要对气相进行取样。从加热的样品罐中抽取500μL蒸气，并手动进样。必须选择手动进样的方法。使用第4节中描述的分析方案进行分析。

5.3.1 在每次顶空分析之前，运行由500μL实验室空气组成的空白样。

5.3.2 有关顶空技术的使用指南，请参考ASTM E1388。

6. 文件

6.1 使用标准报告模板，准备一份描述样品、所用方法和分析结果的报告

6.1.1 将报告副本和分析期间打印的所有数据副本放入作业文件中。

6.1.1.1 将介绍物证处理的其他文件，如SAF程序800中所述，放在工作文件中。

7. 样品和提取物的储存或返还

7.1 根据送检者的要求，将样品存放在物证室，或是将其返还给送检者。

7.1.1 在所有涉及存储或返回的程序中遵循ASTM E1492。

7.2 对于至少有一个样品检测呈阳性的所有案例，将含有炭条（包括阴性）的所有样品瓶在冰箱中储存至少一年。如果空间不够，可在一年后将样品瓶移至室温储存装置中储存。

7.2.1 在所有涉及样品炭条归档的程序中遵循ASTM E2451。

7.3 归档也适用于比对液体样品或通过溶剂提取产生的提取物。

5.10 结语

从火灾残留物样品中分离和鉴定易燃液体残留物是火灾调查的重要组成部分。火灾残留物鉴定人员应熟悉火灾调查的常用技术，并理解调查员的专业术语。鉴定人员还必须明白其中的利害关系。如果鉴定出有易燃液体残留物，就可以支持火灾是放火火灾的假设，并且刑事或民事法庭上的漫长诉讼过程可能随之而来。实验室结果通常是检察官决定起诉或保险公司拒绝索赔要求的决定性因素。

在过去的40年里，火灾残留物分析技术有了巨大的进步，现在技术已经能够满足必需的灵敏度要求，甚至可以达到比所需更高的灵敏度。分析过程中不仅需要专注和创造性，还要遵守公认的鉴定标准。要对结果进行分析，这样其他鉴定人员就可以对鉴定进行审查。审查鉴定人员不应当得出不同的结论，不仅应该期待对鉴定结果的审查，还应该欢迎这种审查。科学是建立在“多次见证”的基础上的。火灾残留物鉴定人员必须敏锐地意识到他们所做工作的利害关系，并且知道其针对鉴定结果进行有效沟通的必要性。

问题回顾

1. 在从火灾残留物样品中分离易燃液体残留物时，与炭条法相比，使用蒸气蒸馏法有什么优势?

a. 灵敏度更高

b. 能够生成提取离子流图，可以向陪审团展示

c. 耗时较短

d. 是非破坏性的

2. 以下哪种物质通常不会出现在住宅客厅的背景物中?

a. 煤油　　b. 甲苯　　c. 汽油　　d. 溶剂油

3. 合格的法庭科学实验室中易燃液体残留物的常规检测下限是多少?

a. 1滴，或每千克残留物50μL　　b. 1/10滴，或每千克残留物5μL

c. 1/500滴，或每千克残留物0.1μL　　d. 1/10000滴，或每千克残留物5nL

4. 向火灾残留物实验室送检硬木地板样品时，为什么需要对比样品?

a. 提交对比样品能够保证客观科学　　b. 硬木地板涂料通常含有残留溶剂

c. 通常没有机会回去提取另一个样品　　d. 上述全部

5. 以下关于火灾残留物分析实验室的说法，正确的是?

Ⅰ. 鉴定为阳性不一定说明是放火

Ⅱ. 药物和环境化学家和火灾残留物化学鉴定人员使用的设备和技能是相同的

Ⅲ. 只要设备校准得当，实验室的结果就是可靠的

Ⅳ. 在有资质的实验室中，经过认证的鉴定人员鉴定中遵循标准方法，其做出的鉴定结果比其他鉴定人员的更为可靠

Ⅴ. 鉴定为阴性不是决定性的，并不一定意味着没有使用助燃剂

a. 以上说法均正确　　b. 以上说法均错误

c. Ⅰ、Ⅳ、Ⅴ正确　　d. Ⅲ和Ⅳ正确

问题讨论

1. 为什么未经证实的探测犬检出的助燃剂不适合在审讯中用作证据?

2. 即使鉴定人员使用相同的仪器，也就是气相色谱-质谱仪，但是环境分析、药物分析和火灾残留物分析所需的专业技能并不相同。讨论为什么会这样。

3. 为什么鉴定为阴性的样品不一定代表没有助燃剂? 为什么鉴定为阳性的样品不一定代表故意放火?

4. 如何利用挥发程度来认定或排除易燃液体残留物的潜在来源?

5. 请有资质的实验室中有认证资格的鉴定人员进行火灾残留物分析有什么好处?

参考文献

[1] Kirk, P. (1969), *Fire Investigation*, John Wiley & Sons, New York, p. 153.

[2] Chrostowski, J., and Holmes, R. (1979) Collection and determination of accelerant vapors, *Arson Analysis Newsletter*, 3(5):1-17.

[3] Juhala, J. A. (1982) A method for adsorption of flammable vapors by direct insertion of activated charcoal into the debris samples, *Arson Analysis Newsletter*, 6(2):32.

[4] Dietz, W. R. (1993) Improved charcoal packaging for accelerant recovery by passive diffusion, *Journal of Forensic Science* 38(1):165.

[5] Waters, L., and Palmer, L. (1991) Multiple analysis of fire debris using passive headspace concentration, *Journal of Forensic Science* 36(1):111.

[6] Fultz, M., and Wineman, P. (1982) AANotes, "Accelerant Classification System," *Arson Analysis Newsletter*, Systems Engineering Associates, Columbus, OH, 6(3):57-56.

[7] Midkiff, C. (1982) Arson and explosive investigation, in Saferstein, R. (Ed.), *Forensic Science Handbook*, Prentice Hall, Upper Saddle River, NJ, p. 225.

[8] ASTM E1387-01 (2001) *Standard Test Method for Ignitable Liquid Residues in Extracts from Fire Debris Samples by Gas Chromatography*, Annual Book of Standards, Volume 14.02, ASTM, West Conshohocken, PA.

[9] Stone, I. C. (1976) Communication to *Arson Analysis Newsletter*, 1(1), Systems Engineering Associates, Columbus, OH, 5.

[10] Nowicki, J. (1990) An accelerant classification scheme based on analysis by gas chromatography–mass spectrometry (GC-MS), *Journal of Forensic Science* 35(5):1064.

[11] Smith, R. M. (1982) Arson analysis by mass chromatography, *Analytical Chemistry* 54(13):1399.

[12] IAAI Forensic Science Committee (1988) Guidelines for laboratories performing chemical and instrumental analyses of fire debris samples, *Fire & Arson Investigator* 38(4):45.

[13] ASTM E1618-01 (2001) *Standard Test Method for Ignitable Liquid Residues in Extracts from Fire Debris Samples by Gas Chromatography–Mass Spectrometry*, Annual Book of Standards, Volume 14.02, ASTM, West Conshohocken, PA.

[14] U.S. Department of Justice, Office of Law Enforcement Standards, (1999) *Forensic Sciences: Review of Status and Needs*, Washington, DC, 38.

[15] Fire Debris and Explosives Analysis Subcommittee (2017) Position Statement on E1618-14. Available at www.nist.gov/sites/default/files/

documents/2017/05/19/osac_fde_subcommittee_-_e1618_position_statement.pdf (last visited January 16,2018).
[16] AAAS Working Group on Fire Investigation (2017), Forensic Science Assessments, A Quality and Gap Analysis: Fire Investigation, AAAS, Washington, DC, 33. Available at https://www.aaas.org/report/fire-investigation (last visited January 16, 2018).
[17] Newman, R., and Dolan, J. (2001) Solvent options for the desorption of activated charcoal in fire debris analysis, in *Proceedings of the American Academy of Forensic Sciences*, (AAFS) February 2001, Seattle, WA, p. 63.
[18] Armstrong, A., and Lentini, J. (1997) Comparison of the eluting efficiency of carbon disulfide with diethyl ether: The case for laboratory safety, *Journal of Forensic Science* 42(2):307.
[19] CDC (2016), NIOSH Pocket Guide to Chemical Hazards. Available at https://www.cdc.gov/niosh/npg/default.html (last visited January 16, 2018).
[20] Newman, R., Gilbert, M., and Lothridge, K. (1998) *GC-MS Guide to Ignitable Liquids*, CRC Press, Boca Raton, FL.
[21] Dolan, J. (2004) Analytical methods for the detection and characterization of ignitable liquid residues from fire debris, Chapter 5 in Almirall, J., and Furton, K. (Eds.), *Analysis and Interpretation of Fire Scene Evidence*, CRC Press, Boca Raton, FL, p. 152.
[22] Peschier L. J., Grutters M. P., and Hendrikse J. N. (2017) Using alkylate components for classifying gasoline in fire debris samples. *Journal of Forensic Sciences* 63(2):420-430. doi:10.1111/1556-4029.13563.
[23] Almirall, J., and Furton, K. (2004) Characterization of background and pyrolysis products that may interfere with the forensic analysis of fire debris, *Journal of Analytical and Applied Pyrolysis* 71:51-67.
[24] Keto, R. O. (1995) GC/MS data interpretation for petroleum distillate identification in contaminated arson debris, *Journal of Forensic Science* 40(3):412-423.
[25] Lentini, J., Dolan, J., and Cherry, C. (2000) The petroleum-laced background, *Journal of Forensic Science* 45(5):968.
[26] Lentini, J. (2001) Persistence of floor coating solvents, *Journal of Forensic Science* 46(6):1470.
[27] Lentini, J. (1998) Differentiation of asphalt and smoke condensates from liquid petroleum distillates using GC-MS, *Journal of Forensic Science* 43(1):97.
[28] Lentini, J., and Waters, L. (1982) Isolation of accelerant-like residues from roof shingles using head-space concentration, *Arson Analysis Newsletter*, 6(3):48.
[29] Layven, P. (2003) *Asphalt Pavements: A Practical Guide to Design Production and Maintenance for Architects and Engineers*, CRC Press, Boca Raton, FL, 6, 7.
[30] ASTM International (2012) ASTM D 3257-06 (2012), *Standard Test Methods for Aromatics in Mineral Spirits by Gas Chromatography*, Annual Book of Standards, Volume 6.04, ASTM, West Conshohocken, PA
[31] Birks, H., et al. (2017) The surprising effect of temperature on the weathering of gasoline, *Forensic Chemistry* 4:32-40.
[32] ASTM International (2014) ASTM E1618-14, *Standard Test Method for Ignitable Liquid Residues in Extracts from Fire Debris Samples by Gas Chromatography–Mass Spectrometry*, Annual Book of Standards, Volume 14. ASTM, West Conshohocken, PA, Paragraph 9.1.6.
[33] Newman, R. T., Dietz, W. R., and Lothridge, K. (1996) The use of activated charcoal strips for fire debris extractions by passive diffusion. I. The effects of time, temperature, strip size, and sample concentration, *Journal of Forensic Science* 41(3):361.
[34] Stout, S., et al. (2002) Chemical fingerprinting of hydrocarbons, in Murphy, B., and Morrison, R. (Eds.), *Introduction to Environmental Forensics*, Academic Press, San Diego, CA, 140.
[35] Mann, D. C. (1987) Comparison of automotive gasolines using capillary gas chromatography. I. Comparison methodology, *Journal of Forensic Science* 32(3):606.
[36] Mann, D. C. (1987) Comparison of automotive gasolines using capillary gas chromatography II: limitations of automotive gasoline comparisons in casework, *Journal of Forensic Science* 32(3):616.
[37] Dolan, J., and Ritacco, C. (2002) Gasoline comparisons by gas chromatography–mass spectrometry utilizing an automated approach to data analysis, in *Proceedings of the American Academy of Forensic Sciences Annual Meeting*, Atlanta, GA, February 16, 2002, 62.
[38] Wintz, J., and Rankin, J. (2004) Application of principal components analysis in the individualization of gasolines by GC-MS, in *Proceedings of the American Academy of Forensic Sciences*, Dallas, TX, February 2004, 48.
[39] Barnes, A., Dolan, J., Kuk, R., and Siegel, J. (2004) Comparison of gasolines using gas chromatography–mass spectrometry and target ion response, *Journal of Forensic Science* 49(5):1018.
[40] Sandercock, M., and Du Pasquier, E. (2004) Chemical fingerprinting of gasoline: 3. Comparison of unevaporated automotive gasoline samples from Australia and New Zealand, *Forensic Science International* 140:71.
[41] ASTM International (2013) *D5739-06 Standard Practice for Oil Spill Source Identification by Gas Chromatography and Positive Ion Electron Impact Low Resolution Mass Spectrometry*, Annual Book of Standards, Volume 11.02, ASTM, West Conshohocken, PA.
[42] Trexler, P. (2002) Prosecution expert rejects short as cause, *Akron Beacon Journal*, Akron, OH, February 8, 2002. Available at http://truthinjustice.org/stanleys.htm (last visited January 16, 2018).
[43] Cherry, C. (1996) Arsonist's shoes: Clue or confusion, in *Proceedings of the American Academy of Forensic Sciences*, Nashville, TN, February 1996, AAFS, 20.

1 基峰：由于离子相对丰度最大，在质谱中最高。不要与分子离子混淆。基峰并不一定是分子离子峰，分子离子峰也不一定是基峰。

2 截至2018年1月，NIST质谱库包含267376种化合物谱图。

第6章

引火源分析

在认定设备为引起火灾的原因之前，火灾调查员应非常熟悉设备的使用和操作。

——引自NFPA 921

学习目标

阅读本章后，读者应能够：

- 了解现场勘验后，在远离现场的位置，经常开展检验的物证种类；
- 熟知常见引火源实验室检验鉴定的具体步骤；
- 了解常见引火源的典型故障形式；
- 会编写物证的综合检验方案，并会组织实施；
- 会设计并开展现场实验，验证相关假设。

6.1 引言

随着法律体系对火灾证据分析的要求越来越高，除要求对可燃液体残留物进行检验鉴定之外，现在要求所有火灾调查实验室开展所有种类的相关测试实验。在目前的司法鉴定实验室中，关于火灾证据的相关测试，通常可分为两类：①对物证进行检验鉴定；②对火灾发生场景进行现场实验。与火灾调查的其他方面一样，在调查的这一阶段涉及多个技术学科，也要做好计划，邀请各方当事人联合参与，要撰写技术方案。在调查的这一阶段，做好记录同样重要，特别是需要对物证实物进行破坏性拆卸时，代表各方当事人的技术专家应联合开展检验测试。在财产损失严重或涉及群死群伤的火灾中，10名以上专家（5～10名律师现场见证）开展2到3天的现场勘验是非常正常的现象。本章介绍的是火灾现场中发现的证据，进一步开展实验室检验分析之后，需要完成的工作任务。

虽然多数政府部门的实验室具有检验鉴定可燃液体残留物的能力，但它们通常多数不具备本章后续所述的检验测试设备和技术人员。尽管如此，在刑事案件中，有时需要对可能的引火源进行检验，同时排除其引发火灾的可能性，因此在民事和刑事审判过程中，常会涉及到这些引火源的检验分析。

NFPA和CPSC（消费品安全委员会）使用国家火灾事故报告系统（NFIRS），不断获取火灾原因。根据NFIRS，烹饪、取暖、电气线路（包括照明）和吸烟是四大事故火灾原因。虽然多数情况下，这些“事故”是因为人们与设备配合不当造成的，但产品设备出现问题也引发了大量火灾。因此，对可能引起火灾的产品设备进行检验，需要火灾调查人员予以关注。

6.2 物证的联合检验

在物证的初步查看和无损检验过程中，不是所有当事人都需要在场的。但是，根据调查结果，某一方当事人不希望法庭采纳检验结果为证据，就可能以物证遭到“破坏”为借口，这样就会使调查人员感到措手不及。如果举证妨碍的行为越来越常见，对于调查人员来说，相较于解释为什么没有通知某一当事人，通知所有当事人要简单得多。因此，需要确认通知了所有当事人，并保证勘验时有代表在场（调查人员希望所有当事人都能受邀到达火灾现场，但有时在现场调查后证据信息也会发生变化）。即使是在所有人员都配合的情况下，实验室的联合检验有时也会耗时达到一个月或更长时间。当人们到达检验场所时，应表明自己身份，并明确代表哪一方当事人。在这个过程中，要填写签到表，勘验结束时将签到表的复印件发给每个当事人代表。

首先要就实施方案达成一致，并且最好在勘验前达成。由于检验鉴定过程中，可能改变调查方向的证据会被发现，因此实施方案需要一定的灵活性。设备应该满足多数可预知的检验任务。参与人员应携带照相设备，除此之外，检验鉴定承办方应准备相关检验鉴定仪器设备，如体视显微镜、X射线能谱仪、摄录像设备[1]、超声波清洗仪，以及可能用到的化学和显微分析仪器，通常包括：傅里叶红外分光光度计、扫描电子显微镜与X射线能谱仪（SEM/EDX）。只要可能，应在这些设备所属实验室进行检验鉴定。相较于火灾现场，实验室检验通常可以在舒适的环境中开展。应该有步骤地开展检验鉴定工作。在租赁存储场所的临时区域设置检验鉴定设备，往往不利于高效地开展一天的工作。

在许多情况下，不止一种证据或引火源需要进行检验鉴定。所有参与人员应同意检验鉴定开展的顺序，并按照顺序开展检验鉴定工作。

6.3 设备及电气元件

勘验生产制品时，所有参与人员都应对这一证据进行全方位拍照记录。勘验生产制品后，最终应确定生产厂商。在打开设备或疑似设备的外壳前，使用X射线透视仪进行勘验，这是非常有用的，有时是必不可少的。可通过实时X射线透视仪或胶片X射线仪实现。这两种检验方式各有利弊。胶片X射线仪的主要缺点是曝光和冲洗胶片需要较长时间，可能需要从不同的角度对设备进行多角度拍摄，但胶片X射线仪具有较高的分辨率。与胶片X射线仪相比，实时X射线透视仪可在短时间内从多个角度对设备进行检验。实时X射线透视仪拍摄的照片可转换成.jpg格式文件，存储在计算机内。由于实时X射线透视技术不断发展，成本不断降低，所以较之前此设备正在逐渐普及。此外，现在也可以使用计算机断层扫描（CT）技术对物证进行检验（但成本很高）。

在打开设备外壳前，应对设备外部进行检查，查看是否存在之前打开或维修过的相关证据。找一个比对样品，对于开展此项检验是非常有用的。有时根本无法获得比对样品，或获取比对样品的成本非常高，但在打开被火烧产品前，应尽量先去查看未被火烧的比对样品。

打开设备时，用力要尽可能小。有时需要将设备外壳从内部元件剥离开，特别是塑料外壳熔化后，设备拆卸时，需要录像记录。有些设备的塑料外壳非常坚硬，需要在热的二氯甲烷中浸泡一夜才能打开。庆幸的是，上述情况并不多见。

打开设备后，需要对设备内的各个组件进行检查、测试并做好更加详细的记录。很多情况下，此阶段X射线透视仪是很有用的。检验设备组件时，也可能用到物理识别、化学分析、显微检验或SEM/EDX方法。例如，导线端部呈现球状，表明是导线电弧熔断产生的。有时，可通过显微分析准确地对其进行鉴别，如图6.1所示。有时，导线端部球状熔痕也可能是焊锡熔化形成的，而不是铜熔化产生的，因此需要对其进行化学分析。由于这种球状端点较小，为保

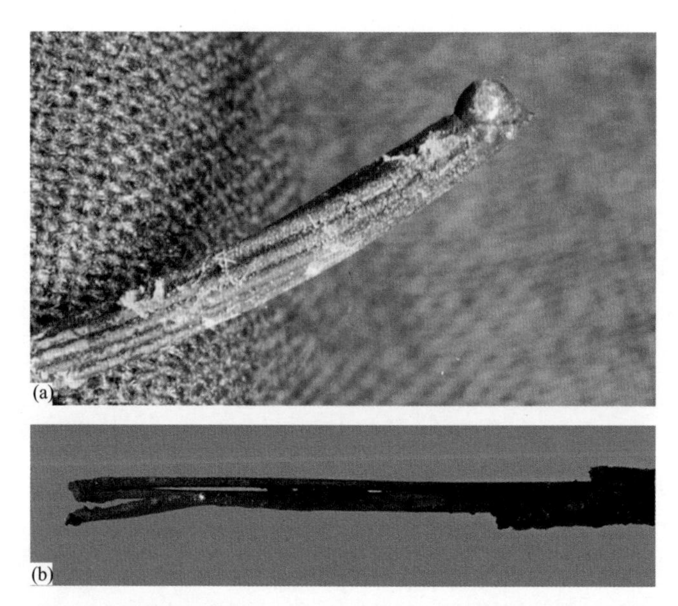

图 6.1 （a）电弧熔断导线熔痕的宏观形貌照片。通过金相分析，发现导线熔化区域与非熔化区域的清晰分界线，可以判断其是火灾破坏形成的，还是电热作用形成的。（b）火灾高温致使导线熔化，形成熔痕的宏观形貌照片。此导线来自预制板房火灾现场实验，火灾中该导线并没有通电。

证其完整性，可使用类似SEM/EDX的检验方式，对其进行无损检验。SEM/EDX也经常用于检验线路中的铁制品，如铁钉或订书钉，查明其是否意外成为电气回路的一部分。

在火灾中经常遇到断节或不连续的金属物体。金相分析是对其进行检验鉴定的有效方法。金相组织可以揭示某种金属的受热过程。金属具有一定的晶粒组织，其受热后将发生相应的变化。相较于没有熔化的金属，熔化后再凝固的金属将呈现出不同的组织结构。在制造过程中，“冷加工”过程使许多合金的晶粒具有明显的方向性。在加热退火作用下，晶粒将失去方向性，变得更加随机。有时，在两个相同的部位，可能经历不同加热过程，如图6.2所示。在这次火灾调查过程中，两个夹具中有一个可能出现过热的情况；对这两个夹具上的青铜螺钉进行检验，在一个青铜螺钉上仍能发现制造过程中冷加工的痕迹，而另一个上发现

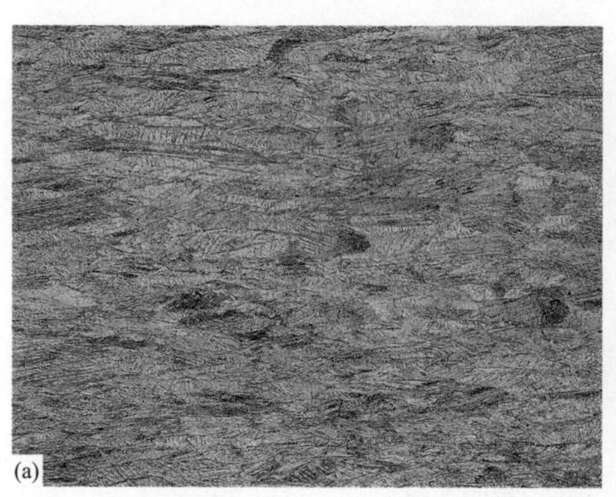

图 6.2 过热金相组织特征。（a）冷加工后青铜螺钉的晶粒特征。这是生产过程中留下的。图（b）呈现均匀的晶粒特征，是长时间受到1000 ℉以上高温形成的。由于两个螺钉经历了相同的火灾作用，因此可知其中一个发生退火是由于电阻发热造成的。

了退火迹象。局部高温也会造成两个黄铜夹具中的一个晶粒结构发生显著变化，与其连接的钢柱也会发生明显变化。因为两个夹具几乎经历了完全相同的火灾作用，调查人员可以认定其中一个夹具实际上受到电热作用，而不是火灾高温作用。假如是火灾高温引起的金相组织变化，两个夹具的金相组织都会显现出变化。

图6.3是正确使用比对样品的一个典型案例。在这个案例中，火灾是由小型计算机显示器中的阴极射线管引发的。显示器制造厂家并不承认他们的产品存在问题；仅仅凭借图6.3（a）中显示的严重受损的设备，可能很难让他们相信他们的产品存在问题。庆幸的是，两起较小规模的火灾给了调查人员启示，让调查人员可以准确地找到起火点，所发现的起火点恰恰就在某个电容器处。图6.3（b）中是轻微受损的显示器，图6.3（c）中是操作员发现显示器冒烟时，随即就将显示器电源断开后的情况。对三个显示器中两个电容器进行检查，发现其内部存在故障。第三个电容器无法复原，但火场中的痕迹表明火灾源于电路板上的同一位置。

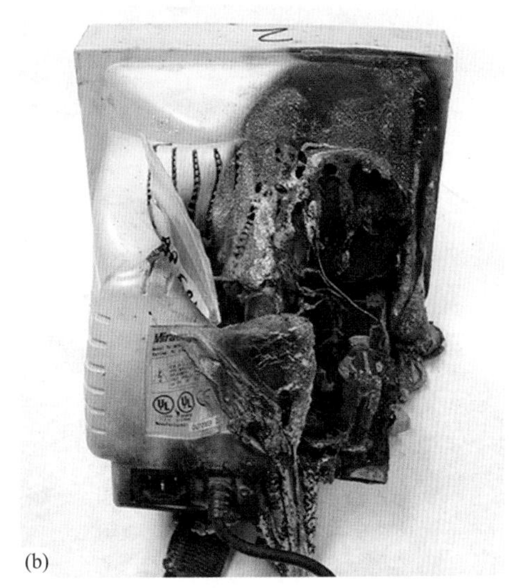

图6.3 （a）严重破坏的显示器，显示设备单元一侧烧毁更为严重，如果没有其他两个显示器对比，将很难准确认定起火部位；（b）此设备遭到的破坏较轻。

图6.3 （c）此显示器并未起火。发现设备冒烟时，断开了电源。电路板的破坏情况证实三起火灾事故是电容器故障造成的。

在许多火灾中，印刷电路板往往被火烧破坏，并且对印刷电路板的普遍认知一直是，玻璃纤维制品具有“自熄”性，所以电路板很少引发火灾。这与我们近年来调查火灾的经验相矛盾。有些时候，电路板残留的状态，说明只能是电路板为起火点。在这些火灾中，电路板呈现的状态，说明没有其他可能，可以产生此种状态。图6.4（a）是从计算机内部电源处拆除的电路板。最初并不清楚到底出了什么问题，但仔细检查CPU后发现，它的电源线上有电弧灼烧痕迹，保险丝发生了熔断，外壳内部有电作用的痕迹。只有箱体内部起火，并向外蔓延，才能留下这种痕迹。由于现场中有一个水喷淋头，火势得到了及时控制，CPU和显示器成为了唯一被烧毁的物品。仔细检查电路板上烧毁最严重的区域后发现，二极管连接处的末端引脚是整个火灾破坏的中心。在图6.4（b）中可以看到该引脚。相比之下，二极管另一端的引脚与电路板的连接处并没有发热痕迹，如图6.4（c）所示。这让我们排除了二极管过热的可能性，认定是二极管一端的接触不良，产生的局部高阻抗，导致电路板起火。故障造成严重破坏后，接触不良这一故障是非常难以发现的。一开始可能是接触不良，但经过一段时间后，更可能导致连接断开。在设备启停过程中，加热与冷却循环也可能出现这种断开。这可能诱发低循环疲劳的出现。

如图6.5所示，是计算机引发火灾的另一个例子。在此起火灾

图6.4 （a）连接计算机电源的电路板。除了此处最先起火，没有其他可能导致这种痕迹特征出现。火势从电源后的冷却风扇处向外蔓延。

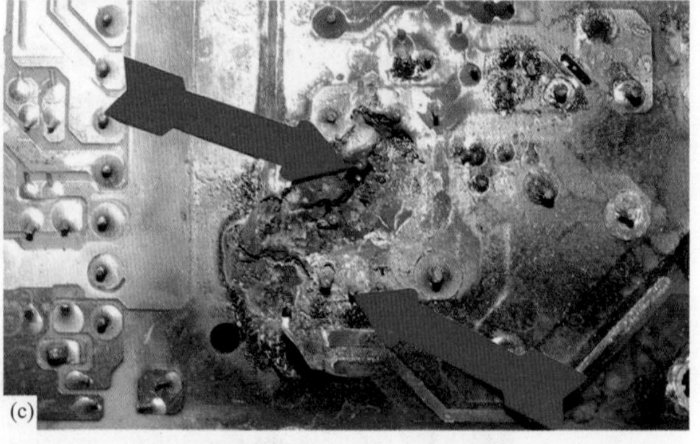

图6.4 （b）准确认定起火点处的特写。二极管引脚与电路板焊接处出现熔化。这是由于焊点损坏导致局部电阻过高造成的。（c）二极管两端连接处的比较。只有一个引脚损坏，则表明故障不是二极管过热导致的，而是连接点的局部电阻过高引发的。

图6.5　当计算机连接到配电盘断开的一相时，用于比对的电路板就被引燃。连接另一相的240V供电设备，将为断开相微弱供电。产生的低电压导致照片中央电源处电阻过热。与此排的其他电阻一样，此电阻也呈现出条状。电阻器周围的玻璃纤维电路板基座和三个相邻的晶体管开始炭化，并最终起火燃烧。

中，仅卧室过火，起火部位附近有几个设备。由于其中三个设备烧毁严重（电视机、打印机和电脑），对这些设备进行勘验后，无法认定具体哪个设备引发火灾，无法得出最终认定结论。由于住宅整体受损并不严重，为确保安全用电，请来电工恢复其他房间供电，却发现供电线路中仅一相为火线。在此房屋内设有多台240V用电设备，包括白天一直使用的空调和热水器。当一相缺失时，配电盘的其中一个接线端子是不带电的，此时像热水器这类240V用电设备无法启动。当这种情况发生时，不带电的接线端子变成部分带电，根据运行的240V设备的数量，接入的电压在5至50V之间[2]。

我们找来一台计算机，作为比对样品，对其低压供电，预测计算机的风扇电机或打印机电机过热。相反，我们看到计算机内部电路板最先起火，起火点位于三个晶体管所在的电阻器附近。几年前发生的一起火灾，安装地下天然气设备时，破坏了地下电缆（变压器与房子之间的连接线路）。住户位于供电系统末端，由于进户电缆经过多年腐蚀，出现了间歇性供电问题，所以住户常认为此种情况是供电质量问题。最终，燃气公司承担了此起火灾事故的责任。

使用计算机展开的实验，更多是针对引燃情况的测试，涉及物证检验鉴定的内容较少。在火灾现场中，在起火区域收集任何可能引发火灾的设备并不罕见。但只有在实验室条件下，才能对这些设备进行检验，对其引燃情况进行测试和分析。在实验室中，可以提供良好的光照条件，避免外界环境条件干扰，能够查看物证的细微之处，以便为验证假设提供技术支持。

近年来，对印刷电路板故障的研究，取得了显著的进步。Richard Vicars是专门从事印刷电路板故障分析的专家，关于电子设备可靠性分析方面，其提供了大量的研究结果。

6.3.1　电子设备的可靠性和故障原因

消费领域的电子设备，存在多种原因可能导致广泛使用的电子元件发生故障。如图6.6所示，用百万小时故障次数（λ）表征电子设备的故障率，通常情况下其呈现“浴盆”曲线的变化特征：在产品使用初期，故障率很高，但随着使用时间的增长迅速下降；在其使用中期，故障率将大幅降低后趋于稳定；然后在其使用后期（寿命终点），故障率将大幅增加。

如图6.7所示，电子设备主要由半导体和其他非机械部件组成，并不像汽车刹车片这种机械部件，会出现材料自身损耗，达到厚度的最低磨损线时，出于安全考虑，就会停止使用车辆，电子设备并没有这种传统意义上的机械损耗。

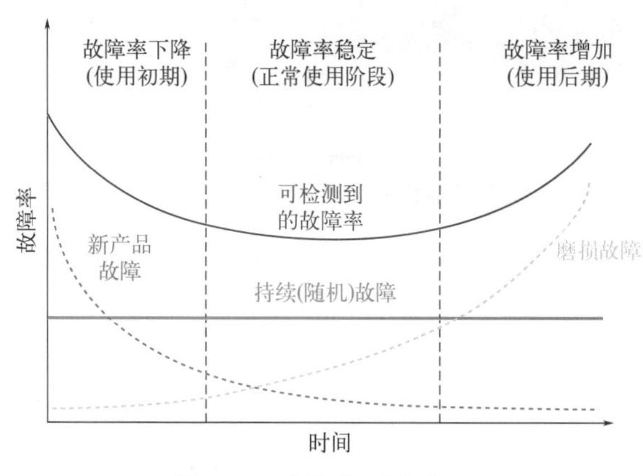

图6.6 可靠性“浴盆”曲线。

图6.7 表面贴装技术（SMT）印刷电路板（PCB）。

在多数电气元件内部，没有发生机械作用，也不存在可移动的部件，不会出现机械磨损（继电器、开关、电机和风扇除外）。但是，电子设备和元件会因其他非机械原因发生故障，本节将对此进行详细介绍。在介绍之前，需要简单了解电子设备的寿命“浴盆”曲线。

6.3.1.1 使用早期

根据可靠性工程理论，新产品打开包装后易发生故障，说明发生了所谓的早期故障现象。消费者最常遇到的可能是设备发生早期故障或“收货即死亡”问题，这是最令人沮丧的经历。这种早期发生故障的产品不仅让消费者认为设备设计存在缺陷，而且还会让消费者质疑设备的品牌可信度。

为了避免消费者遇到产生早期故障的产品，厂家采取了各种措施，筛选淘汰质量较差的产品，使其尽可能少地流入市场。这种称为环境应力筛选（ESS）或老化（最初由国防厂商开发，将新制造的电子设备老化到产品正常使用阶段）的过程，包括在最终测试和装运之前，使用热循环和振动对产品施加应力。通过加热室短暂快速加温，再通过水平滑台产生剧烈振动和冲击，给予足够的压力，发现设备在没有外界压力作用时，到达正常使用阶段之前，设备组件发生故障的主要方式。虽然这种方法是一种设备到达正常使用阶段前筛选出早期故障产品的好方法，但提出的新方法，使用了更加严格的控制与测试方法，理论上已经取代了老化测试，其涉及1级供应商组件阶段，已成为高效的验收测试方法。

一旦产品老化到可靠性曲线的平台阶段（正常使用阶段），产品故障率处于正常水平，符合设计时的故障率。对于消费者来说，此时具有较好的可靠性。在工业领域，有一种常见的错误认识，即产品设计是没有缺陷的。虽然这是一个令人向往的目标，但它根本不可能实现。因此，在设计和研发过程中，工程师预先设定可靠性技术参数，以此来设计和测试产品。存在故障率的设计并不意味着产品设计不好。相反，它说明工程团队有意识地使用各种工程工具和技术方法来设计产品，以满足或超过期望的可靠性。换句话说，在设计阶段，工程团队提前就知道产品在客户手中如何使用。

6.3.1.2 正常使用阶段

电子组件正常运行较长时间，使其进入了整个可靠性“浴盆”曲线的正常使用阶段，理论上只有组件发生故障时，才会导致产品故障或损坏。每种电子组件都有一定的故障率，它们的组成组件也是如此。当电容、电阻、二极管、微处理器等电子元件工作时，它们的故障率与设计时的故障率，以及使用的材料物理特性所定义的故障率息息相关。虽然在整个正常使用过程中，随时可能发生故障，但是发生故障的频率要远低于使用早期（此阶段可能会发生早期失效现象）。

电气过载是造成电气元件发生故障最常见的原因之一，即元件运行时达到或超过其额定电压、电流和功率，有时是有意为之，有时可能是极端条件造成的（浪涌、雷击等）。如图6.8所示，是7200V交流电进入120V交流电的调光开关而发生的发热效应。在这种短暂的电气过载产生的热量作用下，可以看到电路板上的烧焦和变色的区域，电路板上出现了焊锡熔化后流淌的痕迹特征。此外，在这种极端的加热条件下，碳合电阻器组成的蓝色发光元件在断开时发生了故障。

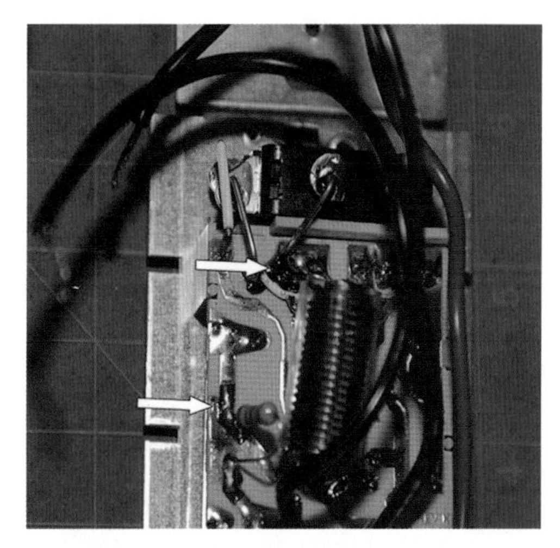

图6.8 调光开关的电子设备发生过电压故障（白色箭头处）。

质量缺陷是造成故障的其他常见原因之一，主要是由于制造厂家没有按照最优条件施工或存在“过程失控”的问题。对于日常使用的手机、平板电脑、电子阅读器和电视来说，此种故障往往前期是毫无征兆的。在有些情况下，用户可能会看到一缕烟雾从设备中散发出来，在最坏的情况下，整个设备还会起火。

6.3.1.3 损耗失效阶段（使用后期）

随着电子组件的老化，在可靠性“浴盆”曲线中，其逐渐从正常使用阶段进入损耗老化失效阶段。因为传统观念认为固态电子元件通常不会发生老化损耗，所以损耗老化失效阶段包括：部件、焊点或焊接连接等部位出现老化，以及电源开/关循环中持续机械损耗等。

电子元件机械损耗取决于设计的牢固性（即元件焊接到印刷电路板上的方式）。从机械角度来分析，如果不够重视电路板布局和焊接部位物理结构，那么这些连接部位可能会因蠕变或疲劳使用（或不规范使用）而失效，最终逐渐出现因组件失效导致的连接处故障，致使设备无法正常运行，有时连接部位还会出现拉弧、起火的现象，甚至引发火灾，如图6.9所示。

6.3.1.4 电子设备故障原因

图 6.9 印刷电路板上连接处发生故障产生电弧引起火灾。

在可靠性“浴盆”曲线的正常使用阶段，除单个元件固有的和累积使用的故障之外，电子设备发生故障还有多种原因。例如，在非正常使用环境中，电子设备使用产生的可靠性问题。潮湿环境产生的“隐蔽连通”的回路和腐蚀，甚至激活生产时残留的污染物，使其发挥作用，不仅会导致设备发生故障，还可能造成局部起火，甚至引起火灾。

在正常使用阶段，电子设备发生故障的主要原因包括:

① 空气潮湿和污染物;

② 存在盐分的空气;

③ 极端的温度;

④ 机械作用——过度振动/撞击;

⑤ 射频干扰（RFI）和传导发射干扰（EMI);

⑥ 静电放电（ESD)。

各个方面都会产生污染。例如，微波炉在运行过程中，可能由于食物污染和残留物积聚在波导管/搅拌器上，造成局部高温起火而引发火灾，如图6.10所示。如图6.11所示，磁控管发出的射频能量持续加热污染物，波导管最终发生熔化或燃烧。根据设备的材料和结构不同，有些情况下可能发生火灾。

图 6.10 微波炉波导管上的食物残渣和油脂烧焦痕迹。

图 6.11 由于污染物积聚，微波炉中的塑料波导管盖烧毁。

然而，像微波炉中的电子控制器这类电路板，受到污染物作用影响后，将出现不同的故障反应，可能较为隐蔽，并且难以发现。印刷电路板是由成百上千个焊接到表面贴装技术设备（SMT）或穿过印刷电路板（通孔）的分立电子元件组成的。印刷电路板层上和层内的电路走线充当着各种电压和信号传导的导体，使各个元件能够以正确的方式相互作用。

当电子设备受到过高湿度或过多水分影响时，电路板制造过程中残留的助焊剂污染物和弱有机酸（WOAs）被激活，可能造成电路板发生故障，甚至局部起火燃烧。图6.12为一个此种情况造成的局部起火燃烧的实例。

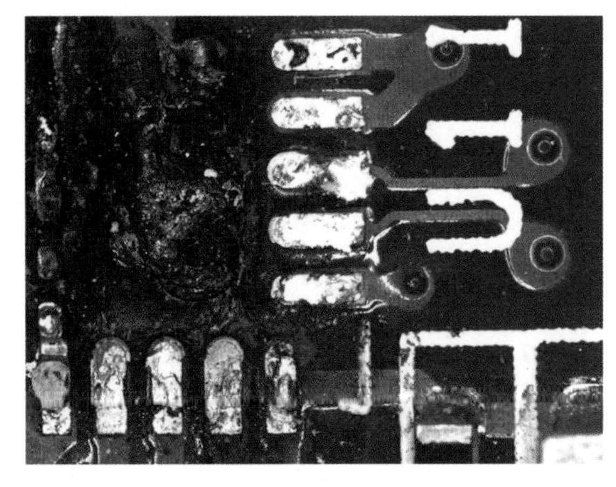

图6.12　由于电路板表面受潮而出现污染，导致电路板局部起火。

图6.13为人工焊接的两个接线柱之间，底层发生的局部起火燃烧。当操作员手工焊接或重新加工电路板时，可能存在过多使用助焊剂，并且存在焊接完成后未清理助焊剂残留物的情况。

图6.14说明了在由玻璃纤维编织的纸质填充物组成的电路板基板中，助焊剂残留物和弱有机酸是如何残留下来的。元件需通过孔洞嵌入印刷电路板中，因此电路板生产厂家往往通过冲压（或钻孔）的操作方式在电路板上开孔，随着开孔工作时间延长，可能穿过电路板基板，使电路板出现开裂现象。这种开裂现象导致在钻孔附近产生空隙，从而形成截留助焊剂残留物的区域。

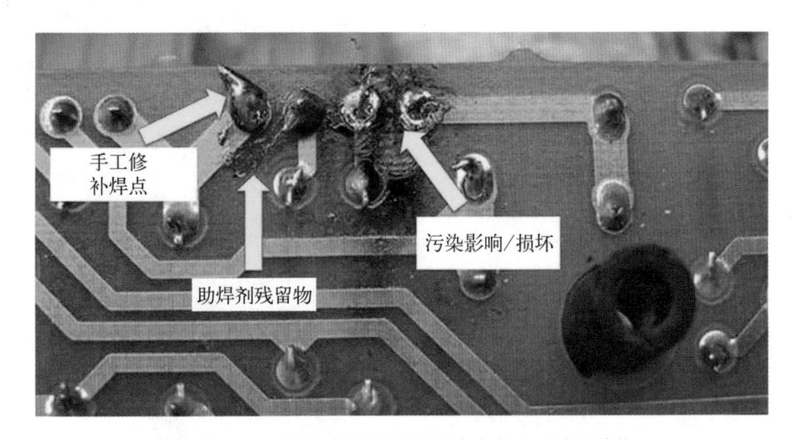

图6.13　人工焊接残留的污染物造成电子元件误动作。

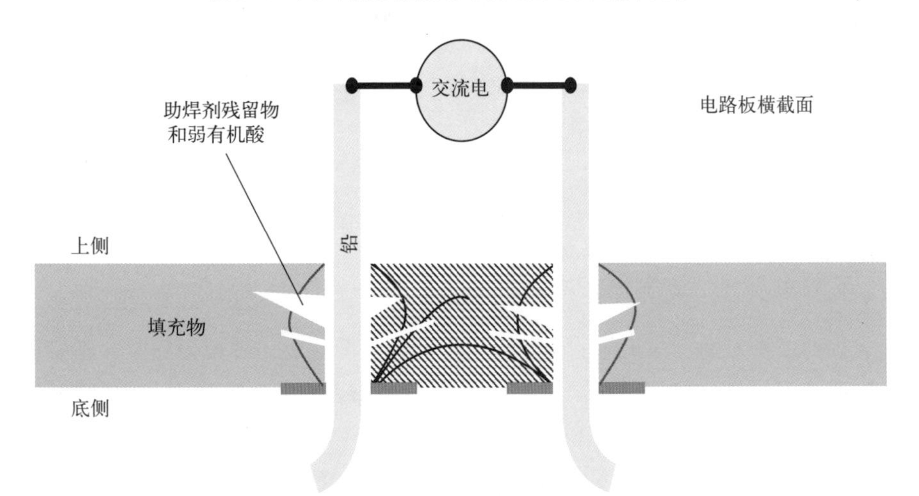

图6.14　电路板内部焊锡侵入。

板内截留的残留物将在对应的充电部件极柱之间形成导电通路，板内出现局部发热，基板出现起火燃烧。如果放置电路板的塑料外壳没有经过充分的阻燃处理，整个设备可能会被完全烧毁，甚至是普通家用电池供电的设备，也可能发生此种情况。通常情况下认为电视遥控器不是引火源，但是如果电路板被污染后，这种仅由两节AA电池供电的设备也能够起火燃烧，如图6.15所示。

图6.15　遥控器起火。

为让电路板在湿热、寒冷的环境下工作，厂家可能会在电路板表面涂抹一层清漆或硅胶。这种涂层称为保形涂层，如图6.16所示。保形涂层的主要作用是为铜线提供一层隔绝水分的屏障，形成一个印刷电路的防潮层压板。总地来说，可以起到一定保护作用。

但是保形涂层并不是，也不可能是100%完全密封的。在有些情况下，保形涂层本身就具有一定的吸湿性（即它可吸收水分），它只是延缓了湿气进入敏感电路板和渗入铜线缝隙的过程。

表面贴装技术设备可以形成根状结构，称之为枝晶组织。枝晶组织可以在起“保护作用”的涂层下面生长。一个枝晶组织构成一个金属导电路径或一种晶体结构，其在潮湿、受污染或电压不平衡时产生。枝晶组织将产生一个不正常的电流流通路径（短路）。随着时间推移，潮湿环境的水分逐渐渗透进保护涂层，使存在压差的极点间污染物发热。即使是在小元件两端，发生这样的短路也足以引火，特别是随着枝晶组织的继续生长、增厚，在各个枝晶回路中故障电流将不断增大。

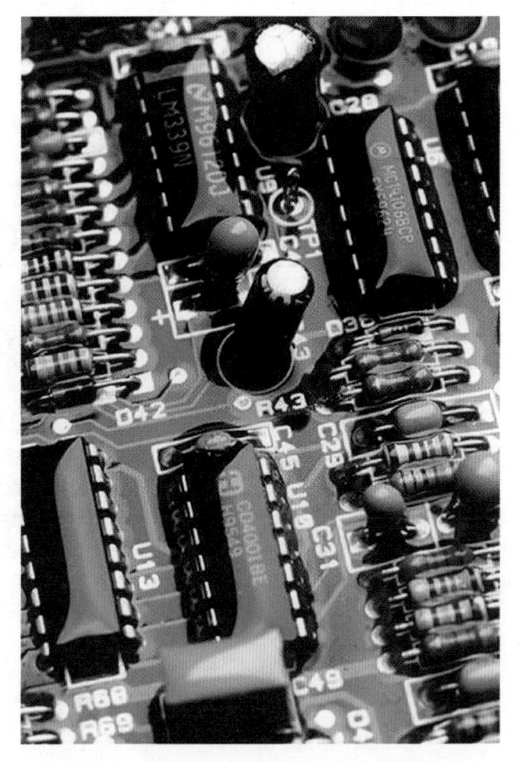

图6.16　表面光滑的保形涂层覆盖的电路板。

6.3.1.5　案例研讨——远离根源部位的起火

湿气接触到或渗入到正在工作的电路板内部时，可能诱发一种较为隐蔽、不易被发现的故障，使制造生产过程中或周围环境中沾染的污染物发热，致使远离设备故障处发生火灾。起火点与真正引发火灾的位置并不在同一个部位。

在一个案例中，火灾调查人员认为起火点位于严重烧毁的音箱处，但是音箱是典型的被动供电的无动力设备。另外，房主称当时音箱处于关闭状态。火灾调查人员根据火灾痕迹和受损程度，合理地对起火点进行了认定，但仍需要大量现场实验和分析来确定火灾的真正原因。通常情况下，音响着火需要音响处于开机状态，且正在播放音乐，起火时音量可能非常大。

多数扬声器组件使用UL（美国保险商实验室）规定的94V阻燃材料。但是许多材料的性能无法完全掌握，特别是加入减少有害物质（RoHS）的要求后，环太平洋地区的产品质量难以保证。假设着火音箱符合UL的要求，即使当时扬声器因音量过大而超负荷运行，从理论上讲，独立线圈的过度发热也无法引燃音响（或者即使着火了，火焰也会马上自动熄灭）。需要持续的电流作用到扬声器上，才能导致音箱起火燃烧。

众所周知，未通电的音箱不会自己起火燃烧。如果房主关于音响断电的说法是正确的，那么就很难解释音响是如何引起火灾的。还好，房间内包括扩音器在内的所有物品，都可以被提取到。动手勘验扩音器前进行了拍照记录，邀请的专家简单地拍了几张照片，随即转向其他证据。由于扩音器没有被烧毁，从因果关系的角度分析，并没有关注这个扩音器。

经过所有在场人员同意，调查人员将扩音器连接到相同住户中的同种音箱后，按下了“ON”按钮，打开扩音器。扩音器至少可以在一定的时间内，播放出清晰可辨的声音，甚至音量可以调至最大。然后，按下“OFF”按钮，关闭音响。需要注意的是，电源按钮处于“OFF”状态时，其实扩音器并没有断开电源。许多电子设备内部的微处理器一直处于通电状态，随时等待着用户使用，其实设备一直没有真正断开电源。其中一种用户使用方式就是按下音响前面板上的“Power ON”按钮来实现的。所以，扩音器一直处于通电状态。

随后，调查人员对检材音响进行了分析，并看到两个音箱线圈中的一个呈现过电流及熔断（就像保险丝熔断那样）的状态。显然是由于线圈电气过载，导线内部局部发热致使导线熔断，而不是火烧作用形成的。

调查进行到此，调查小组仍试图找到未通电音箱自身起火的原因。虽然扩音器距离起火点较远，调查人员仍对其进行了重点关注。据了解，微处理器控制的电子元件会因制造工艺及环境原因而出现异常行为。调查人员决定提高音箱周围湿度，短短几秒钟后，一个奇怪的现象发生了。相对湿度提高5个百分点后，由35%升高至40%时，音箱竟然自动开机了。

问题其实并不在于音箱自动通电开机，而是它自动开机的原因。这清楚地说明软件程序或环境引起了故障，说明微处理器“糊涂”了，收到了错误的指令。这样使得所有样品音箱持续播放音乐，但是播放一段时间后，位于左前方的音箱（与故障音箱连接相同频道的音箱）开始发生轻微的失真。需要注意的是，湿度提高后就会产生这种结果。因为嵌入的软件（固件）没有受到湿度的影响，这成为了调查的关键点。

当音箱播放的音乐失真时，调查人员将一个频谱分析仪接到音箱放大器的主通道上，以便更加深入地分析研究信号的输出。在设备播放端，检测到有些不正常信号产生。检测数据表明，音箱不仅没有传出正常的音频信号，而且出现了一个异常的稳定的12V DC（直流电）信号，这相当于音箱直接连接到汽车电池之上。测试进行到约30秒后，音乐开始失真，直流电压造成音箱线圈出现线芯过热，随后喷出火焰。在调查小组扑灭音箱火灾之前，火焰烧毁了音箱内所有元件材料。

调查人员拆下包括扩音器在内的主电路板，并对其进行检查。如图6.17所示，在电路板某些区域上方可以看到白色薄膜。这些是明显的污染痕迹（大多数污染是肉眼不可见的）。该电路板被送至化学实验室进行离子污染测试。通过离子色谱分析法检测到，生产过程中产生的离子污染水平超过了10μg/in²，产生了不正常回路或漏电回路，使电源回路接通和音频处理器通电。这就是导致火灾发生的根本原因。

类似音箱这种设备，出现局部微小的污染，都可能引发扩展性故障，致使房间内某个设备发生火灾，必须同时对其他电子产品进行分析。

图 6.17　电路板污染水平 >10μg/in²。

6.3.1.6　硬件与软件

举一个例子，计算机死机或出现常见的蓝屏现象，都需要重启计算机，这种情况较为烦人，但这是最简单的故障。此种故障并没有出现威胁生命的情况。这些是数百万条线路嵌入软件故障或预先存在错误的实例，由微处理器执行错误命令（大概几百万分之一的缺陷率），在特定的操作顺序中表现出来，从而导致最终用户注意到。

像手机这种消费者使用的电子设备，发生软件故障时也会造成严重威胁生命安全的情况。微处理器的成百上千条代码线路控制着主板上许多电子硬件子系统。微处理器与记忆、显示、电池、充电、射频模块等建立相互通信。当微处理器执行命令时，以接近光传播的速度发送和接收信号，嵌入软件发生错误可能引起不正常的运行。例如，板上的各种电子元件可能被同时启动，由于系统需要从电池处供给所需的电流，可能导致电路板过热。

另一个例子是使用继电器启动电动机的设备。分析车库门的开关系统。当用户按下遥控器打开车库门时，开门系统收到发射器发出的RF信号，微处理器读取到该信号后，将它转化为二进制代码，驱动它的嵌入式软件。最终一旦确定收到开门信号，微处理器就会向继电器发送一个信号，闭合并向电机提供更高的电压。如果微处理器出现软件故障，它可能会：

① 无法响应遥控，即良性故障；

② 无指示的情况下，打开或关闭车库门，即较严重的故障；

③ 当车库门正在打开时，有人从门下穿过，无视安全限制和感应器，即威胁到生命安全的故障；

④ 向继电器快速发送一系列开/关命令，驱动电机开/关，即可靠性故障或威胁到生命安全的故障。

第1、2、3种故障类型仅涉及车库自身安全问题，但从火灾预防的角度出发，第4种故障类型可能导致车门起火而引起火灾，见下文。

如果微处理器错误地命令继电器频繁地开关电动机，承载负荷较小的继电器连接点将开始发热。与其他继电器连接点发热类似，连接点自身发生熔化或损耗，达到一定程度后致使继电器塑料外壳热解并起火燃烧。

还存在另一种可能的故障原因。当继电器连接处出现震动时，其断开时间不足，致使没有按照设计要求降温冷却。连接处发热量显著增加，从接触区域沿着引脚向下传热，将热量传递至电路板或焊点处。如果温度高于焊料的熔点后，焊料连接点的载流能力就会降低，继电器连接点的温度就会升高，导致焊料熔化流动。锡铅焊料熔点在360 ℉到370 ℉之间，无铅焊料的熔点更高，约430 ℉（根据RoHS要求，强制要求使用的情况越来越多）。

随着焊点连接横截面积的改变，或焊料完全流淌出去，电路板铜层包裹的穿孔与继电器的引脚之间将出现拉弧现象。这种电弧足以引发火灾。

出现这种电弧的情况下，电路板的环氧树脂和层压板将成为起火物，电弧则是引火源。即使该板材符合UL 94-V0规定的火焰蔓延速率（如：移除明火后，10秒内必须自动熄灭），在某种热源作用下也会持续燃烧，甚至在某些情况下，会猛烈燃烧。

此外，在进行产品检测时发现，并不是所有UL 94-V0板材厂家都在生产电路板层压板时，执行V0规格的具体要求。导致这种情况出现的原因有很多，包括：主动削减成本和RoHS要求。以前，溴化合物曾被广泛用作印刷电路板的阻燃剂。但就像焊料中的铅一样，溴化阻燃剂现在被认为是不安全的（它们被怀疑是致癌物），工业上正在大幅削减它的使用。

6.3.1.7 小心红磷——一种常见的阻燃剂

红磷（图6.18）是一种低成本的环保阻燃剂，且储量非常大。因此，许多电子设备选择红磷作为阻燃剂，特别是在RoHS对产品厂家要求更加严格的情况下。

图6.18 红磷。

红磷最普遍的用途之一是作为IEC（国际电工委员会）型连接器和电源线的塑料添加剂。IEC连接器和电源线通常用于各种销售电子产品（电视、计算机、笔记本电脑、工作台电器等）。因此，几乎所有带有插头的销售电子产品都会在它的连接器或电源线中加入红磷。

红磷与可燃塑料和树脂混合使用时，是一种有效的阻燃剂。这种阻燃剂的作用是在塑料燃烧时形成一层阻燃膨胀层。这种特性部分是基于它在燃烧过程中在热作用下与水反应生成磷酸的能力。

但是，正是这一特性使得红磷在高湿度、高温环境中易缓慢转化为磷酸。在尼龙等有些塑料中，其特征表面形貌是多孔的，水分可以渗透入表面内，与红磷添加剂发生反应。用放大镜仔细观察，发现塑料表面有红磷颗粒。红磷在横截面上更为明显，肉眼即可看到红磷颗粒，如图6.19所示。

将浸渍红磷的塑料置于温暖潮湿的环境中，导致在塑料表面形成导电的、沉积的磷酸盐珠。通过诱发的磷酸盐与塑料制备过程的添加剂之间的反应，在原位处形成导电的磷酸钠盐和磷酸镁盐。这种情况会形成危险的导电盐桥和枝晶，致使最终在相邻的引脚、导体或导线之间形成短路路径（电弧路径）。一旦短路路径形成通路，就会在这个路径上发生打火现象（有时伴有剧烈电弧产生）（如图6.20与图6.21所示）。

图 6.19　在 IEC 连接器横截面上观察到的红磷颗粒。

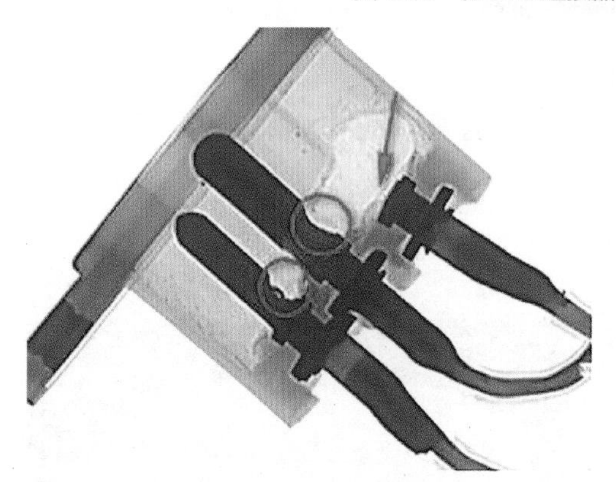

图6.20　形成的电弧路径产生的电弧烧蚀导体引脚。在导电的磷酸盐桥中，产生短路电流。

图 6.21　在 IEC 连接器接口处起火燃烧的电源线。具有讽刺意味的是，红磷阻燃剂是火灾发生的根本原因。

这就是为什么火灾调查员在勘验火灾现场时，非常重要的一点是提取所有供电塑料连接点和电源线，包括对比样品在内，并将其视为可能的引火源。在后续的根本原因分析过程中，有资质的化学与材料学专家，通过分析问题产品和对比样品，寻找红磷的存在和发生的相关反应。通过精心地设计环境测试，也可能导致对比样品出现问题而起火燃烧，按照 NFPA 921的要求，验证调查人员提出的起火原因假设。

总而言之，所有电子元件或组件的故障，甚至那些低压器件，都可能引发火灾。印刷电路板发生之前所述的电子元件故障，并不一定会表现出设计时的阻燃效果，被塑料包裹时，将显著降低（完全消除）阻燃效果，或者是作为阻燃剂的红磷浸渍后，使电子元件完全起火燃烧，随即会引发建筑火灾。

6.3.2　锂离子电池

锂离子电池最大的优点，也是其最大的缺点。锂离子单体电池的化学性质，使其生产后就具有极高的能量密度，经测量大约在0.93 ～ 2.34 MJ/L范围内。通过对比，传统的铅酸电池能量密度为0.54 MJ/L，镍镉结构电池的能量密度为0.18 ～ 0.52 MJ/L。在设计电池系统时，工程师们尝试使用一种拓扑结构，让最小体积（体积能量密度）或质量（质量能量密度）拥有最多的能量。一块给定的电池单体运行很好控制，电池系统也非常可靠。然而，给定的电池超过其参数极限的情况（包括外部损伤或内部生产缺陷）下运行，不受控制的能量释放可能产生极高的温度，喷出火焰，或两者兼之。不论是过充还是欠充，对锂电池的影响不大[1]。尽管在有些大型设备（飞机和汽车）中也有例外，但调查人员可能遇到的电话、电脑等电池使用设备，要么是一组“18650”电池，要么是袋式电池。这些电池除了提供电流的化学电池单体外，还包括充电控制器和安全装置，如图6.22所示。

图6.22 在平板电脑、笔记本电脑和手机中使用的单体18650电池（左侧）和锂离子袋式电池（右侧）。

虽然锂离子电池技术故障率仍没有降低（估计在千万分之一左右），但随着锂离子电池的使用范围越来越广泛，锂离子电池供电设备持续大量增加，调查人员遇到的锂离子电池发生故障并引发火灾的概率也相应地增加。厂家了解导致锂离子电池发生故障的原因（图6.23），并且持续采取措施优化设计，生产出更安全的电池。一种新的设计是使用了不燃电解质，发生故障的概率显著降低。固体电解质也即将出现。另一种设计是添加可熔化的聚乙烯微球。当电池内温度达到聚合物的熔点时，处于液态的塑料就会密封住分离器中的小孔，使电子停止流动。虽然未来还会出现更安全的设计，但如今的火灾调查人员必须了解并学会调查正在使用的锂离子电池。

虽然在火灾发生之前，可以看到锂离子电池发生故障，但火灾发生后，最先发生故障的单体电池可能被完全损毁，以致于只能说“就是这块电池发生了故障”。随后发生的火灾可能破坏相邻的电池，使其达到这样的程度，用“这个电池组发生故障”来描述。因此，就出现了火灾调查中经常遇到的类似问题，先有鸡还是先有蛋的问题。是这个电池组引起的火灾？还是火灾造成的电池组损坏？在有些火灾案例中，这两个问题得到了肯定的回答。

图6.24所示是悬停滑板充电过程中锂离子电池发生热失控引发的火灾。

调查人员在怀疑是锂离子供电设备引起火灾时，都必须认真负责地收集所有的组件。这个过程包括寻找电池所有的组件，即罐、端盖、带子、铜胶卷等，以及套袋纸、充电器和电池管理电路板。由于收集和存储18650电池的金属罐时，处理不当容易造成快速生锈腐蚀，致使罐体破裂，所以为了避免证据损毁，必须要特别注意18650电池钢罐的收集和储存过程。因此，在进行实验室检验鉴定之前，收集和长期储存这些钢罐的最佳方法是置于存在干燥剂包的密封容器中（图6.25）。

为什么锂离子电池会起火？

在近期的新闻中，出现了有些三星手机锂离子电池意外起火的报道。此处，我们一起了解一下电池工作的原理，以及什么会导致其起火。

如何工作？

锂离子电池通常使用锂钴氧化物($LiCoO_2$)作为正极，石墨作为负极，当电池充电时，锂离子和电子从正极向负极移动。当它们放电时，锂离子和电子则从负极向正极移动，为手机和其它设备供电。离子在电解液中移动，电解液通常由溶解在有机溶液中的锂盐制成。

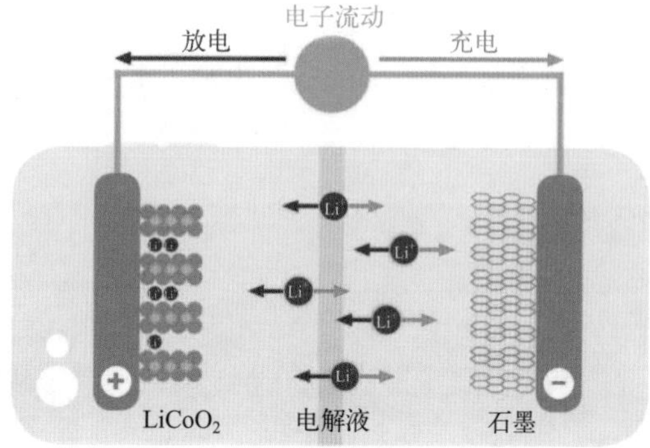

短路

隔膜

多孔隔膜将电池电极分开，电池长时间充电或遭到机械力冲击，造成隔膜破坏，导致电池迅速放电，产生大量的热。

过充

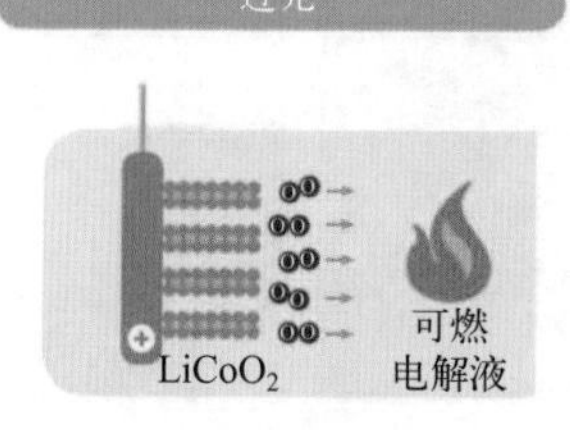

过充时，锂钴氧化物释放氧气。氧气与易燃的电解液发生反应，也会与氧气释放后残留的钴氧化物(Co_3O_4)发生反应，Co_3O_4也会增加电池电阻，增加过热的风险。

电解液失效

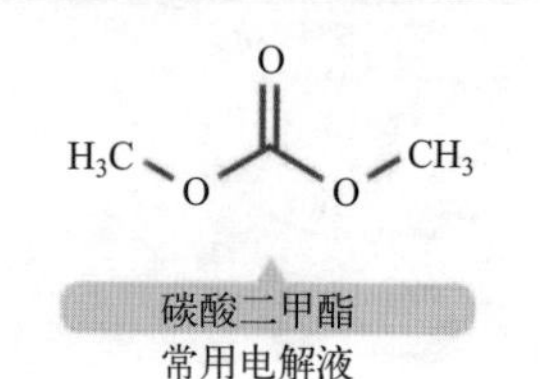

充电时，电解质中的有些有机分子会分解，形成二氧化碳。因为电池是密封的，这将导致电池压力增加。如果压力升高到一定程度，电池便会炸裂，释放出易燃的电解液。

图 6.23 锂离子电池发生各种故障的机理。

图 6.24 悬停滑板充电时起火的残留物。

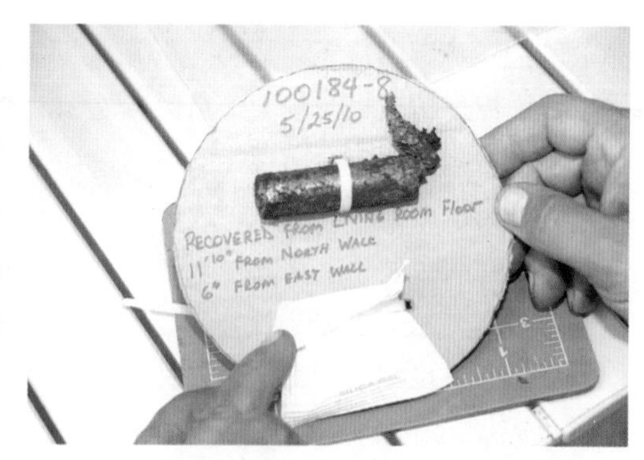

图 6.25 提取和存储锂电池单体的正确方法。

6.3.3 金属氧化物压敏电阻器

金属氧化物压敏电阻器（MOVs）属于可重置的电源开关（RPTs；也称为电源条）和接地故障断路器（GFCIs）。MOV是一个硬币大小或更小的氧化锌阀板，其中掺杂着少量其他物质，通过转移电涌产生过压的方式，对“下游”设备起到电气保护的作用。雷击、设备启停、建筑内的感性负载均会产生电涌。

阀板有两条引线，封装在环氧树脂中。在标定的线路电压（120 VAC）工作时，没有电流通过氧化锌阀板。当电压超过MOV的“钳位电压”时，通过阀板一侧导体的能量，将通过氧化锌传递到对侧的导体。通常情况下这不会出现问题，但过高的电压或反复尖峰电压出现，MOV就会发生故障。故障发生时出现以下三种情况：

① MOV内部导体焊接在一起，形成短路。这会导致整体断路器断开，从而阻止设备工作。当这种情况发生时，这个抑制元件必须被替换掉，通常是更换一个完整的全新设备。

② MOV内部的导体完全分开，从而导致电流无法流过MOV组件。虽然插座弹片会继续发挥作用，但是失去了电涌的抑制能力。如果设备单元没有配备指示灯，使用人员是无法知道没有保护存在的。

③ 导体形成具有较高电阻值的电路。在这种情况下，将形成局部发热。根据形成的特征，此种情况将逐渐导致火灾发生。

在起火部位处发现RPT时，调查人员要数一下插入的用电设备数量，假设认为它们同时工作并输出电流，并表明火灾是由“过载”引起的。不是没有可能，如果RPT真的过载，断路器应该已经动作跳闸。调查人员通常需要仔细地查找并收集RPT的所有部件残骸。由于MOV易碎，可能出现缺失的情况，收集工作较为困难。如图6.26所示，如果MOV看起来像这样，则可认定MOV是可能的引火源。氧化锌的熔点是1975℃（3587 ℉），因此可以肯定的是氧化锌的熔化需要电热源的作用。

图6.26　穿过MOV的熔洞。

如图6.27（a）所示，在一起卧室火灾的起火部位处发现了RPT。由于火灾造成严重破坏，开关和MOV都没有被收集。如图6.27（b）所示，黄铜中性母线和其他一根母线上的熔化痕迹则提供了充分证据，说明RPT是引火源。可以看出，此证据并不易察觉，首批调查人员并没有注意到发生了熔化，所以他们没有查看RPT。与RPT一样，如在起火部位处发现GFCI插座，也应将MOV故障视为可能的引火源。

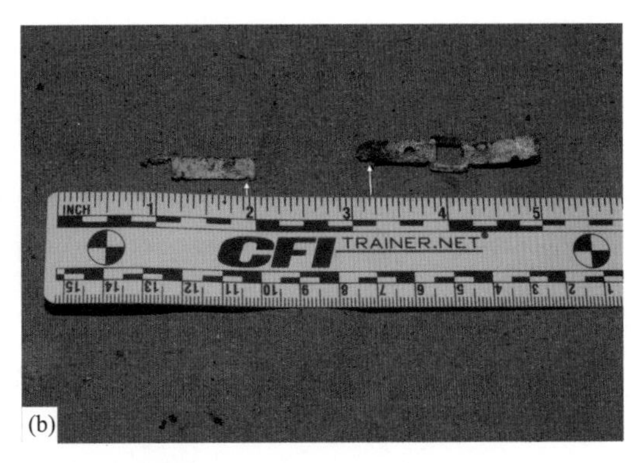

图6.27　（a）在一起卧室火灾中起火部位处发现的RPT概貌，无法收集开关和MOV；（b）中性母线和另外一个母线的特写，箭头处显示发生了局部熔化，最初到场的调查人员并没有发现。

6.3.4 厨房炉灶

根据NFPA的报告，46%的家庭火灾、19%的家庭火灾导致的死亡和44%的家庭火灾导致的受伤，都涉及烹饪设备。无论包含还是不包含烤箱，炉灶引起的火灾占到了所有已报道的涉及烹饪设备建筑火灾的多数（达到62%），造成的居民死亡（88%）和受伤（79%）[2]的比例更高。在如此多的厨房火灾中，引火源都是炉灶，因此非常有必要规范炉灶使用，尽量不让其成为引火源。通常通过检查燃烧器控制旋钮杆或控制器内凸轮的位置，实现对炉灶的查看。如果四个柱子中有一个位于不同方向，这一般说明燃烧器处于打开状态，但要通过实验室检验确认。可以使用欧姆表，对导线两端的连接性进行无损的测试。X射线透视仪有时能显示出酚醛控制盒内触点的位置，但打开外壳后进行目视观察，往往可以看到更好的数据。因此，如果有可能，尽量用肉眼进行仔细观察，而不是仅仅用X射线透视仪。

即使确定燃烧器开着，也不能说明全部情况。只要没有食物或其他周围可燃物被点燃，没有做出最终认定前，都不能完全地认为电或煤气炉处于打开状态。即使炉子上有一个平底锅，也必须构建厨房起火燃烧的情景。图6.28所示的平底锅，位于燃烧器之上，认定该燃烧器处于打开状态，但该平底锅专门用于烧水。水煮沸烧干后，热量是如何传递至周围建筑结构的呢？可以通过锅的结构，找到问题答案。平底锅是一个不锈钢容器，底部是一层一英寸厚的铝板。铝板又被不锈钢包裹。

图6.28 一块铝板夹在容器底部和一片不锈钢板之间是一种常见的锅底设计。如果将此种锅遗忘在高温燃烧炉上，如果锅是空的，内部的铝熔化后，喷射流出至可燃物表面，造成火势蔓延扩大。

一旦水烧干后，铝的温度就会升高，复合板中心开始熔化。熔化区域扩展呈放射状，直到熔化区域到达边缘，此时熔化的铝，携带着足够的能量喷射流出，几乎可引燃其滴落接触的所有可燃物。全铝锅和全钢锅都无法出现此种引燃现象。

如果发现炉灶的燃烧器处于打开状态，无人看管，往往调查就会终结。即使是调查人员无法给出合理的起火燃烧情景，上述调查发现也会有效地证明并消除其他设备引起火灾的可能性。巧合的是，燃烧器处于打开状态时，另一个电气设备发生故障，其引发火灾的可能性常常被忽略。

厨房或其旁边房间发生的火灾，达到全面燃烧状态后，可以排除炉灶引发火灾的可能性。Carman关于“纵向起火部位”（*Z*因子）的研究表明，在厨房没有发生轰燃的情况下，厨房中炉灶引起的火灾也可以蔓延至邻近房间。热烟气层可能下降，并将炉灶火覆盖，同时火势蔓延到邻近房间[3]。

6.3.5 咖啡机

在20世纪80年代，咖啡机发生故障引发了许多厨房火灾。咖啡机内部的主恒温器出现故障无法关闭时，内部设置的安全装置，感应到高温出现，就会断开电路。这个安全装置通过双金属运动使设备断开电路，更常见的是通过熔化的方式断开电路。这些安全装置称为热熔断器（TCO）。但是，多数熔丝式温度保险丝存在缺陷，需要其断开时，往往无法及时断开。某一生产厂家承担了400多起严重火灾损失责任后，最终同意召回，其他厂家也纷纷效仿。业界通过串联2个TCO的方式，对此进行了回应，但是如果两个串联的TCO来自同一生产批次，这个方案具有较高的发生危险的概率。精明的生产厂家通过串联两个不同温度等级TCO的方式，确保TCO来自不同的生产批次。虽然目前咖啡机仍需详细调查，但是由于业界的积极响应，咖啡机引发火灾的数量已大大减少。在疑似咖啡机故障引发的火灾中，应仔细进行调查勘验，查看是否存在人为故意破坏咖啡机的可能。在过去20年，咖啡机增加了众多安全功能，使其很难因自身故障引发火灾，除非其安全功能失效。

认定是否是咖啡机引起的火灾是一件较为简单的工作（相较于认定咖啡机发生故障的原因）。马蹄形加热器的两端往往可以保留下来。只要产生大量的液态熔融铝，其就可以作为有效引火源，引燃周围可燃物。因此，咖啡机下的台面很可能被严重烧毁。相对而言，咖啡机塑料壳底残留的情况恰恰说明，咖啡机不是引发火灾的原因。如图6.29所示，对比了引发此起火灾的咖啡机和没有引起火灾的咖啡机的情况。如图6.30所示，对比了引发火灾的咖啡机加热器和未引起火灾的另一个加热器的情况。往往首先通过测试电路完整性，对咖啡机（或其他用电设备）中TCO的情况进行勘验。由于受到火烧作用，测试一次性保险丝时，其可能处于打开状态。可重置式TCO如果没有被严重损坏，可能发现其处于关闭状态。对于勘验加热器和TCO来说，X射线透视拍照往往非常有用。通过仔细检查双金属TCO的接触表面，往往可以发现其是否处于循环动作状态。

图6.29　在一起亡人火灾的起火部位处发现一个出现故障的咖啡机。咖啡机正下方的厨房吧台直接烧穿。在吧台后面的木板覆盖着一个咖啡机，呈现出椭圆形的烧毁形状。

图 6.30 （a）是图 6.29 中引起火灾的咖啡机残骸。注意加热器在线圈所在区域熔化，可以找到但是不在连接线路所在的区域内。在右上方的位置较为完好。对于这种设计（发生火灾两周后被召回），在加热盘中心部位的热阻套管处设有一个单独的 TCO。（b）“无辜”的咖啡机。铝质加热器仍处于原始状态。图 6.28 中的盘子位于起火部位处，此处造成了咖啡机的烧毁。

6.3.6 油炸锅

电油炸锅和燃气油炸锅作为引火源，引发了许多餐厅的火灾。由于油炸锅自身设计非常合理，多数情况下其引发火灾，是错误使用造成的。由于含有控制电路和供电电路，电油炸锅是个例外。当恒温器达到触发条件后，控制电路中的继电器将切断并关闭元件电源。控制电路中的触点断开，电磁铁断电，弹簧负载继电器断开主电源触点。在继电器发生故障无法闭合的情况下，继电器中的弹簧无法将触点分开。随着温度升高，第二个具有更高上限的恒温器也会造成继电器断开，但由于控制电路中的电源已经被切断，所以不会发生火灾。简单粗糙的设计，是无法预判故障的发生过程的。较为合理的设计包括次级继电器或初级串联开关，以至于初级继电器发生故障时，仍然可以通过具有更高上限的恒温器切断电源。

多数情况下，实验室分析引起火灾的油炸锅时，发现多数火灾是由于人为造成安全装置失效或使用不当让油脂在燃烧区域聚集造成的。多数油炸锅使用双毛细管式恒温器。这些装置由一个密封的流体储存器连接到一个隔膜上，并通过一个狭窄的铜管控制开关。随着温度的升高，液体膨胀，致使隔膜运动，推动一个小开关，使触点打开。在电气元件中，这些触点位于控制电路中，造成继电器断开。在燃气装置中，触点与热电偶串联。打开触点的效果与没有先导器的效果相同，即电磁铁断电，弹簧关闭主阀。毛细管发生破裂，此种情况发生时，液体就会泄漏出来，在过热时恒温器就不会动作。由于触点仍处于闭合状态，油炸锅将持续工作。温度随后受具有更高上限恒温器的控制。油可能会冒烟，但餐厅的使用人员如果可能的话，可能会继续烹饪。如果设计得当，具有更高上限的恒温器含有一个略低于大气压的"负偏压"储液器，如果毛细管破裂，负压的丧失将使电路打开。此种情况下油炸锅是无法运行的，但只需要一分钟时间，线路一端的微开关就会转移至另一侧，有效地将安全装置移出电路。如果具有更高限度的毛细管最先破裂，运行着的恒温器将会很好地控制油温，直到它的毛细管破裂，随后造成较大火灾发生。

一旦油炸锅中大量的油升到自燃温度以上，控制起来就会非常困难。干粉灭火剂形成覆盖在燃烧的油上的一层碳酸氢钠，即形成一层肥皂膜，从而扑灭大火。湿式化学灭火剂也含有形成肥皂膜的化合物，可以起到降温作用。因为在油炸锅起火时往往周围都有人在，他们可以进行干预，经常阻止自动灭火系统工作。把烤盘扣在燃烧着的油炸炉上，使其隔绝空气灭火看似是个好主意，但这会阻止灭火剂与油发生相互作用；一旦充足的空气到达油脂表面，过热的油又会着火。灭火系统的检查通常与商用烹饪设备的检查同时进行。

6.3.7 取暖设备

取暖设备造成了大量火灾发生，在所有火灾现场中，都应查看和记录取暖设备的情况。如果在起火部位内或附近发现取暖设备，同样需要对其进行实验室检验分析。一般来说，加热器具越小，越有可能成为引火源。取暖设备引发火灾中，多数是由于消费者使用不当造成的，即取暖设备距离可燃物过近，或者可燃物掉落点距离取暖设备过近（在取暖季节刚开始时，经常发生壁挂取暖设备或地面取暖炉引发的火灾。根据作者的实际经验，在每年第一波寒流到来之后，总会接到新的调查任务）。当毯子和床单被踢到床边的电取暖器上时，经常会引起火灾发生。有一类壁挂式取暖设备无法关闭，它们只能调小功率。这些陈旧的加热器经常遗弃在原地，可燃物品常放在它们附近。主供暖系统允许内部温度降至约50 ℉以下时，这些加热器就会启动并点燃附近可燃物品。如图6.31所示，是此种设计的一个典型的加热器。

在实验室中，对加热装置的检查可以说明火灾发生时装置的朝向。在调查时，判断地板坍塌或变形方向时，此问题非常重要。液体的垂直掉落或滴落，可以帮助确定取暖加热器等物体朝向。这些液体可能是熔化后的塑料、金属，或者仅仅是冷凝的或灭火时用的水。

由于中央炉在设计过程中设置了许多安全装置，相较于移动便携式或小型壁挂式加热器，其引发的火灾数量较少，多数火灾是由于误操作或老化造成的。电加热器将其元件置于难以看到的空腔内。这些元件起火很可能是由于其与房屋布线接触不良造成的。当中央炉的热交换器生锈或缺乏空气时，可能导致火灾发生。只要燃气炉（所有的燃气设备）附近的可燃物燃烧，使燃气炉缺氧，致使火焰从燃烧炉膛内滚出，此时就会导致火灾发生。如图6.32所示，在火灾时，由于堆放着一堆箱子，在炉子前的地板上出现了受保护图痕。经过实验室检验分析，只要炉子供给充足的空气，这个炉子并没有任何故障问题。

图6.31 壁挂式电加热器没有调至“OFF”状态，其引燃了前方的椅子。当中央加热器发生故障时，加热器启动并引燃了椅子。户主则认为加热器处于关闭状态。

图6.32 地板上出现的受保护痕迹说明，有些箱子位于炉子前方。在此单元其他的房间中，类似炉子前方箱子堆放了4英尺高。

燃气设备供气受阻是一种非常危险的情况。缺少空气的燃气燃烧器会产生烟尘，这些烟尘附着在燃烧室的内部并起火燃烧。缺少空气的燃烧器还会产生高浓度的一氧化碳，在没有发生火灾的情况下，一氧化碳也会导致人员死亡。在实验室中对燃气设备进行检测，包括查看其燃烧器端口、燃烧室内壁和燃气供给，以便判断是否存在烟尘积聚的情况。

根据美国《国家燃气规范》(NFPA 54)，在密闭空间内安装燃气炉，必须为气体燃烧和室内通风提供充足的空气供给[3]。

空气入口堵塞可能导致火灾发生，出现窒息的危险。空气入口堵塞也会使循环风扇在设备内部空间产生真空，造成可燃气体回流。在所有涉及一氧化碳中毒的调查中，对现场燃气设备进行检验测试是至关重要的。

当燃气炉中的换热器生锈时，吸入换热器的室内空气会从生锈的孔穿过。这就可能导致火焰从通风罩或燃烧器腔中滚出。如果附近有可燃物，就可能将其引燃导致火灾发生。在检查电炉时，由于其控制和安全装置适用于高温环境，常可以在火灾中保留下来，因此经常可以对其控制和安全装置进行检测。在燃气炉中，温度传感器和开关装置可能会存留下来，但铝质控制阀在火灾中经常发生熔化。

6.3.8 热水器

相较于取暖器来说，燃气热水器引起的火灾要更多。电热水器通常不会引起火灾。这是一个大胆的说法，但笔者拆解了起火部位附近50多个电热水器后，发现没有一起火灾归因于电热水器。冷水是造成电热水器发生故障的原因。Goodson报告其有类似的经历，他调查了40起据称是电热水器引起的火灾，但都没有最终认定[4]。常见的电热水器功率约为5kW，奇怪的是它们不会引发火灾，但是如果电热水器的电源线与房屋电线存在接头松动的问题，恰好在松动接头处有可燃物，电热水器是可能引发火灾的。

另外，燃气热水器存在多种故障模式。易燃液体蒸气进入到热水器内部燃烧火焰附近是一个常见的起火原因。只要怀疑燃气热水器是引火源的情况，这种起火场景都应被排除。涉及易燃液体泄漏的事故往往涉及大量液体，因此通常做出此种认定的难度并不大。

笔者调查的多起火灾都是燃气热水器替代电热水器后引起的。许多电热水器安装在密闭的空间里，在同一空间内安装燃气热水器是需要通风的。通风出现问题致使火焰产生烟尘，其会覆盖在烟道和燃烧室内壁处。然而，当有人打开门，检查火焰的燃烧质量时，大量空气进入，是可以看到蓝色火焰的。如果燃烧在不通风的密闭空间内持续数周时间，可能就会发生火灾。如图6.33所示，是热水器缺少通风的情况下出现的问题。安装工人将热水器安装在壁柜内，他知道要对壁橱增加通风，并向户主承诺他会回来做这个工作，但他并没有及时赶到这个住宅，完成此项工作。这个热水器其实只安装了6个星期。在打开它之前，必须对其做好通风处理。

图6.33 （a）壁橱为起火部位，此处起火前6周，燃气热水器替代了电热水器。

图6.33 （b）在缺少空气的热水器压力容器底部，产生了大量的积炭。积炭被引燃后掉落，引燃了壁柜的地板。

前面所述的两种故障类型都涉及人的问题，但许多热水器引发的火灾是由于产品故障造成的。其中大部分是由于气体控制阀未能正确关闭造成的。阀门如果没有复位到位，可能造成少量气体进入主燃烧器。这会导致出现烛光现象，即火焰直接在主燃烧器孔口上方燃烧，而不是在燃烧器端口燃烧。在正常情况下，此处燃烧的气体含量较高，移动速度也比较快。在主燃烧器孔口处，气体排至燃烧器下部，径向偏转到燃烧器端口，可燃气体/空气混合物在此处发生燃烧。当燃烧器阀门未完全关闭时，会发生烛光现象，燃烧器下方就会出现一团黄色小火焰。由于其无法与空气充分混合，这种火焰会产生大量烟尘，导致燃烧器端口堵塞。当主阀再次完全打开时，气体不能直接进入燃烧器端口，火焰可能会溢出燃烧室。在这种情况下，烟尘将会聚集

图6.34　（a）热水器侧面的燃烧痕迹是由于主燃烧器孔口处发生“烛光现象”产生的烟尘阻塞燃烧器端口引发故障形成的。

图6.34　（b）图6.34（a）中热水器燃烧器上的积炭。（c）实验室测试表明主燃烧器燃烧现象是由于烟尘堵塞而产生的。

在燃烧器组件的底部。近年来，已经发生了多起由于此故障的阀门召回事件[5]。如图6.34所示，就是发生此种故障的热水器。虽然阀门关闭的故障导致热水器引燃了周围可燃物，但阀门本身只是表面损坏，其可能重新进行供气连接，并再次发生类似故障。阀门错位或颗粒物进入燃气，也可能造成主阀无法完全关闭。

燃气炉和热水器都需要设置一个“沉积物收集器”以捕集气流中的颗粒[6]。这些捕集器只不过是一个“T”形接头和安装在设备上游的一小段管道。已经证明沉积物收集器对捕集硫化铜颗粒特别有效，硫化铜是铜管内部形成的载有“酸性气体[4]”的一种化合物，这种酸性气体含有较高浓度的腐蚀性硫化氢气体。输送燃气的铜和黄铜管道禁止输送超过“痕量”（0.007mg/L）浓度的硫化氢气体[7]。需要注意的是，烘干机、炉灶和室外烤架都不需要设置沉积物收集器。

由于热水器引燃易燃液体引发火灾的次数较多，在住宅车库内或连通车库的空间安装的燃气设备，必须做升高处理，以使火焰至少高出地面18英寸。有些新的设备设计，通过设置火焰阻隔器，防止燃气热水器引燃溢出的易燃液体。此类设备可以免除18英寸的高度要求，根据规定，“燃气设备不得安装在露天使用、加工和分发运输易燃液体的场所，除非设计、操作或安装减小了可燃蒸气着火的可能性[8]”。

6.3.9　烘干机[5]

在美国，每年有超过15000起烘干机火灾。引起这些火灾的故障原因还不是很清楚，但是有一个共同的特点是设备通风不良或没有通风。烘干机生产厂家要求排气孔用光滑的金属制成，并尽可能短且平直，但是许多烘干机用褶皱的塑料或金属排气管排气，这些管子容易被线头堵塞（商家仍在持续不断地销售不合格的材料，用于烘干机排风）。

烘干机起火可能发生在桶内，也可能发生在其他部位。桶内起火需要调查其内部物品。由于多数烘干机都设有持续运行的温控器和至少有两个上限更高的温控器，因此简单的过热导致桶内衣物起火，需要多个设备发生故障。必须对桶内衣物进行核查，查看是否存在导致起火的物质。虽然要检查衣物中是否存在常见的可燃液体，但此类液体不太可能引起烘干机起火。首先，沾染可燃液体的衣物在洗涤后其残留量要低很多。其次，即使是烘干机处于运行状态、有引火源存在，但是由于烘干机中气流流动，蒸气很难充足地聚集，以达到气体爆炸下限。许多调查人员会错误地要求他们的实验室检验出易燃液体残留物（ILR）。实验室分析人员需要知道的是，残留物来自烘干机，除了ILR外，还应该检查是否存在自行发热的油品。

烘干机的正常温度约为150 ℉，许多植物油都会出现自身发热的情况。因为烘干机滚动时，通风较为充足，所以只有在烘干机停止运转后，衣物才会发生自燃。延迟5 ～ 6小时，衣物发生自燃并不罕见。如果将衣服从烘干机中取出，并立即放入另一个存储空间中，或将其折叠堆放，衣物可能在滚筒外部着火[9]。

餐厅、健康SPA等商业场所大量使用油脂类物品，常会出现烘干机内部自燃的情况。在家庭住宅中此种火灾较为罕见，但是如果正在进行家具或地板翻新装修，存在使用干性油或植物油的情况时，应对此种引起火灾的原因进行调查。有时在自燃火灾中，会发现类似“渣块”的特殊物质。这种硬化的织物纤维由于植物油的聚合反应，可能变得非常坚硬。多数火烧后的织物仍然保持松软状态，但是如果在调查过程中发现坚硬的块状物质，说明发生了自燃火灾，渣块实际上就是自燃起火物。由于渣块容易无意间开裂破碎，因此要认真地对桶内物质进行筛选。如图6.35所示，健康理疗中心关门几小时后，烘干机内起火燃烧，其内部提取到一个大渣块。随后的化学分析表明，烘干机内的物质含有植物油。

对于桶外发生的火灾，可能有几种故障原因。一种常见的起火原因是电源线连接。在电源线穿过烘干器的后隔板处，需要装配一个疲劳缓解装置，如图6.36所示。该装置常被省略。经过与未经保护的金属隔板数年的反复振动碰撞，即使是质量完好的电源线也会被腐

图6.35　健康理疗中心营业关闭数小时后烘干机发生火灾，现场发现的渣块。

图6.36　穿过隔板的电源线未设置疲劳缓解装置。此种情况可能引发火灾，但是此火灾是由于自燃造成的。

蚀。如果烘干机后面有易被引燃的线头，其经常出现在此处，就可能会发生火灾。如图6.37所示，烘干机所有人布线时，没有将电源线穿过圆孔，而是直接连接到检修板下方。在实验室中对此烘干机进行分析发现，检修金属面板造成了绝缘层破坏，致使导线和外壳产生电弧。作者遇到的家庭住宅烘干机火灾，电源线的连接故障是最常见的原因。

控制腔内可能起火，应对其进行查看。腔内所有的电气线路都有可能在装配过程中受到挤压或后续磨损，成为引火源。烘干机的控制腔和滚筒是仅有的几个空间，可以为短暂的电气故障提供可燃物而引发火灾。

必要时要卸下滚筒，以便对电机和加热器进行检查。应检查滚筒周围的区域，查看是否有过多的棉絮堆积。如果滚筒周围的密封条和棉絮滤网没有受损，在这个区域棉絮应该非常少。如图6.38所示，大量的棉絮堆积可能引起火灾。在一起大火的起火部位处发现此烘干机，认为棉絮堆积引发火灾，但是据作者所知，此种引发火灾的引燃场景解释并没有得到充足的证明（并通过了Daubert质疑）。一种可能的解释是，部分棉絮卷入到加热器并被点燃，然后卷入烘干机桶内，将桶内衣物引燃。关于此种引燃场景，存在几个问题。首先，要求棉絮以某种方式吸入加热装置中，并被点燃，然后要传输到滚筒的衣物上，且衣物要是干燥的。棉絮的质量很小，通常认为自身燃烧得非常迅速。燃烧的余烬必须穿过滤网，限制其尺寸不超过1cm。如果衣物没有完全干透，燃烧的棉絮也无法将其引燃。这并不是说这种情况不能解释许多烘干机火灾。每年大约有100亿件衣物被烘干。如果是百万分之一的发生概率的话，那么仍然会导致10000起火灾发生，但是在实验室中重现起火的概率就太小啦。重要的是要认识到，虽然对于某种设计来说，故障率可能非常小，但发生故障数量可能会很大。普通家用电器数以万计。故障率仅十万分之一，也会在百万个设备中发生10起火灾。

图6.37　烘干机电源线由于安装不当而引发火灾。所有人布线时并没有使用疲劳缓解装置穿过隔板，而是直接将电源线穿过检修面板下方。绝缘层磨损致使电源线和面板间产生电弧。

图6.38　烘干机腔室内的半英寸厚的棉絮被认为是造成巨大火灾损失的原因。

打开烘干机后，经常会拆掉并检测其安全装置。图6.39（a）展示了滚筒内起火后，烧毁的烘干机控温器。运行中的控温器损坏过于严重，已无法进行检测。图6.39（b）展示了经检测已经断开的一次保险丝。如图6.39（c）所示，将第二个这样的保险丝安装在加热器上，检测后也是断开的。使用吹风机、热电偶和连续性测试仪，可检测具有更高上限的控温器，如图

6.39（d）所示。此控温器175 ℉仍在工作，并且断开，这说明对于滚筒火灾来说，不可能是温度控制系统故障造成的。

如图6.39（e）所示，显示了滚筒内发生火灾的实际原因。从一块6in×12in的衣物样品中提取约1mL植物油，据称该样品已被清洗过。显然，洗衣机无法将油品清洗干净，使其避免发生火灾。在此案件中，以及笔者调查的其他案件中，烘干机滚筒内未烧毁的衣物中都会有明显的烹饪植物油的味道[6]。

在许多事故中，桶里的衣物烧毁得过于严重，以至于无法检测到植物油。在这些事故中，洗衣机排水管里的水是唯一可能找到油的地方。如果没有其他要洗的衣物，水则来自烘干机中最后漂洗衣物。在火灾现场中，漂洗衣物的水是可以保留下来的。附加说明6.1中所述的植物油检测方案，可以简单地检测出10mg的植物油。

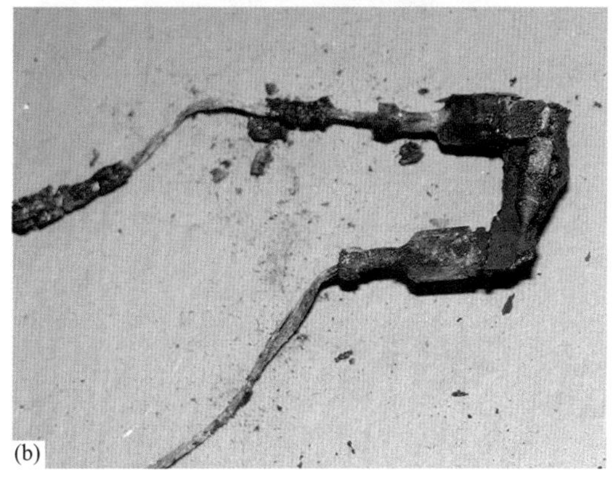

图6.39 （a）滚筒起火的烘干机上提取的控温器。此装置破坏过于严重，已无法进行检测。（b）安装在控温器旁边的保险丝。经检测该保险丝已断开，很可能是受到火烧破坏造成的。

有一种电干燥机的设计，可通过滚筒背面的大三角形很容易识别出来，特别容易出现故障。通过一个单独的轴承，将滚筒安装到烘干机箱体上，其置于一个金属槽中。如果该轴承出现问题，滚筒可能与加热元件发生接触，造成加热元件与滚筒间产生电弧。如图6.40（a）所示，加热元件被高温电弧击穿，在钢质滚筒背部出现了相应的熔珠，如图6.40（b）所示。

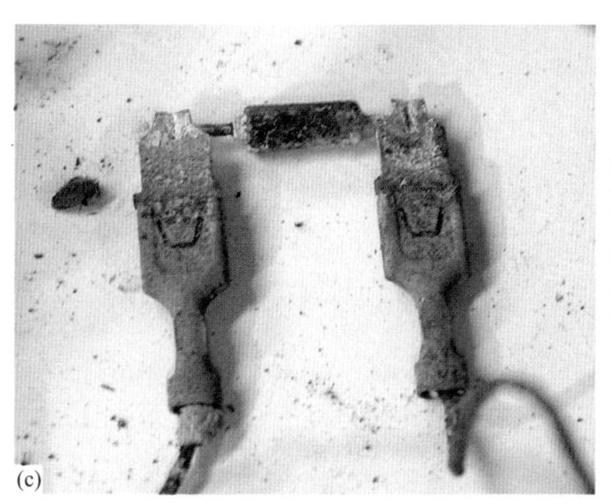

图6.39 （c）保险丝安装在加热器外壳上。经检测，此保险丝已经熔断，很可能是火烧造成的。（d）安装在加热器外壳上的具有更高限值的控温器。该控温器仍然连接到双金属传感器，并可使用吹风机和欧姆表进行检测。

图 6.39 （e）烘干机滚桶中提取的一块未烧过的 6 in×12 in 的织物中提取的植物油。

图 6.40 （a）由于轴承故障，烘干机滚筒出现松动，导致与其连接的加热盘管断开。请注意在盘管支撑结构上的金属喷溅熔珠。（b）与加热盘管连接的滚筒后部出现大小为 1 ~ 2mm 的小熔珠。

附加说明 6.1 火灾残留物中植物油和干燥油的检测与分析

Proc（程序）：805

Rev（版本）：1

日期：8/15/04

批准：

范围：

本程序针对非挥发性油的分析，如食用油和干性油（植物油和干燥油），用正庚烷萃取，氢氧化钾衍生化，用 GC-MS 鉴别脂肪酸甲酯。

参考文献：

ATS 程序 803，GC/MS 分析

Badings, H. T., and DeJong, C., Glass capillary gas chromatography of fatty acid methyl esters: astudy of conditions for the quantitative analysis of short- and long-chain fatty acids in lipids, *Journal of Chromatography,* 279, 1983, 493-506.

目的：

本程序的目的是定性地认定样品中是否含有自身发热的油品，并确定油品最可能的来源。在火灾调查中验证自身发热引发火灾的假设时，此分析在火灾调查中是非常重要的。

程序：

4.1 获取100mg检验油品的样品。

4.1.1 如果样品是水溶性液体，在分液漏斗中用正庚烷萃取并干燥。

4.1.2 如果样品是固体，用正庚烷萃取并干燥。

4.1.3 在20mm×150mm试管中，蒸发或加入庚烷，使10mL庚烷溶解约100mg样品。

4.2 加入100μL的2mol/L KOH（氢氧化钾）。

4.3 用“旋涡”搅拌器将试管中的样品搅拌60s。

4.4 2500r/min转速离心样品3min。

4.5 打开GC-MS“top”程序，加载名为“系统默认值”的序列，在序列菜单中选择“编辑样品日志表”。

4.6 输入样品位置；数据文件的名称，应为ATS作业编号后接样品编号；分析方法“FAME1”；以及样品说明，包括ATS的作业编号和样品编号。

4.6.1 如果只有微量的油性残留物，或者残留物颜色较深（表明氧化程度较重），请使用“FAME2”法，这是一种更灵敏、无分流的方法。

4.6.2 如果色谱图因样品浓度或污染小而噪声太大，使用选定的离子监测程序“FAMESIM”。

4.7 在“杂项信息”字段中，输入样品描述。

4.8 运行序列并收集数据。

4.9 加载数据文件，将保存在“FAME”数据文件中的动植物油参比样品的总离子流色谱图（TIC）与之进行比较。

4.9.1 “如果一个参照油色谱与所分析的样品相匹配，并且可以从其他可能的参照油中区分出来，那么无需重新分析参照油。

4.9.2 打印整个运行期间和5～15min期间样品与参照油最为匹配的TIC。

4.9.3 进行图谱库查询，识别样品中的脂肪酸甲酯。

文件：

在作业文件中储存一份报告和所有数据的副本，包括参照油色谱图副本。

6.3.10 日光灯

在美国，目前有20亿到40亿只日光灯在使用。每天大约有50000个镇流器达到其使用寿命。日光灯闪烁并完全损坏，或者简单地无法启动，绝大多数都是悄无声息地发生的。然而，镇流器可能出现过热的情况，灯座固定弹簧松动可能产生电弧。1968年以后，日光灯镇流器必须配备热熔断器（TCO），多数厂家配备自动复位双金属开关，以保证镇流器温度低于94℃（194 ℉）。典型的TCO见图6.41。

由于日光灯的广泛使用，在多数商业网点火灾起火部位的10英尺内，都可能找到日光灯。众所周知日光灯装置可能是引火源，怀疑认定其他引火源时，也必须对其作为引火源的可能性进行排除，这恰恰造成认定日光灯装置引发火灾的数量要高于其实际引发火灾的数量。

引起火灾的荧光镇流器的故障原因很少。传统的磁镇流器由一个铁芯变压器和一个装在沥青里的电容器组成，沥青是一种类似板油的糊状物，它可以消除没有它时变压器发出的恼人嗡嗡声。虽然沥青的存在使镇流器变得可燃，但它也消耗镇流器壳体内部的氧气，防止了起火燃烧的发生。如果镇流器壳体内只部分填充了沥青，引燃起火可能发生，但前提条件较为苛刻。即使这样，密封的金属壳体内部的火焰也很难蔓延至壳体之外。当镇流器中的线圈发生短路，电阻减小，电流增加，常出现过热的现象。针对这种情况，设计TCO检测此情况的发生。如果TCO失效，或接入的120V电线短路，情况可能恶化到产生的电弧将镇流器壳体击穿。当镇流器壳体上出现如图6.42所示电弧击穿孔洞时，可认为其具有成为引火源的可能。（即使这样，由于故障可能在火灾前就已经发生了，因此有必要验证在起火前灯处于通电状态。）与其他电引火源一样，验证处于通电状态是非常重要的。

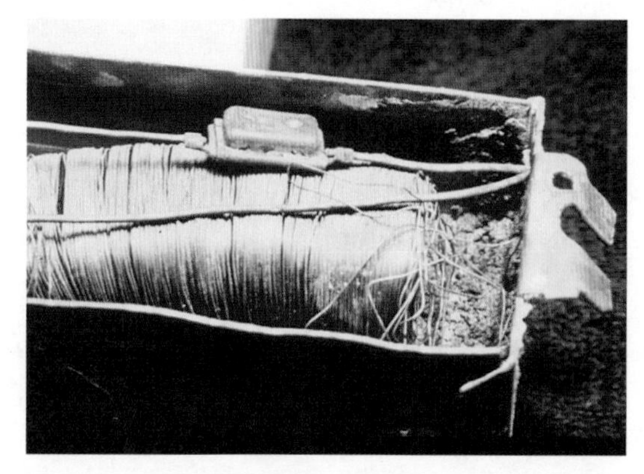

图6.41 所有沥青被烧毁的日光灯镇流器中的TCO。

灯座连接松动是日光灯管的另一种故障模式。这可能会引起传统镇流器的闪烁。然而，电子镇流器运行时每秒循环20000次，或者更高。在这个频率下，灯看起来工作正常，使用人员可能没有察觉到灯座和灯脚之间出现“串联电弧”[7]，如图6.43所示，在灯座和灯销之间的串联电弧，直到电弧将灯座引燃。鉴于其形状，将灯头称为“墓碑石灯头”，应该用陶瓷材质制成，但是并不是所有的灯头都是。在火灾发生后，实验室的检验鉴定可能无法发现此种故障发生的证据。

镇流器通常安装在金属壳内，金属外壳沿着灯管长度设置。在这个通道内的120V供电电源和600V设备引线都可能与外壳之间产生电弧，提供了关于灯具什么时候起火的序列数据。与许多电气故障起火场景相同，设备壳体内部的电弧说明该设备参与了火灾初期过程，可能是引火源。

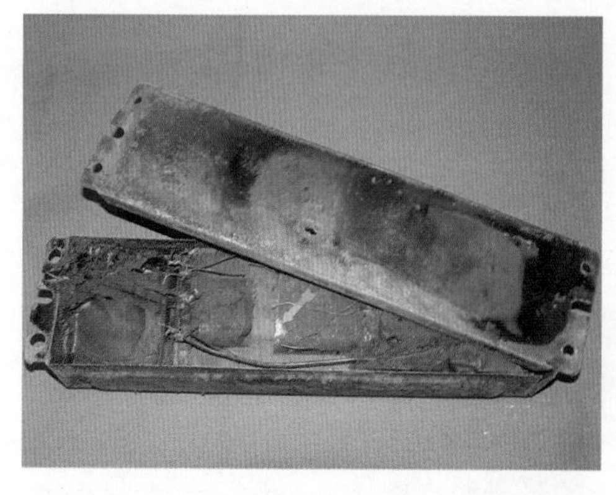

图6.42 经常被认为是引起火灾原因的传统磁性日光灯镇流器。钢壳上有电弧击穿的洞。箭头指向线圈上产生电弧的位置。

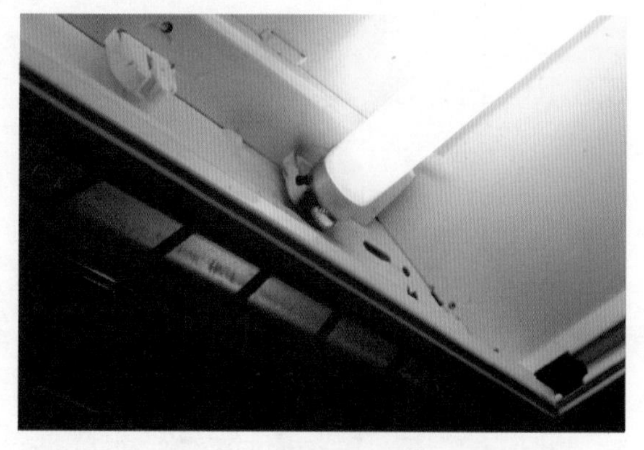

图6.43 日光灯管与电子镇流器之间产生的串联电弧。由于频率很高，灯泡输出的差别是无法辨识出来的。

金属卤化物放电灯是一种功率更高的日光灯。众所周知，此类灯具使用灯泡，灯泡发生严重故障后，产生的高温玻璃残片，将散落到灯具下方。如果没有进行正确的防护，这些灯只适用于下方没有可燃物的地方，如混凝土砌块厂、网球场或其他体育场地。灯泡额外设置一个外壳，但其比没有保护的灯泡要贵一些，灯具可以接受这两种类型。灯具设置遮挡，但成本更高，而且灯具厂家不愿意警告人们不要使用遮挡灯具。所有设计中最差的是金属卤化物放电灯设置可燃遮挡物。当灯泡发生故障时，掉落的不是高温玻璃碎片，而是燃烧着的熔融塑料液滴。

6.3.11 嵌入灯

当嵌入灯被绝缘材料不当包覆或过度发亮时，其具有引发火灾的能力。有些嵌入灯额定发光时，直接与绝缘材料接触，并配备过热保护装置。在围绕这些灯的灯罩内，配有双金属且可自动重置的TCO。如果用户安装的灯泡功率高于灯具设计使用的功率，则灯具无法将热量散发出去，TCO将导致灯具反复启停，防止过热，提示用户出现问题。第二种“热保护”装置并不是真正的热保护。这些灯具使用一个1W或2W的加热器和一个安装在灯罩外金属接线盒上的TCO。这些设备可以更准确地描述为“绝缘探测器”。因为灯泡产生的热量可能引起火灾，有人认为原因是灯泡的高温，而不是其他热源输出，灯泡高温应该被热保护器探测到。虽然第二种探测感应存在缺陷，但是第二种设计是符合现行的标准规范［NFPA 70和保险商实验室（UL）1598］的。灯具内安装的TCO，其正常工作时与绝缘层直接接触，如图6.44所示；“绝缘探测”TCO，如图6.45所示。针对嵌入灯的UL测试，要求灯具上均匀覆盖碎片纤维（吹入）绝缘层，在3小时内或灯具温度超过160℃（320 ℉）前，TCO必须发生

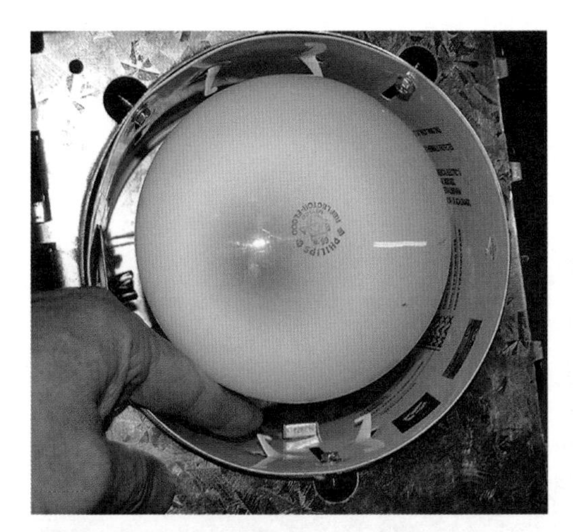

图6.44 灯罩内安装可重置TCO的嵌入式灯具，其可以感应到灯泡产生的实际温度。

图6.45 在接线盒上安装TCO的嵌入式灯具。此种探测器测量的温度是内部加热器产生的。如果对接线盒进行隔热绝缘处理，探测器就会动作，但是只是对灯具进行隔热绝缘处理，其不会动作。引起火灾的嵌入式灯具的实物最好从火灾现场中获取，现场中安装的灯具可能是同一厂家和型号。

动作。这两种灯具设计都通过了测试，但如果用纸质玻璃纤维绝缘层替代了吹入的绝缘层，可能出现灯具温度超过160℃时，接线盒上的传感器没有响应的情况。作者已见过多次这种结构引起的火灾。此种纸质绝缘衬底为起火物。

怀疑嵌入式灯具引起火灾，对其进行实验室检验时，首先应对其灯泡进行检查，查看是否可以确定灯泡功率。应确定是否通电，并记录过热保护类型。除非TCO无法闭合，否则装有TCO的灯具不太可能成为引火源。无论TCO安装在何处，都应首先测试其连接完好性，进行X射线检查，然后仔细拆卸，检查连接点。TCO反复动作的证据可能表明灯具隔热绝缘不当或过度发光。

随着白炽灯的减少，照明装置引起火灾的数量可能也在减少。节能灯（CFL）和发光二极管（LED）工作时的温度较低，相较于白炽灯故障，其发生故障时能量更低。随着LED技术的进步，节能灯（CFL）也会像光盘和传真机一样，逐渐被淘汰。

6.3.12 排风扇

排风扇通常使用阴极感应电动机，在电机内产生一个旋转的磁场，转子与磁场的旋转保持同步。在转子周围的线圈中，发生磁场的旋转。线圈内导线的电阻将导致线圈发热，但在正常运行时，特别是风扇电机运行时，散热速率远大于发热速率。当电动机短暂熄火时，电流并不会增加，但空气运动的损失将减少热量的散失。即使是当中一个电动机发生故障，常见的故障过程也是在线圈导线间瞬间产生断路电弧，致使导线“断开”，相对而言此过程能量较低。

然而，像许多其他电器设备一样，存在着数以百万计的排风扇，并且多数排风扇都在持续不断地正常运转。排风扇容易积聚灰尘，如果电机短暂熄火并被灰尘覆盖，热量可能无法迅速散失，致使灰尘温度上升，直至起火燃烧。还有一种可能，线圈断开时发生的瞬间电弧火花，也可能具有足够的能量点燃积聚的灰尘。根据排风扇所在的位置，排风扇有时也会起火，但只会引燃周围包裹物，或当火灾蔓延起来时火焰从排风扇蔓延而出，如果排风扇完好地保留下来，便可以进行有效的勘验。发生图6.46所示类似的情况时，需要对导致火灾发生的故障过程进行详细的研究。

直到最近，阴极感应电动机还不需要辅助过热保护。排风扇行业说服了标准制定的组织，如NFPA和UL，安全措施不是必需的。（他们的观点是，这些设备是“阻抗保护”的——这是一种自相矛盾的说法。）然而，在1994年，多起后果严重的火灾归因于排风扇后，要求安装TCO的提议被采纳。多数厂家在电路中使用一次性热保险丝。虽然TCO的存在可以大大降低排风扇起火的可能性，但它并不能完全将其消除。对电动机进行详细勘验，要求拆

图6.46 该排风扇/浴室灯组合引发火灾主要沿屋顶甲板下方向上蔓延，该火灾的起火部位和原因一目了然。

解开线圈，查看发生短路的证据。有时，可能在线圈内部看到熔化的绕组金属，证明是电动机引起的火灾。如图6.47所示，电动机装配了TCO，但在电源与线圈的连接点附近发现了电弧作用痕迹。如图6.48所示的电动机中，在线圈中心部位可以看到熔化的铝，相较于表面绕组，其破坏得更加严重。在这种情况下，由于线圈表面导线可能首先受到破坏，并不能说明电动机是由于起火后火灾蔓延造成的破坏。

图6.47 虽然该排风扇电机中设置了TCO，但接头电源与电机绕组之间的连接松动，产生充足的热量而引发火灾。

图6.48 排风扇电机线圈表面内层出现熔化，这表明火灾开始于机组内部。

在某些特殊场所，往往安装不止一个排风扇。因为烧毁的排风扇很难认定其生产厂家，也可能很难找到新的比对样品，火灾现场是寻找到相同厂家和款式排风扇的最佳地点。

直到世纪之交，排风扇厂家才普遍承认是其产品引发火灾造成的损失。然而，如果现如今的调查人员认定排风扇位于起火部位，要做好其认定结论将会面临强烈反对和质疑的准备。

6.3.13 配电盘

电气系统配电盘往往呈现出遭受严重电气故障破坏的特征，但是很少会引发火灾。当火灾蔓延至配电盘时，配电盘内部的进户线缆往往产生电弧，造成上述情况的发生，因为这些线缆缺少保护，产生的电弧可能会非常激烈。

判断配电盘是否引发火灾的关键是配电盘下游线路是否产生过电弧。如果下游有电弧，配电盘就可以被排除。如果是配电盘引起火灾，并且火灾有时间蔓延出配电盘，所有下游导线被认为是处于断电状态的。

如果下游没有出现电弧现象，应注意配电盘内的两个连接点。检查的第一个连接点是断路器连接母线的接线柱。在居民用电中，存在两个连接相互交织接头的母线。一个断路器保护一路120V电路，其连接到一个母线的接线柱。一对断路器保护一路240V电路，其连接到两个相邻接线柱上。断路器和接线柱之间的连接松动可能导致过热，引起严重故障。此种连接松动产生的热量，可能会传导至配电盘的表面，但此种常见的典型故障通常只会造成对应的线路断电。如图6.49所示，受到破坏的配电盘，其内部断路器连接母线的接头处发热。接头处发热造成周围热塑性绝缘层熔化。在引发火灾之前，这块配电盘被替换掉了。

第二个值得注意的部位是连接到主断路器的进户线缆。此部位出现连接松动，可能导致

图6.49　在断路器配电盘引起火灾前，将其替换。报道称，此配电盘发出嗡嗡的声音并放出塑料烧焦的气味。热塑性绝缘塑料已经熔化，但是更换配电盘并不在保险公司的保险范围内。（但是，如果整个建筑烧毁，其可能就在保险范围内）

图6.50　（a）位于一起烧毁严重火灾起火部位处的电气系统配电盘。火势向上蔓延，在起火点处留下了配电盘接线柱受热破坏形成的“烟枪”痕迹特征。

整个房屋断电（或更有可能是房屋一半电路断电），通常会导致灯光闪烁，造成进户线缆损坏。然而，有些配电盘进户导线连接点出现松动时，其耐受性更差[8]。

如图6.50（a）所示，在V形痕迹的正下方是配电盘。火势是向上蔓延的，致使出现问题的配电盘残留痕迹比较完整，但是火灾造成民房其他部位严重烧毁。此配电盘使用独立的接线柱，独立于主断路器，与进户线缆连接。接线柱由热塑性塑料（聚苯醚）划扣固定，当出现连接松动时，接线柱过热，接线柱穿透塑料，与配电盘底盘接触，造成墙面起火。自从在这起火灾中知道了此种起火过程，作者已经在6起其他火灾中看到过类似情况。

在此种场景下，导致火灾发生，需要先后满足并出现多种环境条件。首先，必须出现过热的情况。这就要求接线柱处的进户线出现连接松动，在其安装后，这个过程发生可能需要数年时间。此外，进户导线要承受一定的机械负荷，以便当支撑接线柱的塑料软化或熔化后，进户导线具有向后移动的驱动力。（导线承受负载，使其向外壳移动，或根本没有承受机械负荷，电弧是根本不会出现的。）最后，在配电盘背板处电弧产生的部位附近要有可燃物存在。此种情况能量足够高，可以引燃胶合板和标准木板墙。认定此种故障发生的典型特征是进户线接线柱后配电盘背板处有电弧灼烧出的洞。如图6.50（b）所示，为另一起火灾中出现此类故障的配电盘。如图6.50（c）所示，另一个配电盘，其破坏得更加严重，在主接线柱后直接可以看到电弧灼烧出的洞。根据这个证据，结合下游线路没有拉弧和可靠目击证人的描述，最终说服配电盘厂家承担了事故责任[9]。厂家已经停止生产此种设计的

图 6.50 （b）位于一起烧毁更加严重的火灾起火部位处的电气系统配电盘。虽然配电盘烧毁得较为严重，但是下游线路并没有出现拉弧现象。进户线连接柱后面钢板处的电弧熔洞位置也印证了此种故障的发生。

图 6.50 （c）地下室发生火灾，将房屋全部烧毁，在起火部位处发现电气系统的配电盘。综合目击证人证言、下游线路没有电弧作用痕迹，证明为配电盘故障引发火灾。

配电盘，但是目前仍有1500万这种配电盘正在使用。

6.3.14 氧气供给设备

随着人口老龄化加剧，越来越多的人需要借助氧气机来延长和维持生活质量。供给的氧气主要有三种：①压缩气体；②富氧空气；③液态氧气。持续性的氧气供给，使肺部损伤的人的生命可持续较长时间，保持生活正常。具有50%肺部功能的病人，需要呼吸的空气中氧气含量达到40%，才能弥补其肺部缺陷。火灾调查人员可能会遇到越来越多氧气供给设备。由于这些设备周围是富氧环境，调查人员可能发现这些设备周围烧毁较为严重，致使他们怀疑这些设备是起火原因。但是，吸烟行为可能使得许多病人就地需要富氧环境，现在看是一个非常危险的行为。当吸烟人员不注意的时候（例如：当他们吸烟的时候，应关闭氧气供给装置，但却未关闭），结果可能是灾难性的。这些火灾中涉及的人员很难为火灾的发生负责。

图 6.51 在火灾严重烧毁的民宅中，发现内部带有电弧熔痕的氧气压缩机。燃烧的蔓延路径，结合氧气供给管的位置，说明设备受到火灾作用前，处于正常工作状态。

图 6.52 正在燃烧的氧气供给管。设备断电后 20s 内火焰自行熄灭。

在火灾作用下，相较于其他电气设备，氧气供给设备反应不同，其有特定的反应行为。与过负荷电源线产生电弧时逐渐向电源侧蔓延一样，氧气供给设备一旦被引燃，无论是储罐、压缩机，还是液态氧气分配器，火焰都将沿着氧气输送管向着氧气供给侧蔓延。由于管道延伸到设备内部，火势可能被卷入到内部，造成设备内部拉弧，设备上产生可疑的熔痕。设备外壳内部拉弧，往往使人怀疑发生接地故障，但这并不是这些设备可以发生的。通常来说，火灾发生后，查看氧气压缩机时，发现沿着氧气供给管，会产生一条由外向内的火势蔓延路径。如图6.51所示，严重烧毁的压缩机内部，可看到外壳内部电源线上产生的电弧痕迹。在火灾现场中，发现了相关证据，说明火灾沿着氧气供给管路，在两个房间和走廊之间蔓延。

如图6.52所示，为作者点燃氧气供给管后的燃烧情况。当关闭氧气压缩机电源后，20秒内管路停止燃烧。这就可以证明，设备正常运行时，设备外部的管路起火后，火势会沿着管路向内部蔓延，即使是设备内部出现拉弧现象，引火源也不是设备自身，而是其他部位。

氧气压缩机使空气穿过一对交替的分子筛，消除空气中的氮气，滤过90%～95%的氧气，每分钟可处理5L。一个筛子释放氧气，另一个筛子消耗氮气。随后，它们之间切换角色。当空气进入压缩机分子筛床上游时，进行过滤。如果设备正在运行时，病人吸烟，过滤器（如果运行正常）就会反复地探测到尼古丁。作者测试的一个过滤器，对尼古丁并不敏感，而是对大麻酚敏感[10]。

6.4 引燃场景实验

目前，实验室分析主要针对物理构件进行实验和解释，目的是寻找足够的数据对火灾场景进行可靠的解释。很多时候，对于火灾场景的正确解释不用大费周折，其本身就能说明问题；换言之，其他火灾场景不可能解释设备的情况和其他证据存在的原因。但有时候，有必要证明假设的火灾场景是可能存在的。通常在火灾调查工作中，至少有一方希望某种特定事故场景是不可能存在的。因此，实验设计应该接受批判，因为即使是最仔细的设计也会受到严格的审查。美国消费品安全委员会的成员提出的用电烘干机加热器点燃线头，继而引燃烘干机滚筒内衣服的实验想法也遭受了严重的批评。因为这种情况发生的可能性很小，而且他们没有进行上百万次实验的预算，同时，工作人员设置的条件有利于点火，而这项工作旨在提高烘干机的安全性。

尽管在报告的前面有免责声明，写着“本研究报告中所描述的实验旨在支持烘干机未来在安全方面的改进，这份报告不应用来暗示目前的烘干机是不安全的或有缺陷的”，但这份报告被称作“老大哥的伪科学[10,11]”。

NFPA 921在描述假设检验时，其1998年和2001年的版本之间发生了变化。在2001年版出版之前的审议中，有人表达了一些错误的看法，认为“科学”分析必须包括对事件的再创造。同飞机坠毁或其他灾难性事件一样，火灾的发生也是如此。一架飞机坠毁假说的提议者不需要获得一架新飞机并使其坠毁，而火灾因果关系假说的提议者也不需要获得另一个相同的结构并烧毁它。为了澄清明显的混乱，关于假设检验的段落被修改成：“对假设的这种检验可以是认知层面上的论证，也可以通过实验验证。”科学方法允许“想象实验（an experiment carried out only in the imagination）”作为试图反驳假设的一种手段。然而，就像物理实验一样，想象实验必须仔细设计才能正确回答问题，并且结果必须具有说服力。

物理实验通常被认为更具说服力，因为“眼见为实”。当提出一个引燃场景，特别是一个新的引燃场景时，除非物证的证明作用非常明确，否则没有任何东西能与实际实验的可信度相一致。实验可以由引燃假设的提出者或反对者来设计。在回顾实验结果时，必须牢记实验者设计的目的。

为了提高实验的可信度，实验应该参照反对者预想的实验结果进行设计。将实验结果纳入证据并非易事。无论哪一方对实验结果存有疑义，都会反对说实验“没有实质上反映事件的情况”，且与假设无关。出于这个原因，实验应该尽可能简单，并同时提供与假设相关的检验。

对真实物证进行实验是不明智的，特别是存在因加热或通电后的电流作用而使证据破坏风险的情况下。因此，这种情况应该获取实验样品。例如，通过小尺寸实验来测试某特定设备是否能够产生足够的热量来点燃某一目标物。

为验证一个朝天灯可以点燃木墙这一假设，同时进行想象实验和物理实验。在想象实验中设置了以下条件。

- 固定灯罩与墙壁接触，使灯泡距离目标燃料5.5in（实际上灯罩可能离墙几英寸远）。
- 灯泡的输出功率为500W（原来可能只有300W）。

• 灯泡的所有能量都是向上扩散的，分布在一个半球上。（当然其中一些是向下扩散的。）

• 不考虑对流能量损失。（当然实际也有一些对流能量损失。）

依据上述情况做一些计算，一个半球的表面积计算公式为$4\pi r^2/2$，半径为5.5in时，半球面积为190in^2或者0.12m^2。500W（0.5kW）的能量分散到该表面区域，在目标物上可产生4kW/m^2的入射辐射热通量，即使在最不利的情况下，也不足以点火。如图6.53所示，物理实验证实了想象实验的预测。

图6.53 一个物理实验，旨在测试一个500W的朝天灯是否可以单独通过热辐射点燃木墙。

物理实验条件的设计有利于点火。木墙漆成黑色，使表面温度升高约30 °F。使用的灯（500W），其过热保护装置被移除。灯被放置在一个角落，以减少辐射损失和空气的卷吸。据报道，疑似的火灾发生于灯光照射下几小时之后，因此这次实验持续了14天[11]。

另一个例子是，对于氧化剂着火的情况，需要通过实验来验证特定的污染物是否能够引发分解反应。

可以开展更大规模的实验，以展示特定的可燃物堆是如何燃烧的。图6.54所示的沙发与

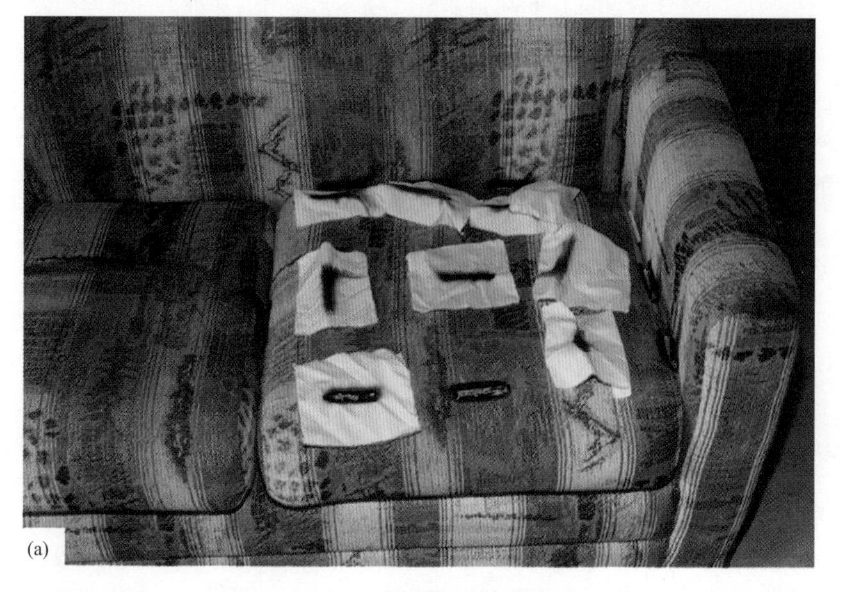

图6.54 （a）沙发的耐香烟引燃实验。

图 6.54 （b）同一沙发被直接点燃以确定其燃烧特性。

某两居酒店套房中烧损的沙发相同。了解这张沙发是如何燃烧的，有助于理解为什么现场的两名人员无法逃离房间。实验进行了两次。首先对沙发进行香烟引燃实验，然后直接进行点火实验。

图6.55显示的实验是为了验证感烟探测器对石膏天花板上构件的感应情况。据称，烟雾探测器未能发挥作用，这项实验推翻了装有烟感探测器的假设。因为火灾现场没有任何保护痕迹，这表明火灾发生前感烟探测器就已被拆除。一般来说，天花板上应该有相应的痕迹，而实验也证明，如果设备存在的话，应该能找到一些痕迹。

如图6.56所示，对煤油加热器进行了因果差异实验。将未点燃的煤油加热器置于木床旁，并置于火灾功率为1MW的火灾中。在加热器工作的情况下点燃了第二场火，并将两次实验的结果进行对比分析。由于加热器内部存在隔热层，当接触外部火焰时产生的痕迹会有所不同，这取决于加热器是开启还是关闭。与火灾现场的加

图 6.55 （a）建造该“走廊”是为了测试暴露在小火中的感烟探测器的感应行为；天花板上安装了几个探测器。

图 6.55 （b）熔化的感烟探测器，天花板上还留下了痕迹；结果否定了感烟探测器在火灾发生前就已经安装的假设。

图 6.56 两个煤油加热器中的一个暴露在 1MW 的火灾中。分别在加热器关闭和打开时进行测试，并对其外部痕迹进行了比较。

热器比较后发现，它是开着的。加热器的测试照片被列为了证据。

用于验证点火和（或）火焰传播假设最大规模的实验是全尺寸实体火灾测试。即使采取了全面的预防措施，这些检测的费用非常昂贵，也很难得到证据[12]。所有相关参数必须与火灾事件中的完全相同，这通常是不可能的。一个简单的错误，比如在门应该关闭的时候却开着（或相反），都可能严重影响实验结果。这种规模的测试与火箭发射没什么不同。一旦点火实验开始，要想改变参数就太晚了。例如，1991 年，作者和 John DeHaan 进行了石灰街火灾（Lime street fire）实验，如图 6.57 所示，用的就是全尺寸实体实验来测试点火和火灾蔓延的情况。

6.4.1 自燃实验

通常情况下，如果场景细节丰富，那么自燃假设的测试并不是很困难。通常，可疑产品的包装上已经设置了警告，因此其构造（configuration）和环境温度才是需要进行测试的内容。ASTMD6801-07（2015）为《艺术品和其他材料最大自发加热温度测量的标准试验方法》[12]。更广泛适用的是联合国（UN）的易自燃材料测试。这项测试也被美国环境保护署（EPA）采用[13]。每种测试都有其优缺点。

联合国/环境保护署的实验使用的是 100mm 和 25mm 的不锈钢框架立方体，在 140℃（284 ℉）的温度下持续暴露 24h。如果在 100mm 立方体中样品温度超过烘箱温度 60℃，则

图 6.57　全尺寸房屋火灾实验。该住宅离着火的那座住宅只有几扇门的距离。两座住宅的平面结构相同，起火房间采用与原始场景一致的家具与装饰。

需要在25mm的立方体中重复该测试。在小立方体中反应迅速的材料被认为比那些只在大立方体中反应的材料更危险。在120℃的温度下重复测试，如果样品仍具有活性，则在100℃的温度下重复实验。这个测试是为颗粒状材料或粉末设计的；然而，任何液体，在布面上时即使只有轻微的自热倾向，在接受此测试时也可能会被点燃或至少发生阴燃。测试某种特定配置的布料是否可能成为点火源，这是非常不现实的，但如果测试为阴性，则可以排除特定的场景。经过阳性测试，如果布料未被消耗，它会变硬，并产生某种熟料（clinker），类似于烘干机自燃火灾中常见的那种。图6.58显示了100mm立方体的UN/EPA测试结果。

在ASTM的艺术品测试中，将测试液或浆料放置在无纺布纸基板上，并加入锰基干燥器以提高自热的机会。本实验在70℃（158 ℉）的严格条件下进行有一个优势：经过一系列的实验室测试，确保了测试的可再现和可重复性。

Babrauskas[14]广泛讨论了各种自热测试及其历史和发展。底线是，除了通过/失败的测试外，对于各物质自燃倾向的评价，没有统一的相对“尺度”。对于火灾调查而言，任何时候测试一些公认的物质以及可疑的物质都是有用的。因此，当试图表征涂层的自热倾向时，在纯亚麻油和橄榄油上进行相同的测试，将非常有利于评价在实验条件下两种物质的相对自燃风险。

在许多情况下，火灾场景需要一个更“定制化”的方法，使测试与案件的事实基本相似。比较实用的是，进行标准化测试，然后将结果与更能反映实际情况的测试设置进行比较。

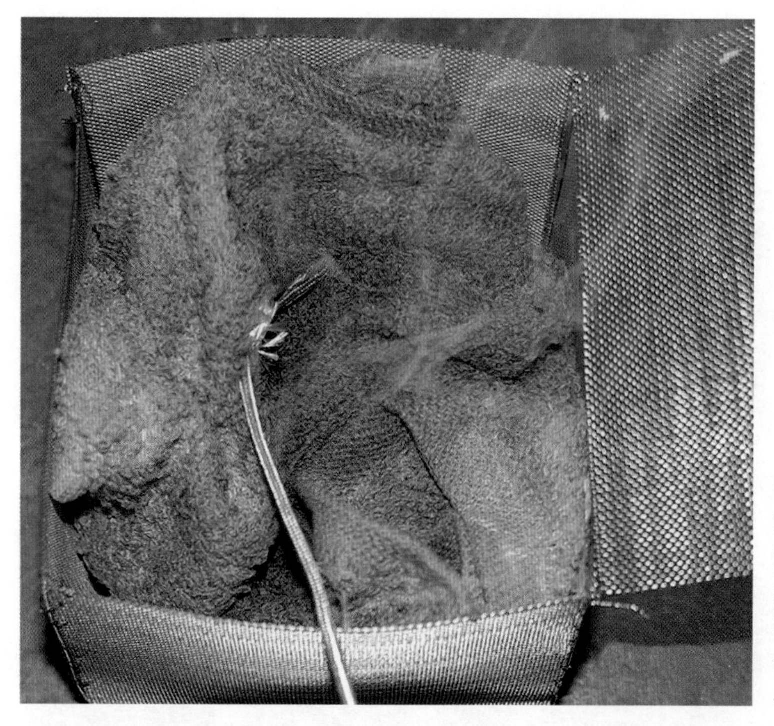

图6.58 100mm的立方体自燃实验。立方体中的材料是浸满花生油的毛巾棉织物。虽然实验是为固体而不是液体设计的，但几乎任何能够自热的液体在本实验所要求的高温下几小时后都会被点燃。

有时需要制备用于测试的材料。抛光粉尘是一种特殊的危险物质，但可能需要几天才能产生足够的样品材料。在收集和测试之间，应将分批收集的灰尘保存在冰箱中，因为如果在室温下保存，它可能会慢慢反应。另一种自燃材料是油漆过喷颗粒，需要从喷雾器尖端产生与可疑喷雾器相同大小的液滴。温度、湿度条件的匹配也很重要。许多商业火灾损失是由于过喷或涂有过喷颗粒的油漆过滤器的处理不当造成的，但重新产生过喷颗粒来进行测试是一个挑战。与布料上的液体相比，灰尘和小颗粒可以以非常快的速度自热。许多液体包括溶剂，在明显的自热产生之前，必须经历蒸发的过程。溶剂在蒸发过程中会消耗能量，这种能量损失会使样品不可能达到点火温度。

一旦获得了合适的材料，就可以进行测试。使用多通道温度记录装置记录结果是有用的，如果可能的话，可以使用延时摄影。一团燃料包，可能需要经过几个小时或几天的自热，才能发展为阴燃，而经常发生的是，温度才上升至高于环境温度几摄氏度，然后就下降，接着再上升。虽然自热假设的测试结果可能是相当令人信服的，但产生这样的结果就像看着油漆变干一样令人兴奋。

在进行的一项调查中，有人指控在建住宅发生火灾是由于沾满污渍的布料存储不当造成的。被污染的标签上包括自热的警告，但被告承包商进行的测试显示，该物质在24小时内并没有起火燃烧。作者的测试验证了这一结果，这样看起来几乎无法证实自热引发火灾的可能。然而，当看到废弃的测试材料起火后（发生于破布被污渍污染之后约50小时），进行了一次不同的测试。首先，从画家那里收集了更多关于布料盒的位置及其大小的信息。接下来，进行了一个长期的实验，还安装了喷头，以防止破布在一夜之间起火。测试装置如图6.59（a）所示。在测试开始后88小时，得到了如图6.59（b）所示的结果。问题迎刃而解，人们普遍认为的自燃火灾只有在几小时内才会发生的观点得以证伪。

图 6.59 （a）自燃实验装置。这个盒子是按照一直从事给木屋涂漆工作人员的描述进行配置的，按照工作人员的描述，这些抹布在放入箱子之前进行晒干处理，然后再将两个热电偶置于其中。喷头的设置是为了保证人员不在时测试的安全。摄像机每 30 秒记录一次图像。

图 6.59 （b）自燃实验结果：这些抹布放在盒子里 88 小时后开始燃烧。

6.5 跟进

一旦允许建立点火假设并对其进行实验室测试，研究这是一次性事件还是以前发生过的，就非常有用（通常是必要的）。对于被认为有缺陷的产品，它的缺陷或是制造缺陷（也称为单元缺陷），亦或是设计上的缺陷[13]。当然，如果是设计上的问题导致了火灾，那么还会发生其他火灾。美国消费品安全委员会进行了数千次召回，并收集了许多未导致召回的“流行病学”数据，其网站上发布了很多关于召回产品的信息。《美国信息自由法》允许从美国消费品安全委员会获得更多数据，尽管这可能是一个痛苦而缓慢的过程。制造商可以对信息的发布提出异议，而这种异议可能需要6个月或更长时间才能解决。在谷歌搜索框中输入“[Product name]+fire”有时是很有启发性的。

关于特定故障场景的其他信息来源诸如*Fire and Arson Investigator*等出版物。互联网公告板也可以提供线索，但必须找到这些线索所依据的文件。“我在网上看过”不太可能将听取Daubert动议（Daubert motions）（译者注：Daubert动议是英美二元审判法庭中一项独具特色的程序性机制，指诉讼一方在审前提出要求法官作出命令或裁决的申请，以限制或阻止某些不合适的证据在陪审团面前出示，以此避免陪审团在法庭对这些证据的可采性作出决定之前，看到可疑证据的可能性，从而防止此类证据对陪审团产生的不公正影响）的法官打动。

如果是服务不佳或安装不当导致了火灾的发生，应首选美国消防法规来寻找可能违反所使用的标准。造成火灾的人有可能不是第一个采取某一系列行为或不作为的人。《焊接、切割和其他动火作业期间的防火标准》（NFPA 51B）对热加工进行了规定。《易燃或可燃材料喷涂标准》（NFPA 33）规定了喷涂工艺的实施和对废物及过滤器合理处置的相关规定。美国《国家电气规范》（NFPA 70）涵盖了电气安装的相关条款。美国《国家燃气规范》（NFPA 54）对燃气器具及其安装进行了规定。而NFPA 241涵盖了建造和拆迁的相关条款。所有可能引起火灾的东西基本上都有相应的规范。调查人员很少遇到美国《国家消防法典》中未明令禁止的疏忽行为。

6.6 结语

在假设的起火点处找到电器、电子组件或燃气系统组件，就其本身而言，往往不足以证明火灾的原因。必须证明该装置具备成为引火源的条件，或者具备点火能力，并且与火灾有关。仔细检查所提出的引火源，可以建立有关故障机制可测试的假设，或者近距离检查时故障机制可能会变得显而易见。在火灾证据烧毁的条件下最终找到故障的根本原因，这是令人所期待和满意的，但多数情况下是困难的或不可能的。另外，还应对提出的引火源或场景进行仔细的检查，可以将其从火灾原因中排除。

本章所讨论的设备在火灾调查实际工作中通常会遇到，并且其故障点火机制也比较典型。这些典型的故障要么确认，要么排除。一旦确定了故障类型，就需要去了解是否有类似的火灾报告，或是否有的违反了相关法规、标准或规范。

问题回顾

1. 下列哪一种电气设备不遵守“电气设备内部的电弧作用痕迹，表明其很可能是起火点”的认定规则?

a. 日光灯镇流器　　b. 制氧机　　c. 微波炉　　d. 计算机电源

2. 下列关于自燃的说法哪一种是正确的?

Ⅰ. 除非滚筒停止转动，否则烘干机不会发生自燃

Ⅱ. 自燃通常是一个非常快的过程

Ⅲ. 如果在24小时内没有发生自燃，就不会发生自燃

Ⅳ. 石油，如机油或煤油，不太可能发生自燃

Ⅴ. 如未发现渣块，可排除自燃

a. 只有Ⅰ和Ⅳ　　b. Ⅱ、Ⅳ和Ⅴ　　c. Ⅰ、Ⅱ和Ⅴ　　d. 只有Ⅲ

3. 下列关于引火源的说法哪一种是正确的?

Ⅰ. 印刷电路板是由耐火玻璃纤维制成，不会维持火焰燃烧

Ⅱ. 电池供电装置没有足够的能量来点燃塑料

Ⅲ. 印刷电路板上的杂质会导致短路

Ⅳ. 故障可能发生在看似正常运行多年的设备上

Ⅴ. 一旦设备被“烧毁”，它就不太可能出现故障

a. 以上都是　　b. Ⅰ、Ⅲ和Ⅴ　　c. Ⅲ、Ⅳ和Ⅴ　　d. 只有Ⅰ和Ⅳ

4. 当通过实验来检验假设时，实验设计中最重要的是什么?

a. 实验装置应准确模拟实际场景

b. 设计要绝对客观

c. 设计应该倾向于产生对你的假设相反的结果

d. 测量的不确定度应为±5%

5. 根据NFPA的说法，2010～2014年间火灾发生的两个主要原因是什么?

a. 吸烟和人为　　b. 过热和烹饪　　c. 烹饪和电气　　d. 人为和电气

问题讨论

1. 你正在负责联合调查一起可能是烘干机引发的火灾。请撰写一份调查方案。

2. 请解释可靠性“浴盆”曲线的组成部分。

3. 为什么制氧机是一个例外，不符合一般的认定规则，即“电器外壳内的电弧痕迹表明火灾可能从哪里开始”?

4. 为什么物理实验要按照有利于反对者假设的原则进行设计?

5. 从电热水器切换到燃气热水器有什么风险?

参考文献

[1] Jordan, J.(2012)Batteries under fire, *Fire and Arson Investigator* 63(2):12.

[2] Ahrens, M.(2016)*Home Fires Involving Cooking Equipment*, National Fire Protection Association, Quincy, MA.Available at NFPA.org.

[3] Carman, S.(2011)Investigation of an Elevated Fire—Perspectives on the“Z-Factor,” *Presentation to the 2011 Conference on Fire and Materials*, San Francisco, CA.Available at www.carmanfireinvestigations.com(last visited January17, 2018).

[4] Goodson, M.(2000)Electric water heater fires, *Fire and Arson Investigator* 51(1):17.

[5] CPSC(1996)White-Rodgers Announce Gas Water Heater Temperature Control Recall, Consumer Product Safety Commission, Release # 96-070, February 15, 1996.

[6] NFPA 54, (2015)*National Fuel Gas Code*, National Fire Protection Association, Quincy, MA, 2015, 9.6.8.

[7] NFPA 54, (2015), 5.6.2.3.

[8] NFPA 54, (2015), 9.1.9.

[9] Monroe, G., and Wuepper, J.(1992)Spontaneous combustion of vegetable oils on fabrics, *Appliance Engineer* 54(8):14.
[10] Lee, A.(2003)*Final Report on Electric Clothes Dryers and Lint Ignition Characteristics*, USCPSC, May 2003.Available at www.cpsc.gov(last visited January 17, 2018).
[11] Gamse, B., McDowell, J., Nolen, D., Camara, N., et al.(2004)Bad science from Big Brother, in *Proceedings of the AAFS Annual Meeting*, Dallas, TX, February 2004, 138.
[12] ASTM D6801-07(2015), *Standard Test Method for Measuring Maximum Spontaneous Heating Temperature of Art Materials*, Annual Book of Standards, Volume 6.02, 2015.
[13] US EPA, (2007)Method 1050 Test Methods to Determine Substances Likely to Spontaneously Combust.Available at https://www.epa.gov/sites/production/files/2015-12/documents/1050.pdf(last visited January 17, 2018).Until 1991, this test was published in 49 CFR Part 173, Appendix E, Division 4.2, 1991.
[14] Babrauskas, V.(2003)*Ignition Handbook*, Fire Science Publishers, Issaquah, WA, SFPE, 405.

1 最好是在联合检查时关闭录音，以便更开放地交流意见。如果正在录制音频，应让在场的每个人都意识到这一点。
2 实际情况下，可能会将电灶放倒，作为“调光器”使用。将燃烧器打开会使静止巴士上的灯发出更亮的光。
3 对于装有燃气器具的房间，每产生1000Btu/h的热量，其对应的空间体积小于50ft^{3}的情况，称为受限空间。
4 跨州输送燃气时，通常要除去硫化氢(H_2S)。因此，只有在需要跨州输送燃气的国家才有可能遇到“酸气。
5 声明：在担任一家大型烘干机制造商的外聘专家时，在烘干机火灾方面获得了很多经验，但肯定不是全部。
6 这种气味和快餐店员工衣服上的气味是一样的。
7 串联电弧是指在电流的预期路径内产生的电弧，而不是线对线或线对地产生的电弧。发生串联电弧最常见的原因是间隙或连接松动。
8 “不那么宽容”是一种礼貌的说法，表示该设计对100%可预见的事件做出了不恰当的回应。
9 有一段时间，被告服务面板制造商的聘用专家提出，火灾实际上是由一个有缺陷的公用变压器的“电力浪涌”造成的，但事实证明，在火灾发生后3年，同一台变压器仍在平安无事地提供着服务，这一说法也就被否定了。
10 更多声明：调查制氧机火灾的所有经验都是在作为制氧机制造商的外聘专家时获得的。到目前为止，那个制造商并没有因此承担相应的火灾责任。
11 毫无疑问，没有防护措施的朝天灯是不安全的。这些灯引起了许多火灾。这里要解决的问题是辐射点火方案是否正确。
12 墨菲定律预测，即使场景被准确地重现，也会有来自错误方向的强风、雨、雪或其他一些扰乱因素的影响。
13 产品的设计还包括其包装、说明和警告，但设计的有关内容超出了本书的范围。对于这些和其他产品责任问题的讨论，请见T. F. Kiely, Science and Litigation: Products Liability in Theory and Practice, CRC Press, Boca Raton, FL, 2002。

第7章

典型案例剖析

理论上，理论和实践是没有区别的，但在实践中，却有区别。

——杰克 · 汉迪

学习目标

阅读本章后，读者应能够：

- 识别不同类型火灾的一些共同特征；
- 了解火灾调查人员经验存在差异性的原因；
- 了解火灾调查人员在不同类型诉讼中的作用。

7.1 引言

本章介绍的火灾现场简要检查报告，是从过去几年调查或审查的实际火灾中挑选出来的。在这些案件中，作者要么主要负责认定起火点和起火原因，要么负主要监督责任，要么是按照原调查机构要求提供技术审查。这些特别的案例之所以被选中，要么是因为其具有特别的借鉴意义，展示了典型的火灾行为，要么是因为其比大多数案例更值得关注。除了对火灾调查的技术描述外，每一个案例研究之后都有一个简短的结语。结语部分描述了调查对现实或法律的影响。

调查案卷中呈现的这些案例，其性质主要受几个因素控制。首先是调查人员的客户。当可疑情况存在时，公共部门的调查人员经常被召去调查火灾。在已知火灾是意外的情况下，执法机关往往没有资源、意向或管辖权进行深入调查。大部分私人机构调查人员承担的火灾调查都来自于保险公司，因为保险公司想知道火灾是意外引起的还是放火造成的，如果是放火，他们的被保险人是否参与了放火。在意外火灾的情况下，保险公司想知道是否存在任何代位求偿的途径，即寻找可能造成火灾的产品或服务的第三方供应商。火灾调查员受雇的大部分客户来自于保险公司和执法机构。

由于美国的司法制度是一种对抗性的制度，所以第三大客户群就是那些反对前面那两种的人。刑事辩护律师需要火灾调查员的服务，去为被指控放火的人提供有效帮助。事实上，有能力的火灾调查员的援助，被认为是被告有权获得法律顾问有效法律援助的重要组成部分[1]。民事诉讼律师可以代表那些因保险公司拒绝赔偿而与保险公司发生争执的个人、未投保或自行投保的个人或公司，或者试图从第三方获得火灾财产损失赔偿的公司，再或是火灾中受伤的人员。民事诉讼律师也可以为代位求偿权或人身损害索赔进行辩护。受雇于第三类客户的火灾调查人员几乎从来不会第一时间出现在现场，因为他们正在回应另一名调查人员关于火灾原因的指控。

> 辩护律师未能对称职的专家进行充分的背景调查，使得虚假的科学证词在审判期间没有受到质疑，辩护律师也未能传唤专家证人来反驳该州专家的证词。
>
> 根据本案的事实，里奇的辩护律师未能传唤专家证人反驳该州专家的虚假科学证词，这使得里奇失去了律师的有效援助。
>
> ——6th Circuit, Richey v. Bradshaw August 10, 2007

除了客户之外，火灾调查人员的工作还受到地理位置的影响。这主要是由于气候、建筑施工方法、建筑存在年限和供暖系统类型的差异，所有这些因素都因地区而异。

在美国东南部，现场调查的客户主要有保险公司、在保险公司面前为自己辩护的制造商、代表受伤人员的出庭律师、替那些想要避免伤害的客户辩护的民事律师、刑事辩护律师和向保险公司提起第一方索赔诉讼的民事律师。有时，委托人是检察官，但在这种案件中，一般不是首勘现场的人，而是被要求审查初步认定结果的人。本章中的案例按原因的字母（译者注：英文字母）顺序排列。目前的实践经历几乎全部是审查其他调查员的工作和宣扬科学火灾调查的好处（有利于众人的好消息）

7.2 放火

在美国，纵火（arson）一词用来表示犯罪已经发生，而放火（incendiary）一词用来表示火灾是故意而为之。虽然放火火灾未必是犯罪，可能只是由于愚蠢，但放火火灾和纵火火灾通常有很大的重叠。这两个术语在本书介绍的案例中会交替使用。

一般来说，纵火火灾不难发现。纵火犯通常使用易燃液体，这种液体在火灾发生后可以检测到。在那些被要求评估“故意纵火”说法的案件中，那些故意纵火结论的依据仅仅是“对燃烧痕迹的解读”或者出现在现场的特殊物品，而不是在火灾残留物中发现的易燃液体残留，因为这些样品的检测呈阴性。不幸的是，很多火灾调查人员认为大多数火灾都是纵火并且发现可燃液体残渣只是特例而不是纵火火灾的判断标准。目前还未经历过这种情况。职业生涯的最初15年里，客户都是大型保险公司，这些保险公司怀疑是被保人引起了火灾。也许有数百起纵火案被漏掉了，但也有数百起被发现了，而且通常都不是很难发现。所需要的只是对现场进行挖掘和适当的重建，通常火灾的原因就会变得清晰。烧毁自己的住宅或企业来骗保，通常是走投无路之人所为，而绝望的人很少是精明的（或聪明的）。有人说，证明一场火灾是放火并不难，但证明是谁放火却存在问题。这也往往是不正确的，因为至少当动机是欺诈时，放火者的行为方式会明确表明谁是肇事者。

7.2.1 放火火灾1：虚构的盗窃放火

2001年春季，美国的应用技术服务公司（作者的前雇主，下称“ATS”）负责调查佐治亚州东南部某投保住宅火灾的起火点和起火原因，该住宅烧损严重。佐治亚州的消防副队长已经调查了这起火灾。火警于凌晨2时34分响起，消防部门于凌晨2时37分赶到现场，发现住宅内有烟冒出。住宅正面如图7.1（a）所示，平面图如图7.1（b）所示。从外面看到的唯一损坏部位是西南卧室窗户上方［图7.1（c）］，当房间发生轰燃时，火焰从窗户窜出。

在我们到达之前，消防队长已经从住宅中取出了八个带有强烈碳氢化合物气味的容量为5加仑的空容器，并报告说消防部门已确认现场是绝对安全的。房主声称房子有人闯入，盗走了价值8000美元的现金和硬币以及价值3000美元的银器，放火是为了掩盖入室盗窃的行为。在证明火灾原因的证据未被摧毁的情况下，这种说法并不罕见，但实际上很少有窃贼想要通过放火引起人们对他刚抢劫过的地方的注意。

图 7.1 （a）投保住宅的正面图。

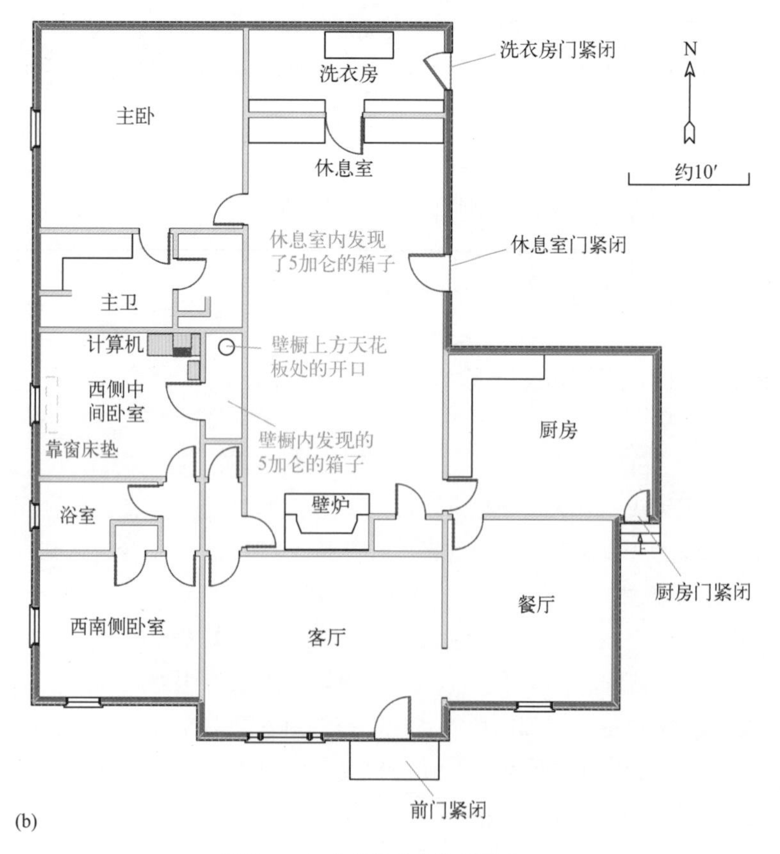

图 7.1 （b）投保住宅的平面图。

住宅每个入口的状况都被仔细记录下来，除了厨房门，所有入口都显示出类似于图7.1（d）所示的损坏。询问了消防员并且找到了负责打开每一扇门的人。厨房门从未打开过，发现时其状况如图7.1（e）所示。厨房门锁外侧留有一把折断的钥匙。（烟之所以出现在厨房门的外侧，是因为防风门阻止了烟从厨房门缝隙进来。）在厨房门内的门垫上发现了一套钥匙，其中一把坏了，钥匙的位置说明是有人从另一扇门进来后放在那里的。如果不弄乱这些钥匙的位置，厨房门是打不开的。断裂钥匙的边缘［图7.1（f）］与外部锁舌中的钥匙是相匹配的。

图7.1 （c）从西南卧室窗户延伸出的火灾破坏痕迹。这是火灾中唯一破掉的窗户。

图7.1 （d）消防部门强行进入前门的证据；另外三扇门也有类似的损坏，其特征是门和门框破损，断裂面上没有烟熏痕迹。

图7.1 （e）钥匙断在厨房门的门锁里。

图7.1 （f）在厨房内的门垫上找到了剩余的钥匙。

图7.1 （g）客厅地板上的易燃液体燃烧痕迹。

图7.1 （h）客厅地板上狭窄的易燃液体拖尾痕迹。

在住宅内，家具被掀翻，衣服和文件散落一地，整个地方散发着煤油味。图7.1（g）和图7.1（h）显示了一些具有代表性的损坏。

图7.1（i）显示了放火者不寻常、但又典型的行为证据。西面的中心卧室里，床垫垂直放置在窗户上方。这是NFPA 921第24.3节中提到的一类证据，即“与燃烧不直接相关的潜在指标[2]”。鉴于这是一场已知的蓄意放火火灾，对窗户前有这张床垫的最可能的解释是，放火的人希望火灾晚点被发现。之前曾调查过一场砖饰面房屋的火灾，这种行为是火灾原因的唯一线索。房子里的一切都烧成了粉末；如果不是窗台上悬挂着床垫弹簧，可能有必要将那场火灾认定为“原因未定”。

图7.1　（i）西面中心的卧室里，靠在窗户上的床垫。

蓄意放火行为另一证据（也与燃烧没有直接关系），是在西面中心卧室的壁橱中发现天花板上打了一个洞，如图7.1（j）所示。阁楼的下拉台阶被发现时是开启且完全展开的。（火灾发生时，用来固定阁楼台阶的弹簧经常会坏掉弹开，但在这种情况下，台阶仍然是合着的。）

图7.1　（j）西面中心的卧室里，衣柜天花板上的穿孔。

在进行现场检查时，房主在场，并指出两个鞋盒和银币罐子的位置，据称每个鞋盒装有2500美元的现金，银币罐子装有3000美元。房子里没有发现任何关于钱的证据。（2001年，银行仍在支付存款利息。）他还指出了四把手枪和一把长枪的位置，同样很明显，如果这些武器曾经出现在房子里，它们在火灾之前就被移走了。据称，客厅的一台录像机也被盗，但电视被留下了。然而，并没有证据表明房主与这些物品的失踪有关。

图7.1　（k）带键盘、显示器和打印机的计算机，位于西面中心的卧室里，此卧室据说是用作房主人的办公室；电源线和外围设备未连接到中央处理器。

然而她犯了一个战术性错误。房主指向安装在卧室角落的一台计算机，称用它来办公。图7.1（k）所示的计算机证据确凿，因为其显然功能不正常。检查中央处理器背面时，发现其没有连接外围设备，也没有电源线。这显然是一个圈套，而且是一个“懒惰”的圈套。如果房主用心连接电源线，计算机就不会有任何可疑之处。如果房子被烧成粉末，计算机也就不会有任何可疑之处。计算机代表了一种倾向于表明房主事先知道这场火灾将要发生的证据。NFPA 921将内容替换描述为先验知识的强有力的指示器。这几乎可以肯定是一台替代计算机。

尽管有强有力的证据表明存在可燃液体，但还是采集了四个样品并送回实验室进行分析，这四个样品都检测出了煤油。由于煤油相对较高的闪点，其是一种很差的助燃剂，尤其是在凉爽春天的清晨。

物品清单显示缺少衣物和其他普通家庭用品，但房主解释说没有这些物品。她还有另一处住所，并承认她正在将其作为长期居所，这解释了为什么梳妆台抽屉里没有衣服，冰箱里没有食物，厨房橱柜里没有盘子。这不仅解释了个人财产的缺乏，而且也为她自己摆脱这所房子提供了一个动机。这场火灾的保险索赔被成功驳回。

结语：这场火灾之所以有趣，不是因为原因难以确定，而是因为存在几个与火灾没有直接关系的物证，这些物证为查明肇事者的动机和身份提供了线索。有两种相互矛盾的假设：要么是屋主放的火（或者是某人按她的命令行事），要么是其他人放的火。肇事者没有破门而入，但留下了一套钥匙。他（或她）带回了40加仑煤油，并四处泼洒。一张床垫靠着窗户放着。为了把火引到阁楼，楼梯被打开了，并在天花板上戳了一个洞。所有这些活动，再加上计算机只是为了增加索赔价值的证据，使调查人员相信更有可能是房主的欺诈性放火。

7.2.2 放火火灾2：具有三个不同起火点的火灾

在参与得克萨斯州消防队长科学咨询工作组（SAW）工作时审查了这次火灾的报告。这场火灾发生于2014年9月中午时分，地点为得克萨斯州东部，一名正在高速公路旁割草的工人报的火警。他说有烟从屋檐下冒出来。之前在6月份这所房子的小卧室发生了火灾，没有投保的房主正在进行维修。据报道，火灾发生时家里没有人。

从外部几乎看不到损坏痕迹［图7.2（a）］。如图7.2（b）所示，在尚在维修的房间里，仍然可以看到6月大火造成的少量损坏。图7.2（c）显示了房屋的平面图。

对房子检查发现，至少有三个单独的、没有联系的燃烧区域。起火点1位于客厅，如图7.2（d）所示，沙发几乎被完全烧掉了。如图7.2（e）所示，附近的双人沙发上有一个燃

图7.2 （a）从住宅外部看，实际的损坏很小。

图7.2 （b）6月火灾发生的位置，9月火灾发生时，房主正在对其进行修复。

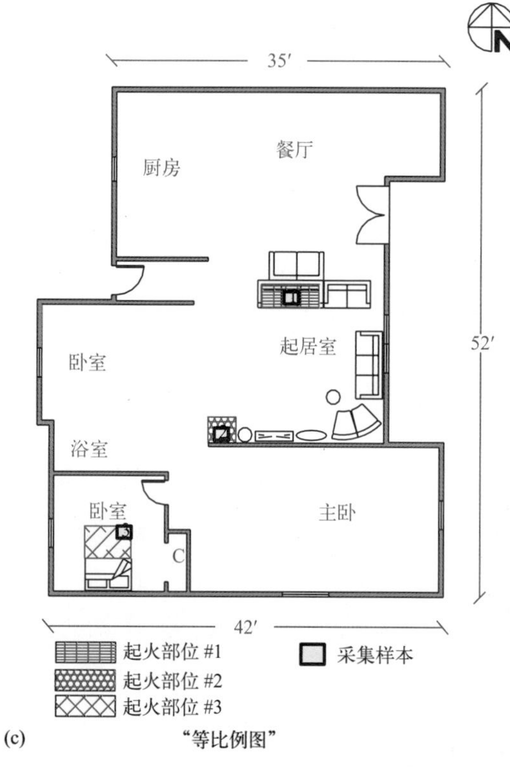

图 7.2　（c）住宅平面图，显示有三个起火点。

图 7.2　（d）起火点 1 位于客厅的沙发上。

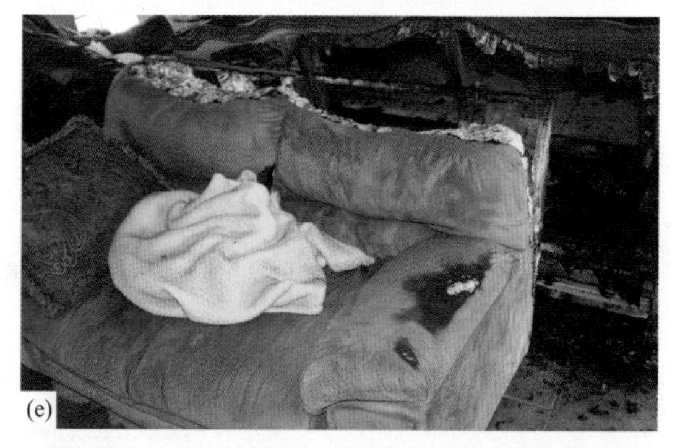

图 7.2　（e）沙发后面的双人沙发扶手上的燃烧区域；这可能是另一个起火点，但由于它的体积小，又靠近沙发，研究者并没有这样认定。

图 7.2　（f）起火点 2，在那里点燃了一箱衣服。

图 7.2　（g）起火点 3 显示西南卧室的床有损坏。

烧区域，这可能代表了一个单独的起火点，但因为已经有三个明显独立的起火点，所以没有必要冒险称之为第四个。

起火点2位于客厅对面的沙发上，为一箱衣服着火，如图7.2（f）所示。三角形痕迹证明该处的燃烧是短暂的。火羽流没有形成V形痕迹。起火点3位于西南卧室，如图7.2（g）所示。床大约烧掉了一半。没有一个可燃物堆导致任何一个房间发生轰燃，因此这是一个相对简单的火灾调查。

结语：虽然这是一场明显的放火火灾，但仍还没有确定嫌疑人。未投保的房主没有明显的动机。6月的大火导致卧室的窗户被移除了，所以房子的安全无法保障。蓄意破坏引发火灾无法予以排除。引用这场火灾的目的是展示多个起火点火灾的现实情况。不幸的是，有些调查人员认为存在多个起火点，而实际上只有一个。第9章中讨论的二维思维，使得调查人员在寻找明显的多个起火点之间的联系时，只关注到地板。NFPA 921在第24.2.1.2节中警告说，一次火灾中至少有10种不同的方式可以产生多个明显的起火点[3]。

7.2.3 放火火灾3：令人讨厌的邻居

2000年9月下旬，肯塔基州南部的一个购物中心发生火灾，造成其中二间门店烧毁，另外三间门店烧损，ATS负责调查该起火灾的起火点和起火原因。受损最为严重的是一家打印店和一家牙科诊所，这两家门店在同一家保险公司投保。由于涉及多方利益，除了ATS之外，为建筑业主和健身俱乐部业主投保的保险公司聘请了专门的调查员。最终由一名州消防副局长负责现场控制。由于涉及相当繁重的工作，消防副局长很高兴能得到其他调查人员的协助。

受损购物中心的西侧如图7.3（a）所示，从购物中心后山上拍摄的俯视图如图7.3（b）所示。火灾对大楼后部的破坏似乎更为彻底，根据初步检查以及对困难程度的估计，所有调查人员一致认为，最好从位于建筑后部的牙科诊所开始清理碎片。图7.3（c）为由后至前或者说由南至北拍摄的牙科诊所；图7.3（d）为以同样视角拍摄的打印店。从这些照片中可以

图7.3 （a）从正面看，烧毁购物中心的西侧。打印店在这张照片的中心，牙科诊所在最右边。

图7.3 （b）牙科诊所和打印店的俯视图。

图7.3 （c）牙科诊所的烧损情况（从南到北或从后到前）。

图7.3 （d）打印店的烧损情况（从南到北或从后到前）。注意，前面立柱上的火灾痕迹表明火焰从右到左传播，而下一个立柱上的火灾痕迹则表明火焰从左到右传播。

看出，两门店间的立柱墙保留了两个方向上的火灾痕迹。这场火灾的报警是在凌晨4点前接到的，消防部门费了好大劲才把火势控制住。由于破坏的程度较重，门的安全性无法核实。

调查人员认为立柱墙上的火灾痕迹不重要（这是一件好事，因为它们是相互矛盾的）。火焰不止一次穿过墙壁，但在清理地板之前，无法确定哪一边先燃烧。

据报，牙科诊所牙医最近在诊所西南角的壁橱内安装了一个新的空气处理装置，如图7.3（e）所示。这是最早挖掘出来的区域之一，经对该装置的仔细检查，发现其并无价值。

随着更深层的残骸被移走，在靠近地板的立柱墙上发现了更多的火灾痕迹，如图7.3（f）所示。打印店位于照片中墙壁的左侧，斜面清楚地显示火是从打印店向牙科诊所蔓延的。然而，我们知道，牙科诊所的火是首先被扑灭的，而立柱墙上的方向指示可能并不比之前观察到的痕迹更有意义。在离地板这么近的地方有一个斜面痕迹是不太可能有意义的。

图7.3 （e）建筑物西南角新安装的空气处理系统。该装置已从火灾原因中排除。

图7.3 （f）打印店（左）和牙科诊所（右）之间被烧损的立柱，表明火从打印店向牙科诊所蔓延，可能是由于火灾得过晚造成的。

直到地板被清理干净，才出现了一个大家都认为有意义的痕迹。如图7.3(g）和图7.3(h）所示，痕迹延伸范围超过40英尺。这个痕迹通过两个门延伸，在南端形成了一个环形，尽管南端破坏非常严重，只能看到近似圆形痕迹的两侧。图7.3（i）显示了最终发现的痕迹分布示意图。地毯样品有强烈的汽油味，而事实上，对样品是否含汽油的检测结果也呈阳性。每个参与调查的人都有权采集样品。

对打印店的火灾损坏检查发现，这一切都是由牙科诊所的火灾造成的。自然地，人们的

图 7.3 （g）牙科诊所后发现的火灾痕迹。

注意力都转移在牙医身上。该诊所是牙医和他的助手的三个分店之一。牙医每周只来这个诊所一天。火灾发生在一个周四的晚上，牙医说他第二天在这家诊所有预约。在保险公司的调查中，对牙医的财务状况进行了全面的调查，因为有人怀疑他开了这么多分支机构，可能是过度扩张了。这些分析都没有真正揭示动机。事实上，这位牙医为许多病人提供无偿服务。

图 7.3 （h）两个门道之间形成的连续燃烧痕迹。

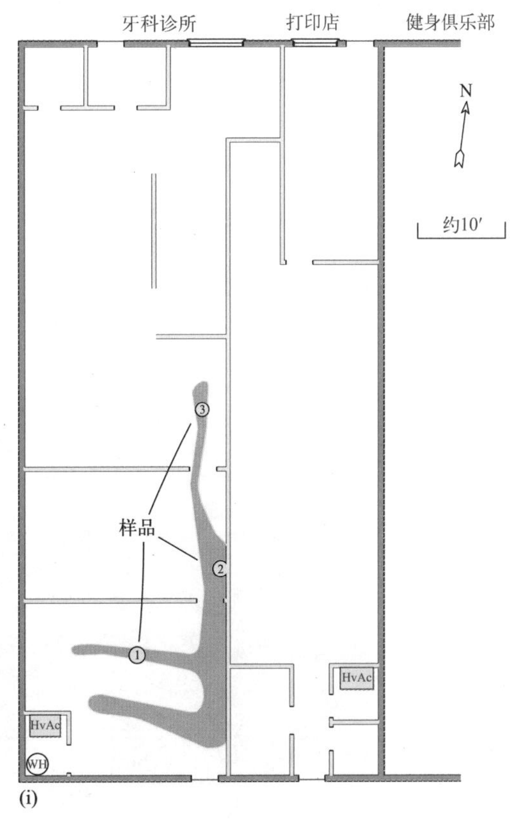

图 7.3 （i）燃烧痕迹和样品位置的示意图，三个样品都检测出含有汽油。

结语：一旦地板被清理干净，火灾的原因也就清楚了。通常情况下，确定是什么引起火灾比确定是谁引起火灾更容易。

在对打印店索赔要求的例行处理过程中，发现其库存被严重夸大，要求索赔的机器在现场检查期间并没有发现（如果它们在现场，就会被发现）。进一步调查发现打印店存在严重的经济问题。

调查一直持续到最后，打印店老板才承认是他放火烧了邻居的办公室，因为他知道他的店会被烧毁，而嫌疑则会指向他的邻居。

7.3 烘干机火灾

每年都有相当数量的火灾是由衣物烘干机或其电源引起的，但令人惊讶的是，很少有火灾是由于烘干机的热量点燃衣服引起的。烘干机典型故障的发生是由安装不当、错误操作，或是含油衣物自燃等原因引起的。衣服本身很少起火的原因是，烘干机制造商安装了三到四个安全装置来防止这种情况发生。即使烘干机由于制造或设计缺陷而发生故障，温度控制装置通常也能防止衣服被点燃。以下是由烘干机引起的火灾的典型例子。

7.3.1 烘干机火灾1：电源线布线错误引发的火灾

一幢位于佐治亚州西北部的投保A型框架住宅发生火灾，ATS负责调查其起火点和起火原因。火灾发生于2001年10月下旬，一个秋高气爽的午后，房主和孩子们在前院玩耍，其中一个孩子发现了烟，但她的母亲认为是邻居在燃烧垃圾。大约2分钟后，烟气增加，可以看到从屋檐下冒出。房主走进房子，打开厨房的门，这时厨房里已充满了黑烟。房主说她没在做饭，但洗衣机和烘干机都开着。住宅正面如图7.4（a）所示，平面图如图7.4（b）所示。

图7.4 （a）格鲁吉亚西北部发生烘干机火灾的住宅。

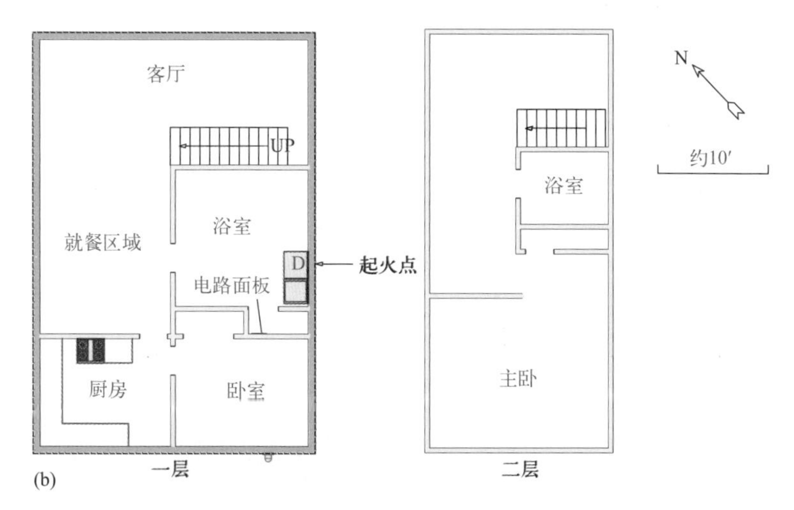

图 7.4 （b）住宅平面图。

整个住宅都破坏严重，包括二层，但最严重的破坏似乎是在一楼大浴室（也用作洗衣房）的门口附近，如图7.4（c）所示。除了厨房和浴室外，屋内各处的墙壁和天花板处的木镶饰面均遭受了烟熏。这种差异解释了为什么在远离起火点的房间里会有更严重的损坏。图7.4（d）为起火点处的洗衣机和烘干机。这两件器具均已送回ATS实验室作进一步检查。洗衣机几乎不会引起火灾——它们会引起漏水，但洗衣机未能保存下来，这就给烘干机制造商和安装者提供了一个反驳的依据，这不公平，因为没有办法检查洗衣机，证据早就被破坏了。

图 7.4 （c）客厅发生火灾，左边的门通向浴室，那里有洗衣机和烘干机。注意门口周围天花板和上部墙面，烧损较为严重。

图 7.4 （d）起火点处的洗衣机和烘干机。

有人注意到，电源线未安装在应力消除装置（连接器电缆出口为防止电缆使用过程中疲劳损坏的弹性应力释放件），事实上，房主已经将电源线的接头直接布线到检修面板后面的区域，电源线的接线片在该区域连接到接线端子（一种用作电器连接装置的元器件）。烘干机的设计是将电源线通过接线盒下方隔板上的插孔进行连接，而接入面板的设计允许接入接线盒，但不允许电源线直接接入。房主把控制面板放回原位，这样就会挤压电源线。拆下接入面板后出现了电源线，如图7.4（e）所示。这个房子的浴室配备了一个电灶插座（设计电流为60A)，而不是一个烘干机插座（设计电流为30A)。房主拿了一根电源线，并将其连接到烘干机上。如果他正确地安装了电线，这也不会有什么不同，但超过2 年的振动，同时被接入面板盖挤压，产生了如图7.4（f）所示的电弧，点燃了烘干机后面的棉绒。

图7.4 （e）电源线错误地穿过接入面板后壁，接通了接入面板。

图7.4 （f）接入面板处，烘干机的电源线产生电弧的位置。

结语：电源线安装不当是烘干机起火的常见原因。不加装应力消除装置是一类常见的错误——烘干机制造商知道并予以警告。本案例中的错误安装组合是独一无二的，而对于唯一原因是未加装应力消除装置的火灾而言，引火源——电源线电弧却是相同的。

7.3.2 烘干机火灾2：交叉螺纹电气连接引发的火灾

ATS负责对一场位于亚特兰大北部城市的一栋公寓楼火灾进行起火点和起火原因的调查。据报道，火灾发生在2002年2月中旬下午1点前，火灾发生时，房客在家中，她向消防部门的调查人员报告说，她看到储藏室着火了。对公寓大楼［如图7.5（a）所示］的初步简易检查显示，有明确的证据表明，这场火灾起始于烘干机后部。火灾的起火点如图7.5（b）所示。

这台烘干机是一年前从当地一家五金店购买的，并且提供了安装服务。因此，在烘干机被移动之前，烘干机的制造商和五金店都接到了潜在索赔通知。制造商回应说，其不会派调查人员到现场，因为损失低于聘请独立调查人员所需的5万美元。不过，其发出了一份两页长的信，要求保存所有证据，并提供所有报告和照片。制造商进一步要求根据ASTM E860、

图7.5 （a）被烘干机火灾烧损的公寓大楼。

图7.5 （b）租户最先看到起火的地方是储物间，这是一个“起火点明确”的经典案例。

ASTM E1188和NFPA 921进行检查。信中建议：

完成这些程序，可能对您造成的负担很小或没有额外的负担，也不会对您的调查产生不利影响。无论如何，必须遵循这些程序，以确保对可能发生的任何诉讼进行公平审判，如果不遵循这些程序，就可能会导致司法裁定证据被不当破坏。例如，“Allstate Ins. Co. v. Sunbeam Corp.案”，1995年第3期，第242567页（总第7期，1995年4月27日）。

事实证明，在这种情况下，制造商没有任何责任，但它的回应颇具启发性。五金店的店主联系了他的保险公司，保险公司派出了一位专门的调解员（我们的办公室曾多次与他合作），他同意现场调查继续进行。他还同意来我们实验室检查电器。

储物间的碎片被清理干净了，电器被放回了原位，如图7.5（c）所示。电器被移走后，火灾痕迹清楚地表明，起火点位于烘干机后面，如图7.5（d）所示。

图7.5 （c）重构后的洗衣室。

图7.5 （d）储物间烘干机后面的火灾痕迹。

实验室检查有几个有趣的发现，第一个是绒毛过滤器上的堆积物，这种情况调查人员之前从未见过。图7.5（e）显示的是，由于用户从未清洗过棉绒滤芯而产生了多层棉绒层。她对此一无所知，也没读过说明书。这虽然有趣，但最终被证明与火灾的起因无关，只是使该处有大量容易点燃的燃料。烘干机滚筒里的衣服被烟稍微熏了一下，但仍然完好无损。令人惊讶的是，烘干机的排气口没有连接到通风口，因此，在棉绒滤芯被完全堵塞之前，大量的棉绒可能已经在烘干机后面堆积了。这些棉绒可能是最初起火物。

对安装方法的检查显示，安装人员使用了一个应力消除装置，如图7.5（f）所示，但是

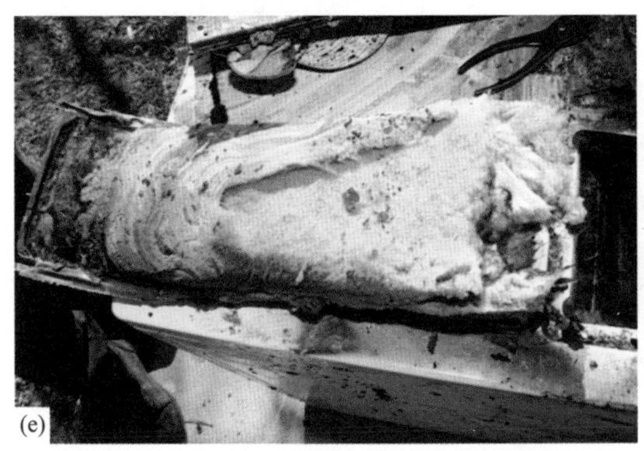

图7.5 （e）绒毛过滤器上堆积的多层多色绒毛，棉绒滤芯从来没有清洗过。

图7.5 （f）根据制造商说明书的要求，用于电源线的过载保护装置。

注意到电源线已经在设备上产生了电弧。电弧作用的特写如图7.5（g）所示。这是一种火焰接近烘干机时会出现的电弧。但在这个案例中，在烘干机后面很明显能看到一个起火点。进一步检查发现，图7.5（g）所示的电弧是火灾的结果，而不是原因。烘干机电源线的接线端子连接点如图7.5（h）所示。使固定右侧接线端的螺钉略微翘起，对螺钉进行仔细检查，如图7.5（i）所示，发现它是交叉螺纹。因此，螺钉无法将电源线接线片紧紧地固定在接线盒上，导致了局部发热，如图7.5（j）所示。

图7.5 （g）导体上电弧作用痕迹的近距离特写，电弧作用的地方形成了电力冲击。

图7.5 （h）烘干机电源线与接线端子的接点，照片右侧的螺钉安装得歪歪扭扭的。

图7.5 （i）右侧接线端子处交叉螺纹连接的特写。

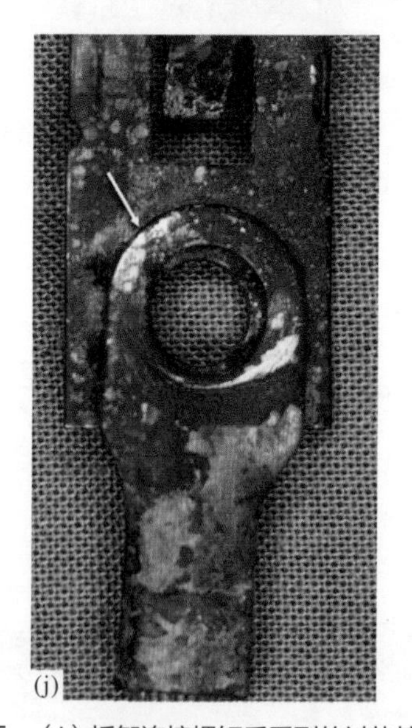

图7.5 （j）拆卸连接螺钉后看到的过热接线片。

与大多数电气火灾一样，点火源不是短路或接地故障，尽管确实发生了接地故障。火灾的原因是在电流的预期路径上，电源线与接线端子间形成了高电阻。

结语：这个烘干机有两处可能会干扰最终判定的要素。有趣的是，在烘干机火灾中，棉绒的堆积是一种极端情况，但在此次火灾中并没有产生影响。烘干机火灾的一个典型特征是能够发现过多的棉绒，但这并不是烘干机火灾的常见原因。这一常见的巧合，可能是由于棉绒是一种非常疏松多孔的燃料，易被瞬时低能量引火源点燃。另一个独特的发现是，安装人员未能将烘干机与排气口连通。

电源线和应力消除器之间的电弧可能被误认为是主要的引火源，但这个位置的电弧几乎总是火势蔓延的结果。

五金店的保险公司派了两名调查人员，五金店派了两名经理去观察并对烘干机连接处进行详细检查。在看到证据后，这些人都同意：事实上，电源线安装不当是导致火灾的原因。五金店的保险公司承担保险责任。

7.3.3 烘干机火灾3：电源线铰接引发的火灾

ATS负责对2000年3月底发生在亚特兰大北部一所出租的移动板房进行火灾原因的调查。大火造成8人死亡。图7.6（a）显示的是移动板房的外观，图7.6（b）显示的是一个U形燃烧痕迹，据说旁边的烘干机在凌晨4：30左右起火时还在工作中。大火堵住了前门的出口。放在屋前的一张床堵住了后门。遇害人都是在门附近的卧室里发现的。他们的死因都是吸入了浓烟。移动板房的平面图如图7.6（c）所示。

图7.6 （a）该租用移动板房发生了烘干机火灾，并导致8人死亡。

图7.6 （b）移动板房的外墙有U形火灾痕迹，位于烘干机后面。

图7.6（d）显示的是从客厅看烘干机所在的部位。图7.6（e）显示的是从烘干机位置看通往卧室的走廊，图7.6（f）显示的是位于走廊上的天然气热水器。热水器正上方的屋顶有大面积损坏痕迹，如图7.6（g）所示。如图7.6（h）所示，燃烧室周围的火灾痕迹表明可能是热水器起火。

拆除热水器挡板后，发现有薄层积炭，但起初无法确定图7.6（i）所示的积炭是在火灾中形成的，还是在正常操作时产生的煤烟。

这次调查涉及几方当事人，他们见证了对活动房屋的所有检查和在ATS实验室的测试。尽管这台烘干机至少有20年的历史，而且根据佐治亚州的法律，设备使用10年之后制造商不能因其产品缺陷而被起诉，但制造商还是派出了调查小组。移动板房的所有者也派代表出席，热水器阀门的制造商也同样出席，事实上，由于某些阀门不能正常关闭，该制造商正在召回产品（见第6章中热水器的有关内容，详细描述了关于导致此次召回的故障机制）。

可以通过提供燃气供应来测试热水器，测试装置如图7.6（j）所示。测试观察到的火焰不是最理想的，虽然最终在恒温器达到设定温度的时候火焰被扑灭，但确实花了很长时间。对燃烧器底部检查，如图7.6（k）所示，发现了类似蜡烛燃烧的痕迹，以及在孔口上方的少量积炭。

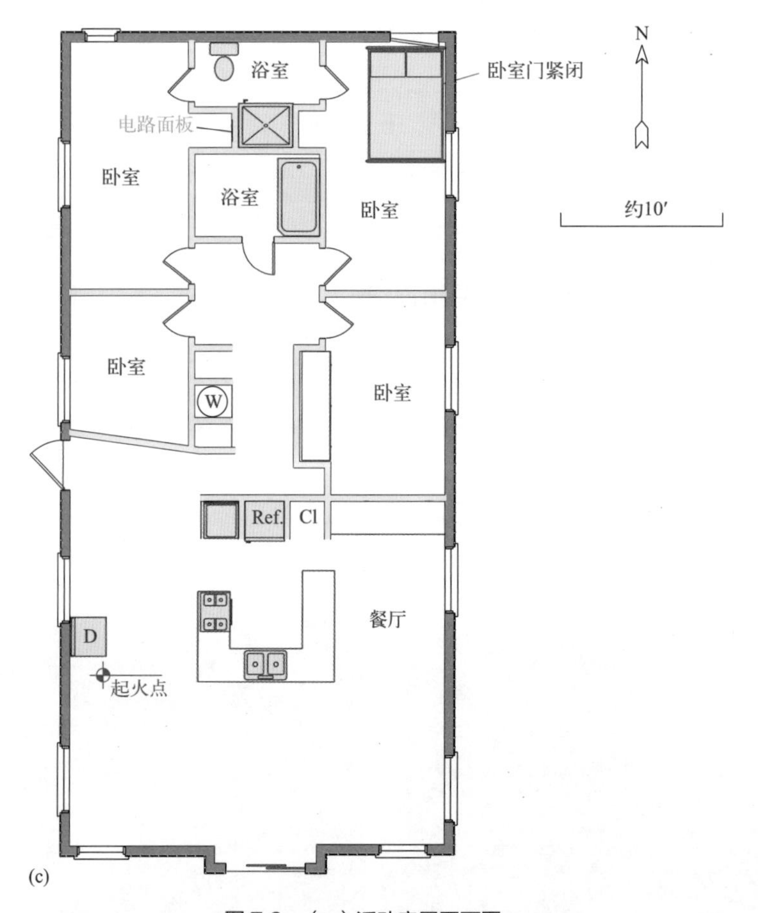

图 7.6 （c）活动房屋平面图。

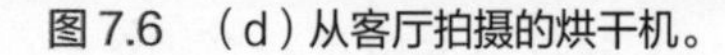

图 7.6 （d）从客厅拍摄的烘干机。

图 7.6 （e）从烘干机的位置看，通往卧室的走廊。

因此，能证明这台热水器可能存有缺陷，但轻微缺陷和火灾之间似乎没有因果关系。

接下来的注意力集中在烘干机及其电源线上。图7.6（c）为烘干机旁边地板上的两个孔。其中一个孔是排气口，第二个孔位于一个纸板箱下面。最初，区消防部门的调查人员在没有正确记录位置的情况下，就移动了电源线。这三根导体在盒子下方的孔上都有接头。图7.6（m）和图7.6（n）为其中一个接头，铜导体发生了局部熔化。这种电源线，在电流流过时，其接头处会形成高电阻，当在起火区域发现这种电源线且接头附近有充足的可燃物时，就可以将其列为可能的引火源。最终认定这个接头就是这起火灾的起因。

图 7.6 （f）被视为潜在起火原因的热水器。

图 7.6 （g）热水器正上方屋顶结构的损坏痕迹。

图 7.6 （h）燃烧室周围的火灾痕迹。未损坏的油漆，是因为被塞在热水器壁橱和墙壁之间的衣服对其形成了保护。

图 7.6 （i）热水器烟道挡板上的积炭。

图 7.6 （j）ATS 实验室为开展功能测试而设置的热水器。

图 7.6 （k）热水器燃烧器的底部，显示出的一些故障痕迹。将此燃烧器与图 6.34（b）所示的燃烧器进行比较。

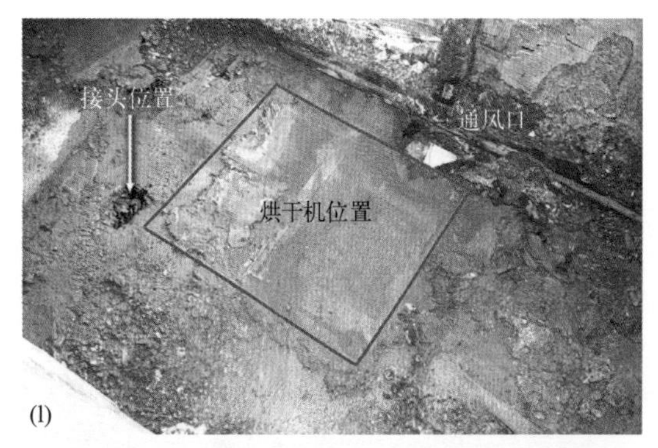

图 7.6 （l）烘干机处的地板上烧了两个洞。靠墙的洞是通风口的出口，照片左边的洞就是烘干机电源线的接头位置。

图 7.6 （m）烘干机电源线铰接处的铜珠。局部的高电阻加热是火灾的点火源。

最初媒体报道说，这次火灾中遇难人员的死亡是因为他们的移动板房没有烟雾探测器，但移动板房的主人坚持说他安装了两个烟雾探测器。其中一个如图7.6（o）所示，是在重建火灾现场时发现的。没有证据表明烟雾探测器失灵了，它很可能已经向现场人员发出火灾警报，但租客没有可行的逃生方法。

结语：这场火灾有两个潜在的点火源：①烘干机电源线；②热水器。热水器的缺陷需要仔细研究，但在火灾现场，这种缺陷的典型影响并不明显。

正如经常发生的那样，这场火灾的受害者至少对结果负有部分责任。在大电流设备中使用铰接的电线是不明智的，而阻塞逃生通道也是不明智的。人们经常做出这种糟糕的行为是因为这些只是权宜之计，而有关人员也因缺乏认识而没有作出更安全的选择。最终没有人提起诉讼。

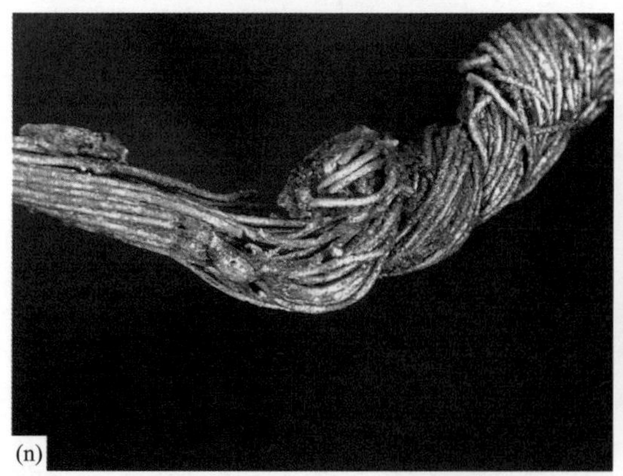

图 7.6 （n）起火点处接头熔痕的特写。

图 7.6 （o）火灾现场重建时发现的烟雾探测器。

7.3.4 烘干机起火 4：电器设备内部电线松动引发的火灾

ATS负责对田纳西州东部的一处被严重烧毁的住宅进行引火源和起火原因的调查。该火灾发生于2002年3月初的一天下午3点左右，当时房主正和儿子坐在书房里。住宅受损最严重的部分位于东南角的主卧，如图7.7（a）所示。图7.7（b）为该住宅的平面图。根据烟气运动痕迹和物品烧损痕迹，可以推断火灾起始于主卧套间西南角的一间洗衣房，图7.7（c）是起火点处的洗衣机和烘干机。当将这些电器移离墙体后，可发现如图7.7（d）所示的V形烧毁痕迹。

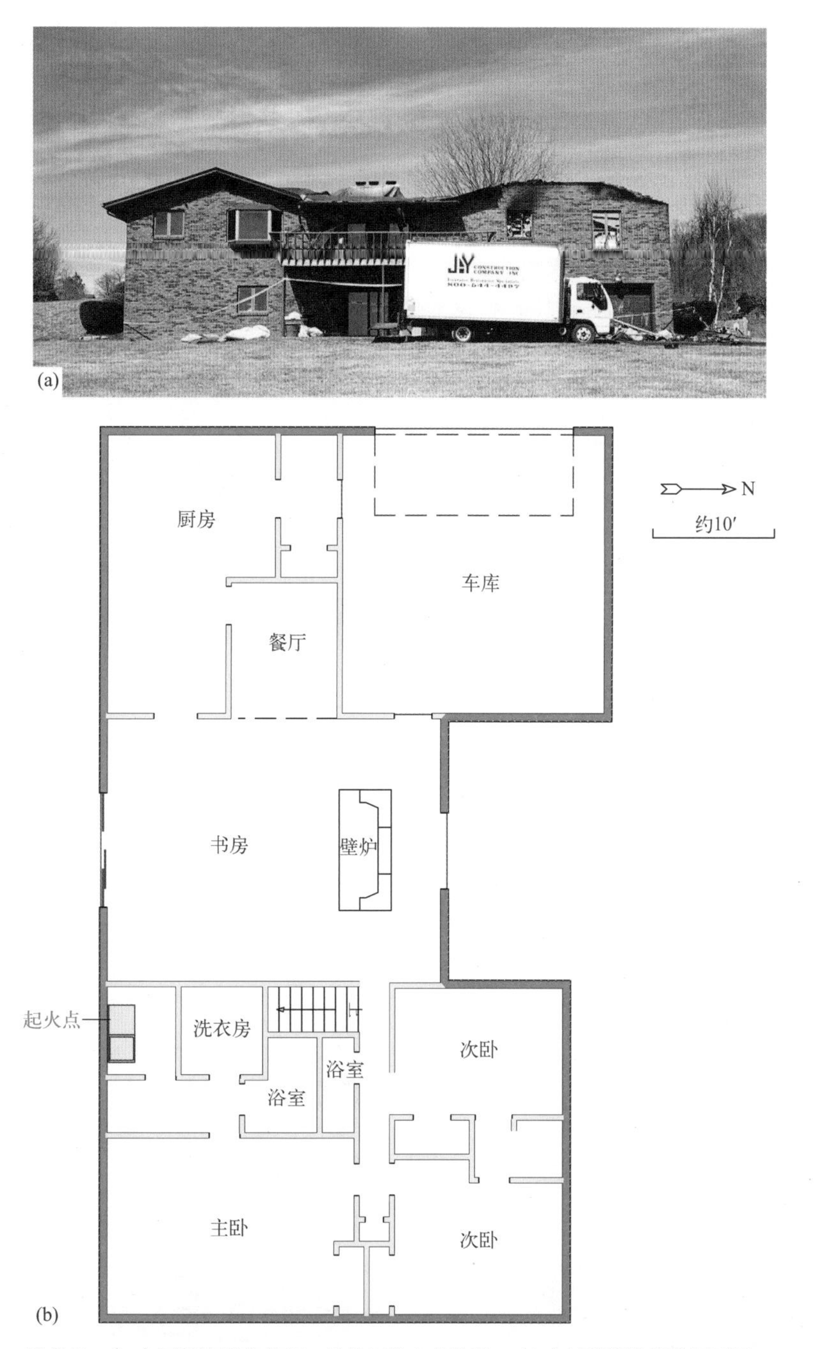

图7.7 （a）田纳西州东北部一处烘干机火灾住宅。（b）被烧毁住宅的平面图。

房主表示，火灾发生时她正在烘干一堆衣服，所以洗衣机和烘干机都被提取至ATS实验室进行进一步检查。由于这台烘干机已经使用了10年以上，而且在几年前曾被“改造”过，所以无法向制造商提出可能的索赔要求。图7.7（e）所示为检查开始时的烘干机，图7.7（f）

所示为卸下背板后的烘干机内部。需要注意的是，电源线通过隔板使用了一个应力消除装置，但在接线板下游的电源线上留下了电弧痕迹，如图7.7（g）所示。

显然，在前几年的某个时候，固定内部电源线的塑料支架要么是掉落了，要么是破裂了，结果导致电源线直接搭在了排气口上，最终，热排气口的振动将电源线磨出一个洞，造成如图7.7（h）所示的损坏。

结语：烘干机内的电线通常由塑料夹子固定，这种塑料夹子很容易发生脆化和开裂。作者之前见过两起几乎相同的烘干机火灾，起因均是内部电线从夹子上脱落，之后受烘干机滚筒的旋转磨损，导致铜导线引发电弧产生喷溅熔珠并掉落沉积在滚筒周围。总之，内部电源线被磨损或夹得过紧是最常见的缺陷。

图7.7 （c）起火点处的洗衣机和烘干机。（d）烘干机位置后方V形烧毁痕迹。

图7.7 （e）移到实验室后检查开始时的烘干机。

图7.7 （f）卸下背板后的烘干机内部。

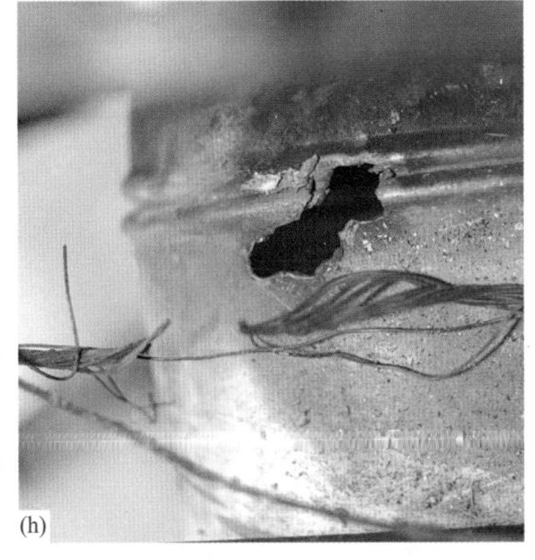

图 7.7 （g）应力消除装置和接线板。右边的电源线在穿过排气管的地方损坏了。（h）电线与排气管道接触产生电弧而形成的孔洞。

7.4 电气火灾

飓风等自然灾害所造成的电力损失使人们认识到电力作为一种能源的重要性。在任何时候，都会有数百万兆瓦的电力流过数十亿个导体和连接线，每一处连接都可能会发生故障，所以许多不明原因的火灾都被认定为“电气故障”并不奇怪，然而，令人惊讶的是，理论上电气故障发生概率是非常高的，但其实电气火灾的数量也并没有太多。总体来说，电气系统设计得非常好，电气故障不会直接引起火灾，而是会导致电路断开，从而暂时消除了危险。即使当电气故障点本身作为一个合适的引火源时，也经常因没有燃料而无法引发火灾，因此唯一损坏的就是发生故障的电气系统部分。本节中报告的火灾案例主要是一些保护装置不足以防止火灾发生或火灾发生并不属于保护装置设计问题的案例。

7.4.1 电气火灾1：中性线带电引发的火灾

某火灾严重烧毁了位于田纳西州中部的一处住宅，ATS负责调查其火灾原因。该火灾发生在2002年3月的凌晨4点左右，造成两处住宅损坏，这两处住宅均由同一个柱上变压器供电。当时一对夫妇突然被像爆炸的声音惊醒，而他们的邻居当时碰巧在看电视，并听到她邻居家后院传来“砰”的一声巨响。她从卧室的窗户往外看，看到电线杆上的变压器周围有一道亮光。当她再回头看电视时，电视机已经断电了，而且那天晚上虽然风很大，但没有闪电。

受损严重的住宅如图7.8（a）所示。从图7.8（b）中可以看出，房屋的主楼层受到了严重的破坏，但通过分析火灾痕迹发现，起火点在洗衣机［如图7.8（c）所示］附近的地下室。清理完杂物，并将洗衣机拉离墙面后，在洗衣机控制腔的后面板上发现一块电弧区，如图7.8（d）所示。可以发现，洗衣机的电源线和连接电源的插座已被损坏，包括插座处的接地插头也已熔化［图7.8（e）］。显然，在洗衣机后面，火势向上蔓延，导致存放在该区域的其他材料被引燃，并直接烧穿了洗衣机上方的楼板，使得火势蔓延到主楼层。烘干机正上方楼板的烧洞如图7.8（f）所示。

图7.8 （a）田纳西州一所住宅被火烧毁，房屋内中性线通电后起火。（b）洗衣房正上方楼层中火灾破坏最严重的区域。

图7.8 （c）起火部位的洗衣机。（d）洗衣机控制面板上熔化形成的孔。

图7.8 （e）洗衣机地销与插座的电熔化痕迹。

邻居房子的损坏程度要轻得多，尽管他们所有的电子设备都在这次事故后无法正常工作了。邻居有一盏夜灯爆炸了，插接夜灯的插座也被烧焦了。图7.8（g）为残留夜灯，图7.8（h）为插座。对这一系列事件的唯一解释是，变压器上游的非绝缘高压线与非绝缘的中性线接触，导致中性线带电。如图7.8（i）所示，树枝从树上掉下来，导致两个导体瞬间接触，最有可能导致这种情况发生，这就可以解释为什么两个邻居都能听到爆炸声。

结语：这是一个非常不寻常的案例，也是作者所见过的涉及上游电源（变电系统）故障的少数案例之一。这种破坏类似于雷击火灾，但远没有雷击火灾那么猛烈。由同一变压器供电的相邻两户住宅被同一事件损毁，证明故障是在外部电源而不是在其中一户人家。

图 7.8 （f）洗衣机正上方的火灾破坏区域，该处火灾已蔓延至一楼。（g）隔壁住宅夜灯的爆炸残骸。

图 7.8 （h）插接夜灯的插座损坏情况。（i）安装变压器的电线杆。

7.4.2 电气火灾2：电源插座损坏引发的火灾

ATS负责调查发生于田纳西州东部的一栋四单元公寓火灾，公寓被严重烧毁。这栋建筑原本是一个大的独户住宅，后来被改造成四个公寓单元，楼上两个，楼下两个。2001年4月底发生火灾，在当天上午11：30被一名过路司机发现并报警。火灾发生时，除楼下的一套公寓是空着的，其余三个公寓都在使用中。建筑的正面如图7.9（a）所示。查明起火房间并不难，房子右边的前屋是唯一被完全毁坏的房间，所有的毁坏都可以以该房间为起火部位来解释，如图7.9（b）和图7.9（c）所示。然而，由于破坏程度较大，要找出起火原因就更加

图 7.9 （a）因电源插座起火而受损的田纳西州东部住宅。（b）起火客厅的内部情况。

困难了。房间内所有可能的火源都需要检查。其中两个潜在的火源尤其须令人注意：一个加热器和一个被消防员扔到前面草坪上的落地灯，如图7.9（d）所示。公寓的居住者向火灾调查员提供了一份书面声明，大意是她在上班前关掉了所有的电气设备。当然，如果落地灯亮着，很明显她会看到，但如果加热器还开着，就不那么容易发现了。起居室只有一个通电线路，只有加热器和落地灯的电源线显示有通电的迹象。图7.9（e）为这些设备与双孔插座连接的残余情况。插座的左部已被完全损毁，插座的右部显示了落地灯线产生电弧断开的证据，表明当火势蔓延至此处时，这个插座仍然带电。

图7.9 （c）被木板封住的窗户下右侧的起火点。（d）在前院发现的落地灯和便携式加热器。

图7.9 （e）起火点处插座的残骸。（f）加热器控制开头位于“高”位置，显示触头处于粘接状态。

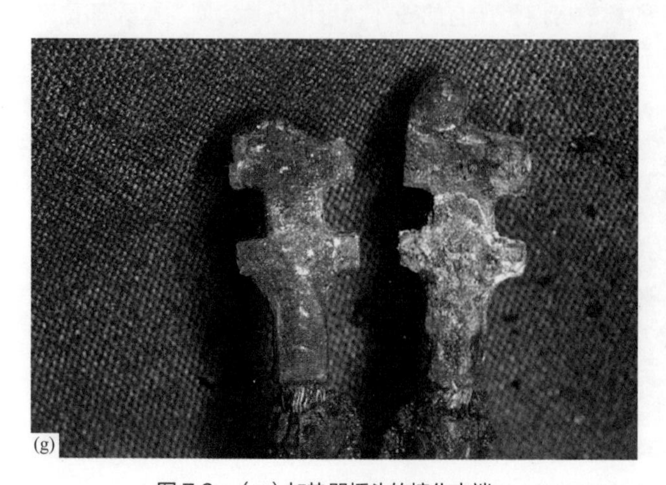

图7.9 （g）加热器插头的熔化末端。

加热器和落地灯都被送回实验室作进一步检查。图7.9（f）为加热器的温度控制器，显示加热器温度处于高温位置。图7.9（g）显示了本次火灾的引火源。这个插头为加热器电源线的一端，它仍然连接在加热器上。插头和非常旧的插座连接较为松动，导致在连接处局部过热，插座前面的沙发又提供了一个非常大且便利的燃料荷载。

结语：大多数电气火灾是因连

接松动引起的，旧的插座是连接松动的常见部位。

在这起火灾中，所有的房客都没有购买租客保险，而且因为这场火灾是由于建筑物本身存在安全隐患所造成的，所以房东担心房客可能会向他寻求赔偿。然而，在这种情况下，房客若要起诉房东，必须证明房东收到过建筑存在安全隐患的通知且未做整修，但没有任何证据表明房东知道房子里的旧插座存在安全隐患。

7.4.3 电气火灾3：不合格的临时延长线引发的火灾

2001年仲夏，亚特兰大郊区的一处住宅发生火灾，ATS负责调查该起火灾的起火原因。据称火灾发生在下午1点左右，房主说他下班回家吃午饭后在12：15左右离开，是邻居发现了火灾并拨打的911。

住宅的正面如图7.10（a）所示，平面图如图7.10（b）所示。显然，火灾是从地下室开始的，火灾发生前的几天里房主一直在地下室安装一些新电线，但这些新电线尚未连接到服务面板。火势主要是通过厨房西墙后面的管道和暖通空调（采暖、通风和空调）管槽蔓延到上层的，如图7.10（c）和图7.10（d）所示。这个管槽上方的屋顶被烧了一个洞。

这并不是火势向上蔓延的唯一途径，图7.10（e）显示火势在主卧室衣柜处存在从下往上蔓延的轻微痕迹，这种特殊的痕迹说明火势集中在主卧室衣柜正下方的区域，如图7.10(f)所示。该部位有一盏条形灯，由于地下室的线路不完整，灯是通过一根穿过地下室门前的橙色延长线供电的［图7.10（g)］，橙色延长线又连接了第二根延长线［图7.10（h)］，然后再连接到条形灯上。这种延长线的实验室检验证明对火灾调查具有重要的指导意义。图7.10(i)显示了条形灯被放置的区域以及它正上方被严重破坏的楼板结构。

橙色延长线一端与电源连接，另一端有电弧作用的熔化痕，如图7.10（j）所示。如图7.10（k）显示，该自制延长线是用电铃线制成的，而电铃线是一种很细的实心导体，完全不适用于120V电压的用电设备，尤其不适于作为延长线使用。在插座处的这些电线的末端如图7.10（l）所示。图7.10（m）为这些电源线上多个松动连接之一。对条形灯的检查发

图7.10

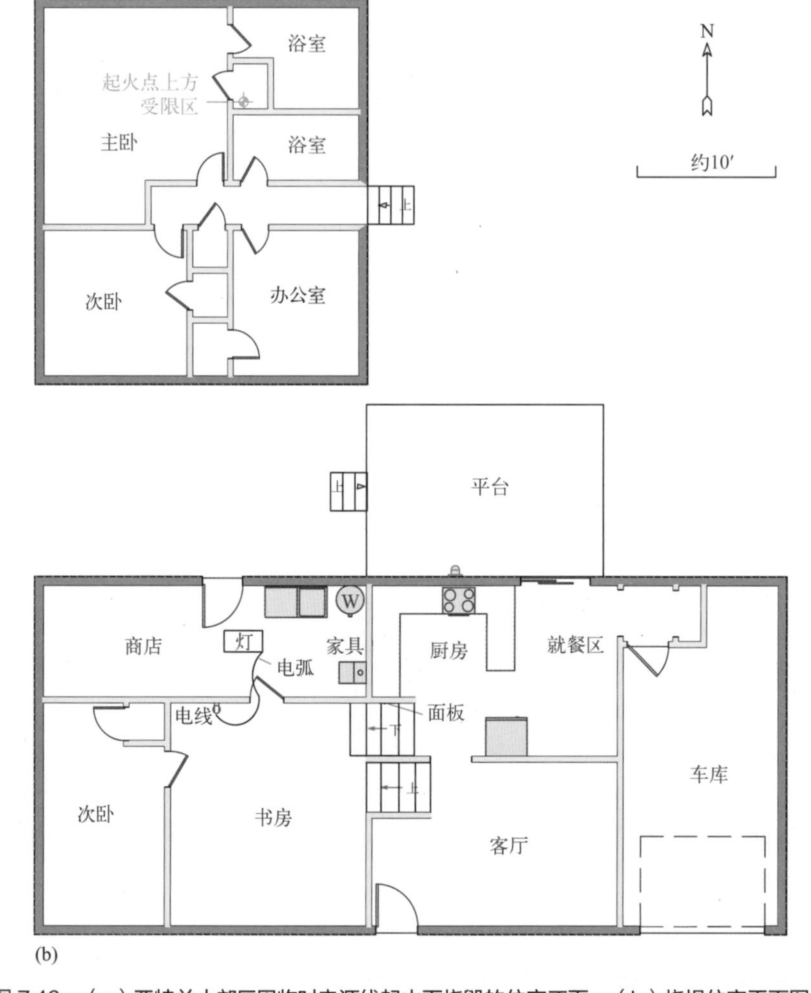

图 7.10 （a）亚特兰大郊区因临时电源线起火而烧毁的住宅正面。（b）烧损住宅平面图。

现，没有过热或其他故障的迹象。最终，大火被认定为是从其中一个松动连接处开始的，最先被引燃的是天花板绝缘材料上的防潮层。

结语：家用电器系统不是很复杂，然而，附加临时电气系统表明当事人缺乏对120V供电系统潜在危险的认识。

图 7.10 （c）厨房墙后的火灾蔓延路径。（d）厨房墙后壁橱破坏痕迹的特写。

图 7.10 （e）正上方主卧室壁橱的火灾损坏情况。（f）杂物间的起火点。

图 7.10 （g）穿过门口的橙色延长线。（h）连接临时延长线的条形灯。

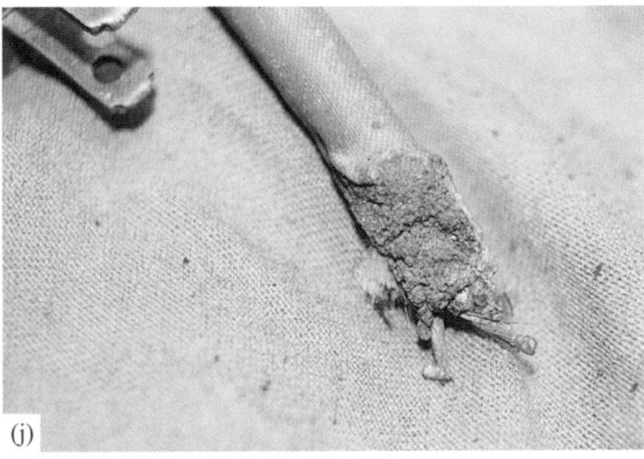

图 7.10 （i）条形灯位置上方的损坏情况，在拍摄这张照片之前条形灯已被移除。（j）橙色延长线的电弧断开端。

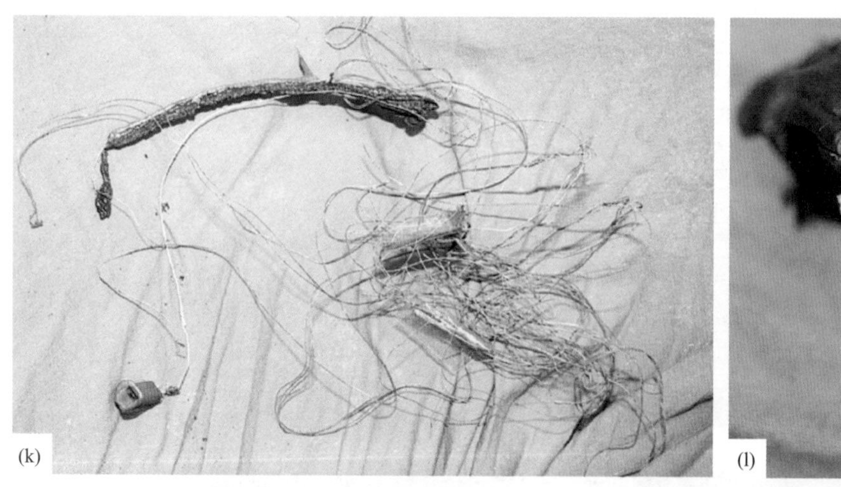

图 7.10 （k）给条形灯供电的临时导线。（l）临时电源线上几个松动连接的接头之一。

图 7.10 （m）电源线插座上的电铃线末端。

7.4.4 电气火灾4：门铃变压器故障引发的火灾

田纳西州中部某住宅厨房的阁楼发生火灾，ATS负责调查该火灾的起火原因。屋主一开始发现厨房的灯不亮了，于是他们找到跳闸断路器，并立即进行了复位，之后便发现阁楼着火了。尽管消防部门迅速出动，但屋顶结构和卧室仍遭到了破坏，火灾损失达数万美元。图7.11（a）为厨房上方的起火点位置，图7.11（b）为起火点的近景。阁楼里充满了吹入的纤维素绝缘材料，在纤维素绝缘材料下面覆盖着一个变压器和一个接线盒，变压器由接线盒供电，但却没有按照美国《国家电气规程》的要求安装在接线盒上，接线盒上的两根电线都在变压器的位置被电弧切断。图7.11(c）为从天花板上拆下来的接线盒和相关接线。图7.11(d）显示了其中一根变压器引线的电弧切断端。

变压器被带回实验室拆卸，以查明起火原因。图7.11（e）为变压器绕组短路的区域。变压器失效最可能的原因是绕组上的清漆绝缘层劣化，而纤维素绝缘材料的存在可能进一步加

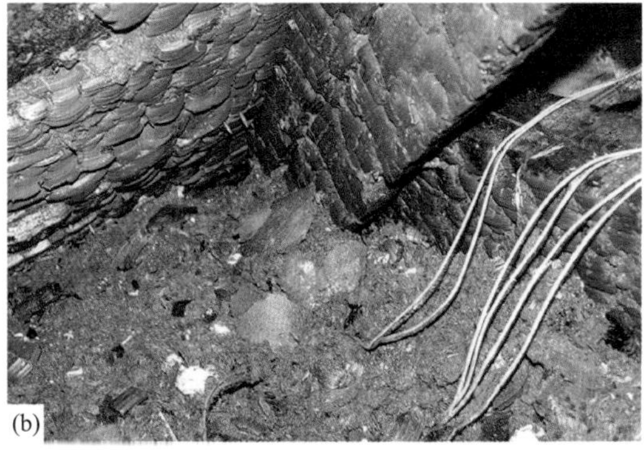

图 7.11 （a）变压器过热引起火灾的起火点。（b）被风吹入的纤维素绝缘材料覆盖下的变压器和接线盒。

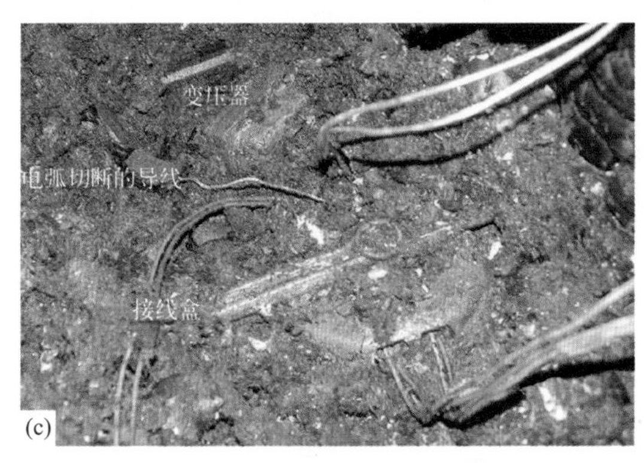

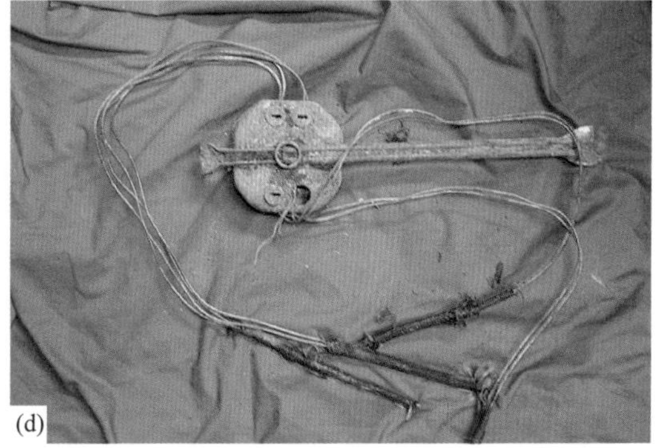

图 7.11 （c）除去部分绝缘材料后的接线盒和相关接线。（d）从天花板上拆下后的接线盒和变压器线端。

图 7.11 （e）变压器引线的末端熔痕。（f）从外壳中取出的变压器绕组，椭圆处显示绕组中短路的位置。

速了这种劣化，因此，变压器空转产生的所有热量都将被保留在绕组中，而不是被辐射出去。变压器引线的断弧可能是导致断路器跳闸的原因，但在那时，绝缘层极有可能已经烧着了。如果变压器像原先一样安装在接线盒上，它的绝缘能力应高于正常水平，那么变压器故障的唯一后果就是门铃不响。另一个引起火灾的因素可能是靠近天窗和屋顶接合处的变压器位置，该处在发生火灾前几年曾经有过屋顶漏水现象。被风吹入的纤维素绝缘材料虽然被阻燃剂处理过，但这种阻燃剂通常是硼酸，可溶于水，而被水浸湿过的纤维素绝缘材料不太可能含有所需的阻燃剂。

门铃与另一个变压器连接，发现它运行得很好。通过测试门铃铃声发现门铃正常工作，排除了门铃电线短路导致变压器故障的可能性。持续通电30分钟后，蜂鸣器的电磁铁会永久变形。由于当发现火灾时，门铃工作正常，所以可以排除螺线管连续通电导致变压器故障的可能性。

结语：进一步的调查显示，门铃变压器是20年前房子刚建成时的原始设备。因此，不存在代位求偿的可能性。

7.4.5 电气火灾5：匪夷所思的钉得过猛的钉子引发的火灾

ATS负责调查发生在佐治亚州东北部一座在建房屋火灾。该火灾发生在2001年10月底，当时有两名电工在现场检修一个跳闸断路器。电工们确认这个断路器是用来保护冰箱电路的，而当时这个断路器并未通电，于是他们复位断路器，但断路器又跳闸了，因而电工开始寻找故障。当他们检查了插座，发现插座没有问题，便认为是断路器存在故障，所以重新更换了断路器。当对新的断路器复位时，又跳闸了。基于此现象，电工们猜测是安装厨房橱柜时所用的钉子钉穿了电线，于是，他们拆下钉子，重设断路器，这一次，断路器坚持了大约一分钟，然后再次跳闸。此时，配电盘的另外三个断路器也随之跳闸，并且发现有烟产生，于是他们将电冰箱断路器和主断路器调到“关”的位置，并打电话给消防队。

总包商、总包商保险公司和电气分包商聘请的火灾调查人员对现场进行了联合检查，同时参加的还有电力分包公司的所有者以及总承包商。

住宅的正面如图7.12（a）所示，从外部可见的受损区域如图7.12（b）所示，从图7.12（c）可看出，楼上“备用室”受到了严重损坏，屋顶已被烧毁。根据目击者的描述和对用电情况的仔细检查，火灾的起火点被确定在备用室的前墙位置（门厅的正上方）。

图7.12 （a）正在建造的住宅正面，因钉得过猛引发火灾而被烧毁。

通过对配电盘的勘验，发现有三个断路器，一个15A的和两个20A的，且都处于跳闸位置，冰箱回路的20A断路器处于断开位置。令在场每个人都感到惊讶的是，对四个

图7.12 （b）住宅后方上层建筑的损毁情况。（c）上层备用室前面的火灾烧损情况。

回路的电线进行追踪排查，每个回路都因电弧导致了跳闸，冰箱回路上有两个电弧区，而其他三个电路各有一个电弧区。这些区域均用将丝带系在线路的损坏部位的方式进行了标记，如图7.12（d）所示。

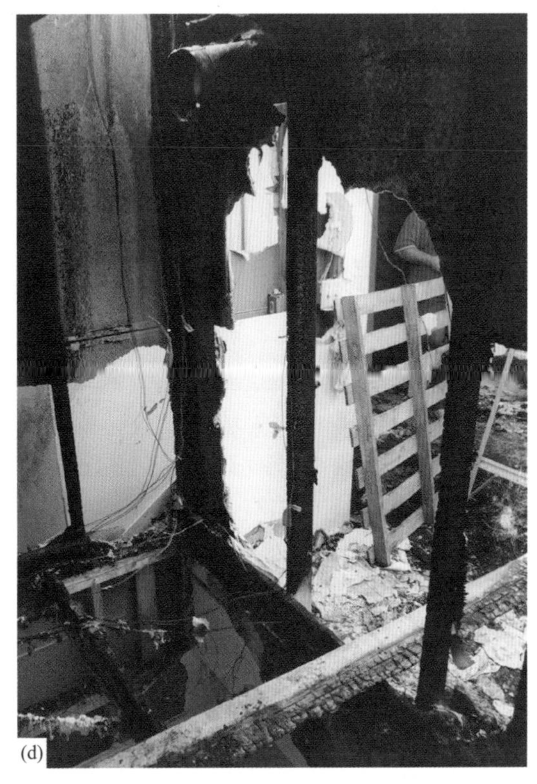

图7.12　（d）五个电弧损坏点位置，并用丝带系在导线上加以标记。

对房屋中未受火灾破坏部分的电气线路布线情况进行勘验后发现，有几处因钉子钉得过猛，从而导致绝缘材料受损。调查员猜测，类似的操作导致冰箱电路发生了故障，有几个钉子从原位掉了出来，落在了楼下门厅的地板上。利用磁铁在地板上找到三个钉子，用立体显微镜观察发现，其中一个钉子在图7.12（e）所示的区域显示有铜色沉积物。因为少量铜沉积物和少量氧化铁（铁锈）沉积物看起来非常相似，所以需要进一步分析。图7.12（f）是在扫描电子显微镜下观察到的沉积物的显微图。利用X射线能谱仪（EDS）对该钉子检测发现，除了铁元素之外，还观察到大量的钙、氧和硅元素，这在火灾后石膏干墙的样品中发现通常是意料之中的。利用元素分析技术［图7.12（g)]，可以定位出钉子表面存在铜的区域，该区域的EDS能谱如图7.12（h）所示，从中发现铜的浓度很高，而铁的浓度很低。

钉得过猛的钉子导致火灾的结论，假设比证明更频繁，（而且可能导致另外一些无法证明的假设）；但在这次火灾中，证据表明似乎没有其他可能的原因，因为主要元素显示了铜的沉积以及火灾周围的环境都强有力地支持了这一假设。

1994年，Ettling[4]进行了大量的实验，他曾试图用钉子钉穿带电的Romex电线，但没能引起火灾。Babrauskas列举了几个可能因钉得过锰或钉子安装不当引发火灾的机制，但也明确指出这些机制还“没有完全阐明[5]”。有两种机制是这样描述的：①钉钉时使钉子一端接

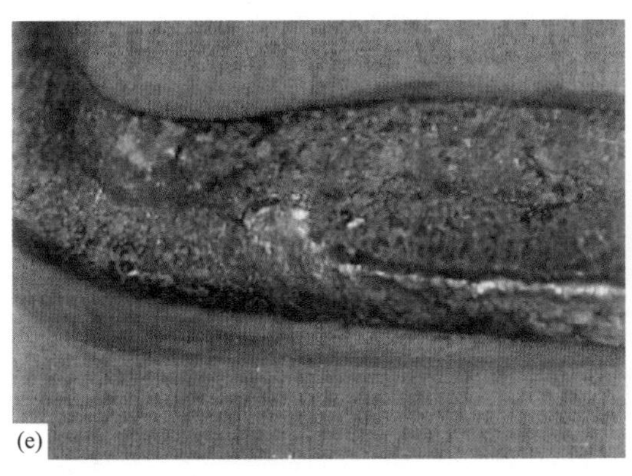

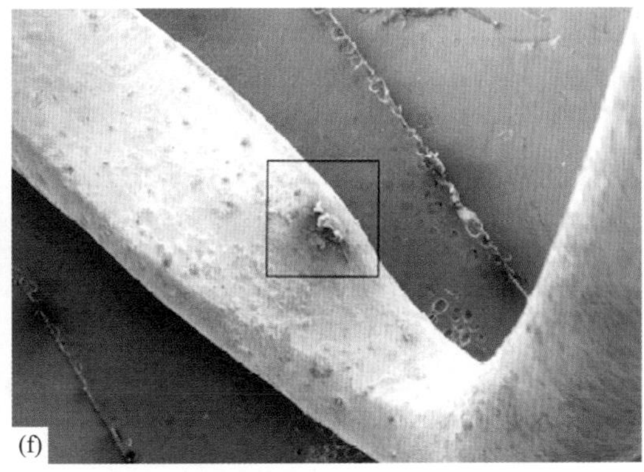

图7.12　（e）在门厅发现的钉子上的沉积物显微照片。（f）钉子的扫描电子显微图，方框处为沉积物所在区域。

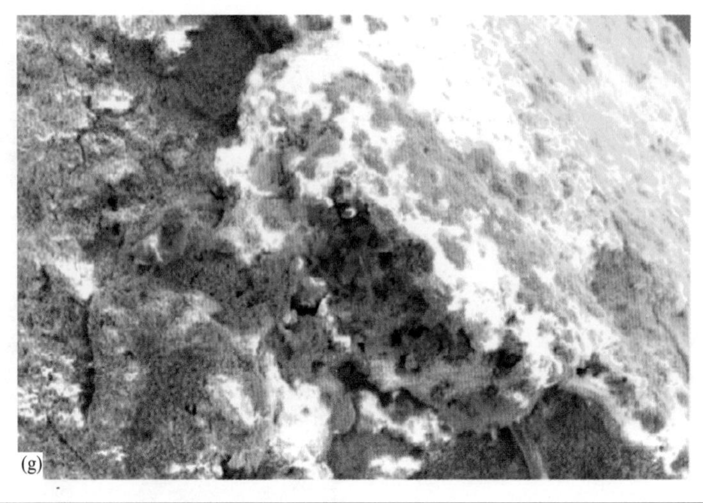

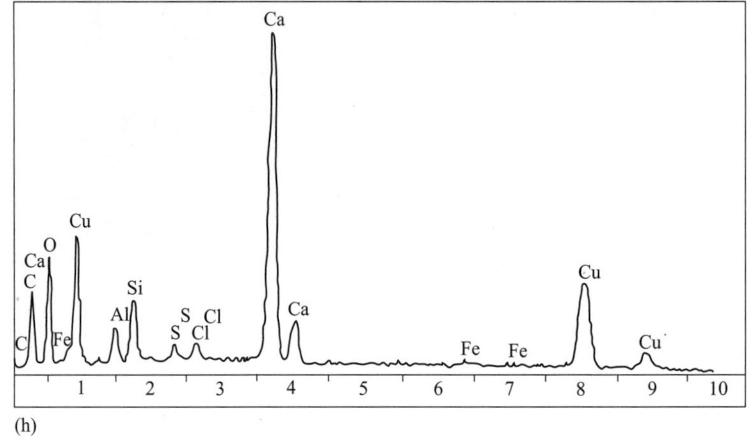

图 7.12 （g）钉子的元素图，绿色为富铜区。（h）钉子上沉积物富铜区域的能谱图。

触火线，另一端接触零线；②钉子钉穿导体使其成为电路回路的一部分。这两种方式几乎会立即引起火灾。第三种机制认为与穿过绝缘体钉子多年的蠕变有关，但这种机制仅为假设，尚未得到证实。据报道，从过猛钉钉后到目击火灾的最长时间是15小时。

能证明钉钉过猛是火灾原因的唯一可能的办法是建筑物是新建的，并且对引起火灾发生的钉子进行了鉴定。随着火势的发展，生成像这个案例中发现的样品（比如，表面沉积有铜的钉子），是不太可能的。钉钉最初本应该是用来保护它下面的电线的，所以实际上更希望在没有钉钉保护的地方看到电弧。

结语：尽管本案例证据充足，但代表电力分包商的律师起初也进行了有力的辩护，然而，经过几个月的诉讼，在需要取证之前，电力分包商的责任承运人承担了赔偿责任。

7.5 日光灯火灾

普通的日光灯一般都不会出故障，但偶尔也会着火。它们被认定为引火源的次数远远超过它们实际作为引火源的次数，其原因仅仅是由于它们无处不在。在任何离商业火灾起火点几英尺的范围内都有可能发现日光灯，而且在大多数住宅内，尤其是在车间和公用设施区域也至少安装有一些日光灯。日光灯最常见的故障不是镇流器过热就是灯座过热。自1969年以来，美国《国家电气规范》要求镇流器必须配备过热保护装置。1969年以前制造的镇流器大部分已经停止使用，所以对于火灾调查员来说，遇到日光灯无过热保护的镇流器是很不寻常的。镇流器会像其他变压器一样，因绝缘故障产生绕组短路，并可能出现局部过热而未被热熔断器（TCO）检测到的情况。但是，与大多数变压器不同的是，镇流器周围包裹有密封材料（封漆），用以减少其发出的烦人嗡嗡声，这种密封材料可以作为起火物燃料来源。

灯座可能会因灯座的弹簧导线和日光灯管的引脚之间的局部高电阻而过热，这种高电阻可能原因有：弹簧失去弹力、致使弹簧松动的物理损伤，或灯管的轻微错位。由于日光灯的工作电压为600V，所以尽管由电感式镇流器所支持的日光灯中可能会有60次的闪烁，但只要灯泡能够持续工作，用户可能就不会注意到电路中的高电阻点。而在频率超过每秒20000次的电子镇流器中，这种闪烁是不可能发生的（图6.43）。

另一种使灯座失效的方式是由电弧路径引起的，这需要灯座表面上存在某种导电介质，从而提供接地表面的路径。下面几节将描述每一种故障类型。

7.5.1 日光灯火灾1：镇流器故障引发的火灾

ATS负责调查2001年夏天发生在田纳西州东部一个购物中心的火灾。当时，在购物中心中央的二手店里，一名站在收银机前的店员看到头顶上的日光灯有火花出现，立马跑到商店后面，关掉电源，然后拨打了911。购物中心如图7.13（a）所示，二手店内部如图7.13（b）

图7.13 （a）因镇流器故障引起火灾的田纳西州东部购物中心。（b）二手店内部。

所示。日光灯安装在吊顶下，天花板上有一层纸基绝缘层。这个绝缘层很快就着火了，并且火势蔓延到了天花板上方的密闭空间。消防队员在灭火时遇到了困难，便在二手店后面的屋顶上凿了一个洞，如图7.13（c）所示，增加的通风导致该位置燃烧得更加猛烈。在其中一个区域，屋顶沥青融化并流过一个接缝，落在了一钢管道的顶部，从而导致在图7.13（d）所示区域发生局部大火。对该区域检查后发现，此处明显违反了电气连接规范（在接线盒外进行连接），但这只是违反了规范，而不是起火的原因。

(c)

(d)

图7.13　（c）消防员在二手店后方屋顶上凿出的洞。（d）远离起火点的局部严重火灾破坏区域。注意该连接是在没有接线盒的情况下进行的。

因此，较重的燃烧发生在远离起火点的地方而不是起火点。就像大多数的租户一样，此次火灾由数家保险公司聘请的调查员进行调查。安排检查花费了一些时间，但在检查开始时，整体气氛还是和谐且融洽的。

图7.13（e）为起火点处日光灯上的镇流器，在它上面仍然贴有未烧焦的纸标签。在装置被翻过来之前，几乎看不出有什么损坏。图7.13（f）清楚地显示了火源是如何从装置中出来的。火源通过镇流器和固定装置后形成了一个熔化的孔洞，图7.13（g）为该孔洞的特写图。

日光灯镇流器的制造商通常在镇流器的底部印上日期代码，图7.13（h）即为制造商的日期代码，表明镇流器是在1988年制造的。（用粉笔或石膏板在镇流器的背面擦蹭可以增强日期代码的可见性。）

结语：如果没有目击者所提供的该装置发生火花的信息，该起火灾可能就无法确定起火

(e)

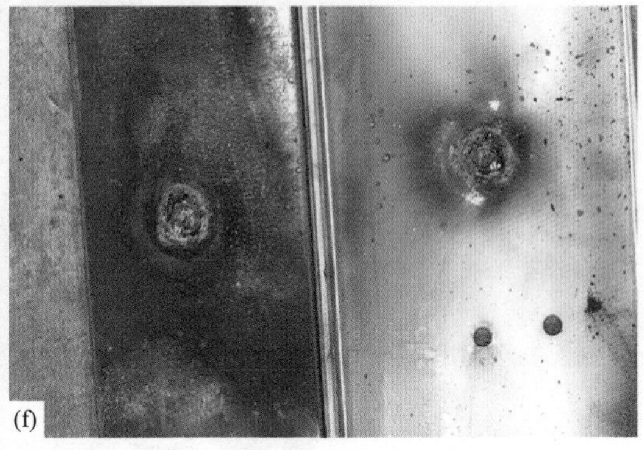
(f)

图7.13　（e）引发火灾的日光灯镇流器。（f）通过镇流器和装置所形成的孔。这个电弧发生在与掉落的天花板瓷砖直接接触部位。

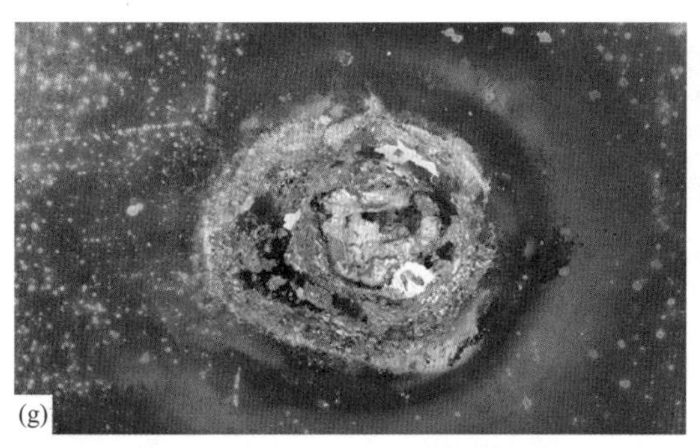

图 7.13 （g）镇流器内电弧形成的孔的特写图。（h）制造商日期代码，表明镇流器发生故障时已使用 13 年。这个日期用粉笔在已盖章的代码上擦蹭后就显得更明显了。

原因了。这场火灾显然是由一件有缺陷的产品引起的；然而，由于这个镇流器在它发生故障时已经使用了13年，所以根据田纳西州的法律，制造商不对该起火灾负责。

7.5.2 日光灯火灾2：灯座过热引发的火灾

田纳西州中部一所公立学校发生一起小火灾，学校被大量烟雾所破坏导致停课，ATS负责调查该火灾的起火原因。图7.14（a）为学校，图7.14（b）为大堂被烟雾破坏后的场景。图7.14（c）显示，唯一的火灾破坏发生在大厅对面，仅限于汽水自动售货机。这项调查要求用三天时间完成，第一天进行了初步检查。塑料面板被固定在适当的位置进行拍照，如图7.14（d）所示。尽管自动售货机所有者的代表参加了最初的检查，但他们坚持改日带独立的火灾调查员来。那次检查是在一星期后进行的，当时各方一致认为是机器引起的火灾。有人试图打开这台机器，但因为锁定装置已经熔化了，所以决定把这台机器切割开。而机器所有者的律师则认为，把锁定装置切割开可能是"破坏性的"，应该在"各方都有代表在场"的情况下重新择日进行。

四周后，上次检查时在场的那批人再次碰面，并把锁切割开，打开了机器。图7.14（e）为外门打开后，机器上的可视火灾痕迹。进一步的检查显示，在自动售货机内部的导体上有许多产生电弧的区域，检查后认为图7.14（f）所示的电弧可能是120V下产生的第一个电弧。图7.14（g）为靠近电弧点的左下角的灯座支架。根据这些构件的历史和这台设备的状况，ATS假设电弧是由于灯座过热造成的。灯座过热的可能原因是电弧追踪（arc-tracking）。

图 7.14 （a）学校。（b）被烟雾破坏的学校大堂。

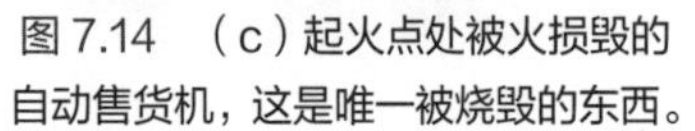

图 7.14 （c）起火点处被火损毁的自动售货机，这是唯一被烧毁的东西。

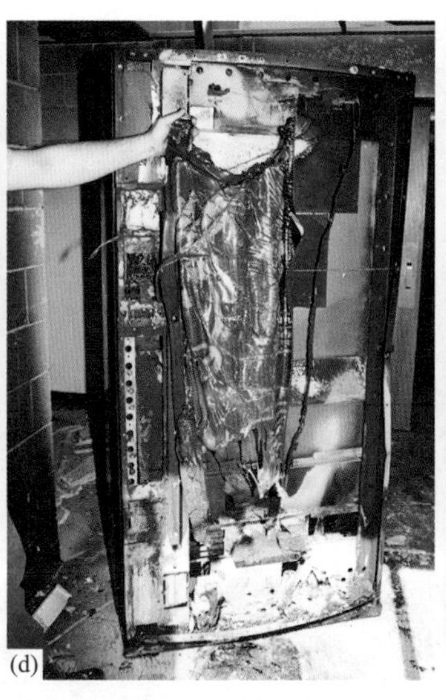

图 7.14 （d）在进行检查的第一天允许进行的有限重建。

图 7.14 （e）外门打开后所见的自动售货机内部的火灾痕迹。

由于灯座的位置，溢出的苏打水可能会进入这个区域，并很可能因此而导致电弧追踪。即便在120V的电压下这样的情况也会产生电弧追踪。然而，在日光灯中，电压是它的五倍，因此产生额外非必需的导电通路的可能性更大[6]。实际上，损坏程度较小的设备表面上的电流路径即可证明已经发生了电弧追踪。

结语：学校的保险承保人作为客户，对花费三天时间来调查火灾损失感到不满，但如果

图 7.14 （f）穿过外门小孔的导线的电弧破坏痕迹。（g）位于最下游所产生的电弧的正下方日光灯插座支架。

学校还想要索赔，就当时损坏的情形来看，几乎没有其他选择。最终，保险公司从自动售货机所有者那里追回了损失，但没有报销调查费用。

7.6 燃气火灾

燃气系统和设备经常卷入火灾，有时它们也是引起火灾的原因。与电气火灾一样，在烧毁建筑物中发现的燃气管道是在火灾前打开的还是因火灾而打开的，这是一个先有鸡还是先

有蛋的问题。有时，比如当大爆炸引发火灾时，并不难判断，而在其他情况下，则有争论的空间。

在许多燃气火灾中，通常是在事故前对系统结构进行了改动，因此，可能会存在新的安装技术问题或可能事故前存在燃气用尽后再补充的情况。轻微的泄漏通常会引起火灾，但不会引起爆炸。当爆炸发生时，几乎总是涉及每小时数十到数百立方英尺的重大泄漏。

天然气和液化石油气（LP）系统及设备都有起火的可能，但液化石油气引发的火灾似乎更多，这当然是多种因素综合作用的结果。首先，液化石油气比空气重，而天然气比空气轻。因此，易挥发的液化石油气更有可能在建筑物内部聚集，而天然气则更有可能分散（尽管它可以在高处聚集，比如阁楼）。由于天然气更易于扩散，因此天然气的气味比液化石油气更容易被检测到。因为大多数燃气设备都位于鼻子以下的位置，人们更有可能在天然气上升的过程中闻到其味道，而不是在液化石油气下降的过程中闻到其味道。

$1ft^3$的液化石油气所蕴含的能量是$1ft^3$天然气的2.5倍，所以如果存在同样规模的泄漏，液化石油气泄漏将更加危险。最后，液化石油气系统的安装和维护质量往往不如天然气系统的好，天然气管道通常是原始房屋建筑的一部分。罐装液化石油气的便携性为其发生故障和其他类型故障模式提供了更多的机会。

7.6.1 燃气火灾1:（未经检查的）波纹不锈钢管（CSST）泄漏引发的火灾

ATS负责调查田纳西州东部一处度假出租小屋的爆炸火灾原因。1999年9月14日早晨，也就是小木屋在使用的第二天，发生了爆炸。这个小屋属于一对夫妇所有，是该夫妇和一个度假村开发商签合同，由开发商建造的，他们计划是每年使用该小屋两周，其余时间由开发商进行出租。第一批租住小木屋的是一对正在度假的夫妇，他们刚到小木屋不久，就发现无法点燃玻璃壁炉里的燃气，于是，他们给度假村办公室打了电话，后者派了一名技术人员去检查。技术人员发现是液化石油气罐被关掉了，在打开几分钟后，壁炉就被点燃了，这个壁炉有一个自动定时器，在大约一个小时后会自动关闭。第二天早上，当房客们正在做早餐时，小木屋爆炸了。令人惊奇的是，两人都活了下来，尽管在爆炸中妻子失去了一只脚，丈夫失去了脾脏。所幸火势并不大，持续时间也不长，救援人员仅用了20分钟就将妻子从现场救出，但她的丈夫却被困在废墟中达5小时。

现场检查分两天进行，参加成员有天然气公司、建造小屋的总承包商、开发商、业主、租户、壁炉制造商、用于燃气管道的波纹不锈钢管（CSST）的制造商，以及壁炉安装者。图7.15（a）为爆炸后即拍摄的小屋外观。小屋坐落在陡峭的山坡上，有一个封闭的煤渣砖地下室，这个地下室在上坡侧有8ft高的墙，在下坡侧有20ft高的墙。对建筑结构检查发现，由于燃气在地下室积累，爆炸将主层向上推了起来。气体先在山脚下开始聚积，然后逐渐向上扩展，直到遇到引火源。

这场火灾的引火源被认为是壁炉。该壁炉应该不是主引火源，但其连接到终端块的供电导线之一存在松动现象，因此，在每次启动或关闭壁炉时都会产生一个小火花。位于地下室上部的壁炉如图7.15（b）所示。与壁炉相连的燃气管道如图7.15（c）所示。

图 7.15 （a）液化石油气打开 12 小时后爆炸的小屋。（b）地下室上坡一侧的壁炉。红色的电源引线被发现时已经断开，尽管在这个导体上没有明显的机械应力作用痕迹。据推断，该导线本身存在连接松动，当壁炉点火时，这种松动的连接为扩散的液化石油气提供了点火源。

图 7.15 （c）CSST 燃气管道与玻璃壁炉之间的连接点。

图 7.15 （d）燃气壁炉截止阀上游的未对准的连接件。注意安装人员在扩口配件上未正确使用密封剂。（e）CSST 的多节波纹末端。这一端不可能与扩口配件紧密密封。

从储罐到房子的煤气管道是铜的，连接在一个二级调节器上，调节器又连接着一段黑色（钢）管道，CSST 从黑色管道的末端连接到壁炉。如果使用得当，CSST 可使通用的燃气管道灵活弯曲而不扭结，还可以伸展很长的距离。然而，在这种材料中很难形成合适的接头，而且事实上，制造商要求安装者必须获得由制造商所运营学校的认证，然后才会把产品卖给安装者。这条CSST线路的安装人员实际上确实已经通过了认证课程，但是，如图7.15（d）所示的接头质量远远低于认证课程所教的工艺质量，甚至不能承受低压。除了在形成接头时遇到的困难，CSST还非常容易被直接或间接的雷击刺穿，这方面将在后面讨论。

大约在爆炸5个月后，当每个人都能就检查日期达成一致时，这些证据在ATS实验室进行了检查。当接头拆卸时，可以看到CSST管道的多节波纹末端，这清楚地表明安装人员没有做成可用的扩口接头。

然而，这种低劣的工艺不应该会导致爆炸。美国《国家燃气规范》（NFPA 54）要求所有燃气系统在首次投入使用前都要进行泄漏检测。在操作（1998）版中，以下说明出现在第7.2.2节：

在将气体引入新燃气管道系统之前，必须对整个系统进行检查，以确定没有漏气的接口或端口，以及所有不使用的出口的阀门都已关闭、堵塞或盖上。

规范在第7.2.3节规定：

对气体接通新的系统或在服务中断后已初步恢复的系统，须立即测试管道系统是否有泄漏。如果发现有泄漏，应关闭气体供应，直到完成必要的维修[7]。[1]

请注意，规范没有指定谁负责执行所需的检查和测试。虽然安装人员和燃气公司都坚称他们进行了必要的检查，但很明显这些说法都是不真实的。他们可能认为他们的确做了检查或他们已经检查了泄漏处上游的燃气管道，但所要求的10min压力测试（涉及在罐上安装压力表，然后打开阀门以对系统增压，再关闭）将很容易检测到这种程度的泄漏。毕竟在一夜之间数百立方英尺的气体泄漏。

结语：在所有的证据都被找出来之后，除了液化石油气的零售商，所有涉及的各方都承担了相应责任，并解决了受伤租户提出的索赔问题。奇怪的是，尽管这家零售商声称自己参与了燃气设备系统（GAS, Gas Appliance System）检查项目，但他在对检查其供应的燃气系统是否安全方面否认自己负有责任。燃气检查计划是由丙烷教育和研究委员会（PERC, Propane Education and Research Council）赞助的，并要求采用该计划的零售商遵循。应该在房主第一次使用丙烷时呈现给他们一份录音脚本，脚本应描述检查过程："在燃气检查期间，我们已经检查了从容器到设备燃烧器的整个丙烷系统。"不像美国国家燃料气体规范一样，这个自愿的项目把检查责任直接放在了零售商身上。然而，该零售商聘请的专家在他的报告中认为，该零售商"对不是由天然气公司安装或维护的客户系统，没有义务也没有责任为燃气公司提供建筑规范检查。"在这个案例中，安全计划似乎只是一个营销计划。（在这本书第一版出版大约一年后，当发现审判在所难免时，这家燃气零售商最终同意了结此案。）

7.6.2 燃气火灾2：新接口泄漏引发的火灾

ATS负责调查发生在格鲁吉亚东部一所历史悠久房子里的火灾，这场火灾规模小但代价昂贵。房主已经与当地一家暖通空调公司签订了合同，将他们的旧电炉换成新的液化石油气炉。炉子被安装在他们家地板下方的管道槽隙里，合约内容包括固定燃气炉、连接新管道、安装新气罐，并运行燃气管道和烟道。2000年2月初，在燃气炉首次使用的当天，房主报告说有液化石油气的气味，但被告知，对于不习惯使用液化石油气炉的人来说，最初闻到这种气味是“正常的”。第二天气味还在。第三天，房主又打电话给安装人员，再次请求帮助。暖通空调公司的销售经理说，他会再打回来，但却没有。第二天晚上吃晚饭的时候，房主再次闻到了液化石油气的气味，并计划再次打电话给暖通空调承包商，但就在那时，他家的烟雾报警器启动了，因为他家的管道槽隙发生了火灾。

作者（代表房主保险公司一方）和一名机械工程师（代表暖通空调承包商一方）对现场进行了联合检查，随后对从起火点处移走的气体和电气设备进行了实验室分析。房屋如图7.16（a）所示。起火点位于图7.16（b）所示区域的松木地板正下方。人们希望地板可以修复到位，但不切开地板就没有办法完成调查。而且，更换地板的提议代价较大。

图7.16 （a）新建液化石油气装置的扩口接头泄漏，导致房屋被烧毁。右边可以看到新安装的气罐。（b）起火点在地板下面，火焰直接越过燃气管道到达新安装的炉体。

打开的地板如图7.16（c）所示。我们一打开地板，就像打开了气罐的阀门一样，很快就闻到了液化石油气的气味。在如图7.16（d）所示的接头上使用了肥皂泡溶液，证明该处存在大的泄漏。值得注意的是，燃气管道的泄漏位于受损最严重区域的下方，但接头本身并没有明显受损痕迹。

这个认定似乎很直接，但也很“复杂”。图7.16（e）为一个明显违反美国《国家电气规范》的要求而安装的加长电气接线盒。当线路进入盒子后，并没有“连接器”（应力消除装置）来保护电线，而且盒子上也没有盖子。另一个盒子被倒置，用作底盖，电线被放置在两个盒子之间的空间内。由于违反了规定，暖通空调承包商的工程师认为这一定是一起电气火

图7.16 （c）打开地板后的原始区域图。（d）液化石油气现场肥皂泡试验。

灾。电气箱和泄漏接头都被仔细做了标记，并送回ATS实验室做进一步检查。盒子里的其中一根电线端头似乎比其他的更圆，于是工程师推测，这可能是电弧作用的结果，即使尚不清楚是什么燃料被这样的电弧引燃（以及这种电线产生电弧可能会引燃什么燃料）。然而，经过仔细检查，他不得不承认，这根电线上的痕迹实际上是切割形成的，而不是熔化造成的。

管道接头与液化石油气供应端相连，重复对其进行肥皂泡测试，然后点燃逸出的气体，以确定泄漏的程度是否足以破坏管道上方的地板。图7.16（f）为液化石油气泄漏燃烧性能测试。虽然液化石油气比空气重，但燃烧着的液化石油气并非如此，而且在这次测试中显示的火焰大小与在住宅中看到的造成损害的大小完全吻合。最后，进行了旋转测试，以确定接头的松动程度，测试结果发现，旋转三分之一圈才可使接头紧密。暖通空调承包商的专家说，他相信接头一定是因火灾而松动的，因为这样的接头很普遍[8]。

图7.16　（e）违规安装的电气接线盒。这种违规行为已有20多年，并没有发生过任何事故。（f）燃烧试验，演示液化石油气泄漏的程度。

暖通空调承包商的安装人员坚称，他已经进行了所需的10min压力测试，没有发现任何泄漏。然而，关闭阀是位于泄漏接头的上游；因此，如果他们进行过测试，很可能是在阀门关闭的情况下进行的。

结语：尽管缺乏证据，暖通空调承包商的工程师继续坚持这是一场电气火灾。他认为煤气管道泄漏是火灾的结果，并不能证明是火灾的原因。事实上，配电箱虽然存在违规连接，但这种违规连接已经持续20年了，期间并未发生过任何事故。此外，这个电气火灾的假设不能解释房主在火灾前三天就闻到燃气的事实。幸运的是，安装人员的理赔员相当有见识且处理公道。索赔最终得到了解决。

7.6.3　燃气火灾3：气瓶过充引发的火灾

ATS负责调查一起火灾，这起火灾烧毁了位于一个在建停车场底层的一套临时办公室。该火灾发生在2002年3月初。自1月份以来，建筑公司就建造并占用了这些办公室，并且一直用直接安装在丙烷气瓶上的三个液化石油气辐射加热器来取暖。火灾发生在某个周一，就在三个新钢瓶被运进办公室后不久。周五下午，燃气公司员工就给这些钢瓶装满了气。幸运的是，火灾发生时，办公室的员工都出去吃午饭了。周一早上送来的一个钢瓶在被送来后不久就开始漏气，然后就被拿出去换了一个。还有一个钢瓶拿进来后放在了原处，因为一个从一月份开始使用到现在的钢瓶还没有用完。火灾发生时，办公区共有6个钢瓶，其中5个漏气，因此，造成了大面积的破坏。图7.17（a）为办公室的位置，图7.17（b）为办公室入口附近的火灾损坏情况。从火灾发生到勘验期间，已经做了一些加固。许多办公家具和建筑材料已被拖出办公区域，因此需要进行相当大规模的重建。图7.17（c）是重建工作之前其中一个办公室的情况。

燃气公司投保的保险公司雇用的调查人员参与了勘验，在勘验了所有钢瓶及其周围的损坏情况后，确定火灾最先是从办公室发生的，如图7.17（d）所示。这是根据损坏程度，包括混凝土天花板的剥落情况认定的。注意，图7.17（d）中前方的钢瓶向上大约三分之一处有一圈冷却线，这说明了在火灾开始时气缸内的液位。在火灾发生的时候，就是这个前方的钢瓶连接了一个加热器。当时的假设是前方钢瓶上的加热器引燃了从后方钢瓶中泄漏的挥发气体。

另外还进行了重建，以排除办公室区域内所有其他可能的意外引火源，包括饮水机、咖啡机和微波炉。部分重建情况见图7.17（e）。

图7.17 （a）临时办公室建筑所在的停车场。（b）办公室入口处的火灾损坏情况。

周五装满的钢瓶被从装卸区移到存放区，在勘验的第一天，其中一个钢瓶由于暴露在下午的阳光下而开始漏气。这导致超压安全阀上结霜，如图7.17（f）所示，这正是在周一早上开始泄漏时被从办公区域移走的钢瓶。把钢瓶带进加热的办公室和把它暴露在阳光下的效果是一样的。

将校准过的秤带入现场。所有起火前周五装充的钢瓶（除了在火灾中泄漏的那个）均进行称重，称重过程拍照记录，如图7.17（g）所示。这些标重为100lb的钢瓶，本应该容纳不超过80lb的液态丙烷。周五装满的钢瓶中，丙烷的净重都不低于110lb，这意味着它们不仅是过充了，而且是严重过充了。称完重后，钢瓶被搬到外面，放在阳光下，钢瓶开始升温变暖。最重的钢瓶首先开始漏气，之后是第二重的、第三重的、第四重的，以此类推。

结语：当燃气公司确信除了自己雇员的疏忽外，不能归因于其他任何因素时，燃气公司承担了本次火灾的责任，其保险代理人也做了相应的赔付。

图 7.17 （c）起火点所在办公室的火灾损毁情况。（d）在预燃位置燃烧后的液化石油气钢瓶。注意前方钢瓶上的冷却线。大火过后，两个钢瓶都空了。后方钢瓶内液体先泄漏。因为里面没有装满液体，所以前方钢瓶需要花费更长时间才能使其内部压力超过安全阀的设定压力。

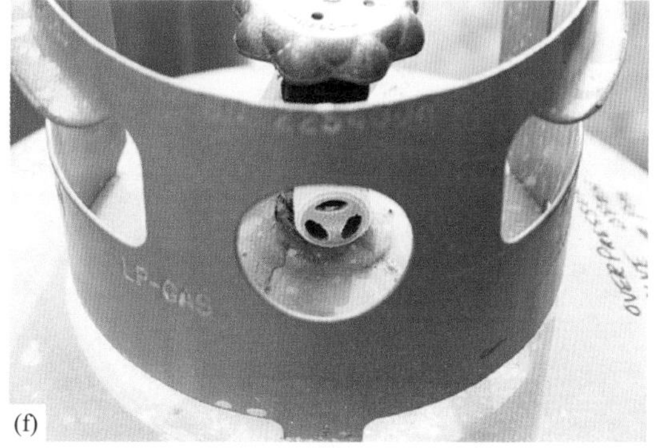

图 7.17 （e）现场重建图，显示了起火前饮水机、咖啡机和微波炉的位置，所有这些都被排除在引起火灾的潜在原因之外。（f）在阳光照射下，一个满溢的钢瓶通过超压安全阀排气。冷液化石油气会使阀门上结霜。拍摄这张照片的当天，有五个钢瓶存在泄漏情况。根据重量的大小，它们的漏气顺序是从满到不满。

液化石油气钢瓶过充是一个可引发多起火灾的问题，但这个问题已经很大程度上得到了解决，尽管解决方案无法阻止此类火灾的发生。4 ～ 40lb容量的立式钢瓶现在配备了溢流保护装置（OPD），其本质上是一个浮阀，一旦钢瓶装至80%，就会阻止更多的液体进入。自1998年起，NFPA 58《液化石油气规范》中就规定禁止对便携式钢瓶进行充气，除非它们配备了OPD[9]。装有OPD的钢瓶有一个三角形的阀门手柄。在OPDs引入之前，液化石油气瓶可以按重量或体积灌装。按重量灌装是唯一安全的方法，因为液体的体积随温度的变化而变化。钢瓶通常在室外充气，如果他们在室内使用，液体可能会膨胀，就像本案例中的情况一样。然而，即使按重量灌装，也依赖于灌装钢瓶的个体反应，而不是

图 7.17 （g）一个过充钢瓶的称重记录。

依靠一个机械部件。一个典型的液化石油气输送喷嘴能够在5s内输送1gal(1gal=3.785L)的液体燃料。木炭烤架上使用的那种20lb的丙烷气瓶，当装有24lb丙烷时，属于完全充满状态。一旦钢瓶充满液体，就没有气体可以压缩，液体也不能再被压缩。当液体温度升高时，就会膨胀并迫使弹簧负载的减压安全阀打开，甚至是一个325lb/in^{2}的安全阀。Cox已经讨论过了关于液化石油气瓶过充和解决办法的问题[10]。

7.6.4 燃气火灾4：新安装、裂开的燃气管道引发的火灾

1991年12月31日，一位年轻的母亲带着五个孩子来到南佐治亚州乡下的家中，她们并不知道新安装的250gal的液化石油气罐在大约6小时前已经被第一次加满。她们在房子里只待了几分钟，就发生了爆炸，该爆炸声在20mile外都能听到，爆炸直接将房子夷为了平地。部分屋顶被炸飞了50ft远，落在街对面的墓地上。神奇的是，每个人都存活了下来，尽管他们遭受了可怕的烧伤，需要多年的医疗治疗。很可能是爆炸的巨大压力迫使受害者呼气，从而阻止了火焰的吸入。图7.18（a）和图7.18（b）为该房屋的残骸。

图7.18 （a）从正面看，南佐治亚州住宅被热化石油气爆炸夷为平地。爆炸时这所房子里面有六个人都活了下来。（b）从后面看爆炸的住宅。巨大的屋顶碎片被吹到50ft外。较小的碎片在200ft外被发现。

当消防队赶到现场时，火只在一个地方燃烧。他们声称，管道开口处像一个“火炬”在燃烧，如图7.18（c）。气罐上的阀门一关，火就熄灭了。

燃气公司的员工把暖气炉从厨房搬到了客厅，并把厨房中的燃气管道堵住了，但他们没有做任何压力检查，因为在他们完成改造时没有安装气罐。安装气罐的燃气公司员工也没有进行任何压力测试，因为气罐是空的。输送燃气的燃气公司员工同样没有进行压力检查，原因不明。公司的安全手册有规定，输送燃气人员应进行压力测试（这公司也订阅了《气体检查程序》）或者至少使锁槽阀处于关闭位置，这样住户回到家时就可以进行测试。

图7.18 （c）打开的扩口接头。燃气从这条开放的管道漏出，时长约6小时。

虽然供应燃气的是一条开放式的燃气管道，但爆炸却是因输气人员没有进行必要的测试而导致的。这种情况实际上除了泄漏测试外，还需要一个完整的检查。

结语：当地警官曾考虑提出刑事指控，但因为美国《国家燃气规范》（在佐治亚州和大多数州被采纳为法律）的条款模糊，没有说明谁负责测试系统，所以最终没有这样做。在民事方面，这起案件的进展速度之快前所未有。由于不需要出庭作证，这家燃气零售商的保险公司解决了受伤家庭4000万美元的索赔问题。

7.7 取暖器火灾

取暖器火灾在火灾事故中占有一定比例，特别是地板炉和便携式电暖器火灾，造成这类火灾发生的主要原因是取暖器自身缺陷，但更常见的是使用不当。很多取暖器火灾发生在一年当中开始变冷的季节或者住宅条件变化的时候，比如租客入住或者搬走的时候。很多取暖设备在火灾发生后保留完好，甚至可以在火灾后进行测试。火灾中如果发现取暖设备位于起火部位，其完整的存在往往具有较强的证明作用，比如其有可能作为一个热源引燃周边可燃物，造成火灾的发生，此时取暖器往往不会受到火灾的影响，如果对取暖器进行检测，往往会发现取暖器并没有任何故障或缺陷。以下是三个典型电暖器火灾案例：

7.7.1 取暖器火灾1：地板炉上的易燃物引发的火灾

1999年春天，亚特兰大东部住宅区发生一起火灾，火灾造成三人死亡并烧毁一个出租房，ATS对这起火灾起火的部位和原因进行调查。火灾发生前，该出租房租户正准备搬出，并将物品打包在硬纸板箱中。火灾发生在当天午夜时分，火灾发生时，房间内有五人正在睡觉，两人幸存，并在火灾后不久就开始为他们的伤情和亲人的死亡索赔。

在火灾发生的三个月前，当地天然气公司更换了天然气管线，并对所有天然气服务暂停了一段时间，之后天然气公司的承包商恢复了服务并重新供应燃气，死者的遗产继承人声称，由于燃气系统存在违规行为，燃气公司不应恢复服务重新供应燃气。

ATS对火灾现场进行了为期两天的勘验，燃气地板炉在实验室的检验又耗时两天。死者遗产继承人委托的调查人员、房东、燃气公司以及燃气公司承包商都参与了调查和现场实验。

发生火灾的出租房见图7.19（a），建筑平面图见图7.19（b）。根据火灾痕迹及目击证人的陈述，起火部位位于房子中间的客厅，如图7.19（c）所示，该客厅地板炉处首先起火。所有调查专家一致认为地板炉是引火源。图7.19（d）是掉入地下室的地板炉。

起火原因非常明显，图7.19（e）是近距离拍摄的紧挨着地板炉铁网的瓦楞纸板残骸照片，在地板炉的下方以及内部发现了大量的杂物，这表明，火灾前这些杂物全部或部分堆放在了起火的地板炉上。

经各方当事人同意，地板炉被送往ATS实验室进行检测，由于火焰对炉底烧损较轻，对该地板炉进行天然气供给测试了其运行状态。测试人员对不同天然气消耗量时地板炉的各个部位温度变化进行的测试发现，地板炉运行正常，测试设备如图7.19（f）所示，但是，检测到距

离铁网下方约2in（约5.08cm）的热交换器顶部温度超过900°F（接近480℃），铁网中心温度超过700°F（370℃），不过，铁网边缘的温度不超过200°F（约93℃）。

结语：一名受死者家属委托的专家根据测试结果得出地板炉“过热”的结论，但没有专家认为火灾前三个月负责通燃气的工作人员应当为地板炉“过热”承担责任。死者家属最终没有起诉。

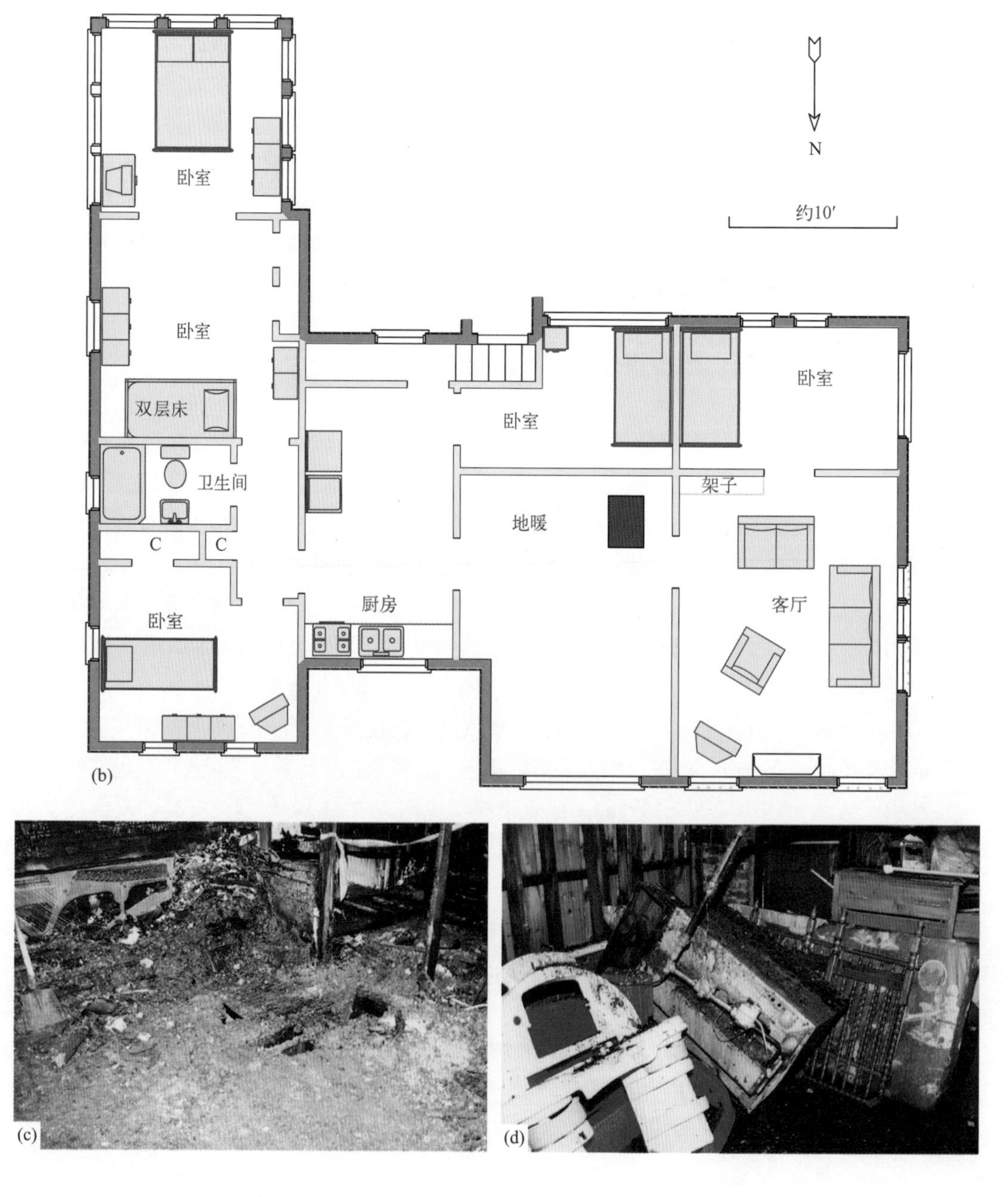

图7.19 （a）发生火灾的出租房；（b）出租房平面图；（c）起火点处的地板炉；（d）地板炉近照，背面有部分瓦楞纸板残骸，有可能是最初起火物；（e）在起火点正下方地下室内发现的地板炉；（f）对地板炉的实验室测试

7.7.2 取暖器火灾2：便携式取暖器点燃纸板引发的火灾

一月份某天凌晨4:30分左右，佐治亚州中部一住宅发生火灾。ATS对该火灾的起火部位和原因进行了调查。据房主陈述，自己被一声巨响惊醒，发现厨房有一道闪光，她打开房子后门时，车库已经充满了火焰，于是，跑去叫醒她的丈夫，带着孩子勉强逃了出来。图7.20（a）为着火房子正面照片，图7.20（b）为车库照片。

火势迅速地从车库蔓延到厨房，厨房完全被卷入其中，然后火势蔓延到了餐厅和房屋中间的客厅，发生了全面燃烧。只有离车库较远的另一头的卧室还没有完全过火。从厨房方向拍摄车库的照片如图7.20（c）所示。

两名工人花费约4小时的时间才完成车库和两辆车的挖掘工作。检查车库的电路，发现只在车库东墙上的配电盘右下角和底部有电弧痕迹。入口线缆从配电盘底部穿过，如图7.20（d）所示。电缆从每一边都连接到配电盘顶部，然后绕到主断路器接线柱上。人们通常认为，如果其中一辆汽车着火，形成的高温气体层会从天花板逐渐下沉，首先作用到配电盘顶部。从现场勘验结果来看，起火点可能在配电盘下方。图7.20（e）为车库东墙清理后的情况。在配电盘正下方和燃烧位置最低的墙壁木龙骨正前方发现了一个不锈钢花架，花架从上至下均过火，图7.20（f）为花架后面区域的特写。厨房的地板托梁上烧出一个洞，墙底木龙骨呈现出比较浅的V形燃烧痕迹。（需要注意的是，如此低且浅的V形痕迹几乎可以肯定不

图7.20

图 7.20 （a）着火房子正面照片；（b）火灾破坏后的车库现场；（c）从厨房方向拍摄的车库现场；（d）火场中烧毁的配电盘；（e）车库东墙燃烧最低点处的花架；（f）车库东墙较浅的 V 形燃烧痕迹与地板处的烧洞痕迹以及墙体烧脱落痕迹；（g）现场重建后配电盘位于花架上方；（h）现场正面粘有瓦楞纸的便携式小型取暖器。

是火羽作用墙壁造成的，不过它可能反映了较长的燃烧时间。）

如图7.20(g）所示，将配电盘放回原位进行火场重建，最后一步重建如图7.20(h）所示。房主那天晚上第一次在车库里安装了一个小型加热器给植物保暖，勘验发现有瓦楞纸板黏附在加热器的前部。并且在发生火灾的当晚，车库中唯一发生变化的是加热器的存在。

结语：由于破坏的程度比较严重，调查人员只能根据痕迹进行假设，但该加热器作为引火源假设的确定性较高，不能被排除。

7.7.3 取暖器火灾3：取暖器前堆放物品引发的火灾

田纳西州中部的一栋四户公寓楼发生火灾，ATS对该起火灾的起火部位和原因进行了调查。火灾发生于1999年12月中旬的午夜，火灾发生时公寓内无人居住。市消防局成功地将火势控制在了起火房间，但其正下方的公寓被消防用水严重损毁。公寓楼的正面如图7.21（a）所示，起火公寓的平面图如图7.21(b）所示。火灾损失主要集中在公寓一间卧室的西侧，如图7.21(c）所示。一个壁挂式电暖器安装于墙壁的最中间，该区域损坏最严重，在墙壁和床之间的电暖器正前方的地板上，发现了大量的个人物品。衣服和其他物品堆积情况见图7.21（d)。

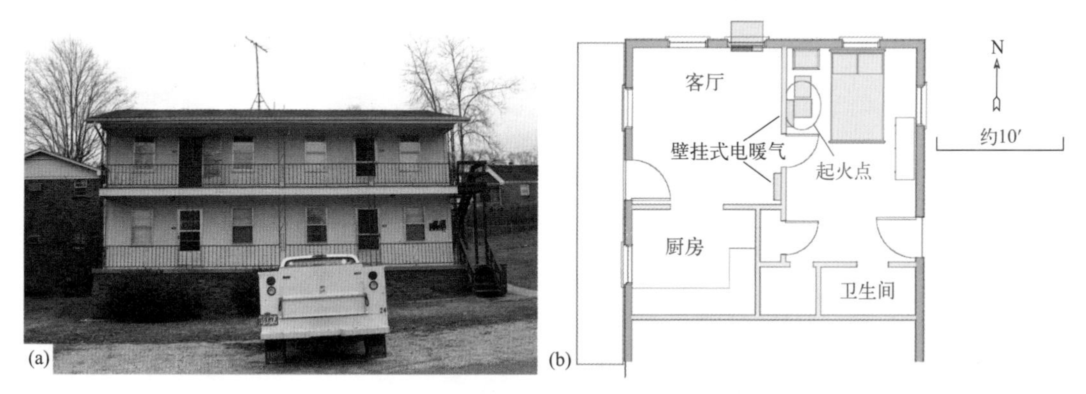

图7.21 （a）公寓楼正面；（b）起火公寓平面图。

图7.21 （c）起火房间烧损情况；（d）起火点位于壁挂式取暖器前面。

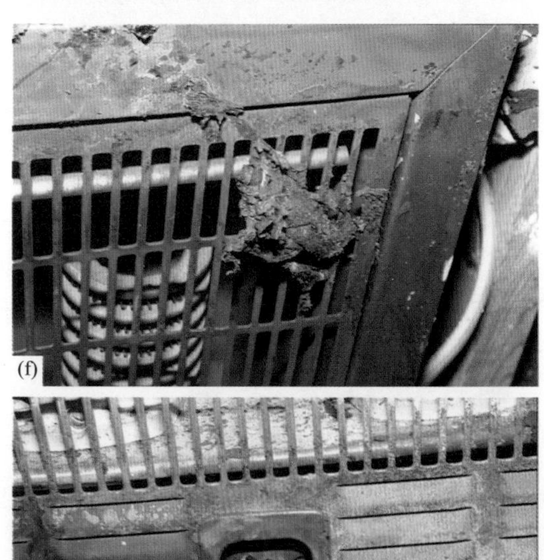

图7.21 （e）清理杂物后，在墙与床之间的地面，在壁挂式电暖器的正前方有一个长方形盒子形状的印记；（f）粘在壁挂式电暖器右上方的烧损布料痕迹；（g）电暖器加热控制旋钮的位置。电暖器加热控制旋钮不应处于这个位置。（译者注：原著中缺失此图）

清理完这个区域后，位于壁挂式电暖器正前方地板上发现有一长方形的瓦楞纸箱，如图7.21（e），并且加热器前右边的格栅上粘着一块烧损的布料，如图7.21(f)。

该房屋租户表示，他在离开公寓之前（在把物品放在加热器前面之前）已经关掉了电暖器，但检查电暖器加热控制旋钮后发现，电暖器实际上被调至最高加热挡。图7.21（g）显示位于起火点处的电暖器旋钮是从客厅另外一个类似电暖器上拆卸下来的。加热器上的“高”档位置正好是3点钟方向，但客厅加热器的旋钮无法转动到3点钟位置。与第6章中描述的嵌壁式加热器不同，这个电加热器有一个明显的“关”挡位，但显然制动器坏了，租户把这个加热器关掉时，实际上把它拧过了“关闭”位置，导致加热器被设置为最高温度。

结语：这场火灾是多种因素共同作用的结果，其中包括承租人的疏忽，即在加热装置前堆积了可燃物，以及加热装置本身的制动器故障。此起火灾未引起诉讼。

7.8 工业火灾

工厂的火灾会给火灾调查员带来在普通商业或住宅火灾中从未遇到的挑战。工厂内有特殊的设备和操作系统，其复杂之处只有工厂的员工能了解，因此在调查过程中工人的合作必不可少。然而，如果火灾范围较小，管理人员与工人为了尽快恢复工厂运营，一般不希望火灾调查人员参与事故的调查，并且可能会在这个过程中销毁相关证据。大多数公司为了应对诸如火灾等类似事故会购买相关保险，他们通常不关心起火的根本原因，但也有一些明智的公司希望了解真正的原因以避免类似事故的再次发生。

除了希望尽快恢复运营外，工厂员工可能还有其他原因不愿配合调查。工业设备火灾通常是由某个人做出的错误决定造成的，而这个人通常不会主动承担责任。比如，他们担心调查可能会得出该起火灾事故是由于工厂管理层在几个月或几年前做出的错误决策导致的，那么在询问过程中他们可能会闪烁其词或完全不配合。例如，工厂可能会为了节约成本而不使用灭火系统，但由火灾造成的损失和停产往往比使用自动灭火系统成本高得多。与此类似，还有一些火灾是由于某人的决定关闭了安全装置，或为了节省时间增加产量而采用不规范的生产程序导致的。到目前为止，工业火灾最常见的原因是管理者未尽其职责，而肩负安全职责的工厂管理者对工厂的安全根本不在意。

在工业火灾现场调查时，调查人员应熟悉发生火灾部位的生产流程。包括了解加工前原料的性质、储存方式和地点，原料被运送到加工区域进行加工的工艺，以及最后生产出产品后的包装、存储和装运的整个流程。在开始调查前，调查人员应首先对工厂管理者或熟悉所有生产流程的人进行询问，以便判断在整个生产流程中是否存在问题。以下是典型的工业火灾案例。

7.8.1 工业火灾1：机械车间喷漆间火灾

2000年7月中旬田纳西州纳什维尔北部一个工具和模具车间发生火灾，火灾发生时该车间已关闭，晚上十点半左右警报器发出了报警。火灾造成车间烧毁严重，ATS对该起火灾的起火部位和原因进行了调查。

该机械车间生产用于固定风扇和电机、船舶部件、铁路部件以及工业用途输送机的大型钢支架。主要生产流程是将购买的钢材切割、焊接、涂漆，然后出售。在火灾发生前几个月，由于更换了新的管理层，这家公司聘请了一位专业的损失控制顾问来审查运营情况，并对安全生产程序提出建议。火灾发生前，书面安全生产程序建议已经形成文件，但防火和安全控制流程只占该文件的两页，并且未识别出几个重大风险。

工厂的正面如图7.22（a）所示。大多数员工在调查当天都参与了清理工作，工厂管理者也协助调查人员了解了生产流程。大楼的外部基本完好，但内部被烟雾严重地损坏。在建筑的中心，一些屋顶直接塌落在喷漆区域，该区域也就是起火部位。图7.22（b）显示了热

图7.22

烟气从门口向喷漆室蔓延的痕迹，喷漆室被火焰烧损的痕迹见图7.22（c）～图7.22（e）所示。这是该建筑受损最严重区域，也是唯一受火灾严重破坏的地方。从图7.22（e）中可以看出盛装易燃液体的容器存在存放不当的情况。

喷漆室的门口有一堆橡木堆垛，堆垛靠近纤维垃圾桶的一侧炭化。垃圾桶完全烧毁，但还能看到在喷漆区使用的玻璃纤维过滤器的残留物。托盘烧损情况如图7.22（f）所示，垃圾桶残留物如图7.22（g）所示。

图7.22 （a）工厂的正面；（b）喷漆室区域门口上方的烟熏痕迹和热破坏痕迹；（c）喷漆室西侧的火灾损毁情况；（d）喷漆室南墙通风口周围的火灾破坏痕迹；（e）在喷漆室内盛装易燃液体的容器存放不当；（f）运货堆垛朝向垃圾桶一侧的火灾痕迹；（g）在垃圾桶残骸中发现的过滤材料，调查发现这种材料属于易自燃品。根据OSHA（职业安全与健康标准）和NFPA 33要求，除非完全浸没在水中，否则该材料须及时隔离处置，或放置在一个充满水的金属容器中，或当天操作结束后处理掉。

根据负责喷漆的员工陈述，其在起火当天曾进行喷漆作业，离开前在垃圾桶里放了一些用过的过滤器。

众所周知，油漆过滤器上剩余的喷涂颗粒有发生自燃的危险。因此，联邦法规29CFR部分第1910.107节对喷涂车间过滤器的处理做出了具体规定。职业安全与健康标准（OSHA）文件中的大部分规定都来自NFPA 33《易燃或可燃材料喷涂标准》。NFPA 33特别规定喷雾区域都应安装自动消防控制系统[11]，根据定义可能包括任何相关的排气室和排气管道系统、微粒过滤器、溶剂浓缩器装置、再循环空气供应装置以及混合室。然而这幢起火大楼里并没有安装任何消防控制系统。

NFPA 33第10.4.2节要求：

所有废弃的喷洒收集器过滤器、残渣废料和被残渣污染的碎片，除非完全浸没在水中，否则应立即转移至指定的存储位置，或放置在装满水的金属容器中，或在当天处理完毕。

这场火灾显然起源于纤维垃圾桶，是由涂有喷洒颗粒的过滤器自燃引起的。[2]

结语：该工厂管理者已经尽力使操作规程更加符合安全规范，但他的损失控制顾问却疏忽了喷涂危害。然而，因工厂管理者和顾问是亲密的私人朋友，当保险公司建议追究顾问责任时，该公司并没有进行代位追偿，而是在重建喷漆间时安装了自动喷淋系统，并加强了员工的管理。

7.8.2　工业火灾2：屋顶堆积废弃物引发的火灾

2001年初夏，ATS对某工厂两起火灾展开起火部位和原因的调查，两起火灾发生时间仅相隔三天。火灾发生时该工厂正在运行。该工厂购买的原料是大卷的厚牛皮纸，将其切成各种形状后，制成瓦楞纸纸板。在这几个纸板切割操作过程中，产出许多纸板碎块和大量纤维细粉尘。这些粉尘废料被真空系统收集，然后输送到屋顶上的两个旋风分离器中，分离器中的废料不断地倾倒入料斗中，然后送往另一个工厂回收利用。

第一起火灾发生在周二下午的2时30分左右，火灾发生在屋顶上。火灾发生时，旋风分离器因堵塞已停用，又因需要疏通，所以是敞开状态，疏通该设备的员工们当时正好休息，并不在屋顶上。因为旋风分离器处于敞开状态，火势蔓延到设备内部的燃料位置。消防部门迅速出动将火扑灭，旋风分离器内的自动喷淋装置在灭火过程中也发挥了作用。第二起火灾发生在同一周周五的凌晨4点30分，起火部位位于第二个旋风分离器附近，此次大火没有蔓延到旋风分离器内部。经询问得知，第一个旋风分离器上为鼓风机提供动力的一个马达最近被更换了，工厂管理者怀疑它可能与第一起火灾有关。图7.23（a）为发生火灾的两个旋风分离器。周二的大火开始于左边的旋风分离器附近，其中火场的部分残骸在这次调查前已被清理干净，见图7.23（b）。周五的火灾现场如图7.23（c）所示，拍摄时间为起火当天下午，现场只进行了小范围的清理。周二的火灾中当旋风分离器内的废料被引燃并从斜槽中掉落时，造成了工厂内部的受损，如图7.23（d）所示。

随着勘验的进行，调查人员发现，一个旋风分离器内有明显的火势顺着空气流动蔓延的痕迹，这与前期询问的结果“旋风分离器在周二起火时已经关闭”相矛盾，这是一个不寻常的发现。调查人员还发现，周二起火的旋风分离器上一些螺栓涂有银色油漆，如图7.23（e）所示。经过再次询问，工厂管理者提到，约18个月前此旋风分离器还曾发生过一起火灾，因此，调查人员不仅需分析周二火灾和周五火灾的痕迹，还要分析18个月前的火灾遗留下来的痕迹。

一个断路器的负载侧有一电弧痕迹，如图7.23（f）所示，该断路器可能是（也可能不是）新更换的电机电源开关。据了解，周二为强烈的雷雨天气，这又为调查增加了一个变量。

在旋风分离器周围发现了堆积的大量纤维废料，废料堆深度大，足以持续燃烧三天。细碎的纤维堆积足够深时，能够在堆垛内部阴燃很长一段时间，当阴燃蔓延至表层并获得充足的氧气时，就会发生明火燃烧，因此，周五的火灾很可能是周二火灾的复燃。但由于各种复杂外界因素的影响，调查人员所能做的最好的事情就是提出预防未来火灾的建议。

调查人员建议，可以采取以下两个步骤来防止此类火灾的发生：

(a)

(b)

(c)

(d)

图 7.23　(a) 两个旋风分离器在两个独立但相关的火灾中受损。(b) 周二发生火灾的旋风分离器受损情况，痕迹表明火势向内部蔓延。(c) 周五被火灾破坏的旋风分离器外部受损情况。旋风分离器内部没有过火。(d) 周二火灾中旋风分离器下方的一个滑槽周围的受损情况。(e) 周二火灾中旋风分离器上一些螺栓涂有银色油漆，该油漆是在 18 个月前的火灾后喷涂的。(f) 断路器负载侧电弧损坏痕迹，该断路器可能是在 18 个月前被弃置的或在周二的火灾中被损坏的。(g) 金属物体机械撞击管道内部所造成的凹痕。(h) 由于机械冲击造成风扇罩凹陷的痕迹，几个被飞溅的碎片穿透的地方进行了焊接修复。

① 移除引火源和起火物。图7.23（g）为通向一个旋风分离器的管道，管道内有由金属物体撞击造成的大量凹痕。图7.23（h）显示风扇罩从内到外也有类似的凹痕，其中一些撕裂已由工厂维修人员焊接修复。调查人员建议在排气系统中安装磁性过滤器，以去除吸入排气系统的铁质物质，减少管道或旋风分离器内打火的概率。②建立例行清理制度，以清除旋风分离器周围堆积的细碎纤维废料。建议每天清除一次，也可以根据废料积累的速度，减少到每周清除一次。由于之前没有清理旋风分离器周围废料的制度，废料堆积的速度根本不得而知，能够知道的是火灾发生时此处已堆积了大量的废料。

结语：相关证据不足以完全排除最近两起火灾放火的可能，但能够进入该区域的员工均是长期可靠的工人，没有任何放火动机。工厂管理制度改革后，没有再发生过火灾。

7.8.3　工业火灾 3：印刷机设计缺陷引发的火灾

一台用于生产建筑材料标签的小型印刷机在使用过程中发生了火灾和爆炸，但印刷车间的员工通过手持灭火器控制住了火势。由于该印刷机为新购的机器，店主想知道起火的原因以及如何防止此类火灾的再次发生，ATS 对起火和爆炸的原因进行了调查。

印刷机如图7.24（a）所示，内部结构如图7.24（b）所示，通过照片可以看到印刷机上有干粉灭火器灭火的痕迹。这台机器装有两个油墨储罐，使用的是闪点为24℉的高度易燃油墨。该装置的底部有烧损痕迹［如图7.24（c）所示］，从烧损痕迹可以看出，其中一个油墨储罐发生了泄漏，部分油墨流入电路系统所处腔室。图7.24（d）为印刷机的电路系统腔室，油墨通过钢管输送以防止泄漏。电路系统腔室中装有从电路系统腔室吹向油墨储存器腔室的风扇，防止油墨蒸气接触电路系统，但是两个腔室之间的隔板并没有密封，无法防止液体渗透。

图7.24（e）为隔板一角，隔板上有油墨流过的痕迹，在隔板上有一个便于装配而设计的小切口，其实该切口用一滴硅胶即可封住。

一旦流入电路系统腔室内的挥发性油墨蒸气被点燃，它们就会闪回到油墨系统腔室，产生如图7.24（f）所示的痕迹。

图7.24 （a）发生爆炸起火的印刷机；（b）两个高度易燃油墨储存器所处腔室，浅色粉末为干粉灭火剂；（c）印刷机底部的受热痕迹；（d）电路系统所处腔室，带有软管的油墨钢管从这个腔室中穿过；（e）油墨从隔板的一开口处溢出到另一个腔室的位置；（f）油墨腔室中的燃烧痕迹，从右下向左上的开口处蔓延。

结语：这台印刷机是由于设计上的缺陷而发生的火灾，设计师考虑到了易燃油墨蒸气的危险性并采取了隔离措施，但是却忽略了高度易燃墨水溢出或泄漏的情况。

7.8.4 工业火灾4：液压油火灾

佐治亚州北部的一家鸡肉加工厂发生火灾，ATS对该起火灾的起火部位和原因进行了调查。火灾发生时，维护人员已完成设备保养，工厂员工正在准备一个大的深油炸锅。大火破坏了工厂的制冷系统，几个小时后，制冷系统中的氨气才降低到可进入火灾现场的安全水平，起火工厂如图7.25（a）所示。从外部看，虽然工厂烧损较轻，但起火部位上方的屋顶烧损较严重，如图7.25（b）所示。这种烧损痕迹布局在大型金属构件中是非常典型的。由于有大量的目击证人，直接认定了起火部位。火灾始于一台油炸机，该机器用于将裹有调味层的鸡块“预过油”，这些预处理过的鸡块随后会被运往各个快餐店。据说这台机器被一个巨大的二氧化碳系统罩保护着，该二氧化碳保护罩可降低到接近食用油表面的位置。然而，食用油并不是起火物。火灾发生在油炸锅的输入端，如图7.25（c）所示。此处有三个液压阀，其中一组控制着输送机的速度和二氧化碳保护罩的位置。如图7.25（d）所示，当机器上游的液压系统阀门打开的时候，中间的液压阀可作为燃料（加压液压油）来源。液压油从一个孔中流出，这个孔原本是用来容纳两个导向销中的一个的，这两个导向销滑入了如图7.25（e）所示的活动阀门两端的凹槽中。在调查过程中，找到了其中一个导向销的一半，冶金专家认定它是由于过载而断裂的。导向销的扫描电子显微镜照片如图7.25（f）所示。导向销失效的原因是液压系统中金属碎片的堆积，而堆积的碎片产生了摩擦增加了阻力，操作人员通过强行推动阀杆解决了这一问题，如图7.25（g）所示。当看到这些碎片时，工厂管理者提起了两周前的一次液压泵故障，该故障导致工厂停产，并更换了液压泵。当发生类似压缩机叶片飞散的故障后，有必要对液压系统进行排油和清洗，以清除泵故障产生的碎片。但工厂所有者为减少停产时间采用过滤方式来清除碎片，最终证明这是一个代价更大的决定。

在对该油炸锅过往的跟踪过程中，调查人员了解到曾发生过几起类似的由液压故障引起的火灾，并召集了一组调查人员进行交流讨论。

制造商非常了解此类火灾，因此他们设计了一种解决方案，即每个炸锅配备一个独立的小型液压油箱，而不是将炸锅的液压系统连接到工厂的液压系统，因此，在液压油泄漏的情况下，仅有10gal的燃料，而不是数百加仑。

(a)

(b)

图7.25

图 7.25 （a）一家鸡肉加工厂发生火灾，起火原因为液压阀失效，将液压油喷入油锅下的天然气火焰而发生火灾。（b）起火部位上方的屋顶受损情况。（c）油炸锅输出端。“预过油”的鸡肉块通过食用油后进入传动钢带，然后被移至冷冻室中，左侧为冷冻室入口。起火部位位于灯下方。（d）起火部位处的三个液压阀，中间阀上的导向销断裂，一股高压液压油被喷入油锅下的天然气火焰中。（e）中间液压阀的阀芯，由于液压泵故障产生的金属碎片卡在连接阀芯末端和阀体之间的导向销中，导致当阀杆移动时导向销负载过大。（f）故障阀门一个导向销断头的扫描电子显微镜照片，图中框内为裂纹的起源点，裂纹是由于导向销超载引起的。（g）金属碎片，为故障压缩机叶片残骸碎片，这些碎片本应从液压系统中清除，但工厂管理层在没有进行充分清理的情况下重新启动了运行。

结语：工厂的保险公司对炸锅制造商的代位求偿权失效，主要原因是工厂所有者从统一制造商手中又购买了一套相同设计的设备，甚至没有额外购置更安全的液压系统，因此工厂保险公司的律师称工厂所有者（名义上的原告）认为该产品不安全的辩护不成立。

7.8.5 工业火灾5：鸡肉加工厂火灾

阿拉巴马州中部的一家养鸡场发生火灾，ATS对该起火灾的起火部位和原因进行了调查。工厂烧损严重，所有厂房均需重建。图7.26（a）为火灾发生后的厂房，从外围看烧损较轻，但内部全部被烧毁。火灾是油炸锅中的食用油过热自燃引起，油炸锅如图7.26（b）所示，这是一种电热锅，通过浸在油中的加热管加热。该炸锅主温度传感器如图7.26（c）所示，假设油位低于该传感器所处液位，传感器测量的将是空气温度，而不是油的温度。因为空气温度比油温低，所以加热管会持续加热。而且，由于与油相比，空气是不良导体，所以裸露的加热管可能导致管子上的油局部过热。第二套传感器安装在上油池一侧油池中的浮子上，用于在油位过高或过低时切断加热器，这些传感器如图7.26（d）所示。油炸锅制造商接到通知参与火灾现场调查工作，在联合调查后，调查人员提取了控制装置进行实验室测试，图7.26（e）为油炸锅上被拆除设备所在位置的标识。起火油炸锅转移至仓库后，进行了一系列试验，以便制定模拟其可能导致油炸锅起火的测试方案。图7.26（f）为其中一个实验装置，该装置可通过加热少量食用油来测试温度控制装置性能，此实验方案经过一致同意后，即可进行油炸锅现场实验。在图7.26（g）所示的实验中，重现了食用油的过热现象，通过检查控制面板上电路，发现两个安全装置已经失效，图7.26（h）所示为失效安全装置上的接线螺母。[3]确定起火原因后，调查人员对灭火系统失效的原因进行了调查。该油炸锅由一个二氧化碳气体灭火系统“保护”，系统连接有两个T形二氧化碳气瓶，调查发现气体严重不足。当灭火系统首次排放二氧化碳时，火焰被熄灭，但气态的二氧化碳系统既不能冷却食用油，也不能关闭保护罩风扇以防止空气进入油锅，所以，当二

(a)

(b)

(c)

图7.26

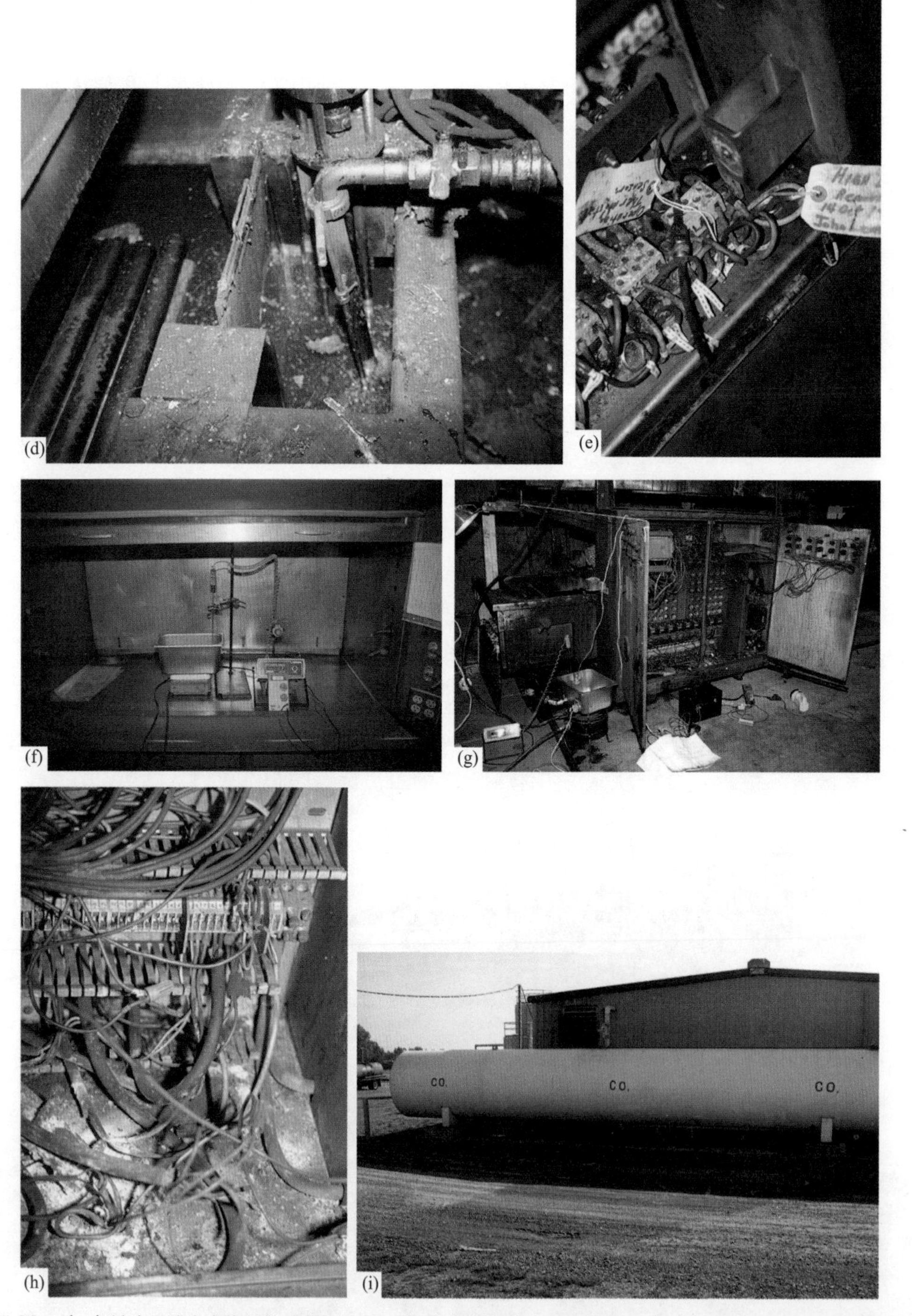

图 7.26 （a）被食用油火灾烧毁的鸡肉加工厂；（b）起火部位处的油炸锅；（c）位于加热管上方的温度传感器，若油位下降，这个传感器测定的将是空气温度，而非油温；（d）测量油位的侧边油池，若油位过高或过低，安装在侧边油池的浮子开关会切断加热器电流；（e）记录拆除传感器装置日期的标签，传感器装置被带回实验室用于测试，同时建立控制面板的实验方案；（f）热传感器的实验室测试，这次测试也验证了测试控制面板的实验；（g）现场实验，通过加热少量的油来测试控制面板上的继电器和其他部件性能；（h）接线螺母，用于连接从控制面板线路中拆卸下来的两个安全装置，这样的权宜之计是引起工业火灾的常见原因；（i）会使灭火系统更有效的 10000 加仑二氧化碳罐。

氧化碳消散后，火又重新燃起。工厂的员工又将另外两个钢瓶连接到灭火系统上，结果一样——火先是熄灭，然后又重新燃起。在油炸锅附近有一个容量10000gal的液化二氧化碳罐，如图7.26（i）所示，用于速冻从油炸锅里油炸出来的鸡肉，若将此罐与灭火系统相连，也许可以控制油锅中的火势，但它的释放会造成工厂内氧气不足，导致所有的员工窒息死亡。气态二氧化碳灭火剂因不会留下残留物，一般用于小型火灾，但不适用于油被加热到燃点以上发生的大型油类火灾，特别是在现场有通风柜的情况下，二氧化碳灭火剂会被迅速驱散，达不到灭火效果。

结语：在这起案件中，油锅制造商显然没有过错，工厂工作人员并没有解决导致起火的根本问题，只是采取了将两个安全装置连接起来的权宜之计。同时，灭火系统的设计存在严重缺陷，负责设计的公司同意为火灾承担部分责任，遗憾的是，他们的保险单只能赔偿大约5%的损失。

7.9 雷击火灾

雷击会产生一些火灾调查员遇到的最有趣的痕迹物证。人们常说，雷击唯一可预测的就是它的不可预测性。尽管雷击不可预测，但当雷击与建筑物相互作用时，却会产生特定的痕迹物证，调查人员会将其与雷击相关联起来。由于雷击导致的火灾属于意外火灾，所以对该类火灾实际进行调查的次数远不如应该调查的次数多。

人们可以采取某些措施来减小雷击火灾的可能性。其中最主要的是将电力系统与建筑中的金属管道和框架系统连接起来，这种防火用途已经得到充分的认可，并且符合美国《国家电气规范》（NFPA 70）第250条和第820条的要求[12]。尽管雷击是火灾的起火原因，然而，安装人员没有将电气系统、煤气系统或有线电视系统连接在一起，才是火灾发生的真正原因。笔者曾遇到过几起代位求偿案件，由于个人或公司没有将相关系统连接在一起，保险公司成功地帮助居民获得了赔偿。

雷击造成的痕迹物证通常会被随后发生的火灾破坏，此时，调查人员可以通过勘查附近的树木和高大建筑物上的雷击痕迹，或者通过目击证人来寻找该地区发生雷击的证据。雷击会在雷电探测网络上留下永久性的电子数据记录，该记录可以从雷电探测网络中检索。火灾调查员通过提供火灾现场的地址（或坐标），即可在24小时内得到一份报告，证明火灾发生时在该地点约5mile或10mile（英里，约8046.7m或16093.4m）半径内是否发生了雷击。如果在距火灾现场500yd（码，约457.2m）的范围内显示有雷击，调查人员将很难排除雷击火灾的可能性，此时可通过额外付费获取雷击数据的误差。雷电可以从大气层高处5mile（约8046.7m）外开始放电，而一次雷电可以击中多个位置[13]。

雷击的电压可能超过1000kV，并有能力通过“变压器效应”在一定距离内造成损坏。雷击可在平行于雷击方向的导体中产生非常大的电流，通常是垂直的。这可能会对连接到电路的电子设备造成各种损坏，甚至可能引发火灾。此外，雷击能够导致气体管线穿孔，最终导致后续火灾。这里报告的三起火灾是典型的雷击火灾。

7.9.1 雷击火灾1：当心你的许愿！

7月下旬某日下午时分，佐治亚州南部一处住宅发生火灾，ATS对火灾的起火部位和原因进行了调查。火灾发生时，房主的女儿独自在家。保险公司了解到房主在火灾发生18个月前与妻子离婚，之后一直试图卖掉房子，因此次火灾太“巧合”，保险公司决定对现场进行调查。图7.27（a）为的房子右后角，房主女儿陈述在此听到了雷击声。图7.27（b）显示了此次调查的原因，该房子前面有一“出售”的标志。

图7.27 （a）佐治亚州南部一房屋遭雷击现场；（b）住宅前的“出售”标志；（c）楼上卧室的损坏情况，主要由屋顶塌落物坠落造成；（d）从房子中央上方的烧损情况来看，火是从阁楼里开始燃烧的；（e）未受火灾影响区域的壁橱墙发生了爆炸。

与其他很多雷击火灾一样，该起火灾属于发生在阁楼中的高位起火。图7.27（c）显示楼上的卧室损坏严重，但损坏主要是由屋顶结构燃烧坍塌造成的，没有任何证据表明起火部位在该房间内部。图7.27（d）显示了房子里比较典型的天花板破损痕迹。天花板以下没有发现任何烧损。图7.27（e）为一个典型的雷击痕迹：一楼一个壁橱上的墙体被炸开，在该住户房子内发现了几处类似的痕迹。

结语：所有的证据都表明这是一场雷击火灾，也没有出现推翻此结论的证据。一份物品清单显示，在火灾发生前无个人财产转移情况。而且发生火灾时，房主女儿正在屋内，可排除房主放火的可能，除非他是一个极其冷酷的人。在房主接受询问过后，临离开时对调查者说："约翰，我不知道你是不是一个爱祷告的人，但如果你向神请求什么，请一定具体些。"

7.9.2 雷击火灾2：雷击导致燃气设施连接器破裂引发的火灾

一所住宅于2003年仲夏半夜发生火灾，当天是雷雨天气，主人恰巧离开，所以直到邻居看到火势蔓延出客厅窗户，才报警。房子的一侧有一个经典的V形痕迹，如图7.28（a）所示。大火似乎是从客厅开始，突破窗户后蔓延至住宅外面。然而，仔细勘验后发现，火实际上是从客厅下面的不锈钢燃气软管处开始的，如图7.28（b）所示。这条燃气软管点燃了壁炉中的人造原木，并烧穿了沙发下面的地板。通过检查被抛到车道上的金属烟囱帽，可以推断不锈钢燃气软管破裂的原因：烟囱帽的边缘一侧出现一个24mm大小近乎圆形的穿孔，见图7.28（c）、图7.28（d）。雷击使金属烟囱和与之相连的壁炉通电，电流又到达一段供应壁炉圆木的黑铁管上，而这根管子又与不锈钢燃气软管相连，导致不锈钢燃气软管末端融化，融化痕迹见图7.28

图7.28

图 7.28　（a）被雷击引燃的房屋客厅窗户周围的V形痕迹；（b）由于雷击通电而破裂的不锈钢燃气软管；（c）烟囱帽，边缘一侧被烧出24mm大小的穿孔；（d）烟囱帽被烧穿孔的特写；（e）不锈钢管被烧裂开的位置特写；（f）连接不锈钢管的黄铜螺母。

（e）。这根软管因受热而发黄，当这根管子被送检时，送检人员要求利用化学方式证明这跟管子实际上是不锈钢材质而不是黄铜材质。当电流通过软管上的黄铜螺母时出现局部高电阻，导致黄铜螺母熔化，见图7.28（f）。当软管破裂后，熔化的金属作为高温强热源引燃了泄漏的天然气，燃气在地板下燃烧了约15分钟或更长时间后，烧穿了地板，蔓延至客厅，引燃了沙发。

结语：雷击留下的痕迹特征非常典型。该起火房屋虽然位于偏远乡下，烧损特别严重，但从烟囱盖上的烧洞和熔化的燃气管道痕迹特征上分析，足以判断起火原因。

7.9.3　雷击火灾3：雷击导致附近波纹不锈钢管（CSST）穿孔引发的火灾

这场火灾是由于雷击导致CSST管线穿孔引发的。这种薄壁燃气管道在20世纪80年代末被大量生产并投入使用，使用前只进行了极少的测试，并没有考虑直接或间接的雷击可能会对其造成的损害[14]。其抗损伤性远低于铜管（铜管壁较厚）或黑铁管[15]，但它的安装较铜管或黑铁管容易（例外情况是，如本章前面所述仅接头制造较难）。图7.29（a）所示的住宅外围没有明显的损坏痕迹，但地下室的天花板损坏严重，这是由于间接雷击造成的。院子里安装了一个用来养狗的隐形电子围栏，围栏线路与一根装有金属示踪线的聚氯乙烯（PVC）燃气管道相交，交汇点如图7.29（b）所示，雷电沿着金属线进入房间并连接到CSST管道系统。通电的CSST在穿过金属暖通空调管道的地方发生破裂，如图7.29（c）所示区域，图片中绿色丝带标记位置即开裂部位，裂开的穿孔如图7.29（d）所示。

图7.29 （a）间接雷击导致CSST管线穿孔，住宅受损；（b）隐形围栏线路与天然气管道上示踪线的地下交汇点；（c）起火点位于地下室天花板下的CSST管线上方，绿色丝带处为管道穿孔的位置；（d）CSST燃气管道穿孔的特写图。（照片由得克萨斯州丹顿市古德森工程公司的马克·古德森提供。）

7.10 热水器火灾

第6章详细讨论了热水器的故障模式。以下介绍的火灾案例旨在说明一点，即尽管违反消防法规不对，但是因无法对每一个房屋进行彻底的清查，结果是虽然违反了法规，也不可能发现违反法规的地方，无论是美国《国家电气规范》《国家燃气规范》，还是《易燃和可燃液体法规》。

7.10.1 热水器火灾1：未导致火灾的违规行为

位于佐治亚州北部一处住宅发生火灾，ATS对火灾的起火部位和原因进行了调查。房主十几岁的儿子钓鱼回家后，在车库后面的储藏室里缠好渔轮，不久之后储藏室起火。储藏室门通常是开着的，但因少年把里面弄得一团糟，他的母亲关上了门。图7.30（a）所示为车库上方的房屋一侧受火烧损的情况。图7.30（b）所示为火势从储藏室通过厨房门道向内蔓

图7.30

图7.30 （a）佐治亚州北部某住宅发生火灾后的烧损情况，该起火灾由热水器引起；（b）火灾从车棚蔓延至住宅内部的入口位置。（c）火灾从储藏室向外蔓延的痕迹。（d）安装在储藏室内的热水器。发生火灾时储藏室内空气供应不足，且无通风口。（e）燃烧室周围的火灾痕迹。（f）融化的盛装汽油塑料容器。

延，导致厨房内出现热烟气损坏。从储藏室门口的V形痕迹可以看出火灾起源于此房间，如图7.30（c）所示。储存室后角落里有一液化石油气热水器，如图7.30（d）所示。

此储藏室有一装修好的天花板，调查人员很快就发现，安装热水器的过程存在严重的违规行为。该储藏室总容积为374ft^3（立方英尺）（374ft^3=10.59m^3），且没有通风口，显然符合NFPA 54美国《国家燃气规范》中规定的“密闭空间”这一条件。美国《国家燃气规范》规定安装有热水器的密闭空间为体积小于50ft^3/（1000Btu·h）的房间，起火房间有一40000Btu（英热，1Btu=1054.350J）热水器，若房间不通风，则房间大小至少2000ft^3。热水器的安装人员没有按照燃气法规的要求在房间内设置排风口。安装工人是发生火灾房屋所在镇的一名承包人，火灾发生后该承包人被通知可能要承担责任。他说他已经安装了几百台这样的热水器，不会对任何索赔作出回应。

燃烧炉开口处的火灾痕迹表明，该处可能为起火部位，如图7.30（e）所示，但检查热水器后发现燃烧炉和烟道内没有任何的多余烟尘，这表明此处处于无氧状态。在对该区域进行挖掘后，发现一个带有强烈汽油气味的融化的塑料容器，如图7.30（f）所示。显然，该容器被扔进储藏室的渔轮撞翻后，汽油泄漏了出来，大约10分钟后，加热器火焰点燃了汽油蒸气，引发了火灾。

结语：该起案件最初看起来为承包人过错，保险公司可通过代位求偿来弥补损失，但最终起火原因被认定为房主疏忽大意造成的。

7.11 结语

在引用的这些案例中，要确定将起火物、空气和引燃能量聚集在一起（起火部位）的条件是非常简单的，然而，火灾调查人员不仅仅要查出起火原因，更要超越这种狭隘的认知范围，例如，了解火灾蔓延情况比了解起火原因对理解火灾造成的损害更为重要。造成人员伤亡的原因往往与出口的布置有关，而与引火源无关。除了起火部位和起火原因外，当事人更想知道的是火灾的责任由谁承担，调查人员可通过物证和目击证人的陈述进行判断。

在火灾调查过程中一些与火灾没有直接关系的其他数据也需要进行分析，以评估调查人员的假设在现实当中是否有可能出现。火灾调查指挥员也需要运用科学的方法，把所有的证据串联起来形成完整连贯的证据链，将科学方法应用于责任认定与应用于起火部位和原因认定同样重要（但往往更困难）。

问题回顾

1. 虽然棉绒堆积是烘干机火灾中的一个常见特征，但烘干机火灾最常见的起火原因是什么？

a. 桶里的衣服过热　　b. 电源连接不当　　c. 自燃　　d. 易燃液体污染

2. 以下哪一份文件规定了火灾调查员保存证据的职责？

a. ASTM E860《已涉或可能涉及刑事或民事诉讼项目的检查和准备标准实施规程》

b. ASTM E1188《技术调查员收集和保存信息和证据的标准操作规程》

c. NFPA 921《火灾和爆炸调查指南》

d. NFPA 1033《火灾调查员职业资格标准》

e. 以上都是

3. 最常见的电气火灾起因是什么？

a. 过流　　b. 电气产品使用过度

c. 短路　　d. 接触不良

4. 为什么液化石油气系统和设备的问题比天然气系统和设备的问题更危险？

a. 液化石油气单位体积所含能量比天然气大

b. 液化石油气系统工作压力比天然气系统更高

c. 液化石油气比空气重，比天然气更容易积聚

d. 以上都是

5. 工业火灾最常见的原因是什么？
a. 为避免成本上升或保持工厂运行而作出的权宜决策
b. 劳资纠纷
c. 机器安装不规范
d. 粗心大意的吸烟

问题讨论

1. 造成政府部门调查员和私家侦探案件调查结果差异的原因是什么？
2. 请阐述为什么残留植物油比残留可燃性液体更容易引起烘干机火灾。
3. 调查工业火灾损失时，需要了解哪些相关因素？
4. 为什么熟悉消防法规对火灾调查员来说很重要？
5. 有哪些因近期改变建筑物结构而引起火灾的例子？
6. 公共部门调查员的案件组合与私人调查员的案件组合之间的差异是什么?

参考文献

[1] 6th Circuit, (2007) *Richey v. Bradshaw*, 498 F.3d 344.
[2] NFPA (2017) NFPA 921, *Guide for Fire and Explosion Investigations*, National Fire Protection Association, Quincy, MA, p. 258.
[3] NFPA (2017) NFPA 921, *Guide for Fire and Explosion Investigations*, National Fire Protection Association, Quincy, MA, p. 256.
[4] Ettling, B. V. (1994) The overdriven staple as a fire cause, *Fire and Arson Investigator* 44（3）:51.
[5] Babrauskas, V. (2003) *Ignition Handbook*, Fire Science Publishers, Issaquah, WA, p. 790.
[6] Sanderson, J. (Ed.)（2000) Carbon tracking: Poor insulation combined with contaminants is potential fire cause, *Fire Findings* 8（3）:1.
[7] NFPA (1998) NFPA 54, *National Fuel Gas Code*, National Fire Protection Association, Quincy, MA, 7.2.
[8] Sanderson, J. (Ed.)（1997) Loose gas pipe fittings: Physics basics may aid your investigation, *Fire Findings* 5（2）:1.
[9] NFPA (2017) NFPA 58, *Liquefied Petroleum Gas Code*, National Fire Protection Association, Quincy, MA, 5.9.3.
[10] Cox, D. E. (1997) LP gas cylinders, *Fire Findings*, 5(3):7.
[11] NFPA (2016) NFPA 33, *Standard for Spray Application Using Flammable or Combustible Materials*, National Fire Protection Association, Quincy, MA, 9.1.
[12] NFPA (2017) NFPA 70, *National Electrical Code*, National Fire Protection Association, Quincy, MA, Articles 250 and 820.
[13] NASA (2003) Lightning really does strike more than twice. Available at https://www.nasa.gov/centers/goddard/news/topstory/2003/0107lightning.html.
[14] Goodson, M., and Icove, D. (2016) Electrical characterization of corrugated stainless steel tubing components and systems, *Proceedings of the 7th International Symposium on Fire Investigations Science and Technology (ISFI)*, NAFI, Sarasota, FL.
[15] Goodson, M., and Hergenrether, M. (2005) Lightning Induced CSST Fires, *Fire and Materials Delegate Handbook*, Interscience Communications, London, UK.

1 现行（2015）版规范燃气系统测试和检查内容如下，但没有指明责任方：
8.2.2 打开煤气。在气体进入新的气体管道系统的过程中，应检查整个系统，以确定没有打开的设备或端口，以及所有停用的出口阀门都已关闭、堵塞或加盖。
8.2.3 * 泄漏检查。当燃气被接通到一个新的或停用后又恢复的系统后，应立即检查管道系统是否有泄漏。在显示有泄漏的地方，应关闭气体供应，直到维修完毕。
2 火灾发生时，NFPA 33 的执行版是 1995 年版。2016 版在引用的要求方面基本相同。
3 至少他们用的是接线端子，而不是把电线拧在一起用胶带缠起来。

第8章

放火火灾调查方法

真理的大敌往往不是故意的、做作的和不诚实的谎言，而是持久的、有说服力的、不切实际的错误认知。调查人员常常固守先辈的陈词滥调，对所有的事实都有一套预先准备好的解释。调查人员享受经验带来的舒适，而却不感到思想的不适。

——John F. Kennedy

耶鲁大学毕业典礼，1962年6月11日

学习目标

阅读本章后，读者应能够：

- 在调查火灾时避免错误认知的影响；
- 了解错误认知是怎样形成的；
- 了解文献资料中的错误认知是如何影响火灾调查行业发展的；
- 在审查其他火灾调查人员的报告或阅读陈旧的文献资料时，辨别出其中的错误认知。

8.1 错误认知的发展与传播

本书的第一版写于2004年。当时，本章提出的许多错误认知被相当多的火灾调查人员所认同。随着时间的推移，受退休人员、《火灾和爆炸调查指南》（NFPA 921）和其他资料的影响，以及法院对基于错误认知而裁决案件的重审行为，减少了错误认知在实践中的使用。虽然不能说该指南在2001年之前已经被普遍接受，但是对于1992年之后入职的火灾调查人员来说，NFPA 921一直都像生活常识一样被普遍接受。虽然仍有一些被判监禁的人对2001年以前的定罪提出上诉，但今天很少看到因错误认知而导致错误结论的报告。虽然有许多包含错误认知的资料仍在印刷中，但2001年之后出版的火灾调查书面材料是没有或几乎没有包含错误认知的。而一些一般性调查或刑事司法文书却并非如此。2015年，作者发现有必要联系文献被广泛引用的两个作者，并要求他们在下一个版本中修改关于火灾调查的章节。[1]

尽管错误认知的使用率正在下降，但仍有必要对其来源进行剖析。错误认知的采用和持续存在本身就是火灾调查学科史上令人遗憾的事情，同时这也涉及了许多火灾调查人员没有去思考的领域。有些人想把这些肮脏的小秘密藏在“壁橱”里，希望人们会逐渐忘记，使其不会再成为问题。正是因为这些在火灾调查人员培训和教育中的严重问题未能解决，才导致了错误认知的存留。而这种严重问题造成的不幸后果是，无辜的生命被善意但无知的调查人员扼杀。本章的目的是试图解释错误认知为什么会产生，以及为什么这些错误认知仍然存在。希望新手调查员或正考虑加入该领域的人们可以避免“忘记”那些错误的认知，从而减少错误结论的产生。

就像研究希腊或罗马神话一样，没有一个单一的原因可以解释荒诞说法（myth）的发展。当然，没必要认为调查人员会有意提出一些错误的观点。大多数错误观点很可能是由于毫无根据的一般化推理产生的。例如在车库火灾中，调查人员可能会观察到汽油容器残骸周围出现的剥落现象，于是将汽油与其联系起来。下次再看到混凝土剥落现象时，他便断定这与汽油有关。

有些谬论是因为直觉上显而易见的“推论”而产生的。汽油比木材燃烧的温度更高这一概念很能引起人们的兴趣；任何曾经用柴火生过火的人都知道，用液体燃料点燃它要容易得多，而且只需要很短的时间就可以燃烧。汽油燃烧放出的热量比仅有木材燃烧放出的热量高得多，因此汽油燃烧的火焰温度必然更高，对吗？错了！但就连可以说是那个时代最优秀的法医学家之一的Paul Kirk，也接受了这个观点。在*Kirk's Fire Investigation*（1969）第一版中，他在论述金属熔化痕迹作用时提到：

火灾现场里的任一金属熔融物，都能可靠地反映其在火灾中熔化的最低温度。研究人员能在许多情况下利用这一事实优势，因为简单木材火灾的火场有效温度与存在外来燃料（如助燃剂）的火场有效温度存在差异[1]。

时至今日，研究人员有时仍会通过观察熔化的铝制门槛来推断是否有助燃剂的存在。

玻璃开裂表明玻璃被迅速加热的观点十分吸引人，以至于美国国家标准局［现为美国国家标准与技术研究院（NIST）］的三位受人尊敬的研究人员Brannigan、Bright和Jason，将其纳入*Fire Investigation Handbook*（1980年）中。一些作者提出，碎玻璃非常有用，玻璃裂纹的大小可以表明其与起火部位的接近程度[2]。

错误认知的公开出版和不断相传使其长盛不衰。如果一个"放火火灾调查培训学校"决定在培训课程中使用一篇包含错误认知的文章，那么数百名调查人员将接受这种错误的"绝对真理"。而那些很少参加进修课程、没有跟上文献发展、很少参加会议的人可能永远不会接触到最前沿的想法和研究。

为什么火灾调查领域采用（或已经采用）如此多的错误认知，而源于分子生物学的法医学技术DNA分析领域需要消除的错误认知相对较少？在某种程度上，是因为两个行业从业者本身的差别。法医DNA分析领域的领导者们是训练有素的科学家们。如果有人明确地告诉他们玻璃破裂源于快速加热，他们可能会想起本科化学实验室做的一个实验：他们尝试加水来避免玻璃烧杯过热，结果烧杯一接触水就裂开了。因此，他们可能会在观察裂纹之后提出另一种解释。在培训期间，科学家们应该得到一种被Carl Sagan委婉称为"胡说八道探测器"的东西，也就是所谓的自然科学怀疑论。然而，一个人不必拥有科学学位就能对事物保持适当的怀疑。Sagan写道：

大多数成功的二手车购买者都证明，即使没有高学历也能掌握怀疑主义的基本原则。大众运用的怀疑论整体理念是，每个人都应该拥有基本的方法来有效和建设性地评估某一学科中的某项主张。科学要求调查人员采取和在购买二手车时同样的怀疑态度[3]。

针对"只有在快速加热的木材表面才会出现大而闪亮龟裂纹"的观点，科学家会说："给作者看看数据！"而一个实习火灾调查员将从他有经验的导师那里吸取"经验"。拥有高学位的人发表一个错误认知，甚至可能是对"为什么是这样"进行了浅显的解释（尽管没有真实的数据）时，他的学生会将这种谬误内化为事实，使再培训变得困难。一旦火灾调查员依据错误认知将某人送进监狱，他或她会极不愿意质疑这个错误认知的权威，以免自己被迫承认一个难言的错误。

这并不是说火灾调查中的错误认知从未受到质疑。1979年，Harvey French的*Anatomy of Arson*中呈现了许多"老太太们的故事"（译者注：指社会世代相传的迷信故事）。1984年，Bruce Ettling在*Fire and Arson Investigator*中写道："调查人员是在自欺欺人吗？"Ettling列出了许多将要在本章探讨的错误认知。他写道：

一些"老消防员的故事"需要停止：混凝土的剥落表明使用了助燃剂；燃烧的木材上出

现大波浪裂纹表明火势迅猛，而且可能有助燃剂存在；乌黑的浓烟表明可燃物中含有石油成分；助燃剂的参与会使地板上留下较大的烧洞；电线上的绝缘层松动表明内部发热；标准时间－温度曲线表明在给定时间下火灾温度能达到多高；聚氯乙烯绝缘层在加热一段时间后脆性增强，且容易短路；只有使用助燃剂才能得到温度极高的火焰；几千摄氏度高温的电弧可以瞬间点燃固体燃料[4]。

1986年，在*Scientific Evidence in Criminal Cases*第三版中，作者指出，对“放火判定标志”的习惯性解释缺乏理论支持：

放火诉讼案中许多通常认定的放火判定依据由于缺乏既定的科学有效性而不足以成为判定依据。在许多情况下，已出版的科学文献中缺乏能够证明放火立案有效性的材料，这一现象足以导致对此类依据的科学可信性提出质疑。然而很显然的是，这些案例中的放火判定依据并没有经受科学验证的严峻考验，却被当成了法宝[5]。

航空航天公司（美国）根据与美国执法援助管理局（LEAA）签订的合同，收集了许多有关火灾调查的错误认知，并在1977年出版了一本名为*Arson and Arson Investigation: Survey and Assessment*的小册子（显然，航空航天公司在其主要客户——美国国防部手中得到的工作并不多，因此它们又向刑事司法方向进行了拓展）。值得称赞的是，这项调查的作者指出：“虽然燃烧指示器被广泛用于判断火灾成因，但这种说法几乎没有经受过科学的检验。”他们建议“精心计划一项科学实验，来保证目前使用的燃烧指示器的可靠性。任何会导致他们做出错误判定结论的发现都是尤为重要的（比如说，发现了一种助燃剂）”。他们在一份非常有先见之明的声明中补充道，“该测试的主要目的是：避免由于燃烧指示器缺乏科学有效性对法院裁决产生巨大影响。”9年后Moenssens等仍遵循着同样的思路。但直到NFPA 921出版以及Daubert案件中，法院作出“要求专家证词必须可靠”的决定之后，错误认知才受到普遍而严峻的挑战。（译者注：1993 年,美国联邦最高法院在“Daubert v.Merrill Dow Pharmaceuticals案”中，根据联邦证据规则第702条创立了采纳科学证据的新规则——道伯特（Daubert）标准，即科学技术和其他专业知识具有可采性的判断标准是具有相关性和可靠性，而不是相关领域的普遍认可。）

LEAA的专题研究是最古老而全面的“指示”清单之一，它为火灾调查的错误认知研究提供了一个良好的开端。以下是清单内容：

• 龟裂效应：检查那些呈现龟裂痕的烧焦木材。大波浪痕迹表明木材被急剧加热，而小的龟裂纹则表明木材受到长时间低温热源的加热。

• 玻璃裂纹：玻璃上形成不规则裂纹表明玻璃受到快速强烈的加热作用，可能有助燃剂的参与。

• 炭化程度：炭化程度可用来确定木材被燃烧的长度，进而确定起火点。

• 分界线：烧焦和未烧焦材料之间的界限。在地板或地毯上，水坑状的分界线被认为是液体助燃剂产生的痕迹。木材横截面上清晰的分界线表明其经历过一场迅猛的火灾。

• 家具内弹簧的松垂：由于弹簧松垂导致家具因自重倒塌需要高达1150°F的热量，以及衬垫的隔热效果，人们认为只有发生在垫子内部的火灾（就像是垫子之间来回滚动的香烟）

或是外部因助燃剂存在而加剧燃烧的火灾，才会出现弹簧松垂。

- 剥落：混凝土、水泥或砖块表面因剧烈的高温而碎裂。碎片周围的棕色斑点表明使用了助燃剂[6]。

除LEAA报告中列出的，以下错误认知也在广泛流传：

- 火灾荷载：了解了建筑结构中燃料的能量值（相对于能量释放速率），研究人员可以计算出“标准”火灾在给定时间范围内应该产生的损害。
- 低位燃烧和地板上的烧洞：由于热量向上传递，人们普遍认为在地板上发生燃烧，尤其是在家具下面发生燃烧，就证明了引火源在地板上。
- V形痕迹的角度：V形痕迹的角度能反映出火焰的传播速度。
- 时间和温度：研究人员通过预估火焰传播速度或者确定火场温度，可以判断是否存在助燃剂。

NFPA 921最初的两个版本（1992年和1995年版）提到了许多关于火灾调查的错误认知。在火灾痕迹一章中，有几个标题为“错误认知”的小节。虽然技术委员会认为使这些错误认知成为焦点非常重要，但火灾调查界的许多人仍痛斥这种想法且对错误认知一概视而不见。他们固执己见，而委员会也选择了默然接受，直到1998年的改版才将章节标题改成了“解释”，就好像去掉“错误认知”一词就能抹除错误认知存在的痕迹一样。乐观来看，更新的版本（许多调查人员仍然拒绝接受）已经摆脱了错误认知的束缚。在揭穿错误认知前，调查人员应当讨论其来源，并且在其传播时公开指出这些错误信息的出处（即重复引用错误认知的源头）。

8.2 龟裂痕迹

继LEAA的调查报告后，调查人员发现火灾调查手册中也提到了龟裂痕迹，这本由NBS（现在的NIST）出版的手册十分有用，它提到：

在判断火灾是快速还是缓慢发展时，可使用以下判定标准：(a) 木材上的龟裂纹形态——木材缓慢受热时会产生相对平坦的裂纹，而在迅速发展的火势下会产生光滑且呈不规则弯曲状的裂纹[7]。

1982年，美国国际消防培训协会（IFSTA）手册明确说明：

如果有深而光滑的龟裂纹大面积出现，那表明火势蔓延得十分迅速。大面积龟裂纹的存在表明周边曾有可燃或易燃液体存在的迹象[8]。

未曾有对“快速发展”火灾和“正常发展”火灾不同之处的明文规定。而对这些主观词语定义的缺乏，不仅使火灾进展的“指标”变得毫无意义，而且也意味着几乎不可能设计一个实验来测试其效用。关于龟裂纹，美国Army野战手册19-20*Law Enforcement Investigations*提供了些许不同的解释，手册指出：

木材烧焦，会形成一种像鳄鱼背上鳞片一样的裂纹。火焰烧灼时间最长温度最高的地方，木材会在最小范围内形成最深的鳞状裂纹。在1400 ~ 1600 ℉——大多数住宅火灾的室内温度下，结构中的木材会以每40 ~ 45分钟1英寸（in）深度的速率炭化[9]。（这样一个段落中包含了三个错误认知！2）

O'Connor的*Practical Fire and Arson Investigation*（1986年）指出：

较深的龟裂纹（大波浪形痕迹）通常反映出曾有火焰在裸露的木材表面上剧烈、快速地移动。这种情况可能与助燃剂的使用相关[10]。

作者被邀请在这一主题上花费更多功夫进行研究，因此该书的第二版要谨慎得多。在更新的文稿中提到：

有人认为，大而有光泽的裂纹（炭化龟裂纹）的存在和炭的表面形态（例如钝度、光泽或颜色）都与液体助燃剂的存在有一定的关系，但没有科学证据能证实这一点。因此建议研究人员在使用木材炭化痕迹判断是否是放火时要非常谨慎[11]。

然而他们还没有完全抛弃这种错误认知。1997年时，一份文稿里有张照片，上面写着"大波浪形炭化痕迹……是由快速剧烈的热量传递和火焰传播（延伸）引起的[12]"。

之后，在他1995年所创作的*Engineering Analysis of Fires and Explosions*中写道：

就像狩猎向导解释如何依据标记记号和参照物去跟随猎物的足迹一样，火灾调查人员也在寻找能找到起火点的标记和痕迹。例如，高温火焰的快速燃烧会产生光滑的炭化痕迹并且伴随有较大范围的龟裂纹。火焰温度较低、火势蔓延较慢则会产生间距更小的龟裂纹和显得相对暗淡的炭化物。

之后继续对这种现象作出"科学的"解释：

当热量在木材上传递时，材料表面的水分会蒸发和逸出。伴随着表面水分快速散失，体积迅速损失，损失的体积对应着水分之前占据的体积。水分的散失导致木材回缩，因此木材表面就处于张力状态了。这就是为什么木材被暴露在高温下会龟裂，或者随着时间的推移而变得干燥。当然，如果外部温度很高，更多的水分因此被"煮"出来，那么开裂（或龟裂现象）会更加严重[13]。

这听起来很科学的解释（其实是垃圾）给读者造成一种作者确实知道自己在说什么的假象。许多书对错误认知的反复阐述，增强了这类认知的可信度，从而使它们长久地存在。（Noon和O'Connor的书都是由备受推崇的科学书籍发行商CRC Press出版的。）

人们对龟裂痕迹理论的质疑可以追溯到1979年。Harvey French在*The Anatomy of Arson*中写道：

由于对这些有关木材和火灾的特殊现象的科学研究有限，因此，目前尚没有可靠的数据来确定龟裂纹的形态大小（粗度和细度）、光泽度，或是其他伴随快速升温或者助燃剂（例如汽油、丙酮、油漆稀释剂或其他挥发性液体或可燃性物质）[14]的使用而出现的视觉外观。

龟裂纹和大多数其他错误认知的最终解释是NFPA 921，其中有关龟裂纹的说法是：

6.2.4.3 炭化痕迹的外观。过去，火灾调查组织为炭化和龟裂现象赋予了含义，这种含义都没有经过受控测试证实。大范围鼓泡（炭化波浪痕迹——龟裂）的存在既不能证明燃烧过程中有液体助燃剂的参与，也不能表明火势蔓延迅速或燃烧极为猛烈。在许多不同类型的火灾中都可以发现这些鼓泡。但没有理由推断，这种炭化波浪痕迹是助燃剂火灾的指标。图6.2.4.3说明了暴露于同一火场中的木板炭化鼓泡形态的变化。

6.2.4.3.1 有时会出现一种说法，即炭化的表面形态，如粗糙程度、光泽、颜色或在紫外线光源下显现出的样子，与碳氢化合物助燃剂的使用或火势增长速率有一定的关系。而没有科学证据表明这种相关性的存在，因此建议研究人员不要仅根据炭化物的外观就判断有助燃剂存在或火势增长速率极大。”[3]

Monty McGill拍摄的照片在*Kirk's Fire Investigation*第二版中首次出现，现在作为参考图片8.1（a）出现在这里。这可以证明“有光泽的龟裂纹是助燃剂参与燃烧的结果”是一种错误的说法。图8.1（b）是作者拍摄的类似照片。虽然McGill的照片很有名，但它所反映的现象并不是特有的。英国火灾调查人员Dougal Drysdale更喜欢使用“鳄裂”这个术语。

图8.1 （a）同一火灾场景中，同一面墙上不同尺寸的炭化痕迹的照片。（由LaMont“Monty”McGill提供）

图8.1 （b）在同一火灾现场拍摄到的，同一面墙上产生不同尺寸炭化裂纹的照片。

8.3 玻璃裂纹

目前还不清楚究竟为什么有人认为玻璃的裂纹一定是快速加热导致的。也许是在已知起火点的附近发现了玻璃碎片，而一位颇有影响力的调查员因此得出了错误的结论，且在研讨会上向一大群与会者反复提及。然而不论是怎样开始流传的，大家都普遍接受了这个说法。但与绝大多数错误认知不同的是，这一说法是特别容易测试的。直到1992年，也没有人费心去做这项验证工作。

美国统计局的手册提到，“大块的窗玻璃碎片上浓重烟熏痕迹的残留，通常意味着火势的发展缓慢。裂纹的存在和不规则的形状上轻微的烟熏痕迹，表明热量积聚得十分迅速[15]。”这两句话都是错误的，但裂纹确实是调查人员目前关注的重点。

美国陆军野战手册*Law Enforcement Investigations*指出，“一般来说，玻璃裂纹较多表明热量积聚得十分迅速。如果玻璃上烟熏痕迹较重，则表明火势蔓延缓慢且产生了浓重的烟雾[9]。”

IFSTA的*Fire Cause Determination*中说：

如果窗户玻璃上有小裂纹（微小的裂纹），可能还有轻微的烟尘积聚，那么起火点可能就在附近，这种情形表明热量积聚得迅速而强烈。较大范围的裂纹和浓重的烟熏痕迹表明热量积聚缓慢且距起火点较远[16]。

IFSTA手册，也可能是*Practical Fire and Arson Investigation*（O'Connor，1986；O'Connor and Redsicker，1997）中使用资料的来源，它再次重申：玻璃上的裂纹意味着存在“快速而强烈”的热量积聚，若裂纹很“小”，那么它就在起火部位附近。另外，更大的裂纹图案“意味着它与起火点有一定的距离”。关于裂纹的错误认知是在对研究人员可能遇到的玻璃类型进行广泛讨论之后得出的，包括玻璃的软化点、化学成分和应用。这使得读者确信调查人员对玻璃了如指掌[2]。如今，虽然DeHaan将玻璃裂纹列在“谬见和错觉[18]”（译者注：外文原稿参考文献序号不连贯）的标题之下，但他在1991年时仍对这种错误认知深信不疑。他1991年时认为：“龟裂玻璃的裂缝和裂纹，类似于玻璃中复杂的路线图，无疑表明其在火灾中某个时刻热量迅速积聚。”为了更深入地了解这种现象产生的真正原因，他接着说，小的洞坑或剥落的玻璃更可能是在灭火过程中，由于水喷雾击中灼热玻璃而形成的。直到1997年*Kirk's Fire Investigation*第四版出版时DeHaan才承认作者的工作——证明了玻璃开裂仅仅是快速冷却的结果[20,21]。

作者在1991年美国加州奥克兰市荒地火灾发生之后，组织了一项研究。研究发现玻璃上的裂纹是三项检验的“指标”之一。调查人员观察到，所有的龟裂纹都出现在那些曾经有过积极的灭火救援行动的地方，这正表明水与龟裂痕迹的形成有关。

从实地观察到实验室实验，作者检验了这一假设。通过比较“缓慢”加热和“快速”加热对玻璃的影响得到的实验结果应该彻底终结这项错误结论。（虽然缺乏“快速”和“缓慢”加热的定义，但当加热速率达到极限时，几乎没有争论的余地。）将不同厚度的窗户玻璃样品放入凉的烤箱中，缓慢加热至1500°F（约800℃），或者被放入预热到相同温度的同一烤箱里。为了模拟“更快”的火灾，在超过40000英国热量单位（Btu）（约12MW）的丙烷燃烧器里对玻璃样品进行加热。虽然在丙烷火焰下观察到些许裂纹，但在任何情况下，快速升温加热都不会导致玻璃开裂。而无论是快速还是缓慢加热，在温度至少达到500°F（260℃）的情况下，水的使用都会导致玻璃开裂。且裂纹只在与水接触的地方产生。使用湿棉签，甚至可以在玻璃上写字，如图8.2所示。

对玻璃破裂原因的错误认知，在宾夕法尼亚州对“Han Tak Lee案”（1989）[4]和亚利桑那州对“Ray Girdler案”（1983）的审判中产生了重要的影响。在宾夕法尼亚州“Paul Camiolo案”（1997年）的分析中玻璃裂纹同样发挥了作用。在这种情况下，一位支持英联邦的专家第一个指出，在其中一张照片中可以看到破裂的玻璃。他的报告说，“一张熔化的‘开裂’玻璃的照片表明住宅房间里热量的迅速积聚。这表明火势迅速地蔓延，不像香烟引起火灾时燃烧得那般缓慢。”这位专家在大陪审团面前使用的证词中提到了一个缺少公信度的判定指标，这使他在刑事指控被驳回后又被列为一项民事诉讼的被告。在他的证词中，他承认有两种方式能导致玻璃开裂，一种是快速加热，另一种是快速冷却，但他是凭借循环逻辑来支撑前面提到的观点的。他说，“好吧，正如之前在证词中所说，调查人员谈到了两种会使玻璃开裂的情况。如果作者认为地板上的燃烧痕迹是由当时存在的易燃液体引起的，那么作者必须承认开裂同样是由这种情况引起的。”如果地板上没有燃烧痕迹，作者可能会更多地关注到是玻璃上的水引起的玻璃龟裂[22]。”可能这个人已经吸取了教训，但直到今天，仍有火灾调查员认为（并教导别人！）玻璃破碎痕迹可以证明（或可能证明）玻璃曾被快速加热。

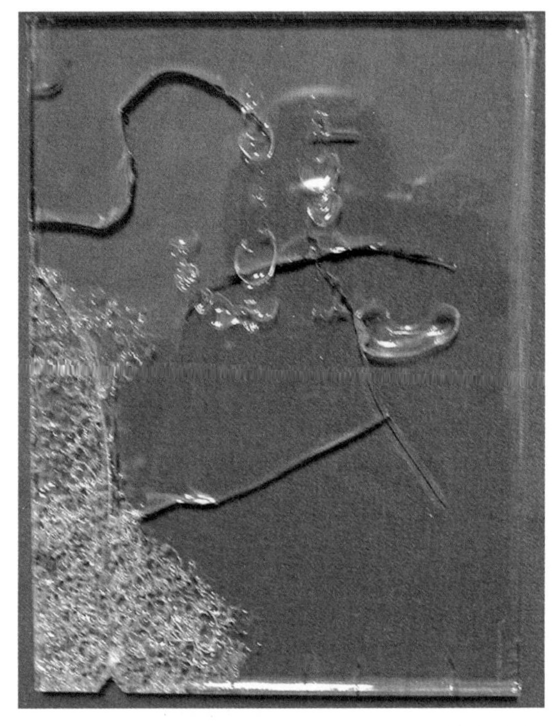

图 8.2　用棉签将水涂在热玻璃上，并书写作者的姓名首字母。左下方的龟裂区域是用喷雾瓶洒水引起的。

NFPA 921 对开裂有以下论述：

6.2.13.1.4　开裂是用于描述玻璃短裂纹中一种复杂形态的术语。这些裂纹可能是直的或是月牙形的，有的能贯穿玻璃而有的无法穿透。有人认为开裂是玻璃的一侧非常快速加热而另一侧保持冷却的结果。尽管这一说法广为人知，但并无科学依据。实际上，已发表的研究表明，快速加热并不能引起玻璃的开裂，只有快速冷却可以。不论加热速度有多快，只要喷洒水，热玻璃都会反复地产生裂纹。

值得注意的是，玻璃开裂是受到快速加热的标志这一错误认知从未在英国流行过。主要是因为在英国阅读最为广泛的火灾调查资料*Principles of Fire Investigation*中，正确地指出了“玻璃表面上出现的许多细小的贝壳状裂缝源于灭火用水造成的迅速冷却”[23]。该文作者未使用“龟裂”一词。英国不存在关于玻璃龟裂的错误认知，而那些发表在看起来令人信服文章里的主张，有时正是使放火火灾调查误区持续存在的原因。

8.4　炭化深度和位置

保险行业能从准确判定火灾原因和减少放火火灾中获得最大的经济利益。因此，保险公司历来在打击放火案中起主导作用就并不奇怪了；即使在今天，保险公司也为几乎所有的私营部门的调查提供资金。他们也同样促进了错误认知的广泛传播。1979年，美国安泰人寿保险公司出版了一本由John Barracato撰写的宣传册风格的手册，其中几乎包括了任何出版物中与这一主题有关的错误认知。关于炭化深度，这本书中的标题为“火灾……就是放火吗？”一章中提道：

火灾中的燃烧速率是判定其产生原因的一个重要衡量标准。不涉及助燃剂（如汽油或其他易燃液体）的火灾会以¾英寸每小时的速度在松林中蔓延。调查人员应询问消防部门火灾燃烧的时间和强度，然后仔细检查所有烧焦的木材，以确定火灾燃烧的时间长短和损害程度的轻重之间是否存在合理的对应关系[24]。

“Commonwealth v.Han Tak Lee案”（1989）中提出的正是这种方式的分析。在这种情况下，调查员进行了以下观察：

- 大火一共燃烧了28分钟。
- 火焰在45分钟内造成1英寸的炭化深度。（注意：这是比Barracato的¾in/h更常引用的炭化率。）
- 火焰蔓延了2×10平方英尺。

因此，一定有助燃剂的存在，才能在4.5小时内燃烧2×10平方英尺的可燃物。（当然，这是假定只进行单向燃烧，而不是同时从木材的两侧燃烧。火势蔓延的独特概念如图8.3所示。）Barracato估计在1780 ℉下燃烧2×4平方英尺需要的时间是1小时43分钟。调查人员被两个错误认知所误导：①炭化深度可用于可靠地确定燃烧时间；②他们认为木材只进行单向燃烧。出于讨论，如果调查人员假设火势在45分钟内纵向蔓延1英寸，且木材两侧都接触到火焰，那么烧穿一块1.5英寸的木头只需要34分钟。显然，该调查员的前提条件和依照的前提实践都是错误的。NFPA 921中关于炭化率的说法如下：

6.2.4.4　木材炭化率。木材2.54厘米（1英寸）每45分钟的炭化速率是基于通风控制型的燃烧来讲的。与可控的实验室火灾相比，火灾可能以或高或低的强度在不受控制的火灾期间燃烧。实验室测得一侧暴露于热环境的木材所产生的炭化速率是从1厘米（0.4英寸）每小时到25.4厘米（10英寸）每小时不等。仅通过测量炭化深度来确定燃烧持续时间时需要谨慎。

6.2.4.4.1　测得的木材的炭化率差别很大，而这取决于很多因素，其中包括：

1. 加热速率和持续时间
2. 通风效果
3. 木纹的发展方向、方位和大小
4. 木材种类（松木、橡木、冷杉等）
5. 木材密度
6. 含水量
7. 表面涂层的性质
8. 高温气体中的氧气浓度
9. 对流气体的速率
10. 间隙/裂纹/裂隙和材料的边缘效应

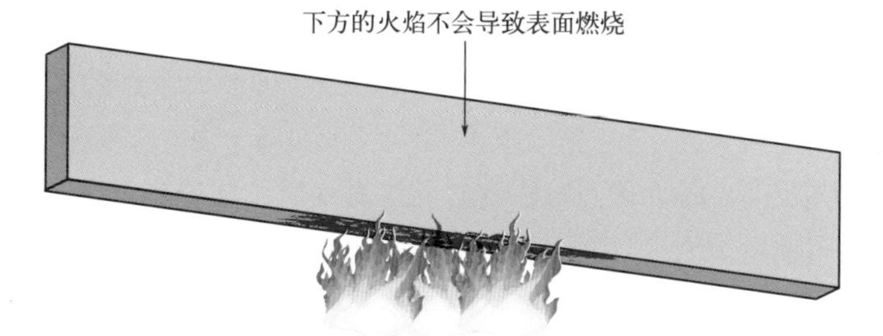

图 8.3　木材燃烧 2×10 平方英尺为什么会超过 4 小时的概念图。诸如此类的单向度思维导致了对放火案件的错误认定。

8.5　分界线

有关分界线的错误认知是火灾调查错误认知中较为复杂的内容之一，因为在某些情况中分界线的存在的确可以确切地说明火场中发生了什么，而有时分界线就仅仅是条线而已。关键问题在于存在分界线的间隔区域内是否发生了整体燃烧。有时候可明显看出是易燃液体造成的火灾痕迹，那么进一步的分析就是“画蛇添足”。当火势在整个空间内发展蔓延时，仅凭肉眼可见的线索进行判断就不再有效，有人认为无论何种情况都不应该仅凭肉眼可见的线索进行判断。然而像图8.4中所示的痕迹，根本不值得争论。但当房间完全被卷入火灾（通风控制条件下）并且调查员仍旧希望能够仅凭燃烧痕迹的形状就得出结论的时候，争论就开始了。这样的调查员简直是自找麻烦。如图8.5所示，是在1992年美国亚利桑那州图森市一次火灾实验中看到的分界线痕迹，使作者和他的同事暂停了他们的实验。这种痕迹并非人为因素导致（NFPA 921也引用了这个例子），但是它看起来就像易燃液体流淌痕迹。

图8.4　一种罕见的“明显泼洒痕迹”。只有地毯发生燃烧。没有其他可燃物存在，房间里也没有辐射热的迹象。地毯呈现出了“圆环状”的痕迹图案，并且在鉴定其样品时，检出了中质石油馏分。

过火区域和未过火区域之间连续、清晰且不规则的分界线常被视为易燃液体存在的证据。易燃液体的确可以在地毯上产生这种痕迹，许多放火调查研讨会都会讨论提前用水扑灭的初期火灾，以便调查人员能够学会识别“倾洒痕迹”。房间完全燃烧之后会发生什么，在这些初期火灾中并未体现。图8.5中所示的客厅地毯缺少了一条，导致了被暴露区域和被保护区域交替存在。当发生轰燃且随后整个房间发生燃烧时，辐射热引燃了裸露的地板，而被遮挡部分的地板没有发生燃烧。这样造成的结果是过火区域和未过火区域之间形成了连续、清晰且不规则的分界线。在瓷砖或成品硬木之类的光滑表面上，易燃液体可能会被迅速燃烧掉，以至于不留下任何痕迹（请参阅第9章中有关“Herndon”案的故事）。

图8.5　交替存在的燃烧区域和未燃烧区域之间有清晰的分界线将它们分隔开来。这场火灾实验中没有使用易燃液体。这些痕迹是当室内火灾进入充分发展阶段时，部分空间暴露于强辐射区域、部分免受强辐射区域影响的结果。图中的白线是热电偶的引线。

地毯衬垫是另一个影响地面燃烧痕迹形成的因素。图8.6展示了一种从上到下几乎直线穿过整个房间直到沙发的燃烧情形。这种痕迹使调查人员产生了极大的困惑，他们最初认为这是易燃液体的使用引起的（与许多有问题的测定结果一样，实验室检验表明其中没有易燃液体残留物的存在）。

分界线的形成可能是没有明显理由的。辐射强度与火源到可燃物距离的平方呈反比，因此在某一时刻（可能是某个被清楚定义的时间点），能量不足以维持燃烧。这种性质以及燃

图8.6　地毯下方衬垫的接缝导致了直线形痕迹的形成。烧孔排成一排，但地板下方几乎没有过火的迹象。起初这种线形痕迹被错误地认为是由易燃液体导致的。

烧的随机性可能导致形成如图8.7所示的清晰分界线。在辐射面板测试中，这块地毯被暴露在可控的辐射热源下，但它燃烧区域的边缘看起来非常像是受到了易燃液体的影响。

图8.7 根据ASTM E648（NFPA 253）进行的地面辐射板测试中，地毯样品被暴露在可控的辐射热源下。

保护痕迹可以由从天花板上掉下来的不规则形状的石膏干墙形成，它们会保护它们落在地板上的所有部位。调查人员已经知道地板上的衣物也会造成被暴露和被保护区域交替存在的现象。图8.8展现了在火灾实验中有意利用两侧衣物产生的拖尾痕迹。1991年在美国佛罗里达州杰克逊维尔发生的一场真实的火灾，即“石灰街大火”，在客厅门口的前走廊处也有类似的痕迹。图8.9中所示的痕迹最初被认为是由门口地板上的汽油燃烧引起的。[5]

图8.8 在火灾实验中，“长串痕迹”是清理由移动房屋地板上的衣物燃烧所形成的路径时留下的痕迹。仔细观察能够看到痕迹边缘有明显分界线，但这种痕迹更像是“长串痕迹”。区分真正路径的关键在于要理解：在室内火灾中的完全发展阶段，未过火区本应发生燃烧。研究人员应该解释未过火的原因，而不是试图解释过火区域发生燃烧的原因。在这场火灾中，唯一合理的解释是某些东西保护了未过火区域。

在对汽油和煤油集中燃烧产生的火灾痕迹进行的开创性研究中，Putorti [26] 发现，即使是在木质和乙烯基地板上，产生痕迹的边缘也不会太明显。他发现唯一能够确切说明与易燃液体相关的是一种“圆环状”痕迹，这是因为中心尚未蒸发的液体燃料对痕迹中心起到了保护作用。图8.4所示的“明显泼洒痕迹”呈现出的正是这种圆环状痕迹。

即使室内火灾没有进入全面发展阶段，热辐射也能够形成清晰的“烧坑状”痕迹。图8.10展示的痕迹（同样在NFPA 921中出现过），是作者在橡木制地板上燃烧空瓦楞纸箱产生的辐射热造成的。与Putorti用1L汽油燃烧产生的痕迹进行比较，两种痕迹的边界线清晰度

图8.9　这是“石灰街大火”中从起火房间门口部位截取出的燃烧痕迹。该痕迹被认为是汽油的存在所致，但后来被判定为是辐射的作用导致的。该“长串痕迹”两侧未过火的区域都被用塑料袋装好的衣物保护着。

图8.10　燃烧纸板箱会在橡木地板表面上形成一种“烧坑状”的痕迹。虽然形状像烧坑，但它实际上与真正的易燃液体泼洒产生痕迹的形状并不像，可这是许多研究人员认为的液体燃烧形成痕迹的标准形状。这种论断应当有所改变。

不同，如图8.11所示。

自1980年以来，炭化木材横截面中的分界线一直被用作火焰传播速率的判断依据。《火灾调查手册》中指出：“如果炭化部分与未炭化的部分之间有明显的界线，表示火势发展极为迅速。而缺少明显的分界线通常表示受热过程缓慢，因此，火势发展也较为缓慢[7]。”

O’Connor（1986）、O’Connor和Redsicker（1997）各提供了一块木材的横截面图来说明：其中清晰的分界线表明火势发展迅速，而模糊的分界线则反映了火势的缓慢发展[27,28]。

DeHaan等（2011）指出：“木材横截面的炭化比表面的炭痕迹更有说服力。在发展、蔓延较为缓慢的火灾中，将炭化的梁纵向剖开后，会看到木材截面上炭化区与完好区的界限更为模糊[29]。”他为这种痕迹的形成原因提供了一个合理解释，但和O’Connor一样，他既没有提供数据（尽管他确实提供了图片），也没有给出对“清晰”、“渐进”、“快速”或“慢”的定义。这似乎是“读者一看就能明白的”的情况。值得肯定的是，DeHaan提醒道，快速发展的火灾可能与助燃剂的使用没有关系。尽管如此，这类“数据”被调查人员用来错误地“排除”阴燃，因为阴燃不是“快速发展”的。木材横截面痕迹证明作用这一内容最终在*Kirk’s Fire Invetigation*第八版（2018年版，由Icove和Haynes撰写）中被除去。这是一个始终由示意图而不是由实际照片表示的痕迹——因为没有实际的痕迹照片。

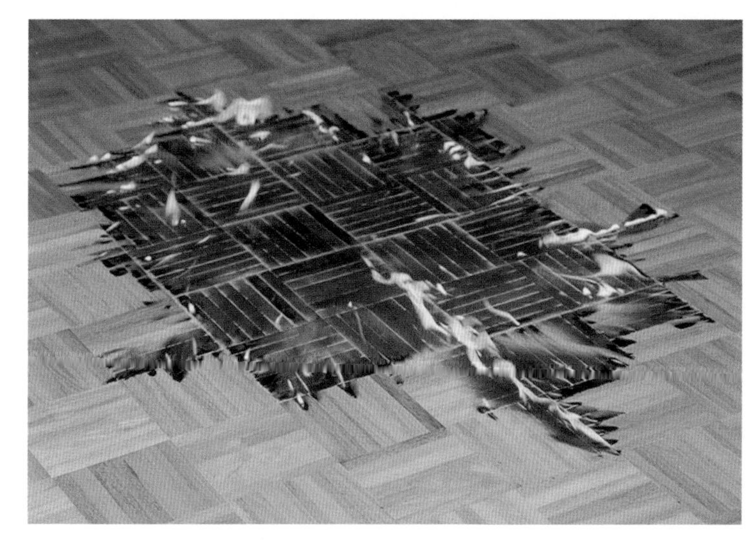

图 8.11 燃烧实验中，橡木地板泼洒易燃液体燃烧后形成的痕迹。实验将 1L 汽油倒在地板上并点燃形成了这种痕迹。（来自 Putorti, A 的 NIJ Report 604-00 *Flammable and Combustible Liquid Spill/Burn Patterns*，已获授权。）

NFPA 921 中一直有一些有争议的部分，其中有些就是对那些由观察分界线而产生结论的处理意见。尽管它在观察横截面的事情上保持了适当的静默，但文件包含了一个单独的章节，专门用来对地板上不规则火灾痕迹进行谨慎解释：

6.3.7.8 不规则痕迹。不应仅凭视觉感官就将地板和地板覆盖物上的不规则、曲折或“凹坑状”的痕迹辨别为由易燃液体燃烧产生的。在房间全面燃烧的情况下，即使没有易燃液体存在，也可以产生外观形态与易燃液体燃烧痕迹类似的痕迹。

6.3.7.8.1 不规则痕迹中遭受损坏和未受损坏区域之间的分界线，从明显的边缘线到平滑的渐变界线之间的变动，取决于材料的特性和被暴露受热的强度。橡木地板这样的高密度材料通常会生成比聚合物地毯（例如尼龙地毯）更清晰的分界线。没有地毯衬垫通常会使分界线更清晰。

6.3.7.8.2 在轰燃之后、长时间灭火或建筑物倒塌的环境下，不规则痕迹较为常见。这些痕迹的形成可能受到热空气、明火或阴燃残骸、熔化的塑料或易燃液体的影响。如果怀疑有易燃液体存在，那应当在实验室进行分析以获得更科学证据的支持。应当指出的是，许多塑料在热解或燃烧时会释放出含有碳氢化合物的烟气。这些烟气可能与石油产品燃烧的气味类似，在未使用液体助燃剂的情况下，可燃气体指示器可以检测到这些烟雾的存在，当检测结果呈“阳性”时，应当立即开展进一步调查，同时收集样品以便进行更详细的化学分析。在实验室对火灾残留物进行分析时，可能在没有使用助燃剂的情况下检测出包括碳氢化合物在内的热解产物。在分析地毯残骸时，应提取燃烧残留样品和对照组样品，并对这两组样品进行气相色谱－质谱分析，这在实验室分析中非常有用。通过将燃烧和未燃烧的对照样品分析结果与火场样品的分析结果进行比较，可以确定残骸样品中的碳氢化合物是热解的产物还是助燃剂的残余。在任何认为会有助燃液体存在的情况下，都应考虑闪燃、羽流、热烟气、熔化塑料和建筑物倒塌的影响。

6.3.7.8.3 当火灾整体损害有限或者发现小的和孤立的不规则痕迹时，应当组织进一步调查以便寻找易燃液体存在的证据。即使在这些情况下，辐射加热也可能导致某些表面上形成可能被误解为液体燃烧形成的痕迹。

6.3.7.8.4　浸入地板或地板覆盖材料中的易燃液体以及熔化的塑料会产生不规则的痕迹。局部加热或燃烧残留物的掉落也可能产生此类痕迹。

6.3.7.8.5　“泼洒痕迹”这一术语表示液体被泼洒或以其他方式被分散，因此表明是故意行为。由于易燃液体燃烧形成的火灾痕迹看起来没有什么特殊之处，所以应当避免使用术语“泼洒痕迹”或者提到该痕迹的性质。此类火灾痕迹的正确术语是“形状不规则的火灾痕迹”。是否存在易燃液体应通过实验分析来确认。不应当只用对痕迹的直观解释来认定不规则痕迹的性质。

NFPA 921包含的有关这一主题的注意事项多于其他任何主题。关于分界线解释的注意事项较多的原因很简单：这些特有的误解造成的错误非常之多。

8.6　凹陷的家具弹簧

手册*Fire … Is It Arson?*（1979年）建议火灾调查人员拍下家具弹簧的照片，因为“其外观可以帮助调查人员确定起火部位。严重凹陷的弹簧可能表明火场中有易燃液体存在，因为其燃烧产生的高热量能使弹簧凹陷[30]”。

另外，Carter在*Arson Investigation*（1978年）中写道，弹簧部分或全部塌陷表明这是由香烟引发的火灾[31]。

在“Han Tak Lee案”中，因为弹簧床失去了弹性，所以排除了在床上吸烟引发火灾的可能。显然，对相关痕迹的判断非常混乱。1989年，联邦调查局的两名实验科学家Tobin和Monson将不同火灾条件下负载和卸载（带或不带重物）的家具弹簧作为研究对象，且基本得出的结论是：弹簧的状态在火灾调查中几乎没有什么检验的价值[32]。DeHaan准确指出不同程度的弹簧损坏可以为了解火灾的发展阶段提供帮助，但又告诫道，弹簧的塌陷不能可靠地用于确定火灾是否是放火火灾[33]。

研究人员需要考虑影响弹簧状态多种因素的复杂性。例如，垫子在最初可能提供了保护，但随后却变成了可燃物。由于通风，床垫靠近门口的部分可能会经受更高的温度。NFPA 921就这一主题提供了以下指导：

6.2.14　家具弹簧的塌陷。家具弹簧的塌陷可能为研究人员提供有关火势蔓延方向、持续时间或燃烧程度的线索。但是，弹簧的塌陷不能反映出弹簧是否被暴露于特定类型热源或引火源中，例如阴燃火源或易燃液体。实验室测试的结果表明，弹簧的退火以及相关的张力损失（拉伸强度）是热量的函数。这些实验表明，高温下的短时间加热和超过400℃（750 ℉）的中等温度长时间加热都会导致弹簧弹性的下降和弹簧的塌陷。实验还表明，弹簧被加热时，负载或重物的存在会增加张力损失。

6.2.14.1　分析家具内弹簧状态的价值在于能够比较此处的弹簧与其他区域内的床垫、坐垫或骨架内弹簧的差异。对弹簧进行的比较分析，可以帮助研究人员做出对暴露在特定热源下弹簧的相对状态的假设。例如，如果垫子或床垫一端的弹簧失去了强度，而另一端仍保持正常，则可以作出有关相对热源位置的假设。作出的假设应考虑其他环境条件，影响因素

（例如通风）以及现场有关火的持续时间或燃烧强度、起火部位、热传播方向或与热源相对距离的证据。研究人员还应考虑到床上用品、枕头和垫子可能会遮挡弹簧或增加火灾荷载。弹簧强度损失的部分可能比那些没有强度损失的区域受热更多。调查人员同样应当考虑火灾前弹簧的状态。

8.7 剥落

混凝土剥落经常被误解和误用。在许多重大火灾案件中，它一直是关键的"指标"，而且在《火灾与放火调查员》中成为众多有争议文章的主题。仍然有一些调查人员认为，易燃液体会造成混凝土剥落，但由于退休，他们的队伍人数正在减少。

Kennedy的*Blue Book*（1977）对剥落有以下评论：

易燃液体燃烧引起的剥落通常被发现在较低的位置，因为易燃液体蒸气比空气重，并且易于下降。

当易燃液体泼洒在木地板上并渗入地板下时，经常会在木地板下的混凝土块和地基上发现剥落。

剥落或熔融需要作出解释。当火灾调查人员在火灾现场发现熔化的材料或剥落痕迹时，应及时标记并作出解释或确定产生原因。

熔化或剥落意味着该痕迹所处位置在火灾中达到高温。必须对这样的高温进行解释。这样的高温如何以及为什么产生？这个问题的答案可以解释大火的起火点和起因……

火灾调查员并不特别关注火场中涉及的不同类型的混凝土、石头或砖头。因为不论混凝土或砖块的成分如何，剥落区域都意味着助燃剂的燃烧……

剥落温度通常远高于普通住宅或商业建筑火灾中的温度。因此，调查人员知道使用了助燃剂[34]。

另一位Kennedy（与*Blue Book*的作者没有关系）在1982年发表了一篇关于剥落的模棱两可的文章，他说："不要被剥落只会发生在助燃剂存在的火灾中所误导。由美国材料与试验协会（ASTM），波特兰水泥协会研究部Fred Smith和Jack Mitchell等人进行的测试可能证明这种观念是错误的。"他继续说道："但是，在洗衣机、烘干机或熔炉下的剥落是使用易燃液体的'有力指标'，剥落区域周围粉红色至橙棕色的变色是使用易燃液体的确定标志[35]。"

IFSTA在1982年的*Fire Cause Determination*中提供了以下有关剥落的声明：

水泥地板和有剥落的部位应仔细检查。剥落可能表明该部位使用了助燃剂。如果助燃剂在点燃前有足够的渗透时间，则开裂将遵循液体的流动方式。斑点剥落并不能直接地表明助燃剂的使用。此外，由于严重受火而引起的点剥落也很常见[8]。

这种半谨慎的语言是有关剥落的典型描述。一直有学者质疑易燃液体和剥落之间的关系。1979年，French写道：

关于混凝土剥落的论点没有可靠的科学依据表明混凝土剥落与存在碳氢化合物易燃物或任何其他挥发性助燃剂有关，或者混凝土剥落表示犯罪或与放火有关系……火灾中，当暴露于无论何种原因引起火灾的热作用时或者在灭火过程中向热表面浇水使物体表面温度快速变化和冷却时，混凝土表面的剥落都较为常见[36]。

Fred Smith和Jack Mitchell在1981年进行了首次实验，试图推翻这个流行的谬论。研究人员将汽油与木材放在混凝土上点燃，进行实验。他们在6次火灾实验中观察到4次混凝土剥落的情况，其中，剥落最深的两次是在没有易燃液体[37]参与的情况下出现的。在Smith和Mitchell的研究成果发表后不久，作者勘查了一个火灾现场，发现一家商业机构的过道上到处都是剥落的混凝土样品，检测结果显示现场有煤油的存在，之后作者发表了一篇名为"A Documented Case of Accelerant Induced Concrete Spalling"的文章，用以"平衡"Smith和Mitchell的文章[38]。事后看，这是一种可以论证的循环逻辑。

美国阿拉巴马州历史上最大的恶意保险赔偿案之一是一名火灾调查员依靠"长串剥落痕迹"和其他"指标"来推断火灾原因为放火的结果。在火势蔓延到地下室前，消防队长站在"长串痕迹"上也无济于事。当法院得知"长串痕迹"是由调查人员铲出的时，也没有对"痕迹"的形状留下深刻印象6。当石板被完全清理后，发现整个石板已剥落，而且从来没有任何"长串痕迹"存在过[39]。

火灾调查人员对助燃剂引发剥落的特征（与自然发生的剥落相比）进行了无休止的争论。他们认为孔周围的褐色或粉红色光晕表明存在燃烧的碳氢化合物7。他们还相互分享并讨论了许多幻灯片和照片，但最终，大家一致认为French是正确的。

1990年，Charles Midkiff 回顾了相关文献，并呼吁停止将剥落痕迹作为易燃液体存在的指标的做法[40]。Smith和Beland分别在1990年和1993年对此进行了审查[41-42]。而且大多数关于火灾和放火火灾调查的书籍都提到了这个问题，并提出了不同程度的警告，但一些火灾调查人员仍然没有认真对待这些警告。DeHaan在1991年写道："作为一种火灾痕迹，剥落可以表明这里存在可疑的局部热源，如化学燃烧物或挥发性石油液体[43]。"此后，这种说法被调整为："作为一种火灾痕迹，剥落可以表明这里曾存在大量的普通可燃物以及存在可疑的局部热源，如化学燃烧物或挥发性石油液体[44]。"DeHaan在此期间进行了一些实验，他说："实验表明，当挥发性液体单独在混凝土表面被点燃时，混凝土不太可能发生剥落（尽管它有发生的可能）8。"他接着陈述了一个事实：只要一个表面上有液体，其表面的温度就不可能超过液体的沸点。在*Kirk's Fire Investigation*第五版中，对剥落的研究将DeHaan列入"荒诞说法与误解"[45]名单中。

Randall Noon 显然忽略了一个事实，即易燃液体燃烧形成的液池无法达到高于液体沸点的温度，他开始讨论剥落时说道："如果助燃剂被泼洒在混凝土地板上并被点燃，有时会导致剥落以及其他与温度有关的混凝土损坏。"然后，他展示了一张易燃液体如何出现在混凝土横截面上的图纸，并给出了一系列方程来确定导致混凝土给定区域剥落所需的温升（ΔT）。他还提出剥落的大小与这个ΔT有关："大块的混凝土在温差大的时候会剥落，小块的在温差小的时候会剥落。"Noon只是讨论了传热不良的密封剂或油漆涂层的热传递，并没有讨论液体本身可能抑制热传递的可能性。有人提到"剥落也可能是由非燃烧效应引起的"，但这似乎是例外，而不是普遍情况[46]。

尽管如此，Noon 对剥落的大部分描述都是以前就有的误解。NFPA 921从一开始就警告人们不要误解剥落的概念。2017版指南中出现的关于剥落的解释如下：

6.2.5　剥落。剥落的特征是表面材料的损失，导致开裂、断裂和碎裂，或者在混凝土、砖石、岩石或砖块上形成的凹坑。

6.2.5.1　与火灾相关的剥落。与火灾相关的剥落是指由温度变化导致材料表面抗拉强度的破坏，进而导致内部的机械压力而产生。这些力是由以下一种或多种因素引起的：

1. 未固化或新浇混凝土中存在的水分。

2. 钢筋或钢筋网与周围混凝土之间的膨胀程度差异。

3. 混凝土混合物和骨料之间的膨胀程度差异（最常见于硅骨料）。

4. 受火的表面和内部之间的膨胀程度差异。

6.2.5.1.1　剥落的机理是表面膨胀或收缩，而其余部分以不同的速度膨胀或收缩，例如用水快速冷却加热的材料。

6.2.5.1.2　剥落区域的颜色可能比邻近区域浅。这种颜色的变浅可能是由暴露出干净的次表面物质造成的，邻近区域也可能因烟雾沉积而变暗。

6.2.5.1.3　混凝土剥落的另一个因素是火灾时材料中的载荷和应力。因为这些高应力或高负荷区域可能与火灾位置无关，所以天花板或横梁下侧的混凝土剥落可能不直接位于起火点上方。

6.2.5.2　火灾现场有无剥落，不应被作为判断助燃剂是否存在的标志。易燃液体的存在通常不会导致液体下方的表面剥落，但易燃液体火灾产生的强烈热量可能导致相邻表面的剥落，或者在易燃液体燃尽后产生可能导致液体下方的剥落。

6.2.5.3　与火灾无关的剥落。混凝土或砖石表面的剥落可能由多种因素引起，包括热、冰冻、化学物质、磨损、机械运动、冲击、外力或疲劳。在配制不良或加工不良的表面，更容易产生剥落。因为剥落可能是由火灾以外的原因造成的，所以调查人员应确定火灾前是否存在剥落。

1992和1995年版的NFPA 921（“警告”被重命名为“对剥落的误解”）语言变得“缓和”并且“对用户友好”，但在作者看来，“误解”一词反映了技术委员会过于乐观的态度，即该文件的早期版本已经消除了火灾调查界的误解。关于对剥落误解的警告可以追溯到1979年French的论述（上文有提及）和NFPA 921的九个版本中，但直到今天仍然被忽视。人们不禁要问，那些认为剥落总是表明存在助燃剂的研究人员是如何看待图8.12所示情况的。当然，混凝土天花板上没有易燃液体存在。

在1998年的一份火灾报告中，一名有20多年经验的火灾调查员将观察到的剥落与四个（未经证实的）助燃剂检测犬警报相结合，得出起火的结论。他写道：“剥落的程度和位置表明使用了助燃剂。”以下是在2000年他被免职时，发生的对话：

问：你有证据表明在地板上的可能是碳氢化合物或某种助燃剂吗？

答：我相信助燃剂放在地板上被用蓝色标示的区域。

问：仅仅根据剥落区域？

图 8.12　停车场临时办公室天花板上的深层剥落。

答：根据我20年来调查火灾的经验来看，是这样的。

问：在那20年里，是什么让你相信剥落区域是由助燃剂造成的?

答：我想应该是我和别人的沟通与交流吧。

问：那么在这场火灾事故中呢?

答：按照我过去二十年的经验吗?

问：是的。

答：根据我20多年来与人交谈、调查火灾以及了解起火部位、起火点或火灾现场有哪些易燃和易燃液体的经验……我唯一一次看到剥落证据是在燃烧期间，易燃液体与混凝土表面接触的时候。所以，我认为此次火灾也不例外[47]。

这位调查员，作为典型的相信荒诞说法的调查员，不仅依赖于观察到的剥落痕迹，而且还相信火势“横向扩散得太快”这个观点。四个未经证实的助燃剂检测犬警报应该与他的科学结论无关。因此，在他的调查结果中一个无意义的指标被用来支持其他无意义的指标。该调查人员的客户与先前提到的美国阿拉巴马州“长串剥落痕迹”案所涉及的保险公司相同。被贴上200万美元的恶意判决标签显然没有引起他们的注意，也许这种影响在10年后就消失了。他们不仅依靠同样不可信的证据来进行支持住户放火的辩护，而且还聘用了同一辩护律师，后者提供的剥落证据被发现“接近在法庭上实施欺诈”。然而这一次，保险公司最终放弃了这一站不住脚的辩护，选择赔付。

以下是2001年一场导致3人死亡，并以谋杀罪被起诉的火灾的调查报告摘录：“（副消防队长）给我看了混凝土剥落（spalding[9]）的位置，这时，（探员）带着录像机来到现场，对剥落区域进行了拍摄。由于在混凝土路面上发现了剥落痕迹，少校对我说地方检察官调查员建议在勘查混凝土路面之前要一份调查报告。”（虽然实验室在混凝土样品中没有检测到易燃液体，但实验室报告指出：“这个样品是由于混凝土剥落而采集的。”至少化学家的术语是正确的。）

在2003年的一场致命火灾中，一名治安官侦探因为他的证词遭到起诉。这名侦探声称，在他25年的职业生涯中，曾在美国佐治亚州的一个乡村目睹过“大约25起”放火/杀人事件（据报道，每年平均不到一起火灾死亡事件）。这位侦探在最初的听证会上证词如下（大概在被封存的大陪审团证词中也是如此）：

问：你在尸体周围的地板上看到了什么？

答：与这种火灾现场有关的新的、非常严重的裂缝，这与尸体的下方有着直接的关联。

问：这个裂缝就在尸体的正下方？

答：是的，先生。它被称为“剥落裂缝”。

问：像这样的“剥落裂缝”是什么原因造成的？

答：尸体被易燃液体点燃后，在尸体的下方产生热量，液体向后流淌，像密封垫一样把热量抑制住，这时液体因为热量开始蒸发，混凝土中的水也开始蒸发，这就是裂缝产生的原因。

问：你能告诉我在这场大火之前裂缝是否存在吗？裂缝里有什么东西能表明它在那里存在了一段时间了吗？

答：没有。它是新鲜的尘土。甚至当尸体被移动时，也没有任何迹象表明它曾经在那里。但是，它具有放火/凶杀相关的“剥落图痕”的特征……您可以看到受害者的轮廓。

然后，侦探继续展示他分析图痕（而不是“剥落”图痕方面）方面的能力。在一次激动人心的展示中，他对泼洒痕迹、物体的自熄特性以及拳斗姿势的重要性发表了看法。

问：受害者的轮廓是由什么组成的？

答：这种图案通常与石油产品的易燃液体有关，调查人员称之为泼洒痕迹。

问：那么，你在调查中得出的结论是什么，在看到尸体和尸体周围的这些泼洒痕迹后，你对这里发生的事情的看法是什么？

答：我的观点是，他仰面躺着，至少被人泼洒过两次石油类的物质……调查人员发现了放火/杀人中常见的图痕，这些图痕只能由石油类易燃物质留下。

问：你为什么说至少倒了两次？

答：一具尸体不会那么快燃烧，而且焚烧尸体是很困难的。如果不反复泼洒助燃剂，尸体会自己熄灭。我想你应该知道，调查人员的身体是由液体组成的，大部分物质是水，所以焚烧尸体的火才会自动熄灭。

问：所以你的意思是尸体必须被泼洒助燃剂，点燃，然后再泼洒助燃剂，才能达到你观察到的伤害程度？

答：没错。

问：你知道“拳斗姿势”是什么意思吗？

答：我知道这个术语跟放火有关系。

问：什么意思？

答：这意味着你要缩回成胎儿的姿势。这是一种行为，或者说是一种需要，把身体蜷缩成胎儿姿势，尽可能地使自己体形变小以远离火焰。你不会让自己与火焰的接触面更大，只会让自己蜷缩起来与火焰接触的部分更少[48]。

尸体解剖报告显示，这是一具典型的拳斗姿态的尸体。此处提供的关于“剥落”之外的证词是为了证明，当一名调查人员带着谬论参与调查时，他的“工具箱”很可能包括一整套谬论[10]。此外，一些貌似尽职尽责的公务员继续使用这些谬论来起诉火灾中无辜的受害者。作为火灾调查人员，他们甚至连专业的术语都不懂，这说明他们缺乏专业精神。他们不符合NFPA 1033的最低要求。

8.8 火灾荷载

French（1979）是早期尝试将定量方法引入火灾调查实践的工作者之一，他迄今为止一直被认为是适当怀疑论的典范，他描述了调查人员计算火灾是否“正常”的过程。他认为真实火灾中火灾荷载的预期值与“标准时间/温度曲线”的比较是和火灾荷载计算密切相关的，French对这一过程的描述如下：

对任何一个合格的火灾调查人员而言，在确定房屋或设备中的火灾荷载时，燃料的热能是一个极其重要的参数，此外，对于判断温度上升、火势蔓延以及时间的范围也是有帮助的。

给定空间的火灾荷载可以通过了解仓库中可燃物的类型、热容［以Btu（英热单位）每磅为单位］、存储中可燃物的总质量以及空间的容量（以ft^2为单位）来确定。

公式如下：以Btu每磅的热含量乘以以磅为单位的物质或材料的总质量。然后，将结果除以ft^2为单位的面积。得到的答案就是1ft^2的火灾荷载。

在已知火灾荷载的情况下，尤其是在燃烧的前两个小时内，美国标准局、美国标准以及美国消防协会和英国作出的时间/温度曲线对于在已知火灾荷载的各种居住情况下（尤其是燃烧的前两小时内）温升的预测是一致的。

例如，如果有足够的氧气来支持持续燃烧，建筑物内的火灾温度在最初的5 ~ 10分钟内可能会达到1000 ~ 1200 ℉，在前半小时内会加速到大约1500 ℉，在一个小时内温度会达到大约1700 ℉[49]。

Carroll在*Physical and Technical Aspects of Fire and Arson Investigation*一书中采用了类似的方法，但他敦促调查人员使用他在文章前面描述的火焰蔓延指数，而不是火灾荷载。定义的过程大致分两段，描述如下：

火灾调查员可以使用该火焰蔓延指数（可从美国保险商实验室有限公司获得），通过比较已知火灾的燃烧速率和标准ASTM（美国材料与试验协会）时间/温度图（如图10所示）来确定在正常情况下火灾蔓延的速度是否正常。

图10显示了所需温度是时间的函数，这是离地面8英尺的平均温度。

Carroll还写道，“通过了解建筑物的火灾荷载，即可用于产生热量的材料，可以得出所达到温度的合理近似值，并与使用助燃剂时的预期温度进行比较[50]。”

Carroll引用的ASTM E119中的时间/温度曲线实际上是关于如何进行耐火实验的规范。这条曲线并不接近实际现场的火灾，在用于确定火灾是否表现为“正常”的时候也是没有用的。图8.13将ASTM E119曲线与五次实验火灾进行了比较，所有实验火灾温度都超过了标准中规定的温度。

在“Commonwealth of Pennsylvania v. Han Tak Lee案”[11]中，将火灾与标准时间/温度曲线进行了比较，得到了出入较大的结果。因为火只持续了大约30分钟，陪审团听取了证词，证明温度不可能达到铜的熔点（标准时间/温度曲线说在“正常”火中三小时之内不会熔化），但是现场却发现了熔化的铜。英联邦的一名专家计算了燃料负荷和预期的热量值，其结果显示实际热量比他预期的要多，因此计算出的过量燃料一定是以易燃液体的形式存在的。本书作者回顾了这一计算，并在“A Calculated Arson[51]”中列出并分析了这一令人难以置信的荒谬的数值。

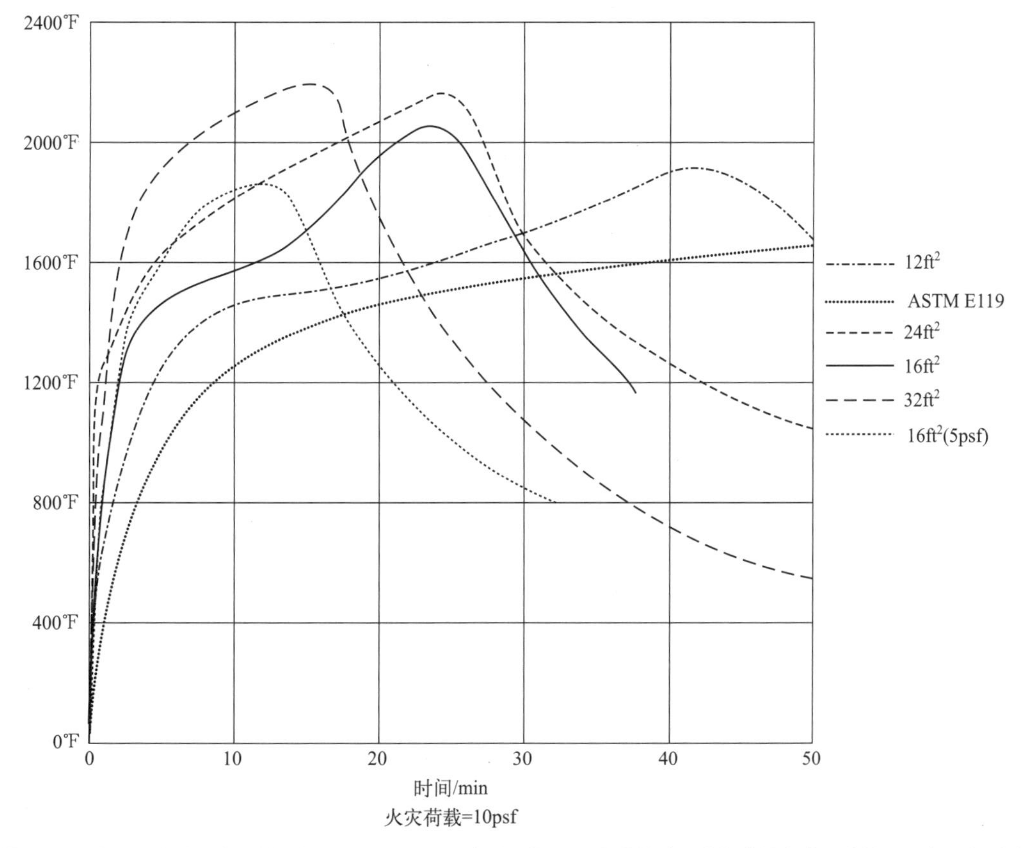

图8.13 将五次实验火灾的数据与ASTM E119的标准时间/温度曲线（即底部曲线）进行比较。所有五次测试火灾的温度都在10分钟内超出标准曲线数百华氏度。

幸运的是，计算燃料负荷以确定火灾是否“正常”的做法从未被广泛接受。然而，它的使用却非常普遍，在NFPA 921的“basic fire science”一章中已经提到过——5.6.3.1一节简单地提道“房间里的总燃料负荷与轰燃前阶段给定火灾的增长速度没有关系”。

8.9 地板上的低位燃烧和烧洞

一个普遍的误解是，因为热空气上升，所以火会燃烧起来并蔓延出去，在没有“帮助”的情况下，火不会向下蔓延。这种对火灾行为的简单解释是许多放火火灾调查员认定起火原因的基础，陪审团也这么认为，这些人知道热空气会上升，但却不知道轰燃的概念。

Carroll在1979年的文章中，讨论了多个低位燃烧痕迹，并指出“发现低位燃烧痕迹并不意味着勘查的结束，因为在火灾现场可能会发现多个低位燃烧痕迹。在放火火灾中尤其如此”。他进一步指出，“应该尽一切努力来确定多个低位燃烧痕迹是偶然形成的还是故意而为的。如果是为了放火而设置的，这些将被作为将案件定性为放火的证据[52]。”

Carroll认为，两个不同低位点的炭化深度存在显著差异表明这是一个偶然因素造成的低位燃烧痕迹。如果地板上的低位燃烧痕迹或孔洞炭化程度差不多，那么就可以通过参考这篇所谓的学术论文来证明使用多个烧洞来表示多个起火点是合理的。

IFSTA手册*Fire Cause Determination*[53]支持类似的错误解释，它指出，“低位的炭化痕迹是证明使用过易燃液体的良好指标。例如，意外火灾不太可能烧毁家具的底边或门的底边。”

Army1995年的*Field Manual*简明扼要地重述了这个流行的谬论：

> 使用助燃剂会留下低位燃烧的痕迹。也就是说，助燃剂会在地板上燃烧。普通的火只能烧毁房间的上部。自然火灾中的地板损坏程度通常只有天花板损坏程度的20%左右。自然火灾不会产生地板或踢脚线大面积完全炭化等低位燃烧痕迹。
>
> 在自然情况下，火焰不会向下蔓延。火焰向下蔓延是使用易燃助燃剂的主要标志。木地板上燃烧的痕迹或地板上的烧洞表明可能有助燃剂的参与[54]。

Kirk是不同意“地板烧出洞代表存在易燃液体”这种观点的少数工作者之一。1969年，他写道：

> 在许多情况下，最低位的燃烧发生于地板表面或地板正下方的区域。这些要点有时很难评估，往往会导致错误的解释。例如，在远离所有墙壁或其他可燃物的区域的地板上有一个烧洞，这些可燃物可以通过在火焰蔓延路径上提供燃料来使火焰向上蔓延，调查人员通常将原因归咎于使用了易燃液体，这并不罕见。没有比易燃液体更错误的解释了，尤其是在密闭的地板上。除非地板上有孔洞或很深的裂缝，否则易燃液体永远不会向下携带火焰。（原文重点）[55]

NFPA 921在6.3.3.2.5中对这个谬见做了一个很直白的处理：“地板上的烧洞可能是由灼热的燃烧、辐射或易燃液体造成的。在液体消耗殆尽之前，液体下表面始终保持较低温度（或至少低于液体的沸点）。当易燃液体渗入地板或积聚在地板下时，地板上可能会出现易燃液体燃烧造成的烧洞。洞本身及其形状之外的证据对于确认造成图痕的原因也是很有必要的。”图8.14（a）显示了在不含易燃液体的实验火灾中燃烧的地板。一个受骗的调查员可以使用幻灯片演示文稿显示出如图8.14（b）所示的那种图痕，试图说明出这种“清白的”（注：无易燃液体）燃烧痕迹所有的“可疑”方面。

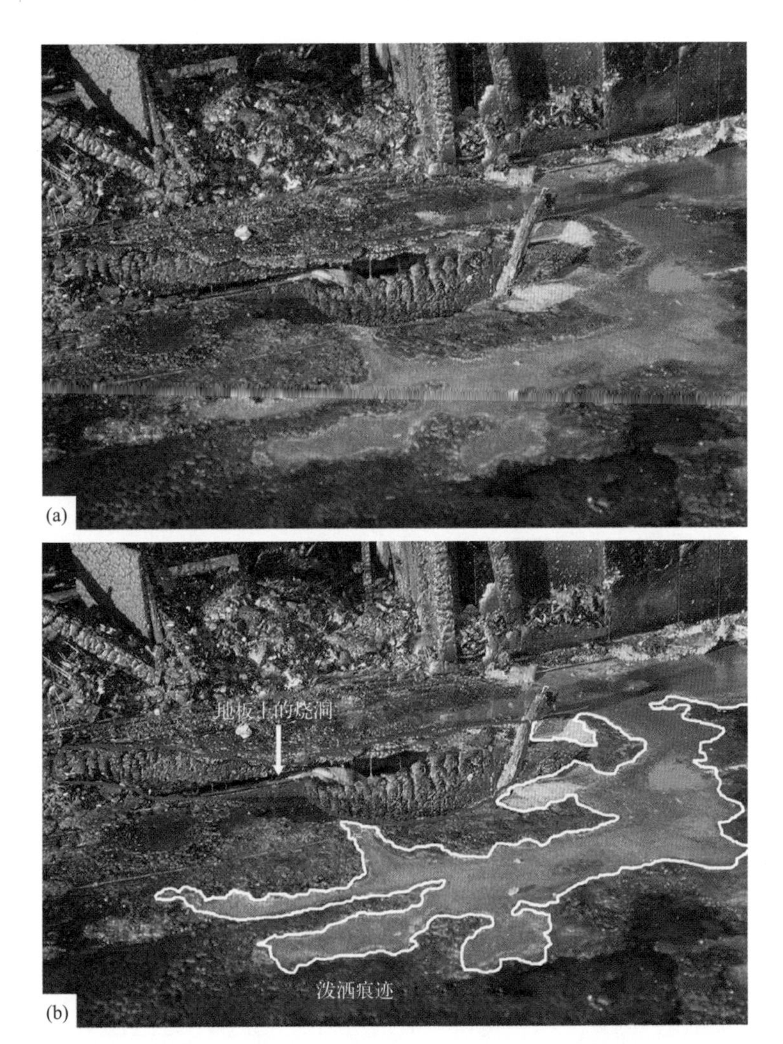

图8.14 （a）在没有使用易燃液体的实验火灾中，地板上烧出的洞。（b）同一张照片，加上注释，可在幻灯片中使用。一位经验丰富的专家证人向陪审团展示这张带注释的照片可能会让他们相信自己看到的是“易燃液体泼洒痕迹”。

8.10 V形痕迹

很多学者发表过关于V形痕迹的谬见。它是这样的：一个“正常的”锥形火舌的边与垂直方向成15°角。火燃烧得越快，横向蔓延得越慢，角度越小。相反，如果火燃烧得越慢，角度就越大。有位学者回顾了调查人员的报告，他们看到了一场垂直向上燃烧的火灾（忽略了整栋房子有2×4柱子的支撑），就确定了起火点并得出了这场火是纵火火灾的结论（因为它的速度）。但这个观点没有科学依据。像本章中介绍的大多数谬见一样，这是一个看似吸引人的概念。

Handbook of Fire Investigation（在描述“龟裂痕迹”含义的同一章节中）指出，应检查“V形痕迹”以确定火灾是缓慢发展的还是快速发展的。这么做的意图显然是想用指标来定义快速和缓慢，而不是直接给它们下定义。作者指出：

火灾图痕——广角或漫射V形痕迹通常表示火灾发展缓慢。而一个狭窄而清晰的V形痕迹通常表示一场发展迅速的火灾[56]。

Army在*Field Manual*（甚至在2013版！）中说，“火焰会向上并且向外蔓延。火焰燃烧并蔓延的过程中会在墙壁和垂直结构上留下一个V形痕迹。在起火点处温度高、蔓延快的火焰会留下尖锐的V形痕迹。而蔓延缓慢的火焰则留下颜色较浅的V形痕迹[57]。”

卡罗尔的描述，至少就角度而言更加“量化”：

一场消耗木材、塑料或电绝缘材料的正常火灾燃烧时，产生的V形角垂直测量约为30°。如果使用了助燃剂，或涉及高度易燃的材料，由于助燃剂或易燃液体的额外热量，随着火的温度升高，V形痕迹会变窄。这将导致热量和火焰的更快上升，根据助燃剂产生的热通量判断，会形成大约10°的V形角[58]。

Noon在他的书中用了整整一节来描述燃烧速度和V形痕迹。（这没有什么错，除非有人试图证明一种不存在的关系。）在诺恩看来，浅V形其实表示火向下蔓延。他将狭窄的V形与可燃蒸气的垂直火焰速度联系起来，后者远大于潜在可燃墙的垂直火焰速度。Noon建立方程进行讨论，通过寻找V形角的切线来帮助研究者确定向上燃烧速率与横向燃烧速率的比率[59]。

O’Connor（1986）和Redsicker（1997）同样对V形痕迹进行了研究。“V形（也称为漏斗形）的宽度会受火灾的形成、进展、速度和强度的影响。一场剧烈、发展迅速的火灾会产生一个狭窄的V形痕迹，而一场发展缓慢、不太剧烈的火灾会产生一个宽阔的V形痕迹。V形痕迹两个边的夹角平均在10°～15°之间[60, 61]。”

DeHaan在《柯克火灾调查》第三版中主张在解释V形痕迹时要谨慎，他说，“尽管有时声称V形痕迹的边越接近垂直，火灾初始阶段的燃烧速度就越快（也因此放火的嫌疑更大），但调查人员可以认为任何墙壁覆盖物的性质和通风条件对痕迹的形状都有重要影响，必须加以考虑[62]。”到了第四版，他直截了当地说，“V形痕迹的角度和宽度不取决于燃料的点火速度[63]。”

自1992年第一版以来，NFPA 921中都包含了一个解释V形痕迹的章节，并描述了将角度等同于速度是一种“误解”。目前的版本避开了误解这个词，以免令读者不适，它在6.3.7.1.2中简单地做了如下的陈述：“V形边界的角度并不表示火焰的增长速度或燃料本身的放热速度；也就是说，宽的V形痕迹不表示火发展缓慢（“慢”），窄的V形痕迹不表示火发展迅速（“快”）。

8.11 时间和温度

“比正常温度高”或“比正常速度快”的火被认为是放火所导致的。实际上，火的温度和感知到的火的速度并不是认定火灾原因的有效指标。

许多火灾被认为是放火的主要误解是，特定火灾达到的温度可以帮助调查人员评估火灾是“正常”还是“异常”，而异常的火灾往往被归因于放火。调查人员已经讨论过了Paul

Kirk发表的误解。

Kennedy在讨论铜的熔化时写道：

铜保险丝有着很高的熔点——1980 ℉。因此，如果调查人员发现熔化的铜或铜线熔珠，调查人员会立即得到警告，这意味着调查人员必须解释造成这一异常高的温度的原因。要使铜熔化，温度必须达到2000 ℉，但正常燃烧的建筑物是没有这么高的温度的。

是什么原因导致铜熔化的呢？易燃液体、天然气或液化石油气等助燃剂的燃烧或电气短路、电弧放电等都是“高热”的部分原因——即造成温度过高的原因[64]。

Barracato将时间和温度的方程总结如下：

烧穿整个地板、在相对较短的时间内破坏大型支撑梁或熔化位于起火点附近的物品（如金属、铜、铝或玻璃）的火灾是不常见的。造成这种损害需要巨大的热量。除非对热量积聚有合理的解释，例如，房间被用来储存高度易燃的材料，否则火灾很可能是人为的，并且有助燃剂的参与[26]。

如前面在“8.8火灾荷载”中所讨论的，Carroll给出了ASTM E119的标准时间/温度曲线，并指出它可以作为比较结构燃烧速率的基础[65]。Carroll还表示，“如果存在助燃剂或其他化学物质，火场温度可能会高于标准火灾曲线中的温度[66]。”

根据一项始于20世纪70年代末并一直持续到今天的研究，现在大家都很清楚，所谓的“正常”的火灾蔓延是不存在的，而且ASTM的时间/温度曲线与“正常”火灾的行为关系也不大。然而，Babrauskas最近收集了大量数据来支持标准时间/温度曲线可用于判断火灾持续的最短时间的观点，但该观点仅适用于在轰燃之后，并且不考虑表面间隙的情况下。根据ASTM E119燃烧炉实验的数据，他认为，如果木材中没有缝隙，则木材的炭化速率在0.5 ～ 0.8mm/min（0.7 ～ 1.2in/h）之间。有缝隙时，轰燃后的炭化速率增加一倍以上，橡木达到1.6 ～ 2.1mm/min（3.8 ～ 5in/h），软木为3 ～ 4mm/min（7 ～ 9in/h）。Babrauskas认为，如果调查人员发现天花板托梁（“无间隙”情况）带有20mm的焦炭，他就可以合理地得出结论：火灾在轰燃后燃烧了25分钟[67]。

在*Kirk's Fire Investigation*第二版（1983年）中，尽管DeHaan在一定程度上缓和了Kirk对解释熔融金属的热情，但Kirk仍然给读者留下了一个建议，即由助燃剂提供的异常的燃料负荷会增加火场温度。

虽然熔化的金属不能也不应该用来证明火灾性质为放火，但火灾调查员应该注意它们的存在、熔化程度和位置分布。此类信息有助于确定正常荷载、正常通风情况下的意外失火火灾以及异常通风条件或由于助燃剂导致的不正常火灾荷载的放火火灾之间的差异[68]。

虽然*Kirk's Fire Investigation*第三版、第四版和第五版讨论了汽油会在与木材基本相同的温度下燃烧这一事实，但它仍然指出，当数据只支持前者时，温度可以用来确定是否存在“增强的通风条件或异常的燃料负荷”。尽管如此，Kirk的文献中至少承认了几个世纪以来铁匠和冶金学家所知道的：增强通风会使温度升高。

从1992年的版本开始，一直延续到今天，NFPA 921都包含了一个注意事项：不要把过多的精力放在感知火的温度上。在2017年版中，温度和火灾速度都得到了解释，并且2017年版NFPA 921告诫调查人员在解释温度和火灾速度时要谨慎。当前版本中出现了以下表达：

6.2.2.2　木材和汽油会在基本相同的火焰温度下燃烧。尽管燃料的热释放速率不同，但所有碳氢燃料（塑料和易燃液体）和纤维素燃料的湍流扩散火焰温度大致相同。而且，金属燃烧和剧烈放热的化学反应会产生比碳氢化合物或纤维素燃料火灾高得多的温度。

尽管在NFPA 921的所有九个版本中均出现了这种表达，今天仍然有调查人员会去证明熔化的铝门槛表明存在易燃液体。

火灾发展的速度常被用作人为火灾的判据。虽然有助燃剂参与的火灾的确比没有助燃剂参与的火灾发展得更快，至少在初始阶段更快，但是在面对有关燃烧速度的信息时，调查人员必须非常谨慎。大多数关于火灾"速度"的观察都是由目击者提供的，但也有案例报道说一名调查员在观察烧损建筑情况、确定触发警报到火被扑灭时间后认为，除非有"帮助"否则不可能造成如此大的破坏量。此类结论通常是基于一种误解，即木材有固定的燃烧速率，如常被引用的"45分钟燃烧1英寸"。

1995年Army的*Field Manual*建议调查人员："准确记下你到达现场的时间，然后快速判断火势蔓延是慢还是快。如果火势迅速蔓延，是否与建筑物的火灾负荷类型一致？如果不一致，那么可以怀疑有助燃剂的使用[9]"。然而，该手册中并没有给出调查人员如何衡量火势蔓延"慢"或"快"的建议。NFPA 921警告说：

5.10.1.4　由证人证词确定的火灾发展速度具有很大的主观性。很多时候，目击者反映的火势增长时间是他们发现火灾的时候，而这与起火时间没有直接关系。火势的增长速率除了取决于燃料负荷外，还取决于许多因素，包括燃料构造、室内面积、房间性质、通风、引火源和最先被引燃的燃料。目击者反映的火势的快速增长不应作为放火的判据。

*Fire Findings*杂志的编辑们在1995年发表的一项研究显示，即使在目击时间相隔仅几分钟的情况下，目击者对火灾的观察也可能非常不同。这项研究设置了一幢两层楼的实际燃烧实验，结果发现火灾可能只是在表面上迅速发展，此结果倾向于消除广泛持有（但不正确）的观念，即如果火灾看起来发展迅速，则一定与助燃剂的使用有关。如果目击者只在窗户被炸开的地方注意到火情，那么不管什么原因，其观察到的火势发展确实会很快[69]。

此外，NFPA 921在其关于室内火灾发展的讨论中，根据美国标准局进行的研究，"在住宅房间起火实验中，轰燃发生时间处于3至5分钟的情况并不罕见，在未使用助燃剂的室内火灾中甚至观察到发生时间更短的轰燃[70]。"

在*Kirk's Fire Investigation*（2002年版）中，DeHaan提出了一个没有助燃剂参与起火的"常规装修房间"内的时间/温度曲线，显示在点火后210秒（3.5分钟）发生了轰燃[71]。而这条曲线看起来一点也不像ASTM测试中的"标准时间/温度曲线"。

因此，虽然助燃剂的存在确实能使火灾发展得更快，但发展很快的火灾并不一定表明有助燃剂的存在。

8.12 结语

当科学界刚开始形成火灾调查组织的时候，人们对火的误解是可以理解的，比如燃素论和热量论。令人惊讶的是，在20世纪的大部分时间里，谬见都在激增。大量的误解以及它们在学术论文和不那么学术的论文的广泛发表，极大地助长了谬见的泛滥[72]。NFPA 921的出版以及类似于此书之前版本的文本逐渐抑制了错误知识的扩散，并希望以后所有有关放火的谬见都会被消除。

问题回顾

1. 以下关于玻璃破裂的陈述中哪一项是正确的?

a. 玻璃破裂表明有局部快速温升

b. 只有热玻璃遇水才能导致玻璃开裂

c. 有轻微烟气沉积的破碎玻璃可能就在起火点附近

d. 玻璃裂纹越小表明玻璃离起火点越近，裂纹越大则表明离起火点越远

2. 以下关于剥落的陈述哪个是正确的?

Ⅰ. 剥落通常是由易燃液体燃烧引起的

Ⅱ. 剥落区域周围的暗环形区域表明有烃的燃烧

Ⅲ. 剥落可因为混凝土的组分以不同速率膨胀所引起

Ⅳ. 剥落是所有火灾痕迹中最容易被误解的一种痕迹

Ⅴ. 木材的持续燃烧比汽油油池的短暂燃烧更容易引起剥落

a. 只有Ⅰ和Ⅱ　　b. Ⅰ、Ⅱ和Ⅲ

c. 只有Ⅳ和Ⅴ　　d. Ⅲ、Ⅳ和Ⅴ

3. 为什么这么多有关放火调查的谬见能流传这么久?

a. 许多火灾调查指南都刊登了这些谬见　　b. 谬见对人有吸引力

c. 这些谬见为颇有威望的组织或作者所接受　　d. 以上都是

4. 家具弹簧凹陷能说明什么?

a. 火灾缓慢发展，如家具垫上香烟引起的火灾

b. 火灾迅速发展，如有液体助燃剂参与的火灾

c. 可能显示不同火灾暴露程度的火灾图痕

d. 凹陷的家具弹簧对火灾调查员来说毫无价值

5. 标准时间-温度曲线描述了什么?

a. 进行标准耐火测试的ASTM规范　　b. 正常火灾的发展过程

c. 有天然气助燃的火灾发展过程　　d. 发生轰燃前的火灾发展过程

问题讨论

1. 你在自己或同事的报告中见过哪些有关火灾的谬见?
2. 有关火灾的谬见对火灾调查的专业化有何负面影响?
3. 火灾调查领域为何如此不情愿承认某些放火指征无效?
4. 为什么标准时间-温度曲线不适合用于确定火势蔓延速度是否快于预期速度?
5. 在过去，黑烟和橙色火焰被认为是石油液体燃烧的表征，现在这一观点有什么变化?

参考文献

[1] Kirk, P. (1969) *Fire Investigation*, John Wiley & Sons, New York, p.145.

[2] O'Connor,J.,and Redsicker,D.(1997) *Practical Fire and Arson Investigation*,CRC Press,Boca Raton,FL,p.107.

[3] Sagan, C. (1995) *The Demon Haunted World*, Random House, New York, p.76.

[4] Ettling, B. (1984) "Are we kidding ourselves?" *The Fire and Arson Investigator* 34(4):19.

[5] Moenssens,A.,Moses,R.,and Inbau,F.(1986) *Scientific Evidence in Criminal Cases*,Foundation Press,Mineola,NY.

[6] Bourdreau, J., et al. (1997) *Arson and Arson Investigation Survey and Assessment*, Aerospace Corporation, National Institute of Law Enforcement and Criminal Justice, LEAA, U.S. Department of Justice, 87. Available at https://www.ncjrs.gov/pdffiles1/Digitization/147389NCJRS.pdf (last visited on February 18,2018).

[7] Brannigan, F., Bright, R., and Jason, N. (1980) *Fire Investigation Handbook*, NBS Handbook, Vol. 134, US Department of Commerce, National Bureau of Standards,6.

[8] IFSTA (1982) *Fire Cause Determination*, 1st ed., Fire Protection Publications, Stillwater, OK, p. 48.

[9] U.S. Army (1985) *Law Enforcement Investigations*, Field Manual 19-20,220.

[10] O'Connor, J. (1986) *Practical Fire and Arson Investigation*, CRC Press, Boca Raton, FL, p.88.

[11] O'Connor, J., and Redsicker, D.(1997) *Practical Fire and Arson Investigation*,CRC Press,Boca Raton,FL,p.99.

[12] O'Connor, J., and Redsicker, D.(1997) *Practical Fire and Arson Investigation*,CRC Press,Boca Raton,FL,p.74.

[13] Noon,R.(1995)*Engineering Analysis of Fires and Explosions*,CRC Press,Boca Raton,FL,p.131.

[14] French, H. (1979) *The Anatomy of Arson*, Arco Publishing, New York, 1979, p.61.

[15] Brannigan, F., Bright, R., and Jason, N. (1980) *Fire Investigation Handbook*, NBS Handbook, Vol. 134, US Department of Commerce, National Bureau of Standards,5.

[16] IFSTA (1982) *Fire Cause Determination*, Fire Protection Publications, Stillwater, OK, p.46.

[17] O'Connor, J. (1986) *Practical Fire and Arson Investigation*, CRC Press, Boca Raton, FL, p.94.

[18] DeHaan,J., and Icove,D.(2011)*Kirk's Fire Investigation*,7th ed.,Pearson, Upper Saddle River,NJ,p.297.

[19] DeHaan,J.(1991)*Kirk's Fire Investigation*,3rd ed.,Prentice Hall,Upper Saddle River,NJ,p.129.

[20] DeHaan,J.(1997)*Kirk's Fire Investigation*,4th ed.,Prentice Hall,Upper Saddle River,NJ,p.171.

[21] Lentini, J. (1992) "Behavior of glass at elevated temperatures," *Journal of Forensic Science*37(5):1358.

[22] *Paul Camiolo v. State Farm Fire & Casualty Co., Trooper Investigative Services et al.*, U.S. District Court for the Eastern District of Pennsylvania, Civil Action No. 00-CV-3696, Deposition Testimony of George Wert, OH, November 26, 2001, p.66.

[23] Cooke,R.,and Ide,R.,(1985) *Principles of Fire Investigation*,The Institution of Fire Engineers, Leicester, UK,p.134.

[24] Barracato, J. (1979) *Fire ... Is It Arson?* Aetna Life & Casualty,15.

[25] *Commonwealth of Pennsylvania v. Han Tak Lee*, Court of Common Pleas of Monroe County, 43rd Judicial District, No. 577 Criminal, (1989). Report of Daniel Aston, 1990.

[26] Putorti,A.(2000) *Flammable and Combustible Liquid Spill/Burn Patterns*,NIJ Report 604-00,U.S.Department of Justice,Office of Justice Programs,National Institute of Justice.Available at https://www.ncjrs.gov/pdffiles1/nij/186634.pdf (last visited on February 18,2018).

[27] O'Connor, J. (1986) *Practical Fire and Arson Investigation*, CRC Press, Boca Raton, FL, p.74.

[28] O'Connor,J.,andRedsicker,D.(1997) *Practical Fire and Arson Investigation*,CRC Press,Boca Raton,FL,p.75.

[29] DeHaan, J., and Icove, D. (2011) *Kirk's Fire Investigation*, 7th ed.,282.

[30] Barracato, J. (1979) *Fire ... Is It Arson?* Aetna Life & Casualty, p. 23.

[31] Carter, R. (1978) *Arson Investigation*, Glencoe Press, Encino, CA, p.97.

[32] Tobin,W.A.,and Monson,K.L.(1989) "Collapsed spring observations in arson investigations:A critical metallurgical evaluation," *Fire Technology* 25(4),317.

[33] DeHaan,J.(2002)*Kirk's Fire Investigation*,5th edition, Prentice Hall, Upper Saddle River,NJ,p.212.

[34] Kennedy,J.(1977)*Fire-Arson Explosion Investigation*,Investigations Institute,Chicago,IL,p.392.

[35] Kennedy,R.(1982) Concrete spalling and fire investigation,*National Fire and Arson Report*1(3):1.

[36] French, H. (1979) *The Anatomy of Arson*, Arco Publishing, New York, p.64.

[37] Smith,F.,and Mitchell,J.(1981)Concrete spalling under controlled conditions,*The Fire and Arson Investigator*32(2):38.
[38] Lentini,J.(1982) “A documented case of accelerant-induced concrete spalling,” *The Fire and Arson Investigator*33(2):30.
[39] *USAA v. Wade*, 5344 So. 2d 906 Ala.1989.
[40] Midkiff, C. (1990) Spalling of concrete as an indicator of arson, *The Fire and Arson Investigator*41(2):42.
[41] Smith, F. P. (1991) Concrete spalling: controlled fire tests and review, *Journal of the Forensic Science Society*31(1):67.
[42] Beland, B. (1993) Spalling of concrete, *The Fire and Arson Investigator*44(1):26.
[43] DeHaan,J.(1991) *Kirk'sFire Investigation*,3rd ed.,Prentice Hall,Upper Saddle River,p.122.
[44] DeHaan,J.(1997) *Kirk'sFire Investigation*,4th ed.,Prentice Hall,Upper Saddle River,p.163.
[45] DeHaan,J.(2002) *Kirk'sFire Investigation*,5th ed.,Prentice Hall,Upper Saddle River,p.234.
[46] Noon,R.(1995) *Engineering Analysis of Fires and Explosions*,CRC Press,Boca Raton,FL,p.208.
[47] *Rock Savage v. USAA, U.S. District Court*, District of South Carolina, Columbia Division Civil Action No. 3:99-893-19, Deposition Testimony of William P. Brooks, January 27, 2000,66.
[48] *State of Georgia v. Jean Long*, Magistrate Court of Butts County Case # 03-JT-019, Testimony of Detective Michael [illegible], February 20, 2003.
[49] French, H. (1979) *The Anatomy of Arson*, Arco Publishing, New York, p.36.
[50] Carroll, J. (1979) *Physical and Technical Aspects of Fire and Arson Investigation*, Charles C. Thomas, Springfield, IL, p.72.
[51] Lentini, J. (1999) “A calculated arson,” *Fire and Arson Investigator*,49(3):20.
[52] Carroll, J. (1979) *Physical and Technical Aspects of Fire and Arson Investigation*, Charles C. Thomas, Springfield, IL, p.105.
[53] IFSTA (1982) *Fire Cause Determination*, Fire Protection Publications, Stillwater, OK, p.81.
[54] U.S. Army (1985) *Law Enforcement Investigations*, Field Manual 19-20,225.
[55] Kirk, P. (1969) *Fire Investigation*, John Wiley & Sons, New York, p.74.
[56] Brannigan, F., Bright, R., and Jason, N. (1980) *Fire Investigation Handbook*, NBS Handbook 134, US Department of Commerce, National Bureau of Standards,7.
[57] U.S. Army (1985) *Law Enforcement Investigations*, Field Manual 19-20,219.
[58] Carroll, J. (1979) *Physical and Technical Aspects of Fire and Arson Investigation*, Charles C. Thomas, Springfield, IL,103.
[59] Noon,R.(1995) *Engineering Analysis of Fires and Explosions*,CRC Press,Boca Raton,FL,p.104.
[60] O'Connor, J. (1986) *Practical Fire and Arson Investigation*, CRC Press, Boca Raton, FL, p.76.
[61] O'Connor,J.,and Redsicker,D.(1997)*Practical Fire and Arson Investigation*,CRC Press,Boca Raton,FL,p.77.
[62] DeHaan,J.(1991)*Kirk'sFire Investigation*,3rd ed.,Prentice Hall,Upper Saddle River,NJ,p.109.
[63] DeHaan,J.(1997)*Kirk's Fire Investigation*,4th ed.,Prentice Hall,Upper Saddle River,NJ,p.148.
[64] Kennedy,J.(1977)*Fire-Arson Explosion Investigation*,Investigations Institute,Chicago,IL,p.396.
[65] Carroll,J.(1979)*Physical and Technical Aspects of Fire and Arson Investigation*,Charles C.Thomas,Springfield, IL,p.72.
[66] Carroll,J.(1979)*Physical and Technical Aspects of Fire and Arson Investigation*,Charles C.Thomas,Springfield, IL,p.54.
[67] Babrauskas, V. (2004) Charring rate of wood as a tool for fire investigators, in *Proceedings of the 10th International Fire Science and Engineering (Interflam) Conference*, Interscience Communications, London, UK,1155.
[68] DeHaan,J.(1983)*Kirk's Fire Investigation*,2nd ed.,Prentice Hall,Upper Saddle River,NJ,p.173.
[69] [60] Sanderson,J.(1995) “Fire timing test results:fires may only appear to star trapidly,” *Fire Findings* 3(3):1.
[70] NFPA 921, 2017 edition, Section 5.10.4.6,49.
[71] DeHaan,J.(2002) *Kirk'sFire Investigation*,5th ed.,Prentice Hall,Upper Saddle River,NJ,p.42.
[72] Lentini, J. (2017) Pernicious, pervasive and persistent literature in fire investigation, in Bartick, E. G., and Floyd, M. A. (Eds.), *Forensic Science Research and Evaluation Workshop*,USDOJ,OJP,NIJ.Available at http://www.ncjrs.gov/pdffiles1/nij/250088.pdf.(last visited on February 11,2018).

1 这些书分别是Orthmann和Hess的*Criminal Investigation*（第10版，Delmar，Clifton Park，NY，2013），以及Fay Butterworth-Heinemann和Waltham著的*Encyclopedia of Security Management*（第2版，MA，2007）。两本书的作者都承诺在下一版中更正。

2 本文件最初于1985年出版，并于1995年、2005年和2013年再版。遗憾的是，2013年的版本仍然包含关于裂纹、玻璃形态和V形痕迹的错误信息。现在它引用了NFPA 921，并直接使用了2000年美国司法部（DOJ）出版的*Fire and Arson Scene Evidence: A Guide for Public Safety Personnel*中的一些陈述。

3 以下内容适用于本章引用的NFPA 921（历史版本除外）的所有引用：经NFPA 921-2017许可转载，《火灾和爆炸调查指南》，版权©2017，美国消防协会，昆西，马萨诸塞州。此转载材料并不代表NFPA对于参考主题的完整和官方立场，其仅由标准的全部内容表示。

4 卧室窗户上的碎玻璃让目击者排除了阴燃起火的可能性，因为破裂的玻璃表明热量是迅速积聚的。床垫弹簧的状态也是“排除”的一个理由。

5 这是一种可以理解的误解，因为一位化学家（后来从事了其他工作）从这样采集的样品中错误地判断了汽油的存在。

6 法庭对调查人员证词的定性是具有指导性的。“法院的结论是，不仅（调查人员的）证词作为一个整体——完全没有可信度，而且此证词的提出也近乎在该法院犯下欺诈罪。（调查人员）和USAA向该法院提出了一个如此严重依赖“剥落痕迹”的案件，而无可争辩的是，“（调查人员）有选择地只清理了地板上那些支持这一存疑理论的区域”这一行为是应该受到谴责的。”

7 Cook和Ide（1985）在报告中提出，颜色变化可能是黄色水合氧化铁脱水的结果，在大约300℃时，变成粉红色或红棕色。

8 要了解火的行为，最好的方法莫过于在受控条件下进行燃烧实验。

9 有些人把它错误地拼写为“spalding”，有些人把它错误地拼写为“spaulding”。这个误用词的起源可能是spall这个词的过去式。调查人员看到的是剥落的混凝土，但有些人给它加上“d”并称之为spalding或spaulding，他们显然从来没有读过相关主题的文章。

10 地方检察官实际上是在2004年春天审理的这个案子。经过2周的审讯，陪审团在不到4小时内就作出了无罪的判决。副检察官说州消防局局长和一名保险调查员同意他的观点，但这一证词并没有增加他在陪审团中的可信度。两人在书面报告和庭审证词中都称火灾原因“尚未确定”。

11 2014年8月22日，在服刑25年后，Lee的定罪被撤销，并于当日被释放。

第9章

火灾调查中的常见误区

从别人的错误中学习。你不可能亲身经历所有错误。

——Groucho Marx

学习目标

阅读本章后，读者应能够：

- 明白错误是人类的一部分，错误会发生在所有的法庭科学学科中；
- 列出导致火灾原因误判的常见类型；
- 在审查火灾调查员工作汇报时发现错误；
- 了解火灾调查中的错误对灾后人们生活的影响。

9.1 引言

法庭科学是由人进行的活动，因此容易出错。否认错误发生的可能性就是否认现实。错误应该被承认和接受[1]，因为承认错误可以帮助调查人员认识错误，并且避免以后再犯同样的错误。在很大程度上，本章所描述的错误并不是因为调查人员的恶意或愚蠢，而是因为他们犯了由认知偏差引起的错误，或者是由于缺乏知识、信息或经验而造成的错误。有些错误源于对最佳实践的偏离，它们是隐蔽的。小的偏差往往不会产生任何后果，而后果的缺乏则会鼓励持久的甚至更严重的偏差，直到引起灾难性的后果，比如错误的定罪。在这一章的最后有四个错误定罪的案例。

错误判决被称为“组织事故”。根据美国司法研究所（NIJ）：

在组织事故中，对于“谁来负责”这一问题的回答几乎总是：“在某种程度上每个人都涉及了”，不是因为犯了错误，就是因为没有监督好别人。在发生误判的时候，这里所说的“每个人”不仅包括身处一线的证人、警察、法庭科学工作者和律师，还包括立法者、决策者、赞助商和上诉法官，后者虽远离事故发生现场，但他们参与了相关系统的设计并且规定了一线工作者的工作条件[1]。

虽然一次错误的放火定罪往往涉及人数众多，但重点仍将放在那些由于个人错误导致过程启动的人身上，即将案件错误定性为放火的火灾调查员和工程师们。

令人沮丧的是，人们意识到在火灾的起火部位和原因方面存在的错误判断如此之多，甚至可以对导致这些误判的错误类型进行分类。但纵观全局，这其实并不会让人感到意外。据报道，美国每年有超过37.5万处建筑物失火，其中约8%的火灾事故起火原因被归为“放火”。[2]这意味着在每年约30000起火灾中，火灾调查人员很可能做出这一重要判断（或误判）。对于失火火灾，没有证据表明其误判率低于放火的误判率。然而，与所谓意外放火的后果相比，在确定失火火灾原因时出现错误的后果显得微不足道。如果这3万起放火火灾的误判率为5%，这意味着每年大约有1500起火灾的调查是误判的。

没有人知道火灾调查中真实的错误率是多少，只有最乐观的调查人员才会认为这一概率只有5%。作者曾有机会在众多调查员面前对这一问题进行探讨，并进行了一项具有启发性的调查，主持者先让观众站起来，然后让那些认为自己或同事在定性放火案件时有100%正确率的人坐下来，没有人坐下。当正确率降为95%时，极少数人坐了下来。当被问及是否认为90%的放火火灾定性正确时，更多的人坐下了。当那些认为有80%的放火案件定性正确的人坐下来的时候，大多数观众还站着。20%的误判率意味着每年有6000起放火火灾被错误定性。通过这次研讨会听众的集体意见可能反映现实，也可能不反映现实，但这些意见并不能增加人们对放火案件正确定性的信心。

除了这些公认的推测性数据之外，美国免责登记处（National Registry of Exonerations）列出了截至2017年底与放火有关的64例免责声明。其中42例被定为“无罪”案件，[3]意味着这些案件中火灾调查员错误地将意外火灾归类为放火火灾[2]。由于无罪判决清单的入选要求严格，这一数值很低，且不包括在定罪前拒绝或驳回刑事起诉的案件（其被告或在一审中被无罪释放，或被告承认有其他与火灾有关的过失行为，但从未承认放火）。人们希望司法系统中的保障措施会保证绝大多数错误的放火判决被检察官否决或被大陪审团驳回。

在许多需要专业知识或技能的领域，判断一个人是否容易犯错是一件简单的事，由不称职的水管工安装的管道漏水，由不称职的外科医生进行手术的病人死亡，由不称职的港口引航员引导的游船搁浅。但没有诸如此类的具体指标可以帮助调查人员评估火灾调查员的工作。在法庭科学的许多领域，可以通过能力测试控制错误率。并且，在能力测试中分析人员对已知来源的样品进行分析，要么得到正确的结论，要么得出错误的结论。如果领域中相当一部分人都参加了能力测试，那么人们可以对这类分析的可信度做出大致的判断，但当然无法了解其真正的“出错概率”。能力测试也不能说明某个特定判断正确的概率。在火灾调查中，误判率无人知晓，但一定超过了5%。按照Carman等人在第3章中报告的数据，实际错误率甚至可以高于5%一个数量级。因此，每年都有大量的失火火灾被错误地定性为“放火”。多数调查可能因为缺少嫌疑人而没有进一步调查，但很多时候，特别是在重大火灾的背景下，调查人员往往将在火灾中幸存下来的人作为第一嫌疑人。生还者讲述的故事与调查人员的结论一旦相悖，调查人员就会在“知道”火灾是故意放火导致的前提下认为，“谎报”起火部位和起火原因的人一定是放火者，因为其他人不会有“动机”这样做。

列出火灾调查中的错误来源以期帮助读者避免这些错误，或者至少在审查调查员工作报告时发现这些错误。

本书作者对火灾调查中错误的研究始于20世纪90年代初，当时在一位高等法院法官的请求下，“Arizona v. Ray Girdler案”提交复审。Girdler因在1981年11月20日放火杀死他的妻子和女儿而被判犯有放火罪和两项谋杀罪。法官James Sult在审理他的第一个死刑案件时，判处Girdler两项终身监禁，免除他死刑只是因为法官认为终身监禁比死刑更痛苦。直到服了8年刑后，Girdler才获得了一次重新审判的机会，因为消防局长声称火灾是放火，并作证说只有助燃剂参与才能解释被烧毁的活动板房的状况。所有的火灾报告和审判的专家证词都被重新审查，以便理解Girdler被定罪的原因以及再次审判的可能结果。从那时起，审查涉嫌放火的案件已成为作者研究实践的一个重要部分。通过积累的充足数据，针对火灾调查中的常见错误进行了分类，并定义了以下七个类别：

① 忽略关键信息。

② 曲解关键信息。

③ 曲解无关信息。

④ 忽略不一致的信息。

⑤ 二维思维。

⑥ 缺乏沟通。

⑦ 化学或工程专业方面的相关错误。

最后一个类别中，是因为火灾调查员依赖于一个犯前面一个或多个错误的专家的结论导致的。

如果调查人员恰当地运用科学方法，本章所描述的所有错误都可能被及时发现。通过对假设进行仔细求证（在某些情况下，甚至可以是随机验证），调查人员可以发现某些存在问题的地方。更重要的是，如果调查人员能够积极寻找另外的假设以更好地解释真实数据，他们很有可能在给出最终意见之前就发现错误。

9.2 忽略关键信息

火灾现场往往是大的、复杂的、混乱的，至少现场中火灾信息容易被忽略的地方是这样。重要物件通常被埋在地下，与周围环境颜色相近，要么是黑色，要么是灰色。调查人员很容易错过一些信息，而当火灾调查员时间紧迫，或需要在黑暗中调查现场，或者缺乏发散性思维时更是如此。只要找到引火源，比如一个V形痕迹附近的焦炉灯，一个工作量过多的调查员就可以结案，继续调查下一起火灾。而与此同时，2英尺之外的便携式取暖设备就可能会被忽略，特别是当调查员认为自己已经找到了起火原因的时候。避免忽略火场信息的最好方法之一是使用传统方法，即从受破坏程度最小的区域开始检查，直到受破坏程度最大的区域。以相反方向开展工作的火灾调查员容易“视野狭窄”，在这种情况下，他看到的所有信息都支持他最初过早形成的假设。火灾调查员要花时间熟悉建筑结构，在移动火场内任何物件之前要先进行检查，并仔细记录原始状态，这样关键信息才不容易被忽略。

有时候，只有当火灾调查员认为某一信息是“关键的”时，它才会变得“关键”。作者曾被一名被告聘用，他因为地板上的一些洞和一大套银器的消失而被指控放火烧毁了自己的房子。案件发生在白银价格暴涨的时期，所以对于手头拮据的房主来说，在火灾发生前取出白银是合理的。最初开展工作的火灾调查员将这套银器的“失踪”作为判断该案件为放火火灾案件的依据之一。

经过与房主的沟通，调查人员知道装有银器的盒子在地下室的某个房间，几吨瓦砾也掉了进去。几乎花了一天的时间，调查人员用四辆手推车和铲子清理了房间，好在最终找到了银器。原先那位调查员的信誉受到了严重的损坏，因为他在报告中说，房主在火灾发生前转移了银器，并指控房主在报损时犯了保险欺诈罪。

类似的情节在多年后又一次上演，一名退役消防员被指控放火杀死了他的妻子。警方推断，他在放火前已经把心爱的电吉他从房子里拿走了，而为了找到这把吉他警方花费了数百小时。被告否认曾将吉他从房子里拿走，所以只要在其某个朋友的房子或储物柜里发现这把吉他就可以证明这个推断，或者说警方是这样认为的。不幸的是，他们找错了地方。通过对被告所说放置吉他处燃烧残留物进行仔细筛选，调查人员发现了烧剩下的弦和调音旋钮[3]。

有时，仅仅是证据的尺寸就会使其难以被发现。Weldon Wayne Carr被指控为杀死妻子而放火，而实际上这起火灾是由电灯开关故障引起的。仔细的现场重建表明起火点位于早餐区和浴室之间的一堵墙，在浴室轰燃之后，又蔓延回了早餐区。火灾调查员过于关注了地板上因辐射热形成的痕迹，以致没能观察到浴室里更加严重的破坏情况，虽然当时有一个电气工程师被要求检查灯的开关，以“排除它产生故障的可能”，但他未能注意到这个三向开关其中一个触点的损坏程度比位于同一移动部件上相同触点处的损坏程度严重得多。在重建火灾现场（定罪后）时，通过对火灾类型的细致分析，认定开关故障是引起火灾的原因，当开关被确定为故障点时，故障机理变得较为明显。

调查人员在判断某物件缺失所代表的含义之前应当经过充分的考虑，证明一件物品在火灾发生时存在比证明它被提前移走要容易得多。到目前为止，调查人员忽略关键信息最常见的原因是对火灾现场匆忙而草率的调查，而防止这种错误发生的唯一方法就是用足够的时间对火灾现场进行彻底的调查。如果调查人员或机构缺乏足够的时间或资源来展开工作，也可以要求其他机构进行协助调查。

9.3 曲解关键信息

关键信息的曲解通常是因为调查人员未能理解火灾的特性，但也有因为缺乏沟通而曲解信息的情况，缺乏沟通这一错误将在后续章节进行讨论。曲解关键信息的一个例子是，通过易燃液体流经门口而确定火灾是放火火灾，对火灾特性的根本性误解加深了这种曲解。案例中门口处有一个明显可以观察到的V形痕迹，其顶点（或最低点）在地板上，有关这一痕迹的一种解释是易燃液体流动所形成的。事实上，如果有人在门口处泼洒易燃液体，确实会形成调查人员所期望看到的那种痕迹。另外，如果门口一侧的房间全部过火，且其燃烧是通风控制型，那么在门口处没有发现V形痕迹就是不正常的。

当火灾现场情况不符合调查人员“预期”时，就会出现对关键信息的曲解。如果这些预期没有得到适当的“校准”，那么调查员的职业生涯中将会出现大量对信息的曲解，因为预期和现实之间总是不同的。如前所述，调查员的思索过程可以使无害或无关紧要的信息成为“关键”信息。在审阅一张现场拍摄的照片时，作者在照片（图9.1）中看到了一盏似乎亮着的灯。如果那真是一盏亮着的灯，而不是闪光灯的反射所致，那就表明起火部位可能在阁楼而不是最初调查员所说的起火房间，即电灯开关所在的房间。由于书面报告中将这盏灯作为一个关键证据，这使得得出最初结论的调查员变得非常难堪。在更为令人难堪的质证过程中，被告辩护人略过了指控陈述中的其他依据，不断地对这盏灯进行质疑，进行了一次称得上成功的辩护。[4]

许多火灾的调查过程会因为调查人员对单个关键信息的曲解而向错误的方向发展。1981年，当消防员赶到Ray Girdler的活动板房时，他穿着整齐地等在隔壁邻居的餐桌旁。考虑到当时已经是凌晨2点多了，这自然引起了消防员们的怀疑，但他们并没有就此询问Girdler，而只是简单地将这作为一个疑点。如果他们进行了询问的话就会知道，在那个寒冷的冬夜，Girdler光着脚，只穿了一条内裤，逃离了他的活动板房，而他当时所穿的衣服都是邻居提供的。

Maynard Clark家具店配备了易熔断装置，一旦发生火灾，防火门就会脱落，从而防止大火从一个隔间蔓延到另一个隔间。一名调查员发现有一把螺丝刀被卡在卷帘门上，认为这

图 9.1　这个案例中，一个证据因为调查人员的重视而变得“重要”——一张被误解的照片。作者从对其委托人最有利的角度对这张照片进行了审查，在一份报告中指出建筑物顶部的灯是亮着的。后来查实白色光线其实是照相机闪光灯反射所致，但这份报告为质证提供了充足的依据。

是店主加快火势蔓延的计划之一。如果他当时尝试去询问，就会知道防火门上的熔断装置在火灾发生前几年就已经失效了，而螺丝刀从那时起就卡在里面了。当然，消防防护设备的损坏属于NFPA 921中列出的“与燃烧没有直接关系的指标”之一，这一证据倾向于表明有人事先对火灾有所了解。此外，调查人员可能不想给Clark为螺丝刀出现“编造理由”的机会，或是甚至不想让他知道调查人员已经发现了这把螺丝刀。调查人员显然没有做出一个火灾可能由意外原因导致的假设，没有对这一显然能证明店主有罪的事实进行询问。相反，他选择玩一个“逮到你”的游戏，导致了令人尴尬的误解。

另一种误解是由于陈旧方法论的负面影响。在假设的起火部位处没有找到合适的引火源和起火物不应被解释为支持放火推断的依据，除非有能用于确定放火的确定性证据。如果找不到引火源或起火物，调查人员就应该做另一种假设。

避免曲解关键信息的唯一方法就是寻找是否存在其他可能的、同样能很好解释该信息的假设。细致地寻找替代假设是科学方法实施中最困难的一步，一部分原因是人们都有一种自然而然的倾向，即过分依赖于最先做出的可以解释信息的假设。然而，调查人员在没有考察其他假设的情况下做出的推断常常是不正确的，听取“双方”意见有助于替代假设的寻找。

9.4　曲解无关信息

对无关信息的曲解仍然是火灾调查中最常见的错误之一。“无关信息”就是前面章节中所提到的谬误。无关信息也可以称为“假象”信息，它们是真实存在的，但又无法帮助调查人员解释任何东西。像任何历史科学一样，火灾调查过程中会收集到大量的信息——大量“线索”，其中许多与火灾发生的原因完全无关。将混凝土地板剥落痕迹看作认定易燃液体存在确凿证据，或坚持玻璃碎裂能证明附近快速升温，或认为熔化的铝门槛十分重要的调查人员，将十分容易曲解无关信息。不幸的是，这些调查人员未能跟上火灾调查整个领域发展的步伐，这意味着他们很可能会同样采取懒惰的方法来开展火灾调查工作，从而导致关键信息被忽视。这些人还可能犯其他错误，导致火灾调查结论错误。

避免曲解无关信息的唯一方法是通过已有知识分辨有意义和无意义的信息。这要求调查人员与时俱进并能够“摒弃”错误观念。不幸的是，要纠正这类错误，通常需要采用一个很艰难的方式——否定火灾调查人员之前所做的假设。

9.5 忽略不一致的信息

关于起火部位和原因的假设，NFPA 921指出：“所有信息都与假设完全一致是不正常的现象，每条信息的可靠性和价值都应进行评估……调查人员需要识别相互矛盾的信息并给出合理解释，而不完整的信息可能使这一过程变得难以甚至不可能实现。如果无法解决这种情况，那么应当重新评估对起火原因的假设[4]。”

忽略或抛弃不一致的信息是最危险的错误之一，也是固化思维的典型表现。对于任何遵循科学方法并使用演绎推理进行假设检验的人来说，数据不一致应该是司空见惯的。因为不符合自己假设就忽略相关信息的调查人员真的应该去从事其他工作，因为他们会在火灾调查工作中出现严重的错误。

不一致的信息也可以被称为“不方便的信息”。刑辩律师将这种不一致的信息称为“Brady material”。在民事领域，被误拒而没有获得保险收益的被保险人，他的代理律师会将这种丢弃不一致信息的行为称为“bad faith”(注：故意忽略某些信息，目的是恶意拒绝赔付)。

有时火灾调查员收集的不一致信息多到他们自己不得不承认火灾原因“无法确定”。虽然“无法确定”并不能作为火灾的真正原因，但一些调查人员始终不明白，当所得信息不支持调查人员所能提出的任何假设时，“无法确定”是恰当的结论。这类错误没有办法避免，调查人员只能以包容的心态接受这个事实。在许多情况下，忽略不一致的信息看似只是个微不足道的错误，但这种行为其实是自欺欺人或彻头彻尾的欺骗行为。

9.6 二维思维

火灾发展过程本质上是一个三维过程，会随着时间（另一个维度）演变，但一些调查人员在工作中只展现了一维或二维思维的运用。即使是那些以三维方式思考的人有时也会忽略时间因素。幸运的是，“一维思维者”非常罕见，比如有个人认为火势发展至2×10平方英尺大小的区域要花费4小时。然而，大量的二维思维者仍然存在，这是因为建筑火灾现场都是二维的表面，如墙壁、地板和天花板，由于大部分燃烧痕迹都留在这些表面上，调查人员很容易陷入只使用二维思维的陷阱。由于易燃液体容易落在地板上，火灾调查人员可能过度专注于地板，在一个完全过火的房间里发现“多个起火点”：他们忽略了地板上两个孔洞之间的联系。事实上，多个起火点的错误发现是二维思维最常见的结果。随着火势蔓延，这一情况甚至可以发生在不同的房间，例如，通过阁楼蔓延到不同房间的火灾。

Johnson夫妇的家在公司附近，他们的客厅发生了一场火灾，火焰烧穿天花板并顺着阁楼蔓延至约20英尺外的卧室壁橱天花板。火灾向下蔓延至壁橱里，火灾调查员误将其认定为第二起火点。经过数年的诉讼，才克服了这场由于二维思维导致的放火诬告[5]。

图9.2　这是由于二维思维而导致误判的一起火灾。图为Han Tak Lee女儿丧生时所处的房屋地板照片。调查人员在房间找到了九个不同的起火点。（该调查人员还“计算出”现场地面上可能泼洒有60gal的易燃液体，然而检测结果却显示现场不存在易燃液体，现场更无60gal的盛装容器）

在很大程度上，美国“Pennsylvania v. Han Tak Lee案”判决的依据在于调查人员在一个房间内找到“九个起火点”，如图9.2所示。而该建筑所有的内饰、天花板、屋顶都被烧毁了，根本没有可靠的方法能在这样的房间中找到多个起火点的证据，即便真的有多个起火点存在。然而，该调查人员却十分肯定且认为证据很有说服力。他甚至“证明”了起火点被点燃的顺序。显然，外门口肯定是最后的点火地点[6]。

避免二维思维导致误判的唯一方法是不断提醒自己在三维空间中思考，请记住：火灾痕迹并不能反映其形成的时间（通常甚至无法反映它们产生的顺序）。

9.7　缺乏沟通

因缺乏沟通而导致的错误判断是很常见的。有时，这是由于不同机构之间调查责任分工不同造成的。例如，消防部门只负责确定火灾的原因，而询问则是由警察负责的。如果这两个机构不能进行有效的沟通，就无法正确认定火灾原因。

在作者审查的某起凶杀案中，被告被指控在两层联排别墅的楼梯上泼洒汽油并将其引燃，导致被困在楼上的孩子无法逃生。火灾调查员认为现场“剥落（spalding）”（sic：原文如此，出现拼写错误）和“严重龟裂炭化”等特征足以让他将火灾原因认定为“放火”。但直到案件进入审判日，调查人员才被告知：孩子的母亲告诉警方调查人员，火灾发生时她一直在楼上。她当时不得不穿过楼梯逃离火场，如果像调查人员声称的那样楼梯上被泼洒了汽油，那么她肯定会被烧伤。显然，楼梯上并没有汽油。如果警方和消防部门之间能够进行良好的沟通，调查员就不会误称楼梯上被泼洒了汽油。（但是，基于现场有明显的“玻璃破碎”痕迹，调查人员可能仍会认为这是一起放火火灾。）[7]

缺乏沟通还包括无法及时询问第一个到达现场的消防员，或者依靠他人转述重要信息。在审查一件产品责任案件时，作者了解到，Smith住宅发生火灾时出动的消防人员随身携带了一台执法记录仪。厨房的火被扑灭后不久，进入厨房灭火的消防队员就出来了，并在镜头前告诉房主说他发现炉子是开启状态，并将炉子关掉了。（那个原先在做饭的少年对此的反应很有趣。）但后来的火灾调查员没有得到这个信息，并将火灾原因归咎于咖啡机故障。作者应咖啡机制造商的邀请对此火灾进行调查并查看了录像带。由于调查人员和消防员之间缺乏沟通，制造商只能花费一大笔钱来调查火灾的真正原因，而这次火灾显然不是咖啡机产品故障造成的。

指定一名具有技术资格的人员作为首席调查员是避免因沟通不佳而导致误判的一种方法。其主要职责就是从参与调查的所有人那里收集所有相关资料。这个人应是致力于发现案件真相的有资质的调查人员，而不应是一个指导火灾调查的律师。

9.8 化学或工程专业方面的相关错误

对火灾调查人员来说，最初做出的假设经检验后常被推翻。检验放火火灾是否使用易燃液体的一种方法是收集和鉴定可能含有易燃液体的地面类物证。如果鉴定过程合规，就不会出现假阳性结论，而且必要时实验室会要求提供比对样品。另外，如果实验室鉴定时没有遵守相应的ASTM程序，那么就无法排除错误的假设，进而导致有人受到错误的放火指控。类似的情况就发生在石头街火灾中。第一个对客厅门口令人怀疑的V形痕迹残骸进行检验的化学家，报告说在样品中发现了汽油。再次对色谱分析和证据进行审查时却没有发现样品中残留的助燃剂。这只不过是一个有过误判的鉴定人员做出的又一次错误判断。不准确的化学鉴定会带来严重的后果，往往会使案件发生翻天覆地的变化。当火灾调查人员对燃烧图痕的解释是基于在客厅地毯中发现汽油时，一个相信自己能够推翻这种解释的律师会有另外一种想法。但大多数律师会对这样的调查结果感到震惊并无力反驳。在审查任何火灾案件时，重新查阅实验数据是一个很好的做法，因为鉴定人员不是绝对正确的。

电气工程师也容易犯错。图9.3所示电线上的电弧痕迹出现在干洗设备中带动衣物转动的电机电源上。一家电气工程公司对电机和相关线路进行了检查，得出的结论是，电气故障不是导致火灾的原因，但该公司在报告中没有提到任何有关电弧的事项。事实上，与被电弧损坏的导线共处同一电缆中的中性线和接地线均未出现对应的电弧损伤，这表明，被损坏的那条线已经在衣物传送带中间的接地表面产生了电弧，这个区域通常充满了灰尘。在这个案例中，起火原因是十分明确的，而工程师未能找到，导致调查员错误地得出了引火源一定是明火的结论。

工程师和鉴定人员所犯的错误对于一个普通的火灾调查人员来说很难察觉，尤其是当他们所做的鉴定报告正好支持该调查人员所得出的假设时。从一个同样有资质的人那里获得第二意见，或者至少确保报告经过了技术审查，这些都将有助于减少这类错误。如果调查过程是不正确的，有资质的独立专家应当作为第三方审查证据。

图 9.3　关键证据被忽视而导致误判的实例。这是干洗店输送电机的供电导线。电气工程师检查了电机和相关线路，其报告中没有提到任何电弧并且把电气故障排除在了可能引火原因之外。因此，火灾调查员错误地认定火灾是人为放火。作者在这件证物上系了一条红丝带，然后把它寄回，重新调查鉴定。此案不久后结案。

化学或工程学分析具有客观性，尤其是与更主观的火灾现场分析相比。这往往使人们对工程师或化学家的结论更坚信不疑。事实上，在本文文献中列出的所有火灾案例中，有超过三分之一的案例在调查过程中都出现了化学或工程学鉴定方面的失误。

对火灾的错误认定通常是由上文列出的多种错误共同造成的。这种错误的结论几乎总是几个不同错误的组合。

9.9　评估放火指控

火灾调查人员，尤其是在保险行业工作的火灾调查人员，需要了解一些可能涉及放火骗保案件中所特有的“危险信号”。以下几点是可以被用来大体上评估放火火灾调查的“危险信号”。虽然不能保证万无一失，但以下几点至少和用来确定是否存在放火骗保的危险信号一样可靠。注意，此方法不是为火灾调查员提供思路，而只是为那些需要对火灾调查员鉴定结果进行评估的人设计的。如果下列任何一个问题不能圆满解决，那么就需要重新仔细分析火灾原因。第一个问题涉及案件调查的科学性。

9.9.1　放火火灾的认定是否完全基于一个完全参与燃烧的房间内地板外观特征？

如果消防员根据“泼洒痕迹”认为使用了“助燃剂”，但鉴定结果均显示不存在助燃剂，则该调查人员的认定不具备说服力。相关科学界的共识是，如果一个房间完全参与燃烧，那么不应仅凭视觉上所观察到的地板上燃烧痕迹认定为火灾是由于助燃剂参与燃烧造成的[8]。

9.9.2 放火火灾的认定是基于低位燃烧、玻璃裂纹、水泥剥落、炭化层表面带有光泽、窄V形痕迹或熔融/退火金属这几点吗?

火焰会在“无帮助”的情况下向下蔓延。玻璃的裂纹只能说明玻璃在受热后快速冷却。炭化层表面的光泽并不能说明任何问题。无论一个狭窄的V形痕迹到底意味着什么，它都并不能说明火势发展迅速。熔化的金属可用来确定燃烧所达到的温度，但是在通风良好的情况下，汽油燃烧的温度并不比木材燃烧时的温度高。此外，由于铝门槛下方没有氧气，易燃液体不可能在此处发生燃烧。退火的床具弹簧或家具弹簧不能表明有助燃剂的存在，也不能用来确定火灾是否由香烟引起。如果调查人员依靠这些痕迹特征去认定一场火灾，则表明调查人员的调查存在漏洞。一些调查人员反驳说，他们没有将独立的痕迹特征作为他们判断的“唯一依据”，但是将多种错误的想法结合起来的认定结果并不比依靠一种错误想法而去认定的结果更可信。

9.9.3 放火火灾的认定是基于未经实验室认定的助燃剂检测犬警报吗?

助燃剂检测犬能够协助调查人员有效提取样品并移交实验室鉴定。使用检测犬来检测易燃液体残留物是迄今为止在打击放火犯罪的行动中取得的最重大进展之一，但检测犬只能告诉调查人员在哪里采集样品，而不能告诉调查人员样品中含有什么。虽然在狗的帮助下收集的样品明显更有可能呈阳性，但如果实验室没有对检测犬所找到的样品进行鉴定，那么就不能确定样品中一定含有助燃剂。美国消防协会火灾调查技术委员会就有关“未证实的检测犬警报提交给陪审团进行审查”的问题进行解释时写道:“从本质上说，司法系统正在进行欺诈。[9]”未经证实的毒品或爆炸物检测犬警报通常被作为检测犬的失误而被驳回。然而，一些犬类驯导员坚持认为，他们的“犬类伴侣”从来不会犯错，而部分被说服的法官允许陪审团听取这些误解。这种错误的做法已经受到犬类助燃剂检测协会（CADA）的谴责。在2012年的一份政策声明中，CADA董事会宣布，“任何检察官、律师或助燃剂检测（ADC）工作人员都应该在未经实验室分析之前，证明或鼓励证明存在易燃液体”这一观点在美国科学促进会（AAAS）2017年发表的“Forensic Science Assessments Quality and Gap Analysis on Fire Investigation”中得到了印证[10]。

9.9.4 放火火灾的认定是基于“燃烧温度高于正常水平”或“燃烧速度高于正常水平”吗?

火场的温度由通风量而非燃料的性质决定。火灾的蔓延速度是一种高度主观的评价，想依靠目击者对速度的感知对火灾进行认定就必须确定目击者从一开始就看到了火灾。

9.9.5 中立的目击者所述的起火点位置是否与火灾调查员所说的起火点位置有出入?

调查人员应考虑所有信息，包括（特别是）目击证人的证词。如果调查人员将起火点的位置判断错，那么他一定会将起火原因也判断错了。

9.9.6 放火火灾的认定很大程度上甚至完全是基于数学或计算机模型吗？

如果没有可以证明起火点和起火原因的实物证据，那么这种认定就只是数字化的推测。数学模型，甚至是最复杂的计算机模型，都不是为解决火灾调查问题而设计的。如第3章所示，火灾模型，特别是“手动版”模型（注：刚研发出来的计算机模型，还在测试阶段），在火灾调查的应用中具有很多的不确定性。

9.10 调查出错案例

下文详细描述了一些导致无辜的人被指控为放火犯的火灾调查案例。以下案例都是失火，但被错误地认定为放火。在大多数这类案件中，被告（通常是房主）在火灾发生时或火灾发生前不久在场，所以很明显他们很容易被认定为放火嫌疑人。以下这些案件都已结案或判决。

在复述这些案例时可能会有一些“战争故事”存在。作者当时是作为被无辜被告聘请的专家参与案件调查的，下列案例均从作者的角度进行叙述，因此必然存在一定的片面性。文中提供了大量的背景信息，以便读者了解这些案例的背景以及其失误带来的后果。通常，非技术人员的行为会对案件结果产生很大影响。本文提供了足够的背景信息，如果读者希望能够从另一角度了解以下案例，那么读者可以根据需要寻找其他的案件调查人员，听取其他人的意见。复述这些故事的目的，既不是为了让人难堪，也不是为了幸灾乐祸，而是为了提供一些带来严重后果的真实例子，以便读者从别人的错误中吸取教训，避免重蹈覆辙。这些案例也清楚地表明了其中的利害关系——火灾调查不是一场体育赛事。在大多数情况下，火灾发生后很长时间才会聘请作者参与调查。时间间隔最短约6个月，最长25年以上。有些案例有很好的记录，有些则没有。其中一些被告是正直的公民，但他们却不幸被一个思想落后的调查人员调查。其他被告就没那么讨喜了，他们的性格或多或少让调查人员或陪审团无法忍受。这些案件大多是刑事案件，犯罪的人大多是公务员。这里并没有贬低公共部门整体工作的意思。在私营部门也会出现重大失误。在指控被撤销或被告被宣告无罪后，一些刑事案件转变成了民事案件。

所有这些案件给调查人员带来的共同教训是，虽然其他人（通常是律师）在审理这些案件时也会出现失误，但火灾调查人员、火灾现场或实验室中的工程师或鉴定人员的失误才是导致案件被误判的根本原因，否则这些案件根本不会提交诉讼，那些人也根本不会有犯错的机会。鉴于篇幅的原因，在这里不再描述所有相关案例。本书第二版中的一些案例已被较新的案例所取代。这里所重复叙述的案例，要么具有历史意义，要么具有技术意义。由于涉及错判的案件需要很多年，甚至几十年才能解决，所以需要注意的是免罪日期而不是火灾发生日期。与第二版相同的那些案例，是在撰写本书的时候仍然能够提供相关教训的案例。

9.10.1 “State of Wisconsin v. Joseph Awe案”[11]

Joseph Awe是JJ酒吧的老板，酒吧位于美国威斯康星州哈利斯威尔市。2006年9月11日，酒吧被大火烧毁。这座建筑已经有100多年的历史，且存在电气故障。该州的调查人员在他们（错误地）认为是起火点的地方并没有发现引火源，于是他们采用排除法将火灾认定为放火火灾。火场中有一张装裱起来的海报引起了人们的争论。海报上是Joseph和他的同事在沙漠风暴结束后在科威特的一辆军用吉普车上照的照片。这张照片曾经出现在*Life*杂志的封面上，后来它被美乐啤酒公司用于促销活动。这份海报在火灾中被烧毁，但该州的调查人员说，Joseph出于对这份海报的私人情感，在火灾前就已经将海报从火场中拿走了。调查人员这种想法基于照片的不可替代性，但这种想法已经不合时宜了，因为美乐公司实际上在火灾发生后三周内给Joseph寄了一张新海报。此外，在钱柜里发现了900美元现金，调查人员认为这是故意留下的，以误导调查。Joseph在火灾发生时距离火场有40分钟的路程，因此州政府认为他雇人来放火（这一点甚至没有证据证明）。保险公司与一名电气工程师和另一名火灾调查员“支持”该州调查员的说法。正是由于电气工程师排除了电气火灾原因，州首席调查员写道：“火灾现场检查报告的官方结论部分应该修改为放火。因为，电气工程师Chris Korinek已经排除了电气是造成这次火灾事故的潜在原因。”

Joseph的出庭律师也雇用了一名电气工程师。但是他从未作证，他只是花了共十分钟检查电路面板，而他的论断未被采信，Joseph于2007年12月20日被定罪。他在取保候审期间一直处于自由状态，直到2011年耗尽了所有上诉机会之后，他开始服刑（三年）。

直到2012年春天，当Joseph的刑期过半时，作者才被联系上。当作者向上诉律师Stephen Meyer询问他为什么要花费如此大的努力时，他说他的当事人希望挽回自己的声誉。上诉律师还聘请了电气工程师Mark Svare重新审查电气证据。

图9.4(a）展示的是酒吧前部，图9.4(b）显示的是所谓的起火点。图9.4(c）是图9.4(b）所示区域发生火灾之前的照片，图片中展示了通往仓库的门和被政府部门声称因预料到火灾的发生而被当事人挪走的镶框海报。在调查期间，该州的调查人员通过重建火场来验证他们对起火点假设的正确性。在调查人员最初假设为起火部位的正上方墙上有一个架子。然而，火灾调查人员在对架子进行勘验后，发现它的损坏程度甚至都不如墙的内部。这表明它在火

图9.4　（a）JJ酒吧前部。（b）从酒吧处拍摄到的储藏室照片。储藏室才是真正的起火点。

图9.4 （c）火灾发生前的景象，图中可以看到在火灾现场“消失的”海报（实际上是被烧毁的）的位置。右边蓝色的门通向储藏室（起火部位）。（d）被认定为是起火部位的底部照片，其前方装有的护墙板还未被拆除。

灾中很早就坍塌了而且没有受到地板上火焰的影响。不过，调查人员并没有寻找其他可能的起火点，而是将他们对起火点的假设修改为了墙内。这里明显发生的是墙体内部的倒塌，如图9.4（d）所示，这是轻型构造建筑发生火灾时的常见特征。现场重建如图9.4（e）所示。

以下是州调查员的证词:

墙内有一个2×4平方英尺的支撑柱，一旦火焰穿破了护墙板或外墙并进入室内，那么墙壁将会产生烟囱效应。家里有壁炉的人知道，当火上升到烟囱中后会发生什么：火焰会到达阻力最小的区域。可用氧气非常充足，所以火势会在支撑柱和墙壁之间迅速上升。在这种轻型的、老式构造中，这种现象非常普遍。一旦大火进入墙壁，它将立即蔓延到二楼并进入阁楼。这就是为什么您在这里看到如此独特火灾痕迹的原因。然后起火点周围的保护区域也会如此燃烧，因为它周围堆积了一堆东西用来保护它。储藏室的架子上和周围的地板上存放着各种各样的东西[12]。

现在将他自由陈述证言与对他的询问笔录进行比较就可以看出调查人员将认定的起火点转移到了墙内:

答：根据损坏的高度、损坏的特点进行判断。火势如何如此迅速地蔓延进入墙壁内的原因，在作者看来，最有可能是：有人曾在这猛踢了一脚——当他上来后，用脚踹或用锤子或斧子将墙敲开，或故意进行了一些损坏，以至于墙上出现了一个洞口。作者看过很多类似的情景，人们在感到不安时，他们只想踹一脚以发泄心中的情绪。而且洞口所在的高度与人脚所能达到的高度一致。这正好就能解释为什么火焰会如此迅猛地蔓延到墙壁中。但总的来说，这就是作者所认为的在这一案件中所发生的情景。

问：然而，这样做的人都会使用那里放置的某些东西。

答：的确如此，他们会使用现场的一些物品。他们也可以随身带来某些东西，并在他们离开时拿走。这种可能性是无限的。

问：这就是您对您在现场所观察到的破坏痕迹的成因的看法。

答：确实如此。

调查人员显然认为，在木墙上踹出一个洞来的人幸运到可以避免踢到墙后面的支撑柱[13]。而真实情况是：这堵墙在墙内发生倒塌后才发生燃烧。但在此证词中，调查人员却非常认可他所采用的排除法:

图9.4 （e）在所谓起火点的上方重建的架子。如果在这个架子下方发生了火灾，应该会对底部暴露的木头造成更大程度的损毁。（f）真正起火点下方墙角上安装的电器维修面板。

“调查人员试图一一寻找“调查人员认为的起火点”处的每一个可能的引火源。一旦调查人员能够排除这些可能，那么除了人为故意引起火灾，几乎没有其他引起火灾的可能。这是调查人员唯一能够采用的方法[14]。”

正是因为这种想法存在漏洞且不科学，NFPA消防调查技术委员会在2011年版的NFPA 921中才提出了对运用排除法进行火灾调查做法的质疑。

如果不能在假定的起火点找到合适的引火源，那么调查人员应该寻找其他可能的起火点，但这些调查人员显然不顾事实，只想找到可以证明是放火的证据。距假定的起火点10英尺远处的石膏墙后有一个非常相似的火灾痕迹［如图9.4（f）所示］，而且恰好在配电盘的正下方［如图9.4（g）所示］。此处的火灾痕迹与原先设想的起火点处的火灾痕迹几乎一致，且此处上方恰好存在可能的引火源。

不幸的是，这家保险公司聘请的电气工程师未能意识到该配电盘面板中所包含的证据的重要性（在火灾发生前该面板的盖子已经被取下）。面板内部出现了多次电弧放电故障，其中有两次电弧直接击穿了配电盘的表面，如图9.4（h）所示。

Mark先生对面板和其他电气证据进行了重新检查，他注意到面板内的接线片已经发生熔化，内部接线不符合规范且存在大量的电弧痕迹，如图9.4（i）所示。显然，该面板是引起火灾的根本原因，第一位电气工程师因没有发现真正的起火原因而付出了高昂的代价。

州和保险公司的调查人员由于对起火点和起火原因做出了误判而被提起诉讼，新的证据为被告赢得了胜利。2012年9月17日举行了听证会，作者和Mark均提供了证词。法官Richard Wright发现，从2007年最初审判到2011年，NFPA 921内容的修订使得这起案件有了“新证据”。他甚至指出放火案和难以定性的案件之间的相似之处：这两类案件的判决完全取决于调查员对是否发生过犯罪的主观看法。他写道：

图9.4 （g）拆除一些干式墙后，将电气配电盘面板安装到位。在着火之前，已从该面板上卸下盖板以处理电气故障。（h）电气配电盘面板，图中画圈的区域就是电弧击穿钢壳的区域。

至少可以说，在这里，州调查人员关于放火火灾起火点的其他证据很薄弱，所以这并不是无害的。在这次调查中，没有直接证据表明被告有罪。犯罪动机的间接证据（如经济困难）以及在火灾前移除纪念品（就像被火灾销毁一样）作用很小。关于配电盘是否与火灾有关以及起火点位置的相关证据仍存在非常大的争议，且新发现的证据并未完全解决这些争议。但是此案的认定却完全取决于专家的主观意见，即这是“放火”。如果陪审团得知该州的专家使用了一种被主流放火调查协会所不赞成的方法，那么他们就有合理的理由对“被告有罪”这一结论表示怀疑。审判结果可能会因此而有所不同。

该州的专家中没有人能够认定真正的起火原因。他们只有潜在原因的相关理论，但并不能确定真实原因。通过那些相关理论，调查人员通过排除假设而得出火灾并非意外造成的结论。如果不是他们先入为主地得出这种结论，几乎没有证据可以排除（电气火灾）这种合理的假设。如果这场火灾是意外造成的话，就需要有一些有力的证据来指控被告，然而没有这样的证据。

该州放火调查人员接受的调查方法方面的培训本身就是有缺陷的，因此这并不是他们的

图 9.4 （i）带橙色束线带的配电盘面板，从图中可以看到面板内部产生电弧的位置。

过错。正是放火调查领域的日渐成熟，才让调查人员重新去审视排除法这种思维。[15]

Richard法官下令重新进行审判，并要求释放Joseph Awe。州检察院拒绝起诉，因为如果再次起诉，他们所使用的依然只能是排除法。但是，Joseph并不满足。他对保险公司提起诉讼并追究其所欠的保单限额。他同时还起诉电气工程师，因为其未能对配电盘面板中的痕迹做出正确的解释。这两起诉讼在审判前均已得到和解。

9.10.1.1 错误分析

电气工程师由于错误地理解了关键性证据，将配电盘面板内部电弧击穿形成的孔洞归因于外力作用，从而错误地将面板从可疑的引火源中排除。此外，他还依赖火灾调查人员的调查结果做出自己的结论，并且他采用“配电盘不在起火部位区域内”的循环逻辑来排除配电盘面板造成火灾的可能。

> 该州放火调查人员接受的调查方法方面的培训本身就是有缺陷的，因此这并不是他们的过错。正是放火调查领域在日益发展成熟，才让我们逐渐重新去审视排除法这种思维。
>
> ——Richard O. Wright，2013年

调查人员还对关键证据进行了错误的解读。在任何关于火灾发展的合理假设都不会导致海报这种证据被抛诸脑后的时候，他们仍旧坚持那个错误的起火点认定，并认为起火点上方的坍塌痕迹是由于火焰从外部向内部蔓延造成的，或者是人为作用而导致火势从墙内开始蔓延的结果。而对于那张不见了的海报，他们认为其在火灾发生之前就被移动了。此外，他们没有考虑到照片已经不再是数码摄影成为常态之前时的那种不可替代的情感物品。

排除法是导致关键信息被误解的另一原因。调查人员误认为在他们所认定的起火点处没有任何助燃剂或引火源是认定放火的依据，而没有意识到这可能意味着还有其他可能的起火点存在。调查人员没有充分考虑配电盘正下方的火灾痕迹是如何形成的，反而竭尽全力地（错误地）解释说：如果配电盘面板是起火点，那它将受到更大的破坏。

调查人员还忽略了那些前后矛盾的证据。发生火灾时，有证据证明Joseph在距现场40分钟路程的地方。他有完美的不在场证明。州和保险公司的调查人员却在没有证据的情况下指

控Joseph“雇佣他人放火”。此外，在重建现场房间内的架子时出现了矛盾的情况，但调查人员并没有对其进行考虑，只是将认定的起火点转移到了墙的内部，还做出了一个不太可能且无证据证明的解释，即有人在墙上踢出了或用工具凿出了一个洞。他们还忽略了在仓库中发现的900美元现金残留物这一证据。如果Joseph是出于经济原因而犯罪，为什么他会烧掉那么多钱？他可能会留下100或200美元来误导调查人员，但900美元这一金额数目明显过大。如果将所有矛盾的证据都归因为放火犯的阴谋，那所有的火灾都可以被认定为放火了。

在错误的证据与错误的推论的共同作用下，一个无辜的男人不仅被剥夺了三年的自由，还被人怀疑了六年。希望此类案件永远不会再出现。

9.10.1.2 意义

这是作者所知的第一个（迄今为止唯一的）因为火灾调查领域技术方法的改变而使得“新证据”出现，从而导致一起放火案被推翻的案例。这个案件同时还告诉调查人员：现在照片对人们来说不再是无法替代的东西。最后，针对电气工程师的诉讼表明，一个失误可能使得疏忽大意的消防调查人员做出错误的判断，同时还会带来错误的指控。

9.10.2 “State of Georgia v. Weldon Wayne Carr案”[16]

在1993年4月7日晚上，Weldon Wayne Carr和他的妻子Patricia正在床上睡觉，但却被烟气熏醒。Carr打开卧室的门后，浓厚的黑烟使他无法进入位于大厅右下方的楼梯通道。他试图寻找放在床下的逃生梯，但却没找到。随后，他又试图和他的妻子从卧室的前窗跳出。当他正打算这样做时，却发现他的妻子向走廊跑去。Carr先生试图追上她，但却在烟雾中迷失了方向。

Carr先生只好自己跳出卧室的窗户，跌落在了前院的灌木丛里，导致椎骨骨折。他忍着极度痛苦，蹒跚地过马路，重重地撞击着邻居的门求救，门也被他撞碎了。他大喊着让邻居打911报警。消防部门接警后马上出动。消防员找到了Patricia并将她送往医院。Patricia在医院里昏迷不醒，最终因吸入过多烟尘而死亡。在医院住院的Carr先生在妻子去世后的第二天因被控谋杀而被捕。

因为美国佐治亚州富尔顿县消防局接到了一个匿名电话，要求消防部门应仔细调查起火原因，于是，负责调查放火案件的队长重新对案件进行了调查。最终，负责调查的消防队长认定火灾是人为故意使用液态皮革整理产品Neat-Lac[5]为助燃剂点燃报纸而引起的。据报道，报纸从厨房中沿着墙壁一直铺设到餐厅，最后又在楼梯的底部围了一圈。

Carr的房主所投保的保险公司派出的火灾调查人员同样也对现场进行了勘查，他们也同样发现了楼梯上报纸的残留物。*Atlanta Journal and Constitution*迅速刊登了这起新闻，引起了人们的关注。随后的一周之内，Carr就被判有罪。调查期间发现，由于Patricia一直与邻居有染，Carr夫妇的婚姻出现了破裂。在Patricia与情夫通电话时，Carr先生曾在电话另一头偷听并将通话录音。Carr先生在火灾发生前还重新改变了他的投保范围并将家里某些贵重物品寄给了他的母亲。此外，火灾发生前他的汽车停在车道尽头而非车库内。如果这场火灾是人为放火的话，所有上述可疑的信息都使Carr先生成为明显的嫌疑人。

一只叫做Blaze的助燃剂检测犬协助了此次调查，在调查Carr住所的过程中它一共发出了12次警报。鉴定中心对在检测犬发出12次报警处所收集的样品进行检测，但均未检测出助燃剂。检察官Nancy Grace甚至聘请了私人鉴定中心的鉴定人员再次对样品进行了检测，但同样也未检测出助燃剂。

Carr先生是一位千万富翁，他在美国亚特兰大拥有一家大型苗圃公司——Hastings Nursery，为全国各处提供邮寄业务[6]。他聘请了久负盛名的犯罪辩护律师Jack Martin。而Jack又聘请I. J. Kranats［后来成为国际放火调查员协会（IAAI）的主席］作为他的火灾调查员去调查此次火灾的起火点和起火原因。在调查过程中，Kranats说服Martin聘请另一位同事Ralph Newell来现场勘验。Kranats和Ralph随后又共同说服了退休的州副消防长Kenneth Davis，以及当时在美国道格拉斯县附近的消防队长Steven Sprouse（后成为美国佐治亚州州消防大队办公室的首席调查官）一并对证据进行了审查。这四个人都认为消防队长的决定犯了一个严重错误。

随着案件的审理，Martin律师担心自己对火灾案件的办案经验不足，于是聘请了一位经验丰富的火灾民事诉讼律师Michael A. MacKenzie协助。Michael接受Martin的聘请后不久又聘请了作者以协助他核实该州做出的假设。作者虽然不愿意在审判前三周对已经处于后期的案件进行调查，但还是同意为他们进献自己的绵薄之力。

在厨房和走廊之间的门口，作者观察到了约4ft^{2}的“泼洒痕迹”。Carr住宅的平面图如图9.5（a）所示。所谓的助燃剂，被装在8盎司（1盎司=28.35g）的罐中。有证词说Carr太太曾使用过这罐子中的液体很多年，所以火灾发生时罐内液体可能只剩下一半。火灾后，消防队长找到它的时候，还剩下2盎司的液体。通过现场实验发现，如果要在地面上留下4ft^{2}的泼洒痕迹，

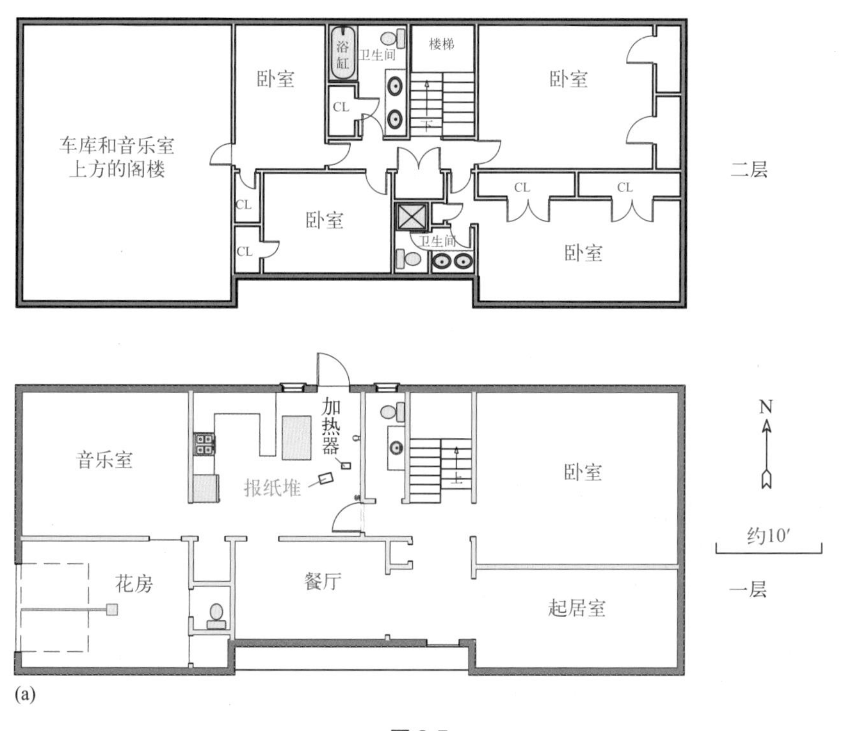

图9.5

图9.5 （a）Carr住宅的平面图。（b）门口的痕迹被误认为是由易燃液体燃烧造成的。注意，当热辐射作用到地板上未被保护的区域时，墙壁底部的直线正好显示出了门的位置。

至少需要24盎司的易燃液体。就算如消防队长所说，地面上泼洒痕迹的大小和助燃液体所覆盖在该痕迹上的面积比例每天都有所不同，但无论大小如何，房子中没有足够的助燃剂可以在发生燃烧后留下这种尺寸的痕迹，也没有证据表明现场使用过任何其他助燃剂。

作者在此次最初审判中的另一项工作就是对助燃剂检测犬技术做出评价。尽管检测犬Blaze发出了12次警报，但实验室分析显示没有证据表明样品中存在易燃液体。然而，州检察院却想将检测犬的警报也作为一种证据来证明整个一楼都被泼洒满了助燃剂。佐治亚州立犯罪实验室的工作人员对Blaze鉴定助燃剂的准确率进行了调查，结果显示，当火场残留物中存在的助燃剂气味连人类都无法辨认时，Blaze的准确率低于50%。

另外两个关键性的物证，甚至在审判之后都没有被检测。有一种说法称在一楼铺满的报纸是为了让火从厨房蔓延到饭厅和走廊。该观点的依据是在这些房间中发现了报纸的小块残留物，但奇怪的是，据称放置“报纸小道”下方的油毡或硬木地板未发现损坏。此外，调查人员还认为助燃剂是被人倒入到了厨房和浴室之间的墙壁缝隙中，然后这些助燃剂的蒸气向上移动，遇到火源后发生爆炸，从而在二楼造成破坏。

在此案的审判中，作者可以为所谓的倾倒痕迹上的液体用量作证，但由于作者不是助燃剂检测犬驯导员，法官裁定其没有资格就助燃剂检测犬作证，警犬驯导员在审判前将12次警报不可靠的证据提交给了陪审团。

Carr对每一个背景情况都可以解释，这让人感觉他事先知情或有放火的动机，但是律师选择不让他出庭。他是那种无法控制的证人，律师还没有准备好让他接受法官的交叉盘问。

Carr的妻子在被消防员从楼梯上抬下来的时候头部受到了轻伤，这使州政府以人身攻击罪指控Carr，声称他在跳窗前击打了他妻子的头部。州政府试图引入证明Carr殴打妻子的证据，但没有任何人可以提供证据证明这一点，即便如此，这没能阻止检察官在结案陈词中使用假人模拟了殴打情节，Carr被判殴打妻子罪名不成立，但放火和窃听罪名成立，最终被判终身监禁。

只有定罪之后，作者才被允许认真检验州政府的假说。根据法庭命令，在审判前，被告必须提供对控方有利或不利的所有测试结果[7]。除了测试易燃液体的覆盖范围外，无法准确预测其他任何测试结果，因此在实验前没有进行其他测试。一旦被定罪，Carr再检验各州政府的所有假说也不会有所损失。

图9.5（b）所示的是，在门前存在的所谓液体燃烧痕迹。实际情况是在浴室发生闪燃之后，大火从浴室蔓延至早餐区门口，产生的辐射热灼烧了地板。从门前地板痕迹就可以明显看出，地板受热灼烧痕迹的尽头就是门边，门边痕迹是一条完美的直线，这条直线是因为保护地板的门造成的，是典型的热阴影现象。门的底部却没有任何损坏，实际上门的下半部分也没有被破坏。

调查进行的第一个测试是构建门口的模型来演示如果门口有一滩可燃液体会发生什么。实验火灾情况如图9.5（c）所示，对门造成的损坏如图9.5（d）所示。当然，实验火灾中的门与Carr住宅中的门不完全相同。

下一组测试是为了确定报纸在油毡或成品硬木表面燃烧时，是否有可能不留下任何可检测到的痕迹。Carr住所的实木地板（包括油毡和硬木）都被切割下来，并带到ATS实验室待测试。通过测试发现，无论有没有可燃液体倾倒在地板上，只要地板上的成沓报纸被点燃了，地板就会被严重破坏。此实验如图9.5（e）所示。

图9.5 （c）实验验证易燃液体是否可以在地板上发生燃烧的同时而不烧损门底。（d）在实验过程中留下的火灾痕迹，说明如果现场地板上有易燃液体发生燃烧，那么门也会被烧损。

对在房子周围发现的报纸很容易解释。当消防员到达现场，他们首先从后门直接进入早餐区，对着早餐区地板上一堆着火的报纸射水[8]。消防射水把报纸碎片带满了屋子。至于在楼梯上找到的那张报纸，经仔细检查后发现根本不是报纸，而是烧焦的壁纸。如图9.5（f）所示，作为证据指控Carr的报纸只不过是烧焦的墙纸。调查人员急于证明报纸飘到了楼上，但没有查到报纸来源，如图9.5（g）所示。

接下来还进行了另一项测试来检验一种假说（确实奇怪，物理上也是不可能的），即助燃剂蒸气为何轻于空气，并上升到二楼的墙壁空腔内引起爆炸，致使石膏墙板脱落。破坏的墙壁如图9.5（h）所示。一楼和二楼的墙壁模型是在最小泄漏的情况下建造的，以容纳爆炸

图 9.5 （e）实验验证铺在地板上的报纸堆是否可以在发生燃烧时不损坏其下方的地板。

图 9.5 （f）在 Carr 住所的楼梯上发现的纸张，被人误认为是用来让火势蔓延的。注意这张照片中纸张上的花卉图案。❶

产生的各种压力，并且在模型的下部加入了大量的可燃液体。实验设置如图9.5（i）所示。州政府的证人一直没有说清楚可燃液体为什么出现在墙里。他们有时候说，可燃液体是在被倾倒到地板上之后流淌到那里的，有时候说，是有人在墙上凿了一个洞，才让可燃液体出现在墙里面，并使得那里成为了起火点。实验人员在模型的墙壁空腔中切了一个4in×4in的洞，并加入了2盎司的可燃液体，让它挥发一分钟后再放入点燃的火柴。小规模的爆炸发生了，但是必须要用倾斜压力计（一个近乎水平倾斜的U形管，以增加对压力的敏感性）来测量压力。上层空腔爆炸产生的压强为0.006 psi（磅每平方英寸），比2psi的1%的3/10还要小，而后者常被认为是破坏墙壁所需要的压强。在第二次实验中，可燃液体爆炸产生的压强增加了50%，达到0.009psi。很明显，墙壁的破裂是由烟雾爆炸引起，而不是可燃液体蒸气爆炸引起的。

所有实验结果都总结在一份长达65页共147段的书面证词中，并作为证据附在Carr上诉书的摘要上提交。

第二种上诉途径是对未经证实的警犬警报被用作证据提出异议。法官允许驯犬员作证后，作者与国际纵火调查协会法庭科学委员会联系，要求他们在一份关于适当使用警犬的立场文件中说明这个问题。这份文件[17]发表于1994年底，在当时引起了不小的轰动。检察官和消防队长想知道这些质疑他们训练有素警犬权威的多管闲事且自以为是的化学家是谁。法庭科学委员会的立场性文件中包含了“Carr案”的信息以及爱荷华州发生的类似案件的信息，在这些信息中上述法院裁决：未经证实的警犬警报是合法的[18]。这引起了NFPA火灾调查技术委员会的注意。1995年版的NFPA 921已经定稿，但委员会成员认为，

❶ 原文中此处图与图题不符。

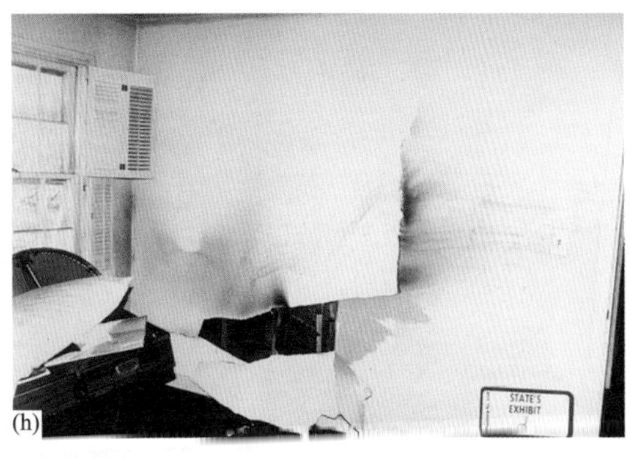

图 9.5 （g）楼梯上纸张残留物的实际来源。（h）楼上卧室和浴室之间墙体受损情况，该墙体位于餐厅和浴室之间墙体正上方。调查员认为这是由于易燃液体蒸气上升的过程中被引燃后发生气体爆炸而造成的。

图 9.5 （i）验证“蒸气在墙体里”假设的设备。由于压力上升很小，只能用倾斜压力计测量。

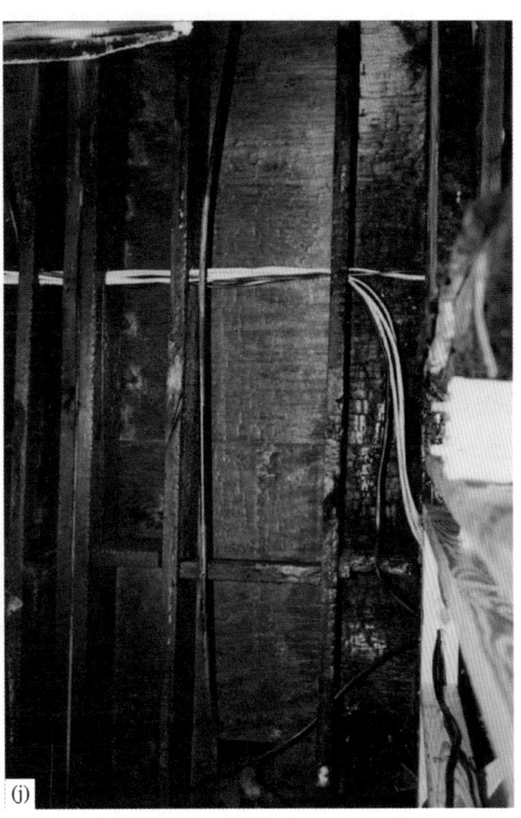

图 9.5 （j）引起火灾的开关所在壁腔正上方的上层地板结构。壁腔中心呈半圆形的痕迹。该区域的其他炭化痕迹也能证明壁腔是起火点。

如果他们等到1998年才发布关于正确使用助燃剂检测犬的指南，在此期间积累的判例法将使委员会的指南失效。技术委员会主席Richard Custer建议，并经委员会同意，为尽早公布消息，《临时修正案》（TIA）的发布是及时的。这在助燃剂检测犬界遇到了一些阻力，比如其中一些担任这职位的成员。“狗说什么，我信什么，然后解决”。最终决定在西海岸和东海岸分别举办两场会议，以收集所有相关利益方的意见，尤其是来自助燃剂检测犬驯犬员的意见。大多负责任的驯犬员并不相信未经证实的警报可以成为可靠的证据。委员会通过了《临

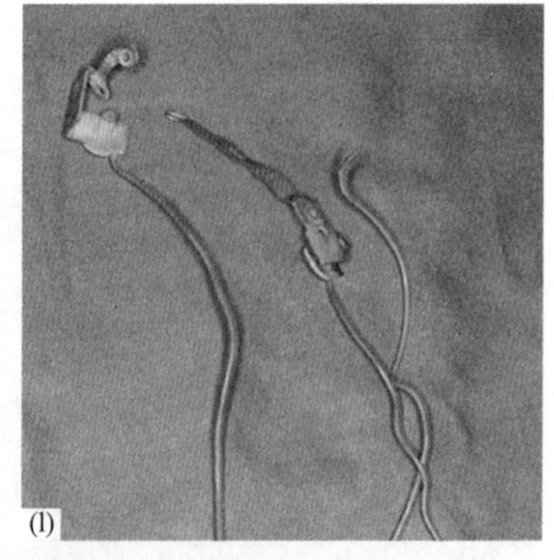

图 9.5 （k）Carr 火灾起火部位复原图。（l）位于起火点处的三相开关和导线。

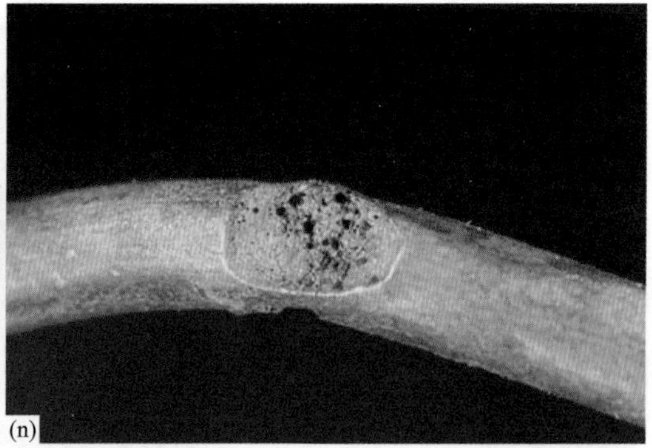

图 9.5 （m）三相开关动片一侧接触插片过热痕迹。这个既不是火烧痕迹，也不是所谓的操作开关留下的正常痕迹，因为另一侧的接触垫完好。这种情况在前面两个电气工程师检查中未被发现。（n）起火开关盒正上方电线上的两个电弧破坏区域之一。

时修正案》（TIA），但是NFPA标准委员会不了解情况的紧急性，并要求进一步解释。通常情况下，标准委员会会担心，如果不迅速采取行动，将导致更多的伤亡或财产损失。当向标准委员会解释他们所关心的是错误的判决，并进一步解释这是属于司法性质的紧急情况后，标准委员会默认并允许《临时修正案》生效。在《临时修正案》生效几天后，Carr的律师向佐治亚州最高法院提出上诉，并指出相关科学界存在一个严重的问题，即未经证实的警犬警报被视为存在助燃剂的结论性证据。作者还提交了一份证词来支持这一陈述，但更重要的是，来自佐治亚州调查局犯罪实验室的五名法庭科学家提交了一份证词，称未经证实的警犬警报作为存在可燃液体的证据是不可靠的。

当时，尽管Michael McKenzie仍参与上诉的技术方面工作，但Carr已经聘请Millard Farmer担任他的首席上诉律师。Farmer认为关于未经证实的警犬警报的上诉不会影响到法庭，所以当法官们要求就这个问题作出额外的简要说明时，他感到非常惊讶。

法院对此案进行了几个月的审理。在此期间，检察官Nancy Grace在佐治亚州火灾调查员研讨会上发言，并介绍Blazer作为“Carr案”的“主要证人”。她说：“陪审团在相信人之前会先相信一条狗。”她也表达了对上诉现状的担忧，她确实也该如此。几个月后，佐治亚州最高法院推翻了Carr的定罪，理由是法官曾允许引入12条未经证实的警犬警报。在列举其他六个主要错误时，法院认为，如果他们没有在未经证实的警犬警报被接纳的基础上而批准新的审判，就可以根据这些要点批准一个新的审判。法院认为，法官排除作者关于警犬问题的证词，这个错误是可以纠正的。法院还认为，Nancy Grace在火灾发生数月后，与一名外部专家和CNN的新闻工作人员回到Carr家中进行“烟雾测试”，违反了《第四修正案》的规定。Grace认为她没有必要获得真正的搜查令，法庭对此则表示强烈反对。法院还强烈反对格雷斯在其他领域的行为，并表示，如果没有因为错误地承认未经证实的警犬警报而推翻对Carr的定罪，他们也会以检察官渎职为由推翻对Carr的定罪。Grace后来评论道：“（这项裁决是）我法律生涯中最痛苦的事件之一。他们对我和法官的鞭笞令我目瞪口呆[19]。”

尽管定罪被推翻，Carr仍然被起诉，富尔顿县检察官表示，他将再次受审。因此，他待在监狱里等待第二次审判。Carr的辩护团队和检察官之间的谈判达成了一项协议，即州政府将聘请另一名独立的火灾调查员来评估此案。然而，到1997年底，事情也未见任何进展，还没有找到更称职的调查员，无法进行审判，当Carr的律师要求释放Carr时，法院批准了，而Carr已经在监狱服刑3年之多。

当助理地区检察官一个接一个地审查“Carr案”中的物证时，他们开始相信，没有证据表明当时的火灾是人为放火。该县后来聘请了一名独立专家，他在2001年9月的一份报告中总结称，辩方“根据火灾现场做出了非常令人信服的原因认定”。最终，直到2002年底，Carr的律师提出驳回该案的动议之前都没有人再继续推进此案，因为该案缺少法律依据，同时也因为Carr要求迅速审理的权利被剥夺。

在案件早期，州政府聘请了一名电气工程师，他履行职责对房子中所有可能的意外火灾原因进行了排除。Newell和Klarna特意找到了另一位电气工程师，这位工程师也没有找到任何电气原因相关的证据。2002年，ATS电气工程师Richard Underwood找到了相关证据，并首次提出了一个合理且完整的引燃过程。Underwood是三位电气工程师中第一个关注早餐区和浴室之间墙上开关的人，并且注意到其中一个接触板熔化了。在Underwood进行评估的同时，同样来自ATS的Jeff Morrill被指派开始重建工作。Carr的住所仍然可用，起火区域被精心重建。像弯曲的钉子等小细节都被用来确定开关盒的确切位置，揭示了开关盒上方半圆形痕迹的意义，如图9.5（j）所示。许多其他照片显示，该区域的墙顶部有一个清晰的痕迹，表明火灾是从装有开关的墙体空腔开始的。图9.5（k）是引火源处的示意图。作者从来没有质疑过：火进入早餐区之前，在浴室里燃烧了相当长的一段时间，但这次重建使整个事件的顺序清晰地呈现出来。三相电灯开关及配线如图9.5（l）所示。过热的触片如图9.5（m）所示。过热不可能是火灾造成的，正如在同一运动构件上相同触点的原始状态所表明的那样。如果确实是接触垫过热导致了火灾，那么应该在装有开关的壁腔中看到有电弧的证据，实际上确实有电弧的证据。电弧作用的一侧如图9.5（n）所示。火灾发生8年后，Jeff Morrill和Dick Underwood终于把一切都搞清楚了。起火的原因是电灯开关过热。

2002年12月，就辩方提出的撤诉动议举行了听证会。几个目击者已经搬走了，有的人已经过世，有的人已经不记得这件事。法官Roland Barnes拒绝就此案作出裁决[9]，但以快速审判为由批准了驳回此案的动议。作者出席了听证会，目睹了整个过程，一个助理地区检察官看完定罪后的证据表示，继续起诉是不道德的。不幸的是，地方检察官不同意这一观点，并对法官根据快速审判流程批准驳回此案的裁决提出上诉。

> 驯犬员根据警犬警报所作的关于存在助燃剂的证词，在概念上与其他类型的测试和分析无法区分……因此，最终作为证据的分析和数据收集也应遵循适用于其他程序的科学可核查性要求。如果不这样做，警犬的警报程序将类似于最早记录的测谎仪，如触摸到驴尾巴一样不可靠。
>
> ——佐治亚州最高法院，1997年

2004年夏天，佐治亚州最高法院再次审查了“Georgia v. Weldon Wayne Carr案”，并维持了批准驳回此案的原判。很明显，“Carr案”中确实有怀疑的理由，但这是一个经典的案件，它允许因怀疑而去干扰对物证的仔细检查。Carr最后在2004年接受*Fulton County Daily Report*采访时解答了每一个可疑的情况。Mike McKenzie之前曾与一位又一位地区助理检察官讨论过这些情况，这也是他们选择不重审此案的原因之一。如果调查人员不抱成见（keep an open mind），他们就会花时间仔细检查物证，早在2002年之前就会发现火灾的真正原因。

9.10.2.1 错误分析

在此事件中，当火灾调查人员根据地板上不规则的燃烧痕迹进行推断时，便错误地利用了无关的证据。他们没有对整体现场重建，也没有充分考虑到浴室的情况，忽略了矛盾点。而且，他们并没有对所做的假设进行测试，特别是两盎司量的液体是否能形成4平方英尺的痕迹，报纸在可燃物体表面燃烧是否可以不留下任何痕迹，以及是否存在蒸气比空气重这种违背万有引力定律的情况。他们也没有对负责“Carr案”的专家们所提出的假设进行测试，火灾调查人员只是简单利用背景证据压倒了任何对物证的合理解释。第一次查看电气证据的工程师忽略了关键证据，这样做对火灾调查人员提出的错误假设提供了毫无根据的支持。

有些人会认为，破裂的婚姻、移走的汽车、升级的保险以及拷贝走的照片等背景证据都应该是确定火灾原因时应考虑的“数据”。这种观点认为，调查人员应该采取“整体性”的方法，考虑“证据的整体性[20]”，但不考虑这些“数据”则是“不科学的”。这种观点指出了科学“真相”和法律“真相”之间的区别。这一争论不太可能很快得到结果，但作者看来，背景“数据”总会具有煽动性，导致不正确并且不公正地运用科学。因此，NFPA 921规定，只有检验了物证并认定为放火后，才应考虑动机和时机等背景证据[21]。

9.10.2.2 意义

“Carr案”促进了IAAI法庭科学委员会关于警犬的立场文件发布和NFPA 921关于该主题的《临时修正案》生成，文件后来成为指南的一部分。这两份文件都有助于说服佐治亚州最高法院：未经证实的警犬警报是不可靠的专家证据。每当检察官和保险辩护律师试图通过提供未经证实的警报证据来误用这一有价值的工具时，这个案件都被多次引用。

这个案子也是Nancy Grace（检察官）的最后一次案件。最高法院（一致）裁定，“本案检察官的行为说明其无视正当程序和公平的信念，这是不可原谅的”，由此破坏了这位电视名人的可信度。

9.10.3 “Maynard Clark v. Auto Owners Insurance Company案”[22]

1992年4月的一个晚上，佛罗里达州罗斯金Maynard Clark的家具店在一场强雷暴雨中被烧为平地。在检查作为防火隔板的卷帘门时，调查人员发现一把螺丝刀卡在滑轮上，从那时起，他所看到的一切都成为支撑假设Maynard Clark烧毁自己商店的依据。当地面被挖掘时，可以看到混凝土的剥落。扭曲的钢梁（被描述为“熔化的”）被作为火灾超过2000 ℉的证据，因为该温度远高于火灾调查员所认为的“正常”火灾会达到的900 ℉。与“Carr案”不同的是，火灾调查员没有考虑动机，因为正如将要讨论的，Maynard Clark没有放火烧自己商店的动机。根据闪电探测网络的报告，火灾调查员“排除”了闪电致火的可能。调查人员的报告中写道:“距离商店最近的雷击发生在2.08英里远的地方。”Clark的律师购买的一份来自同一时间段、同一探测服务机构的闪电数据报告展示了不同的结果。此外，闪电数据报告指出，闪电位置的准确度在实际位置2～4公里（1.2～2.4英里）范围内，并声称探测效率只有60%～80%。[10] 雷电检测报告图如图9.6（a）所示。在否定了闪电报告，或者更确切地说，将其推翻后，调查人员接着又对更多的证据不屑一顾。一个年轻的、不知道为什么凌晨两点半还在外边的西班牙裔男孩，实际上看到闪电击中了大楼。在另一起刑事调查中，一名副警长将这名男孩带离学校进行审讯，指控他谎称看到了闪电。这个男孩被吓得收回了他的说法，尽管他的陈述在诉讼过程中被披露，但并没有说明他为什么要编造一个关于闪电的故事，也没有说明他为什么要收回他的说法。另一个目击者是一名老人，他也说自己看到闪电击中了大楼，但他的证言被认为不可信而不予考虑，因为他年事已高。

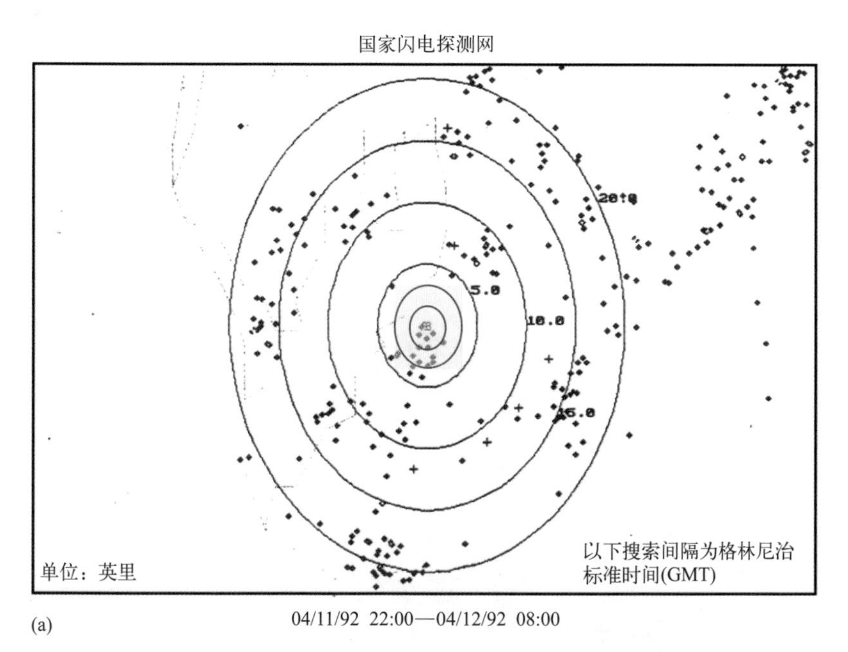

图9.6 （a）闪电数据报告以Maynard Clark的商店为中心。该报告的“探测效率”为60%～80%（每10次闪电击打中有3次未命中），定位精度为±（2～4）公里。在火灾发生前的一个小时内记录了16次闪电击打。这份报告被引证作为闪电没有击中这座建筑物的证据。商店周围的“误差条”是灰色的。图中心家具店周围的内圈显示最小误差为2公里，即1.2英里，外圈显示最大误差为4公里。图中所示的每一个闪电击打周围都有一个类似的圆圈。

作者被邀请参与这个案子来帮助解决化学分析相关的问题。火灾调查员在商店后部看到了“倾倒痕迹”，商店由沥青瓦片构成的屋顶已经坍塌。样品是由佛罗里达州消防局办公室和独立调查员收集的，而且调查员已经把样品送到了位于俄亥俄州的公司内部实验室。州消防局的实验报告说在样品中发现了柴油，而俄亥俄州的实验室报告说发现了煤油。当第一次被要求审核化学数据时，作者向克拉克的律师Barry Cohen明确表示，区分煤油和柴油并非易事。然而，更突出的问题是，除了屋顶上的沥青，这两个实验室是否还发现了其他物质。私人调查部门的检验鉴定人员使用了一个填充好的色谱柱，因此无法解析可能由沥青导致的某些特征峰。该州化学家使用了毛细管柱，但没有意识到色谱图中“额外”峰的重要性。

私人调查部门检验鉴定人员的档案（至少一部分）在他第一次作证时就被出示了，他的笔记显示样品中含有“沥青”。1982年，作者和Laurel Waters（现在的Laurel Mason）发表了一篇文章，讨论了沥青瓦的化学分析，并警告当时化学家可用的技术无法区分液态重质石油馏分（如煤油和柴油）和沥青熔化的残留物[23]。据律师报告，当时没有有效的技术来区分火灾残留物样品中的沥青和煤油或柴油。Clark在火灾前后都没有陷入财务困境，他已经用自己的资金重建并重新开张了家具店，因此他能够有时间和财力开展一个研究项目，以深究这种分析技术。

研究的第一阶段是对沥青燃烧残留物进行顶空取样。在这些条件下，不会产生类似煤油的物质。在这项研究进行约3周后，作者在小坩埚中烧制沥青样品，如图9.6（b）所示，并且在坩埚上放置一个玻璃皿将火熄灭，玻璃皿如图9.6（c）所示。当火熄灭时，玻璃皿的内表面出现了冷凝物，作者突然想到这就是他想要测试的物质。通过对这种沥青烟雾冷凝物进行溶剂萃取或顶空浓缩，就有可能看到几十年来一直困扰化学家的类似煤油的物质。通过提取离子流谱图，还可能会确定冷凝液中烯烃浓度高，而环烷烃和两种物质（称为正庚烷和植烷）缺乏，这样就很容易将这种烟雾冷凝液与液体煤油或柴油区分开来。这一结果后来被提交给美国法庭科学院，发表在*Journal of Forensic Sciences*上，并被纳入ASTM E1618中，用于可燃液体的识别鉴定。因此，火灾残留物分析领域受益于Maynard Clark的灾难[24]。

图9.6 （b）烧制从重质石油馏分中提取制备的沥青样品。

图9.6 （c）沥青烟雾凝结在玻璃皿上。可以根据火灾残骸中的此种冷凝物判断可燃物质种类。

在发现区分沥青和煤油的方法后不久，作者获得了火灾现场的样品，并对两个实验室检测到的残留物进行了分析，最终确定为沥青。与此同时，这位来自俄亥俄州的化学家被免职，并被问及他与佛罗里达实验室就两个实验室结果不一致的问题进行沟通的情况，但他否认有任何相关的沟通。[11]对俄亥俄州化学家来说不幸的是，来自佛罗里达实验室的化学家拿出了一大堆文件，约5英寸厚，其中包含俄亥俄州化学家试图使两个实验室的检测结果一致的信件。当这个信件被发现时，Clark的律师有必要重新对这位俄亥俄州化学家取证，当他面对这些文件时，他突然回忆起来了。当被问及此事时，他表示自己当时“忘记”了这些信件。为什么信件副本没有在他的档案里，这仍然是个谜。

与此同时，在法庭命令副警长停止隐瞒证据之后，执法人员恐吓目击者撤回其证词的不当行为才被发现。每次被问到让他不舒服的问题时，他都会回答：“因为正在调查，不方便详细说明。”然而，他无法使法官相信调查仍在进行。在执法档案被披露后，代表保险公司监督调查的律师成为民事案件的被告。在聘请了新的律师后不久，这起案件的和解费用远远超过了保险公司为这个简单闪电索赔支付的费用。

9.10.3.1 错误分析

> 11.2.2应仔细审查符合重质石油馏分标准的提取物，以确定“外来组分”是否是正构烷烃的洗脱馏分，是否是聚烯烃或高分子量碳氢化合物（沥青）分解的产物。峰代表相应的1-烯烃或1,(*n*-1)-二烯烃，其丰度接近烷烃的浓度（从烯烃剖面上看，在半个数量级以内），表明存在聚烯烃或沥青分解产物，而不是燃料油产物。聚烯烃分解产物通常不会表现出与燃料油相同的支链烷烃痕迹。
>
> ——ASTM E1618-14

保险公司聘请的专家和其他涉案人员所犯的一些“错误”不仅仅是技术错误，尽管技术错误也很多。当研究人员使用“2000°F的温度”来推断助燃剂的存在时，不相关的数据被误解，并以同样的方式解释混凝土的剥落。然而，调查人员的一些错误已发展到了行为不端的地步。根据列出的错误类别，可以将一些（有意或无意的）错误归为忽略关键目击者观察的错误类别，而那些目击者的观察是“不可忽视的”。保险公司聘请的调查人员也无视闪电探测报告中关于探测系统准确性和精密度的明确陈述。案件中的沟通不仅仅是不畅，而是缺乏。在防火门处发现螺丝刀的时候，就应该对商店经理或其他员工进行询问。然而，这家保险公司的调查人员正在玩一个名为“抓到你了”的游戏。当Cohen找到家具店的前雇员时，发现他们对Clark没有绝对的忠诚，但是也不存在“内斗”，他们说螺丝刀已经卡在门上5～7年了。显然，支撑门的熔断器在更早的一场小得多的火灾中熔化了，当时门被拉起并卡住了，从那以后螺丝刀就一直在那儿。

其他错误来自于化学家们，他们的报告没有提到沥青可能是“煤油”或“柴油燃料”的来源，尽管他们的实验室记录表明“沥青”存在。这位私人调查部门的检验鉴定人员“未能回忆起”与佛罗里达化学家的大量通信，即使这是一个无心之过，也会被用在对他的盘问中并使他的信誉遭到破坏。所有这些错误最终导致Clark经历了4年的诉讼，并使保险公司损失惨重。

9.10.3.2 意义

“Clark案”的重要意义在于，它提供了开发沥青烟凝析油和石油馏分鉴别方法所必需的数据。以前无法进行这种区分导致火灾残留物分析领域十分沮丧，并可能导致在本案前后出现错误（假阳性）调查结果。该方法目前已被普遍接受，并且自2001年以来，已被纳入ASTM E1618《用气相色谱-质谱法测定火灾碎片样品提取物中易燃液体残留物的标准实验方法》中。

9.10.4 “State of Georgia v. Linda and Scott Dahlman案”

Frances Dahlman患了严重的中风，导致右侧瘫痪。她最初被安置在一家养老院，但她的儿子Scott和儿媳Valerie对养老院提供的护理质量不满意，于是他们把地下室重新装修，为Frances盖了一间婆婆套房。此外，他们还雇了一名护士每天陪护Frances12小时，其余的时间由他们亲自照顾她。Frances接受了临终关怀，因为她除了患有中风外还患有心脏病，预计只有几个月的生命，她坚持不进行心肺复苏术，她的医生建议她选择服用血压或抗癫痫药物。中风使她易受剧烈癫痫发作的影响，导致她左臂胡乱挥舞。

房子里有大量的硫酸吗啡（在Frances椅子旁边的桌子上发现了一瓶），因此，如果Valerie或Scott决定是时候结束Frances的生命时，他们可以很容易做到，也不会有关于死因的疑问。事实上，并没有对Frances进行尸检。

2008年8月31日早上5点27分，Frances的椅子侧边迅速起火，她被严重烧伤。随后便被送往亚特兰大的格雷迪医院，几小时后因伤势过重死亡。

Valerie Dahlman声称，她发现婆婆身上着火，于是用花园里的水管将火扑灭。但是当火灾调查人员第一次到达现场的时候，他们中的一些人对此持怀疑态度。Frances有一把可以帮助她改变位置的电动椅子。火灾后的椅子如图 9.7（a）所示。桃树市消防局局长扣押了该椅子，警方则将其他证据送交给了佐治亚州调查局（GBI）司法服务部（DOFS）。

市消防局局长请了一名电气工程师对椅子进行检查，发现椅子上的一根110V的电缆发

图 9.7 （a）这张电动椅子的照片拍摄于凌晨5点58分，当时烟雾还没有完全散去。请注意，急救人员已经把医院的手术台推到了一边。（b）早上6时19分拍摄的医院桌子上蜡烛和其它物品的照片。这些物品的排列方式明显不同于下一张照片。

生了燃烧，这是电缆暴露在不断蔓延扩大的火灾中造成的。9月8日，因为有死亡事件发生，州消防局副局长到达现场。消防局局长检查了椅子和现场照片，但显然没有全部检查。

州消防局局长准备了他的第一份未注明日期的报告，只有一页多一点。他何时认定这起火灾是放火火灾还不得而知，但法医出具的2009年4月7日（火灾发生7个多月后）的尸检报告指出，“彻底的调查未能揭示起火原因，因此死亡方式是无法确定的[25]。”消防局局长使用否定排除法总结道：

起火区域确定在椅子侧面和地毯的区域内。对起火区域的火源进行勘验，排除了所有可能因意外引起火灾的原因。（强调说）

在完成对火灾现场的所有照片和证据以及椅子的检查后，作者认为Frances Dahlman女士在火灾发生时所坐的椅子是出于犯罪意图故意放火烧的[26]。

2009年11月30日，火灾发生大约15个月后，Valerie被捕，并被下令关押，不得保释。12月16日，Scott也被逮捕。尽管他主动提出自首，但警察还是坚持到他家，当着他孩子们的面逮捕了他。

Dahlman夫妇很早就意识到自己是刑事调查的目标，并聘请了德高望重的辩护律师Ed Garland和Richard Grossman。作者于2008年9月12日被Grossman聘请，于9月17日前往亚特兰大检查了椅子，并得出结论，即不能将火灾归咎于椅子。Dahlman夫妇被捕后，作者于2010年3月10日访问了佐治亚州犯罪实验室，除了椅子之外，其他证据都被提取至此。证据中有一支放在茶碟上的蜡烛，火灾发生时，蜡烛一直在Frances左侧的护理桌上燃烧。几乎燃尽的蜡烛和碟子上的火灾痕迹表明，可能是一件被褥，如床单或毯子，被不小心放在碟子上而导致着火。犯罪实验室已经明确了蜡中嵌有纤维，但最终得出结论，即这些纤维与提交的毯子不匹配。在图9.7（b）所示的火灾现场照片中，蜡烛清晰可见。

在这些谋杀指控悬而未决的过程中，作者很好奇为什么没有看到桃树市消防局局长的报

图9.7 （c）早上7时22分拍摄的原始区域重建图。烟雾痕迹或其他任何证据不能证明桌子上物品的位置和方向。

告。他是第一批到达现场的人员之一，他收集了证据并对现场进行了录像。不幸的是，他与州消防局副局长的沟通并不理想，可能是因为对火灾原因的意见存在分歧。火灾发生一年多后，州消防局局长才得知蜡烛的存在，这可是火灾发生时起火区域存在的显而易见的火源。

在预审程序中，法官对州消防局局长的初步报告质量感到失望，要求再提交一份报告。在第二份报告中，消防局长更广泛地揭示了他的思维过程，并且写到了蜡烛：

没有办法查明或证实熔化和发黑的残留物是何时留下的，因为随后看护人在询问中说，她、Dahlman女士的儿子和儿媳都会点燃蜡烛并放在桌子上以安抚Francis Dahlman女士。作者确实有机会检查蜡烛和碟子本身，因为它们被当做证据带走了。经过更仔细的检查，发黑的残留物可能是由于椅子上未燃烧的产物飘落下来落在碟子上的烟灰……

通过演绎推理，作者能够排除蜡烛是火源的说法。第一个观察结果是，贴在乳液瓶一侧的纸在火灾中烧损。然而这一侧并非面向火源一侧，远离起火部位的辐射热和燃烧区域。作者还观察到蜡烛的另一侧，也就是离火源更远的一侧发生了熔化。综上所述，如果乳液瓶和蜡烛靠近电椅的一侧，它们不会有这样的烧损痕迹。因此，他通过演绎推理断定，蜡烛不是引火源，不靠近椅子，也不是电椅燃烧的原因……

护理桌上的任何地方都没有过火痕迹，甚至没有任何烟灰残留，不能证明火灾发生时桌子在椅子旁边。因此，根据作者的判断，桌子和桌子上的物品都可以从火灾因素中排除，因为如果桌子离椅子的距离不足使其遭受火灾损坏或者积聚烟灰，则可以排除蜡烛作为起火源的可能……

至于另一个可能意外原因的排除，即看护人员提到，Dahlman女士会因其精神状态和身体状况而癫痫发作，并会疯狂地挥舞手臂，可能会把毯子扔到蜡烛上，而蜡烛实际上位于她的椅子后面。通常的情况是，如果不从护理桌上打碎或者把东西拖到地上，就不可能做到这一点……

在检查完所有从现场拍摄的照片和提取的物证，检查了椅子，结合所获得的信息，完成了现场调查之后，作者认为这起火灾是故意的、具有放火性质的火灾。[27]

现在来考虑一下消防局局长的“演绎推理”。首先，他没有说什么时候检查的蜡烛和碟子，也没有说他是否真的看到了实物还是只看到了照片。他说，碟子上的烟灰是“飘落”在那里的，如果真是这样的话，其他地方的烟灰应该分布均匀，碟子下面应该有一个保护区，实则没有这样的证据存在。那么烟尘选择性地落在了碟子上？其次，他对桌上物品的观察是错的。图9.7（c）中的照片是一个重建图，这些“观察”是从这张照片中得到的。市消防局要求第一批救援人员进行重建，但无法判断他们的重建有多准确。他们关注的是病人，而不是她周围的物品。重建的图像拍摄于火灾发生当天早上7时22分。图9.7（a）拍摄于5时58分，当时房间里仍有烟雾，图9.7（b）拍摄于早上6时19分。这些照片均由桃树市警察局的凯悦下士在早上5:57至6:25之间拍摄。在第二组照片（包括重建）中，还有另一张显示重建前椅子的照片是摄于早上7点13分。即使是计算机技术很差的人也应该能够通过查看原数据来确定图像的来源。由于桌上没有烟尘，因此无法辨别位置，更不用说照片中物体的方位了。所以消防局局长依靠明显不可靠的“数据”来“排除”蜡烛作为火源。在第二份报告中没有解释椅子上的火是如何烧损乳液瓶对面的“纸”（实际上是塑料）的。尽管他是IAAI-CFI，但他并不了解火灾规律，所以违反规律也是正常的。

当市消防局局长最终被迫发表意见时，他说火灾的原因“尚未确定”。他知道蜡烛的事，但因为州消防局局长、警察和检察官告诉他，他们有“证据”，所以他没有对此下定论。2009年12月逮捕嫌疑人后，他告诉助理地区检察官，他不相信这是一起放火案。此外，他制作的录像带已提供给州消防局局长，录像显示一条烧焦的白色床单，但没有被作为证据提取。这个床单可能是GBI实验室在蜡烛蜡中发现的纤维来源，当然应该对其进行检测。这起案件之所以没有被起诉，主要是由于没能提取那条床单。

地方检察官说：

桃树市消防局局长没有对白色床单进行拍照、扣押、监管、保护或妥善维护，因此州消防局局长在火灾现场分析中没有考虑这个白色床单。白色床单现在找不到了。该州认为，如果将上述情况与目前掌握的其他证据结合起来考虑，会对被告的行为产生合理的怀疑，虽然有可能逮捕他的理由，但没有足够的证据证明被告有罪[28]。

这个白色床单肯定是在视频中拍到的。火灾痕迹不能显示出它是什么时候被点燃的，但它可能是最先被点燃的。然而，在这个案件中已经出现很多合理的疑点。地方检察官驳回了这个案子，因为不管白色床单是否丢失，他都将败诉。

市消防局局长因为不同意州消防局局长做出的案件是放火火灾的决定，最终被降职并离开了消防局。直到今天，John Daly依然是即使牺牲自己生计也不会牺牲自己正直形象的榜样。

州消防局局长看到录像带后仍然坚持是放火火灾，显然是因为一旦他做出放火的决定，即使有令人信服的新证据，他也再不会回头。州消防局长办公室表示：“……我们的观点不会改变，这场火灾就是故意放火火灾，”并且“希望地方检察官能够重审此案[29]。”

9.10.4.1 错误分析

市消防局局长本应该拍下并保留白色床单，沟通不畅导致州消防局局长一年多的时间里没有了解蜡烛和白色床单，直到火灾发生将近两年后才知道。然而，州消防局局长应该询问在他到达现场之前收集的证据，也应该检查一下最先在现场人员的照片而不是依赖没有被证实的现场重建。没有理由忽视第一现场照片或GBI掌握的关键证据。相反，这位消防局局长依靠排除法认为火灾是纵火火灾，然后丢弃与他判断不符的数据，对碟子上的烟尘给出了一个不符合火灾规律的解释。

9.10.4.2 意义

这个案子在当地火灾调查界引起了不小的轰动，它导致一名消防局局长丢了工作，所谓的理由是证据丢失了，但真正的原因是他不同意检方决定。John Daly为那些明知故犯的人树立了一个榜样。Scott和Valerie Dahlman在受到失去母亲且又被指控犯下可怕罪行的双重创伤后，重新开始了他们的生活。这是一个典型案例，案件发生的背景信息足可以说明放火杀人并不是一个合理的假设，在什么情况下一对夫妻有办法和机会无声无息地杀死一个人却决定把受害者活活烧死？州消防局局长已经被辞退了。

> 一个新的科学真理取得胜利并不是通过让它的反对者们信服并看到真理的光明，而是通过这些反对者们最终死去，熟悉它的新一代成长起来。
>
> ——Max Planck

9.10.5 “State of Michigan v. David Lee Gavitt案”[30]

1985年3月9日晚上10时30分，David Gavitt和他的妻子Angela正在床上睡觉，突然被狗吵醒，发现客厅着火了。Angela跑出了大厅，David跑到外面，试图从窗户进入孩子们的卧室。在此过程中，他被严重割伤，并因烧伤和严重撕裂伤而住院治疗。

第二天早上，密歇根州警察局（MSP）的调查人员得出结论，房子里“独特的易燃液体燃烧痕迹”和“多个起火点”表明，火灾是由易燃液体引起的，David因此被捕。

调查人员于3月10日收集了6个残留物样品，全部检测为阴性。3月20日，他们在最初现场挖掘过程中丢弃地毯的前院收集了更多的样品。这些样品被送到MSP实验室，由一名有食品化学分析但没有火灾残留物分析经验的人进行分析。他发现两份来自前院的样品中都含有“高度挥发的汽油残留物”。

这位化学家进行了另一项“火焰蔓延测试”，试图用本生灯点燃地毯。他分三次用本生灯点燃地毯，三次都是在火焰移开后不久就熄灭。在第四次测试中，他在地毯上倒了少量汽油，并用火柴点燃。不出所料，当喷灯被移开时，地毯一直燃着。这“证明”地毯如果没有汽油就不会发生燃烧。

从现场照片上可以清楚地看出，起火点是在客厅［图9.8（a)］，但照片中没有任何迹象表明有多个起火点。

2010年9月，Michael McKenzie联系了作者，要求对该案进行审查。作者告诉他，如果客厅里真的有汽油，作者也无能为力。他们向作者提供了GC-FID色谱图，作者被看到的内容吓坏了。两份据称呈阳性的样品既互相不匹配，也不符合汽油标准，而且工作质量差得令人难以置信[12]。图9.8（b）显示了所谓阳性样品与标准样品的比较，图9.8（c）是1977年出版的气相色谱图。分辨率上的差异是相当显著的。

在确定化学分析结果不可信后，作者继续对火灾现场调查进行分析，发现它同样不可信。时间轴分析显示，客厅在全面燃烧状态下燃烧了很长一段时间，超过13分钟，所以分析火灾痕迹是不可靠的，但是1985年的调查人员并不知道这一点。

作者把化学分析交给了一位同事，巴克和赫伯特分析实验室的Craig Balliet，他同意这种化学分析是糟糕的，并为此准备了一份书面证词。作者也准备了一份关于火灾现场分析的书面证词，两份证词都提交给了法院，以支持免除判决的动议。

(a)

图9.8 （a）两张David家客厅被大火烧毁的照片。

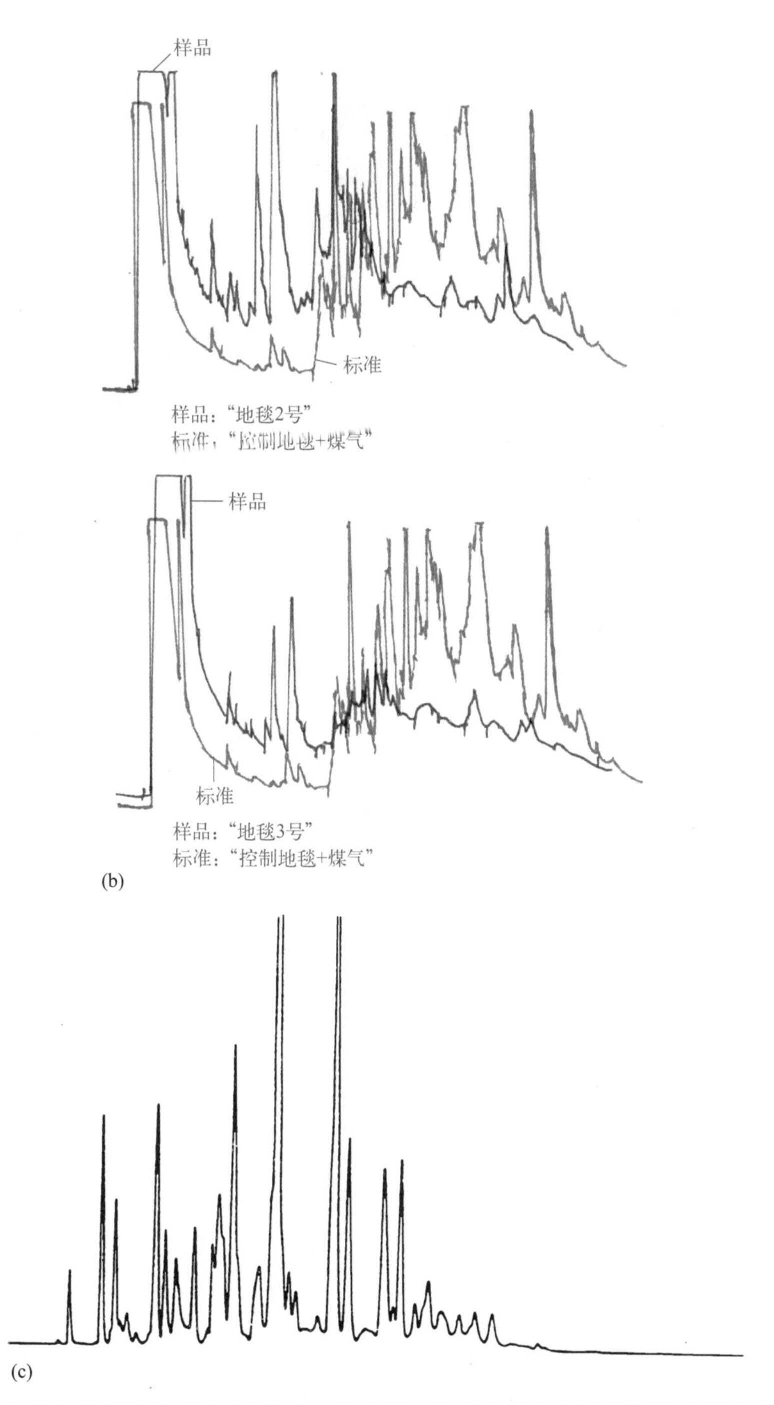

图9.8　（b）被错误地认为含汽油的两个样品的GC-FID色谱图。这些样品和汽油相互之间都不匹配。（c）1977年出版的汽油的GC-FID色谱图。

检察官试图让MSP实验室重新评估化学成分。他们报告说，"因为原样品处理方法尚不清楚，使用的仪器无法评估参考样品，因此无法对先前报告的含大量挥发性汽油的地毯样品中是否存在汽油做出明确结论。"ATF实验室拒绝重新评估数据，称他们没有这样做的协议，而且15年前就不再用GC-FID。他们还表示，由于这些数据已经被多位专家审查过，他们不

图 9.8 （d）大卫 · 加维特（David Gavitt）因一项没有犯下的罪行服刑 27 年后离开监狱。
陪同他的是他的律师伊姆兰 · 赛义德（Imran Syed）和迈克尔 · 麦肯齐（Michael McKenzie）。

可能再有任何补充。检察官随后求助于五大湖分析实验室的Dirk Hedglin。Hedglin同意作者和Bartlett的分析。

检察官还联系了ATF特工Michael Marquardt，让他审查火灾现场分析。Marquardt得出的结论是，“在当前的火灾调查公认的做法、程序和标准下，没有足够的数据（事实、情况、信息、证据等）来明确支持将火灾原因合理科学确定地分类到放火。”

检察官在被告知针对Gavitt的证据没有科学依据后又拖延了8个月，他特别指出，尽管火灾调查实践发生了巨大变化，Gavitt本可以在最初的审判中质疑错误的GC-FID分析。尽管检察官心存疑虑，但他还是不反对重新审判。检察官仍然坚持认为Gavitt是有罪的，尽管没有证据表明是放火。而且在这个案件悬而未决的27年里，甚至没有人明确Gavitt的动机可能是什么。由于证据不足以支持有罪判决，2012年6月26日，Gavitt被释放。图9.8（d）显示他和他的律师在一起。自那以后，Gavitt的名字就被列入了美国的国家免罪登记册。就像无罪释放的常见情况一样，火灾的实际原因从未被确定过。鉴于他们认为是放火的证据，调查人员没有收集任何可以表明意外原因的数据。

“Gavitt案”构成了一篇论文的基础，其主题是，当定罪依据的科学发生变化时，应该发生什么。密歇根大学法学院无罪诊所的Imran Syed和Caitlin Plummer撰写了一篇题为“改变科学与定罪后的解脱”的论文，发表于2012年[31]。

> 基于科学证据的定罪可能在审判时被相关科学界接受，但后来被完全否定，我们能做些什么来纠正这种不公正的定罪呢?
>
> ——Plummer和Syed，“改变科学和定罪后的解脱”，2011年

9.10.5.1 错误分析

最初的火灾调查人员错误地解释了关键数据，声称低位燃烧是放火的原因（这在1985年并不罕见）。此外，他们还进行了二维思考，指出地板平面连续性的缺失表明了存在多个起火点。

这位化学家（已去世）没有接受适当的训练或取得分析火灾残留物的资格，而MSP又疏忽地让他进行分析。他错误地解释了关键数据，认为色谱图显示了汽油的存在，而实际上并不存在。化学家的可燃性测试超出了范围，构成了无关的数据。这名化学家没有进行此类实验的经验，并且严重夸大了他在使用汽油和不使用汽油时实验的意义。

这些错误让David Gavitt失去了27年的时间。

9.10.5.2 意义

大卫·加维特（David Gavitt）的错误定罪是20世纪80年代火灾调查的典型结果。他的案子鼓励人们讨论，当定罪依据的科学发生变化时，法律应该如何应对。

9.10.6 “State of Arizona v. Ray Girdler案”[32]

Ray Girdler和他的妻子和女儿住在亚利桑那州普雷斯科特附近的一所活动房屋里。1981年11月一个寒冷的夜晚，大约凌晨2点45分，Girdler正在卧室里睡觉，他家的猫叫声把他吵醒了。当他站起来时，房间里充满了烟。他叫醒了妻子，然后跑到走廊，看到客厅着火了。他跑到车里去拿灭火器，他的妻子跑到中间的卧室，他们两岁的女儿正在那里睡觉。Girdler住宅的平面图如图9.9（a）所示。当Girdler回到活动房屋时，火势已经蔓延到他无法再进入的程度。这是1964年的模型活动房屋，内部饰面是薄胶合板（闪光镶板）。Girdler没能拯救他的家人，但却成功逃生了，并且光着脚，只穿着内裤，然后他跑到邻居家里打电话给消防部门。消防队赶到时，房屋中心的屋顶已经倒塌。

Girdler的邻居给了他一些衣服和一杯咖啡。当其中一名消防员去邻居的房子询问Girdler和其他目击者时，他看到Girdler在半夜穿着衣服，立即起了疑心。他在报告中写道：“……我首先注意到的是他穿着整齐。他穿着T恤和裤子，在他旁边的沙发前有一双袜子和网球鞋。他正在边喝咖啡边抽烟。显然，消防队员没有想到Girdler还没有穿上袜子和鞋子——他只是以为Girdler把袜子和鞋子脱了。

当地消防局局长出来后，发现活动房屋中有“多个起火点”，如图9.9（b）和图9.9（c）所示。这个“决定”是在凌晨4点做出的，当时天还很黑。亚利桑那州消防局长被召来，而且办公室派出了一个相对缺乏经验的调查员，他也“看到”了故意放火的证据：低位燃烧、不规则的痕迹、地板上的洞和开裂的玻璃。后来，亚利桑那州一名高级消防局副局长声称已经审查了证据，但实际上他只是和他的下属通过电话交谈过。火灾发生三天之后，在看到现场甚至是看到现场照片，得到火灾残留物的实验室分析（阴性）结果以及在写验尸报告之前,这个主管就对地方检察官说,他绝对肯定这是一起放火杀人案。第二天Girdler就被逮捕了。

Girdler的妻子和女儿血液中的碳氧血红蛋白浓度相对较高（分别为74%和87%），法医认为，这进一步证明了火场中有助燃剂的存在[13]。鉴于Girdler当时在房子里，他显然是嫌疑人。如果这是放火火灾，那就是Girdler放的。这就是作者曾经看到的许多诬告中的情景，主要原因是，一开始放火火灾的假设就是确定了的。

1982年6月，Girdler被带到James Sult法官面前受审，被判放火罪和两项杀人罪。在审判过程中，消防局长作证说，他在调查的火灾中80%是人为放火。他反复强调，除了易燃液体的存在，没有什么能解释房屋的状况。关于沙发前面的烧洞，他说，“这是一个不可能由自然或意外火灾导致的区域。”他进一步作证说，Girdler似乎从咖啡桌上弄断了一条桌腿，并用它殴打了他妻子和女儿的头部。受害者头骨上的伤实际上是热损伤所致，但消防局局长没有考虑到这种可能性，也没有提交给陪审团。最早的火灾报告描述了受害者的情况，写道“可能是颅骨骨折”。

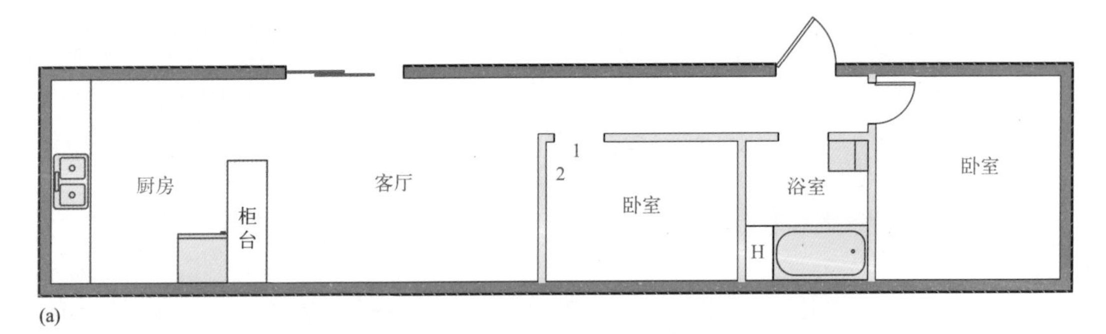

图9.9 （a）Girdler活动房屋平面图。

图9.9 （b）Girdler活动房屋外观图。火灾发生后的第二天清晨破晓前，一位消防队长已经发现了多个起火点。（亚利桑那州比斯比的相关消防顾问 David M.Smith 提供）（c）Girdler 活动房屋外部的另一个视图。（由 David M. Smith 提供）

图 9.9 （d）Girdler 活动房屋外破碎的和没有破碎的玻璃。消防局局长对玻璃状态的解释是被告因“一时愤怒”打破了窗户，然后放火。助燃剂产生的热量使玻璃破碎，而先前破碎的玻璃因此得到了保护。（由 David M. Smith 提供）

这个是专家随意定论的显著例子，消防局局长被允许说明图9.9（d）所示的破碎玻璃有巨大的意义。这些玻璃中有些碎了，有些没有，消防局局长的报告中说：

“大部分的玻璃都严重热炸裂，并且没有烟雾沉积，这表明高温迅速积聚，并且离最初的着火部位很近，这与含液体助燃剂火灾的预期结果是一致的。在火灾发生之前或早期阶段，阿卡迪亚门玻璃的结构大多没有受到热和烟的损伤，表明破碎是因机械力而不是由爆炸力造成的[33]。”

在审判中，这位消防局局长详细阐述了他所说的“机械力”是什么意思。在辩方没有反对的情况下，他作证说：“我认为存在两种情况。要么是有人打架，要么是有人一时愤怒冲动。”

在消防局局长的审判证词中，他说，妻子和女儿“完全没有逃生机会”，立即被大火吞没。在定罪之后，进入了一个刑罚阶段，在此期间，仍是这位消防局局长作证说，Girdler夫人和她的女儿是“缓慢而痛苦地死去的”，遭受了“难以忍受的痛苦”，肺部“严重烧伤”。实际上，尸检没有发现气管或肺部受损的证据。这些受害者只是吸入了几口含有高浓度CO的烟雾。[14]

1990年8月，在一场持续了数天的特别听证会上，还是在那位法官面前，Ray Girdler在辩护律师Larry Hammond的协助下，被获得了新的判决。因为有了“新证据”（即对轰燃现象的新认识，这个认识证实陪审团之前所听到的关于易燃液体的证词是假的），原先的定罪被推翻，判决也被撤销。

此外，一位德高望重的法医证实在火灾受害者中发现的高碳氧血红蛋白（COHb）含量只能是助燃剂火灾造成的，这是没有科学依据的。而最初的法医仍然坚持己见，但在Hammond（哈蒙德）的交叉询问下，他不得不承认，他坚持助燃剂火灾的信念只是因为这个理论是“合乎情理的”。

这位消防局局长因把燃烧痕迹归因于助燃剂而被质疑，事实上，这种燃烧痕迹有可能是由于热辐射引起的。在听证会上，他承认存在一些他没有在审判时向法官或陪审团透露的其他解释，并“解释了”不披露这些其他解释的原因。记录中反映他的回答是，他不认为自己的职责是“讨论我考虑过的每一种可能性”。结合其他调查结果，法官裁定，“Girdler活动房屋的火灾可以合理地归因于非刑事案件。”具体来说，现有的科学证据支持这一发现，即火灾可能是由意外或其他非刑事手段引起的轰燃，而不涉及使用易燃液体或助燃剂。

法院下令重新审判，但法官要求暂时停止审理。Sult法官在听取了这些证据后十分懊悔，主动推翻了第一个判决，而不是要求哈蒙德向更高一级法院上诉[15]。“Girdler案”是Sult法官的第一个刑事案件，他的判决特别严厉。在严厉的谴责中，法官告诉Girdler他将被判终身监禁，在100岁时会有资格获得假释。他说：

“Jennifer Ann Girdler是一个两岁的婴儿，一个完全无辜、无助的受害者，她完全依赖你。你杀了她是对人类最高信任的最卑鄙的背叛……根据美国法律的规定，法院在每次判决时都要考虑对像你这样的人建立威慑的必要性，因为他们不可避免地会考虑与你用来解决问题的方法相同的途径。只有在你因你的行为而被要求监禁尽可能长的时间，这种威慑才会发生。”

Larry Hammond聘请了David M. Smith来协助第二轮审判的辩护，政府除了使用自己的“内部”专家外，还向Buck Davey寻求帮助。面对双方专家，法官命令双方当事人确认第三位专家，以利于法庭。Smith和Davey都同意推荐作者这位中立的、合格的、独立的专家，作者也接受了法院的任命。

作者拿到了审判和处罚阶段的所有专家证词，以及一些定罪后的听证会记录。此外，还有在初审中使用的8in×10in的照片，以及一些实际的物证，包括破碎的玻璃。与大多数这类案件一样，实验室分析未能从现场收集的所有样品中检测出任何易燃液体残留物。

Sult法官对作者的要求是帮助他了解为什么Girdler第一次被定罪，以及如果再次审判他是否会被定罪。第一个问题的答案不难确定。消防局局长的证词是毁灭性的，尽管它本身是矛盾的，是基于谬论和糟糕推测。所谓的倾倒痕迹不过是辐射热对乙烯基地板造成的损坏。走廊里存放着许多箱子，所谓的倾倒痕迹的边缘是带有直角的直线，如图9.9（e）所示。即使是图9.9（f）所示的卧室地板上的不规则痕迹，也显然是受到各种未被烧毁的区域保护形成的。在大多数所谓的倾倒痕迹中，除了液体本身在地板上和液体洒在地板上之外，根本没有任何其他可疑液体存在的迹象。

玻璃的破碎是水作用于玻璃造成的，而不是像之前一再讨论的那样快速受热。用丙烷喷灯将火焰喷到Girdler住宅的玻璃上并没有导致开裂，哪怕只是热炸裂。在热玻璃上滴几滴水却会导致开裂。消防局局长作证说，破碎玻璃表明玻璃附近有助燃剂，考虑到1982年的技术水平，这是可以理解的，但他进一步推测Girdler是在搏斗或愤怒的爆发中打破玻璃的纯粹是幻想。尽管如此，它还是被允许作为证据且辩护律师未提出异议，陪审团也给予了这个荒谬的证词特别的重视，正如陪审团给予专家证词一样。

作者给Sult法官提供了一份20页单倍行距的报告，列出了消防局局长证词中的所有谬论和误解。作者的报告还提到，如果Girdler再次被审判，假设法官决定让消防局局长再次把同样的“垃圾”放到陪审团面前，Smith肯定会指出所有错误。检察官同意撤销该案。

Girdler已经在监狱里服刑8年多，并以恶意起诉的罪名起诉了消防局局长，这一诉讼最终得到了解决。

图 9.9　（e）Girdler 活动房屋走廊内所谓的“倾倒痕迹”。如果不是地板上的盒子，这层地板会呈现出均匀的炭化痕迹。（由 David M. Smith 提供）

图 9.9　（f）卧室内所谓“倾倒痕迹”的连续性。痕迹的边缘在这里比在走廊上更加不规则，因为对未烧损区域提供保护的物品不是箱子，而是衣物和床上用品。（由 David M. Smith 提供）

Girdler活动房屋的火灾可以合理地归因于非刑事原因。具体来说，现有的科学证据支持这一发现，即火灾可能是由意外或其他非刑事手段引起的“轰燃”，而不涉及使用易燃液体或助燃剂。

——James Sult法官，1991年1月2日

9.10.6.1 错误分析

当第一位消防局长在这个没有屋顶的活动房屋中观察到有“多个起火点”时，他仅从两个维度进行了思考。对于监督者来说，他一真正看到证据，就误解了几个不相关的因素，特别是地板上的“倾倒痕迹”和破碎的玻璃。他还误认为Girdler夫人和她女儿头骨上的热损伤是由机械创伤造成的。他没能读懂尸检报告，说好听点是忽视了关键证据，但更准确的说法是失职。

法医通过给不存在的碳氧血红蛋白读数赋予重要意义，错误地解释了关键数据，从而为消防局局长的不可支持的想法提供了支持。

即使是1990年对火灾痕迹的审查，也是有缺陷的，因为它们再次被确定为“倾倒痕迹”。尽管值得赞扬的是，Davie发表了火灾痕迹的照片，并要求火灾调查组织就其重要性或缺乏意义给予答复[34]。

9.10.6.2 意义

“Girdler案”是基于对轰燃的新理解而推翻火案定罪的第一起案件。该决定的评论戏称其为“轰燃防卫”，但理性的火灾调查人员开始认真对待这一现象。*NewsWeek*和*Los Angeles Times*发表了Girdler的故事，并引起了公众对相对较新的火灾科学的关注。

9.10.7 “State of Louisiana v. Amanda Gutweiler案”[35]

Amanda Gutweiler和Flint Gutweiler生活在路易斯安那州亚历山大附近的一个叫Dry Prong的村子里，所住的房屋是由Flint建的一栋两层楼。他们很穷，仅依靠Flint辛辛苦苦在建筑工地打工的收入维持生计。2001年1月9日，Amanda Gutweiler收到了一张支票，她马上去银行兑换现金并购买食物，因为家里什么东西也没有了。她把三个孩子单独留在家里，由她10岁的女儿照管。不到30分钟后，她回到家，发现房子着火了，孩子们被困在里面。她进入着火的建筑，但却无法挽救孩子们。

最初的火灾调查人员看到混凝土楼板的剥落时，误以为这是使用助燃剂的证据。为了找到更多剥落的证据，他们用挖土机将建筑的残骸推倒，并在一只警犬的帮助下收集了样品。除了在后院一辆全地形车（ATV）旁边采集的样品外，其余所有样品都呈阴性。由于急于寻找更多的剥落物，他们未能在拆除该建筑之前记录下该现场。在房子被推倒之前，他们一共拍了七张照片。根据剥落物、犬类警报、阳性样品以及火势的迅速蔓延，他们宣布这是一场放火火灾。该现场的四个外部情况如图9.10（a）～图9.10（d）所示。拍摄的照片大部分为剥落图像，如图9.10（e）所示。

图 9.10

图 9.10 为寻找更多的“剥落”（原文如此）痕迹，在 Gutweiler 住宅被推倒以前拍摄的四张照片 [（a）至（d）]。

图 9.10 （e）许多剥落的照片之一，这被错误地当作放火案的证据。（f）警方拍摄的 Gutweiler 运动衫照片，照片显示衣领下方有烟灰。

图 9.10 （g）警方拍摄的 Gutweiler 的运动衫内部，她用此作为过滤烟雾的遮挡物。

负责此案的助理地区检察官知道这个案子证据不足，于是向州和联邦两级的高级调查人员寻求帮助。他们告诉他，无论火灾的原因是什么，最初的调查人员在没有正确记录现场后推倒房子寻找剥落证物的这一事实导致这起案件无法成功起诉。他们建议他向放火案调查的权威机构证实这一点。

令第一批审查者非常惊讶的是，这位专家能够“再现”该案，使用可疑的时间轴，甚至更可疑的假设，以及他自己对火灾在指定时间内传播能力的“预期”。专家的第一份报告指出，“根据所涉房间估计的火灾荷载、房间的大小和报道中的火灾发展速度，非常明确地指出了存在多个起火点或使用了助燃剂[36]。”据推测，他认为Gutweiler从银行回来后就放火烧了房子，在银行她被拍摄了下来。2002年底，这位专家出现在大陪审团面前，Gutweiler被指控犯有一项放火罪和三项一级谋杀罪。该州宣布，判决死刑。

Michael Small和James Doyle被任命为Gutweiler的辩护律师，他们对放火证据的可靠性提出质疑。在质疑期间，他们聘请了一名退休的烟酒枪炮及爆炸物管理局（ATF）的探员，George Barnes，他之前从未接手过辩护案件。他们后来聘请了作者来帮助他们处理一些科学问题，后来又邀请了Douglas Carpenter来处理建模问题的细节。

在Daubert挑战失败之后（译者注：前文有提到过Daubert案件，1993 年,美国联邦最高法院在Daubert诉美里尔・道药品公司案中,根据联邦证据规则第702 条创立了采纳科学证据的新规则,即Daubert（DAUBERT）标准。该标准为：科学技术和其他专门知识只有具有相关性和可靠性才具有可采性,不一定要得到相关领域的普遍接受），专家修改了他的报告，去掉了对使用助燃剂的提及，但仍然说火灾“是故意点燃不同房间——厨房和主卧室里物品的结果”。第二份报告主要依赖使用火灾动力学方程的手工计算，以及更复杂的计算机建模（CFAST）。被告继续被关押，但无需交纳保证金。

对于CFAST模型，政府聘请了另一位专家，他使用了模型的网络测试版本。Carpenter先生对模型输出结果的分析显示，当人们远离火源时，温度会上升，这违反了热力学定律。建模者太注重让模型“证明”他想要的结果，以至于他没有充分地仔细检查输出结果。由于违反了物理定律，CFAST的输出失去了可信性。这不会阻止检方使用CFAST的数据，但第一位专家的“手动”计算显示出这种方法极大的缺陷。

以下是该专家2004年报告的一段摘录，该报告使用火灾模拟方程比较了导致室内发生轰燃所需的热释放速率与可燃物堆的“预期”热释放速率：

使用火灾动力学工具中的计算工具（美国核管理委员会，2004），QFO❶可以用三种不同的方法计算（假设$^{5}/_{8}$英尺干墙）。

主卧室QFO：

McCaffrey：1.25MW

Babrauskas：3.4MW

Thomas：2.4MW

卧室/厨房：

29′×19′×10′和3′×10′+4′×10′的门：

QFO = 3.1 MW McCaffrey

QFO = 8.5 MW Babrauskas

QFO = 6.25 MW Thomas

31′×19′×10′两扇相同的门：

QFO = 3.0 MW McCaffrey

QFO = 8.5 MW Babrauskas

QFO = 5.8 MW Thomas

31′×19′×10′三扇门（8英尺）：

QFO = 3.15 MW McCaffrey

QFO = 9.6 MW Babrauskas

QFO = 6.34 MW Thomas

计算值之间的差异取决于每个公式中不同的因素。三者的数值平均值是最佳近似值[37]。

不恰当地使用火灾模型是一回事，例如，试图用它来解决一个涉及相似公差的问题。尽管在一些方程式中出现了三个甚至四个重要数字，但火灾模型可以正确地提供时间、温度、物种浓度等的“数量级”近似。而说“这三个数字的平均值是最好的近似值”就完全是另外一回事了。这些轰燃计算都是粗略的近似，消防工程专业已经明确表示，轰燃计算应该用作边界近似。这三个方程的预测可以说是一种合适的用途，即指出轰燃要求的范围为3～10 MW。在任一同行评议的科学文献中都没有任何消防工程师建议将三个轰燃方程进行平均。正确使用这些方程不是为了找到一个“最好的近似值”，而是定义一系列的可能性。专家这种方法在这次和其他火灾中的使用是完全无效的。

州专家还认为，在这场大火被发现前十分钟，经过此地的路人未能看到住宅着火。他认为一个六岁的小男孩不可能玩火。他认为，这位母亲描述说她进入房间，试图拯救她的孩子，导致衣服上沾了灰，但这少许的烟尘与专家所“期望”的烟尘量不符，所谓专家“期待”的烟尘量是指这位母亲暴露在专家所“期待”的火灾中所应该得到的烟尘的量。尽管他从未见过那件“微微发黑”的运动衫，但他仍认为这位母亲的描述是不可能的。这款运

❶ QFO指房间达到轰燃所需的临界火灾功率。

动衫，如图9.10（f）和图9.10（g）所示，上面确实有烟灰，尤其是在用作口罩的区域。Gutweiler说，她把衬衫拉起来遮住鼻子和嘴。

火灾发生5年多后，被告在监狱里已经待了4年，获得了保释听证会的批准，并提交了证据证明火灾并非真的是放火，同时检察官违反路易斯安那州法律向他的专家提供了陪审团的证词。在路易斯安那州第一个有记录的死刑案件中，法官批准了保释，并声明："被告承担了举证责任，但证据并不明显，推定她有罪的可能性也不大。"然后他驳回了起诉书。

> 被告已经承担了举证责任，但证据不明显，推定她有罪的可能性也不大。
>
> ——Donald Johnson法官，2009年11月30日

在两个上诉法院支持了这一驳回决定后，一名新的检察官表示，他想要重新起诉，并要求专家提供一份新的报告。发表在2008年12月的第三份报告说，"由于证据和分析方法的局限性，签署人的原始结论是，这场大火在多个区域被点燃和蔓延到Taylor先生在10分钟内能观察到的程度，这种说法的科学确定性是不足的[38]。"

第三份报告引用了Salley的工作，以及Rein、Torero等人在"火灾建模"第3章中描述的研究。专家进一步表示，尽管他之前的分析[16]是不能排除儿童玩火的可能，但Gutweiler对事件可能不准确的描述并不是因为她在说谎，而是因为她所说的"必须考虑到当时形势的压力和情绪"。2008年的报告还首次承认，"几乎完全缺乏火灾后现场的记录。"专家说，在要求他编写报告的一年多以前，他已改变了对火灾性质的看法，但在要求他编写第三份报告之前，他觉得没有义务报告这一改变。

由于专家改变了意见，检察官驳回了谋杀指控，但他提交了一份"刑事信息"，指控被告三项虐待未成年人的罪名，每项罪名最高可判40年。经过几次谈判，被告在火灾发生约9年后，终于同意承认三项过失杀人罪（将孩子留在家中由她10岁的女儿照管，而不是放火），但前提是她的刑期不得超过已服刑时间。这样，这场对司法的嘲弄终于结束了。

9.10.7.1 错误分析

消防队长得出火灾是放火的结论是基于对不相关证据——剥落的错误解释。审查专家的错误既有科学上的，也有道德上的。他在缺乏足够数据的情况下得出结论，他所得出的结论不受现有、有限数据的支持，他所采用的方法也不适用于眼前问题。然而，最令人不安的是，他未能及时报告自己意见的改变。

9.10.7.2 意义

这个案例表明，当火灾调查员为了获得某种结果而滥用科学和计算机火灾模型时，可能会出现问题。有一次，因为他们使用了网络测试版本，该州的专家和他的建模师实际上预测了一场违反热力学第一定律的火灾。发表了三份报告，得出了三个不同的结论，这对这位专家的声誉没有任何好处。这个案件在火灾调查界非常有名，曾经是ABC 20/20节目"烧毁"的主题。这一案件不仅让一些法医学专家感到尴尬，而且感到愤怒。Gutweiler接着写了一本关于她经历的书[39]，并被邀请在火灾调查会议上演讲。

9.10.8 “David and Linda Herndon v. First Security Insurance案”[40]

David Herndon在2009年11月9日下午4点左右回到家中，发现屋内烟雾弥漫。他拨打了911，消防部门赶来将火扑灭。起火区域位于厨房，但是没有完全燃烧。

图9.11（a）显示了原区域的整体视图。微波炉上方和安装在侧面的橱柜从墙上掉了下来，如图9.11(b）所示的工作台面都被烧坏了。在起火部位中心发现一个插座，如图9.11(c）所示。

据Herndon夫妇说，有一个Air Wick牌空气清新剂插在插座上。在插座下方抽屉粘在一些器皿上的残留物中发现了烧焦的空气清新剂，如图9.11（d）所示。

如图9.11（e）所示，将这个损坏的装置与另一个未损坏的Air Wick牌空气清新剂进行了比较。在起火部位发现空气清新剂的最可能解释是当抽屉上面的台面烧塌后，空气清新剂从插座上掉了下来并落入了抽屉里。显然，在插座上插着空气清新剂的一侧比正对厨房的那一侧烧损得更严重。为了找到责任人，保险公司通知了负有潜在责任的空气清新剂制造商，随后制造商派了一名电气工程师到现场。

尽管条件不佳，工程师仍将空气清新剂所处的位置解释为没有插电的证据。他在报告中写道：“因为既没有在残留物中发现有任何烧损的空气清新剂组件的证据，也没有在插座上发现空气清新剂的插片。正如Herndon夫妇报告以及证据表明的，空气清新剂并未插入插座，因此不会造成或促使火灾发生。”工程师对插座检查后得出以下结论：“既没有在插座的钳口中发现插脚，也没有发现在插座的载流部件上产生任何电流。”后来，工程师在他的证词中表示插座“没有显示出任何故障或电气活动的迹象[41]”。这是一份错误证词，但保险公司的火灾调查员相信了工程师，尽管工程师的客户——空气清新剂厂家显然不希望发现的空气清新剂牵涉其中。

在火灾调查员的建议下，保险公司派出了自己的电气工程师到现场，他也认为墙上的插座和空气清新剂没有显示出任何电气故障的证据[42]。

火灾调查员对这是涉嫌放火案深信不疑。他在证词中陈述：“没有合理的假设来解释柜体和微波炉的火灾如何能够在地板上形成不规则的痕迹[43]。”他还得出了一个错误的结论，即存在两个起火点，一个在柜台上，另一个在柜台下面的地板上。事实上是当将空气清新剂中的液体流到柜台上造成的柜台损坏。火灾调查员甚至没有费心去研究液体是否可燃。（根据容易获得的MSDS，它是闪点超过160°F的可燃物。）

导致三人得出错误结论（并忽略了过

图9.11 （a）Herndon家厨房的起火区域。

图 9.11 （b）起火点下方基柜和台面的重建。（c）在起火点中心的插座。只有金属部件残留，第一批检查插座的工程师没有注意到黄铜和钢部件上都有微小但明显的电弧痕迹。

图 9.11 （d）在火灾中从厨房抽屉掉落，粘在塑料器皿上的 Air Wick 牌空气清新剂。（e）将起火点处的损坏的 Air Wick 牌空气清新剂与未损坏的样品进行比较。与插座接触的受损一侧发生了燃烧，而面向厨房的一侧则相对完好。

程中的关键证据）的原因是硬木地板上存在不规则的火灾痕迹，如图9.11（f）所示。随后，在实验室中分析了来自硬木地板的四个样品，并检测出中质石油馏分（MPD）。实验室分析人员打电话给火灾调查员要求提供对比样品，调查员也照做了。在对比样品中也检测出中质石油馏分，但是调查员被不规则的痕迹所迷惑，使他忽略了这些不一致的数据。

保险公司因此拒绝了Herndon夫妇的索赔，Herndon夫妇提起诉讼要求履行合同。Herndon夫妇的律师泰·泰勒（Ty Tyler）和克拉克·汉密尔顿（Clark Hamilton）聘请电气工程师理查德·安德伍德（Richard Underwood）和作者来检查证据。图9.11（g）展示了插座上黄铜母线的电熔痕，图9.11（h）也显示接地线上有明显电弧作用区域。这个证据再清楚不过了。目前还不清楚空气清新剂是否有问题，因为这种电弧损伤可能是电弧径迹造成，电弧径迹又可能是由非导电表面的污染物造成的，而污染很可能发生在厨房炉具旁边的插座上。

保险公司调查人员假设：不规则痕迹是由易燃液体（特别是中质石油馏分）引起的。实验人员进行了检验并反驳了这个假设。首先，对比样品进行的分析表明，中质石油馏分在硬木地板上并非罕见，它被用作地板涂料的溶剂，并无限期地滞留在聚合物基质中[44]。其次，在光滑表面上燃烧的中质石油馏分在不到一分钟的时间内会自行燃尽且几乎不会造成损坏。

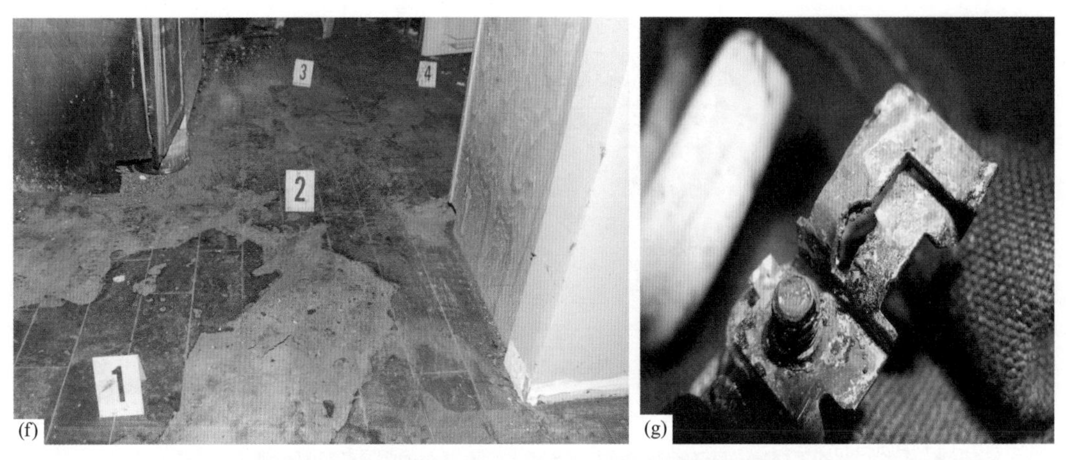

图 9.11 （f）误认为是易燃液体燃烧造成的不规则火灾痕迹。而这种烧损实际上是由燃烧熔化的塑料造成的。易燃液体不会在光滑的表面上造成这种烧损。（g）起火点处的电源插座上一个黄铜母线的电弧损坏情况。

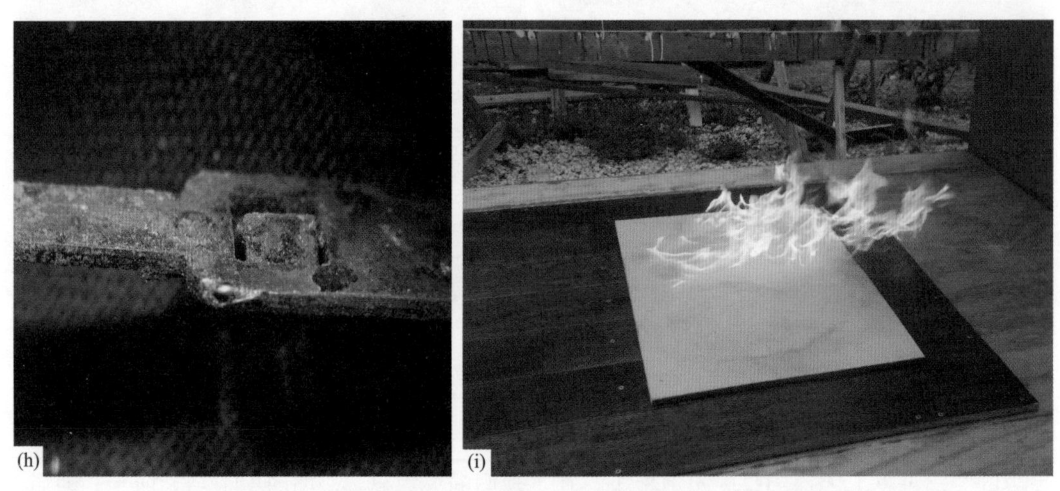

图 9.11 （h）在起火点处插座上钢构件的电弧损坏情况。（i）在未燃烧的胶合板上燃烧的中质石油馏分。该火几乎没有对胶合板造成任何损坏。

在地板上看到的严重损坏是由于存在熔化的塑料，特别是熔化的聚苯乙烯泡沫，该塑料存储在起火点上方的柜子中。Herndon太太用用过的泡沫块制作了一些手工艺品，而且这个泡沫块掉在了地板上。保险公司的火灾调查人员了解到了这一点，但不认为泡沫块会移动四到五英尺。图9.11（i）展示了作者在未燃烧的胶合板上燃烧中质石油馏分的实验，图9.11（j）展示了从Herndon住宅切下的一部分地板上进行的燃烧实验。除了轻微的起泡外，这些实验都不会对地板造成任何损坏。

图9.11（k）展示了随后的一项实验，在硬木上燃烧一个聚苯乙烯泡沫立方体，造成的硬木损伤与在住宅中看到的完全一样。

尽管保险公司掌握了所有这些资料，既有确凿证据表明火灾是从插座处开始的，也有证据证明损害不是易燃液体燃烧造成的，但该保险公司拒绝解决。在火灾发生三年多后的2012年11月该案被提交陪审团审理。陪审团毫不费力地理解了证据并迅速作出了有利于Herndon夫妇的裁决。

图 9.11 （j）中质石油馏分在 Herndon 夫妇家的地板上燃烧（左图）。中质石油馏分燃烧后的 Herndon 夫妇家的地板（右图）。

图 9.11 （k）聚苯乙烯泡沫立方体在 Herndon 夫妇家的一块地板上燃烧（左图）。聚苯乙烯泡沫立方体燃烧融化后的 Herndon 夫妇家的地板（右图）。

9.10.8.1 错误分析

到现场的三名火灾调查人员都犯了严重的错误。他们被地板上不规则的痕迹所误导,原因在于他们没有跟进科研文献，也不知道安东尼·普托蒂（Anthony Putorti）在2000年发表的论文，该论文表明当燃料是易燃液体时，它在光滑表面的损坏是短暂且不严重的[45]。而这些因素导致他们曲解了关键数据。电气工程师们忽视了插座的明显损坏并且没有考虑到空气清新剂设备的状况，充其量算是疏忽大意，其中一位电气工程师甚至说该设备未插电，他们忽略了关键数据。当保险公司的证人在作证时第一次看到熔化的插座零件时，没有一个人改变意见。即使他们看到了，他们仍然选择不理会插座零件上明显的不一致数据。当火灾调查员得知他的对比样品包含中质石油馏分时，他选择忽略这个不一致的数据。

9.10.8.2 意义

两位电气工程师所犯的错误表明，人们很容易忽视微小但关键的元件。就像这次一样，几乎所有的意外火灾都是在能量密度很高的小范围内发生的。除了在插座内或插座上有一个起火点外，没有任何起火原因可以解释这一电气元件的情况。然而，两位工程师都有“排除”插座的理由。一名工程师把他客户的产品排除，而另一名工程师则认可雇用他的火灾调查人员对不规则痕迹的错误解释。火灾调查员犯了他30年来一直犯的同一个错误，毫无疑问直到今天他还在犯同样的错误。这次调查中的实验测试进一步证实了第3章中Mealy、Benfer和Gottuk关于易燃液体火灾的研究，并向陪审团指出了易燃液体和熔融固体之间的区别。

9.10.9 “Tennessee v. Terry Jackson案”

泰瑞·杰克逊（Terry Jackson）和他的搭档康蒂·布朗（Kandie Brown）一起住在田纳西州威廉姆森县乡村的活动房屋中，家中还住着六只野猫。2006年10月5日其中一只猫撞倒了一支无人看管的蜡烛，造成了严重但非彻底性的火灾。火是由猫点燃的，证据是在一只黄猫尾巴上发现了蜡[46]。在第一次火灾后的房屋如图9.12（a）所示。

Jackson和Brown用木板封住了房子，并把他们认为可以抢救的所有东西搬到了主卧室，包括三张床垫，被垂直靠墙放置。

10月20日，他们住在最好的西部旅馆同时寻找另一个租住地点。那天早上他们回到家里安装了一台发电机、两个1500W的加热器和主卧室里两个500W的卤素灯。他们还打开了电视。所有这些设备都是用两根延长线连接到一个三向分离器，再由另一根延长线连接到发电机的。他们关上门是为了不让猫进卧室。为了让加热器能够驱散清晨的寒气，他们离开了现场45分钟，然后返回现场开始清洁。Jackson再次离开去他父亲家拿了些不含酒精的饮料，他父亲家距此不到5分钟的车程。当他回来的时候房子着火了，而且他未能救出Brown。Brown由于吸入烟尘死于主卫，其碳氧血红蛋白浓度为51%。10月20日火灾后，住宅主卧室区域的窗户如图9.12（b）所示。

在前窗下面，地板被烧穿了一个大洞，如图9.12（c）所示。火灾似乎并没有沿着地板托梁的方向发生，也没有证据表明火灾是从地板下面开始的，尽管这是刑事指控的最终依据。

(a)

图9.12　（a）2006年10月5日火灾后的房屋照片。
（b）2006年10月20日发生火灾后，主卧区外墙的火灾痕迹照片。

由于不了解床垫垂直堆叠的极端危险性，最初的火灾调查人员认为，尽管有一些严重过负荷的延长线通往卧室，但火势蔓延得“太快”，因此不可能是电气火灾。图9.12（d）是该住宅的示意图，图9.12（e）是火灾发生时正在运行的电气设备的手绘草图。这张草图附在威廉姆森县的报告上。

在高功率设备上使用延长线是很危险的，这些设备大约4000W的功率，其中3000W通过一根细小的延长线布线。连接在发电机上较长的延长线被设计为允许通过不超过13A的电流；3000W除以120V为25A。毫无疑问，电源线已经过载并且已经过载一个多小时。其中一个加热器是一个充满油的辐射装置，如图9.12（f）所示；而另一个加热器则装有风扇和易燃塑料外壳，如图9.12（g）所示。在其中一张床垫旁边发现一盏500W的卤素灯，如

图9.12

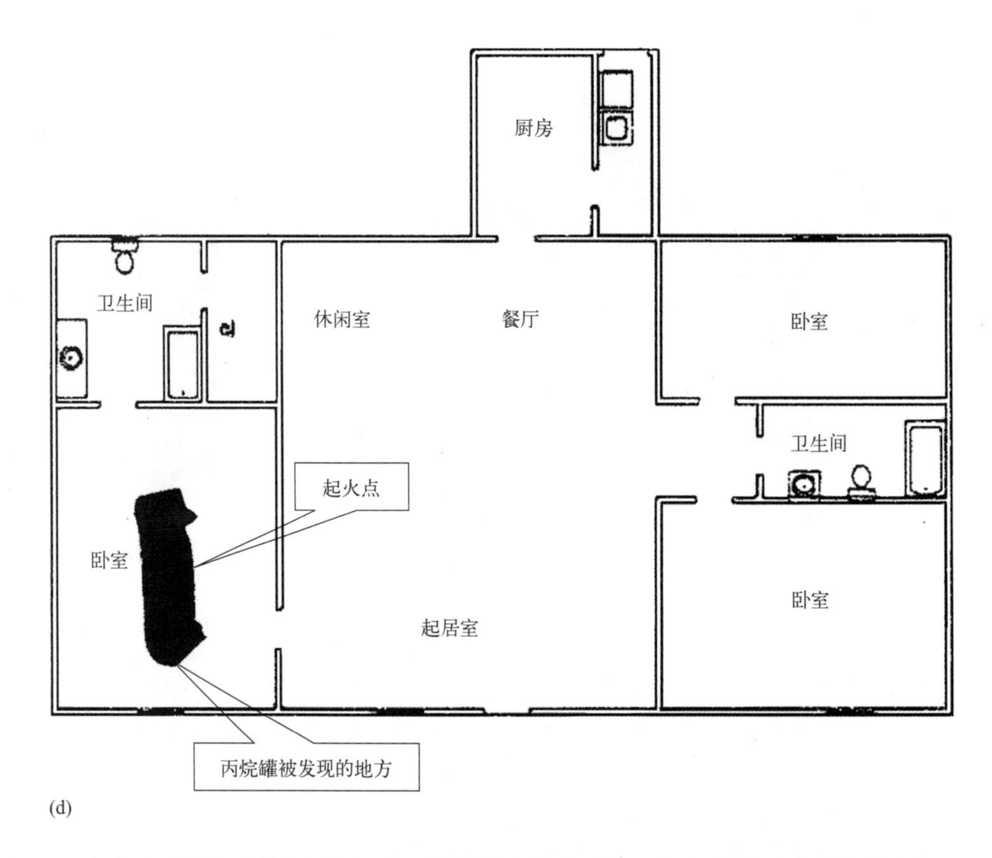

图 9.12 （c）主卧室地板上被烧穿的洞，该洞被错误地认为是起火点。（d）威廉姆森县火灾报告中的 Brown/Jackson 住宅示意图。尽管大火在全面燃烧的情况下持续了至少 13 分钟，但调查人员认为他们可以将起火区域缩小到该图所示的黑色区域。

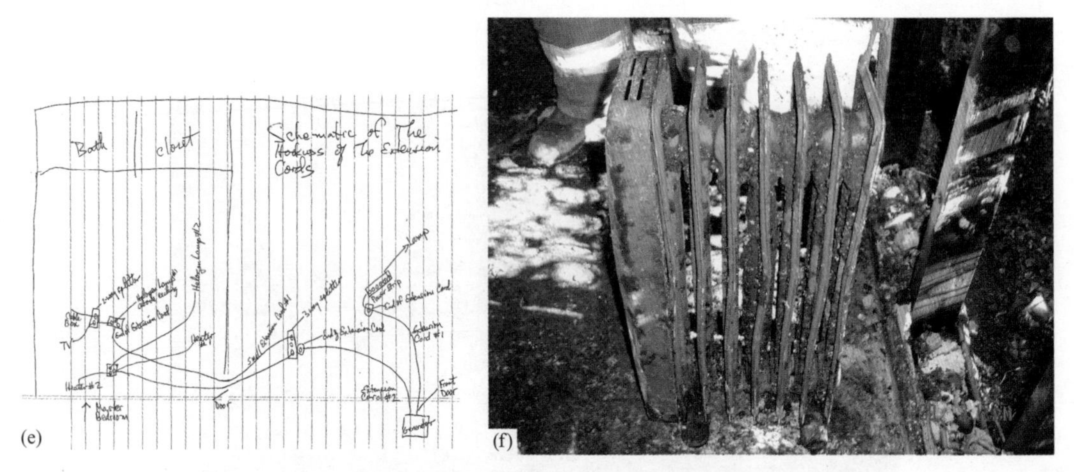

图 9.12 （e）火灾时正在使用的发电机、延长线和电气设备的手绘草图。（f）主卧下方发现的注满油的油汀加热器。

图9.12（h）所示。火灾的发生存在两种可能，一种是其中一盏灯点燃了床垫，另一种是其中一根延长线在一阵火花中短路，这两种可能都需要考虑。一旦垂直床垫被点燃，火会迅速蔓延。

图 9.12 （g）便携式空间加热器。线圈位于风扇叶片下方。该装置有一个易燃塑料外壳。（h）在垂直放置的床垫旁边的一个 500W 的卤素灯。

图 9.12

Jackson拨打911至少13分钟之后才开始救火。尽管如此，火灾调查人员表示根据地板上的烧洞，可以将起火点的范围缩小到地板的那个部分或者缩小到主卧室地板下面。他们还声称能够排除是电气引发的火灾，尽管仍存在并不是所有的延长线都被找回的事实。威廉姆森县的消防报告总结道：

基于现场实验和作者目前所掌握的信息和事实，作者的专业意见是火灾是由放火引起的，起火点位于主卧室中央和前部地板（的狭小空间）的下方。之所以把放火作为最终的假设，是因为丙烷罐处于“打开”状态且燃烧痕迹显示火灾从该区域蔓延至主卧。本区域未发现的其他火源，而且在狭小空间上方发现的其他火源也被排除了[47]。

图9.12 （i）从主卧室下方的狭小空间提取的20磅的丙烷气瓶和除草器，它们离狭小空间通道门有几英尺远。钢瓶阀门完全打开，但火炬阀门完全关闭。（j）测试表明，使用100000 Btu/h的除草器点燃地板至少12分钟内不会烧穿地板。

房主保险公司的一位私家侦探也得出了类似的结论：

对这一火灾现场的系统评估得到了清晰而令人信服的证据，证明火灾起源于房屋东南部的卧室地板中心下方。为了确定起火原因，必须有足够的证据，同时排除其他原因。残存的物证以及对自然原因和偶然原因的排除，都证实了是将有效点火源引入可燃液体，才导致了这场火灾。

Terry Jackson先生说，他离开了公寓还不到十分钟，回来后就发现卧室里完全过火。在那段时间内大火不可能从电弧点火发展到整个房间[48]。

州消防局局长的另一份报告则更为谨慎。该报告的结论是：“在火灾的起火区域内，无法消除意外电起点火的潜在来源，因此火灾的原因在性质上尚未确定[49]。”

县调查员对发现的20磅丙烷气瓶和100000Btu/h的除草器很感兴趣。在没有太多依据的条件下，他假设火是故意用除草器在地板下点燃的。如图9.12（i）所示，发现丙烷瓶上的阀门处于开启位置，但丙烷点火器上的阀门完全关闭。因此，假设又变成了不管花多长时间点燃了火，Jackson随后便关掉了点火器并将其和气罐一起扔到了屋子下面。另一名调查人员说，他认为Jackson一定是爬到了房子下面。这种假设可以被抛弃，因为那样做肯定会导致Jackson的死亡。很明显，该州的证人中没有一个人深入思考所谓的地板下点火如何完成。（根据Jackson的说法，他把除草器借给了他的哥哥，他哥哥把空着的除草器还回来并恰巧把它存放在房屋下面。）

似乎除草器的假设不够“新颖”，因此对于证据的另一种解释被提了出来，再次牵连到Jackson。由保险公司带到现场的电气工程师，在火势最猛烈且所有人都认为是起火点的卧室中确实没有发现任何电气活动的证据，但他在起火点的上游线路即隔壁房间的电线上发现了电弧作用痕迹。他的新“理论”是，起火时发电机没有运转（尽管不清楚Brown是如何看到的，因为卧室的窗户都用木板封起来了）。火灾发生一段时间后，他推测Jackson随后启动了发电机。完全没有证据证明这一点，但工程师的立场是他不能排除这种可能性。而且如果火灾开始时发电机是关闭的，那么即使他找不到所有的延长线，他也可以排除卧室里存在电气点火源的可能性[50]。（附加说明9.1中显示了对工程师进行访谈的摘录。）消防部门到达现场时发现发电机正在运转。此外，州消防局副局长报告说，他看到卧室的电线上有几处电弧作用痕迹。工程师可能没在卧室里找到电弧的证据，因为他直到火灾发生至少四天后才到现场。这就可以解释为什么他的观察与州消防局局长的存在差异。

Jackson在2009年3月10日被起诉，那是火灾发生两年多之后。大约一年后，他在墨西哥被捕，因为他经常去那里旅行。

一些“支持”调查人员意见的证据是：Jackson说，当他在房子里试图进入卧室时，看到了蓝色的火焰。这完全是一个似是而非的证据，因为丙烷点火器燃烧时不会产生蓝色火焰，特别是当它们不受控制地燃烧时。蓝色的火焰只有在丙烷与空气预混后才会产生，而这在卧室下面的狭小空间中是不可能发生的。

附加说明9.1　对工程师进行访谈的摘录

Ofman：你现在告诉我的是你的调查结果吗？它们和你做报告时的调查结果不一致吗？

Bishop：嗯……它们并不是矛盾的。我的报告仍然有效。有一些新的信息，呃……或者我应该说是一个新的理论。

Ofman：是什么新理论？

Bishop：新的理论是，发电机可能在火灾发生时是关闭的，而在大火进行过程中又被打开了。

Ofman：那么，根据您告诉我的内容，如果我错了您可以纠正我，在打开发电机时火势已经进入了客厅。

Bishop：是的。

Ofman：这会对您的原始报告有什么影响？

Bishop：嗯……如果我知道事实，我可以……在最初的报告中，我不可能排除在火灾过程中存在电气活动。

Ofman：肯定吗？

Bishop：是的。

Ofman：即使卧室里缺少一些电线残骸。

Bishop：是的。

Ofman：您现在可以这样做吗？

Bishop：如果……这是事实并且该理论正确，那么可以排除，是的。

作者由杰克逊（Jackson）的律师李·奥夫曼（Lee Ofman）聘用，很明显，对该除草器的假设进行检验是有必要的。作者使用与活动房屋中相同的材料制作了狭小空间和地板的模型，包括佐治亚-太平洋公司的产品“Plytanium”胶合地板。在三个单独的测试中，作者认识到用火点燃地板非常困难，因为当点火器离木头太近时它会熄灭。此外，将火炬固定在狭小空间入口处几乎是不可能的，因为热量会从地板下面散发出来。没有办法在图9.12（d）

所示的起火点区域进行点火。除草器声音很大，发出的声音非常像喷气式发动机。如果这一奇异的场景真的发生了，Brown一定是聋了才听不到除草器的声音。此外，在这三个测试中，从底部点火到烧穿地板的最短时间为12分钟。有必要安置一个支撑物将点火器固定在适当的位置，因为把它立在狭小空间开口的边缘处是不可能实现的，见图9.12（j）。所有测试都已录像，准备接受审讯，但结果是没有审讯会发生。

Ofman避开了田纳西州在刑事审判前禁止各州证人作证的常规禁令。Jackson和Brown各有10000美元的人寿保险单，并指定对方为受益人。这可能是Jackson杀死长期伴侣的动机。花园州人寿保险公司（Garden State Life Insurance Company）拒绝了Jackson的要求，他提起了民事诉讼，这使Ofman可以对该州计划用来支持其指控的证人进行取证。在该州首席专家的取证过程中，很明显，尽管他声称获得了哥伦比亚南方大学消防科学理学学士学位，但他对火灾的行为一无所知。他说不出一立方英尺丙烷的能量含量，不知道丙烷的化学式，更不知道其他任何作为职业火灾调查员所应该知道的。他显然不符合NFPA 1033的要求。以下是他的证词摘录：

第10页

问：如果愿意，请陈述您对2006年10月20日火灾起火点和起火原因认定的理论。

答：10月20日的火灾起火点是在主卧室下方的狭小空间内，就是在左前室。起火的原因是丙烷除草器直接与建筑物的地板接触燃烧。

问：关于丙烷除草器是如何点燃的，你的理论是什么？

答：人为因素。

问：你认为这次火灾是人为放火，我这么说对吗？

答：是的，先生。

第281页

问：好的。能量的基本单位是什么？

答：我目前不确定。

问：您听说过焦耳吗？

答：听说过。

问：这是什么？

答：这是对能量的度量，或者如何度量，它一定也和电有关。

第282页

问：所谓功率的基本单位是什么？

答：交流和直流。

问：请重复。

答：交流和直流。

问：您听说过瓦特吗？

答：是的，先生。

问：那个是正确的答案吗？

答：很有可能。

问：什么是瓦特？

答：我的意思是我不确定。如果您想让我看一本手册并给您一个答案。

问：不，我是问你。

答：就我所能想到的，我的意思是你在问——就像我现在正在做一个测验一样。

问：您正在谈论证词。

答：我明白。但你问的问题在手册里都能找到。

问：您知道一瓦特是什么意思吗？

答：不知道，先生。

问：好的。如何衡量火势大小？

答：我目前不确定。

问：好的。什么是辐射热通量？

答：我目前不确定。

问：什么是空气卷吸？

答：我不确定。

问：什么是顶棚射流？

答：不确定。

第 275 页

问：热解是什么意思？

答：基本上像，木头会扭曲，形成不同的形状。它会热解，被点燃然后木头的变化表现为烧焦之类的。

问：您知道氢的化学式是什么吗？

答：不知道，先生。

问：您知道氢燃烧的化学反应是什么吗？

答：不知道，先生。

问：您同意甲烷的燃烧是所有碳氢化合物燃烧反应中最简单的吗？

答：不知道，先生。

问：您不同意吗？

答：哦，你是问我是否同意？

问：是的。

答：我不确定。

第 277 页

问：您知道一立方英尺丙烷中有多少英热吗？

答：目前不知道。

问：您知道丙烷的化学式是什么吗？

答：我目前不确定。

问：您能写下空气中丙烷燃烧的化学方程式吗？

答：我不确定。

问：燃烧一体积的丙烷需要多少体积的氧气？

答：不确定。

问：燃烧一体积的丙烷需要多少体积空气？

答：不确定。

问：您是否曾经尝试用丙烷火炬点燃木头？

答：没有尝试过，先生。

问：您是否同意丙烷罐内同时存在液相和气相？

答：是的，先生。

问：您知道一定体积的液体会产生多少气体吗？

答：不知道，先生，目前不确定。[51]

自从NFPA 1033在2009年更新了所需知识领域的列表，这类询问在有争议的火灾案件中变得很常见。不仅这位专家的理论受到质疑，他的资质也受到质疑。联邦调查员的资质并不比县调查员更高，正如他在2014年的类似证词中所证明的那样[52]。

在检察官出席县调查员的法庭作证之后，Ofman先生提出了Daubert动议，部分内容如下：

他们对这起火灾的起火点和起火原因的认定并没有事实依据来支持他们的观点；他们的观点没有科学依据；他们的观点和方法尚未经过检验；他们基于其观点的证据尚未经过同行评议或发表；没有已知的错误率；在这种情况下，他们进行火灾调查的方法在科学界通常不被接受。

Daubert听证会原定于2011年11月3日星期一进行，但在此之前的星期五，检察官驳回了对Jackson的指控。她拒绝将专家的解雇归咎于专家们缺乏相关知识。相反，她说Jackson的哥哥是可靠的证人，他告诉她的办公室调查人员说，除草器总是放在卧室下面的储藏空间中。

在错误指控的情况下这种结果很常见。Jackson对仅仅解雇专家并不满意，而Ofman不仅能够撤销指控，甚至还可以彻底清除这场惨败的全部记录。

9.10.9.1 错误分析

火灾调查人员没有考虑到严重超负荷的延长线有着火的明显可能性。他们没有考虑到在垂直床垫附近发现的500W卤素灯可能是引火源和首个被引燃物的可能性。他们误解了垂直床垫的关键数据（或无法理解其重要性）。他们依赖于电气工程师，这位电气工程师虽然没有找到所有的电线，但仍然认为他可以提出一个有用的理论来“排除”电气火灾的可能性。他们没有考虑除草器被单纯地存储在卧室下方的存储区域中的可能性。他们抛弃了点火阀已关闭这个不一致的证据。他们也抛弃了另外一个不一致的证据：州消防局局长在起火区域房间看到了电弧证据并称火灾原因尚未确定。关于Jackson点火后再启动发电机的假设完全是无稽之谈。他们对火和能量的有限知识表明，他们完全没有资格对火灾原因作出判断。可悲的是，所有这些人员仍在以调查火灾为生。

9.10.9.2 意义

这起案件的起诉表明，即使是最无能的火灾调查人员也能被工作在检察官和辩护律师办公室的非科学人员所相信。该案在田纳西州消防界引起了广泛关注，除了主要犯罪嫌疑人之外，其他所有人最终都放弃了放火谋杀假说。不幸的是，Jackson花了将近2年的时间等待死刑谋杀指控的审判。当指控被驳回时，他和他的家人都破产了。

9.11 结语

本章介绍了一位调查员在30年的案件审查过程中发现的常见错误。这些错误已归类并汇总到一个清单中，以帮助评估火灾调查人员对故意放火的确定。

无数处理不当的调查案例说明了某些错误不断发生的方式以及这些错误带来的后果。不仅有技术上的错误，还有导致这些案件误判（或潜在的误判）的法律背景。这些火灾调查人员的行为，有时是无辜的，有时是至少部分知情，却导致了错误的起诉或错误地拒绝保险索赔。这些人的共同点是，他们认为自己是“放火调查员”而不是“火灾调查员”，或者是“案件制造者”而不是“真相寻求者”。他们没有考虑到涉及偶然原因的其他假设。负责监理这些案件的律师们本应更清楚地知道，当他们继续坚持下去时，甚至在核心证据消失时，他们的坚持既没有为他们的客户服务也没有为司法利益服务。由于这些所谓的专业人员的作为，有时甚至是不作为，无辜的人受到了双重伤害：首先是火灾造成的伤害，然后是司法系统或他们的保险公司造成的伤害。

问题回顾

1. 当您向同事提供资料和报告并询问他时，您需要什么样的审查?

a. 行政审查　　b. 同行评审　　c. 技术审查　　d. 技术同行评审

2. 在放火案调查中动机的重要性是什么？

a. 除非州政府能够证明被告有放火动机，否则无法定罪

b. 除非有可信的动机，否则陪审团不太可能相信被告放火

c. 动机和意图是一回事

d. 以上都是

3. 火灾现场的助燃剂检测犬有什么作用?

a. 协助火灾调查人员寻找在实验室中检测出阳性结果可能性较高的火灾残留物样品

b. 为了检验调查人员关于人为放火的假设

c. 为了能够得到快速测定结果，而不用等待实验室完成分析

d. 为了避免铲掉起火区域地板的不必要后果

4. 铝的熔化临界值有什么意义？

a. 在地面上熔化的铝意味着火在异常高的温度下燃烧，并且一定有助燃剂参与

b. 熔化的铝意味着局部温度很高，说明附近存在助燃剂

c. 熔化的铝意味着温度超过1200 ℉，这是在全面燃烧的房间地板上的一个常见温度

d. 由于热惯性，熔化的铝意味着火在该处燃烧了很长一段时间，意味着这是起火点

5. 下列关于全面燃烧房间的陈述正确的是？

Ⅰ. 因为轰燃造成均匀燃烧，不规则的燃烧痕迹是使用助燃剂的一个标志

Ⅱ. 在大多数情况下，轰燃后，由于可获取通风量的变化，损坏程度也会有所不同

Ⅲ. 火灾燃烧痕迹的解释规则与未达到轰燃的房间所适用的规则不同

Ⅳ. 在最浅和最深的炭化区域没有燃料源和点火源，表明点火源是明火并已从现场移除

a. Ⅰ、Ⅱ、Ⅲ和Ⅳ　　b. Ⅱ、Ⅲ和Ⅳ　　c. 仅Ⅲ和Ⅳ　　d. 仅Ⅱ和Ⅲ

问题讨论

1. 举一个沟通不畅导致错误结论的例子。

2. 面对同事的报告，你打算如何评估它的准确性？

3. 尽管NFPA 921指出“假设与所有资料完全一致是不寻常的”，但为什么忽视不一致的资料是一种不好的做法?

4. 误判火灾是故意放火的主要问题是什么？

5. 为什么不考虑另一种假设是火灾调查员可能犯的最严重的错误之一？

参考文献

[1] Doyle, J. (2014) Learning from error in the criminal justice system: Sentinel event reviews, in *Mending Justice: Sentinel Event Reviews*, National Institute of Justice. Available at https://www.ncjrs.gov/pdffiles1/nij/247141.pdf (last visited on November 25, 2017).

[2] National Registry of Exonerations website (2017). Available at https://www.law.umich.edu/special/exoneration/Pages/detaillist.aspx?View={FAF6EDDB-5A68-4F8F-8A52-2C61F5BF9EA7}&FilterField1=Group&FilterValue1=A (last visited on January 1, 2018).

[3] Lentini, J. (2013) *Scientific Protocols for Fire Investigation*, 2nd ed., Taylor & Francis Group, Boca Raton, FL, p. 565.

[4] NFPA (2017) NFPA 921, *Guide for Fire and Explosion Investigations*, National Fire Protection Association, Quincy, MA, §18.7.2, 215 and §19.7.2, 221.

[5] Lentini (2013) *supra* at 559.

[6] Lentini, J. (1999) “A calculated arson,” *The Fire and Arson Investigator*, Vol. 49, No. 3. Available at www.firescientist.com/publications.

[7] Lentini (2013) *supra* at 572.

[8] NFPA (2017) NFPA 921, *Guide for Fire and Explosion Investigations*, National Fire Protection Association, Quincy, MA, §6.3.7.8, 59.

[9] DeHaan, J. (1997) Proposal 921-219 (log # 113), Report on Proposals, NFPA Technical Committee Documentation, Fall 1997, NFPA,Quincy, MA, 410.

[10] American Association for the Advancement of Science (2017) *Forensic Science Assessments: A Quality and Gap Analysis- Fire Investigation* (Report prepared by Almirall, J., Arkes, H., Lentini, J., Mowrer, F., and Pawliszyn, J.) doi:10.1126/srhrl.aag2872.

[11] *WI v. Joseph Awe*, No. 07-CF-54.

[12] *WI v. Joseph Awe*, No. 07-CF-54, Testimony of James Sielehr, December 18, 2007, Trial Transcript at page 192/258.

[13] Id. at 119/234.

[14] Id. at 182/258.

[15] *WI v. Joseph Awe*, No. 07-CF-54, Decision and Order by Hon. Richard Wright, March 21, 2013.

[16] *State of Georgia v. Weldon Wayne Carr*, in the Superior Court of Fulton County, Case No. Z-58558-A (1994), see also *State of Georgia v. Weldon Wayne Carr,* 482 S.E. 2d 314 (1997).

[17] IAAI Forensic Science Committee (1994) Position paper on accelerant detection canines, *Fire and Arson Investigator* 45(1):22-23.

[18] *State of Iowa v. Roy Laverne Buller*, in the Supreme Court of Iowa, No. 146/93-701, 1994.

[19] Renaud, T. (2004) The inside story of the *Wayne Carr*case, *Fulton County Daily Report*, Atlanta, GA, October 5, 2004, 1.

[20] Avato, S. J., and Cox, A. T. (2009), “Science and circumstance: Key components in fire investigation,” *Fire and Arson Investigator* 59(4):47-49.

[21] NFPA (2017) NFPA 921, *Guide for Fire and Explosion Investigations*, National Fire Protection Association, Quincy, MA, §24.4.1, 259.

[22] *Maynard Clark and Clark Hardware et al. v. Auto-Owners Insurance Company et al.*, in the Circuit Court of the Thirteenth Judicial Circuit, in and for Hillsborough County, Florida, Civil Division, Case No: 92-09683, Division B.

[23] Lentini, J., and Waters, L. (1982) “Isolation of accelerant-like residues from roof shingles using headspace concentration,” *Arson Analysis Newsletter* 6(3):48.
[24] Lentini, J. (1998) “Differentiation of asphalt and smoke condensates from liquid petroleum products using GC/MS,” *Journal of Forensic Science*43(1):97.
[25] Eisenstadt, J. (2009) Autopsy Report, GBI DOFS, dated April 4, 2009.
[26] Gourley B. (2009) Georgia Insurance and Safety Fire Commissioners Office State Fire Marshals–Arson Unit, undated first report on the Dahlman fire.
[27] Gourley B. (2010) Georgia Insurance and Safety Fire Commissioners Office State Fire Marshals—Arson Unit, *Supplemental report on the Dahlman fire, prepared on or before* March 8, 2010.
[28] Sellers, W. (2010) *State of Georgia v. Scott David Dahlman and Valerie Lynn Dahlman*, Case No. 2009R-0533, Nolle Prosequi dated May 10.
[29] Garner, M., “Investigative error causes murder case against couple to be dropped,” *Atlanta Journal and Constitution*, May 16, 2010.
[30] http://www.law.umich.edu/newsandinfo/features/Pages/gavitt_exoneration.aspx
[31] Plummer, C., and Syed, I. (2012), “Shifted Science” and Post-Conviction Relief, 8 STAN. J. C.R. & C.L. 259.
[32] *State of Arizona, Plaintiff, v. Ray Girdler, Jr.*, Defendant, in the Superior Court of the State of Arizona in and for *the County of Yavapai*, No. 9809.
[33] Dale, D. (1981) Office of the State Fire Marshal, Report of Fire, Mobile Home Fire with Two Fatalities, DR #81-05, Phoenix, AZ.
[34] Davie, B. (1993) Flashover, *National Fire and Arson Report* 11(1):1.
[35] *State of Louisiana, Plaintiff v. Amanda Gutweiler, Defendant*. Ninth Judicial Circuit Court, Rapides Parish, LA, Criminal Docket # 265037.
[36] DeHaan, J. (2002) Report re: *State v. Gutweiler*(Tioga Fire), Fire-Ex File Number 01-1101, page 11.
[37] DeHaan, J. (2004) Supplemental Report re: *State v. Amanda Gutweiler*, Fire-Ex File Number 01-1101 page 9.
[38] DeHaan, J., (2008) Supplemental Report re: *State v. Gutweiler*(Tioga Fire), Fire · Ex File Number 01 · 1101 page 4.
[39] O’Bryan, A. (2011) *Ashes of Innocence*, AuthorHouse, Bloomington, IN.
[40] *Donald Scott Herndon and Linda Tranter Herndon, Plaintiffs, v. Security First Insurance Company*, a Florida insurance corporation, Defendant. In the Circuit Court, Fourth Judicial Circuit, in and for Duval County, Florida Case No.: 2010-Ca-007262 Division: Cv-C.
[41] *Herndon v. Security First*, August 29, 2011 Deposition of Eric Jackson, P.E., page 20.
[42] Martini, H. (2009) Report on Herndon fire, Unified Investigations and Sciences File No. FL010900813.
[43] *Herndon v. Security First*, April 21, 2011 Deposition of Herbert Webber, page 94.
[44] Lentini, J. (2001) “Persistence of floor coating solvents,” *Journal of Forensic Science*, 46(6):1470.
[45] Putorti, A. (2000) Flammable and combustible liquid spill/burn patterns, NIJ Report 604-00, U.S. Department of Justice, Office of Justice Programs, National Institute of Justice. Available at http://fire.nist.gov/bfrlpubs/fire01/art023.html
[46] Edge, D. (2006) Southern Fire Analysis letter report on October 5 fire loss.
[47] Edge, D., and Sanders, J. (2006) Williamson county fire and explosion investigation unit, Origin and Cause Report, page 1.
[48] Hooten, J. (2007) Unified Fire and Sciences, Origin and Cause Report on the October 20, 2006 fire.
[49] Vaden, D. (2006) Tennessee State Fire Marshal’s Bomb and Arson Unit, report on the October 20, 2006 fire.
[50] Bishop, A. (2010) Recorded interview with Lee Ofman, page 10.
[51] In the Chancery Court for Williamson County, Tennessee, Terry R. Jackson, Plaintiff/Counter Defendant, v. Garden State Life Insurance Company, Defendant, Counter Plaintiff, Case No. 35222, November 11, 2010 Deposition of David L. Edge Ⅲ.
[52] In the US District Court for the Middle District of Tennessee, Chubb National Insurance Company and Travelers Personal Security Insurance Company, Plaintiffs, v. Dale & Maxey, Inc. and Williamson County Heating and Plumbing, Defendants. Case No. 3:13-Cv-0528, July 29, 2014 deposition of Jesse Charles Hooten.

1 现代患者安全运动的开拓者之一唐纳德·伯威克（Donald Berwick）表示：“每个缺陷都是宝藏。”

2 2000年，美国国家消防协会（NFPA）报告称，故意纵火火灾占50.5万起建筑火灾的15%。下降的原因至少部分是由于“可疑”作为起火原因的判断下降了。

3 相反，在本文所列的火灾中只有两起是纵火的。其余的都被误认为是事故。

4 该案以审判无效告终（陪审团悬而未决）。随后的两次审判也以审判失败告终，随后法官驳回了此案。

5 根据MSDS，Neat-Lac含有超过60%的溶剂，包括甲苯、异丙醇、乙酸异丁酯和轻质石油馏出物。

6 就像水管工的水管漏水和鞋匠的孩子鞋上有破洞一样，Carr的住所前院里的杜鹃花丛中长着几棵非常健康的毒葛。（苗圃公司在经营了123年后，于2016年关闭。）

7 该命令后来被佐治亚州最高法院裁定为一个可撤销的错误，此后法院宣布该命令违反了《第六修正案》被告有权面对对他不利证据的权利的规定。

8 Carr是一个不爱整洁的人。他会坐在早餐室的桌子旁看报纸，然后将其丢在地板上。这种行为是Carr夫妇关系紧张的原因之一。Carr说，发生火灾时他正在努力纠正自己的行为。

9 这使得持怀疑态度的观察家们相信Carr“只是在技术细节上侥幸过关”。辩护律师认为，如果最高法院没有以快速审理为由支持驳回此案，法官就会根据案情实质批准这一动议。

10 闪电数据服务现在报告显示暴风雨检测效率高于99%，闪电检测效率高于95%，并且中心区域定位精度在250m以内或更高。每一次雷击都有由多个因素决定的独特的“99%置信椭圆”。置信椭圆相当于每一次雷击的“误差范围”。

11 下面的交流发生在化学家的第一次作证过程中:

问: 你曾有机会以任何方式与（化学家）通信吗？

答: 嗯，我说过我和她沟通过一次，是的。

问: 嗯，你提到了电话谈话？

答: 嗯（肯定）。

问: 和她也有书面交流吗？

答: 不，我想没有。

问: 那么对我的问题“你和她是否有过书面通信”的回答是“没有”？

答: 没有，我没有任何书面通信。

12 2012年，一位同事在明尼苏达州刑事逮捕局实验室的法医科学家面前展示了这些色谱图。她报告说，当科学家们看到这些图表时，听到一个惊讶的声音。

13 所有这些都证明了火灾是受通风控制的，因此燃烧的产物中含有高水平的CO(1% ～ 10%)。参见NFPA 921的25.2.1。在SFPE手册中对一氧化碳的生成和传递进行了广泛的讨论。

14 8年后人们才发现，那位消防局局长在第一次审判作证时并未真正阅读尸检报告。

15 因为法官推翻了自己的判决，所以没有批准重新审判的上诉记录。

16 他的第二份报告说:“没有一个孩子会对生火表现出任何兴趣，而且在她看来，孩子们只是听从父母的指示来照看柴炉。”

第10章

火灾调查专业实践

法庭科学是科学（真理和知识的客观追求者）和辩论学（法庭辩护的辩论说服者）不和谐和不神圣结合的产物。它不像许多人想象的那样被称为审判科学、法律科学或真理科学，而是一个私生子，一个孤儿。但它仍然是我们疏远的父母——真理寻求者和辩护律师之间进行激烈的儿童监护权之战时的主题。

——D. H. Garrison

Bad Science, 1991

学习目标

阅读本章后，读者应能够：

- 了解质量保证程序的组织方式；
- 列出对火灾调查员工作成果感兴趣的利益相关者；
- 了解参与民事和刑事诉讼的过程；
- 认识到火灾调查员在帮助律师准备证词和听证会方面的作用；
- 要意识到作为咨询或鉴定专家证人参与诉讼的困难。

10.1 引言

本书的前九章提出的目标是帮助火灾调查员和其他在火灾调查领域工作的科学家更熟练地解释在火灾现场发现的证据。本章的目标是帮助资深成熟的调查员在那些最终使用调查结果的体系中处于更加有利的位置。[1]一名调查员可能出错率低于1%,但无论调查员的工作质量如何,调查员的调查结果要表达清楚,更重要的是被客户、对手和法院理解和接受，否则调查员的努力将会白费。

10.2 确定利益相关者

当为专业实践设计一组指导方针时，识别利益相关者是有必要的。什么样的人或群体会关心调查员是否做好了工作?谁的利益会受到影响?在一个成功的实践中，什么关系是重要的?

调查实践中的第一个利益相关者是调查人员本人。调查员有责任将他或她的知识、技能和能力保持在与最新技术相一致的水平上。这需要花时间阅读行业出版物，如*The Fire and Arson Investigation*（《火灾和放火调查》），并紧跟CFITrainer. net的新模块。实验化学家有责任紧跟*The Journal of Forensic Sciences*（《法庭科学杂志》）、*Science and Justice*（《科学与司法》杂志）和其他技术期刊上的研究进展。所有专业人员都有义务熟悉目前的相关标准。国际放火调查员协会（IAAI）的道德准则声明:

> 我将把彻底了解我的工作当作我的职责。我进一步要做的是利用每一个机会来了解我的专业。

跟上潮流不是一种选择，而是一种义务。当一个人刚开始接受火灾调查员或化学家的训练时，必须保持敏锐和及时的技能训练，从而与时俱进。调查员职业生涯结束时的技术水平将与开始时明显不同。

保持与时俱进的一个重要方法是参加认证项目。那些把获得证书视为职业生涯巅峰的人，看待这个问题的方式是错误的。认证只是迈向卓越的起点，卓越才是真正的目标。当然，在自己所选择的领域中达到一定的最低标准，通过初试，并被独立的认证机构认可，是令人满意的。然而，任何有意义的认证项目最终目的都是通过鼓励专业人员提高他们的知识水平、技能和能力来提高他们在该领域的工作质量。认证是专业发展的门槛。

另一个利益相关者是调查人员的雇主，无论是公共机构、私人公司还是独资企业。有能力的、称职的、有专业经验的调查人员会对机构有正向作用，一个负责任的机构会支持其雇员继续自己的专业发展。这种支持应该比道义上的支持更具体。没有有形利益的精神支持是不昂贵的、廉价的，它只是“口头上的服务”。报销技术课程学费、报销认证相关费用、让员工参加可以与其他专业人士交流的会议等项目，都是机构应该提供的切实支持。尽管有成本，但在（支持职业发展的）这些机构工作的员工，可能更加忠诚，更有可能对他们的雇主提供忠诚和奉献。

在调查实践中，还有一个利益相关者群体是客户。没有这些人，就没有实践。无论是在公共部门还是私营部门，这些人都是为我们支付账单或签发薪水的人或组织。它们正是我们组织存在的原因。他们应该得到彻底的火灾调查；并得到可以理解的、可用于为自己辩护的结论，诚恳的意见，以及公平的商业惯例。他们需要被告知他们需要知道的事情，而不是被告知调查者认为他们想听到的事情，除非那恰巧也是事实。

在调查实践中，法院代表着重要的利益相关者。作为专家证人，我们是法庭上的客人，我们在场的唯一目的是帮助法官或陪审团了解事实和证据。虽然许多调查人员在其职业生涯中只上过几次法庭，但他们应该做好准备，将他们得出的每一项调查结果提交给陪审团。更重要的是，他们应该准备坐在桌子对面，回答不愿接受他们结论的对手提出的尖锐问题。在证词陈述中，作者经常被问及我们的调查中有多少是“与诉讼有关的”。对这个问题通常的回答是：“我把所有的调查都当作诉讼来处理。”作者涉及的案件中只有约10%的案件进展到证词陈述的诉讼程序，但当进入证词陈述时，没有明确哪10%的案件需要坐在桌子上面对一个敌对的律师，所以要把所有的调查都当作可能会进入诉讼阶段的案件来对待。

火灾调查专业与每个调查人员的个人实践息息相关。前面章节讨论的案例反映了整个职业的糟糕状况，而不仅仅是该职业中不称职或不熟练的部分。（专业以外的人通常无法区分专业人员和黑客之间的区别。）了解到新事物的调查人员有义务与其他调查人员分享这些知识。专业参与不仅包括参加会议，还包括参与教学、写作和参与专业工作，通过标准化提高整体工作质量。抱怨NFPA 921和提出改良NFPA 921的建议是两码事。对NFPA 921的绝大多数批评来自那些没有参与这个过程（火灾调查过程）的人。

参与教学不仅有益于职业发展，也有益于教师自己。一个研讨会的演讲者可能要花8小时来准备一个只持续1小时的演讲。在这几小时里，演讲者专注于主题并批判性地思考。这种对思想的反思和提炼有助于提高演讲者对主题的理解。同样的好处也体现在为专业期刊准备文章的作者身上。

也许对任何火灾调查员来说，最宝贵的学习经验来自参加火灾试验。尽管花费很高，且协调起来很昂贵也很困难，但是如果实施得正确的话，火灾试验可以给每个参与者提供新的见解。调查员在教科书中读到的概念将变得鲜活起来，并且其含义有了更清晰的含义。不断地观看火灾试验的过程是一种让人成长的经历，因为参与者对调查的期望被证明是非常不切实际的。[2]这样的经验允许调查员能够更准确地“校准”他们的期望。

在火灾调查实践中，最后的利益相关者是公众。每个调查人员的目标应该是找出所调查的火灾的真正原因，以便将来避免类似事件的发生。无论是通过协助起诉放火犯，还是帮助将危险产品撤出市场，目标都是一样的——保护公众。

10.3 坚持工作的一致性

每个主要的产品制造商或服务供应商都想提供同样质量的产品，火灾调查人员的工作也是这样的。行业和专业人员试图确保工作质量一致的方法是遵循质量保证（QA）手册中概述的程序。每个机构，无论是公共的还是私人的，都应该有一本手册，将管理机构如何开展业务的政策和程序写在纸上。一个组织的QA手册是组织获得认证的基础。

设计QA手册的第一步是识别业务中的涉众。我们已经做过了。大多数QA手册包括四个级别，这里简称为级别1～4[1]。第1级包含对组织使命的陈述说明、组织图表的展示和组织目标的大纲的介绍以及对每组涉众应承担的责任的说明。QA手册本身是一个1级文档。

2级文档描述保证质量的程序。包括征求客户反馈的程序、回应客户投诉的程序、发布纠正或预防措施的程序，以及对公司或机构工作产品进行内部和外部审计的频率。手册的第2级还应描述如何管理QA手册的分发，以及如何变更并记录下来。在火灾调查的审计实践中，审计人员，无论是雇员还是外部机构聘请来执行审计的承包商，通常会检查几个随机选择的文件，以确保它们包含了需要包含的文件，并遵循了适当的程序。审计的基本规则是，无记录，就代表着没有发生。

3级文档是在进行任何主要活动时所遵循的程序。第4、5和6章中所写的书面程序是3级文档的示例。关于第3级文档，重要的一点是说明你要做什么和你做的是否与你写的相符。3级文档必须至少每年审查一次，并根据需要进行更新。在QA项目开始的时候进行这样的练习，看起来就像做一堆文书工作，但是经过几年这样的活动，一种文化就会发展起来。人们从而就会批判性地思考他们所做的事情，以及他们所做的事情是否与他们所写的相符。

4级文档是机构或公司方便用来收集和保存信息的表格。这些表格在第2级和第3级中所写的程序中进行了描述。典型的QA文档方案如图10.1所示。

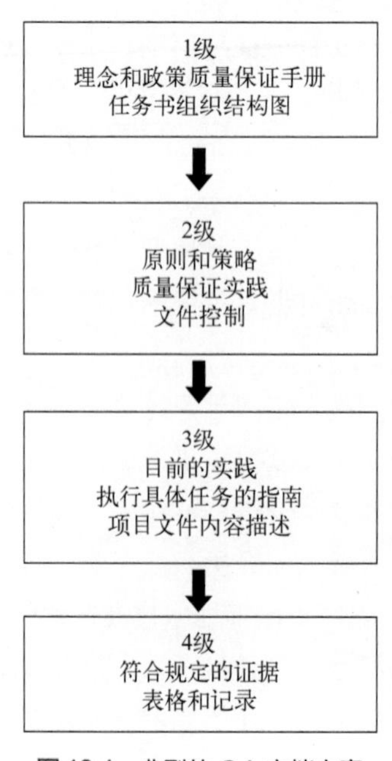

图10.1　典型的QA文档方案

认证是一种越来越重要的方式，机构和公司通过认证来证明他们的工作达到了一定的最低标准。认证代表了法庭科学质量三角形的一面（附加说明10.1）。法庭科学实验室可以被ANSI-ASQ国家认证委员会（ANAB）[前身为美国犯罪实验室主任协会实验室认证委员会（ASCLD-LAB）]、美国实验室认可协会（A2LA）或其他注册公司按照特定标准对被认可组织进行审核。测试和校准实验室，如笔者工作了28年的单位，一般都通过了ISO 17025《测试和校准实验室能力通用要求》的认证[2]。ANAB在其认证中使用了ISO 17025的修改版本[3]。警察和消防部门的认证也变得越来越普遍。截至2017年底，只有两家消防调查机构获得了认证，一家是私人机构，一家是公共机构。但在2018年初，NFPA标准委员会开始了一项为火灾调查单位（FIUs）制定标准的项目。由于这一努力，FIUs的认证在未来可能会变得更加普遍。即使一个机构目前没有计划获得认证，它也会建立一个质量保证程序，包括QA手册的准备，这是十分有意义的事情，即使审计是在内部进行的。建立一个足够稳定的QA程序来实现认证并不是一项简单的工作。Murley简要描述了所要求的承诺[4]。

附加说明10.1　法庭科学质量三角形

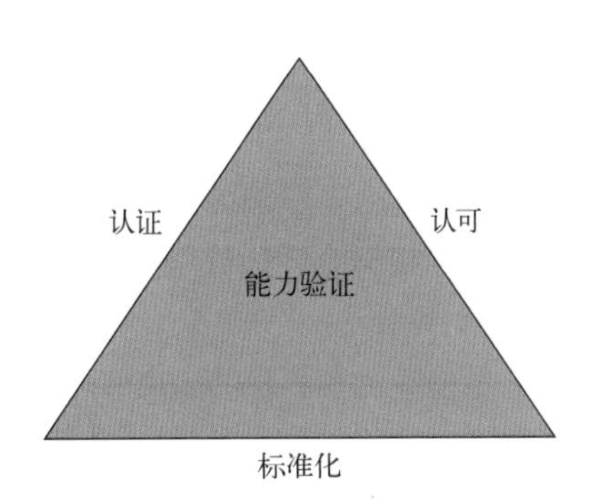

图10.2　法庭科学中的质量三角形

法庭科学中的质量三角形概念最早出现于20世纪90年代初。劳伦斯·普雷斯利（Lawrence Pressley）是美国联邦调查局（FBI）实验室的前质量保证主任，通常认为是图10.2的作者，这张图将认可（机构）、认证（个人）、标准化和能力验证结合在一起。虽然这些概念现在看起来相互依存、无缝衔接，但将它们结合在一起却并不是一件容易的事。

20世纪80年代末，火灾调查人员接受了认证，但许多人强烈抵制标准化的想法（现在很少有人这样做）。犯罪实验室的主管们在20世纪80年代初至中期接受了认可的想法，但抵制个人认证的想法，一些个人从业者也是如此（一些人现在仍然如此）。20世纪90年代中期，美国法庭科学院犯罪学部投票决定与美国犯罪学委员会（ABC）联合支持个人认证，美国犯罪实验室主任协会（ASCLD）最终在90年代末决定支持ABC计划。一些冲突仍然存在，例如关于谁应该为能力测试付费的争论——由维持他或她的认证的个人，或者由需要能力测试来维持其认可的实验室支付费用。尽管存在这些外围分歧，法庭科学质量三角形仍是当前时代的范例。

2004年8月9日和10日，美国律师协会，作为所有法庭科学家（包括火灾调查员）最终消费者的代表，通过了以下决议：

美国律师协会敦促联邦、州、地方和地区政府通过并采取以下原则，降低对无辜者定罪的风险，同时增加对罪犯定罪的可能性：

① 犯罪实验室和法医办公室应得到认可，检验员应得到认证，程序应标准化并公布，以确保法庭证据的有效性、可靠性和分析及时性。

② 犯罪实验室和法医办公室应获得充足的资金。

③ 在辩护有合理性和必要性时，应该为贫困的被告指定辩护专家。

④ 律师的法庭科学培训应以最低标准收费，以确保公众和被告都有充分的代表权。法律顾问应具备相关领域作证的能力或有权咨询相关领域专业人员。

⑤ 证据为本。

2009年2月，美国国家科学院通过其法庭科学界需求鉴定委员会响应了美国律师协会的决议，呼吁：

① 对法医检验机构和犯罪实验室进行强制性的认可。

② 对所有法庭科学家进行强制性认证。

③ 强制执行标准的分析和报告方法。

火灾调查专家们十多年来一直倡导法庭科学满足用户需求。这些合理的要求应该尽快地得到满足。[4]

美国国家科学院在其2009年的报告《加强美国的法庭科学：前进之路》中主张强制使用标准方法，对所有法庭科学家进行强制认证，并对所有法庭科学实验室进行强制认可。为响应这些建议，美国国家司法研究所（NIJ）[5]和美国国家标准和技术研究所（NIST）于2013年签署了一份谅解备忘录并成立了法庭科学标准委员会（FSSB），这一决议得到了来自不同领域的25个分委员会的支持。这些分委员会，包括一个火灾和爆炸现场分委员会和一个火灾残留物分析分委员会，组成了科学领域委员会（SAC）组织（OSAC）。OSAC小组委员会取代了20世纪90年代成立的各种科学和技术工作组。图10.3显示了这个组织的结构[5]。

分委员会的任务是承认并帮助制定所有法庭科学学科的标准。这一任务通常通过与专业组织和标准开发组织合作来实现。2017年末，火灾和爆炸调查分委员会将NFPA 921和NFPA 1033列入OSAC登记认可的标准。

10.3.1 一个州的解决方案

2010年，得克萨斯州消防局局长办公室（SFMO）因州法庭科学委员会审查了两起著名的放火/杀人案件而声名狼藉，这两起案件是Willis案和Willingham案。Willis因放火和谋杀在死囚牢房服刑19年，2004年被判无罪。Willingham在死囚牢房待了12年，后被处决。法庭科学委员会在调查之后，提出了17项改进火灾调查的建议。当时的得克萨斯州消防局局长被解雇了，他的继任者努力执行所有17项建议，如附加说明10.2所示。这些建议最深远的影响是建立了一个科学咨询工作组（SAW）。SAW每季度召开一次会议，审查所有涉及得克萨斯州消防局局长办公室的放火案。此外，SAW成员向与会者提供培训（培训是公开和免费

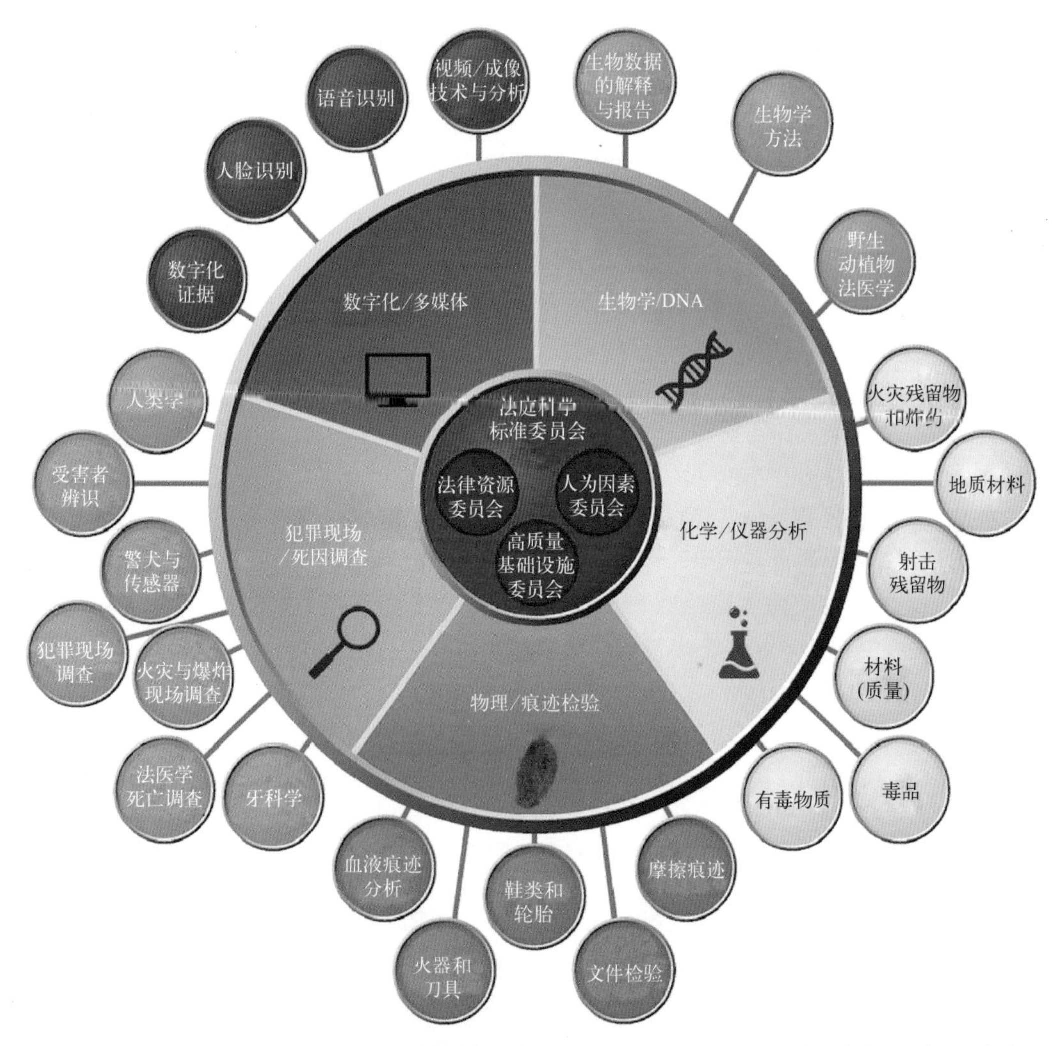

图 10.3　OSAC 的组织结构。火灾和爆炸调查分委员会是犯罪现场 / 死亡调查 SAC 的一个分委员会，火灾残留物和爆炸分析分委员会是化学 / 仪器分析 SAC 的一个分委员会。

的）。自2013年以来，在SAW与得克萨斯州的无罪项目合作中，发现至少有六人因火灾科学的部分错误运用而被误判监禁。

SAW不会对有罪或无罪发表评论，而只是对用于定罪的法庭科学的（证据）质量发表评论。IAAI已经批准了得克萨斯州的方法，并提出协助其他司法管辖区建立类似计划[6]。

得克萨斯州以另一种方式引领了法庭科学的发展。从2019年开始，包括火灾调查员在内的所有法庭科学专家都必须获得认证许可才能出庭作证。在本文付印之时，正在制定认证许可要求的详细内容。法庭科学委员会的任务是建立该计划。

附加说明10.2　得克萨斯州法庭科学委员会关于火灾调查的建议

以下是得克萨斯州法庭科学委员会在对Willis案和Willingham案进行了三年调查之后提出的17条建议的标题。这些建议的全文包含在委员会2011年4月15日的893页报告中，并可在委员会的网站上找到：http://www.fsc.state.tx.us/documents/FINAL.pdf。

建议1：采用国家标准
建议2：追溯性审查
建议3：增强认证
建议4：关于放火线索的合作培训
建议5：引火源分析工具
建议6：定期课程回顾
建议7：SFMO参与地方调查
建议8：建立平行评审小组/多边学科团队
建议9：放火案中的证词标准
建议10：加强放火案中可接受性听证
建议11：评估法庭证词
建议12：最低报告标准
建议13：保存文档
建议14：传播有关科学进步的信息
建议15：行为守则/道德规范
建议16：律师/法官培训
建议17：资金

10.4 商业实践

无论客户是政府机构、公司还是个人，每个客户都有权享有诚信和公平交易的权利。这意味着客户有权得到我们的最大努力。调查人员用于每次调查的档案应包含完成的工作和收集到的信息的完整记录，可以毫无保留地显示给有权查看该档案的任何人，特别是客户。这些记录应包括足够的照片，注释和报告，无论是内部的还是外部的。这些文件应该在合理时间内尽快完成，并能在未来两年内对调查员的发现进行合理地讨论。

在调查过程中，调查人员应定期与客户沟通，以便客户知道案件的进展。客户权益包括合理的调查时间。除非信息仍然不完整，否则在收集到所有证据后，没有理由花费一个多月的时间来完成报告。如果某些因素阻止了报告的及时发布，则应该和客户沟通，以便他或她了解延迟的原因。

即使是在私营部门，客户也有权知道调查的费用，并应定期收到账单。随进程提供发票是一种行政上的痛苦，但是客户不会希望在两年后结案时收到令人吃惊的账单。当客户要求估算时，最好估价偏高，以使客户在收到账单时会感到惊喜而不是失望。

一些调查人员和公司已经决定，他们将通过价格竞争来寻求竞争优势。虽然这当然是美国人的方式，但是如果根据小时费率选择调查人员，则调查人员的客户对象将会有所不同。一些公司对火灾现场的勘查已经实现统一报价。允许公司让客户提前准确地知道他们将花费多少钱以提供竞争优势，但是统一费率调查比以“时间和材料”计费的调查更容易遭到质疑。如果调查人员或公司为每次调查收取795美元，他们会在尽可能短的时间内进行尽可能多的调查。除了通常提前知道所需时间和材料的实验室分析之外，作者从未见过统一费率计费在计费中的任何效用。

一些调查人员提供按小时打折的差旅费用。同样，如果这样做提供了更多的工作，并且确实需要这么多的工作，那么这种做法在道德上没有错。但是，从业务角度讲，这样做就没有多大意义，因为当一个人在为一个客户进行低价值工作，就不可能同时为另一个做高价值工作。（开车时不宜阅读。）在差旅费用方面陷入困境的调查人员，会在证词和出庭上收取两倍甚至三倍的溢价。这种费率结构给人的印象是，火灾调查员为了自己的利益而寻求诉讼（让案件进入诉讼程序）。被指控发现放火是很平常的事，因为那会导致更多的工作需要，但是当工作付出两倍或三倍的代价时，谁会责怪对方律师提出要求呢？复杂的费率结构还导致客户难以理解收费凭据。作者认为，火灾调查员应该对所有的服务按照时间收费，费率相同。

信贷扩展是每个私营公司都必须解决的问题。当然，如果客户是大型保险公司，那么只要人们愿意遵守该公司的计费惯例，并等待某些公司花费必要的45、60甚至90天的时间来支付费用，信誉就不是问题。另外，将信用扩展到原告的律师的做法可能是不明智的，因为除非原告胜诉，否则原告不会对此案付一分钱。许多专业和法律组织的立场是，在以事实为依据的基础上，保留专家证人是不道德的[7]。此外，在大多数司法管辖区中的普通法规则是，向专家证人支付费用是不适当的[8]。除非原告的律师预先付款，否则可以得出这样的论点，即调查员的报酬取决于案件的结果。除非调查人员希望冒险从事无偿公益活动，否则应要求原告的律师（那些为大型保险公司处理代位求偿案件的律师除外）和刑事辩护律师必须通过使用预付费用购买服务。这些客户期望被要求提供预付费用，并且在被要求提供预付费用时通常不会受到冒犯。有时，调查员的“客户”实际上是希望得到相关证言的对方律师。由于许多案件是在专家作证后立即判决的，因此完全有必要要求对专家作证交纳预付费用，因为在上述情况下扩大信用额通常意味着律师会将账单转交给他或她的委托人，这个委托人是雇用火灾调查员的委托人的对手。因此，调查人员的发票不太可能很快得到支付。除非调查人员希望雇用某人催收，否则对方的律师应与原告的律师和刑事辩护律师归为同一类；也就是说，应预先付费。

与调查有关并应向客户收取的费用应在收据中记录下来，这些收据应保留至案件结束时为止。客户有权期望收取合理的业务费用，许多保险公司和律师事务所都要求提交收据以及发票以证明这些费用。

在任何业务关系中，重要的是要了解每一方对对方的期望。书面聘用协议可以有效传达这些期望。与大型公司或长期客户进行重复交易时，通常不需要此类书面协议，但是与小客户的关系中，双方都理解的合同可以很好地维持了这种关系。在网站上发布标准预付费用协议是确保每个客户都了解参与条款的一种方式。

商业实践的基本规则是，按照您希望在业务关系中被对待的方式对待他人。

10.4.1 无偿工作

无偿工作是在没有金钱报酬的情况下完成的工作。有时火灾调查专业人士会有提供免费服务的机会。尽管调查人员的家庭需要食物、住所、衣服和学费，但偶尔处理无偿案件是个好习惯。大多数律师事务所制定的政策规定，他们的合伙人每年必须承担40至60小时的无偿工作，而这样的政策对于火灾调查人员和其他法庭科学家也将是有用的。因为他们负担不起费用，作者经常不得不拒绝为这些需要专家的人工作。但是，大约每年一次，由于某种情况或原因，我感到有义务进行免费工作，或大幅减少收费。一个案子中，一名妇女被错误地指控放火杀死了丈夫。我以少量的预付费用开始了此案，到审判进行时，被告已将所有钱花在了辩护上。由于她负担不起我的服务而拒绝作证是不正确的。[6]无偿工作还可能涉及对消防部门或儿童福利机构等公共机构的帮助，或者可能涉及担任专业组织的领导。

尽管调查员的无偿工作动机完全是利他的，但经验表明，无偿工作实际上是有回报的。不知何故，以某种不可预知的方式为公益事业所做的工作几乎总是导致我的事业发展。它可能会在一个月或十年内发生，但是一定会发生。

10.5 作为专家证人

挖掘，重建和准确确定起火原因，尤其是困难火灾的起火原因，是一段非常有意义的经历。但是，很多时候，调查人员对起火的部位、原因和责任的确定会导致对个人或公司提起法律诉讼，而这些个人或公司可能对调查人员的调查结果持否定的看法。提出的假设必须在公开之前进行彻底的检验，因为那些受调查人员决定影响的当事方会坚持抓住机会，对该假设给予如NFPA 921中所述的“认真而严峻的挑战”。受影响各方会聘请律师，律师将反过来聘请专家来审查第一位调查员的发现。此时，调查人员必须打开一个完全不同的工具箱——专家证人。

联邦证据规则（以及许多类似的州规则）第702条内容如下：

> 如果科学、技术或其他专业知识有助于事实检验者理解证据或确定有争议的事实，则通过知识、技能、经验、培训或教育而具有专家资格的证人可以以下形式作证：①证词基于充分可靠的事实或数据；②证词是可靠的原则和方法的产物；③证人已将这些原则和方法可靠地应用于案件。[7]

尽管第702条特别提到了证词，但在审判中作证时，实际上是火灾调查员作为专家执行的最后一项功能。审判正在成为专家之间的较量，最有说服力的一方胜诉。如果专家的工作正确，则法庭上的证词可能不是必需的，因为当事双方通常是在了解了对方立场的详细信息后就和解了。但是，在放火案件中，和解是例外而不是常态。无辜被指控的人通常不愿陈述自己没有做过的事，即使在民事场合也是如此。另外，保险公司宁愿花钱去证明被保险人在骗保，也不会将相同的金钱用于和解。然而，大多数其他与火灾有关的案件都在庭外和解。

调查员作为专家的首要工作，是帮助当事人理解证据中的事实。因此，也有必要将这种理解传达给委托人的律师。（当委托人是律师时，可能有必要向律师的委托人解释此案。）调查员的工作还包括帮助律师了解对方的立场，并清楚地解释为什么“另一方”的专家在他的调查过程中忽略了重要信息。在诉讼阶段进行沟通时，专家应仔细评估双方的立场。更重要的是，如果客户的案子有明显的弱点，那么指出这些弱点就是专家的工作。制造商不喜欢听到他们的产品发生故障并引起火灾的消息。服务商不喜欢听到因员工疏忽大意而引起火灾的消息。保险公司不喜欢听到火灾是被保险人的过错并且他们没有代位求偿的希望。刑事辩护律师也不一定喜欢听到他们的客户被指控有罪。[8]然而，浪费时间和金钱去为一个责任清晰明了的案件做辩护，或在责任不明时起诉，都是没有意义的。通常，火灾调查员是唯一能够识别错误假设的人。

同样重要的是要认识到，在调查人员的初步调查完成之后，律师或委托人可能已经掌握了进一步的信息。调查人员应该坚持并及时了解最新情况，尤其是发现新资料时。相同的规则也适用于稍后参与案件的调查员。告诉律师把所有信息展示给你，然后决定你需要审查什么。因为对方的律师首次提供了某些重要证据而使己方被反击或驳斥是令人不快的。

10.5.1 辩护

有些人会说，火灾调查人员或者法庭科学工作者在民事或者刑事诉讼中没有业务准则。专家证人所属的各种专业组织已经制定了专家行为准则。这些法规通常要求成员基于事实发表意见，并且一些法规明确警告专家们不要只为某一特定方面辩护。

国际放火调查员协会道德规范写道：“作为火灾、放火以及爆炸的调查员，我们应该牢记，我们最主要的身份是求真者，而不是案件创造者。”加利福尼亚刑法学家协会规定得更具体：

> 犯罪学家出庭的目的并不是要仅出示支持雇用其一方的观点的证据。他负有道义上的义务，即确保法院理解存在的证据并以公正的方式提出。

尽管不应将专家视为一方或另一方的辩护者，但应该要求他们不断地为“真相”辩护。使用完全不依靠任意一方的法院任命的专家，是非常罕见的，但这是另一个讨论的主题。

在火灾现场或实验室收集的数据本身并不能说明问题。数据的解释只能通过合理论据和科学分析来实现。不主张自己认真考虑和未合理持有观点的专家不太可能成为双方的有效见证人。

虽然专家证人不为任何一方辩护，但他或她必须为证据和事实辩护。如果调查人员确定了起火原因并坚持自己是正确的，而另一个调查员发现了其他原因，则至少其中一个是错误的。司法系统的功能是提供一个平台，使双方都有机会表达自己对案件的看法，以便法官或陪审团可以尝试找出哪个调查员是正确的，哪个调查员是错误的。专家的工作是帮助律师有说服力地提出证据，但不会被律师逼迫推出无法证明的“有用”意见，这种意见在交叉询问中就有可能被驳斥。正是火灾调查员抵制律师帮助而不是舒适地接受的行为，才让他们在职业道路上越走越远。

协助律师准备自己的询问材料，并帮助律师应对对方专家的交叉询问。此处请注意，调查人员应始终假设他们写下的任何东西都可能被对方发现。如果在实际进行交叉询问之前策略已被发现，则交叉询问的有效性可能会受到影响。向律师咨询，以确保是他或她确实想要的有关交叉询问的书面交流材料。

书写询问材料并不困难。作者曾经有过这样的经历，辩护律师因为弄丢了询问大纲，而向当时坐在证人席上的作者索要了一份副本。在进行交叉询问时，对方的律师试图从这种交流中得到好处，但被礼貌地告知：“我当然是为我自己的询问编写了大纲，因为我是专家，而律师要求我提供帮助。”笔者认为，如果专家证人在未与律师见面、未详细审查直接证词的情况下出庭的话，律师和专家都无法为客户服务。

10.5.2 庭前证据交换

一旦调查员确定律师理解了他或她的意见，通常有必要指定调查员作为专家证人，并且在该指定中，律师必须至少以概要形式显示从专家那里征求的意见。该专家证言是重要文件，调查员应坚持在提交文件之前对其进行审查。

此时，调查人员可能还需要制作与特定司法管辖区要求的格式相符的新报告。这很简单，只需将意见提炼到两个或三个主要证词领域，然后附上调查员原始报告的副本作为附录。在其他情况下，尤其是在不允许进行专家陈述的司法管辖区，报告应更为详尽，以免因未在审判前适当披露意见而将证词排除在外。一旦做出了披露和报告，下一步可能就是证词证据交换。通常，首先交换原告或州的专家证词，然后是辩护专家证词。在大多数司法管辖区，刑事案件不交换证词[9]。证据交换是通过其他方式完成的，例如预审和强制披露。

在民事案件中，专家证词交换往往是和解谈判前的最后一步。然而，专家提醒，和解谈判有时会失败，而交换证词是一种永久性记录，可能在审判时用于弹劾证人。在证据交换前，调查人员应与雇用他的律师会面，了解证据交换的目的。表面上，证据交换的目的是让对方了解专家的意见，但在大多数情况下，这些意见已经是众所周知的了。对方的目的是要做一个记录，用来攻击专家意见的可信性。因此，专家需要考虑如何在书面上交换问题和答案。假设一个陈述会被误解，那么它将会成为突破口。双方的辩护人至少花了三年时间在法学院学习如何利用文字优势。很少有专家证人拥有必要的技能来与专业的语言大师进行一场文字战。因此，重要的是要说出真相，这样即使是那些想要曲解这些词的人也无法曲解。最好使用简单的陈述句，假设该记录将由对火灾调查一无所知的人阅读，则应该避免使用高深的词汇，如果有必要使用特殊术语，请确保您对该术语的定义解释出现在笔录中。

辩护人经常会征求专家的意见，然后以他或她的理解为幌子，以“换句话说”开始下一个问题，然后以某种方式来重新“解释”调查员的意见。可能以一种会误导人的方式微妙地偷换概念，即使用其他的字眼来取代原来的说法。

庭前证据交换中的证词通常与审判中的证词存在很大差异。在审判中，律师被训练不要问他们不知道答案的问题。而在庭前证据交换时，他们的工作是问一些他们不知道答案的问题。他们将在审判时知道答案，然后他们可能会问也可能不会问，这取决于交换证据中收到的答案。如果交换证据中的问题建立在错误的前提之上，或问题的措辞导致回答“是”或“否”会使人产生误解，此时专家应该停下来，要么要求辩护人重新表述问题，要么提供充分的解释，以免阅读证词的人被误导。也可以对来自证人席的误导性问题作出解释，但在审判中，这种解释应尽量减少。含有虚假前提的问题只能由律师提出反对意见。

庭前交换证据的第一部分通常是对调查员的背景、教育、培训和经历的详细审查。这可能包括无关的个人问题，证人可以不回答这些问题。除非法官“证明”一个特定的问题，否则律师没有权利知道你的社会保险号、家庭住址、家庭电话号码，或任何其他你不愿刊登在报纸上的个人信息。当然，调查人员之前调查火灾的所有经验，以及调查人员之前的所有证词或任何书面文章都是可以利用的。现在，几乎所有专家证词的背景部分中都有一个标准问题，即是否曾经在任何法院上排除过证人的任何证词。

自从2009年NFPA 1033被修改后，许多交换的证据证词都包括了一个测试，以检查调查者对火灾化学、火灾动力学和§1.3.7中列出的其他科目的知识的掌握程度。律师问这些问题并不是为了启发自己，目的是证明对方的证人是不合格的。因此，“我可以为你查找那个答案”不是一个充分的答案[0]。如果调查者不知道能量、功率和通量的定义和计量单位，很可能会被认为是不合格的调查员，甚至，案件将会因此被驳回或结案。

最后，问题将集中在当前的主题上，即调查人员对火灾的起火点、原因和责任的看法。通常给新手证人的建议是尽可能简短地回答问题，不要自告奋勇。这对法庭来说当然是很好的建议，但对交换证词来说可能不是最好的建议。调查人员应与己方律师会面，了解律师对专家证人作证可能有什么目的（如果有的话）。也许调查人员掌握了可以证明案件的决定性信息，也许对方律师没有准备好提出问题来引出这些信息。对方律师在和解谈判之前了解这些信息可能符合所有相关各方的最佳利益。委托律师应该回答的重要问题是，他或她是否相信这个案件最终会得到审判或和解。无论如何，到最后不管证词的目的是什么，所有的答案都必须是绝对正确的。

专家证人应警惕那些表明被告律师正在考虑Daubert质疑的问题。虽然这些质疑很少成功，但它们确实需要一些基础。设置Daubert质疑的典型问题包括：

- 你对这些数据的解释是否经过了测试，或者是否可以进行测试？
- 有没有其他研究者基于类似的数据得出类似的结论，并在你们的专业文献中发表？
- 关于你的方法，是否有一个已知的或潜在的误差率？
- 是否有控制该方法操作的标准？

你是否相信你所采用的方法在你所从事的相关科学或研究团体中已被普遍接受？

- 你打算作证的观点是直接自然地产生于你独立于本案的研究中，还是你为了作证而特意提出这些观点？
- 你所声称的专业领域是已知的、能够取得可靠结果的领域吗？

当遇到这些问题时，遵循NFPA 921一般程序的研究者很少会担心。因为NFPA 921代表了一个被消防调查界“普遍接受”的已发布的标准。[10]

反方律师将庭前证据交换作为调查人员交叉询问的试运行，并且可能会导致争论和争议。没有必要与律师进行辩论，也没有必要在作证期间支配律师。和使用语言一样，交叉询问证人是律师多年来不断提高的一项技能，他们可能会为自己能够用犀利的目光削弱证人的决心而自豪。事实是，证词的笔录并不能反映证人是否会与对方律师有眼神接触。如果律师想参加凝视比赛，可以凝视桌子。（这也让反方律师非常沮丧。）

在作证过程中，任何时候证人想要休息，以及在任何时候要求休息是完全允许的。[11]正如一些人知道的那样，如果被告律师想要行使特别的权利——要求将证词撤回几分钟以便让律师恢复镇静，这也是完全可以接受的。愤怒和恐吓在证据交换过程中没有一席之地，但有时也会被偷偷使用。这时候特别适合休息5到10分钟。

在大多数专家证词的结尾，通常会被问到这样一个过于宽泛的问题："你有什么我们还没有讨论过的意见吗？"如果调查人员真的有重要的意见没有被讨论，他们应该在这个时候提出。之前讨论过的尚未深入探讨的观点中的细微差别或许可能被搁置在一边。

在许多宣誓作证结束时，会提出一个问题："在审判之前，你打算对这个案子做进一步的工作吗？"这是一个可以自由选择的地方。当然，会有审判准备工作，但如果反方专家提出了新的假设，可能需要进行额外的试验。可以很安全地回答："我没有被要求做任何进一步的测试，但如果被要求，我可能会做。"

一旦反方律师完成了他或她的问题，己方律师就会有机会提出问题。但是，除非律师担心在供词期间出现了严重的沟通错误，否则己方律师不应利用这个机会。这些问题会提醒反方律师注意己方律师对案件弱点的看法。这些可以在作证之后私下讨论。

证人将被询问他或她是选择阅读并签署证词还是放弃签名。即使一个人在同一法庭的记录员面前作证了十几次，而且知道记录员的技能是无可挑剔的，在这一点上放弃签名永远不是一个好主意。阅读证词笔录，以寻找那些可能被误解或沟通不清楚的段落。虽然可能无法更改记录，但通过阅读记录，证人会意识到潜在的陷阱。

在交换证据之余，律师还可以要求调查人员审阅其他证人的证词，包括本案其他专家的证词。这可能是非常单调乏味的工作，但这是室内工作，不会过于辛苦，而且很重要。调查人员可能在案件早期就了解了目击证人的看法，但当这些证人在两年后被要求描述同样的观察结果时，在宣誓的情况下答案可能会有所不同。如果有的话，调查员应该准备好找出这些差异并理解它们的含义。同样，一方专家的证词可能会为对方专家报告中先前提供的信息提供新的线索。最后，证据交存过程可能会揭示火灾现场的新方面，需要进一步探索甚至测试。

10.5.3 法庭证词

在法庭上做出准确、易懂的陈述是调查员最重要的技能之一。虽然调查人员能够正确地确定火灾的起火部位和起火原因以及火灾后果的其他方面，但如果陪审团不能理解和相信调查员的结论，那么这些技能就被浪费了。当关于火灾的起火点和起火原因存在争议时，陪审团的决定可能完全取决于两位专家陈述质量的差异。或者，陪审员可以完全忽略专家的证词，而根据其他因素来决定案件。一百多年前，莱昂纳德·汉德法官（Judge Learned Hand）将专家竞争的问题总结如下：

陪审团如何在两种陈述之间作出判断，每种陈述都是建立在一种与他们自己完全不同的专业知识基础上的？正是因为（陪审员）不能胜任这项任务，专家才显得必要。

汉德认为，来自相互竞争专家的证词对陪审团没有帮助：

有一件事是肯定的，他们使用所谓专家的证词不会比不使用专家的证词更好，除非意见是一致的。如果陪审团必须在这两者之间做出决定，他们的处境就像没有人可以帮助的情况一样糟糕[10]。

尽管汉德法官的观点值得参考，但在许多民事和刑事案件中，双方仍会去找专家证人。例如，30年前，控方或保险公司的专家成为案件中唯一一位就某一特定问题被求助的专家。如今，专家们的信誉因错误的定罪、糟糕的科学和公然的伪证被揭露而大受动摇，他们不再像过去那样受到尊重。现在，反方当事人获得专家服务，对其他专家的意见提出质疑的情况更为普遍。

考虑到对他们的怀疑，调查人员在准备和向陪审团提交调查结果时应该遵循一些常识性的规则。首先要准时。整个法庭的陪审员和候补陪审员，一名法官，律师和双方当事人，以及法庭工作人员都在等待你的证词。出庭迟到是不可原谅的。准时通常意味着在接到电话前要等上几个小时或几天，但这是一种职业危害。

其次，通过得体的着装向法院表现出应有的尊重。即使陪审员都穿着蓝色牛仔裤和T恤，专家证人也应该穿着得体。向律师学习，穿得至少和他们一样。因为你想让陪审团关注的焦点是你的想法和观点，而不是你的着装，所以要注意你的着装选择，以便与法庭上其他专业人士的着装融为一体。

在准备你的证词时，要弄清楚是否存在法庭裁定不能讨论的问题。例如，在过失责任或产品责任案件中，通常禁止讨论责任保险，而在民事放火案件中，不提出刑事起诉通常是不允许的。调查人员可能会依赖非直接证据（传闻证据）来表达他或她的部分观点，虽然考虑这样的证据本身并无错误，但通常无法将其提交给陪审团。法院也可能在开始时提出其他动议。对这些法院规矩的了解是至关重要的，因为如果有人违反，即使是无意的，也可能导致无效审判的结果。

最重要的是，要记住诉讼双方所涉及的利害关系。尽管人们经常拿法庭与体育赛场作比较，但即将在法庭上发生的事情并不是一场体育赛事。[12]

10.5.3.1 直接询问

你将通过陈述你的资历向陪审团做自我介绍。虽然证人席不应该是傲慢的地方，但也不要过于谦虚。让陪审团充分了解你的教育背景、培训和经验。有时，声称是为了节省时间，但实际上是为了防止陪审团了解证人的真实成就，反方律师会规定证人是专家。这种情况应事先与己方律师讨论，并作出决定，是同意这一规定，还是继续对证人的资格进行描述。

你在法庭上的举止和你说的话一样重要。陪审员对专家持怀疑态度，所有人都听说过专家在证人席上可能不完全诚实的故事。他们会想要直视专家的眼睛，而专家应该满足他们的愿望。你作为专家证人的作用是帮助陪审团理解证据。你是老师。与每一位陪审员建立眼神交流是很重要的，这样他们都能看到你对自己的信仰和意见的真诚态度。

专家证人在法庭上的作用是翻译或解释那些对陪审团没有意义的数据。这些数据可能是气相色谱图，它对样品是否含有可燃液体残留物的问题具有绝对决定性意义，但除非熟悉气相色谱"语言"的人解释它，否则这些数据对一般陪审员来说是无法理解的。同样的情况也适用于火灾调查中常见的其他类型的证据，例如电气痕迹和火灾痕迹。专家的工作是解释这些痕迹，以便让陪审员理解它们的意义。

虽然这种解释应该是准确和翔实的，但专家证人应避免使用术语，同时避免居高临下地对陪审团讲话或过于简化概念。如果必须使用普通公民不太可能理解的行话或术语，一定要解释其概念。尽量使用简单的陈述句，避免使用夸张的词语。[13]认为陪审团不能理解复杂情况的观点是完全错误的。陪审团成员的教育背景和经验比许多人想象的要广泛和深入得多。

向陪审团解释火灾行为的概念并使他们能够联系起来是很重要的。例如，让陪审团必须明白，他们所知道的燃烧行为可能是不真实的（这是十分重要的）。几乎每个人都认为，通过观察篝火、灌木丛火灾或垃圾堆火灾，他们就能知道火灾是如何发生的，但很少有人真正经历过近距离的室内火灾。“升温”是对全面燃烧火灾的一种过于简单和不真实的解释。陪审员需要了解产生火灾痕迹的基本概念，而传达这些概念的最佳方式是使用照片和图表。火灾调查员所做的大多数观察都是视觉观察。因此，如果要充分传达火灾调查员的观察结果，他或她的证词也必须是高度可视化的。

目前向陪审团展示视觉和文字信息的最佳方法之一是使用Power Point演示文稿。这个强大的工具不仅可以用于陈述证词，而且还可以用于组织证词。己方律师可使用这一工具，协助证人完成直接询问。

在使用PowerPoint时，检查其能否正常运行十分重要。在你作证之前，请确保你有足够的时间检查笔记本电脑和液晶投影仪的运行情况。而且要有备份。备份由每张PowerPoint幻灯片的8.5英寸×11英寸彩色打印版组成。必须有三套：一套给反方律师，一套给己方律师，一套给法庭，这将成为审判的永久记录的一部分。所有这些准备工作虽然花费都很昂贵，但比起因为灯泡坏了或电脑坏了而败诉要廉价得多。

演示文稿应以黑色幻灯片开始，以便在证人演示的初步阶段可以打开系统。下一张幻灯片应该是标题幻灯片，上面有案件名称和“调查员约翰（或化学家简）证言演示”。如果有火灾行为原理需要解释，那么应该把它们放在演示的“起始”部分，以便陪审团能够理解稍后将展示的火灾痕迹。通常有必要将一张照片放在PPT中三次。首先，出示没有标记的照片。接下来，用圆圈、箭头和最少的说明文字显示相同的照片。最后，再次展示照片，这样陪审员就可以看到那些没有圆圈和箭头标记的显著特征。

当作出解释时，特别是有争议的解释时，陪审团必须知道，证人并不是简单地就他认为某一特定证据的含义发表意见。如果NFPA 921或其他学习过的文献中有一节提到了这种解释，那么带有引文的幻灯片是无价的，因为它可以向法官和陪审团展示案件中所用方法的可靠性。

尽可能让展示变得有趣，让陪审团记住。[14]作为一名调查员，如果你不觉得这项工作很吸引人，你就不会做这项工作。试着用你的热情和魅力来交流。

使用PowerPoint的一个缺点是幻灯片的顺序几乎是固定的。虽然必要时可以跳来跳去，但如果律师能遵守讲义上的布局，陈述就会顺利得多。替代PowerPoint程序的另一种选择是使用可视化演示程序来显示照片或文本幻灯片，但仍然使用LCD投影仪。[15]只需稍微增加图像质量成本，并在视听设置要求的复杂性方面付出较大代价将会使展示更加灵活。一些律师事务所拥有比PowerPoint更灵活的复杂软件。

直接询问不仅应包括专家的观察和意见，还应由辩护律师进行温和的“交叉询问”，以探讨将由（或已经被）对方请来的专家的作证意见。专家不能对另一位专家意见的可信度发表评论（这是“陪审团的职权范围”），但可以提出假设性问题，让陪审员知道已经考虑了对数据的替代假设或替代解释。

直接询问是提出己方长处的时候，而仅在质证时才暴露对方缺点是错误的。如果陪审员只是从反方律师的问题中就了解到证词中的漏洞，那么证人就会被视为有偏见。在你的直接证词中，指出问题并以直截了当的方式处理它们。如果问题来自己方律师而不是反方律师，会更容易接受，而且你会有足够的时间来解释为什么某项证据会以这种方式出现。陪审员将欣赏证人的诚实和真诚，因为他说出了“全部真相”，因此在这些问题上的交叉询问可能会对证人适度宽容。

10.5.3.2 交叉询问

交叉询问被描述为一种谦卑的行为，虽然它常常令人感到卑微，但它不是一种耻辱的经历。来自交叉询问律师的常规问题将包括误导性问题，例如你是否“因为获取报酬而作证”。[16] 虽然你可能会得到报酬（即使是公务员也会领取薪水），但你得到的报酬是你的时间和专业知识，而不是你的证词，这一点应该弄清楚。陪审员们知道，案件双方法庭上的所有专业人员都在拿薪水（或希望得到报酬），他们明白谋生的概念。作为证人出庭只是调查员工作的一部分，陪审团明白这一点。律师可以选择攻击证人的意见或诚信。当证人的诚信受到攻击时，这意味着律师已经想尽办法攻击专家意见的准确性。

证人有权要求得到一定程度的保护，以免受到侮蔑性的交叉询问。如果反方律师变得过于挑衅，那么在回答每个问题之前先深呼吸，让己方律师有机会提出反对。如果问题的措辞是“是”或“否”，会误导陪审团，请坚持你解释的权利，但尽量把解释保持在最低限度。提供过多冗长解释（或发言）的证人很可能会受到法官的警告，谦逊地接受任何这样的劝告：“是的，法官大人。”

有一句话是关于反方律师在审判中使用证词笔录的。只有当证人席上的证词与宣誓作证时的证词不一致时，才能使用这句话。当律师拿出证词时，问道：“你还记得去年出庭作证的时候吗？”接着又说：“你还记得吗？那时你发过誓，发誓说真话，说全部的真话，除了真话以外，什么也不说。”这时陪审员已经认为证人自相矛盾了，即使在证词上并没有什么不同。这是一个己方律师应该反对的廉价伎俩。在这种时候，研究过证词记录的证人可以向律师指出为什么今天的证词与以前的不一致。

当然，反方律师会指出他或她所知道的，在你的直接询问中可能没有讨论到的每一个问题。准备好承认这些问题，并迅速行动。如果有一个问题需要承认，而证人为此争论了10分钟，陪审团就会专注于这一点而忘记其他的证词。对于交叉询问律师来说，没有什么比证人拒绝承认他或她在证词或报告中已经承认的观点更好的了。

对待交叉询问律师的态度要像对待己方律师一样有同样的态度，这一点很重要。那个律师可能和你在交换证词中见到的完全不同，即使他或她的名字相同。一般来说，律师在法庭上的表现和在会议室里不一样。在交叉询问期间，至少要继续回答一些与陪审团大致方向有关的问题，这是很重要的，尽管交叉询问者的目的通常是阻止你这样做。如果允许你在法庭上四处走动，己方律师通常会走到陪审团席前，让你直接接受询问，这样你在回答问题时就更容易看着陪审员。反方律师很可能会走向另一个方向，使你听问题看一个方向，回答问题要看另一个方向。如果这让你不舒服，随它吧。陪审团可以看出你是不是在装模作样。你应该做你自己，说真话。

真相是对现实的准确而真诚的描述。如果陪审员无法确定哪个专家更准确，他们将根据他们认为谁更真诚来决定。真诚是一种难以伪装的心态，大多数人都知道这一点。

你将被问到的最重要的问题可能不是来自律师。如果法官问你一个问题，记住每个人都会非常密切地注意这个问题的答案。在一些法院，陪审员被允许提书面问题，法官与律师协商后，决定是否向证人宣读。在军队里，允许作为陪审团的军事法庭成员询问证人。与律师不同的是，法官和陪审员不怕问他们还不知道答案的问题。法官或陪审团提出的问题，有助于证人了解其证词的哪些部分是审判者认为重要的，或者哪些事实或意见没有清楚地被传达出来。

有许多课程可供调查人员学习作证技巧。其中一些课程是与IAAI的火灾调查员认证项目一起提供的。许多法庭科学实验室进行法庭模拟，为科学家作证做准备。让一个有经验的同事交叉询问一个可能的证人是准备证词的一个比较有用的方法。但是，最宝贵的学习经验是在法庭上获得的，尽管过程可能是痛苦的。专家证人在法庭上都有过糟糕的一天。这样的日子总会结束的。重要的是要从经验中学习，永远讲真话。

10.6 结语

火灾调查的专业实践要求了解实践中的利益相关者，以及调查人员对这些利益相关者的责任。这些责任最好通过编制、维护和遵循质量保证手册中书面（或存储在网站上）的程序来履行。

调查人员的工作可用于谋生，但更应该为公众服务。调查人员的商业行为应该是有效的、合乎道德的、透明的和可以理解的。及时有效的沟通是所有商业关系中必不可少的一部分。免费工作有时是调查员投资的最好方式。

作为专家证人参与庭审过程是一项具有挑战性的工作，在处理这项工作时必须尊重和理解司法体系的运作方式。作为证人的调查人员应该避免偏见，甚至是表面上的偏见，他们应该准备好为他们的准确观察、经过仔细检验的假设和有充分理由的意见辩护。

在作证时，不仅要讲真话，还要给人留下端正的印象。帮助法官和陪审员理解证据是专家证人的职责。与所有的工作一样，要想熟练地从事这项工作，需要准备和练习。

问题回顾

1. 在质量评估文件的等级制度中，组织的使命陈述在哪个等级？

a. 1级　　b. 2级　　c. 3级　　d. 4级

2. 在《美国联邦民事诉讼规则》中，哪条规则管辖专家证词的可采性？

a. 第703条规则　　b. 第702条规则　　c. 第716条规则　　d. 第403条规则

3. 问专家证人最重要的问题是什么？

a. 反方律师反对的问题　　b. 质证时提出的问题

c. 法官或陪审团提出的问题　　d. 关于专家资格的问题

4. 在审判前，专家的意见是通过什么方式展现的？

a. 己方律师进行出示　　b. 专家准备一份报告

c. 反方律师让专家作证　　d. 以上任何或全部，视司法管辖区而定

5. 作证时最重要的是记住什么？

a. 不要为反方律师说话　　b. 别让己方律师帮你摆脱困境

c. 尽量避免在交叉询问过程中陷入争论　　d. 永远说真话

问题讨论

1. 谁是你的利益相关者？
2. 对付一个似乎正在失去冷静的反方律师，最好的策略是什么？
3. 说真话和留下正确印象有什么区别？提供一个讲真话却留下错误印象的例子。
4. 为什么阅读你的证词记录很重要？
5. 为什么调查员要深入参与直接询问的准备工作？

参考文献

[1] Goult, R. (1977) Quality System Documentation, in Peach, R., (Ed.), *The ISO 9000 Handbook*, Irwin, Chicago, IL, p. 315.

[2] ISO 17025 (2017) *General Requirements for the Competence of Testing and Calibration Laboratories*, International Organization for Standardization, Geneva, Switzerland, 2017.

[3] ANAB(2017) Accreditation Manual for Forensic Service Providers. Available at https://anab.qualtraxcloud.com/ShowDocument.aspx?ID=7183(last visited January 8,2018).

[4] Murley, C. (2015)Three tips for a smooth ISO 17025 accreditation process, *Quality Magazine*. Available at https://www,qualitymag.com/articles/92810-three-tips-for –a-smooth-iso-17025-accreditation-process(last visited January 8,2018)

[5] Stolorow,M(2014), Overview of NIST activities in the forensic sciences, Presentation to the American Academy of Forensic Sciences. Available at https://www.nist.gov/sites/default/files/documents/forensic/AAFS-Overview-of-NIST-Activities-in-FS-2014-FINAL.pdf(last visited on January 6,2018).

[6] IAAI(2015), The International Association of Arson Investigators Endorses the use of Multidiscipline Science Review Panels. Available at https://www.firearson.com/Publications-Resources/Fire-Investigation-Resources/Multidiscipline-Science-Review-Panels. aspx(last visited January 8,2018).

[7] Cailifornia Association of Criminalists,(2015)The Code of Ethics of the California Association of Criminalists, Section Ⅳ.B. Available at https://www.cacnews.org/membership/Californai-Association-of-Criminalists-Code-of-Ethics-09-23-2015.pdf(last visited January 8,2018).

[8] ABA Committee on Ethics and Professional Responsibility(1987)Formal Op.87-354,Lawyer's Use of Medical-Legal Consulting Firm.

[9] Reis,J.(2015),Expert challenges and the revised NFPA 1033,*The Fire and Arson Investigator*,66(1):30

[10] Hand,L.(1902)Historical and practical considerations regarding expert testimony, *Harvard Law Review* 40(54):15.

1 虽然本书是关于火灾调查的书，但本章的内容都适用于刑事科学实践。

2 在重建1991年佛罗里达州捷克思维尔市Lime街火灾中，作者和另一名为州政府工作的同事，进行了一场推翻被告有罪的实验，实验中着火房间5分钟内达到了轰燃。州消防局局长称，这足以证明被告无罪。事实上，确实是这样，几天后，被告被无罪释放。

3 NFPA 1730，《组织和部署消防检查和法规执行、计划审查、调查和公众教育行动的标准》，对FIUs的要求只做了概要性的描述，拟议的标准将更加详细。

4 有些推荐意见由NIJ执行，一些通过OSAC起作用，2013年组建的全国法庭科学委员会，到2017年前一直起作用，之后各章没有更新。

5 NIJ是美国司法部的研究机构。

6 伴随美国律师协会的有关法庭科学的建议而来，在附加说明10.1中讨论的报告，详细说明了对刑事案件双方专家进行资助的必要性。报告讨论了法院的几项判决，其中认为如缺乏专家的帮助，相当于剥夺了当事人依据《第六修正案》获得律师有效援助的权力。

7 2000年添加到联邦证据规则第702条中的三个编号条款，是为了把最高法院在Daubert案件及其后果中对联邦证据规则第702条的解释编入法典。

8 实际上，大多数刑事案件的辩护律师在大多数时候怀疑他们的客户有罪，他们的工作是保证客户受到公正审判（公平抗辩协议），辩方律师的客户若真的无罪将是律师的噩梦，因为她或他的义务不仅仅是为客户争取一个公平的听证会。若客户无罪，那辩方律师的义务是驳回诉讼或为无罪释放进行辩护。

9 在刑事案件中，虽然庭前证据交换对双方都有利，但截止到2018年只有少数几个州如佛罗里达、印第安纳、密苏里、新罕布会尔、北达科他、佛蒙特允许这样做。一些州规定只有在审判时证人无法到场的情况下才允许证据交换。

10 直到2000年，当美国司法部和国际放火调查员协会第一次同意时，普遍接受原则才被接受。

11 在审判时，1名法官和12名正直的人都在花费时间，因而不可以因为自己方便而休息。证据交换占用的时间除外。

12 Clarence Darrow生动解释了这句话："法庭并不是真相和无罪一定胜出的地方，它不是律师为正义而战的地方，而是一个为了赢得胜利的地方。"

13 你不是"居住"在家里，而是"生活"在家里，不是"从车里出来"，而是"从车里下来"。和陪审团说话时要与同事说话的方式一样，用一些自命不凡的语言不但会使人的注意力偏离你表达的信息，还会给人留下你正假装成为一个不像你的人的印象。

14 没有比在作证时陪审团成员睡觉更使人窘迫的事情，请放心，睡觉的人不可能成为陪审团的领导。

15 视频显示装置是一个高分辨率的安装在灯箱上的摄像机，可以把照片、文档、小的物证通过LCD显示屏显示。

16 关于付费问题，一个很好的反问是：调查员先生，你会为了2000美元出卖你的诚实吗?